普通高等教育“十一五”国家级规划教材

数学物理方法

（第二版）

邵惠民

科学出版社

北京

内 容 简 介

本书是普通高等教育"十一五"国家级规划教材，是作者结合研究的最新成果在前一版的基础上编写而成. 本书前身是教育部"高等教育面向21世纪教学内容和课程体系改革计划"的研究成果，是面向21世纪课程教材、普通高等教育"十五"国家级规划教材.

本书系统地阐述了数学物理方法的基础理论及其在物理学、工程技术上的应用，重点为读者提供与数学物理方法有关的基本概念、基本定理和解题的各种方法和技巧. 书中涉及的尽管是一些传统的内容，但在取材的深度和广度上都比以往教科书有所加强；同时增添了许多反映学科前沿的内容；并通过例题介绍了一些独特的、简洁的、实用性很强的解题方法.

本版在原有基础上进行了删繁就简和整合更新；并增添了一些亮点以飨读者.

本书可作为高等学校理工科非数学专业的本科教材，也可供有关专业的研究生、教师和广大科技人员参考.

图书在版编目(CIP)数据

数学物理方法/邵惠民. —2版. —北京：科学出版社，2010
普通高等教育"十一五"国家级规划教材
ISBN 978-7-03-028439-6

Ⅰ.①数… Ⅱ.①邵… Ⅲ.①数学物理方法-高等学校-教材
Ⅳ.①O411.1

中国版本图书馆CIP数据核字(2010)第146328号

责任编辑：胡云志 昌 盛 / 责任校对：刘小梅
责任印制：张 伟 / 封面设计：黄华斌

科学出版社 出版
北京东黄城根北街16号
邮政编码：100717
http://www.sciencep.com

北京中石油彩色印刷有限责任公司 印刷
科学出版社发行 各地新华书店经销

*

2004年1月第 一 版 开本：B5(720×1000)
2010年8月第 二 版 印张：31 1/4
2022年7月第九次印刷 字数：644 000

定价：79.00元

(如有印装质量问题，我社负责调换)

第二版前言

数学物理跨越了物理学的每一个子领域，既是交叉学科，也是物理学的主流之一.

无论在教学中，还是在教材建设中，我们都非常赞许数学大师柯朗(R. Courant，1888～1972)的教诲："数学的教学逐渐流于无意义的单纯演算习题的训练，固然这可以发展形成演算的能力，但却无助于对数学的真正理解，无助于提高独立思考的能力.""改革的目标是求得对数学有一个全貌的认识，且真正领悟数学是科学思考和科学行为的基础."

随着科学技术的进步，必须对教材内容不断更新，与时俱进. 本书第二版就是在第一版基础上删繁就简、整合更新而成，并增添了一些知识亮点，以飨读者. 新版中体现了近几十年数学教材的一个发展趋势，把最新的成就，用浅显的方法教给低年级本科大学生.

在本书的使用过程中，得到南京大学和兄弟院校"数学物理方法"课程的任课教师的热情支持，特别是南京工业大学的吴高建和南京大学的徐小农教授，不仅在教学中精益求精，而且制作了多媒体教学光盘，在此表示诚挚的感谢.

本书的顺利出版，得到科学出版社高等教育出版中心数理出版分社昌盛分社长和胡云志编辑的大力支持，在此表示衷心的感谢；另外还得到南京大学物理学院领导的关心和支持，在此表示深切的谢意.

限于作者的水平，书中不妥及疏漏之处在所难免，恳请专家和广大读者指正.

作　者

2010年立夏于南京大学

第一版前言

数学物理方法在物理学、工程技术和其他科学的许多领域都有着十分广泛的应用. 主要原因是,在上述研究领域中经常出现很多描述某些物理规律的数学物理方程,通过对这些方程的求解,一方面可以得到极有实用价值的结论,另一方面又可以促进这些领域的发展.

数学物理方法既可以作为一门纯数学学科来研究,也可以作为一门应用数学学科来研究. 显然,对广大科技工作者及理科学生来说,学习数学物理方法的目的在于应用. 因此,本书为了适应这些读者的需要,从选材上就有侧重,主要涉及的不是一般数学理论,而是尽量为读者提供与数学物理方法有关的基本概念,基本原理和解题的各种方法和技巧.

数学物理方法涉及的数学基础知识面较广,如果将所涉及的基础知识分别插入到相应的解法中去叙述,这样的结构安排松散,零乱. 但是,如果将它们统统集中安排在前面叙述,这样学起来又感到枯燥无味. 为此,在内容安排上,本书既保持了各章节的独立,又顾及到它们之间的前后呼应与关联,力争做到层次清晰,结构紧凑.

本书的正确使用方法是,先大体浏览,以求获得一般概念,然后逐章研读. 如果对某些概念,需要详细了解时,再回过头来仔细阅读那一章的内容.

本书的前五章对复变函数理论及其应用作了清晰而简明的阐述,它主要为了以后学习提供必要的复变函数的概念和定理.

为了与现代数学理论及应用相衔接,即用现代数学分析的观点审视、选择和组织好传统的教学内容,就必须引入广义函数,Hilbert 函数空间,以及斯特姆-刘维(Sturm-Liouville,S-L)本征值问题等等概念. 第六章,第七章和第八章正是为此安排的.

学生通过对这三章的深入了解之后,在以后第九章的 Fourier 分析中遇到三角函数系的正交完备性,就可以很方便地自行证明了. 这一点在以往的教科书中是不给出证明的. 另一方面通过对 S-L 本征值问题的透彻阐明,今后学生学习按勒让德多项式展开和按贝塞尔函数的展开就显得轻而易举了.

第九章、第十章和第十一章也是为了今后数章做准备的. 但 Fourier 分析和第四章的幂级数展开法都是函数分析的重要手段,特别是在第九章中从 Fourier 分析的思想演变出了现代实用性很强的小波分析,从而为学生进一步学习现代数学展示了窗口和延伸发展的接口. 这三章的安排也体现了本书的宗旨是加强应用,侧重方法的原则，着重介绍了常用的应用数学方法及其在实际中的应用. 所以级数解法，渐近展开，最陡下降法等内容也收入在内.

第十二章以后数章是本书的重点. 第十二章阐述了如何建立描述物理现象的数学模型，并导出三类基本方程——波动方程，输运方程与稳恒方程，导出这些方程仅起一个示范作用.

第十三章阐述了两个自变量的二阶线性偏微分方程的分类及特征. 以后数章着重阐述求解数学物理方程的几个常用的解析解法. 第十四章阐述了一类比较简单的方程的通解解法，并突出在行波问题上的应用. 通解法中有一种特殊情形——行波解（即依赖于自变量的线性组合的解），它特别适用于波动问题，甚至解一些非线性偏微分方程也很奏效.

分离变量法是求解数学物理方程最简单而且应用最广泛的方法之一，第十五章阐述了分离变量法的基本概念及应用这个方法所必须的、可分离的条件，并强调指出了这个方法的理论依据是以本征值问题为核心，以本征函数展开为解题的关键. 第十六章和第十七章是围绕分离变量法中常用的特殊函数——勒让德函数、贝塞尔函数来阐述的，这两章内容可以和第十五章穿插起来学，分开编排是为了给学生对这些特殊的函数有一个完整的、系统的概念.

第十八章阐述了积分变换在求解中的特点和技巧. 对半无界非稳态问题，拉普拉斯变换可获得在短时间内能很快收敛的解.

第十九章介绍的变分法是一种很重要、很有用的数学物理方法，已被广泛用于科学研究和工程计算. 今天变分法的应用范围，不仅限于经典物理和工程技术的领域，而且在现代量子场论、现代控制理论和现代信息理论等高新技术领域都有十分广泛的应用.

第二十章阐述求解边值问题的格林函数法，而对非稳态问题，应用格林函数可把第十五章分离变量法得到的各种解，表达成更一般、更紧凑的形式. 但格林函数本身的求得又与第十五章介绍的各种解的形式息息相关.

第二十一章阐述保角变换法. 对于平面场的拉普拉斯方程或泊松方程的边值问题的解析求解，它是一种最为有效的方法. 因为与其他解析方法相比，保角变换法能够处理边界形状复杂得多的问题，所以这种方法具有较大的实用价值.

对于一个给定问题，可以有很多种求解方法，但若想选用一种最直接、最简便的方法，读者就得熟悉各种求解方法. 为此，除了要理解课文内容之外，更重要的是多练习、多思考、多总结，这样才能达到得心应手的程度.

本书中含有大量的与物理问题有关的应用例题，由于这些例题密切联系实际，所以颇能激发学生的学习兴趣，有利于提高学生的科学素质和能力.

由于教材内容较多，公式又多，所以不能要求学生对每一部分内容的细节都掌握得很清楚，应该把学生的精力引导到全面和系统地对基本理论概念和方法的理解和应用上面来.因此,教师在教学中应始终贯彻这一思想.

本书广泛吸收了当今国际上优秀“数学物理方法”教材的长处,同时又参考了国内很多同类教材和参考书,作者从中受到很大的启发,所蒙受的教益匪浅;而对于所有在本书编著过程中,曾给予帮助和鼓励的人们,特别是在成书的最后过程中,我的博士生(刘胜利、吴高建、徐锡斌诸君)在文字加工,绘图等方面作了大量的工作,付出了大量辛勤劳动,为此作者一并表示衷心的感谢.

书中不妥及疏漏之处在所难免,恳请专家和广大读者指正.

作　者

2003 年立冬于南京大学

记　　号

一种好的记号可以使头脑摆脱不必要的约束，使思维集中于新问题；这就事实上增加了人脑的能力.

——A. H. Whitehead

$\forall$	表示“对于所有的”，“对每一个”
$\exists$	表示“存在”，“至少有一个”
$\Rightarrow$	“$A\Rightarrow B$”表示“由命题 A 可以推出命题 B”
$\Leftrightarrow$	“$A\Leftrightarrow B$”表示“A 与 B 是等价命题”
$\subset$	$A\subset B$，表示“集 B 包含集 A”
$\in$	$x\in Z$，表示“元素 x 属于集 Z”
$\mathbf{R}$	实数域
$\mathbf{C}$	复数域
$\mathbf{F}$	数域（$\mathbf{R}$ 或 $\mathbf{C}$）
$\mathbf{N}$	自然数集（自然数集包括 0）
$\mathbf{Q}$	有理数集
R^n	实 n 维 Euclid 空间
$C[a,b]$	$[a,b]$上的连续函数全体
$C^k[a,b]$	$[a,b]$上的 k 次连续可导的函数全体

目　　录

第二版前言
第一版前言
记号
第 1 章　复变函数 …… 1
1.1　复数的概念 …… 1
1.2　复数的几何表示法 …… 2
1.3　复数的运算 …… 5
1.4　复变函数 …… 8
1.5　复变函数的极限 …… 13
1.6　复变函数的连续 …… 13
习题 …… 14
第 2 章　解析函数 …… 16
2.1　复变函数的导数 …… 16
2.2　柯西-黎曼条件 …… 17
2.3　解析函数 …… 21
2.4　解析函数与调和函数的关系 …… 23
2.5　初等解析函数 …… 26
2.6　解析函数的应用——平面场的复势 …… 31
习题 …… 36
第 3 章　复变函数的积分 …… 39
3.1　基本概念 …… 39
3.2　复变函数和积分 …… 40
3.3　柯西定理 …… 42
3.4　柯西积分公式 …… 45
3.5　柯西积分公式的几个推论 …… 49
习题 …… 52
第 4 章　解析函数的幂级数表示法 …… 55
4.1　复数项级数 …… 55
4.2　复变函数项级数 …… 57
4.3　幂级数 …… 62

4.4 解析函数的幂级数展开…… 65
4.5 解析函数的孤立奇点…… 76
4.6 解析函数在无穷远点的性质…… 80
4.7 解析开拓…… 82
4.8 应用…… 83
习题 …… 86
第 5 章 留数理论及其应用 …… 89
5.1 留数的基本理论…… 89
5.2 用留数定理计算实积分…… 95
5.3 对数留数和辐角原理 …… 107
习题…… 110
第 6 章 广义函数…… 113
6.1 δ 函数 …… 113
6.2 广义函数的引入 …… 114
6.3 广义函数的基本运算 …… 121
6.4 广义函数的傅里叶变换 …… 123
6.5 广义解 …… 127
习题…… 127
第 7 章 完备正交函数系展开法…… 129
7.1 正交性 …… 129
7.2 零函数 …… 130
7.3 完备性 …… 131
7.4 推广 …… 135
第 8 章 斯特姆-刘维本征值问题 …… 137
8.1 本征值问题的提法 …… 137
8.2 本征值问题的主要结论 …… 139
8.3 其他型的本征值问题 …… 149
第 9 章 傅里叶级数和傅里叶变换…… 151
9.1 周期函数和傅里叶级数 …… 151
9.2 完备正交函数系 …… 153
9.3 傅里叶级数的性质 …… 156
9.4 傅里叶级数的应用 …… 163
9.5 有限区间上的函数的傅里叶级数 …… 166
9.6 复指数形式的傅里叶级数 …… 168
9.7 傅里叶展开与罗朗展开的联系 …… 169

9.8　傅里叶积分与变换 …… 170
9.9　傅里叶变换的性质 …… 173
9.10　小波变换的引荐 …… 181
9.11　三种定义式 …… 185
习题 …… 186
第 10 章　拉普拉斯变换 …… 189
10.1　拉普拉斯变换的概念 …… 189
10.2　基本函数的拉氏变换 …… 191
10.3　拉氏变换的性质 …… 192
10.4　拉普拉斯逆变换 …… 199
10.5　应用 …… 207
习题 …… 212
第 11 章　二阶线性常微分方程的级数解法 …… 214
11.1　常点邻域的级数解法 …… 214
11.2　正则奇点邻域的级数解法 …… 217
11.3　求第二个解的方法 …… 222
11.4　非正则奇点邻域的渐近解 …… 229
11.5　渐近展开和最陡下降法 …… 230
习题 …… 235
第 12 章　数学模型——定解问题 …… 236
12.1　引言 …… 236
12.2　数学模型的建立 …… 237
12.3　定解条件 …… 247
12.4　定解问题 …… 254
12.5　求解途径 …… 255
习题 …… 256
第 13 章　二阶线性偏微分方程的分类 …… 257
13.1　基本概念 …… 257
13.2　二阶线性偏微分方程的分类及标准化 …… 258
13.3　二阶线性常系数偏微分方程的进一步化简 …… 262
13.4　三类方程的物理内涵 …… 264
13.5　二阶线性偏微分方程的特征 …… 266
习题 …… 266
第 14 章　行波法 …… 268
14.1　通解 …… 268

14.2 行波解…… 270
14.3 达朗贝尔公式…… 272
14.4 半无限长弦的自由振动…… 278
14.5 两端固定的弦的自由振动…… 281
14.6 齐次化原理(Duhamel 原理) …… 283
14.7 非线性偏微分方程…… 284
习题…… 285
第 15 章 分离变量法 …… 288
15.1 分离变量…… 288
15.2 直角坐标系中的分离变量法…… 290
15.3 圆柱坐标系中的分离变量法…… 312
15.4 球坐标系中的分离变量法…… 319
习题…… 325
第 16 章 勒让德函数 …… 329
16.1 勒让德多项式的定义及表示…… 329
16.2 勒让德多项式的性质…… 331
16.3 第二类勒让德函数 $Q_l(x)$ …… 338
16.4 勒让德方程的本征值问题…… 339
16.5 连带勒让德方程及其解…… 340
16.6 球谐函数…… 344
16.7 应用…… 348
习题…… 354
第 17 章 贝塞尔函数 …… 356
17.1 贝塞尔方程及其解…… 356
17.2 整数阶(第一类)贝塞尔函数…… 360
17.3 修正贝塞尔方程及其解…… 370
17.4 球贝塞尔方程及球贝塞尔函数…… 373
17.5 广义贝塞尔函数…… 379
17.6 应用…… 379
习题…… 392
第 18 章 积分变换法 …… 394
18.1 傅里叶变换…… 394
18.2 拉普拉斯变换…… 399

18.3 傅氏正弦变换…… 405
18.4 傅氏余弦变换…… 406
18.5 汉克尔变换…… 407
18.6 应用于有界区域的问题…… 410
习题…… 412
第19章 变分法 …… 414
19.1 基本概念…… 414
19.2 泛函的极值…… 415
19.3 泛函极值与数学物理问题的关系…… 419
19.4 求泛函极值的直接方法——里茨法…… 422
习题…… 423
第20章 格林函数法 …… 425
20.1 格林公式…… 425
20.2 稳态边值问题的格林函数法…… 425
20.3 热传导问题的格林函数法…… 430
20.4 波动问题的格林函数法…… 432
20.5 格林函数的确定…… 434
20.6 应用…… 443
习题…… 449
第21章 保角变换法 …… 451
21.1 保角变换及其基本问题…… 451
21.2 常用的几种保角变换…… 456
21.3 多角形的变换…… 466
21.4 应用…… 473
习题…… 480
参考文献…… 482

第1章 复变函数

1.1 复数的概念

众所周知,任意两个正整数相加,结果仍然是正整数,这就是说,在自然数系($n=0,1,2,\cdots$)内通过加法运算,所得结果不会越出自然数系之外.但是在自然数系内,施行加法的逆运算——减法,就会越出自然数系的范围,只有我们把负整数和零并入自然数系后,那么在这个新数系中减法才能永远可以施行,如果我们要使乘法的逆运算——除法(除数不为零)可以永远施行,就要引入有理数.虽然在有理数系中对四则运算是封闭的.但是有理数系对乘方的逆运算——开方运算是不封闭的,有理数的开方可能不再是有理数.若开方限制为正数,有理数系就必须扩充为实数系;若开方运算扩大对负实数,我们就必须将实数系扩充为新的数系——复数系.因此,在这个新数系中,必须包含一个最简单的数$\sqrt{-1}$,今后称它为虚数单位i,并定义$\mathrm{i}=\sqrt{-1}$,$\mathrm{i}^2=-1$.

另一方面从分析上来看,有理数系在极限运算下不封闭,即由有理数组成的序列,其极限可能不再是有理数.有理数的这种不完备性,是一个本质的缺陷,它使得有理数系不能成为微积分学的立论基础.

1.1.1 复数的定义

形如$z=x+\mathrm{i}y$的数称为复数.其中x,y均为实数,i为虚数单位,$\mathrm{i}^2=-1$,而实数x和y分别称为复数z的实部和虚部,并记作

$$x=\mathrm{Re}z \tag{1.1.1}$$

$$y=\mathrm{Im}z \tag{1.1.2}$$

务必注意:按上述定义,复数的虚部是一个实数.

1.1.2 复数的相等

若两个复数,$z_1=x_1+\mathrm{i}y_1$与$z_2=x_2+\mathrm{i}y_2$,有$x_1=x_2$及$y_1=y_2$,则我们称

$$z_1=z_2 \tag{1.1.3}$$

特别是一个复数等于零,不是意味着一个条件,而是意味着两个条件,即所给复数的实部与虚部两者都为零.

1.1.3 复数的共轭

若两个复数仅当它们的虚部相差一个正负号时,那么其中任何一个称为另一个的共轭,一个复数 z 的共轭通常记作 $\bar{z}$ 或 z^*,在物理学中常用 z^* 表示,所以

$$z=(x+\mathrm{i}y)^*=x-\mathrm{i}y \tag{1.1.4}$$

这样定义之后,复数的四则运算满足实数四则运算的一般规律,并且复数的运算法则施于实数时(因为实数是复数的特例),能够和实数运算的结果相符合.

复数没有大小之分,因此两个复数不能比较大小.但复数的实部及虚部均为实数,因此复数的实部和虚部可以比较大小.

1.2 复数的几何表示法

复数一般可采用两种几何表示法,即采用复数平面(用平面上的点来表示复数,这个平面称为复数平面)或复数球面(用球面上的点来表示复数,这个球面称为复数球面).

1.2.1 复数平面

1. 直角坐标表示法(或称代数表示法)

复数 $z=x+\mathrm{i}y$ 可用直角坐标系平面中的坐标(x,y)的点来表示,因此复数平面上每一个点都与一个复数 $z=x+\mathrm{i}y$ 对应;反过来,也成立.所以全部复数与平面上的点构成一一对应的关系[图 1.1(a)].

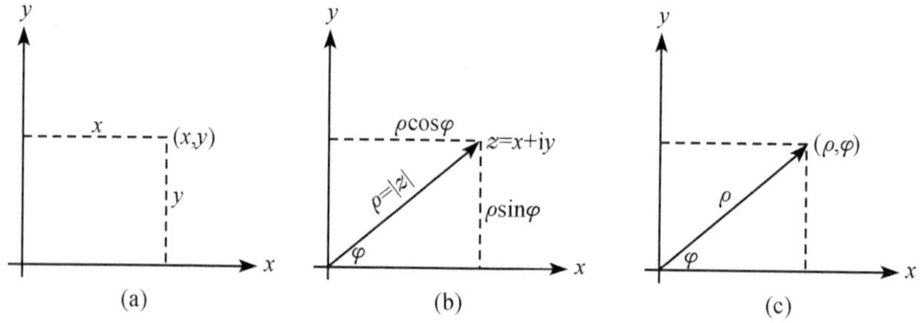

图 1.1

必须注意:不可用符号$(x,\mathrm{i}y)$来表示复数.

2. 矢量表示法

在复数平面上可引入一个从原点出发指向点(x,y)的矢量来表示复数 $z=x+$

iy,如图 1.1(b)所示.矢量的长度称为复数 z 的模,记为 $|z|=\rho=\sqrt{x^2+y^2}$.显然 $x\leqslant|z|$,$|y|\leqslant|z|$,而 $|z|\leqslant|x|+|y|$;矢量与 x 轴的夹角称为复数的辐角,记为 $\arg z=\varphi$.

3. 三角表示法(或称极坐标表示法)[图 1.1(c)]

因为

$$x=\rho\cos\varphi,\quad y=\rho\sin\varphi \tag{1.2.1}$$

则复数 z 可以表示为

$$z=x+\mathrm{i}y=\rho\cos\varphi+\mathrm{i}\rho\sin\varphi=\rho(\cos\varphi+\mathrm{i}\sin\varphi) \tag{1.2.2}$$

其中 ρ 为复数的模,即

$$\rho=|z|=\sqrt{x^2+y^2} \tag{1.2.3}$$

φ 称为复数的辐角,即

$$\varphi=\arg z \tag{1.2.4}$$

当复数 $z=0$ 时,则 $|z|=0$,但它的辐角 $\arg z$ 没有确定值(或者说没有意义,因而不能说 $z=0$ 的辐角等于多少).

当复数 $z\neq0$ 时,则 $|z|$ 是唯一确定的,但其辐角 $\arg z$ 可以取无穷多个值,而这些值之间可相差 2π 的整数倍,因此任何一个非零的复数 z 都有无穷多个辐角值.

$\arg z$ 的主值用 $\operatorname{Arg}z=\varphi_0$ 表示,它满足 $-\pi<\varphi_0\leqslant\pi$,

$$\arg z=\operatorname{Arg}z+2k\pi\quad(k=0,\pm1,\pm2,\cdots) \tag{1.2.5}$$

当 z 是一个负实数时,$\operatorname{Arg}z=\varphi_0$ 取值 π.

4. 指数表示法

$z=\rho\mathrm{e}^{\mathrm{i}\varphi}$的形式称为 z 的指数表示式.利用欧拉(Euler)公式

$$\mathrm{e}^{\mathrm{i}\varphi}=\cos\varphi+\mathrm{i}\sin\varphi \tag{1.2.6}$$

就可将复数 z 的三角表示式化为指数形式,因此欧拉公式是它们之间的纽带.这一定义自然导致今后约定 e^z 为指数函数,即 $\mathrm{e}^z=\exp(z)$,$\mathrm{e}^{z_1+z_2}=\mathrm{e}^{z_1}\cdot\mathrm{e}^{z_2}$ 特别是 $\mathrm{i}=\mathrm{e}^{\mathrm{i}\pi/2}$,$-1=\mathrm{e}^{\mathrm{i}\pi}$,e 与 π 是超越实数,i 是虚数,而 e、π、i、1 这四个似乎毫无关系的数,却极其美妙地结合在一起.因此,这公式反映了欧拉公式的深刻内涵意义.

以上几种表示是等价的,可以从任何一种形式导出另一种,例如:

由

$$z=x+\mathrm{i}y=\rho(\cos\varphi+\mathrm{i}\sin\varphi)$$

得

$$\frac{\partial z}{\partial\varphi}=\rho(-\sin\varphi+\mathrm{i}\cos\varphi)=\mathrm{i}z$$

由方程解得

$$z=g(\rho)\mathrm{e}^{\mathrm{i}\varphi}$$

由 $\varphi=0, g(\rho)=\rho$，得

$$z=\rho\mathrm{e}^{\mathrm{i}\varphi}$$

因此

$$z=\rho(\cos\varphi+\mathrm{i}\sin\varphi)=\rho\mathrm{e}^{\mathrm{i}\varphi}$$

于是

$$\mathrm{e}^{\mathrm{i}\varphi}=\cos\varphi+\mathrm{i}\sin\varphi$$

上式正是**欧拉公式**.

复数的几种表达式可以相互转换，以适应解决不同问题的需要.

1.2.2 复数球面

复数球面上的点也可以与复数构成一一对应关系，因而也可采用复数球面（又称黎曼球面）上的点来表示.

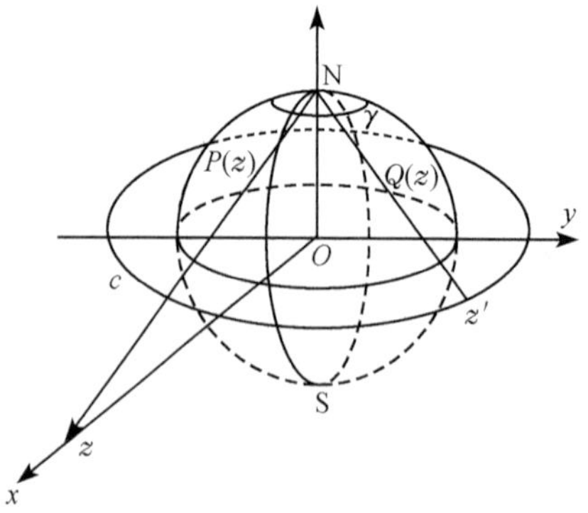

图 1.2

取一个球心在原点，半径为 1 的单位球面（图 1.2 所示），作竖直轴，使得它与平面上已给出的直角坐标平面 Oxy 相垂直，且构成右手直角坐标系. 竖直轴的正方向与此单位球面的交点记作 N，称为北极；竖直轴的负方向与此单位球面的交点记作 S，称为南极. 考虑起点在北极 N，通过球面上任意一点 $P(z)$ 的射线，与 Oxy 平面相交于一点，记作 z；反之，起点在北极 N，通过 Oxy 平面上的任一点 z' 的射线与单位球面也只交于一点，记作 $Q(z)$. 这样 Oxy 平面上所有点与单位球面上所有点（除了北极 N 以外）建立了一一对应关系. 此外，单位球面与 Oxy 平面的交线显然是圆周 $|z|=1$，它自己对应着自己；而上半球面（除了北极 N 以外）对应着圆外（$|z|>1$）的所有点；下半球面对应着圆内（$|z|<1$）所有点；南极对应着原点. 因此我们完全可以用球面上的点来表示复数，这球面就称为复数球面. 在地图制图学上，就是用平面上的点通过这样的方法来表示球面上的点，称为测地投影.

1.2.3 无穷远点

在实变函数微积分学中的 $\pm\infty$，只是一个符号而已，而复球面上的无穷远点 ∞ 却是一个完全确定的点，并且只有一个无穷远点.

下面我们来说明引入无穷远点的合理性. 在图 1.2 上考虑在 z 平面（Oxy 平

面)上以原点为中心的圆周 c,在球面上对应的也是一个圆周 γ(即纬线). 当圆周 c 的半径越大时,在球面上的圆周 γ 就越向北极 N 靠拢. 因此北极 N 可以看成与 z 平面上的一个模为无穷大的假想点相对应. 这个假想点称为无穷远点,并记为∞,复平面加上点∞后称为扩充复平面,它与整个复球面构成一一对应关系.

无穷远点∞的辐角、实部及虚部都没有意义,无穷远点∞的模,是可以大于任何正整数,并记作$|\infty|=+\infty$.

归纳起来,无穷远点∞具有如下几个性质:

(1) 运算$\infty\pm\infty, 0\cdot\infty, \dfrac{\infty}{\infty}, \dfrac{0}{0}$无意义.

(2) $a\neq\infty$时,$\dfrac{\infty}{a}=\infty, \dfrac{a}{\infty}=0, \infty\pm a=a\pm\infty=\infty$.

(3) $b\neq 0$(但可为∞)时,$\infty\cdot b=b\cdot\infty, \dfrac{b}{0}=\infty$.

(4) ∞的实部、虚部及辐角都无意义,$|\infty|=+\infty$

(5) 复平面上每一条直线都通过点∞;同时,没有一个半平面包含点∞.

1.3 复数的运算

1.3.1 代数结构——域

设非空集合 **F** 中定义了加法和乘法两种运算,且满足交换律、结合律和分配律,对于加法 **F** 中有零元"0",对每个元素有逆(负)元素;对于乘法 **F** 中有单元"1",除去"0"元素之外,每个元素都有逆元素,这样的代数结构称为**"域"**.

定理 1.3.1 复数具有"域"结构,其行为如下:

(1) **封闭律**,复数的四则运算的结果仍是一个复数;

(2) **交换律**,$z_1+z_2=z_2+z_1, z_1\cdot z_2=z_2\cdot z_1$;

(3) **结合律**,$(z_1+z_2)+z_3=z_1+(z_2+z_3), (z_1\cdot z_2)\cdot z_3=z_1\cdot(z_2\cdot z_3)$;

(4) **分配律**,$z_1\cdot(z_2+z_3)=z_1\cdot z_2+z_1\cdot z_3$;

(5) **么元律**,$z+0=z$,加法么元为 0;$z\cdot 1=z$,乘法么元为 1;

(6) **逆元律**,$z+(-z)=0$,$-z$ 为 z 的逆元;$z\cdot\dfrac{1}{z}=1$,$\dfrac{1}{z}$为 z 的逆元.

1.3.2 矢量(线性)空间

设 **F** 是一个数域(实数域 **R** 或复数域 **C**),V 是一个非空集合,如果

(1) 在 V 内任一对元素间定义一个运算"+",使$\{V,+\}$构成 Abel 群;单位元用 $\mathbf{0}$ 表示,$\boldsymbol{a}$ 的逆元用$-\boldsymbol{a}$ 表示;(2) 在数域 **F** 中的数与 V 中的元素之间定义一个

纯量乘法运算 $\alpha\boldsymbol{a}$，且

$$1\boldsymbol{a}=\boldsymbol{a}$$

$$(\alpha\beta)\boldsymbol{a}=-\alpha(\beta\boldsymbol{a})$$

$$(\alpha+\beta)\boldsymbol{a}=\alpha\boldsymbol{a}+\beta\boldsymbol{a},\quad \alpha(\boldsymbol{a}+\boldsymbol{b})=\alpha\boldsymbol{a}+\alpha\boldsymbol{b}$$

则称 V 为数域 $\mathbf{F}$ 上的矢量空间，V 中的元素通常称为矢量. 可以像三维欧氏空间一样，在矢量空间中也可以引入线性相关、线性无关、线性表示、基与维数、唯一性等重要概念.

1. 复数 $\mathbf{C}$ 可以看作实数域上的二维矢量空间

基矢

$$\boldsymbol{e}_1=(1,0),\quad \boldsymbol{e}_2=(0,\mathrm{i})$$

$$\boldsymbol{z}=x\boldsymbol{e}_1+y\boldsymbol{e}_2\quad 或\quad z=x+y\mathrm{i}$$

2. 在 $a<0<b$ 区间上，单项集$(1,x,x^2,\cdots,x^n,\cdots)$构成

$C^{\infty}(a,b)$ 上的基矢，根据泰勒定理，$C^{\infty}(a,b)$ 上的任一函数 $f(x)$ 都可以在 $x=0$ 附近展开成无限多项的幂级数 $\sum\limits_{0}^{\infty}c_nx^n$，因此矢量空间的维数是无穷大.

3. 多项式 $P(X)=\sum\limits_{0}^{n}a_kx^k$，是基矢$(1,x,x^2,\cdots,x^n)$ 上的$(n+1)$ 维矢量空间

从一个集合到另一个集合的映射(或称为函数、变换、算子等)，其中线性算子包括如微分算子，积分算子，Laplace 变换，Fourier 变换等等.

1.3.3 拓扑结构

除了上述矢量的线性运算之外，还需要定义矢量内积的概念，并且通过内积引入矢量的长度和两点(矢量)之间的距离等几何概念，从而为研究复数系的拓扑结构奠定基础.

距离

$$\rho(z_1,z_2)=|z_1-z_2|$$

内积

$$z_1\cdot z_2^*$$

模或长度

$$\|z\|=(z\cdot z^*)^{\frac{1}{2}}$$

如果要阐述拓扑结构，就需引入拓扑空间、度量空间和内积空间等概念，这样涉及的篇幅颇大，故从略. 但下面这个定理就不得不提.

定理 1.3.2 复数域完备性定理

复数序列$\{z_n\}$在复数域**C**中收敛的充分必要条件是$\{z_n\}$为Cauchy序列，即如果$\forall \varepsilon>0$，$\exists N$，使得只要$n>N, m>N$，就有

$$|z_n - z_m| < \varepsilon$$

复数系的这一性质称为复数的完备性或复数的连续性，有了这一性质之后，极限运算在复数集中是自封闭的，即任何收敛的复数列的极限仍为复数.

1.3.4 共轭运算

(1) $(z^*)^* = z, (z_1 \pm z_2)^* = z_1^* \pm z_2^*$

(2) $(z_1 \cdot z_2)^* = z_1^* \cdot z_2^*, \left(\dfrac{z_1}{z_2}\right)^* = \dfrac{z_1^*}{z_2^*}$

(3) $|z^2| = z \cdot z^*, z + z^* = 2\mathrm{Re}z, z - z_1^* = 2\mathrm{Im}z$

(4) 设$R(a,b,c,\cdots)$表示对于复数$a,b,c,\cdots$，的任何有理运算，则$R(a,b,c,\cdots)^* = R(a^*,b^*,c^*,\cdots)$.（图1.3).

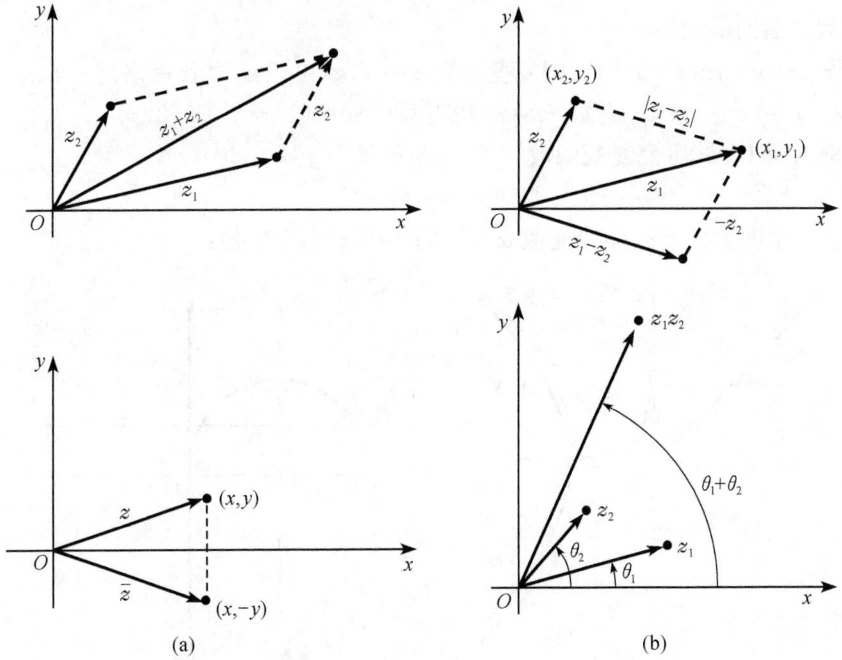

图 1.3

必须注意，复数的加（减）法虽然与平面矢量的加（减）法一样，但复数的乘法与平面矢量的乘法（无论是标积和矢积）却是完全不同的.

利用复数的指数形式作乘除运算较方便，

$$z_1 z_2 = \rho_1 e^{i\varphi_1} \cdot \rho_2 e^{i\varphi_2} = \rho_1 \rho_2 e^{i(\varphi_1 + \varphi_2)}$$

$z_1 z_2$ 所对应的矢量是把 z_1 所对应的矢量伸缩 $\rho_2 = |z_2|$ 倍，然后再旋转一个角度 $\varphi_2 = \arg z_2$ 得到的. 特别是，当 $|z_2| = 1$ 时，只需旋转一个角度 $\varphi_2 = \arg z_2$ 就可以，也就是说，以单位复数乘任何复数，几何上相当于将此数所对应的矢量旋转一个角度. 例如，$z_2 = \mathrm{i}$，所以乘以 i 相当于原来矢量 z_1 逆时针转过 90°；乘以 −i 相当于顺时针方向转过 90°.

1.4　复 变 函 数

1.4.1　复变函数的定义

设 D 是复平面上的点集，若有一个法则 f，按照这个法则，使对每一个复数 $z \in D$，有复数 w 与之对应，则称复变数 w 是复变数 z 的复变函数，记作 $w = f(z)$. 如果对应于 z 的每一个值，w 也只有一个值，则 $f(z)$ 称为**单值函数**，否则就称为**多值函数**. 复数集 D 称为 $f(z)$ 的**定义域**，对应于 D 中所有 z 的一切 w 值所成的点集 G，称为函数的**值域**.

设 $w = u + \mathrm{i}v$，$z = x + \mathrm{i}y$，则复变函数 $w = f(z)$ 可表示为 $w = f(z) = u(x, y) + \mathrm{i}v(x, y)$，$z = x + \mathrm{i}y \in D$. 例如：$w = z^2$ 也可写成 $w = (x^2 - y^2) + \mathrm{i}2xy$.

例 1.4.1　试研究复变函数

$$w = z^2$$

将 z 平面上的下列曲线变成 w 平面上的曲线(图 1.4)：

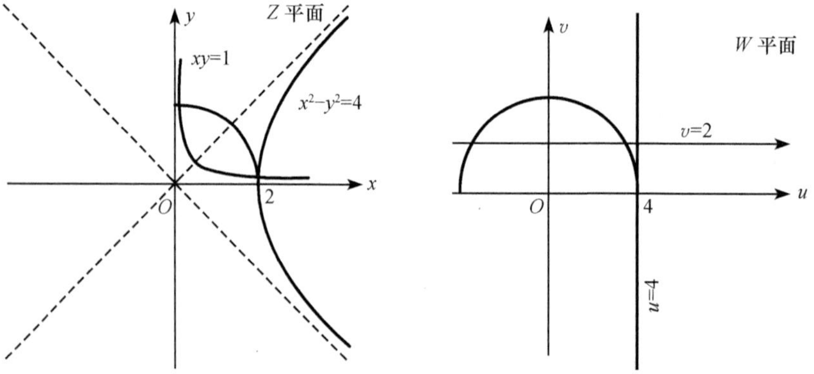

图 1.4

(1) 以原点为圆心，2 为半径，在第一象限里的圆弧；

(2) 倾角为 $\theta = \frac{\pi}{3}$ 的直线；

(3) 双曲线 $x^2-y^2=4$;

(4) 双曲线 $xy=1$.

解 令

$$z=x+\mathrm{i}y=r(\cos\theta+\mathrm{i}\sin\theta)$$
$$w=u+\mathrm{i}v=\rho(\cos\varphi+\mathrm{i}\sin\varphi)$$

由 $w=z^2$ 得

$$\rho=r^2,\quad \varphi=2\theta$$

所以

(1) 当 z 的模为 2,辐角为 0 变到 $\dfrac{\pi}{2}$ 时,对应的 w 的模为 4,辐角由 0 到 π,因此 w 平面上对应的图表为以原点为圆心,4 为半径,在 u 轴上方的半圆周.

(2) 在 w 平面上的对应图像为辐角 $\varphi=\dfrac{2}{3}\pi$ 的射线.

又因为

$$w=z^2=x^2-y^2+2xy\mathrm{i}=u+\mathrm{i}v$$

所以

$$u=x^2-y^2,\quad v=2xy$$

(3) 这样 z 平面上的双曲线 $x^2-y^2=4$,在 w 平面上的图像为直线 $u=4$. 一般来说,z 平面上的双曲线 $x^2-y^2=c_1$,在 w 平面上的图像为 $u=c_1$ 的直线.

(4) z 平面上的双曲线 $xy=1$,在 w 平面上的图像为直线 $v=2$. 一般来说,z 平面上的双曲线 $xy=c_2$,在 w 平面上的图像为 $v=2c_2$ 的直线.

值得注意的一点是:尽管 z 平面上的 $\dfrac{1}{4}$ 圆弧变成 w 平面上的半圆弧,双曲线 $x^2-y^2=4$ 变成直线 $u=4$,但它们之间的夹角 α 却保持不变;双曲线 $x^2-y^2=4$ 与双曲线 $xy=1$ 的交角和直线 $u=4$ 与直线 $v=2$ 的交角相等.

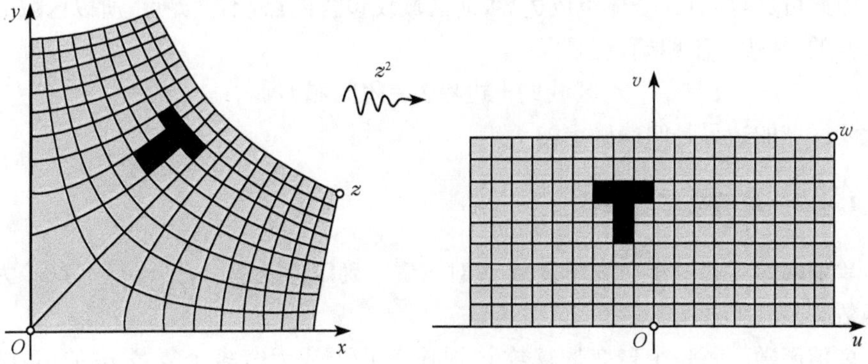

图 1.5

但是在研究复变函数时，由于自变量 z 是复数，而因变量也是复数，所以不能通过同一平面或同一空间上的几何图形来表示复变函数，因此复变函数的几何意义也就只能看做是两个复平面上点集之间的对应.

一般来说，函数是数的对应，映射(复变函数的几何意义)是点的对应. 如果 $w=f(z)\neq$ 常数，则通常 $w=f(z)$ 把 z 平面上的点(或曲线，或区域)映射成 w 平面上的点(或曲线，或区域).

1.4.2 区域的概念

通常复变函数 $w=f(z)$ 的定义是限定在一个平面区域. 因此我们在讨论复变函数时，首先必须明确其定义的区域，即自变量 z 在复平面上的变化范围(图 1.6).

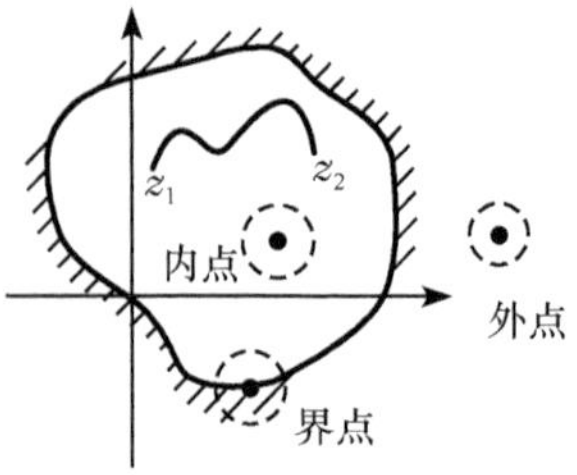

图 1.6

区域 D 简单地讲，区域 D 就是复变数 z 的变化范围，不包括边界点. 但这样的定义不严格. 严格的定义是，复数平面上某一点集 D，如果它具备下述两个性质，就称它为复数平面上的一个区域：

(1) 每一个点都是内点(开集性)；

(2) 任意二点都可用一条由点集 D 内的点所构成的曲线连接起来(连通性).

为了进一步阐明以上的概念，下面再引入几个定义：

点 z_0 的 ε 邻域 以复数 z_0 为圆心，任意小的正实数 ε 为半径的一个开圆，即符合 $|z-z_0|<\varepsilon$ 的那些点的集合，被称为点 z_0 的 ε 邻域；

内点 该点的 ε 邻域中的各点均属于组成区域 D 的点；

外点 该点本身及其 ε 邻域内的点都不属于区域的点；

界点 该点本身不属于区域 D，但在其邻域内含有属于区域的点.

由此可见，界点的全体组成边界，而区域仅包含内点，不含界点，所以区域的概念是开的，其边界不明确，但是

$$\text{区域 } D+\text{边界 } \Gamma=\text{闭区域 } \overline{D}$$

因此闭区域的边界是明确确定的.

1.4.3 单值与多值函数

单值函数 每一个自变量复数 z，对应着一确定的复数 w，则称 $w=f(z)$ 为单值函数.

多值函数 每一个自变量复数 z，对应着几个或无穷多个复数 w 的值，则称 $w=f(z)$ 为多值函数.

注意:单值函数并不排斥不同的两点 z_1 与 z_2 可以对应着同一复数 w. 例如:函数 $w=f(z)=z^2$ 是一个单值函数,因为与每个自变量复数 z 对应的 w 只有一个;但是 $z_1\neq z_2$ 的两个自变量函数,所对应的 w 可能是同一个. 如

$$z_1=\rho e^{i\varphi}\rightarrow w_1=z_1^2=\rho^2 e^{i2\varphi}$$

$$z_2=\rho e^{i(\varphi+\pi)}\rightarrow w_2=z_2^2=\rho^2 e^{i(2\varphi+2\pi)}=\rho^2 e^{i2\varphi}$$

则 $w_1=w_2=w$,由此可见两个不同的 z_1 与 z_2 对应着同一复数 w.

幂函数 $w=z^2$ 的反函数 $z=\sqrt{w}$称为根式函数. 在根式函数中,w 为自变量,z 为因变量,由于 w 平面上每个点(二重点)对应于 z 平面上两个不同的点(单点),因此 $z=\sqrt{w}$是一多值函数.

1.4.4 黎曼面

对于实变函数,$y^2=x$ 是一个多值函数,并列表如下:

y	±1	±2	±3	…
x	1	4	9	…

在一维空间很难表达这个函数的多值性,但在二维空间就可表达得很清楚,如图 1.7 所示. 所以一维空间解释不清的问题,放到二维空间就很容易解决. 黎曼(Riemann)正是运用这个思想,解决了复变函数的多值问题.

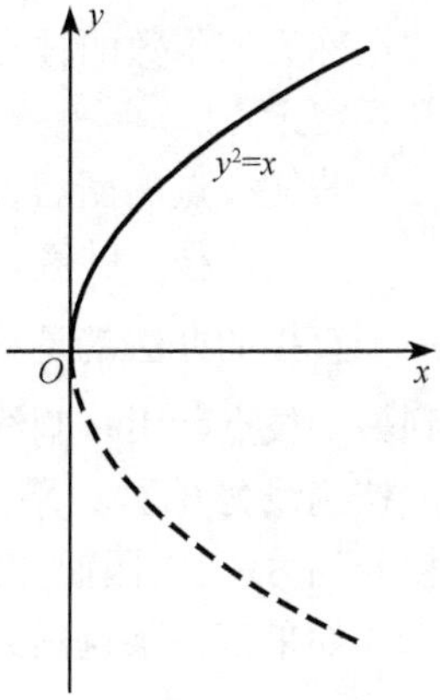

图 1.7

对于上一节中的问题,黎曼采取了如下的方法,使其中的 w 值和 z 值构成一对一的对应关系. 因为与 z 平面中的上半平面对应的 w 平面的辐角为 0 到 2π,而与 z 平面中的下半平面对应的 w 平面的辐角为 2π 到 4π,如果把辐角为 0 到 2π 的一叶 w 平面与辐角为 2π 到 4π 的一叶 w 平面看成是不相重合的,这种由两叶组成的 w 平面就是函数 $z=\sqrt{w}$的黎曼面. 当把自变量 w 的变化区域定义在黎曼面上时,一个 w 值就明确地对应于一个 z 值,因而函数 $z=\sqrt{w}$就是单值函数了.

图 1.8 上画出了这个黎曼面,上叶的辐角从 0 到 2π 变化,下叶的辐角从 2π 到 4π 变化. 从原点出发的辐角为 4π 的射线与辐角为 0 的射线黏合在一起. 而我们不必顾虑在图上看来辐角为 2π 的射线与辐角为 0 的射线重合在一起,黎曼面上这两根射线是不相交的.

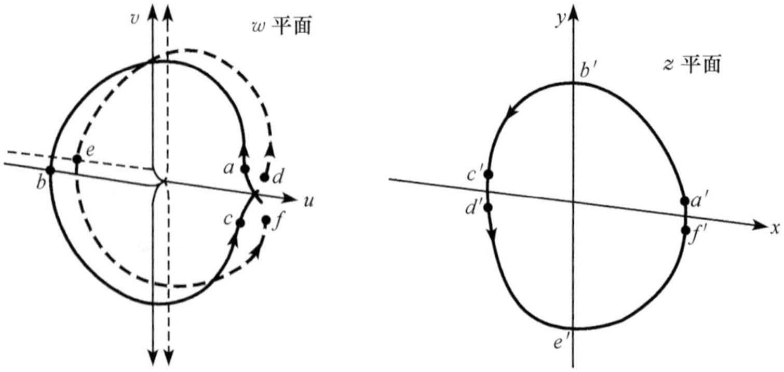

图 1.8

1.4.5　枝点

对于我们上面提到的根式函数 $z=\sqrt{w}$,当变点 w 绕任何不包含原点及无穷远点的一条闭曲线连续变动一周后,回到出发点,w 的像点 z 也构成某支闭曲线,函数值不变.但当变点 w 绕原点(或无穷远点)转一圈,再回到出发点时,多值函数 $z=\sqrt{w}$ 便由一个分枝变到另一个分枝,并不回到原值.我们将具有这种特殊性质的点称为该函数的枝点.对于根式函数 $z=\sqrt{w}$,按枝点的定义,它的枝点应为原点及无穷远点.

若绕枝点 n 圈后,函数值回到原来的值,则称该点为该函数的 $n-1$ 阶枝点.

变点绕枝点转圈,多值函数就由一枝变到另一枝.要想变点不能绕枝点转圈,一个直接的办法就是将平面割开.例如,对根式函数 $z=\sqrt{w}$ 来说,我们就从枝点 0 到另一枝点∞引一割线(例如取负实轴).这条线就称为 $z=\sqrt{w}$ 的一条枝割线.在沿枝割线剪开了 w 平面上的任何闭曲线都不会含点 $w=0$,这些函数不可能由一枝变到另一枝,因而在这样的平面(即单叶黎曼面)上能确定一个单值分枝.

如果存在某自然数 $n(n\geqslant 2)$ 使

$$f(z_0+\rho e^{i(\varphi+2m\pi)})\neq f(z_0+\rho e^{i\varphi})\quad (m=1,2,\cdots,n-1)$$

而

$$f(z_0+\rho e^{i(\varphi+2n\pi)})=f(z_0+\rho e^{i\varphi})$$

则称枝点 z_0 为 $(n-1)$ 阶枝点,阶数 n 为有限时,称 z_0 为代数枝点,否则称超越枝点.

有关枝点的定义对于无穷远点也同样适用.

由于引入了黎曼面及枝点等概念,所以多值函数总可以看做黎曼面上的单值函数.因此,今后讨论复变函数的极限、连续和导数等概念时,如果我们不作声明,函数 $w=f(z)$ 都指单值函数.

1.5 复变函数的极限

定义 1.5.1 当 $0<|z-z_0|<\delta, z\in D$ 时，总能使 $|f(z)-\alpha|<\varepsilon(\alpha\neq\infty)$ 成立，则称 z 趋近于 z_0 时，$f(z)$ 收敛于极限值 α，并表示为

$$\lim_{z\to z_0} f(z)=\alpha \tag{1.5.1}$$

其中 z_0 为复平面上的点，因此 z 趋向于 z_0 的方法可以有很多种，但无论怎样趋近 z_0，$f(z)$ 的值总是趋近于 α. 如果已经肯定 $f(z)$ 的极限存在，那么只要让 z 以某种特殊方式趋向于 z_0，就可算出 $f(z)$ 的极限. 如果不知道函数 $f(z)$ 的极限是否存在，那么即使 z 以其一特殊方式趋向于 z_0，函数 $f(z)$ 趋向于某一值，但我们也不能说此值就是函数 $f(z)$ 的极限值；相反，若 z 以两种特殊方式趋向于 z_0，所得函数 $f(z)$ 的值各不相同，则可断定函数 $f(z)$ 的极限不存在.

1.6 复变函数的连续

定义 1.6.1 若 z_0 属于 $w=f(z)$ 的定义域 D，当 $\lim\limits_{z\to z_0} f(z)=f(z_0)$ 成立时，则称 $f(z)$ 在点 z_0 连续. 如果 $w=f(z)$ 在区域 D 内各点都连续，则称 $f(z)$ 在区域 D 上连续.

若 $\overline{D}=D+\partial D$ 为一有界闭区域，则所谓 f 在 $\overline{D}$ 上连续指的是它在 D 内连续；而对边界 ∂D 上任一点 z_0，只要求定义中的 z 限制在 $\overline{D}$ 中趋于 z_0 即可，自然还可用 ε-δ 方法引进一致连续的概念.

定理 1.6.1 有界闭集 E 上连续的函数 $f(z)$ 具有如下三个性质：

(1) $|f(z)|<M, z\in E$；

(2) $|f(z)|$ 在 E 上取到最大值和最小值；

(3) $f(z)$ 在 E 上一致连续.

证明 因为 $f(z)=u(x,y)+\mathrm{i}v(x,y)$ 在 E 上连续，则 $u(z)$，$v(z)$ 均在 E 上连续，从而 $|f(z)|=(u^2(x,y)+v^2(x,y))^{\frac{1}{2}}$ 在 E 上连续，故由实分析的最大最小定理可知，$f(z)$ 在 E 上取最大最小值.

由实分析知：实变函数在有界闭集上连续，必一致连续，所以在有界闭集 E 上 $u(x,y)$ 和 $v(x,y)$ 一致连续，而

$$|f(z_1)-f(z_2)|\leqslant|u(x_1,y_1)-u(x_2,y_2)|+|v(x_1,y_1)-v(x_2,y_2)|$$

所以 $f(z)$ 也在 E 上一致连续.

定理 1.6.2 两个连续函数的和、差、积都是连续函数；当分母不为零时，商也是连续函数；连续函数的复合函数也是连续函数.

证明 按照定理 1.3.1 及定理 1.3.2,即可得证.

习　题

1.1 将下列复数表示 $x+\mathrm{i}y$ 的形状:

(a) $\left(\frac{1+\mathrm{i}}{1-\mathrm{i}}\right)^8$; (b) $\frac{\mathrm{i}}{1-\mathrm{i}}+\frac{1-\mathrm{i}}{\mathrm{i}}$; (c) $\left(\frac{3+4\mathrm{i}}{1-2\mathrm{i}}\right)^2$

1.2 将下列复数表示成极坐标形式:

(a) $1-\sqrt{3}\mathrm{i}$; (b) $-5\mathrm{i}$; (c) $\sqrt{-\mathrm{i}}$.

1.3 假设 $z=x+\mathrm{i}y, y\neq 0, z\neq\pm\mathrm{i}$,试证只有 $x^2+y^2=1$ 时,$\frac{z}{1+z^2}$才是实数.

1.4 试以图表示满足下列条件 z 点的轨迹图形:

(a) $\mathrm{Re}(z)^2\leqslant 1$; (b) $|\arg z|<\frac{\pi}{3}$; (c) $\left|\frac{1}{z}\right|<3$;

(d) $\left|\frac{z-1}{z+1}\right|>\alpha, (\alpha>0)$; (e) $|z-1|+|z+1|<4$;

(f) $|z+1|\times|z-1|<1$.

1.5 试求下列各式的值:

(a) $|-\mathrm{i}(2+\mathrm{i})(1+2\mathrm{i})(1+\mathrm{i})|$; (b) $\left|\frac{(3+\mathrm{i})(2-\mathrm{i})}{(3-\mathrm{i})(2-\mathrm{i})}\right|$;

(c) $\left|\frac{(3+4\mathrm{i})(1+\mathrm{i})^6}{\mathrm{i}^5(2+4\mathrm{i})^2}\right|$.

1.6 试证下列等式:

(a) $\cos n\theta=\cos^n\theta-\binom{n}{2}\cos^{n-1}\theta\sin\theta-\binom{n}{4}\cos^{n-4}\theta\sin^4\theta+\cdots$;

(b) $\sin n\theta=\binom{n}{1}\cos^{n-1}\theta\sin\theta-\binom{n}{3}\cos^{n-3}\theta\sin^3\theta+\cdots$;

其中$\binom{n}{m}=\frac{n!}{(n-m)!\ m!}$. θ 不是 2π 的整数倍.

1.7 证明

(a) $$\sum_{k=0}^{n-1}\cos k\theta=\frac{\sin n\left(\frac{\theta}{2}\right)}{\sin\left(\frac{\theta}{2}\right)}\cos(n-1)\frac{\theta}{2};$$

其中 $0<\theta<2\pi$

(b) $$\sum_{k=1}^{n-1}\sin k\theta=\frac{\sin n\left(\frac{\theta}{2}\right)}{\sin\left(\frac{\theta}{2}\right)}\sin(n-1)\frac{\theta}{2}.$$

1.8 证明

(a) $$\sum_{n=0}r^n\cos n\theta=\frac{1-r\cos\theta}{1-2r\cos\theta+r^2};$$

(b) $$\sum_{n=0}r^n\sin n\theta=\frac{r\sin\theta}{1-2r\cos\theta+r^2},$$

其中$-1<r<1$.

1.9 证明

(a) $|\sin z|\geqslant|\sin x|$； (b) $|\cos z|\geqslant|\cos x|$.

1.10 在光致电离的量子理论中常遇到如下等式,其中 a 和 b 是实数,试证明之.

$$\left[\frac{\mathrm{i}a-1}{\mathrm{i}a+1}\right]^{\mathrm{i}b}=\exp[-2b\,\mathrm{arccot}a]$$

1.11 指出下列函数的枝点,并作出它的黎曼面.

(a) $w=\sqrt{z-a}$； (b) $w=\sqrt{(z-a)(z-b)}$.

1.12 将函数 $w=\dfrac{1}{z}$ 在 z 平面上的下列曲线变成 w 平面上的曲线($w=u+\mathrm{i}v$, $z=x+\mathrm{i}y$)

(a) $x^2+y^2=4$； (b) $y=x$； (c) $y=0$；

(d) $x=1$； (e) $(x-1)^2+y^2=1$

1.13 解方程 $z^6-z^5+4z^4-6z^3+2z^2-8z+8=0$.

1.14 利用 De Moivre 公式及二项式展开公式

$$(a+b)^n=\sum_{k=0}^{n}\binom{n}{k}a^{n-k}b^k$$

其中$\dbinom{n}{k}=\dfrac{n!}{(n-k)!\ k!}$导出第一类 Chebyshev 多项式

$$\mathrm{T}_n(x)=\cos(n\arccos x)=\cos n\theta=\sum_{k=0}^{\frac{n}{2}}(-1)^k\binom{n}{2k}x^{n-2k}(1-x^2)^k$$

其中 $x=\cos\theta$.

第2章 解析函数

2.1 复变函数的导数

定义 2.1.1 设函数 $w=f(z)$ 定义于 z_0 的邻域内，若极限

$$\lim_{\Delta z\to 0}\frac{\Delta f(z)}{\Delta z}=\lim_{z\to z_0}\frac{f(z)-f(z_0)}{z-z_0}=\lim_{\Delta z\to 0}\frac{f(z_0+\Delta z)-f(z_0)}{\Delta z} \quad (2.1.1)$$

存在，则称 $w=f(z)$ 在 z_0 点可导或可微，该极限值为 $f(z)$ 在 z_0 的导数，记作

$$\left[\frac{\mathrm{d}}{\mathrm{d}z}f(z)\right]_{z=z_0} \quad 或 \quad f'(z_0)$$

复变函数导数的定义，形式上类似于实变函数中的一元函数的导数定义，因此关于一元实变函数的求导法则以及初等函数的求导公式，都可形式地搬到复变函数中来，其推理证明在形式上也都类似，只不过把实变量 x 改写成复变量 z 而已. 所以当 $f_1(z)$和 $f_2(z)$都是复变数的可导函数时，下列公式成立：

(1) $[f_1(z)+f_2(z)]'=f_1'(z)+f_2'(z)$；

(2) $[f_1(z)f_2(z)]'=f_1'(z)f_2(z)+f_1(z)f_2'(z)$；

(3) $\left[\dfrac{f_1(z)}{f_2(z)}\right]'=\dfrac{f_1'(z)f_2(z)-f_1(z)f_2'(z)}{[f_2(z)]^2} \quad (f_2(z)\neq 0)$；

(4) $\{g[f(z)]\}'=g'[f(z)]f'(z)$；

(5) 若 $z=\varphi(w)$是函数 $w=f(z)$的反函数，且 $f'(z)\neq 0$，则

$$\frac{\mathrm{d}z}{\mathrm{d}w}=\varphi'(w)=\frac{1}{f'[\varphi(w)]}$$

与数学分析的实函数一样，若函数 $w=f(z)$在点 E 可导，则

$$\Delta w=f(z+\Delta z)-f(z)=f'(z)\Delta z+\zeta\Delta z, \quad (2.1.2)$$

其中$\lim\limits_{\Delta z\to 0}\zeta=0$，若在点 E 可导，即 $f'(z)<M$，得

$$\lim_{\Delta z\to 0}f(z+\Delta z)=f(z)$$

若函数 $w=f(z)$在 z 处可导，则它在点 z 处必连续. 反之不成立，例如函数 $f(z)=x+2y\mathrm{i}$ 在复平面内处处连续，但不可导.

表达式(2.1.2)是 $w=f(z)$在点 z 的有限增量式，$f'(z)\Delta z$ 称为函数 $w=f(z)$在点 z 的微分，记作

$$\mathrm{d}w=f'(z)\Delta z \quad (2.1.3)$$

因为 z 是自变量，$\mathrm{d}z=\Delta z$，所以

$$\mathrm{d}w=f'(z)\mathrm{d}z \tag{2.1.4}$$

上式表明函数 $w=f(z)$ 在点 z 的微分存在，则称函数 $f(z)$ 在点**可微**.

由此可见，函数 $w=f(z)$ 在点 z 可导与在点 z 可微是等价的.

如果函数 $f(z)$ 在区域 D 内处处可微，则称 $f(z)$ 在区域 D 内**可微**.

从复变函数的可导定义来看，式(2.1.1)的极限存在要求与 Δz 趋于 0 的方式无关. 因此对于复变函数 $f(z)$ 的这一限制，要比对于一元实变函数 $y=\varphi(x)$ 的类似限制严得多. 事实上，实变函数导数存在的要求仅意味着：当点 $x+\Delta x$ 由左($\Delta x<0$)及右($\Delta x>0$)两个方向趋于点 x 时，比值 $\dfrac{\Delta y}{\Delta x}$ 的极限都存在，且相等；而复变函数的可导条件要比实变函数中一元函数的可导条件要苛刻得多. 因为式(2.1.1)是一个二重极限，应与实变函数中的二元函数极限类似. 因而复变函数导数存在的要求意味着：当点 $z_0+\Delta z$ 沿联结点 z_0 的任意路线，趋于点 z_0 时，比值 $\dfrac{\Delta w}{\Delta z}$ 的极限都存在，并且相等.

例 2.1.1 函数

$$f(z)=\begin{cases}\dfrac{x(x^2+y^2)(y-\mathrm{i}x)}{x^2+y^4} & (z\neq 0)\\ 0 & (z=0)\end{cases}$$

当 z 沿通过原点的直线 $y=kx$ 趋近于 $z_0=0$，不论常数 k 为何值，总有

$$\lim_{z\to 0}\frac{f(z)-f(0)}{z-0}=0$$

但当 z 沿抛物线 $y^2=x$ 趋近于 $z_0=0$ 时，有

$$\lim_{z\to 0}\frac{f(z)-f(0)}{z-0}=\frac{1}{2\mathrm{i}}$$

所以 $f(z)$ 在 $z_0=0$ 处不可导.

如果函数 $w=f(z)$ 在某点 z 可导，则函数 $f(z)$ 一定在该点连续. 反之不一定成立. 例如函数 $f(z)=\mathrm{Re}z$ 与函数 $f(z)=z^*$ 在复平面上是处处连续的，但它们却处处不可导；又例如，函数 $f(z)=z\mathrm{Re}z$ 在复平面上是处处连续的，但仅在 $z=0$ 点处可导. 类似这样的例子举不胜举. 如果函数在某点 z_0 处不连续，那么 $w=f(z)$ 在该点 z_0 处一定不可导.

2.2 柯西-黎曼条件

设 $w=f(z)=u(x,y)+\mathrm{i}v(x,y)$ 在点 $z_0=x_0+\mathrm{i}y_0$ 可导，按照求导公式

(2.1.1)，求导结果不应受方向的限制，特别是沿 x 轴与 y 轴求得的结果应一致，即

$$\mathrm{i}\frac{\partial f}{\partial x}=\frac{\partial f}{\partial y} \tag{2.2.1}$$

在复平面上$\frac{\partial f}{\partial x}$和$\frac{\partial f}{\partial y}$都是**矢量**，但方向垂直，只有当矢量$\frac{\partial f}{\partial x}$旋转$\frac{\pi}{2}$，即乘以矢量 $\mathrm{i}=\exp\left(\mathrm{i}\frac{\pi}{2}\right)$后，才能与矢量$\frac{\partial f}{\partial y}$方向一致.

将 $f=u+\mathrm{i}v$ 代入式(2.2.1)，得

$$\mathrm{i}\partial_x(u+\mathrm{i}v)=\partial_y(u+\mathrm{i}v)$$

解得

$$\frac{\partial u}{\partial x}=\frac{\partial v}{\partial y},\quad \frac{\partial u}{\partial y}=-\frac{\partial v}{\partial x} \tag{2.2.2}$$

上式称为**柯西-黎曼**(Cauchy-Riemann)**方程**，或简称为 C-R 方程，或称为 C-R 条件.

由于式(2.2.1)和式(2.2.2)等价，所以 $\mathrm{i}\partial_x f=\partial_y f$ 也可作为 C-R 条件来使用.

同理可导出极坐标形式的 C-R 方程，

$$\mathrm{i}\frac{\partial f}{\partial r}=\frac{1}{r}\frac{\partial f}{\partial \theta} \tag{2.2.3}$$

即

$$\frac{\partial u}{\partial r}=\frac{1}{r}\frac{\partial v}{\partial \theta},\quad \frac{1}{r}\frac{\partial u}{\partial \theta}=-\frac{\partial u}{\partial r} \tag{2.2.4}$$

由于上面推导过程限制了求导的取向，所以 C-R 条件仅是可导的必要条件.

定理 2.2.1 $f(z)$在 z_0 处可导的充要条件是 u 和 v 在 z_0 处可微，且 u 和 v 满 C-R 条件.

证明 必要性 由于 $f(z)$在 z_0 处可导，按式(2.1.2)，有

$$\Delta f=f'(z_0)\Delta z+o(\Delta z)$$

其中 $o(\Delta z)=\zeta_1+\mathrm{i}\zeta_2$，当 $\Delta z\to 0$ 时，$\lim\zeta_1=0$，$\lim\zeta_2=0$，

令 $f'(z_0)=a+\mathrm{i}b$，故有

$$\begin{aligned}\Delta f&=(a+\mathrm{i}b)(\Delta x+\mathrm{i}\Delta y)+\zeta_1+\mathrm{i}\zeta_2\\&=(a\Delta x-b\Delta y)+\mathrm{i}(b\Delta x+a\Delta y)+\zeta_1+\mathrm{i}\zeta_2\end{aligned}$$

即

$$\Delta u=a\Delta x-b\Delta y+\zeta_1,\quad \Delta v=b\Delta x+a\Delta y+\zeta_2$$

u 和 v 在 z_0 处可微，应有

$$du = a\,dx - b\,dy = \frac{\partial u}{\partial x}dx + \frac{\partial u}{\partial y}dy$$

$$dv = b\,dx + a\,dy = \frac{\partial u}{\partial x}dx + \frac{\partial u}{\partial y}dy$$

于是

$$a = \frac{\partial u}{\partial x} = \frac{\partial v}{\partial y}, \quad -b = \frac{\partial u}{\partial y} = -\frac{\partial u}{\partial x}$$

则必要性得证.

充分性 由于 u 和 v 在 z_0 处可微,则有

$$\Delta u = \frac{\partial u}{\partial x}\Delta x + \frac{\partial u}{\partial y}\Delta y + o(\sqrt{\Delta^2 x + \Delta^2 y})$$

$$\Delta v = \frac{\partial v}{\partial x}\Delta x + \frac{\partial v}{\partial y}\Delta y + o(\sqrt{\Delta^2 x + \Delta^2 y})$$

由 C-R 条件及上述两式,有

$$\Delta f = \Delta u + \mathrm{i}\Delta v = \left(\frac{\partial u}{\partial x} + \mathrm{i}\,\frac{\partial v}{\partial x}\right)(\Delta x + \mathrm{i}\Delta y) + o(\sqrt{\Delta^2 x + \Delta^2 y})$$

这样

$$\lim_{\Delta z \to 0}\frac{\Delta f}{\Delta z} = \frac{\partial u}{\partial x} + \mathrm{i}\,\frac{\partial v}{\partial x} = \frac{\partial f}{\partial x}$$

存在,即 $f(z)$ 在 z_0 处可导.

定义 2.2.1 若 $f(z)$ 在区域 D 上每一点可导,则称 $f(z)$ 在区域 D 上解析,也称 $f(z)$ 是 D 上的一个解析函数;在复平面 C 上的解析函数又称为整函数(全纯函数).

$f(z)$ 在一点 z 处解析,是指 $f(z)$ 在 z 的某个邻域内每一点都可导.

例 2.2.1 设 $f(z)$,$f^*(z)$ 均在区域 D 内解析,则 $f(z)$ 恒为常数.

解 设 $f(z) = u(x,y) + \mathrm{i}v(x,y)$,$f^*(z) = u(x,y) - \mathrm{i}v(x,y)$

因为 f 和 f^* 同时在区域 D 内解析,故这两个函数满足 C-R 条件,所以

$$\partial_x u = \partial_y v, \quad \partial_y u = -\partial_x v$$

及

$$\partial_x u = -\partial_y v, \quad \partial_y u = \partial_x v$$

从而在 D 内恒有

$$\partial_x u = \partial_y u = \partial_x v = \partial_y v = 0$$

因此 $u(x,y) = c_1$,$v(x,y) = c_2$,即

$$f(z) = c_1 + \mathrm{i}c_2 = c$$

定理 2.2.2 设 $f(z) = u(x,y) + \mathrm{i}v(x,y)$,若 $u(x,y)$,$v(x,y)$ 在点 z_0 处可微,则

$$\mathrm{d}f=\frac{\partial f}{\partial z}\mathrm{d}z+\frac{\partial f}{\partial z^*}\mathrm{d}z^* \tag{2.2.5}$$

证明 设 f 是实变量 x 与 y 的(实值或复值)可微函数,考虑下列微分

$$\mathrm{d}f=\frac{\partial f}{\partial x}\mathrm{d}x+\frac{\partial f}{\partial y}\mathrm{d}y \tag{2.2.6}$$

由

$$z=x+\mathrm{i}y,\quad z^*=x-\mathrm{i}y$$

有微分

$$\mathrm{d}z=\mathrm{d}x+\mathrm{i}\mathrm{d}y,\quad \mathrm{d}z^*=\mathrm{d}x-\mathrm{i}\mathrm{d}y$$

反之有

$$\mathrm{d}x=\frac{1}{2}(\mathrm{d}z+\mathrm{d}z^*),\quad \mathrm{d}y=\frac{1}{2\mathrm{i}}(\mathrm{d}z-\mathrm{d}z^*)$$

代入式(2.2.6),得关系式

$$\mathrm{d}f=\frac{1}{2}\left(\frac{\partial f}{\partial x}-\mathrm{i}\frac{\partial f}{\partial y}\right)\mathrm{d}z+\frac{1}{2}\left(\frac{\partial f}{\partial x}+\mathrm{i}\frac{\partial f}{\partial y}\right)\mathrm{d}z^*$$

引进算符

$$\frac{\partial}{\partial z}=\frac{1}{2}\left(\frac{\partial}{\partial x}-\mathrm{i}\frac{\partial}{\partial y}\right),\quad \frac{\partial}{\partial z^*}=\frac{1}{2}\left(\frac{\partial}{\partial x}+\mathrm{i}\frac{\partial}{\partial y}\right)$$

于是有

$$\mathrm{d}f=\frac{\partial f}{\partial z}\mathrm{d}z+\frac{\partial f}{\partial z^*}\mathrm{d}z^* \tag{2.2.7}$$

上式与式(2.1.4)相比,多出了 $\frac{\partial f}{\partial z^*}\mathrm{d}z^*$ 这一项,$\frac{\partial f}{\partial z^*}=0$ 恰好是 C-R 条件,由此得到以下推论.

推论 2.2.1 设 $u(x,y)$,$v(x,y)$在点 z_0 可微,则函数 $f(z)=u(x,y)+\mathrm{i}v(x,y)$在 z_0 可微的充要条件是

$$\left.\frac{\partial f}{\partial z^*}\right|_{z=z_0}=0$$

推论 2.2.2 设 $u(x,y)$,$v(x,y)$在区域 D 上可微,则 $f(z)=u(x,y)+\mathrm{i}v(x,y)$在 D 上解析的充要条件是

$$\frac{\partial f}{\partial z^*}=0$$

例 2.2.2 设 f 是在连通开集 D 内的解析函数,如果 f 的实部是常数,那么 f 也是常数.

解 事实上,$\mathrm{Re}f=\frac{1}{2}(f+f^*)$,由假设,在 D 内 $\mathrm{d}(f+f^*)=0$,这式也可写成

$$\frac{\partial f}{\partial z}\mathrm{d}z+\frac{\partial f}{\partial z^*}\mathrm{d}z^*+\frac{\partial f^*}{\partial z}\mathrm{d}z+\frac{\partial f^*}{\partial z^*}\mathrm{d}z^*=0$$

由于 f 解析,我们有$\frac{\partial f}{\partial z^*}=0$,取共轭得$\frac{\partial f^*}{\partial z}=0$,

于是得

$$\frac{\partial f}{\partial z}\mathrm{d}z+\frac{\partial f^*}{\partial z^*}\mathrm{d}z^*=0$$

而表达式 $a\mathrm{d}z+b\mathrm{d}z^*$,只有在系数 a 与 b 为零时,恒等于零,由此得$\frac{\partial f}{\partial z}=0,\frac{\partial f^*}{\partial z^*}=0$. 于是 $\mathrm{d}f=0$,从而 f 在 D 内是常数.

由式(2.2.7)中$\frac{\partial f}{\partial z^*}=0$,可以推断出**解析函数** $f(z)$**与** z^* **无关,而仅是** z **的函数**. 这就是我们今后应把解析函数看成确实是一个复变量 z 的函数,而不视为两个实变量的复函数.

推论 2.2.3 $\frac{\partial f^*}{\partial z}=\left(\frac{\partial f}{\partial z^*}\right)^*$, $\frac{\partial f^*}{\partial z^*}=\left(\frac{\partial f}{\partial z}\right)^*$

2.3 解析函数

定义 2.3.1 如果函数 $w=f(z)$在 z_0 及 z_0 的某一个邻域内每一点都是可导的,则称函数 $w=f(z)$在 z_0 点处解析. 如果函数 $w=f(z)$在区域 D 内每一点都解析,则称函数 $w=f(z)$在区域 D 内解析,或称 $w=f(z)$为区域 D 内的一个解析函数(有的书上也称为正则函数).

解析函数并非专属复变函数,而实变函数在解析函数的范畴内也有一片属地.

2.3.1 实变解析函数

定义 2.3.2 如果 $f(x)$是定义在某个(有限的或无限的)区间(a,b)内的实变函数,而且在这区间的每一点 x_0 的邻域内部都可以把 $f(x)$表示为如下的**收敛幂级数**

$$f(x)=c_0+c_1(x-x_0)+c_2(x-x_0)^2+\cdots+c_n(x-x_0)^n+\cdots$$

那么,$f(x)$就称为这区间上的**解析函数**.

由此可见,多项式,e^x,$\sin x$,$\cos x$,…等等在整个数轴上是解析的,而每个有理函数,$\tan x$,$\mathrm{ctan}x$,$\sec x$,…等等在不含有该函数无定义(变成无限大)的点的区间内是解析的.

定理 2.3.1 解析函数的和、差、积、商(除数不零)是解析函数,解析函数的复合函数也是解析函数. 解析函数的导数和积分也是解析函数.

证明 由于我们用收敛的幂级数来定义解析函数,因此根据我们第 4 章将要阐述的收敛幂级数的性质,定理 4.3.7,可以一一加以证明.

除此之外,尚有以下两个命题.

命题 2.3.1 解析函数的反函数也是解析的.

命题 2.3.2 如果 $c_k(x)(k=0,1,2,\cdots,n)$是解析函数,那么由方程

$$c_0(x)+c_1(x)f(x)+\cdots+c_n(x)[f(x)]^n=0 \tag{2.3.1}$$

或方程

$$c_0(x)+c_1(x)\frac{\mathrm{d}f}{\mathrm{d}x}+\cdots+c_n(x)\frac{\mathrm{d}^n f}{\mathrm{d}x^n}=0 \tag{2.3.2}$$

确定的函数 $f(x)$也是解析函数.

由这些命题出发,容易明白,由数学分析、几何学、力学和物理学的问题引出来的一切最重要的函数都是解析的. 事实上,不但上述的初等函数是解析的,而且如 Γ 函数,Bessel 函数,椭圆函数和其他许多函数在相应的区间内都是解析的. 由此可见,为什么解析函数在数学以及它的应用中起着这样的重要作用. 同时,也是我们将要反覆讨论它的理由.

2.3.2 复变解析函数

定义 2.3.3 如果在复平面上有某个区域 D,在 D 中的任意一点邻域内,函数可用幂级数的和表示为

$$f(z) = \sum_0^{\infty} c_k(z-z_0)^k \tag{2.3.3}$$

则称 $f(z)$在 D 上**解析**.

以后我们可以看到,数学分析的基本概念一般来说都可以推广到复变函数上来,其中包括导数 $f'(z)$的概念,以及沿着某平面曲线 L 的积分 $\int_L f(z)$ 的概念.

下列四种条件中的任何一款,都可作为函数 $f(z)$在复平面 z 的某个圆内为解析函数的必要和充分条件:

(1) 函数 $f(z)$在圆内每一点有导数 $f'(z)$;

(2) 若 $f(z)=u(x,y)+\mathrm{i}v(x,y)$,其中 $u(x,y)$和 $v(x,y)$是两次实变可微函数,满足 Laplace 微分方程$\frac{\partial^2\varphi}{\partial x^2}+\frac{\partial^2\varphi}{\partial y^2}=0$,且以方程$\frac{\partial u}{\partial v}=\frac{\partial v}{\partial y},\frac{\partial u}{\partial y}=-\frac{\partial v}{\partial x}$彼此联系着;

(3) 函数 $f(z)$在圆内连续,而且它沿圆内任意闭曲线的积分等于零;

(4) 在半径较小的任一同心圆内函数 $f(z)$可以用多项式逼近到任意的精确度.

上述条款建立了全部复变解析函数的理论，它们中的任何一款都可作为复变解析函数概念的定义基础，我们采取条款 1，因它与采取幂级数的**定义 2.3.2** 是等价的.

但解析函数论在物理及力学中的许多应用是以条款 2 为基础的；例如，所谓平面上的热平衡或电平衡问题、液体或气体稳恒流沿平面闭路的绕流问题，都归结到 Laplace 方程，而 Laplace 方程的种种解构成了全部解析函数.

定理 2.3.2　设 $f(z)$是区域 D 内的单值解析函数，如果 $z_0 \in D$，而且 r 是 z_0 到 D 的边界的距离，则 $f(z)$在圆$|z-z_0|<r$ 内可以展开成$(z-z_0)$的幂级数.

该定理的逆定理也正确，即 $f(z)$是圆$|z-z_0|<r$ 内的收敛幂级数，则 $f(z)$一定是单值解析函数.

定理 2.3.3　(1) 区域 D 内的每个解析函数 $f(z)$在这个区域内有一切阶的导数，即在这区域内无限可微；

(2) 解析函数的导数仍是解析函数；

(3) 解析函数的实部和虚部有一切阶的可微偏导数；

(4) 如果函数 $f(z)$在区域内解析，且 L 是可求长 Jordan 闭曲线，它和它的内部都属于区域 D，则在每一点 $z \in D$，对于任意的自然数 n 下列等式成立

$$f^{(n)}(z) = \frac{n!}{2\pi \mathrm{i}} \int_L \frac{f(\zeta)}{(\zeta - z)^{(n+1)}} \mathrm{d}\zeta \tag{2.3.4}$$

这一些结论的证明将放在第 3 章和第 4 章.

2.4　解析函数与调和函数的关系

定义 2.4.1　调和函数的定义

如果在区域 D 内实函数 $\varphi(x, y)$具有二阶连续偏导数，且满足拉普拉斯(Laplace)方程

$$\Delta\varphi = \frac{\partial^2 \varphi}{\partial x^2} + \frac{\partial^2 \varphi}{\partial y^2} = 0 \tag{2.4.1}$$

则称 $\varphi(x, y)$为区域 D 内的调和函数，其中 $\Delta \equiv \dfrac{\partial^2}{\partial x^2} + \dfrac{\partial^2}{\partial y^2}$是一种运算记号，称为拉普拉斯算符.

定义 2.4.2　共轭调和函数的定义.

如果两实函数 $u(x, y)$及 $v(x, y)$均为区域 D 内的调和函数，且又满足柯西-黎曼条件，即

$$\frac{\partial u}{\partial x} = \frac{\partial v}{\partial y}, \quad \frac{\partial u}{\partial y} = -\frac{\partial v}{\partial x}$$

则称 v 为 u 的共轭调和函数.

必须注意这里共轭一词的用法不得与 1.1 中所用的共轭一词的用法相混淆.

由于柯西-黎曼条件对于 u 与 v 是不对称的,即不可互换的,所以 v 是 u 的共轭调和函数,但不能说 u 也是 v 的共轭调和函数.

定义 2.4.3 解析函数、调和函数及共轭调和函数之间的关系.

若 $f(z)=u(x,y)+\mathrm{i}v(x,y)$ 在区域 D 内解析,则由柯西-黎曼条件

$$\frac{\partial u}{\partial x}=\frac{\partial v}{\partial y},\quad \frac{\partial u}{\partial y}=-\frac{\partial v}{\partial x}$$

得

$$\frac{\partial^2 u}{\partial x^2}=\frac{\partial^2 v}{\partial x\partial y};\quad \frac{\partial^2 u}{\partial y^2}=-\frac{\partial^2 v}{\partial y\partial x}$$

因为 $\frac{\partial^2 v}{\partial x\partial y}$ 及 $\frac{\partial^2 v}{\partial y\partial x}$ 在 D 内连续,所以二者必定相等. 这样在 D 内有

$$\frac{\partial^2 u}{\partial x^2}+\frac{\partial^2 u}{\partial y^2}=0 \tag{2.4.2}$$

同理,在 D 内也有

$$\frac{\partial^2 v}{\partial x^2}+\frac{\partial^2 v}{\partial y^2}=0 \tag{2.4.3}$$

由此可见,在区域 D 内的解析函数 $f(z)$,其实部 $u(x,y)$ 与虚部 $v(x,y)$ 均为 D 内的调和函数. 由于 u 和 v 满足柯西-黎曼条件,所以 v 为 u 的共轭调和函数.

因此,函数 $f(z)=u(x,y)+\mathrm{i}v(x,y)$ 在区域 D 内解析,但函数 $g(z)=v(x,y)+\mathrm{i}u(x,y)$ 在区域 D 内不一定解析,而函数 $h(z)=-v(x,y)+\mathrm{i}u(x,y)$ 在区域 D 内一定解析,因为 v 是 u 的共轭调和函数,但 u 是 $(-v)$ 的共轭调和函数. 例如,$x+\mathrm{i}y$ 是复平面上的解析函数,但 $y+\mathrm{i}x$ 却不是解析函数,而 $-y+\mathrm{i}x$ 又是解析函数了.

如果采用拉普拉斯算符 Δ 及梯度算符 ∇,则可将解析函数 $f(z)=u(x,y)+\mathrm{i}v(x,y)$ 的实部 u 及虚部 v 所具有的上述两个特性写成如下的紧凑形式:

(1) $\Delta u=0,\Delta v=0$ (2.4.4a)

(2) $\nabla u\cdot\nabla v=0 \quad \left(即\frac{\partial u}{\partial x}\cdot\frac{\partial v}{\partial x}+\frac{\partial u}{\partial y}\cdot\frac{\partial v}{\partial y}=0\right)$ (2.4.4b)

特性(2)是利用柯西-黎曼条件,然后将两式相乘而得. 它表明 $u(x,y)=$常数的曲线族和 $v(x,y)=$常数的曲线族是互相正交的两曲线族.

由上述论证可知,如果在区域 D 内任意选取两个调和函数 $u(x,y)$ 及 $v(x,y)$,则函数 $u+\mathrm{i}v$ 在区域 D 内不一定是解析函数. 只有当 u 和 v 还满足柯西-黎曼条件,函数 $u+\mathrm{i}v$ 在区域 D 内才解析. 由此提供了构成一个解析函数的方法,即由一个调和函数,利用柯西-黎曼条件求出另一个与之共轭的调和函数,再由这一对共轭调和函数构成一个解析函数.

定理 2.4.1 若函数 $f(z)=u(x,y)+\mathrm{i}v(x,y)$ 在点 $z_0=x_0+\mathrm{i}y_0$ 解析，且 $f(z_0)=c_0$，则

$$f(z)=2u\left(\frac{z+z_0^*}{2},\frac{z-z_0^*}{2\mathrm{i}}\right)+c_0^* \tag{2.4.5}$$

定理 2.4.2 若函数 $f(z)=u(x,y)+\mathrm{i}v(x,y)$ 在点 $z_0=x_0+\mathrm{i}y_0$ 解析，且 $f(z_0)=c_0$，则

$$f(z)=2\mathrm{i}v\left(\frac{z+z_0^*}{2},\frac{z-z_0^*}{2\mathrm{i}}\right)-c_0^* \tag{2.4.6}$$

证明 因为

$$x=\frac{z+z^*}{2},\quad y=\frac{z-z^*}{2\mathrm{i}}$$

所以

$$\frac{\partial x}{\partial z^*}=\frac{1}{2},\quad \frac{\partial y}{\partial z^*}=-\frac{1}{2\mathrm{i}}$$

因此，形式上我们可以认为 $f(z)=u(x,y)+\mathrm{i}v(x,y)$ 是 z 与 z^* 的函数，则

$$\begin{aligned}\frac{\mathrm{d}f}{\mathrm{d}z^*}&=\frac{\partial f}{\partial x}\frac{\partial x}{\partial z^*}+\frac{\partial f}{\partial y}\frac{\partial y}{\partial z^*}\\&=\left(\frac{\partial u}{\partial x}+\mathrm{i}\frac{\partial v}{\partial x}\right)\left(\frac{1}{2}\right)+\left(\frac{\partial u}{\partial y}+\mathrm{i}\frac{\partial v}{\partial y}\right)\left(-\frac{1}{2\mathrm{i}}\right)\\&=\frac{1}{2}\left(\frac{\partial u}{\partial x}-\frac{\partial v}{\partial y}\right)+\frac{\mathrm{i}}{2}\left(\frac{\partial v}{\partial x}+\frac{\partial u}{\partial y}\right)\end{aligned}$$

由于 $f(z)$ 是解析函数，所以 C-R 条件成立，则

$$\frac{\partial f}{\partial z^*}=0 \tag{2.4.7}$$

因此 f 就只能是 z 的函数，f 不能是 z^* 的显函数. 于是解析函数 $f(z)$ 是 x 与 y 的函数，但只能以 $x+\mathrm{i}y$ 的组合形式来表示，不能以 $x-\mathrm{i}y$ 的组合形式来表示. 同理可证，f^* 只能是 z^* 的函数. 因此

$$u(x,y)=\frac{1}{2}[f(x+\mathrm{i}y)+f^*(x-\mathrm{i}y)] \tag{2.4.8}$$

由于 $f(z)$ 在 $z_0=x_0+\mathrm{i}y_0$ 解析，因此在 z_0 点邻域内，总可找到解析点 ζ，作线性变换

$$x=x_0+\frac{\zeta-z_0}{2}=\frac{\zeta+z_0^*}{2},\quad y=y_0+\frac{\zeta-z_0}{2\mathrm{i}}=\frac{\zeta-z_0^*}{2\mathrm{i}}$$

于是

$$x+\mathrm{i}y=\zeta,\quad x-\mathrm{i}y=z_0^* \tag{2.4.9}$$

将上式代入式(2.4.8)，得

$$f(\zeta) = 2u\left(\frac{\zeta + z_0^*}{2}, \frac{\zeta - z_0^*}{2\mathrm{i}}\right) + f^*(z_0^*) \tag{2.4.10}$$

同理可证

$$f(\zeta) = 2\mathrm{i}v\left(\frac{\zeta + z_0^*}{2}, \frac{\zeta - z_0^*}{2\mathrm{i}}\right) - f^*(z_0^*) \tag{2.4.11}$$

Schwarz 反射原理　如果 $f(z)$在包含实轴的区域内解析，且在实轴上 $f(z)$取实数，则

$$f^*(z) = f(z^*) \tag{2.4.12}$$

由上式可得 $f^*(z^*)=f(z)$，代入式(2.4.8)，得到

$$u(x,y) = f(x+\mathrm{i}y) \tag{2.4.13}$$

由于在实轴上 $y=0$，$z=x$，所以上式又可写成

$$u(z,0) = f(z) \tag{2.4.14}$$

这样已知实部 $u(x,y)$，就很容易求得解析函数 $f(z)$.

2.5　初等解析函数

可以将复变数的初等函数作为实变数的初等函数在复数域中的自然推广，也就是要使定义的各种初等复变函数，当 z 为实数 x 时应与相应的初等实变函数具有相同的值，而且当 z 为任意复数时，相应的初等实变函数的某些性质仍保持不变. 但是，并不要求保持所有的性质不变；相反，初等复变函数可以具有截然不同于相应的初等实变函数的性质. 例如实指数函数 e^x 不具有周期性，而复指数函数 e^z 却具有周期性；实变函数的正弦、余弦函数是有界的，可是复变函数的正弦、余弦函数却不再是有界的了……. 因此我们在学习初等复变函数时，既要注意它们与相应的初等实变函数共同的性质，又要注意它们与相应的初等实变函数不同的性质. 重点在于后者，注意实变函数的哪些性质对相应的复变函数不再成立，以及在复数范围内显现出哪些在实数范围内不可能显现的性质.

凡能由常数、z、e^z 经过有限次加、减、乘、除、乘方、开方和有限次这类函数的复合或取反函数所能得到的一切函数统称为**初等函数**.

初等函数都有一个统一的分析表达式，在其有定义的区域(多值函数应在单值分支上)都可微.

初等函数可按其构造分类如下：

- **初等函数**
  - **超越函数**
  - **代数函数**
    - **无理函数**
    - **有理函数**
      - **有理分式**
      - **多项式**

多项式　$P(z)=\sum_{k=0}^{n}c_kz^k$

有理函数　$R(z)=\dfrac{P(z)}{Q(z)}$　$(Q(z)\neq 0)$

其中 $P(z)$和 $Q(z)$都是多项式,$Q(z)$的阶数高于 $P(z)$时称为**有理分式**.

代数函数　由方程(2.3.1)和方程(2.3.2)的解、其中方程中的系数为多项式.

超越函数　所有初等超越函数,都是 e^z 和其逆 $\log z$,经过上述有限次运算而得,换句话说,其本上只有一个初等超越函数.

2.5.1　指数函数

定义 2.5.1

$$w=e^z=e^x(\cos y+i\sin y) \tag{2.5.1}$$

定义为复变指数函数,特别是

$$e^{i\theta}=\cos\theta+i\sin\theta \quad (\theta\text{ 为实数})$$

$$e^0=1,\quad e^{i\frac{\pi}{2}}=i,\quad e^{i\pi}=-1$$

因此任一非零复数 z 可以写成指数形式

$$z=|z|e^{i\arg z}$$

性质

(1) 对于每一个复数 z,$e^z\neq 0$.

(2) 映射 $t\to e^{it}$ 将实轴映射到单位圆上.

(3) e^z 在 z 平面上解析,且

$$(e^z)'=e^z. \tag{2.5.2}$$

(4) 指数的加法定理仍成立,即

$$e^{z_1+z_2}=e^{z_1}\cdot e^{z_2} \tag{2.5.3}$$

(5) e^z 是以 $2\pi i$ 为基本周期的周期函数. 对于任一整数 k,下式都成立:

$$e^{z+2k\pi i}=e^z\cdot e^{2k\pi i}=e^z \tag{2.5.4}$$

(6) 极限$\lim\limits_{z\to\infty}e^z$ 不存在,即 e^∞ 无意义.

因为 z 沿正实轴趋于$+\infty$时,$e^z\to+\infty$,当 z 沿负实轴趋于$-\infty$时,$e^z\to 0$.

这里定义的指数函数 $e^z=\exp(z)$,不同于 e 的 z 次幂,按幂函数的定义 $e^z=e^{z\ln e}$,$\ln e=1+2k\pi i(k=0,1,2,\cdots)$,所以仅当 $\ln e$ 取主值时,两者定义才一致.

2.5.2　三角函数

定义 2.5.2　与实变函数的情形不同,复变三角函数是由复变指数函数产生的. 正弦函数的定义为

$$\sin z=\frac{1}{2i}(e^{iz}-e^{-iz}) \tag{2.5.5}$$

余弦函数定义为

$$\cos z = \frac{1}{2}(e^{iz} + e^{-iz}) \tag{2.5.6}$$

正切函数定义为

$$\tan z = \frac{\sin z}{\cos z} = \frac{1}{i}\frac{(e^{iz} - e^{-iz})}{(e^{iz} + e^{-iz})} \tag{2.5.7}$$

也可类似地定义余切等三角函数.

性质

(1) 当 z 为实数时,这里的定义与通常正弦及余弦的定义一致.

(2) 在 z 平面上解析,且导数为

$$(\sin z)' = \cos z, \quad (\cos z)' = -\sin z \tag{2.5.8}$$

$$(\tan z)' = \frac{1}{\cos^2 z}$$

(3) $\sin z$ 是奇函数,$\cos z$ 是偶函数,并且遵从通常的三角恒等式

$$\sin^2 z + \cos^2 z = 1 \tag{2.5.9}$$

$$\sin(z_1 \pm z_2) = \sin z_1 \cos z_2 \pm \cos z_1 \sin z_2 \tag{2.5.10}$$

$$\cos(z_1 \pm z_2) = \cos z_1 \cos z_2 \mp \sin z_1 \sin z_2 \tag{2.5.11}$$

(4) 周期性

$$\sin(z + 2k\pi) = \sin z \tag{2.5.12a}$$

$$\cos(z + 2k\pi) = \cos z \quad (k = \pm 1, \pm 2, \cdots) \tag{2.5.12b}$$

$$\tan(z + k\pi) = \tan z$$

(5) 零点

$$\sin z \text{ 的零点为 } z = n\pi \quad (n = 0, \pm 1, \cdots)$$

即

$$\sin z = 0 \text{ 的根为 } n\pi$$

$$\cos z \text{ 的零点为 } z = \left(n + \frac{1}{2}\right)\pi \quad (n = 0, \pm 1, \cdots)$$

即

$$\cos z = 0 \text{ 的根为} (n + 1/2)\pi$$

(6) $\sin z$ 及 $\cos z$ 在全平面是无界的

例如

$$z = iy \quad (y > 0)$$

$$\cos iy = \frac{1}{2}[e^{i(iy)} + e^{-i(iy)}] = \frac{1}{2}(e^{-y} + e^{y}) > \frac{e^{y}}{2}$$

因此,只要 y 足够大,$\cos iy$ 就可大于任何预先给定的正数.

2.5.3　双曲函数

定义 2.5.3　双曲正弦函数定义为

$$\sinh z = \frac{1}{2}(e^z - e^{-z}) \tag{2.5.13a}$$

双曲余弦函数定义为

$$\cosh z = \frac{1}{2}(e^z + e^{-z}) \tag{2.5.13b}$$

双曲正切函数定义为

$$\tanh z = \frac{(e^z - e^{-z})}{(e^z + e^{-z})} \tag{2.5.13c}$$

性质

(1) 对于 z 为实数来说，上述定义与实数的双曲函数定义一致.

(2) 在 z 平面上解析，用

$$\frac{d}{dz}(\sinh z) = \cosh z, \quad \frac{d}{dz}(\cosh z) = \sinh z \tag{2.5.14}$$

(3) $\sinh z$ 是奇函数，$\sinh(-z) = -\sinh z$，$\cosh z$ 是偶函数，$\cosh(-z) = \cosh z$. 并且遵从通常的双曲函数的恒等式

$$\cosh^2 z - \sinh^2 z = 1 \tag{2.5.15}$$

$$\sinh(z_1 \pm z_2) = \sinh z_1 \cosh z_2 \pm \cosh z_1 \sinh z_2 \tag{2.5.16}$$

$$\cosh(z_1 \pm z_2) = \cosh z_1 \cosh z_2 \pm \sinh z_1 \sinh z_2 \tag{2.5.17}$$

(4) 周期性

$$\begin{aligned} \sinh(z + 2k\pi i) &= \sinh z \\ \cosh(z + 2k\pi i) &= \cosh z \end{aligned} \quad (k = 0, \pm 1, \cdots) \tag{2.5.18}$$

(5) 与三角函数的关系

$$\begin{aligned} \sinh(iz) &= i\sin z, \quad \sin(iz) = i\sinh z \\ \cosh(iz) &= \cos z, \quad \cos(iz) = \cosh z \end{aligned} \tag{2.5.19}$$

2.5.4　对数函数

定义 2.5.4　对数函数定义为指数函数的反函数，有

$$\ln z = \ln |z| + i\arg z \quad (z \neq 0) \tag{2.5.20}$$

对数函数是一个多值函数，对于 $z \neq 0$，函数 z 有无穷多个值.

性质

(1) 常用的单值分支为

$$\ln r + i(\theta + 2k\pi) = f_k(z) \quad (k = 0, \pm 1, \pm 2, \cdots) \tag{2.5.21}$$

其中 $z = re^{i\theta}$，而 $-\pi < \theta < \pi$ 或 $0 < \theta < 2\pi$，通常把

$$w = \ln r + i\theta_0 \quad (z = re^{i\theta}, -\pi < \theta_0 \leqslant \pi)$$

定义为对数函数的主值支，并记作

$$w = \mathrm{Ln} z$$

若将负实轴分成与上半平面相连接的上沿 $\theta=\pi$，与下半平面相连接的下沿 $\theta=-\pi$，定义

$$\ln z=\ln r+\mathrm{i}(\theta_0+2k\pi)\quad(r>0,-\pi<\theta_0\leqslant\pi,k=0,\pm1,\pm2,\cdots)$$

则此函数便连续到负实轴的上沿与下沿，其他分支也可同样处理.

(2) 在除去负实轴(包括原点)的平面内，主值和其他各分支处处解析，且

$$\frac{\mathrm{d}}{\mathrm{d}z}[f_k(z)]=\frac{\mathrm{d}}{\mathrm{d}z}\{\ln|z|+\mathrm{i}(\arg z+2k\pi)\}=\frac{1}{z}\quad(k=0,\pm1,\pm2,\cdots)\tag{2.5.22}$$

(3) 对数运算法则

$$\begin{aligned}&\ln(z_1\cdot z_2)=\ln z_1+\ln z_2\\&\ln\left(\frac{z_1}{z_2}\right)=\ln z_1-\ln z_2\end{aligned}\tag{2.5.23}$$

2.5.5 根式函数

定义 2.5.5 $w=\sqrt[n]{z}$ (n 为自然数)

为根式函数，它是一个多值函数. 对于 $z\neq0$，w 有 n 个不同的值，而 $z=0$ 对应 $w=0$.

性质

(1) 常用的单值分支为

$$w=r^{1/n}\mathrm{e}^{\mathrm{i}\frac{\theta+2k\pi}{n}}=f_k(z)\tag{2.5.24}$$

其中 $z=r\mathrm{e}^{\mathrm{i}\theta}$，$-\pi<\theta<\pi$ 或 $0<\theta<2\pi$，$(k=0,\pm1,\pm2,\cdots,n-1)$

(2) 除原点之外，在 z 平面上解析

$$\frac{\mathrm{d}}{\mathrm{d}z}[f_k(z)]=\frac{1}{n}\frac{f_k(z)}{z}\quad(k=0,\pm1,\pm2,\cdots,n-1)\tag{2.5.25}$$

2.5.6 反三角函数

定义 2.5.6 反三角函数定义为三角函数的反函数. 其中，反正弦函数为

$$w=\arcsin z=-\mathrm{i}\ln(\mathrm{i}z+\sqrt{1-z^2})\tag{2.5.26}$$

反余弦函数

$$w=\arccos z=-\mathrm{i}\ln(z+\sqrt{z^2-1})$$

反正切函数为

$$w=\arctan z=-\frac{\mathrm{i}}{2}\ln\frac{1+\mathrm{i}z}{1-\mathrm{i}z}$$

性质 由上述定义可知，复变函数中反三角函数可以表示为根式函数及对数函数的组合，因此它的性质可从后面两个函数的性质推导出来. 从这里也可看出，复变反三角函数和实变反三角函数的性质是不同的.

2.5.7　一般幂函数与一般指数函数

定义 2.5.7　一般幂函数定义为

$$w = z^{\alpha} = e^{\alpha \mathrm{Ln} z} \tag{2.5.27}$$

其中 $z \neq 0$，α 为一复常数，仅当 α 为正实数时，$z=0$，$w=0$.

一般指数函数定义为

$$w=a^{z}=\mathrm{e}^{z\mathrm{Ln}a} \quad (a\neq 0,\text{且为一复常数})$$

性质　以上两种函数均可视作复合函数，因此它们的性质可由其他函数的性质推导出来.

2.6　解析函数的应用——平面场的复势

在工程技术中常常要解决大量的平面矢量场的问题，例如平面静电场、平面无旋流的速度场、平面稳定温度场等等. 而在以往场论中通常用两个调和函数来分别描述它们的性质. 事实上，这一对调和函数并不是毫不相关的，而是一对共轭调和函数. 因此就启发人们利用解析函数的理论来统一研究平面场的性质，这样做不仅使问题的表达形式紧凑，而且往往可以引出新的结果.

下面我们以平面静电场为例来说明解析函数在这类问题上的应用. 在阐明问题之前，我们先叙述几个概念.

2.6.1　电通 *u*

通过单位面积（注意：由于是平面场问题，所以物理量不随 z 变化. 在 z 方向上取单位长度，所以单位面积，实际上是在 xy 平面上的单位长度线段.）的电位移通量，即电通量函数. 对于静电场，它只能是位置的函数. 电位移通量 u_D 与电场线通量 u_E 的关系如下：

$$u_D = \varepsilon_0 u_E \tag{2.6.1}$$

在真空中 $\varepsilon_0=1$，所以 $u_D=u_E$.

因此电通量函数有时也直接指电场线通量函数，今后称为**电通** u.

由于电通是位置的函数，沿电场线移动时，电通量守恒，即 $u(x,y)=$常数，因此

$$\mathrm{d}u = \frac{\partial u}{\partial x}\mathrm{d}x + \frac{\partial u}{\partial y}\mathrm{d}y \tag{2.6.2}$$

另一方面，电场线方程应有

$$\frac{\mathrm{d}x}{E_x}=\frac{\mathrm{d}y}{E_y}$$

或

$$-E_y\mathrm{d}x+E_x\mathrm{d}y=0 \tag{2.6.3}$$

比较式(2.6.2)与式(2.6.3),得

$$\frac{\partial u}{\partial x}=-E_y,\quad \frac{\partial u}{\partial x}=E_x \tag{2.6.4}$$

由于静电场是无旋场,所以

$$\mathrm{rot}\mathbf{E}=\frac{\partial E_y}{\partial x}-\frac{\partial E_x}{\partial y}=0 \tag{2.6.5}$$

式(2.6.4)代入式(2.6.5),得

$$\frac{\partial^2 u}{\partial x^2}+\frac{\partial^2 u}{\partial y^2}=0 \tag{2.6.6}$$

因此,电通 u 是一调和函数.

2.6.2　电势

在静电学中电势 v 与电场 $\boldsymbol{E}$ 的关系为

$$\boldsymbol{E}=-\nabla v \tag{2.6.7}$$

$$\boldsymbol{E}_x=-\frac{\partial v}{\partial x} \tag{2.6.8a}$$

$$\boldsymbol{E}_y=-\frac{\partial v}{\partial y} \tag{2.6.8b}$$

在静电场中 $\nabla^2 v=-\frac{\rho}{\varepsilon_0}$,若无电荷(无源场),则

$$\nabla^2 v=\frac{\partial^2 v}{\partial x^2}+\frac{\partial^2 v}{\partial y^2}=0 \tag{2.6.9}$$

因此电势 v 也是一调和函数.

将式(2.6.4)与式(2.6.8)进行比较得

$$\frac{\partial u}{\partial x}=\frac{\partial v}{\partial y} \tag{2.6.10}$$

$$\frac{\partial u}{\partial y}=-\frac{\partial v}{\partial x} \tag{2.6.11}$$

由此可见,v 是 u 的共轭调和函数. 因此它们可以构成一解析函数 $f(z)$,即

$$f(z)=u(x,y)+\mathrm{i}v(x,y)$$

在平面静电场中,由电通量作实部、电势作虚部组成的解析函数,通常称为平面电场的复势.

若已知复势 $f(z)$,则电场 $\boldsymbol{E}$ 也可用它来表示. 按电场定义有

$$\begin{aligned}\boldsymbol{E}&=-\frac{\partial v}{\partial x}-\mathrm{i}\frac{\partial v}{\partial y}=-\frac{\partial v}{\partial x}-\mathrm{i}\frac{\partial u}{\partial x}\\&=-\mathrm{i}\left[\frac{\partial u}{\partial x}-\mathrm{i}\frac{\partial v}{\partial x}\right]=\left[\mathrm{i}\frac{\mathrm{d}f}{\mathrm{d}z}\right]^*\end{aligned} \tag{2.6.12}$$

且

$$|\boldsymbol{E}| = \left|\frac{\mathrm{d}f}{\mathrm{d}z}\right| \tag{2.6.13}$$

如果一平面矢量场,既是无旋场,又是无源场,则一般说来总可以构成一个解析函数,来研究这平面矢量场的性质.而这个解析函数称为平面场的复势.

由上述可知,采用解析函数来研究平面矢量场,不但形式紧凑,而且可使计算大大简化,尽管如此,但要找出这样的解析函数是极不容易的.因此,一般是将问题反转过来,不是根据电场去找解析函数,而是先研究一些不同的解析函数,找出它们所表示的电场图形,再由这些电场的图形,推出带电导体的形状.如此积累了一些电场图形与解析函数的关系,再由这些已知的关系,推出新电场的复势函数.

下面给出几个解析函数,作为平面电场的复势,推导出电场表示的例子.

例 2.6.1　讨论复势 $w=Ez$(E 为正数)表示的电场.

解　$w=Ex+\mathrm{i}Ey$,所以 $u=Ex$,$v=Ey$

$$\boldsymbol{E}=\left[\mathrm{i}\frac{\mathrm{d}w}{\mathrm{d}z}\right]^*=-E\mathrm{i},\quad |\boldsymbol{E}|=\left|\frac{\mathrm{d}w}{\mathrm{d}z}\right|=E$$

由上式可知,电场为常量,方向背向 y 方向,这反映高电势在低电势的上方.

例 2.6.2　求解析函数 $w(z)=Az^2$ 表示的电场,式中 A 为实常数.

解　将解析函数 $w(z)=Az^2$ 表示为实部与虚部之和

$$\begin{aligned} w(z) &= Az^2 = A(x+\mathrm{i}y)^2 = A(x^2-y^2)+\mathrm{i}2Axy \\ &= A(x^2-y^2)+\mathrm{i}2Axy = u(x,y)+\mathrm{i}v(x,y) \end{aligned}$$

式中 $u(x,y)=A(x^2-y^2)$,$v(x,y)=2Axy$.

令实部与虚部分别等于定值

$$u(x,y) = A(x^2-y^2) = c_1 \quad (\text{常数}) \tag{Ⅰ}$$

$$v(x,y) = 2Axy = c_2 \quad (\text{常数}) \tag{Ⅱ}$$

在 z 平面上,可给出式(Ⅰ)与(Ⅱ)表示的曲线.变动 c_1、c_2 之值,则由解析几何知识可知,它们表示两族等轴双曲线.图 2.1 上式(Ⅰ)表示的双曲线以 x 和 y 轴的夹角平分线为其渐近线,式(Ⅱ)表示的双曲线以 x 轴与 y 轴为其渐近线.图 2.1 仅绘出第一象限这些曲线族的图形.

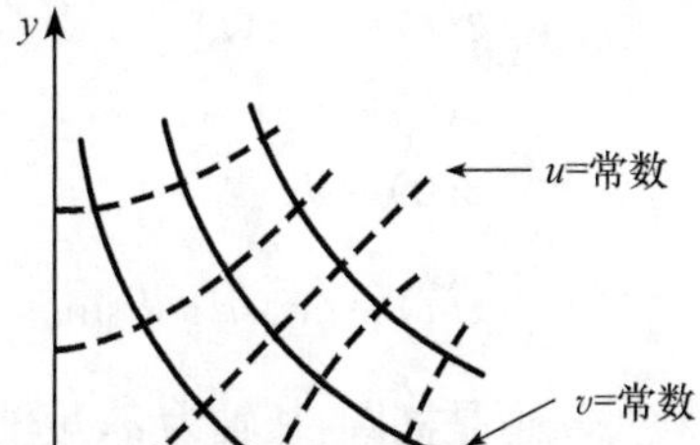

图 2.1

若令 $v(x,y)=2Axy=c_2$ 代表电场中的等电势线,则 $u(x,y)=A(x^2-y^2)=c_1$ 代表电场中的电场线亦即等通量线.取 $c_2=0$,则双曲线 $v(x,y)=2Axy=0$ 退化为 x 轴与 y 轴两条直线.图 2.1 相当于弯成直角的带负电接地导电大平板电场分布的情形.可见,复势函数能够清晰表示具有一定的边界面的电场中的等电势线与电场线的分布.

若已知某定点(x_0,y_0)的电势值,即$v(x_0,y_0)=v_0$,则可进而确定电势函数与电通量函数. 因为

$$v(x_0,y_0)=2Ax_0y_0=v_0$$

所以常数$A=\frac{v_0}{2x_0y_0}$,于是电势函数

$$v(x,y)=2Axy=\frac{v_0}{x_0y_0}xy$$

而电通量函数

$$u(x,y)=A(x^2-y^2)=\frac{v_0}{x_0y_0}(x^2-y^2)$$

由于

$$\begin{aligned}\boldsymbol{E}&=E_x+\mathrm{i}E_y=-\frac{\partial v}{\partial x}-\mathrm{i}\frac{\partial u}{\partial x}=-\mathrm{i}\left(\frac{\partial u}{\partial x}-\mathrm{i}\frac{\partial v}{\partial x}\right)=-\mathrm{i}\frac{\mathrm{d}w^*}{\mathrm{d}z}\\&=-\mathrm{i}[2Az]^*=-2A\mathrm{i}z^*=-2A(y+\mathrm{i}x)\end{aligned}$$

$$|\boldsymbol{E}|=2A\sqrt{x^2+y^2}$$

由上式可以看出凹角区域电场强度较弱. 当$x=0,y=0$时,$\boldsymbol{E}=0$;远离凹角区域的电场强度较强. 因此复势$w=Az^2$可描述夹角为直角的两个无限大接地平板导体在直角区域内产生的电场.

例 2.6.3　奇观:映射$z\mapsto z^2$竟把线性力场的轨道变为万有引力场的轨道.

解　下面我们考虑单位质量的质点在平面有心力场中的运动.

(A) 虚拟世界

太阳位于原点,地球质量设为 1,位能$U(\boldsymbol{r})=\frac{1}{2}r^2$,运动方程如下:

$$\begin{array}{lcl}\ddot{z}(t)=-z(t) & & \ddot{\boldsymbol{r}}=-\frac{\partial U}{\partial \boldsymbol{r}}=-\boldsymbol{r}\boldsymbol{e}_r\\ z(0)=a & \Leftrightarrow & \boldsymbol{r}(0)=a\boldsymbol{e}_x\\ \dot{z}(0)=\mathrm{i}b & & \dot{\boldsymbol{r}}(0)=b\boldsymbol{e}_y\\ z(t)=a\cos t+\mathrm{i}b\sin t & & \boldsymbol{r}=a\cos t\boldsymbol{e}_x+b\sin t\boldsymbol{e}_y\end{array}$$

轨道是椭圆,长轴为a,短轴为b,焦距为$\pm\sqrt{a^2-b^2}$,离心率$e=\frac{c}{a}=\sqrt{a^2-b^2}/a$.

总能量守恒$E=\frac{1}{2}\dot{\boldsymbol{r}}^2+U(\boldsymbol{r})=\frac{1}{2}(a^2+b^2)$,位能$U(\boldsymbol{r})=\frac{1}{2}r^2$,$F(\boldsymbol{r})=-\frac{\partial U}{\partial \boldsymbol{r}}=-\boldsymbol{r}\boldsymbol{e}_r$.

(B) 现实世界

作映射$z\mapsto z^2$将虚拟世界变为现实世界

$$z \mapsto z^2 = \left(\frac{a+b}{2}\mathrm{e}^{\mathrm{i}t} + \frac{a-b}{2}\mathrm{e}^{\mathrm{i}t}\right)^2 = \left[\left(\frac{a+b}{2}\right)^2 \mathrm{e}^{\mathrm{i}2t} + \left(\frac{a-b}{2}\right)^2 \mathrm{e}^{-\mathrm{i}2t}\right] + \frac{a^2-b^2}{2}$$

令 $w=f(z)=z^2$，再作平移变换 $w'=w-\dfrac{a^2-b^2}{2}$

$$w' = \left(\frac{a^2+b^2}{2}\right)\cos 2t + \mathrm{i}(ab)\sin 2t = \tilde{a}\cos 2t + \mathrm{i}\tilde{b}\sin 2t$$

因此映射后，轨道仍是椭圆，但太阳位于椭圆的右焦点处，地球仍按椭圆轨道绕太阳运动.

椭圆长轴为 $\tilde{a}=\dfrac{a^2-b^2}{2}$，短轴为 $\tilde{b}=ab$，焦距为 $\tilde{c}=\dfrac{a^2-b^2}{2}$，离心率 $\tilde{e}=2\,\dfrac{a^2-b^2}{a^2+b^2}$，$p'$ 为半正交焦弦(焦点到轨道的垂直于长轴的距离)，$p'=\tilde{a}(1-\tilde{e}^2)$. 这轨道也可用极坐标表示，通常圆锥曲线表示为 $\dfrac{p'}{r}=(1+\tilde{e}\cos\tilde{\varphi})$，当 $\tilde{e}<1$，$\tilde{e}=1$ 和 $\tilde{e}>1$ 时分别表示为椭圆、抛物线和双曲线，而我们这里 $\tilde{e}<1$，所以轨道为椭圆，即

$$\tilde{\boldsymbol{r}} = \frac{p'}{(1+\tilde{e}\cos\tilde{\varphi})}\boldsymbol{e}_r$$

其中

$$\tilde{e}=2\,\frac{a^2-b^2}{a^2+b^2}, \quad p'=\tilde{a}(1-\tilde{e}^2). \tag{1}$$

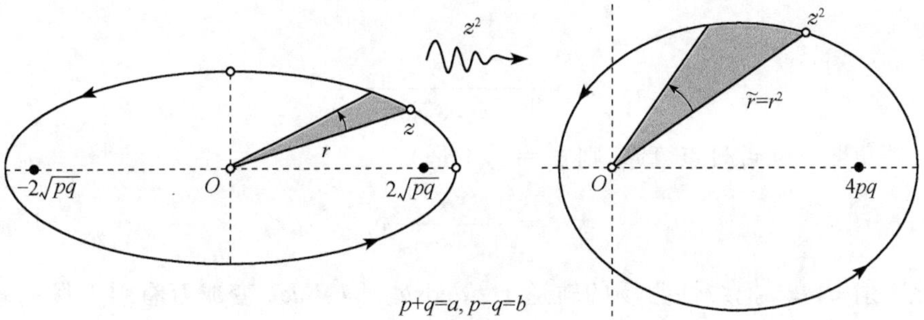

图 2.2

下面证明映射 $z\mapsto z^2$ 后的力场是万有引力场.

$$\ddot{\tilde{\boldsymbol{r}}} = (\ddot{\tilde{r}} - \tilde{r}\dot{\tilde{\varphi}}^2)\boldsymbol{e}_r + (\tilde{r}\ddot{\tilde{\varphi}} + 2\dot{\tilde{r}}\dot{\tilde{\varphi}})\boldsymbol{e}_\varphi \tag{2}$$

由于 $\tilde{r}\ddot{\tilde{\varphi}}+2\dot{\tilde{r}}\dot{\tilde{\varphi}}=0$，得 $\dfrac{\mathrm{d}}{\mathrm{d}t}(\tilde{r}^2\dot{\tilde{\varphi}})=0$，即 $\tilde{h}=\tilde{r}^2\dot{\tilde{\varphi}}$ 角动量守恒量

径向方程

$$\ddot{\tilde{r}} - \tilde{r}\dot{\tilde{\varphi}}^2 = -\widetilde{F}(\tilde{r})$$

代入 $\tilde{h}$，得

$$\ddot{\tilde{r}} - \tilde{h}^2/\tilde{r}^3 = -\widetilde{F}(\tilde{r}) \tag{3}$$

令 $u=1/\tilde{r}$,$\dot{\tilde{\varphi}}=\tilde{h}u^2$,$\dot{\tilde{r}}=-\tilde{h}\frac{\mathrm{d}u}{\mathrm{d}\tilde{\varphi}}$,$\ddot{\tilde{r}}=-\tilde{h}^2u^2\frac{\mathrm{d}^2u}{\mathrm{d}\tilde{\varphi}^2}$,代入方程(3),有

$$\frac{\mathrm{d}^2u}{\mathrm{d}\tilde{\varphi}^2}+u=\frac{1}{\tilde{h}^2u^2}\tilde{F}\left(\frac{1}{u}\right) \tag{4}$$

如果引力与距离的平方成反比——即万有引力场,$U(\tilde{r})=-\frac{k}{\tilde{r}}$,其中 k 为实常数,则

$$\tilde{F}(\tilde{r})=\tilde{F}\left(\frac{1}{u}\right)=\frac{k}{\tilde{r}^2}=ku^2$$

上式代入式(4),得

$$\frac{\mathrm{d}^2u}{\mathrm{d}\tilde{\varphi}^2}+u=\frac{k}{\tilde{h}^2} \tag{5}$$

解得

$$u=\frac{1}{\tilde{r}}=c\cos(\varphi-\varphi_0)+\frac{k}{\tilde{h}^2}$$

其中 c 为常数,令 $c=\frac{\tilde{e}}{p'}$,$\tilde{h}^2=kp'$则

$$\frac{1}{\tilde{r}}=\frac{1}{p'}+\frac{\tilde{e}}{p'}\cos(\tilde{\varphi}-\tilde{\varphi}_0)$$

即

$$\tilde{r}=\frac{p'}{1+\tilde{e}\cos(\tilde{\varphi}-\tilde{\varphi}_0)}$$

若角度 $\tilde{\varphi}$ 从近日点算起,则 $\tilde{\varphi}_0=0$,于是

$$\tilde{\boldsymbol{r}}=\frac{p'}{1+\tilde{e}\cos\tilde{\varphi}}\boldsymbol{e}_r \tag{6}$$

因此映射 $z\mapsto z^2$ 把线性力场的轨道 $\boldsymbol{r}=a\cos t\boldsymbol{e}_x+b\sin t\boldsymbol{e}_y$ 变成万有引力场的轨道 $\tilde{\boldsymbol{r}}=\frac{p'}{1+\tilde{e}\cos\tilde{\varphi}}\boldsymbol{e}_r$.

如果牛顿当时懂得复变解析函数的理论,他一定会为这个惊人的结果叹为观止!

习　　题

2.1 使用 z 与 z^* 表示下列函数:

(a) $w=x^2-y^2+2xy\mathrm{i}$;　　(b) $w=x(x^2-3y^2)-y(3x^2-y^2)\mathrm{i}$;

(c) $w=\frac{2(x^2+y^2)-(x+y\mathrm{i})}{4(x^2+y^2)-4x+1}$

2.2 在下列函数 $w=f(z)$中,当 $z=x+y\mathrm{i}$ 在区域 D 内变动时,图示 w 的变动区域.

(a) $f(z)=3z-\pi$, $D=\{z\mid -\pi<\mathrm{Re}(z)<\pi\}$；

(b) $f(z)=z^2-z$, $D=\{z\mid 0<\mathrm{Im}(z)<1\}$；

(c) $f(z)=(x-y)+(x+y)\mathrm{i}$, $D=\{z\mid |z|=1\}$.

2.3 讨论下列函数在 $z=0$ 处的连续性($z=x+y\mathrm{i}$).

(a) $f(z)=\begin{cases}0 & (z=0),\\ \dfrac{\mathrm{Re}(z^2)}{|z^2|} & (z\neq 0);\end{cases}$ (b) $f(z)=\begin{cases}0 & (z=0),\\ \dfrac{x^3y}{x^4+y^2} & (z\neq 0).\end{cases}$

2.4 讨论下列函数的可导性.

(a) $f(z)=\mathrm{Im}(z)$； (b) $f(z)=|z|$.

2.5 下列函数解析吗？如果解析，试求其导数.

(a) $f(z)=z|z|$； (b) $f(z)=x^2-y^2-3x+2+\mathrm{i}(2x-3)y$；

(c) $f(z)=\dfrac{x+y}{x^2+y^2}+\mathrm{i}\dfrac{x-y}{x^2+y^2}$；

2.6 试证

$$f(z)=\begin{cases}0 & (z=0)\\ \dfrac{x^3(1+\mathrm{i})-y^3(1-\mathrm{i})}{x^2+y^2} & (z\neq 0)\end{cases}$$

在 $z=0$ 满足柯西-黎曼条件，但不可微.

2.7 在解析函数 $w=u(x,y)+\mathrm{i}v(x,y)$ 中将 $z=x+\mathrm{i}y$ 与 $z^*=x-\mathrm{i}y$ 形式地看成独立变量，并将 w 写成 $w=F(z,z^*)$，试证柯西-黎曼条件可表示为

$$\frac{\partial F(z,z^*)}{\partial z^*}=0$$

即 w 将只是 z 的函数，而与 z^* 无关.

2.8 当 $f(z)=u(x,y)+\mathrm{i}v(x,y)$ 解析时，试证

$$\left(\frac{\partial^2}{\partial x^2}+\frac{\partial^2}{\partial y^2}\right)|f(z)|^2=4|f'(z)|^2$$

2.9 试证下列函数是调和函数，并求与它对应的解析函数 $f(z)=u(x,y)+\mathrm{i}v(x,y)$，再用 z 表示之.

(a) $v=xy$； (b) $u=\mathrm{e}^x(x\cos y-y\sin y)$；

(c) $v=\ln(x^2+y^2)$, $(x,y)\neq(0,0)$； (d) $u=\dfrac{\sin x}{\cosh y-\cos x}$；

(e) $u-v=(x-y)(x^2+4xy+y^2)$； (f) $u=x^2+xy-y^2$, $f(i)=-1+\mathrm{i}$；

(g) $u=x^3+6x^2y-3xy^2-2y^3$, $f(0)=0$； (h) $u=2(x-1)y$, $f(2)=-\mathrm{i}$.

2.10 设 $f(z)$ 在区域 D 内解析，且 $f'(z)\neq 0$，试证 $\ln|f'(z)|$ 为区域 D 内的调和函数.

2.11 试证

$$1+\frac{1}{2}\cos\theta+\frac{1}{4}\cos 2\theta+\frac{1}{8}\cos 3\theta+\cdots=\frac{4-2\cos\theta}{5-4\cos\theta}$$

2.12 当 $\cos w=z$，或 $w=\arccos z$，试证明

$$\arccos z=-\mathrm{i}\ln(z+\sqrt{z^2-1})$$

同理证

$$\arcsin z = -\mathrm{i}\ln(\mathrm{i}z + \sqrt{1-z^2})$$

2.13　讨论以 $w=f(z)=az^{3/2}\left(a>0, 0\leqslant \arg z\leqslant \frac{2}{3}\pi\right)$为复势的电场.

2.14　讨论以 $w=z+\frac{1}{z}$为复势的电场.

第 3 章　复变函数的积分

复变函数的积分是研究解析函数的重要工具. 解析函数的许多重要性质例如，解析函数的导数连续，以及解析函数的各阶导数存在，且解析等等，都可利用复变函数的积分来证明. 特别是本章中要建立的柯西积分定理及柯西积分公式，它们是复变函数论的基本定理及基本公式，将直接或间接地影响以后各章.

3.1　基本概念

为了阐述复变函数的积分，首先必须介绍以下几个基本概念(图 3.1).

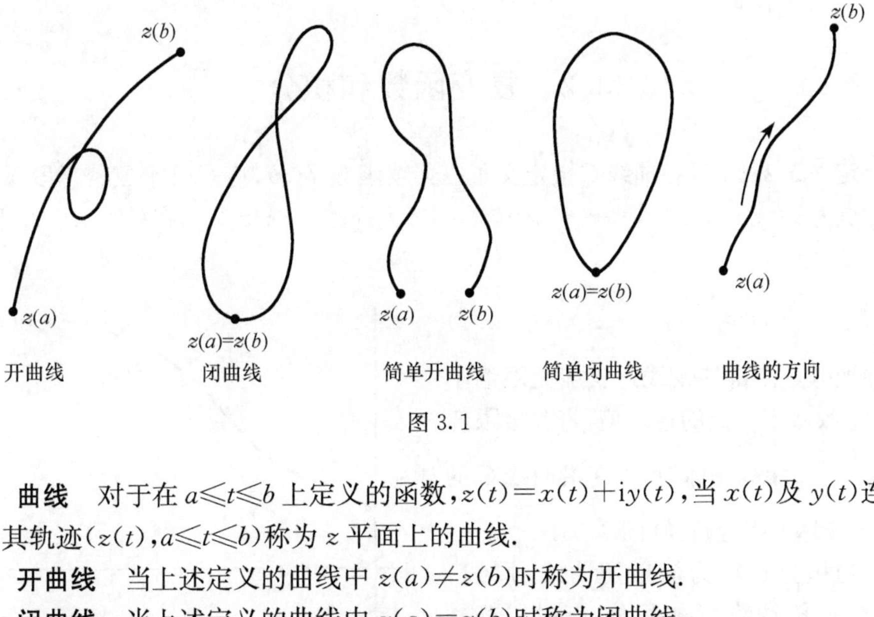

图 3.1

曲线　对于在 $a \leqslant t \leqslant b$ 上定义的函数，$z(t)=x(t)+\mathrm{i}y(t)$，当 $x(t)$ 及 $y(t)$ 连续时，其轨迹 $(z(t), a \leqslant t \leqslant b)$ 称为 z 平面上的曲线.

开曲线　当上述定义的曲线中 $z(a) \neq z(b)$ 时称为开曲线.

闭曲线　当上述定义的曲线中 $z(a)=z(b)$ 时称为闭曲线.

简单曲线[或若尔当(Jordan)曲线]　凡没有重点的连续曲线称为简单曲线或若尔当曲线. 或者在上述定义的曲线中，$t_1 \neq t_2$ 时，总有 $z(t_1) \neq z(t_2)$ 的曲线(但闭曲线的情况 $z(a)=z(b)$ 是例外)，称为简单曲线或若尔当曲线.

曲线的方向　规定从曲线起点 $(z(a))$ 到终点 $(z(b))$ 的方向为正方向.

曲线的内部和外部　简单闭曲线将平面分为有界区域与无界区域两部分(若

尔当定理).其中有界区域称为此曲线的内部,而无界区域称为此曲线的外部.

光滑曲线　在 $a \leqslant t \leqslant b$ 内定义的曲线 $z(t)=x(t)+\mathrm{i}y(t)$ 中,如果 $x(t)$ 及 $y(t)$ 都是可微的,且 $x'(t)$ 及 $y'(t)$ 是连续的,则称此曲线为光滑曲线.连接有限逐段光滑曲线而得的曲线称为逐段光滑曲线.

逐段光滑曲线具有有限长度 L

$$L=\int_a^b\{[x'(t)]^2+[y'(t)^2]\}^{1/2}\mathrm{d}t=\int_a^b \mid z'(t)\mid \mathrm{d}t \tag{3.1.1}$$

今后我们所提到的曲线(除特别声明外)一律指光滑的或逐段光滑的曲线.

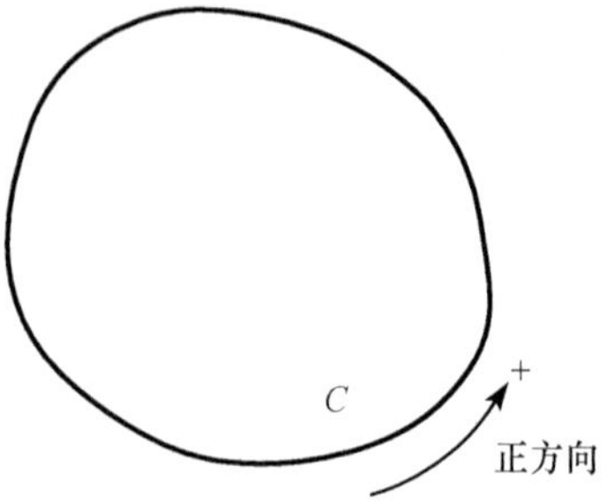

图 3.2

周线　逐段光滑的简单闭曲线简称为周线.

周线的方向　当观察者绕周线环行时,如果周线内部在观察者的左方,则规定这个环行方向为周线的正方向;反之,则规定为负方向.如图 3.2 所示,逆时针方向为正,顺时针方向为负.

3.2　复变函数和积分

定义 3.2.1　设在曲线 C 上定义了一连续函数 $f(z)$,将 C 分割成若干段弧线,其分点为 $\alpha=z_0=z(a),z_1=z(t_1),\cdots,z_{n-1}=z(t_{n-1}),z_n=z(b)=\beta$,在弧线 $z_{k-1}z_k$ 上取一点 ζ_k,作出

$$S_n=\sum_{k=1}^{n}f(\xi_k)(z_k-z_{k-1}) \tag{3.2.1}$$

当增加分点使得各弧线之长度无限缩小时,S_n 收敛于一定的极限值,将此极限值记为$\int_C f(z)\mathrm{d}z$,并称为 $f(z)$ 沿曲线 C 的积分,C 称为积分路径(图 3.3).

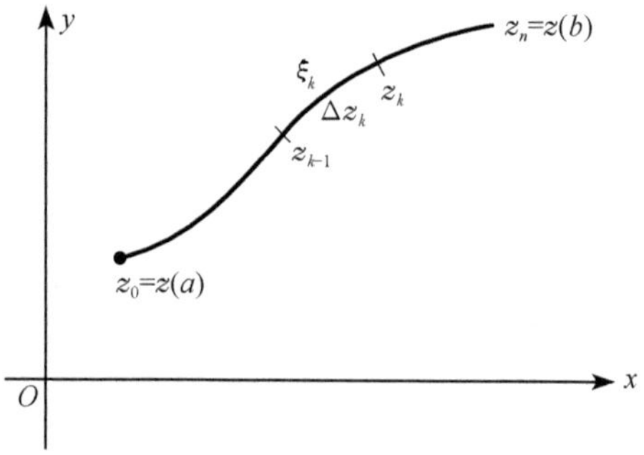

图 3.3

当积分路径为简单闭曲线(周线)时,$f(z)$沿周线 C 的积分,有时用符号$\oint_C f(z)\mathrm{d}z$ 表示.

一般来说,不能把起点为 α,终点为 β 的 $f(z)$沿曲线 C 的积分写作 $\int_\alpha^\beta f(z)\mathrm{d}z$,因为复变函数的积分实际上和我们以前在高等数学中学过的线积分有些类似,也就是上述积分定义中的极限不仅和曲线 C 的端点值 α 与 β 有关,而且还与积分路

径 C 有关.

显然，$f(z)$沿曲线 C 可积的必要条件为 $f(z)$沿曲线 C 有界. 若 $f(z)$沿曲线 C 连续，则 $f(z)$沿曲线 C 可积.

因为 $f(z)$沿曲线 C 连续，也就意味着 $f(z)$的实部 $u(x,y)$及虚部 $v(x,y)$沿曲线 C 连续. 于是实部和虚部的两个曲线积分都存在，从而积分 $\int_C f(z)\mathrm{d}z$ 存在，且有

$$\begin{aligned}\int_C f(z)\mathrm{d}z &= \int_C (u+\mathrm{i}v)(\mathrm{d}x+\mathrm{i}\mathrm{d}y) = \int_C (u\mathrm{d}x - v\mathrm{d}y) + \mathrm{i}\int_C (u\mathrm{d}y + v\mathrm{d}x)\\ &= \int_a^b \left(u\frac{\mathrm{d}x}{\mathrm{d}t} - v\frac{\mathrm{d}y}{\mathrm{d}t}\right)\mathrm{d}t + \mathrm{i}\int_a^b\left(u\frac{\mathrm{d}y}{\mathrm{d}t} + v\frac{\mathrm{d}x}{\mathrm{d}t}\right)\mathrm{d}t\\ &= \int_a^b f(z(t))\frac{\mathrm{d}z(t)}{\mathrm{d}t}\mathrm{d}t \end{aligned}\tag{3.2.2}$$

因此，复变函数的积分可以归结为实变函数的线积分，因而实变函数线积分的许多性质，可推广到复变函数的积分中来. 于是可得复变函数积分的基本性质如下：

若 $f(z)$与 $g(z)$沿曲线 C 连续，则有

(1) $\int_C af(z) = a\int_C f(z)\mathrm{d}z$(其中 a 是一复常数)；

(2) $\int_C [f(z)+g(z)]\mathrm{d}z = \int_C f(z)\mathrm{d}z + \int_C g(z)\mathrm{d}z$；

(3) $\int_C f(z)\mathrm{d}z = \int_{C_1} f(z)\mathrm{d}z + \int_{C_2} f(z)\mathrm{d}z$(曲线 C 由 C_1 和 C_2 拼接而成)；

(4) $\int_{C^-} f(z)\mathrm{d}z = -\int_C f(z)\mathrm{d}z$ (其中 C^- 为曲线 C 的负方向)；

(5) $\left|\int_C f(z)\mathrm{d}z\right| \leqslant \int_C |f(z)||\mathrm{d}z| = \int_C |f(z)|\mathrm{d}s \leqslant ML$. M 为常数，C 的长度为 L.

例 3.2.1　将 $f(z)=(z-a)^n$(n 为整数)沿圆心为 a、半径为 r 的圆周 C 积分之(图 3.4).

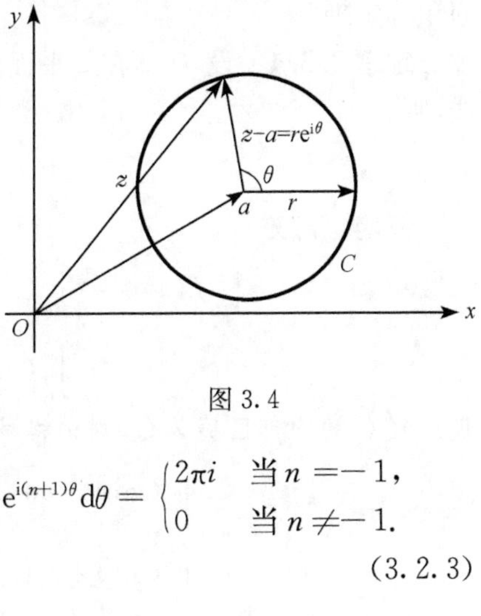

图 3.4

解　圆周 C 可表示成

$$z=a+re^{\mathrm{i}\theta},\quad \mathrm{d}z = r\mathrm{i}e^{\mathrm{i}\theta}\mathrm{d}\theta$$

所以

$$\int_C (z-a)^n\mathrm{d}z = \int_0^{2\pi} r^n e^{\mathrm{i}n\theta} r\mathrm{i}e^{\mathrm{i}\theta}\mathrm{d}\theta = \mathrm{i}r^{n+1}\int_0^{2\pi} e^{\mathrm{i}(n+1)\theta}\mathrm{d}\theta = \begin{cases}2\pi i & 当\ n=-1,\\ 0 & 当\ n\neq -1.\end{cases}\tag{3.2.3}$$

3.3 柯西定理

下面介绍与柯西定理有关的几个概念(图 3.5).

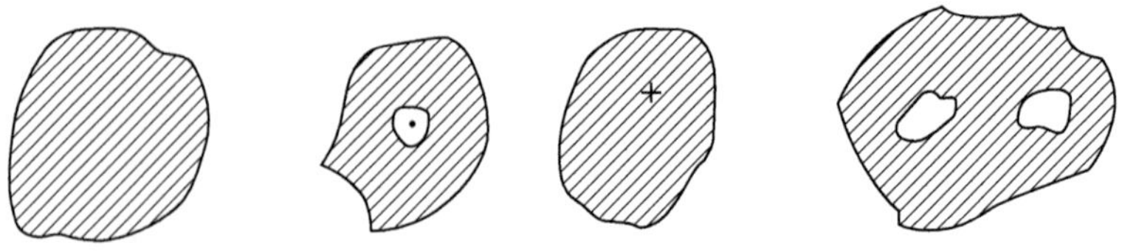

(a) 单连通域 (b) 二重连通域 (c) 三重连通域

图 3.5

单连通域 当区域 D 内任意简单闭曲线的内部全是 D 的点,则称 D 为单连通域.

多连通域 不是单连通的区域就称为多连通域.

当区域的边界可分为没有公共点的 n 部分时,称为 n 重连通域.

下面要用到高等数学的一条定理,现摘录如下:

格林(Green)定理 在单连通域内,若 $P(x,y)$ 及 $Q(x,y)$ 有连续的偏导数,且

$$\frac{\partial}{\partial y}P(x,y)=\frac{\partial}{\partial x}Q(x,y)$$

则

$$\oint_l P(x,y)\mathrm{d}x+Q(x,y)\mathrm{d}y=\iint_D\left[\frac{\partial Q}{\partial x}-\frac{\partial P}{\partial y}\right]\mathrm{d}x\mathrm{d}y=0 \tag{3.3.1}$$

其中 l 为区域 D 的周线.

1825 年柯西给出了如下定理,它是复变函数论中的一条基本定理,现称为柯西积分定理.

定理 3.3.1 设 $f(z)$ 在 z 平面上的单连通区域 D 内解析,C 为 D 内任一条周线,则

$$\int_C f(z)\mathrm{d}z=0 \tag{3.3.2}$$

证明 因为

$$\int_C f(z)\mathrm{d}z=\int_C(u+\mathrm{i}v)(\mathrm{d}x+\mathrm{i}\mathrm{d}y)$$

$$=\int_C(u\mathrm{d}x-v\mathrm{d}y)+\mathrm{i}\int_C(u\mathrm{d}y+v\mathrm{d}x)$$

设周线 C 的内部区域为 G,则由格林定理得

$$\int_C(u\mathrm{d}x-v\mathrm{d}y)=-\iint_G\left[\frac{\partial u}{\partial y}+\frac{\partial v}{\partial x}\right]\mathrm{d}x\mathrm{d}y$$

$$\int_C(u\mathrm{d}y+v\mathrm{d}x)=\iint_G\left[\frac{\partial u}{\partial x}-\frac{\partial v}{\partial y}\right]\mathrm{d}x\mathrm{d}y$$

又因 $f(z)$ 在曲线 C 上及区域 G 内解析，故在这里柯西-黎曼条件成立，即

$$\frac{\partial u}{\partial x}=\frac{\partial v}{\partial y},\quad \frac{\partial u}{\partial y}=-\frac{\partial v}{\partial x}$$

因此，上面两积分都为 0，从而

$$\int_C f(z)\mathrm{d}z=0$$

这定理当 $f'(z)$ 在 G 上连续时，其证明是显然的.

以后我们将要证实：**解析函数的导数总是解析的，因而也是连续的**. 但这一结论又依赖于柯西积分定理，为了避免"逻辑上的循环推理"，我们必须不假定 $f'(z)$ 的连续性而证明上面的定理，这一证明首先是由 E. Goursat 给出，而后来由 A. Pringsheim 化简的. 柯西积分定理是复变函数论的重要基础之一，由它可导出解析函数的一系列重要性质——**解析函数有连续导数以及任意阶导数**. 幸而 R. L. Plunkett 不用积分而根据一个拓扑定理证明了导数的连续性(Bull. Am. Math. Soc. 65，1959).

今后用得更多的是下面推广了的柯西积分定理.

定理 3.3.2　设 D 是由逐段光滑曲线 Γ 所围的内部区域，函数 $f(z)$ 在 D 内解析，在 $\overline{D}=D+\Gamma$ 上连续，则

$$\int_\Gamma f(z)\mathrm{d}z=0 \tag{3.3.3}$$

证明　因为 $f(z)$ 沿周线 Γ 连续，所以积分 $\int_\Gamma f(z)\mathrm{d}z$ 存在. 在 Γ 内部可作周线 C_n 逼近 Γ. 由原来的柯西定理有

$$\int_{C_n} f(z)\mathrm{d}z=0$$

再利用 $f(z)$ 在 $\overline{D}$ 上的连续性，取极限

$$\lim_{n\to\infty}\int_{C_n} f(z)\mathrm{d}z=\int_\Gamma f(z)\mathrm{d}z=0$$

如果将上面推广了的柯西积分定理再推广到复周线的情形，可得如下定理.

定理 3.3.3　设 D 是由复周线 $\Gamma=C+C_1^-+C_2^-+C_3^-+\cdots+C_n^-$ 所围成的有 n 个"洞"的多连通区域，$f(z)$ 在 D 内解析，并且 $\overline{D}=D+\Gamma$ 上连续，则有

$$\int_\Gamma f(z)\mathrm{d}z=0 \tag{3.3.4}$$

或

$$\int_C f(z)\mathrm{d}z=\int_{C_1} f(z)\mathrm{d}z+\int_{C_2} f(z)\mathrm{d}z+\cdots+\int_{C_n} f(z)\mathrm{d}z$$

即沿外边界的积分等于沿内边界的积分之和.

证明　取 n 条互不相交，且全在 D 内的(端点除外)辅助曲线 $L_1, L_2, \cdots, L_n$ 作为割线，用它们将 C 顺次地与 $C_1, C_2, \cdots, C_n$ 连接. 设想将 D 沿割线割破，经过如此处理之后，原来多连通区域 D(图 3.6(a))就变成单连通区域 D'(图 3.6(b))，对割破后的区域 D'及其边界 Γ'可应用柯西积分定理有

$$\int_{\Gamma'} f(z)\mathrm{d}z = 0$$

由于在 Γ'上沿辅助曲线 $L_1, L_2, \cdots, L_n$ 上的积分，取正负方向各一次，所以在沿辅助曲线 $L_1, L_2, \cdots, L_n$ 上的积分之和为零. 于是上式又变成

$$\int_{\Gamma} f(z)\mathrm{d}z = 0$$

或

$$\int_C f(z)\mathrm{d}z = \int_{C_1} f(z)\mathrm{d}z + \int_{C_2} f(z)\mathrm{d}z + \cdots + \int_{C_n} f(z)\mathrm{d}z$$

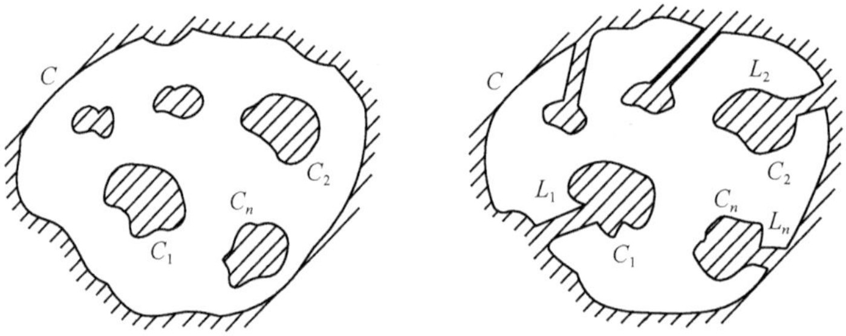

(a)　　(b)

图 3.6

定理 3.3.4　设 $f(z)$在区域 D 解析，在 D 内取二点 α、β，设连接起点 α 到终点 β 有两条曲线 C_1 和 C_2(如在 D 内，只经过 $f(z)$的解析区，通过连续变形可从一条曲线得到另一条曲线)，则

$$\int_{C_1} f(z)\mathrm{d}z = \int_{C_2} f(z)\mathrm{d}z \quad (3.3.5)$$

证明　在 D 内再从 α 到 β 取曲线 C_3 使它与 C_1、C_2 除 α、β 以外无交点(图 3.7). 设 $\Gamma_1 = C_1 + C_3^-$，$\Gamma_2 = C_2 + C_3^-$ 的边界与内部全包含在 D 内，因为 Γ_1、Γ_2 为简单闭曲线，故由柯西积分定理得

$$\int_{\Gamma_1} f(z)\mathrm{d}z = 0,\quad \int_{\Gamma_2} f(z)\mathrm{d}z = 0$$

所以

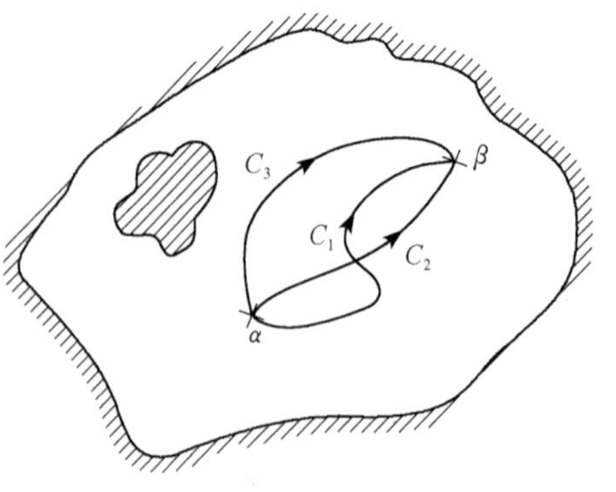

图 3.7

$$\int_{C_1} f(z)\mathrm{d}z = \int_{C_3} f(z),\quad \int_{C_2} f(z)\mathrm{d}z = \int_{C_3} f(z)\mathrm{d}z$$

比较上面二式得

$$\int_{C_1} f(z)\mathrm{d}z = \int_{C_2} f(z)\mathrm{d}z$$

在上一节中我们曾提到，复变函数的积分一般说来与路径有关，可是定理 3.3.4 告诉我们，解析函数的积分却与路径无关. 这就是说，如果在单连通区域 D 内 $f(z)$ 解析，而沿 D 内任一曲线 C 的积分 $\int_C f(\zeta)\mathrm{d}\zeta$ 只与其起点和终点有关. 因此起点 z_0 固定时，这积分就在 D 内定义了一个单值函数，可记为

$$F(z) = \int_{z_0}^{z} f(\zeta)\mathrm{d}\zeta \tag{3.3.6}$$

并有以下两定理(证明从略).

定理 3.3.5　设 $f(z)$ 在单连通区域 D 内解析，则上式(3.3.6)定义的函数 $F(z)$ 在 D 内解析，且 $F'(z)=f(z)$，并称 $F(z)$ 为 $f(z)$ 的原函数.

定理 3.3.6　设 $f(z)$ 在单连通区域 D 上解析，$F(z)$ 为 $f(z)$ 的原函数，对于 D 内的任意两点 α、β，有

$$\int_{\alpha}^{\beta} f(z)\mathrm{d}z = F(z)\Big|_{\alpha}^{\beta} = F(\beta) - F(\alpha) \tag{3.3.7}$$

式(3.3.7)形式上和实变函数的微积分中的基本定理相当. 但在实变函数中，只要利用 $f(z)$ 的连续性就可导出上式，而在复变函数中，仅有连续性，还不能确定上式，因为积分与路径有关. 仅当 $f(z)$ 是单连通区域 D 上的解析函数时，上式积分才与路径无关，从而积分存在.

3.4　柯西积分公式

由柯西积分定理可得下列柯西积分公式.

定理 3.4.1　设区域 D 的边界是周线 Γ(即 $\Gamma=C+C_1^-+C_2^-+C_3^-+\cdots+C_n^-$)，$f(z)$ 在 D 内解析，在 $\overline{D}=D+\Gamma$ 上连续，则对于 D 内任意一点 z_0，下式成立(图 3.8)：

$$f(z_0) = \frac{1}{2\pi\mathrm{i}}\int_{\Gamma} \frac{f(z)}{z-z_0}\mathrm{d}z \tag{3.4.1}$$

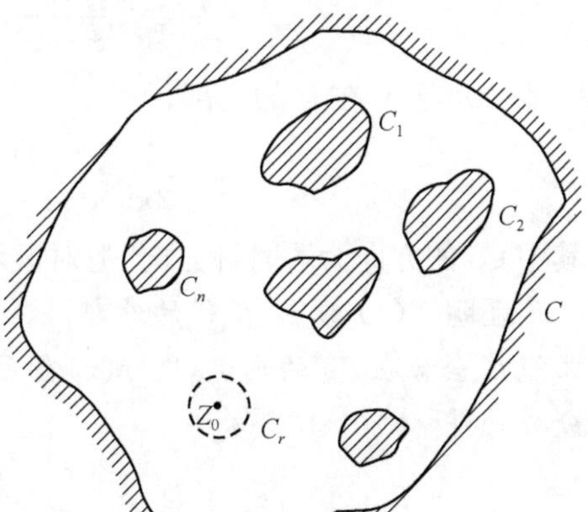

图 3.8

证明　以 z_0 点为圆心，充分小的 $r(>0)$ 为半径作圆 C_r，使 C_r 及其内部均

含于 D，则 $\dfrac{f(z)}{z-z_0}$ 作为 z 的函数在复周线 $\Gamma'=\Gamma+C_r^-$ 上连续，在它们围成的域内解析. 根据上一节的柯西积分定理有

$$\int_{\Gamma'}\frac{f(z)}{z-z_0}\mathrm{d}z=\int_{\Gamma}\frac{f(z)}{z-z_0}\mathrm{d}z+\int_{C_r^-}\frac{f(z)}{z-z_0}\mathrm{d}z=0$$

因此

$$\int_{\Gamma}\frac{f(z)}{z-z_0}\mathrm{d}z=\int_{C_r}\frac{f(z)}{z-z_0}\mathrm{d}z$$

由于 C_r 的半径可以取得足够小，上式仍然成立. 而当 $r\to0$ 时，上式右边为

$$\begin{aligned}\lim_{r\to0}\int_{C_r}\frac{f(z)}{z-z_0}\mathrm{d}z&=\lim_{r\to0}\int_0^{2\pi}\frac{f(z_0+re^{i\theta})}{re^{i\theta}}re^{i\theta}\mathrm{i}\mathrm{d}\theta\\&=\lim_{r\to0}\int_0^{2\pi}f(z_0+re^{i\theta})\mathrm{i}\mathrm{d}\theta\end{aligned}$$

因为 $f(z)$ 在 z_0 点连续，所以上式中取极限和积分过程可互换，于是

$$\lim_{r\to0}\int_{C_r}\frac{f(z)}{z-z_0}\mathrm{d}z=\mathrm{i}\int_0^{2\pi}\lim_{r\to0}f(z_0+re^{i\theta})\mathrm{d}\theta=2\pi\mathrm{i}f(z_0)$$

代回原式得

$$f(z_0)=\frac{1}{2\pi\mathrm{i}}\int_{\Gamma}\frac{f(z)}{z-z_0}\mathrm{d}z$$

在很多理论及实际问题中，有时需要在包含无穷远点的区域中应用柯西积分公式，为此引入下面的定理，它应用时常常是很方便的.

定理 3.4.2　设 C 为一简单闭曲线，D 为 C 的外部区域，$f(z)$ 在 D 内解析，在闭域 $\overline{D}=D+C$ 上连续，又 $\lim\limits_{z\to\infty}f(z)=f(\infty)(\neq\infty)$，则

(1) 当 z_0 在 C 的外部，

$$\frac{1}{2\pi\mathrm{i}}\oint_{C^-}\frac{f(z)}{z-z_0}\mathrm{d}z=f(z_0)-f(\infty)\tag{3.4.2}$$

(2) 当 z_0 在 C 的内部，

$$\frac{1}{2\pi\mathrm{i}}\oint_{C^-}\frac{f(z)}{z-z_0}\mathrm{d}z=-f(\infty)\tag{3.4.3}$$

其中 C^- 的方向为顺时针方向，但对区域 D 来说是正向的.

证明　(1) 设 z_0 在 C 的外部，以 z_0 为圆心，充分大的 R 为半径，作圆周 Γ_R，使曲线 C 全含在 Γ_R 的内部，则 $f(z)$ 在 C 和 Γ_R 围成的区域内解析. 由上面的柯西积分公式得

$$f(z_0)=\frac{1}{2\pi\mathrm{i}}\left[\int_{\Gamma_R}\frac{f(z)}{z-z_0}\mathrm{d}z+\int_{C^-}\frac{f(z)}{z-z_0}\mathrm{d}z\right]\tag{3.4.4}$$

在 Γ_R 外包含 $z=\infty$ 的区域内，$f(z)$ 解析，由于在解析区域内积分路线可以任

意变形，则

$$\lim_{R\to\infty}\oint_{\Gamma_R}\frac{f(z)}{z-z_0}\mathrm{d}z=\lim_{R\to\infty}\oint_{|z-z_0|=R}\frac{f(z)}{z-z_0}\mathrm{d}z=\lim_{R\to\infty}\int_0^{2\pi}\frac{f(z_0+R\mathrm{e}^{\mathrm{i}\theta})}{R\mathrm{e}^{\mathrm{i}\theta}}(\mathrm{i}R\mathrm{e}^{\mathrm{i}\theta}\mathrm{d}\theta)$$

$$=\lim_{R\to\infty}\int_0^{2\pi}f(z_0+R\mathrm{e}^{\mathrm{i}\theta})\mathrm{i}\mathrm{d}\theta=2\pi\mathrm{i}f(\infty)$$

因为 $f(z)$在∞点连续，所以上式中取极限与积分过程可互换. 将上述结果，代入式(3.4.4)，得

$$f(z_0)=\frac{1}{2\pi\mathrm{i}}\int_{C^-}\frac{f(z)}{z-z_0}\mathrm{d}z+f(\infty)\tag{3.4.5}$$

(2) 设 z_0 在 C 的内部，以 z_0 为圆心，充分大的 R 为半径作圆周 Γ_R，使 C 含于其内部. 由于$\dfrac{f(z)}{z-z_0}$在 $\Gamma+C^-$ 所围的复连通区域内解析，且连续到边界，故

$$\int_C\frac{f(z)}{z-z_0}\mathrm{d}z+\int_{\Gamma_R}\frac{f(z)}{z-z_0}\mathrm{d}z=0$$

又

$$\frac{1}{2\pi\mathrm{i}}\int_{\Gamma_R}\frac{f(z)}{z-z_0}\mathrm{d}z=f(\infty)$$

所以

$$f(\infty)=-\frac{1}{2\pi\mathrm{i}}\int_{C^-}\frac{f(z)}{z-z_0}\mathrm{d}z$$

例 3.4.1　计算积分 $I_1=\int_0^{2\pi}\cos^{2n}\theta\mathrm{d}\theta$

解　利用欧拉公式(1.2.9)，且令 $z=\mathrm{e}^{\mathrm{i}\theta}$，可将所求积分化为复变函数积分来求，则

$$\cos\theta=\frac{1}{2}\left(z+\frac{1}{z}\right),\quad \mathrm{d}\theta=\frac{\mathrm{d}z}{\mathrm{i}z}$$

利用公式

$$(a+b)^{2n}=\sum_{k=0}^{2n}\binom{2n}{k}a^{2n-k}b^k$$

其中

$$\binom{2n}{k}=\frac{2n!}{(2n-k)!k!}$$

$$I_1=\int_0^{2\pi}\cos^{2n}\theta\mathrm{d}\theta=\frac{1}{2^{2n}}\oint_{|z|=1}\left(z+\frac{1}{z}\right)^{2n}\frac{\mathrm{d}z}{\mathrm{i}z}$$

$$=\frac{1}{2^{2n}}\sum_{k=0}^{2n}\binom{2n}{k}\oint_{|z|=1}z^{2n-2k-1}\mathrm{d}z$$

当 $k\neq n$ 时，即 $2n-2k-1\neq-1$，所以 $k\neq n$ 的项的积分为零；只有当 $k=n$ 时，即 $2n-2k-1=-1$，根据公式(3.2.3)，此项积分为 $2\pi\mathrm{i}$，因此

$$I_1=\int_0^{2\pi}\cos^{2n}\theta\mathrm{d}\theta=\frac{2\pi}{2^{2n}}\binom{2n}{n}=\frac{2\pi}{2^{2n}}\frac{2n!}{(n!)^2} \tag{3.4.6}$$

同理可证

$$I_2=\int_0^{2\pi}\sin^{2n}\mathrm{d}\theta=\frac{2\pi}{2^{2n}}\frac{2n!}{(n!)^2} \tag{3.4.7}$$

例 3.4.2　计算积分　$J_0(x)=\frac{1}{2\pi}\int_0^{2\pi}\mathrm{e}^{\mathrm{i}x\sin\theta}\mathrm{d}\theta$

解

$$\begin{aligned}J_0(x)&=\frac{1}{2\pi}\int_0^{2\pi}\mathrm{e}^{\mathrm{i}x\sin\theta}\mathrm{d}\theta\\&=\frac{1}{2\pi}\int_0^{2\pi}\cos(x\sin\theta)\mathrm{d}\theta+\mathrm{i}\frac{1}{2\pi}\int_0^{2\pi}\sin(x\sin\theta)\mathrm{d}\theta\end{aligned}$$

令 $\varphi=2\pi-\theta$，有

$$\begin{aligned}\int_0^{2\pi}\sin(x\sin\theta)\mathrm{d}\theta&=\int_{2\pi}^0\sin(-x\sin\varphi)(-\mathrm{d}\varphi)\\&=-\int_0^{2\pi}\sin(x\sin\varphi)\mathrm{d}\varphi\end{aligned}$$

所以

$$\int_0^{2\pi}\sin(x\sin\theta)\mathrm{d}\theta=0$$

再利用公式

$$\cos z=\sum_{n=0}^{\infty}\frac{(-1)^n}{(2n)!}z^{2n}$$

有

$$\begin{aligned}J_0(x)&=\sum_{n=0}^{\infty}\frac{(-1)^n}{(2n)!}x^{2n}\left[\frac{1}{2\pi}\int_0^{2\pi}\sin^{2n}\theta\mathrm{d}\theta\right]\\&=\sum_{n=0}^{\infty}(-1)^n\frac{1}{(n!)^2}\left(\frac{x}{2}\right)^{2n}\end{aligned} \tag{3.4.8}$$

上式就是零阶贝塞尔函数的级数表达式.

例 3.4.3　试导出泊松公式

$$u(r,\varphi)=\frac{1}{2\pi}\int_0^{2\pi}\frac{(R^2-r^2)u(R,\theta)}{R^2-2Rr\cos(\theta-\varphi)+r^2}\mathrm{d}\theta \tag{3.4.9}$$

解　圆心在原点，半径为 R 的圆周上 $\zeta=R\mathrm{e}^{\mathrm{i}\theta}$；圆内有一点 $z=r\mathrm{e}^{\mathrm{i}\varphi}$，圆外有一反演点 $\bar{z}=\frac{R^2}{r}\mathrm{e}^{\mathrm{i}\varphi}$. 设函数 $f(z)$ 在圆内解析，按照柯西积分公式(3.4.1)，并注意 z 在圆内，$\bar{z}$ 在圆外，所以有

$$f(z)=\frac{1}{2\pi i}\oint_{|\zeta|=R}\frac{f(\zeta)}{\zeta-z}d\zeta=\frac{1}{2\pi i}\int_0^{2\pi}\frac{f(Re^{i\theta})}{Re^{i\theta}-re^{i\varphi}}(iRe^{i\theta}d\theta)$$

$$0=\frac{1}{2\pi i}\oint_{|\zeta|=R}\frac{f(\zeta)}{\zeta-\bar{z}}d\zeta=\frac{1}{2\pi i}\int_0^{2\pi}\frac{f(Re^{i\theta})}{Re^{i\theta}-\dfrac{R^2}{r}e^{i\varphi}}(iRe^{i\theta}d\theta)$$

两式相减，得

$$\begin{aligned}f(re^{i\varphi})&=\frac{1}{2\pi}\int_0^{2\pi}f(Re^{i\theta})\left[\frac{Re^{i\theta}}{Re^{i\theta}-re^{i\varphi}}-\frac{re^{i\theta}}{re^{i\theta}-Re^{i\varphi}}\right]d\theta\\&=\frac{1}{2\pi}\int_0^{2\pi}f(Re^{i\theta})\frac{R^2-r^2}{R^2-2Rr\cos(\theta-\varphi)+r^2}d\theta\end{aligned}\tag{3.4.10}$$

因为

$$f(re^{i\varphi})=u(r,\varphi)+iv(r,\varphi),\quad f(Re^{i\theta})=u(R,\theta)+iv(R,\theta)$$

将上面二式代入(3.4.10)，并分离实部和虚部，即得泊松公式(3.4.9).

3.5　柯西积分公式的几个推论

柯西积分公式反映了解析函数之间极强的内在联系，$f(z)$在解析区域内的任一点的值和区域边界上的值都发生了关联.柯西积分公式的意义不仅在于提高了我们计算积分的本领，而且在于解析函数能通过积分的形式来表达，从而我们可以得到解析函数微分的一些重要性质及其若干重要推论.

3.5.1　解析函数的无限可微

定理 3.5.1　如果 $f(z)$在 D 内解析，在 $\overline{D}=D+\Gamma$ 上连续，则在 D 内 $f(z)$的任何阶导数 $f^{(n)}(z)$均存在，并且在 D 的内点 z_0 的 n 阶导数为

$$f^{(n)}(z_0)=\frac{n!}{2\pi i}\int_\Gamma\frac{f(z)}{(z-z_0)^{n+1}}dz\tag{3.5.1}$$

证明　由柯西积分公式有

$$f(z_0)=\frac{1}{2\pi i}\int_\Gamma\frac{f(z)}{z-z_0}dz\tag{3.5.2}$$

由式(3.5.2)有

$$\begin{aligned}\frac{f(z_0+\Delta z)-f(z_0)}{\Delta z}&=\frac{1}{\Delta z}\left[\frac{1}{2\pi i}\int_\Gamma\frac{f(z)}{z-z_0-\Delta z}dz-\frac{1}{2\pi i}\int_\Gamma\frac{f(z)}{z-z_0}dz\right]\\&=\frac{1}{2\pi i}\int_\Gamma\frac{f(z)dz}{(z-z_0-\Delta z)(z-z_0)}\end{aligned}\tag{3.5.3}$$

因此

$$f'(z_0)=\lim_{\Delta z\to 0}\frac{f(z_0+\Delta z)-f(z_0)}{\Delta z}=\lim_{\Delta z\to 0}\frac{1}{2\pi i}\int_\Gamma\frac{f(z)}{(z-z_0-\Delta z)(z-z_0)}dz\tag{3.5.4}$$

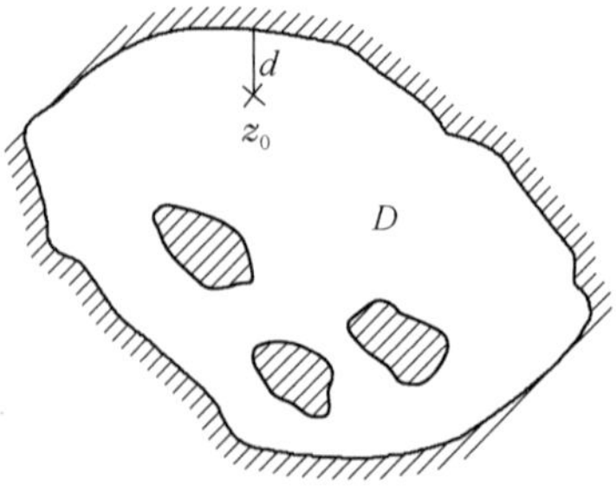

图 3.9

只要上述积分可积，则积分号与极限号可交换次序. 因此只要证明式(3.5.4)中的被积函数在周线 Γ 上有界即可.

由于 $f(z)$ 沿周线 Γ 上有界，因此 $|f(z)|\leqslant M$. 若设 z_0 到边界上的最短距离 d(图 3.9)，则周线 Γ 上的点 z 到 z_0 的距离 $|z-z_0|\geqslant d$；另一方面，Δz 是求导时设它为偏离 z_0 的距离，因此可以取得足够小，特别是可令它小于 $\frac{d}{2}$，则

$$|z-z_0-\Delta z|\geqslant|z-z_0|-|\Delta z|>d-\frac{d}{2}=\frac{d}{2}$$

这样

$$\left|\frac{f(z)}{(z-z_0-\Delta z)(z-z_0)}\right|\leqslant\frac{M}{\frac{d}{2}\cdot d}=\frac{2M}{d^2}$$

所以证明了式(3.5.4)中被积函数是有界的，从而取极限与求积分可交换次序. 最后得

$$\begin{aligned}f'(z_0)&=\frac{1}{2\pi\mathrm{i}}\int_\Gamma\lim_{\Delta z\to 0}\frac{f(z)}{(z-z_0-\Delta z)(z-z_0)}\mathrm{d}z\\&=\frac{1}{2\pi\mathrm{i}}\int_\Gamma\frac{f(z)}{(z-z_0)^2}\mathrm{d}z\end{aligned}\tag{3.5.5}$$

上式犹如在式(3.5.2)中积分号内对参数 z_0 求导一样.

与此类似，可得

$$f''(z_0)=\frac{2!}{2\pi\mathrm{i}}\int_\Gamma\frac{f(z)}{(z-z_0)^3}\mathrm{d}z$$

…………

$$f^{(n)}(z_0)=\frac{n!}{2\pi\mathrm{i}}\int_\Gamma\frac{f(z)}{(z-z_0)^{n+1}}\mathrm{d}z$$

…………

综合上述，我们可断言，不仅一个解析函数具有所有各阶导数，而且每一个导数本身是解析的，因为这个导数也具有导数.

例 3.5.1　由解析函数一阶导数的连续性可以证明解析函数的无限可微性.

证明　设 D 是 C 中的开集，$f:D\to C$. 若 f 在 D 内的一点 z 是可微的，则

$$\lim_{\Delta z\to 0}\frac{f(z+\Delta z)-f(z)}{\Delta z}$$

存在. 这个极限值用 $f'(z)$ 来表示，称为 f 在 z 点的导数. 如果 f 在 D 的每一点是可微的，我们就称 f 在 G 内是可微的. 注意，如果 f 在 D 内是可微的，那么 $f'(z)$ 就定义了一个函数 $f':D\to C$. 如果 f' 是连续的，那么我们就说 f 是**连续可微**的. 由 (i) f' 连续及 (ii) $\frac{\partial f'}{\partial z^*}=0$，则 f' 可微，于是 f 是二次可微，继续如此操作，可导出 f 的各阶导数都是可微的，即无限可微.

3.5.2 柯西不等式

定理 3.5.2 若 Γ 为圆 $|z-z_0|=R$，$f(z)$ 在 Γ 上及其内部解析，而对于 $z\in\Gamma$，$|f(z)|\leqslant M$，则

$$|f^{(n)}(z_0)|\leqslant\frac{n!M}{R^n}\tag{3.5.6}$$

证明 由(3.5.1)节中的定理有

$$f^{(n)}(z_0)=\frac{n!}{2\pi i}\int_\Gamma\frac{f(z)}{(z-z_0)^{n+1}}dz$$

所以

$$|f^{(n)}(z_0)|\leqslant\frac{n!}{2\pi}\int_\Gamma\frac{|f(z)|}{|z-z_0|^{n+1}}|dz|\leqslant\frac{n!}{2\pi}\frac{M}{R^{n+1}}2\pi R=\frac{n!M}{R^n}$$

上式称为**柯西不等式**.

3.5.3 均值定理

定理 3.5.3 如果函数 $f(z)$ 在圆 $|z-z_0|<R$ 内解析，在闭圆 $|z-z_0|\leqslant R$ 上连续，则

$$f(z_0)=\frac{1}{2\pi}\int_0^{2\pi}f(z_0+Re^{i\theta})d\theta\tag{3.5.7}$$

即 $f(z)$ 在圆心的值等于它在圆周上的值的算术平均.

证明 按柯西积分公式有

$$f(z_0)=\frac{1}{2\pi i}\int_C\frac{f(z)}{z-z_0}dz$$

而 C 为 $|z-z_0|=R$ 的圆，所以 $z=z_0+Re^{i\theta}$，$dz=Re^{i\theta}id\theta$，$0\leqslant\theta\leqslant 2\pi$，代入得

$$f(z_0)=\frac{1}{2\pi i}\int_0^{2\pi}\frac{f(z_0+Re^{i\theta})}{Re^{i\theta}}Re^{i\theta}id\theta=\frac{1}{2\pi}\int_0^{2\pi}f(z_0+Re^{i\theta})d\theta$$

3.5.4 其他推论

除了以上几个推论外，还可得到若干重要推论，现罗列于下，证明从略.

最大值原理 设 C 为简单闭曲线，$f(z)$ 在边界 C 上及其内部解析，则 $|f(z)|$

在边界上取其最大值.

刘维定理 如果 $f(z)$在全平面上解析(无穷远点可能除外),而且当 $z\to\infty$时 $|f(z)|$有界,则 $f(z)$是一个常数.

莫列拉(Morera)定理 设 $f(z)$在单连通域 D 上连续,并对 D 中任何闭曲线 C

$$\int_C f(z)\mathrm{d}z = 0$$

成立,则 $f(z)$在 D 内解析.

注意:定理中的单连通域假定很重要,例如在除掉圆心 z_0 的圆内区域 D,下式

$$\int_C \frac{\mathrm{d}z}{(z-z_0)^2} = 0$$

总成立,其中 C 可以是 D 中任何闭曲线. 但我们不能推断$\frac{1}{(z-z_0)^2}$在 D 内解析.

习 题

3.1 描出下列曲线.

(a) $z(t)=t+i\frac{1}{t}\quad(0<t)$;

(b) $z(t)=1+\mathrm{i}+3\mathrm{e}^{-\mathrm{i}t}\quad(0\leqslant t\leqslant 2\pi)$;

(c) $z(t)=\cosh t+\mathrm{i}\sinh t\quad(-\infty<t<+\infty)$;

(d) $z(t)=\mathrm{e}^{\frac{-1+\pi\mathrm{i}}{t}}\quad(0\leqslant t\leqslant 1)$.

3.2 将下列曲线表示为 $z=z(t)$的形状:

(a) 从 $4+2\mathrm{i}$ 到 $3+\mathrm{i}$ 的线段;

(b) 从抛物线 $y=4x^2+3$ 的$(1,7)$到$(3,39)$;

(c) 从双曲线 $y=1+\frac{2}{x}$的$(1,3)$到$\left(3,\frac{5}{3}\right)$;

(d) 椭圆 $9(x-2)^2+4(y+1)^2=36$.

3.3 试求下列积分的值:

(a) $\int_{|z|=1}\frac{z^4+1}{z^2-2\mathrm{i}z}\mathrm{d}z$; (b) $\int_{|z|=2}\frac{2z-1}{z^2-z}\mathrm{d}z$;

(c) $\int_{|z|=1}\frac{\cos z}{2z}\mathrm{d}z$; (d) $\int_{|z-\mathrm{i}|=2}\frac{\sinh z}{z^2+4}\mathrm{d}z$;

(e) $\int_{|z|=2}\frac{\mathrm{e}^z}{z\left(z+\frac{\pi}{2}\mathrm{i}\right)}\mathrm{d}z$.

3.4 试求下列积分的值:

(a) $\int_{|z|=2}\frac{z^4+z}{(z-1)^2}\mathrm{d}z$; (b) $\int_{|z|=2}\frac{z^3+3z+1}{z^4-5z^2}\mathrm{d}z$;

(c) $\int_{|z|=1}\frac{\sinh^2 z}{z^4}\mathrm{d}z$; (d) $\int_{\left|z-\frac{1}{2}\right|=1}\frac{\mathrm{e}^z+z}{(z-1)^4}\mathrm{d}z$;

(e) $\int_{|z-i|=2}\frac{\mathrm{e}^{-z}\sin z}{z^4}\mathrm{d}z$; (f) $\int_{|z-i|=3}\frac{\sin z}{(z-i)^n}\mathrm{d}z$($n$ 是正整数).

3.5　求积分

$$\int_C \frac{e^z}{z}dz \quad (C: |z|=1)$$

从而证明

$$\int_0^\pi e^{\cos\theta}\cos(\sin\theta)d\theta = \pi$$

3.6　设在闭域$|z|\leqslant 1$，$f(z)$解析，且 $f(0)=1$，计算积分

$$\frac{1}{2\pi i}\int_{|z|=1}\left\{2\pm\left(z+\frac{1}{z}\right)\right\}f(z)\frac{dz}{z}$$

再使用极坐标导出下式：

$$\frac{2}{\pi}\int_0^{2\pi} f(e^{i\theta})\cos^2\frac{\theta}{2}d\theta = 2+f'(0)$$

$$\frac{2}{\pi}\int_0^{2\pi} f(e^{i\theta})\sin^2\frac{\theta}{2}d\theta = 2-f'(0)$$

3.7　试证明勒让德多项式

$$P_n(x)=\frac{1}{2^n n!}\frac{d^n}{dx^n}(x^2-1)^n$$

可表示成如下积分形式：

$$P_n(x) = \frac{(-1)^n}{2^n 2\pi i}\oint\frac{(1-z^2)^n}{(z-x)^{n+1}}dz$$

3.8　试证明(a)设函数 $f(z)$在复平面上解析，且$|f(z)|<Mz^n$，其中 n 是自然数，M 为正实数，则 $f(z)$一定是一个次数不超过 n 的多项式；(b)在复数域内 n 次多项式有 n 个根，若为重根，按重数计次.

3.9　数学物理方法中很多特殊函数，通常定义如下：

生成函数 $g(x,\zeta)$展开式的系数 $f_n(x)$，其中

$$f_n(x) = \frac{1}{n!}\frac{\partial^n}{\partial\zeta^n}g(x,\zeta)\bigg|_{\zeta=0}, \quad g(x,\zeta) = \sum_n f_n(x)\zeta^n$$

试按照下面列出的特殊函数，导出与其相应的生成函数 $g(x,\zeta)$.

(a) 贝塞尔函数　$J_n(x) = \dfrac{1}{2\pi i}\oint e^{(x/2)(\zeta-\frac{1}{\zeta})}\zeta^{-n-1}d\zeta$；

(b) 变形贝塞尔函数　$I_n(x) = \dfrac{1}{2\pi i}\oint e^{(x/2)(\zeta+\frac{1}{\zeta})}\zeta^{-n-1}d\zeta$；

(c) 勒让德多项式　$P_n(x) = \dfrac{1}{2\pi i}\oint(1-2x\zeta+\zeta^2)^{-1/2}\zeta^{-n-1}d\zeta$；

(d) 厄米多项式　$H_n(x) = \dfrac{1}{2\pi i}\oint e^{-\zeta^2+2x\zeta}\zeta^{-n-1}d\zeta$；

(e) 拉盖尔多项式　$L_n(x) = \dfrac{1}{2\pi i}\oint e^{-x\zeta/1-\zeta}(1-\zeta)^{-1}\zeta^{-n-1}d\zeta$；

(f) 切比雪夫多项式　$T_n(x) = \dfrac{1}{2\pi i}\oint(1-x\zeta)(1-2x\zeta+\zeta^2)^{-1}\zeta^{-n-1}d\zeta$.

上述积分周线内都包含原点；且在周线内除原点之外无其他奇点.

3.10 试将上题中(c)的积分通过将 z 变为复变数 ζ，

$$z=\frac{2(\zeta-x)}{\zeta^2-1},\quad dz=2(2x\zeta-1-\zeta^2)(\zeta^2-1)^{-2}d\zeta$$

证明上题中(c)的 $P_n(x)$ 的积分表达式与 3.7 题中 $P_n(x)$ 的积分表达式是一致的.

3.11 设 $f(z)=u(x,y)+iv(x,y)$ 是上半平面上的解析函数，且当 $z\to\infty$ 时，$f(z)\Rightarrow 0$ $(0\leqslant \arg z\leqslant\pi)$，试证明

$$u(x,y)=\frac{y}{\pi}\int_{-\infty}^{\infty}\frac{u(\xi,0)}{(\xi-x)^2+y^2}d\xi$$

$$v(x,y)=\frac{y}{\pi}\int_{-\infty}^{\infty}\frac{v(\xi,0)}{(\xi-x)^2+y^2}d\xi$$

第 4 章　解析函数的幂级数表示法

用级数表示解析函数不仅有理论价值,而且还有实用价值.例如,利用级数可以计算函数的近似值等.实际上,很多应用问题经常要用到级数这一分析工具,后面要讲的常微分方程的级数解法就是一例.特别是利用级数还可发现解析函数的一些重要性质.

4.1　复数项级数

由于复数项级数可以分解成两列实数项级数来研究,因此复数项级数的性质可直接从实数项级数的性质得出,同时关于实数项级数成立的定理几乎可原封不动地照搬过来.下面列举一些基本定义及定理,但不加证明.

定义 4.1.1　称$\{z_k\}(k=1,2,3,\cdots)$为复数列,其中 $z_k=x_k+\mathrm{i}y_k$,则

$$\sum_{k=1}^{\infty} z_k = z_1 + z_2 + \cdots + z_n + \cdots \tag{4.1.1}$$

称为复数项无穷级数.其前 n 项之和

$$\sum_{k=1}^{n} z_k = S_n \tag{4.1.2}$$

称为级数的部分和.

收敛的概念:若部分和数列$\{S_n\}$存在有限极限,则称无穷级数 $\sum\limits_{k=1}^{\infty} z_k$ 收敛,而这极限值称为级数的和,即

$$S = \lim_{n\to\infty} S_n$$

并记为

$$S = \sum_{k=1}^{\infty} z_k$$

定理 4.1.1　$\sum\limits_{k=1}^{\infty} z_k$ 收敛的必要条件是

$$\lim_{k\to\infty} z_k = 0$$

定理 4.1.2　级数 $\sum\limits_{k=1}^{\infty} z_k$ 收敛的充要条件是实数项级数$\sum\limits_{k=1}^{\infty} x_k$,$\sum\limits_{k=1}^{\infty} y_k$ 收敛.

例如,级数 $\sum\limits_{k=1}^{\infty}\left[\dfrac{1}{k}+\mathrm{i}\,\dfrac{1}{2^k}\right]$不收敛,尽管其虚部$\sum\limits_{k=1}^{\infty}\dfrac{1}{2^k}$ 收敛,但因$\sum\limits_{k=1}^{\infty}\dfrac{1}{k}$ 不收

敛，所以原级数不收敛.

定理 4.1.3　级数 $\sum\limits_{k=1}^{\infty} z_k$ 收敛的充要条件是对于任意给定的 $\varepsilon<0$，总存在自然数 N，对任何 $n>N$ 及任意的自然数 p 有

$$|z_{n+1}+z_{n+2}+\cdots+z_{n+p}|<\varepsilon$$

定理 4.1.4　若级数 $\sum\limits_{k=1}^{\infty} z_k'$ 和级数 $\sum\limits_{k=1}^{\infty} z_k''$ 都收敛，则 $\sum\limits_{k=1}^{\infty} cz_k'$ 和 $\sum\limits_{k=1}^{\infty}(z_k'+z_k'')$ 也收敛. 其中 c 为复数常数，且

$$\sum_{k=1}^{\infty} cz_k' = c\sum_{k=1}^{\infty} z_k'; \quad \sum_{k=1}^{\infty}(z_k'+z_k'') = \sum_{k=1}^{\infty} z_k' + \sum_{k=1}^{\infty} z_k''$$

将两级数 $\sum\limits_{k=1}^{\infty} z_k'$ 及 $\sum\limits_{k=1}^{\infty} z_k''$ 按以下方式相乘得一级数：

$$\sum_{k=1}^{\infty}(z_1'z_k''+z_2'z_{k-1}''+z_3'z_{k-2}''+\cdots+z_k'z_1'')$$

此级数称为上面级数的柯西乘积. 当 $\sum\limits_{k=1}^{\infty} z_k'$ 及 $\sum\limits_{k=1}^{\infty} z''_k$ 分别收敛于 S' 及 S'' 时，以上柯西乘积不一定收敛.

绝对收敛　对于级数 $\sum\limits_{k=1}^{\infty} z_k$，如果取其各项的绝对值而得的实数项级数 $\sum\limits_{k=1}^{\infty}|z_k|$ 收敛，则称 $\sum\limits_{k=1}^{\infty} z_k$ 绝对收敛. 绝对收敛的级数自身必收敛，反之，不一定成立.

由于

$$\sum_{k=1}^{\infty}|x_k| \text{ 或 } \sum_{k=1}^{\infty}|y_k| \leqslant \sum_{k=1}^{\infty}|z_k| = \sum_{k=1}^{\infty}\sqrt{x_k^2+y_k^2}$$

$$\leqslant \sum_{k=1}^{\infty}|x_k| + \sum_{k=1}^{\infty}|y_k|$$

因此，又可得如下定理：

定理 4.1.5　$\sum\limits_{k=1}^{\infty} z_k$ 绝对收敛的充要条件是实数项级数 $\sum\limits_{k=1}^{\infty} x_k$ 与 $\sum\limits_{k=1}^{\infty} y_k$ 都绝对收敛.

定理 4.1.6　绝对收敛的级数 $\sum\limits_{k=1}^{\infty} z_k$ 的各项可以重排，$z_1+z_2+\cdots+z_n+\cdots$ 各项的顺序调换后所得级数仍绝对收敛，且重排后级数和不变.

定理 4.1.7　若 $\sum\limits_{k=1}^{\infty} z_k'$ 与 $\sum\limits_{k=1}^{\infty} z_k''$ 绝对收敛，且 $S'=\sum\limits_{k=1}^{\infty} z_k'$，$S''=\sum\limits_{k=1}^{\infty} z_k''$，则两个级数的柯西乘积收敛，且收敛于 $S'\cdot S''$.

4.2　复变函数项级数

4.2.1　概念

设$\{f_k(z)\}(k=1,2,3\cdots)$为复变函数列，其中每个函数$f_k(z)$在区域$D$内有定义，则

$$\sum_{k=1}^{\infty} f_k(z) = f_1(z) + f_2(z) + \cdots + f_n(z) + \cdots \tag{4.2.1}$$

称为复变函数项级数，其中前n项之和

$$S_n(z) = f_1(z) + f_2(z) + \cdots + f_n(z) = \sum_{k=1}^{n} f_k(z) \tag{4.2.2}$$

称为级数$\sum\limits_{k=1}^{\infty} f_k(z)$之部分和.

敛散性　设$Z\in D$，若$\lim\limits_{n\to\infty}S_n(z)=f(z)$，则称级数$\sum\limits_{k=1}^{\infty} f_k(z)$在$z$点处收敛，且级数之和为$f(z)$；若$\lim\limits_{n\to\infty}S_n(z)$不存在，则称级数$\sum\limits_{k=1}^{\infty} f_k(z)$在$z$点处发散.

一致收敛　若任意给定一个$\varepsilon>0$，总存在$N>0$，对任何$z\in D$，当$n>N$时，就有

$$\left|\sum_{k=1}^{n} f_k(z) - f(z)\right| < \varepsilon \tag{4.2.3}$$

则称$\sum\limits_{k=1}^{\infty} f_k(z)$在$D$上一致收敛于$f(z)$；

如果在D内总有某点使上述不等式不成立，则称$\sum\limits_{k=1}^{\infty} f_k(z)$在$D$上非一致收敛于$f(z)$.

一致收敛判别法

(1) 柯西(Cauchy)准则

级数$\sum\limits_{k=1}^{\infty} f_k(z)$在区域$D$上一致收敛的充要条件是，对任何给定的$\varepsilon>0$，总有$N>0$，当$n>N$时，对任何自然数$p$有

$$\left|\sum_{N+1}^{N+p} f_k(z)\right| < \varepsilon \tag{4.2.4}$$

(2) 魏尔斯特拉斯(Weierstrass)判别法(又称优级数判别法或 M 判别法)

若有收敛的正项级数$\sum\limits_{k=1}^{\infty} M_k$，且对任何$z\in D$，总有

$$|f_k(z)| \leqslant M_k \quad (k=1,2,3,\cdots) \tag{4.2.5}$$

则 $\sum\limits_{k=1}^{\infty} f_k(z)$ 必于 D 上绝对且一致收敛.

绝对收敛及一致收敛不是相等的概念，而是两个独立的概念. 例如，x 在[0,1]区间上，级数 $\sum\limits_{k=1}^{\infty}(-1)^{k-1}\dfrac{x^k}{k}$ 是一致收敛的，其和函数为 $\ln(1+x)$，但在此区间上这级数不是绝对收敛的.

M 判别法仅是一个充分的检验法. 也就是说，对于任何一致收敛的级数，不一定总能找到一个收敛的正项级数，使得级数的各项与正项级数的相应项满足不等式(4.2.5). 例如级数

$$\frac{1}{1+x^2}-\frac{1}{2+x^2}+\frac{1}{3+x^2}-\frac{1}{4+x^2}+\cdots$$

在 x 轴的任何区间上一致收敛，但其各项不能被任何收敛的正项级数的相应项所控制. 可是，M 判别法对几乎所有的应用还是足够的. 并应用起来也较方便，因为它把判断复变函数项级数的一致收敛性变成判断正项级数的收敛性来求.

4.2.2 性质

定理 4.2.1 设级数 $\sum\limits_{k=1}^{\infty} f_k(z)$ 在区域 D 内一致收敛，而函数 $g(z)$ 在 D 上有界，则 $\sum\limits_{k=1}^{\infty}[g(z)f_k(z)]$ 在 D 内也一致收敛.

证明 按题设，当 $z\in D$ 时有

$$|g(z)<M|$$

以及当 $z\in D$，且 $n>N$ 时，有

$$|f_{n+1}(z)+f_{n+2}(z)+\cdots|<\frac{\varepsilon}{M}$$

因此

$$\begin{aligned}|g(z)f_{n+1}(z)+g(z)f_{n+2}(z)+\cdots| &= |g(z)||f_{n+1}(z)+f_{n+2}(z)+\cdots|\\ &\leqslant M|f_{n+1}(z)+f_{n+2}(z)+\cdots 1|\\ &\leqslant M\cdot\frac{\varepsilon}{M}=\varepsilon\end{aligned}$$

故按柯西判别法，级数 $\sum\limits_{k=1}^{\infty}[g(z)f_k(z)]$ 在 D 内一致收敛.

定理 4.2.2 设 $f_k(z)$在 D 上连续($k=1,2,3,\cdots$)，且 $\sum\limits_{k=1}^{\infty} f_k(z)$ 在 D 内一致收敛于 $f(z)$，则 $f(z)$是 D 上的连续函数.

证明　设

$$f(z)=f_1(z)+f_2(z)+\cdots+f_n(z)+\cdots=S_n(z)+R_n(z)$$

其中 $S_n(z)$ 是级数 $\sum_{k=1}^{\infty}f_k(z)$ 的前 n 项之和，$R_n(z)$ 是级数 n 项以后的余项.

由于在 D 上 $\sum_{k=1}^{\infty}f_k(z)$ 一致收敛于 $f(z)$，所以对于任意给定的小量 ε，总能找到这样的 n，使 $z,z_0\in D$ 均满足

$$|f(z)-S_n(z)|<\frac{\varepsilon}{3},\quad |f(z_0)-S_n(z_0)|<\frac{\varepsilon}{3}$$

其次，因为级数中的单项 $f_k(z)$ 在 D 上连续，所以有限项之和也应连续. 按连续性定义，对于 z 及 $z_0\in D$，下式应成立：

$$\text{当 } |z-z_0|<\delta \text{ 时,}\qquad |S_n(z)-S_n(z_0)|<\frac{\varepsilon}{3}$$

因此

$$\begin{aligned}|f(z)-f(z_0)|&\leqslant|f(z)-S_n(z)|+|S_n(z)-S_n(z_0)|+|S_n(z_0)-f(z_0)|\\&=\frac{\varepsilon}{3}+\frac{\varepsilon}{3}+\frac{\varepsilon}{3}=\varepsilon\end{aligned}$$

也就是说，当 $|z-z_0|<\delta$ 时，z 及 $z_0\in D$，有

$$|f(z)-f(z_0)|<\varepsilon$$

这正表明，$f(z)$ 在 $z=z_0$ 点连续. 因为 z_0 是一致收敛域中的任意点，故定理得证

定理 4.2.3　设级数 $\sum_{k=1}^{\infty}f_k(z)$ 的任一单项沿曲线 C 连续，且级数在 C 上一致收敛，则 $f(z)$ 沿 C 可逐项积分，即

$$\int_C f(z)\mathrm{d}z=\sum_{k=1}^{\infty}\int_C f_k(z)\mathrm{d}z$$

证明　由于 $f(z)$ 及 $f_k(z)(k=1,2,3,\cdots)$ 在 C 上连续，所以积分 $\int_C f(z)\mathrm{d}z$ 及 $\int_C f_k(z)\mathrm{d}z(k=1,2,3,\cdots)$ 存在，又 $\sum_{k=1}^{\infty}f_k(z)$ 一致收敛于 $f(z)$，因此对于任意给定的小量 $\varepsilon(>0)$，总存在 $N>0$，对于 C 上所有点，当 $n>N$ 时，下式成立：

$$\left|f(z)-\sum_{k=1}^{n}f_k(z)\right|=|R_n(z)|<\frac{\varepsilon}{L}$$

其中 L 为曲线 C 之长度.

其次，对于任何有限项的和而言，一个和的积分等于各积分之和. 因此上述不等式可以写成

$$\left|\int_C f(z)\mathrm{d}z-\sum_{k=1}^{n}\int_C f_k(z)\mathrm{d}z\right|=\left|\int_C\left[f(z)-\sum_{k=1}^{n}f_k(z)\right]\mathrm{d}z\right|$$
$$=\left|\int_C R_n(z)\mathrm{d}z\right|\leqslant\int_C|R_n(z)|\cdot|\mathrm{d}z|$$
$$<\frac{\varepsilon}{L}\int_C|\mathrm{d}z|=\frac{\varepsilon}{L}\cdot L=\varepsilon$$

由此得

$$\lim_{n\to\infty}\sum_{k=1}^{n}\int_C f_k(z)\mathrm{d}z=\int_C f(z)\mathrm{d}z$$

定理 4.2.4 设 $f_k(z)$在区域 D 内解析($k=1,2,3,\cdots$),又 $\sum_{k=1}^{\infty}f_k(z)$ 在 D 上内闭一致收敛于 $f(z)$,则

(1) 函数 $f(z)$在 D 内解析;

(2) 函数 $f(z)$在 D 内的各阶导数,可以由级数逐项求导而得,即

$$f^{(n)}(z)=\sum_{k=1}^{\infty}f_k^{(n)}(z)\quad(n=1,2,3,\cdots)$$

证明 (1) 假设一致收敛区域不是单连通的,就是已由适当的割线使其成为单连通的.于是,如果级数中任一单项 $f_k(z)$在 D 内解析,由柯西定理可知,每一单项沿 D(或其单连通修改形)内任何简单闭曲线的积分是零,再根据定理 4.2.3 有

$$\int_C f(z)\mathrm{d}z=\sum_{k=1}^{\infty}\int_C f_k(z)\mathrm{d}z=0$$

因此由莫列拉定理可断言 $f(z)$于 D 内解析.

(2) 由于 $\sum_{k=1}^{\infty}f_k(z)$ 在 D 内一致收敛,而函数$\frac{1}{(z-z_0)^{n+1}}$在 C 上有界,按定理 4.2.1,级数$\sum_{k=1}^{\infty}\frac{f_k(z)}{(z-z_0)^{n+1}}$也将在 C 上一致收敛.所以由定理 4.2.3,此级数沿 C(C 是 D 内围绕 z_0 描绘出的一条简单闭曲线)可以逐项积分,得

$$\int_C\frac{f(z)}{(z-z_0)^{n+1}}\mathrm{d}z=\int_C\sum_{k=1}^{\infty}\frac{f_k(z)}{(z-z_0)^{n+1}}\mathrm{d}z=\sum_{k=1}^{\infty}\int_C\frac{f_k(z)}{(z-z_0)^{n+1}}\mathrm{d}z$$

将上式两端同乘以因子$\frac{n!}{2\pi\mathrm{i}}$即得

$$f^{(n)}(z_0)=\sum_{k=1}^{\infty}f_k^{(n)}(z_0)\quad(n=1,2,3,\cdots)$$

由于 z_0 是 D 内任一点,所以上式对 $z\in D$ 的一切点均成立.于是上式中的 z_0 可换成 z,故定理得证.

注意：$f_k(z)(k=1,2,3,\cdots)$的解析区域不一定与级数 $\sum\limits_{k=1}^{\infty} f_k(z)$ 收敛的和函数 $f(z)$ 的解析区域一致. 例如，$z^k(k=1,2,3,\cdots)$ 在全复平面内解析，但 $\sum\limits_{k=1}^{\infty} z^k$ 的和函数$\dfrac{1}{1-z}$却只在 $|z|<1$ 内解析，因为级数 $\sum\limits_{k=1}^{\infty} z^k$ 仅在 $|z|<1$ 内一致收敛于和函数$\dfrac{1}{1-z}$.

有趣的是定理 4.2.4 不适用于实变量 x 的函数项级数. 要证明这种级数的逐项求导是正确的，我们需要的不是原来级数的一致收敛，而是由逐项求导所得到的级数的一致收敛. 因此，对于实变量 x 的函数项级数，应由下列定理代替定理 4.2.4.

定理 4.2.5　如果实变量 x 的函数项级数 $\sum\limits_{k=1}^{\infty} f_k(x)$ 在$[a, b]$上一致收敛于 $f(x)$，以及级数中的每一单项 $f_k(x)$ 具有连续性的一阶导数，且 $\sum\limits_{k=1}^{\infty} \dfrac{\mathrm{d}f_k(x)}{\mathrm{d}x}$ 在$[a, b]$上一致收敛于函数 $F(x)$，则

$$F(x)=\frac{\mathrm{d}f(x)}{\mathrm{d}x}$$

证明　因为

$$f(x)=\sum_{k=1}^{\infty} f_k(x),\quad F(x)=\sum_{k=1}^{\infty} \frac{\mathrm{d}f_k(x)}{\mathrm{d}x}$$

在$[a, b]$上一致收敛，且$\dfrac{\mathrm{d}f_k(x)}{\mathrm{d}x}(k=1,2,3,\cdots)$在$[a, b]$上连续，故按定理 4.2.3 上式可逐项积分，得

$$\int_a^b F(x)\mathrm{d}x=\sum_{k=1}^{\infty} f_k(b)-\sum_{k=1}^{\infty} f_k(a)=f(b)-f(a)$$

因此

$$F(x)=\frac{\mathrm{d}f(x)}{\mathrm{d}x}$$

本节中之所以列出定理 4.2.5，是因为今后在第 9 章中将用到此定理. 定理中要求导数组成的级数一致收敛似乎是严了一些，因为逐项积分的定理中没有这一要求. 但这要求还是十分必要的. 例如在第 9 章中我们将看到一致收敛的傅里叶级数，经过逐项微分之后，可导致发散的级数.

4.3 幂 级 数

定义 4.3.1 形状为

$$\sum_{k=0}^{\infty} c_k(z-z_0)^k = c_0 + c_1(z-z_0) + \cdots + c_n(z-z_0)^n + \cdots$$

的级数,称为幂级数,其中 c_n 是与 n 有关的复常数,z_0 为其中心.

以 z_0 为中心的幂级数,若令 $z'=z-z_0$,即可变换为以 0 为中心的幂级数.为不失普遍性,且为了阐述方便起见,本节中我们只考虑以 0 为中心的幂级数,即

$$\sum_{k=0}^{\infty} c_k z^k = c_0 + c_1 z + c_2 z^2 + \cdots + c_n z^n + \cdots \tag{4.3.1}$$

以上形式的幂级数是一种特殊形状的解析函数项级数,所以上面给出的有关解析函数项级数的定理都可应用于此,此外它还增添了一些新的特性.

幂级数的收敛半径是唯一确定的,而且可以通过其系数 c_k 来求出.

为方便起见,今后我们称含无限多幂次项的幂级数为 $P(z)$,而称含有限多项的幂级数为 $P_m(z)$ 多项式,其中 m 为有限整数.

定理 4.3.1 已给 z_0 为中心的幂级数 $P(z)$,必存在一个以 z_0 为中心的圆周 $|z-z_0|=R$,使 $P(z)$ 在其内域处处收敛,在其外域处处发散.

若以下等式有一个成立:

(1) $l=\lim\limits_{k\to\infty}\left|\dfrac{c_{k+1}}{c_k}\right|$;(2) $l=\lim\limits_{k\to 0}\sqrt[k]{|c_k|}$;(3) $l=\overline{\lim\limits_{k\to\infty}}\sqrt[k]{|c_k|}$;

则幂级数 $\sum\limits_{k=0}^{\infty} c_k z^k$ 的收敛半径 $R=\dfrac{1}{l}$(其中,若 $l=0$ 时,$R=+\infty$;若 $l=\infty$时,$R=0$),极限$\lim\limits_{k\to\infty}\left|\dfrac{c_{k+1}}{c_k}\right|$存在可推出$\lim\limits_{k\to\infty}\sqrt[k]{|c_k|}$也存在,且两者相等,但一般有

$$\underline{\lim_{k\to\infty}}\left|\frac{c_{k+1}}{c_k}\right| \leqslant \underline{\lim_{k\to\infty}}\sqrt[k]{|c_k|} \leqslant \overline{\lim_{k\to\infty}}\sqrt[k]{|c_k|} \leqslant \overline{\lim_{k\to\infty}}\left|\frac{c_{k+1}}{c_k}\right|$$

因此,由上极限$\overline{\lim\limits_{k\to\infty}}\sqrt[k]{|c_k|}=l$ 而得到的收敛半径 $R=\dfrac{1}{l}$ 的结论最强,这一结论称为柯西-阿达马(Cauchy-Hadamard)定理.

定理 4.3.2 在收敛圆盘的每一点 z 处,$P(z)$ 可以用一个次数充分大的多项式 $P_m(z)$ 逼近到任意高的精确度.

证明 因为 $P(z)$ 在收敛圆内一致收敛,就可证明此结论.

有了定理 4.3.2 为基础,我们就很轻易地得到定理 4.3.7.

定理 4.3.3 幂级数 $\sum\limits_{k=0}^{\infty} c_k z^k$ 在 $|z|<R$ 内收敛,则在 $|z|\leqslant r<R$ 内绝对且一

致收敛.

证明　由于幂级数,在 $|z|<R$ 内收敛,所以在圆内总可找到一点 z_0, $|z_0|<R$,使幂级数 $\sum_{k=0}^{\infty} c_k z_0^k$ 收敛,因此这级数各项有界,即对所有 k,存在一正数 M,使

$$|c_k z_0^k| < M \quad (k=0,1,2,3,\cdots)$$

若 $|z|\leqslant r<|z_0|$,则

$$|c_k z^k| = |c_k z_0^k| \left|\frac{z^k}{z_0^k}\right| < M\left|\frac{z}{z_0}\right|^k \leqslant M\left|\frac{r}{z_0}\right|^k$$

而 $\sum_{k=0}^{\infty} M\left|\frac{r}{z_0}\right|^k$ 是一个收敛的正项级数(这是一个公比小于 1 的几何级数),所以按优级数判别法, $\sum_{k=1}^{\infty} c_k z^k$ 在 $|z|\leqslant r<R$ 内绝对、且一致收敛.

由此可知,若一幂级数在一个圆内部收敛,则将此圆稍微缩小一点,幂级数就在缩小的圆域内绝对且一致收敛.

定理 4.3.4　幂级数 $\sum_{k=0}^{\infty} c_k z^k$ 的和函数 $f(z)$ 在收敛圆 $|z|<R(0<R<\infty)$ 内是一个解析函数,且可逐项微分无限多次,其导数为

$$f^{(n)}(z) = n!c_n + \frac{(n+1)!}{1!}c_{n+1}z + \frac{(n+2)!}{2!}c_{n+2}z^2 + \cdots \quad (n=0,1,2,\cdots)$$

证明　由定理 4.3.3 可知,级数 $\sum_{k=0}^{\infty} c_k z^k$ 在收敛圆 $|z|<R$ 内的任一闭域上一致收敛. 再由定理 4.2.4 得 $f(z)=\sum_{k=0}^{\infty} c_k z^k$ 在 $|z|<R$ 内解析,且可逐项微分无限多次,即

$$f^{(n)}(z) = n!c_n + \frac{(n+1)!}{1!}c_{n+1}z + \frac{(n+2)!}{2!}c_{n+2}z^2 + \cdots$$

定理 4.3.5　幂级数 $\sum_{k=0}^{\infty} c_k z^k = f(z)$ 在其收敛圆 $|z|<R$ 内$(0<R<+\infty)$可以逐项积分.

证明　由定理 4.3.3 及定理 4.2.3 即得所证.

试求下列各幂级数的收敛半径:

例 4.3.1　幂级数 $\sum_{k=0}^{\infty}\frac{z^k}{k}$.

解　$R=\lim_{k\to\infty}\left|\frac{c_k}{c_{k+1}}\right|=1$

例 4.3.2　幂级数 $\sum_{k=1}^{\infty}\frac{z^k}{k!}$.

解 $R=\lim\limits_{k\to\infty}\left|\dfrac{c_k}{c_{k+1}}\right|=+\infty$

例 4.3.3 幂级数 $\sum\limits_{k=0}^{\infty} k!z^k$.

解 $R=\lim\limits_{k\to\infty}\left|\dfrac{c_k}{c_{k+1}}\right|=\lim\limits_{k\to\infty}\dfrac{k!}{(k+1)!}=0$

例 4.3.4 幂级数 $1+z^2+z^4+z^8+\cdots+z^{2n}+\cdots$.

解 因为当 κ 为偶次时，$c_k=1$；奇次时，$c_k=0$；因此相应的 $\sqrt[k]{|c_k|}=1$ 或 0，于是数列$\{\sqrt[k]{|c_k|}\}$的聚点是 0 和 1，从而

$$l=\overline{\lim_{k\to\infty}}\sqrt[k]{|c_k|}=1$$

所以 $R=1$.

例 4.3.5 幂级数 $\sum\limits_{k=0}^{\infty}[2+(-1)^k]^k z^k$.

解 由于$\lim\limits_{k\to\infty}\sqrt[k]{|c_k|}$不存在，而

$$l=\overline{\lim_{k\to\infty}}\sqrt[k]{|c_k|}=\overline{\lim_{k\to\infty}}\sqrt[k]{[2+(-1)^k]^k}=3$$

所以 $R=\dfrac{1}{l}=\dfrac{1}{3}$.

定理 4.3.6 如果一个复变函数可以表示成收敛的幂级数，那么这个收敛的幂级数必为唯一的.

证明 这是矢量空间中的线性相关，线性无关，唯一性等的印证.

定理 4.3.7 两个具有相同中心的收敛的幂级数，在共同的收敛圆内可以进行相加、相减、相乘、相除(除数不为零)以及复合等运算.

定理 4.3.8 幂级数在收敛圆内解析，且可逐项求导无限多次；沿收敛圆内的任意一条曲线可逐项积分.

推论 4.3.1 解析函数在解析区域内可以自由地进行微分和积分.

例 4.3.6 $g(\xi)$在闭域 $\overline{D}$ 上连续，Γ 是 $\overline{D}$ 的边界，z 为 $\overline{D}$ 的内点，试证如下定义的函数

$$f(z)=\frac{1}{2\pi i}\int_D\frac{g(\xi)}{\xi-z}d\xi,\quad z\notin D$$

解析，且有任意阶导数.

证明 按照定理(1.6.2)及推论(4.3.1)，有

$$\frac{df}{dz}=\frac{1}{2\pi i}\frac{d}{dz}\int_D\frac{g(\xi)}{\xi-z}d\xi=\frac{1}{2\pi i}\int_D g(\xi)\frac{d}{dz}\left(\frac{1}{\xi-z}\right)d\xi$$

$$=\frac{1}{2\pi i}\int_D\frac{g(\xi)}{(\xi-z)^2}d\xi$$

于是

$$\frac{\mathrm{d}^n f}{\mathrm{d}z^n}=\frac{n!}{2\pi\mathrm{i}}\int_D \frac{g(\xi)}{(\xi-z)^{n+1}}\mathrm{d}\xi \quad (n=1,2,3,\cdots)$$

4.4　解析函数的幂级数展开

4.4.1　泰勒(Taylor)展开

定理 4.4.1　若 $f(z)$在圆$|z-z_0|<R$ 内解析($0<R<+\infty$)，则在$|z-z_0|<R$ 内必有

$$f(z)=f(z_0)+\frac{f'(z_0)}{1!}(z-z_0)+\frac{f''(z_0)}{2!}(z-z_0)^2+\cdots+\frac{f^{(n)}(z_0)}{n!}(z-z_0)^n+\cdots \tag{4.4.1}$$

此展开式是唯一的，并称上式为 $f(z)$以 z_0 为中心的泰勒级数.

证明　设 z 为圆$|z-z_0|<R$ 内任取的一定点，总有圆周 Γ(图 4.1 中虚线所示)：$|\zeta-z_0|=\rho(0<\rho<R)$，使点 z 含于 Γ 的内部. 由柯西公式得

$$f(z)=\frac{1}{2\pi\mathrm{i}}\int_\Gamma \frac{f(\zeta)}{\zeta-z}\mathrm{d}\zeta$$

因为 $|\zeta-z_0|=\rho$，$|z-z_0|<\rho$，故 $\left|\frac{z-z_0}{\zeta-z_0}\right|<1$

于是下式成立：

$$\frac{1}{\zeta-z}=\frac{1}{\zeta-z_0-(z-z_0)}=\frac{1}{\zeta-z_0}\frac{1}{1-\frac{z-z_0}{\zeta-z_0}}$$

$$=\frac{1}{\zeta-z_0}\sum_{n=0}^{\infty}\left(\frac{z-z_0}{\zeta-z_0}\right)^n=\sum_{n=0}^{\infty}\frac{(z-z_0)^n}{(\zeta-z_0)^{n+1}}$$

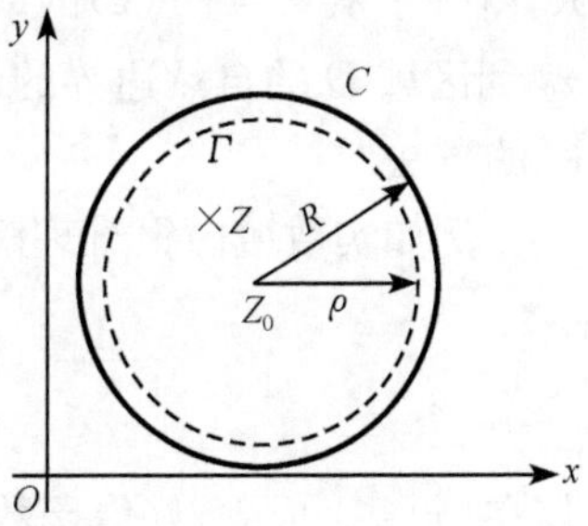

图 4.1

上式右端级数在 Γ 上一致收敛，又 $f(\zeta)$在 Γ 上解析，故有界. 将 $f(\zeta)$乘上式两边，由于 $f(\zeta)$有界，所以与 $f(\zeta)$相乘后的级数仍在 Γ 上一致收敛，按定理 4.2.3，对上述级数可逐项积分. 因此

$$f(z)=\frac{1}{2\pi\mathrm{i}}\int_\Gamma \frac{f(\zeta)}{\zeta-z}\mathrm{d}\zeta=\sum_{n=0}^{\infty}\frac{1}{2\pi\mathrm{i}}\int_\Gamma \frac{f(\zeta)}{(\zeta-z_0)^{n+1}}(z-z_0)^n\mathrm{d}\zeta$$

$$=\sum_{n=0}^{\infty}\frac{1}{n!}f^{(n)}(z_0)(z-z_0)^n$$

其中利用了解析函数 $f(z)$的导数公式

$$f^{(n)}(z_0)=\frac{n!}{2\pi i}\int_{\Gamma}\frac{f(\zeta)}{(\zeta-z_0)^{n+1}}d\zeta \quad (n=0,1,2,3,\cdots)$$

下面证明展开式是唯一的.

设另有一展式

$$f(z)=\sum_{n=0}^{\infty}c_n'(z-z_0)^n \quad (z\in D,\ |z-z_0|<R)$$

由定理 4.3.5 得

$$f^{(n)}(z)=n!c_n'+\frac{(n+1)!}{1!}c_{n+1}'(z-z_0)+\cdots$$

将 z_0 代入上式得

$$c_n'=\frac{1}{n!}f^{(n)}(z_0)$$

故展式是唯一的.

级数(4.4.1)称为 $f(z)$ 以 z_0 为中心的泰勒级数,将 $f(z)$ 展开成这样的级数称为对 $f(z)$ 在 $z=z_0$ 进行泰勒展开,特别是 $z_0=0$ 时,为麦克劳林(Maclaurin)级数及麦克劳林展开.

如果函数 $f(z)$ 在区域 D 内有奇点,那么 $f(z)$ 在 z_0 点的泰勒级数的收敛半径 R,就等于从 z_0 到 $f(z)$ 的最近一个奇点 z_1 之间的距离,即 $R=|z_1-z_0|$(或半径是 z_0 到区域 D 的自然边界的最短距离). 因此也给我们提供了一个求幂级数收敛半径的方法.

例如实数域内很难理解:展式

$$\frac{1}{1+x^2}=1-x^2+x^4-x^6+\cdots+|x|<1$$

仅在 $|x|<1$ 成立,好像函数 $\frac{1}{1+x^2}$ 对实数 x 所有值都是确定的. 但从复数域来理解就很清楚,因为 $\frac{1}{1+z^2}$ 在 z 平面上有两个奇点 $z=\pm i$, 所以上述级数的收敛半径应为 1.

例 4.4.1　函数 $f(z)=\frac{e^z}{z-1}$ 在 $z=0$ 的泰勒级数的收敛半径为 1,因为 $f(z)$ 的奇点为 1.

例 4.4.2　函数 $f(z)=\frac{z}{e^z-1}$ (若 $f(0)=1$)在 $z=0$ 的泰勒级数的收敛半径为 2π,因为距点 $z=0$ 最近的奇点是两个,一个为 $2\pi i$,另一个为 $-2\pi i$.

某点 z_0 邻域的解析函数与此邻域的幂级数存在一一对应的关系. 这一特点在

实变函数的微积分学中是不存在的. 此外，如果复变函数 $f(z)$ 在一个区域 D 内解析，则在 D 内每一点均可展成泰勒级数. 而在实变函数中，却存在这样的函数，它的一阶导数存在，而二阶导数就不存在，因而不能展成泰勒级数，或者即使各阶导数都存在，形式上可写出泰勒级数，但这级数不一定收敛，即使收敛，也不一定收敛到原来的函数. 例如，实变函数

$$\Phi(x)=\begin{cases}e^{-1/x^2} & (x\neq 0)\\ 0 & (x=0)\end{cases}$$

在 $x\neq 0$ 处，$\Phi(x)$ 的各阶导数均存在；且在 $x=0$ 处，$\Phi(x)$ 的各阶导数也存在，其值均为零. 因此，如果这些导数作系数，形式上写出 $\Phi(x)$ 在 $x=0$ 处的泰勒级数得

$$\begin{aligned}\Phi(x)&=\Phi(0)+\frac{\Phi'(0)}{1!}x+\frac{\Phi''(0)}{2!}x^2+\cdots+\frac{\Phi^{(n)}(0)}{n!}x^n+\cdots\\&=0+0x+0x^2+\cdots\end{aligned}$$

由此可见，上述级数并不收敛到原来的函数.

到此为止，我们已得到函数 $f(z)$ 在某点 z_0 解析的四种等价的定义，现罗列如下：

(1) 若 $f(z)$ 在区域 D 内处处可导，则 $f(z)$ 在区域 D 内解析；

(2) 若 $f(z)=u(x,y)+iv(x,y)$，其二元实变函数 u 与 v 在区域 D 内可微，且满足柯西-黎曼条件，则 $f(z)$ 在区域 D 内解析；

(3) 若 $f(z)$ 在单连区域内连续，且对 D 内任意一条光滑闭曲线 C 都有

$$\oint_C f(z)\mathrm{d}z=0$$

则 $f(z)$ 在区域 D 内解析；

(4) 若 $f(z)$ 在区域 D 内每一点的某邻域中均可展开泰勒级数，则 $f(z)$ 在区域 D 内解析.

展开方法　由于解析函数 $f(z)$ 的泰勒展开式是唯一的，这就有利于我们进行具体展开，一般说来，有如下几个展开方法：

(i) 直接计算所有的系数来展开. 这是较麻烦的工作，很少用此法来做；

(ii) 利用幂级数在收敛圆内可以逐项求导与逐项积分的性质来进行展开；

(iii) 利用一些简单的初等函数的展开式，通过幂级数的有理运算，复合(代换)运算以及分析运算来展开.

这是比较方便、较常用的方法，但要求熟悉一些函数的展开式及其适用范围. 表 4-1 是一些常用的初等函数泰勒的展开式.

表 4-1

函　数	展开式	适用范围
$\frac{1}{1\mp z}$	$\frac{1}{1\mp z}=1\pm z+z^2\pm z^3+z^4\pm\cdots$	$\|z\|<1$
e^z	$e^z=1+z+\frac{z^2}{2!}+\frac{z^3}{3!}+\cdots+\frac{z^n}{n!}+\cdots$	$\|z\|<\infty$
$\sin z$	$\sin z=z-\frac{z^3}{3!}+\frac{z^5}{5!}+\cdots+(-1)^n\frac{z^{2n+1}}{(2n+1)!}+\cdots$	$\|z\|<\infty$
$\cos z$	$\cos z=1-\frac{z^2}{2!}+\frac{z^4}{4!}-\cdots+(-1)^n\frac{z^{2n}}{(2n)!}+\cdots$	$\|z\|<\infty$
$\ln(1+z)$	$\ln(1+z)=z-\frac{z^2}{2}+\frac{z^3}{3}-\cdots+(-1)^n\frac{z^{n+1}}{n+1}+\cdots$	$\|z\|<1$
$(1+z)^\alpha$ 的主值，其中 α 为复数	$(1+z)^\alpha=1+\alpha z+\frac{\alpha(\alpha-1)}{2!}z^2+\cdots+\frac{\alpha(\alpha-1)\cdots(\alpha-n+1)}{n!}z^n+\cdots$	$\|z\|<1$

例 4.4.3　求 $\ln(1+z)$ 在 $z_0=0$ 的泰勒级数($|z|<1$).

解　因为

$$\frac{\mathrm{d}}{\mathrm{d}z}[\ln(1+z)]=\frac{1}{1+z}$$

而

$$\frac{1}{1+z}=\sum_{n=0}^{\infty}(-1)^n z^n \quad (|z|<1)$$

因此在 $|z|<1$ 区域上，可对上式逐项积分得

$$\ln(1+z)=\sum_{n=1}^{\infty}\frac{(-1)^{n+1}}{n}z^n+c \quad (c\text{ 为积分常数})$$

若令 $\ln 1=0$ 则 $c=0$ (即主支)；若令 $\ln 1=2k\pi\mathrm{i}$，则 $c=2k\pi\mathrm{i}$ (其他分支). 最后得出，$\ln(1+z)$ 主支的泰勒级数为

$$\ln(1+z)=z-\frac{z^2}{2}+\frac{z^3}{3}-\cdots+(-1)^{n-1}\frac{z^n}{n}+\cdots(|z|<1)$$

$\ln(1+z)$ 的其他各支的泰勒级数为

$$\ln(1+z)=2k\pi\mathrm{i}+z-\frac{z^2}{2}+\frac{z^3}{3}-\cdots+(-1)^{n-1}\frac{z^n}{n}+\cdots \quad (|z|<1)$$

例 4.4.4　求 $(1+z)^m$ 在 $|z|<1$ 内点 $z_0=0$ 处的泰勒级数.

解　设 m 为一实数，按定义有

$$(1+z)^m=\mathrm{e}^{m[\ln(1+z)+2k\pi\mathrm{i}]}=\mathrm{e}^{2km\pi\mathrm{i}}\cdot\mathrm{e}^{m\ln(1+z)}$$

对于各支 k，函数在 $|z|<1$ 内单值解析，又

$$\frac{\mathrm{d}^n}{\mathrm{d}z^n}(1+z)^m=\mathrm{e}^{2km\pi\mathrm{i}}m(m-1)\cdots(m-n+1)(1+z)^{m-n}$$

所以

$$\frac{\mathrm{d}^n}{\mathrm{d}z^n}(1+z)^m\bigg|_{z=0}=\mathrm{e}^{2km\pi\mathrm{i}}m(m-1)\cdots(m-n+1)$$

按泰勒级数公式,当$|z|<1$时有

$$(1+z)^m=\mathrm{e}^{2km\pi\mathrm{i}}\left[1+\binom{m}{1}z+\binom{m}{2}z^2+\cdots+\binom{m}{n}z^n+\cdots\right]\quad |z|<1$$

$$=\mathrm{e}^{2km\pi\mathrm{i}}\left[1+mz+\frac{m(m-1)}{2!}z^2+\cdots+\frac{m(m-1)\cdots(m-n+1)}{n!}z^n+\cdots\right]$$

其中 $k=0,\pm1,\pm2,\cdots$. 而对应 $k=0$ 的一支为主支.

(iv) 利用直接相乘(Cauchy 乘积)来进行展开.

例 4.4.5　求$\frac{\sin z}{1+z^2}$在$|z|<1$内点 $z_0=0$ 处的泰勒级数.

解　将 $\sin z$ 与$\frac{1}{1+z^2}$的初等函数展开式,按如下形式安置:

$\frac{1}{1+z^2}$ \ $\sin z$	z	$-z^3/3!$	$z^5/5!$	$-z^7/7!$
1	z	$-z^3/3!$	$z^5/5!$	$-z^7/7!$
$-z^2$	$-z^3$	$z^5/3!$	$-z^7/5!$	
z^4	z^5	$-z^7/3!$		
$-z^6$	$-z^7$			

将行和列的对应元素相乘,收集对角项之和,得

$$\frac{\sin z}{1+z^2}=z-\left(1+\frac{1}{3!}\right)z^3+\left(\frac{1}{5!}+\frac{1}{3!}+1\right)z^5+\cdots$$

$$=z-\frac{7}{6}z^3+\frac{47}{40}z^5+\cdots$$

(v) 待定系数法.

例 4.4.6　求函数 $\mathrm{e}^{\frac{1}{1-z}}$在$|z|<1$内点 $z_0=0$ 处的泰勒级数.

解　首先要明确函数 $f(z)=\mathrm{e}^{\frac{1}{1-z}}=\sum\limits_{k=0}^{\infty}C_kz^k$,这样形式的泰勒级数是存在的,问题是如何求出各项系数 C_k, 将 $f(z)$对 z 求导,

$$f'(z)=\mathrm{e}^{\frac{1}{1-z}}\frac{1}{(1-z)^2}=f(z)\frac{1}{(1-z)^2}$$

$$f(z)=(1-2z+z^2)f'(z)$$

将 $f(z)$的待定系数的泰勒级数 $\sum\limits_{k=0}^{\infty}C_kz^k$,代入上式,得

$$C_{k+1} = \frac{1}{1+k}[(1+2k)C_k - (k-1)C_{k-1}]$$

令 $C_{-1}=0$, $C_0=f(0)=\mathrm{e}$, 代入,得

$$C_1 = C_0 = \mathrm{e}, \quad C_2 = 3\mathrm{e}/2, \cdots$$

于是

$$f(z) = \mathrm{e}^{\frac{1}{1-z}} = \mathrm{e}\left(1 + z + \frac{3}{2!}z^2 + \frac{13}{3!}z^3 + \cdots\right) \quad |z| < 1.$$

(vi) 利用组合关系.

例 4.4.7 求 $\mathrm{e}^z\cos z$ 和 $\mathrm{e}^z\sin z$ 在 $z_0=0$ 的泰勒展开.

解 因为 $\mathrm{e}^z(\cos z + \mathrm{i}\sin z) = \mathrm{e}^{(1+\mathrm{i})z} = \exp(\sqrt{2}\mathrm{e}^{\mathrm{i}\frac{\pi}{4}}z) = \sum\limits_{n=0}^{\infty}\frac{(\sqrt{2})^n\mathrm{e}^{\frac{n\pi}{4}\mathrm{i}}}{n!}z^n$ 分离实部和虚部即得所求.

4.4.2 罗朗(Laurent)展开

前面我们讨论了解析函数在定义域内任一点的幂级数展开(泰勒级数). 本节将讨论解析函数在孤立奇点邻域的幂级数展开. 显然展开式中不能只涉及到正整数次幂项,否则函数将在该点解析,于是矛盾. 因此展开式中一定要涉及到负整数次幂项. 为此,下面将介绍两个预备定理.

定理 4.4.2 若级数

$$\text{I} = c_{-1}(z-z_0) + c_{-2}(z-z_0)^2 + c_{-3}(z-z_0)^3 + \cdots + c_{-n}(z-z_0)^n + \cdots$$

的收敛半径为 $\frac{1}{r}(r>0)$,则级数

$$\text{II} = \frac{c_{-1}}{(z-z_0)} + \frac{c_{-2}}{(z-z_0)^2} + \cdots + \frac{c_{-n}}{(z-z_0)^n} + \cdots$$

在区域 $|z-z_0|>r$ 内收敛,且对任何 $\varepsilon>0$,级数 II 在 $|z-z_0|\geqslant r+\varepsilon$ 上绝对、且一致收敛,且和函数是解析的.

证明 对级数 II 作变换

$$\zeta = \frac{1}{z-z_0}$$

则换成级数

$$c_{-1}\zeta + c_{-2}\zeta^2 + \cdots + c_{-n}\zeta^n + \cdots$$

由于上列级数在区域 $|\zeta|<\frac{1}{r}$ 内收敛,所以换回原来变数 z,得级数 II 在区域 $|z-z_0|>r$ 上收敛.

由定理 4.3.3 得级数 I 在 $|z-z_0|\leqslant\frac{1}{r+\varepsilon}$ 上绝对、且一致收敛($\varepsilon>0$),所以级数 II 在 $|z-z_0|\geqslant r+\varepsilon$ 上绝对、且一致收敛.

再由定理 4.2.4 得级数Ⅱ的和函数在 $|z-z_0|>r$ 上解析.

定理 4.4.3　两端幂级数 $\sum_{n=-\infty}^{\infty} c_n(z-z_0)^n$ 在圆环 $r<|z-z_0|<R$ 上收敛，在闭圆环 $r' \leqslant |z-z_0| \leqslant R'(r<r'<R'<R)$ 上一致收敛. $\sum_{n=-\infty}^{\infty} c_n(z-z_0)^n$ 所确定的和函数在圆环 $r<|z-z_0|<R$ 上解析.

证明　由定理 4.4.2 即可得所证.（略）

定理 4.4.4　若 $f(z)$ 在圆环 $r<|z-z_0|<R(0\leqslant r<R\leqslant+\infty)$ 内解析，则 $f(z)$ 必可展成两端幂级数

$$f(z)=\sum_{n=-\infty}^{\infty} c_n(z-z_0)^n \tag{4.4.2a}$$

其中

$$c_n=\frac{1}{2\pi i}\int_{\Gamma}\frac{f(\zeta)}{(\zeta-z_0)^{n+1}}d\zeta \quad (n=0,\pm1,\pm2,\cdots) \tag{4.4.2b}$$

Γ 是圆周 $|z-z_0|=\rho, r<\rho<R$，并且展式(4.4.2)是唯一的，级数(4.4.2)称为 $f(z)$ 在同心圆环 $r<|z-z_0|<R$ 内的罗朗级数.

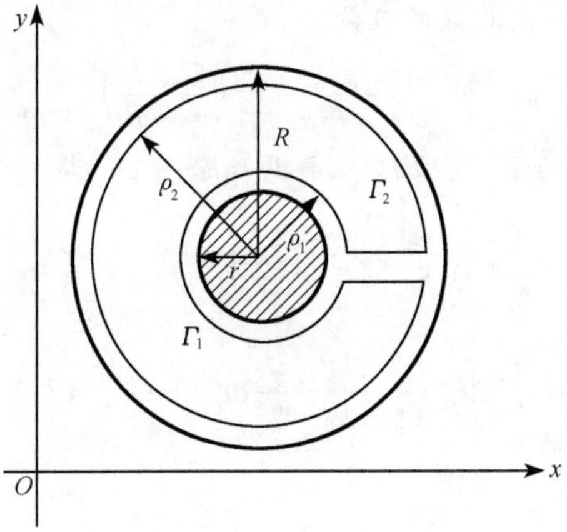

图 4.2

证明　设 z 为圆环内任意取的一定点，总可以找到含于圆环的两个圆周(图 4.2)

$$\Gamma_1: |\zeta-z_0|=\rho_1, \quad \Gamma_2: |\zeta-z_0|=\rho_2$$

使得 z 含在圆环 $\rho_1<|z-z_0|<\rho_2$ 内. 因为 $f(z)$ 在闭圆环 $\rho_1\leqslant|z-z_0|\leqslant\rho_2$ 上解析，由柯西积分公式得

$$f(z)=\frac{1}{2\pi i}\oint_{\Gamma_2}\frac{f(\zeta)}{\zeta-z}d\zeta-\frac{1}{2\pi i}\oint_{\Gamma_1}\frac{f(\zeta)}{\zeta-z}d\zeta \tag{4.4.3a}$$

或

$$f(z)=\frac{1}{2\pi i}\oint_{\Gamma_2}\frac{f(\zeta)}{\zeta-z}d\zeta+\frac{1}{2\pi i}\oint_{\Gamma_1}\frac{f(\zeta)}{z-\zeta}d\zeta \tag{4.4.3b}$$

将上式中的两个积分表示成含有$(z-z_0)$的(正或负)幂次的级数.对于第一积分的处理,可完全仿照上节的办法来做,得

$$\frac{1}{2\pi i}\oint_{\Gamma_2}\frac{f(\zeta)}{\zeta-z}d\zeta=\sum_{n=0}^{\infty}c_n(z-z_0)^n \tag{4.4.4}$$

其中

$$c_n=\frac{1}{2\pi i}\oint_{\Gamma_2}\frac{f(\zeta)}{(\zeta-z_0)^{n+1}}d\zeta \quad (n=0,1,2,\cdots)$$

可类似地处理式(4.4.3)中的第二个积分,因有

$$\frac{f(\zeta)}{z-\zeta}=\frac{f(\zeta)}{(z-z_0)-(\zeta-z_0)}=\frac{f(\zeta)}{z-z_0}\cdot\frac{1}{\left(1-\dfrac{\zeta-z_0}{z-z_0}\right)}$$

当 $\zeta\in\Gamma_1$ 时

$$\left|\frac{\zeta-z_0}{z-z_0}\right|=\frac{\rho_1}{|z-z_0|}<1$$

于是上式可以展开成一致收敛的级数

$$\frac{f(\zeta)}{z-\zeta}=\frac{f(\zeta)}{z-z_0}\sum_{n=1}^{\infty}\left(\frac{\zeta-z_0}{z-z_0}\right)^{n-1}$$

按定理 4.2.3,上式可沿 Γ_1 逐项积分,再两端除以 $2\pi i$,得

$$\frac{1}{2\pi i}\oint_{\Gamma_1}\frac{f(\zeta)}{z-\zeta}d\zeta=\sum_{n=1}^{\infty}c_{-n}(z-z_0)^{-n} \tag{4.4.5}$$

其中

$$c_{-n}=\frac{1}{2\pi i}\oint_{\Gamma_1}\frac{f(\zeta)}{(\zeta-z_0)^{-n+1}}d\zeta \quad (n=1,2,3,\cdots)$$

综合式(4.4.4)及式(4.4.5)得

$$f(z)=\sum_{n=0}^{\infty}c_n(z-z_0)^n+\sum_{n=1}^{\infty}c_{-n}(z-z_0)^{-n} \tag{4.4.6}$$

由于在解析区域内积分路线可连续变形,因此我们可在圆环内任取一圆周 Γ,Γ: $|z-z_0|=\rho$, $(r<\rho<R)$,且

$$c_n=\frac{1}{2\pi i}\oint_{\Gamma_2}\frac{f(\zeta)}{(\zeta-z_0)^{n+1}}d\zeta=\frac{1}{2\pi i}\oint_{\Gamma}\frac{f(\zeta)}{(\zeta-z_0)^{n+1}}d\zeta \quad (n=0,1,2,\cdots) \tag{4.4.7a}$$

$$c_{-n}=\frac{1}{2\pi i}\oint_{\Gamma_1}\frac{f(\zeta)}{(\zeta-z_0)^{-n+1}}d\zeta=\frac{1}{2\pi i}\oint_{\Gamma}\frac{f(\zeta)}{(\zeta-z_0)^{-n+1}}d\zeta \quad (n=0,1,2,\cdots) \tag{4.4.7b}$$

于是系数 c_{-n} 及 c_n 中的积分路线可为同一路线 Γ，因此上面两系数公式合并为式(4.4.2b)，这样式(4.4.6)就是式(4.4.2a).

现在证明上述展开式是唯一的.

设 $f(z)$ 在圆环内有另一展开式，如

$$f(z)=\sum_{n=-\infty}^{\infty}c_n'(z-z_0)^n \tag{4.4.8}$$

由预备定理 4.4.2 得知，上述级数在 Γ: $|z-z_0|=\rho(r<\rho<R)$ 上一致收敛，两边同乘以 Γ 上的有界函数 $\dfrac{1}{(z-z_0)^{m+1}}$ 所得的级数仍然一致收敛，故可逐项积分得

$$\oint\frac{f(\zeta)}{(\zeta-z_0)^{m+1}}\mathrm{d}\zeta=\sum_{n=-\infty}^{\infty}c_n'\oint_{\Gamma}(\zeta-z_0)^{n-m-1}\mathrm{d}\zeta$$

利用式(3.2.3)，得 $n=m$ 的一项积分为 $2\pi\mathrm{i}$，$n\neq m$ 的其余各项积分为零，因此

$$c_m'=\frac{1}{2\pi\mathrm{i}}\oint_{\Gamma}\frac{f(\zeta)}{(\zeta-z_0)^{m+1}}\mathrm{d}\zeta\quad(m=0,\pm1,\cdots) \tag{4.4.9}$$

将式(4.4.9)与式(4.4.2b)比较可得 $c_n=c_n'(n=0,\pm1,\cdots)$，故唯一性得证.

由上述分析可知，只要被展开的函数在两个同心圆所围的环形区域之间处处解析，则其罗朗展开式就提供了该函数在这环形区域内的有效表达式. 同泰勒级数一样，在大圆外函数可以有奇点；但与它不同的是，在这里被展开函数在小圆内部也可以有奇点. 若小圆内含有奇点，则罗朗级数中一定存在负幂次项. 但有一点要提醒读者，两同心圆的共同圆心不一定要是被展开函数的奇点，也可以是它的正则点.

此外，不能像泰勒级数那样，将正幂次系数 $c_n(n\geqslant0)$ 用 $\dfrac{1}{n!}f^{(n)}(z_0)$ 来代替，因为 $f(z)$ 在圆 Γ 内不是处处解析的.

由于罗朗展开的唯一性，所以我们很少从计算系数的积分来求罗朗级数，而常用其他简便的方法来求. 但必须注意，即使是同一个函数，在不同点或不同环域(如圆环域的选法不同)的罗朗级数，有时可取完全不同的形状. 只有在同一环域内，同一函数的罗朗级数才是唯一的.

展开方法

(i) 直接计算所有系数来展开.

此方法很少采用.

(ii) 利用一些简单初等函数的泰勒级数来展开.

如果函数表示成有理分式形式，应首先将有理分式进行分解，化成部分分式，然后利用初等函数的泰勒级数来展开.

4.4.3 罗朗级数与泰勒级数的关系

当函数 $f(z)$在 z_0 处解析时,中心在 z_0,半径等于 z_0 到函数 $f(z)$的最近奇点的距离的那个圆,可以看作圆环的特殊情形,在这个圆环域中,我们也可将函数进行罗朗展开,形式与式(4.4.2a)相同. 可是,现在系数公式(4.4.2b)中的负指标系数 $c_{-n}(n=1,2,\cdots)$全部为零. 因为函数 $f(\zeta)$及$(\zeta-z_0)^{n-1}(n=1,2,\cdots)$在 $\Gamma[|z-z_0|<\rho<R]$围线内的区域解析,所以这两函数的乘积仍为该区域的解析函数. 由柯西积分定理知道,解析函数在某单连通域内的任一围线积分为零,所以

$$c_{-n}=\frac{1}{2\pi\mathrm{i}}\oint\frac{f(\zeta)}{(\zeta-z_0)^{-n+1}}\mathrm{d}\zeta\equiv 0\quad(n=1,2,\cdots)$$

于是,在这种情况下,计算罗朗级数的系数公式与泰勒级数的系数公式(积分公式)完全相同,从而罗朗级数转化为泰勒级数. 由此可见,泰勒级数是罗朗级数的一种特殊情形.

例 4.4.8 函数 $f(z)=\frac{1}{z^2-3z+2}=\frac{1}{z-2}-\frac{1}{z-1}$在 z 平面上有两个奇点 $z=1,z=2$,但在以下三个区域中

(1) $|z|<1$; (2) $1<|z|<2$; (3) $2<|z|<\infty$.

函数解析,试求在这三个区域内的展开式.

解 (1) 在圆$|z|<1$ 内,因为$|z|<1$,所以$\left|\frac{z}{2}\right|<1$ 则

$$f(z)=\frac{1}{(z-1)(z-2)}=\frac{1}{1-z}-\frac{1}{2-z}=\frac{1}{1-z}-\frac{1}{2\left(1-\frac{z}{2}\right)}$$

利用初等函数的展开式,得

$$\begin{aligned}f(z)&=\sum_{n=0}^{\infty}z^n-\frac{1}{2}\sum_{n=0}^{\infty}\left(\frac{z}{2}\right)^n=\sum_{n=0}^{\infty}\left[1-\left(\frac{1}{2}\right)^{n+1}\right]z^n\\&=\frac{1}{2}+\frac{3}{4}z+\frac{7}{8}z^2+\frac{15}{16}z^3+\cdots\end{aligned}$$

事实上,上式正是 $f(z)$在圆$|z|<1$ 内的泰勒级数. 因单连通域上的解析函数其罗朗级数将转化为泰勒级数.

(2) 在圆环 $1<|z|<2$ 内,因为$\left|\frac{1}{z}\right|<1$,$\left|\frac{z}{2}\right|<1$ 所以

$$\begin{aligned}f(z)&=-\frac{1}{2-z}-\frac{1}{z-1}=-\frac{1}{2}\frac{1}{\left(1-\frac{z}{2}\right)}-\frac{1}{z}\frac{1}{\left(1-\frac{1}{z}\right)}\\&=-\frac{1}{2}\sum_{n=0}^{\infty}\left(\frac{z}{2}\right)^n-\frac{1}{z}\sum_{n=0}^{\infty}\left(\frac{1}{z}\right)^n=-\sum_{n=0}^{\infty}\frac{z^n}{2^{n+1}}-\sum_{n=1}^{\infty}\left(\frac{1}{z}\right)^n\end{aligned}$$

$$= \cdots - \frac{1}{z^2} - \frac{1}{z} - \frac{1}{2} - \frac{z}{4} - \frac{z^2}{8} - \frac{z^3}{16} - \cdots$$

(3) 在圆环 $2<|z|<\infty$内,因为$\left|\frac{1}{z}\right|<1$, $\left|\frac{2}{z}\right|<1$,所以

$$f(z) = \frac{1}{z\left(1-\frac{2}{z}\right)} - \frac{1}{z\left(1-\frac{1}{z}\right)} = \frac{1}{z}\sum_{n=0}^{\infty}\left(\frac{2}{z}\right)^n - \frac{1}{z}\sum_{n=0}^{\infty}\left(\frac{1}{z}\right)^n$$

$$= \sum_{n=2}^{\infty}\frac{2^{n-1}-1}{z^n} = \frac{1}{z^2} + \frac{3}{z^3} + \frac{7}{z^4} + \frac{15}{z^5} + \cdots$$

例 4.4.9　求函数 $f(z)=\frac{1}{(z-2)(z-1)}$在(1) $0<|z-1|<1$; (2) $0<|z-2|<1$内的罗朗展开.

解　(1) 在去心邻域 $0<|z-1|<1$ 内

$$f(z) = -\frac{1}{z-1} + \frac{1}{z-2} = -\frac{1}{z-1} - \frac{1}{1-(z-1)} = -\frac{1}{z-1} - \sum_{n=0}^{\infty}(z-1)^n$$

(2) 在去心邻域 $0<|z-2|<1$ 内

$$f(z) = \frac{1}{z-2} - \frac{1}{z-1} = \frac{1}{z-2} - \frac{1}{(z-2)+1} = \frac{1}{z-2} - \sum_{n=0}^{\infty}(-1)^n(z-2)^n$$

例 4.4.10　求函数 $e^{\frac{1}{1-z}}$在奇点 $z=1$ 的去心邻域 $0<|z-1|<\infty$的罗朗展开

解　利用初等函数展开式

$$e^z = \sum_{n=0}^{\infty}\frac{z^n}{n!}, \quad |z|<\infty$$

得

$$e^{\frac{1}{1-z}} = \sum_{n=0}^{\infty}\frac{1}{n!}\frac{1}{(1-z)^n}$$

初学者往往将上式认为就是所求的罗朗级数,实际是错误的. 虽然上式在推导过程中无逻辑错误,但初学者忽视了函数 $f(z)$在奇点去心邻域内的罗朗级数的具体形式,它应是

$$f(z) = \sum_{n=-\infty}^{\infty}c_n(z-z_0)^n$$

而不是

$$f(z) = \sum_{n=-\infty}^{\infty}c_n(z_0-z)^n$$

因此 $e^{\frac{1}{1-z}}$在 $0<|z-1|<\infty$邻域的罗朗级数应为

$$e^{\frac{1}{1-z}} = \sum_{n=0}^{\infty}\frac{1}{n!}(-1)^n\frac{1}{(z-1)^n}$$

4.5 解析函数的孤立奇点

定义 4.5.1 若函数 $f(z)$在 $z=z_0$ 不解析(或无定义),而在 $z=z_0$ 的去心邻域 $0<|z-z_0|<R$ 内解析,则称 $z=z_0$ 是 $f(z)$的一个孤立奇点.

若函数 $f(z)$在 z_0 点的无论多么小的邻域内,总有除 z_0 以外的奇点,则称 z_0 是 $f(z)$的非孤立奇点.

此外,若函数 $f(z)$在去心邻域 $0<|z-z_0|<R$ 内是单值的,有时也称 z_0 为 $f(z)$的单值性孤立奇点;若函数 $f(z)$在去心邻域 $0<|z-z_0|<R$ 内是多值的,则称 z_0 为 $f(z)$的多值性孤立奇点.

今后如果无特殊表明,所提到的孤立奇点总是指单值性孤立奇点.

例 4.5.1 函数 $f(z)=\dfrac{e^z}{1-z}$,$z=1$ 是它的孤立奇点,这从函数的形式也可看出来,分母中取零值的点只有 $z=1$ 这一点.

例 4.5.2 函数 $f(z)=\dfrac{1}{\sin\dfrac{1}{z}}$,$z_0=0$ 是它的非孤立奇点. 因为 $z=\dfrac{1}{n\pi}(n=0,\pm1,\pm2,\cdots)$均为函数的奇点,对于任意的 $r>0$,在去心邻域 $0<|z|<r$ 内总可找到形如 $z=\dfrac{1}{n\pi}$的奇点$\left(\text{只要} |n|>\dfrac{1}{r\pi}\right)$,也就是说在 $z=0$ 的无论多么小的邻域内,对于函数 $f(z)$总有异于 $z=0$ 的奇点.

由定理 4.4.2 得知,解析函数 $f(z)$在其孤立奇点 z_0 的去心邻域 $0<|z-z_0|<R$ 内可展开成如下形式的罗朗级数.

$$f(z)=\sum_{n=-\infty}^{\infty}c_n(z-z_0)^n \tag{4.5.1}$$

其中正幂部分 $\sum\limits_{n=0}^{\infty}c_n(z-z_0)^n$ 称为 $f(z)$在 z_0 点的罗朗级数的解析部分(或正则部分),而负幂部分称为 $f(z)$在 z_0 点的罗朗级数的主要部分.

现在我们可以根据函数在孤立奇点的去心邻域内的罗朗级数的性质,将解析函数的孤立奇点分成三类:(1)可去奇点;(2)极点;(3)本性奇点.

按其特征,分别叙述于下:

4.5.1 可去奇点

定义 4.5.2 如果 $f(z)$在其孤立奇点 z_0 的去心邻域 $0<|z-z_0|<R$ 内的罗朗级数中不包含有$(z-z_0)$的负幂项,则称 z_0 为 $f(z)$的可去奇点.

主要特征:

(1) $f(z)$在奇点 z_0 的去心邻域内的罗朗级数中无主要部分；

(2) $\lim\limits_{z\to z_0} f(z)=c$ ($\neq\infty$的常数)；

(3) $f(z)$在点 z_0 的某去心邻域内有界.

以上三条特征均可作为判别奇点是否为可去奇点的标准，或可作为可去奇点的定义.

例 4.5.3　函数 $f(z)=\dfrac{\sin z}{z}$在 $z=0$ 的去心邻域内的罗朗级数为

$$f(z)=\frac{\sin z}{z}=\frac{1}{z}\left(z-\frac{z^3}{3!}+\frac{z^5}{5!}+\cdots\right)=1-\frac{z^2}{3!}+\frac{z^4}{5!}-\cdots$$

从上式可知，$f(z)$在 $z=0$ 点的去心邻域内具有上述三条特征中的任何一条特征. 如果我们令 $f(z=0)=1$，则 $f(z)$在去心邻域内就与一解析函数重合，因此，只要将 $f(z)$在 $z=0$ 点的值加以适当定义，则 $z=0$ 就是 $f(z)$的解析点，这就是我们为什么称 $z=0$ 为 $f(z)$的可去奇点的由来.

4.5.2　极点

定义 4.5.3　如果 $f(z)$在其孤立奇点 z_0 的去心邻域 $0<|z-z_0|<R$ 内的罗朗级数中仅含有有限个$(z-z_0)$的负幂项，则称 z_0 为 $f(z)$的极点. 如果 $f(z)$在 z_0 点的罗朗级数具有如下形式：

$$\frac{c_{-m}}{(z-z_0)^m}+\frac{c_{-(m-1)}}{(z-z_0)^{m-1}}+\cdots+\frac{c_{-1}}{(z-z_0)}+\sum_{n=0}^{\infty}c_n(z-z_0)^n$$

其中 $c_{-m}\neq0$，m 为有限数，则称 z_0 为 $f(z)$的 m 阶极点.

其主要特征为

(1) $f(z)$在奇点 z_0 的去心邻域内的罗朗级数的主要部分为有限多项；

(2) $f(z)$在 z_0 点的去心邻域 $0<|z-z_0|<R$ 内能表示成如下形式：

$$f(z)=\frac{g(z)}{(z-z_0)^m}\quad (m\text{ 为有限整数})$$

其中，$g(z)$在 z_0 邻域$|z-z_0|<R$ 内解析，又 $g(z_0)\neq0$；

(3) 函数 $h(z)=\dfrac{1}{f(z)}$以 z_0 为 m 阶零点；

(4) $\lim\limits_{z\to z_0} f(z)=\infty$.

以上四条特征都可作为极点的定义，并且都是等价的. 第四条特征，虽然可以作为极点判据的充分必要条件，其缺点是不能指明极点的阶数.

4.5.3　本性奇点

定义 4.5.4　如果函数 $f(z)$在其孤立奇点 z_0 的去心邻域 $0<|z-z_0|<R$ 内

的罗朗级数中含有无限多个$(z-z_0)$的负幂项，则称 z_0 为 $f(z)$的本性奇点.

其主要特征为

(1) $f(z)$在 z_0 点去心邻域内的罗朗级数的主要部分为无限多项；

(2) 当 $z\to z_0$ 时，$f(z)$既不趋向于∞，也不趋向于任何一个有限值，即$\lim\limits_{z\to z_0}f(z)$不存在；

(3) 函数 $h(z)=\dfrac{1}{f(z)}$也以 z_0 为本性奇点；

(4) 如果 z_0 为 $f(z)$的本性奇点，则对于任何常数 A，不管它是有限数，还是无穷，都有一个收敛于 z_0 的点列$\{z_n\}$，使得

$$\lim_{z\to z_0}f(z)=A$$

也就是说，在本性奇点的无论怎样小的邻域内，函数 $f(z)$可以取任意接近于预先给定的任何数值(有限或无穷).

以上四条特征均可作为本性奇点的判据，或作为本性奇点的定义. 如果函数 $f(z)$具有形式 $f(z)=\mathrm{e}^{g(z)}$，我们还可引入一个实用的简便判别法，即若 $g(z)$以 z_0 为极点，则函数 $f(z)=\mathrm{e}^{g(z)}$以 z_0 为本性奇点.

例 4.5.4 函数 $\mathrm{e}^{\frac{1}{z}}$.

因为 $g(z)=\dfrac{1}{z}$以 $z_0=0$ 为极点，所以 $\mathrm{e}^{\frac{1}{z}}$以 $z_0=0$ 为本性奇点.

因为在复变函数中三角函数是以指数函数来定义的，所以上述判别法也同样适合三角函数. 因此 $\sin\dfrac{1}{z}$及 $\cos\dfrac{1}{z}$也以 $z=0$ 为本性奇点.

例 4.5.5 函数 $\mathrm{e}^{\frac{1}{z}}$在例 4.5.4 中已判明 $z_0=0$ 是它的本性奇点，现在我们来证明它具有本性奇点的第四个特性.

证明 (1) 若取 $z_n=\dfrac{1}{n}(n\to\infty)$，则有

$$\lim_{z_n\to 0}f(z_n)=\mathrm{e}^n\to\infty$$

(2) 若取 $z_n=-\dfrac{1}{n}(n\to+\infty)$则有

$$\lim_{z_n\to 0}f(z_n)=e^{-n}\to 0$$

(3) 若取 $z_n=\dfrac{1}{\mathrm{Ln}A}=\dfrac{1}{\ln A+2n\pi\mathrm{i}}$，则有(其中 A 是一有限数，$n=0,1,2,\cdots$)

$$\lim_{z_n\to 0}f(z_n)=\mathrm{e}^{\ln A+2n\pi\mathrm{i}}=A$$

因此特性(4)得证.

例 4.5.6 从下列级数形式：

$$\sum_{n=1}^{\infty}\left(\frac{1}{z}\right)^n+\sum_{n=0}^{\infty}\left(\frac{z_n}{2^{n+1}}\right)^n=\cdots+\frac{1}{z^n}+\cdots+\frac{1}{z}+\frac{1}{2}+\frac{z}{2^2}+\frac{z^2}{2^3}+\cdots+\frac{z^n}{2^{n+1}}+\cdots$$

表示的函数，能否判断 $z_0=0$ 是它的本性奇点？为什么？

解　不能. 因为上述级数不是原函数在 $z_0=0$ 的去心邻域的罗朗级数. 又上述级数的正幂部分

$$\frac{1}{2}+\frac{z}{2^2}+\frac{z^2}{2^3}+\cdots$$

在圆 $|z|<2$ 内收敛，而上述级数的负幂部分

$$\cdots\frac{1}{z^n}+\cdots+\frac{1}{z^2}+\frac{1}{z}$$

在 $|z|>1$ 的区域内收敛，因此这两部分之和

$$\cdots\frac{1}{z^n}+\cdots+\frac{1}{z}+\frac{1}{2}+\frac{z}{2^2}+\frac{z^2}{2^3}+\cdots+\frac{z^n}{2^{n+1}}+\cdots$$

在圆环 $1<|z|<2$ 内收敛，也就是上述级数的和函数仅在圆环 $1<|z|<2$ 内与题设级数等价，所以根本谈不上 $z=0$ 是否是它的孤立奇点的问题，当然也不能说 $z=0$ 是它的本性奇点了.

由此可见，只有在孤立奇点去心邻域的罗朗展开式中，主要部分的项数多少才与该奇点的性质密切相关.

例 4.5.7　试研究函数 $\dfrac{e^{\frac{1}{z-1}}}{e^{z-1}-1}$.

解　由于原函数的分母在点 $z_k=1+2k\pi i(k=0,\pm1,\pm2,\cdots)$ 处为零，所以这些点有可能是原函数的孤立奇点. 下面分两类情形讨论：

(1) $z_k=1+2k\pi i\quad(k=\pm1,\pm2,\cdots)$

在以上这些点处函数的分子解析，且不为零，又

$$\frac{d}{dz}(e^{z-1}-1)\bigg|_{z=z_k}=1\neq0\quad(z_k=1+2k\pi i,k=\pm1,\pm2,\cdots)$$

因此，$z_k=1+2k\pi i\quad(k=\pm1,\pm2,\cdots)$ 是 $f(z)$ 的一阶极点.

(2) $z_0=1$

令 z 从实轴正反两方向趋于 1，考察 $f(z)$ 的极值情况，有

$$\lim_{z\to1^+}\frac{e^{\frac{1}{z-1}}}{e^{z-1}-1}=\lim_{\varepsilon\to0^+}\frac{e^{\frac{1}{\varepsilon}}}{e^{\varepsilon}-1}=+\infty$$

而

$$\lim_{z\to1^-}\frac{e^{\frac{1}{z-1}}}{e^{z-1}-1}=\lim_{\varepsilon\to0^+}\frac{e^{-\frac{1}{\varepsilon}}}{e^{-\varepsilon}-1}=0$$

因此，当 $z\to 1$ 时，$f(z)$无确定值，所以 $z_0=1$ 为 $f(z)$的本性奇点.

下面附带提一下解析函数极点与零点的关系：

解析函数 $f(z)$，若在其定义域上某点 z_0 为零，其低于 m 阶的导数在 z_0 点处也为零，但其 m 阶导数在 z_0 点处不为零，则称 z_0 为 $f(z)$的 m 阶零点. 若在 z_0 的去心邻域 $0<|z-z_0|<r$ 内，无其他 $f(z)$的零点，则 z_0 又称为 $f(z)$的孤立零点，否则为非孤立零点.

如果 z_0 是 $f(z)$的 m 阶极点，则 z_0 就是 $1/f(z)$的 m 阶零点，反之亦然.

4.6 解析函数在无穷远点的性质

定义 4.6.1 若存在 $R>0$，$f(z)$在 $R<|z|<\infty$ 内解析，即在∞点某邻域内除∞外，再无其他奇点，则称∞为 $f(z)$的孤立奇点；否则，谓非孤立奇点.

例 4.6.1 函数 z^2、e^z 均以∞为孤立奇点.

例 4.6.2 函数$\dfrac{1}{e^z+1}$以∞为非孤立奇点. 因为在∞点某邻域内除∞以外还有很多奇点，$z_k=(2k+1)\pi i(k=0,\pm1,\pm2,\cdots)$.

$f(z)$在∞的性质，常常可通过变换 $z=\dfrac{1}{\zeta}$，将 $f(z)$变成 $F(\zeta)=f\left(\dfrac{1}{\zeta}\right)$，而讨论函数 $F(\zeta)$在点 $\zeta=0$ 的性质，由此来推断 $f(z)$在 $z=\infty$的性质.

定义 4.6.2 当 $\zeta=0$ 是 $F(\zeta)=f\left(\dfrac{1}{\zeta}\right)$的可去奇点(可当作解析点)、$m$ 阶极点或本性奇点时，相应地称 $z=\infty$是 $f(z)$的可去奇点、m 阶极点或本性奇点.

因为在去心邻域 $0<|\zeta|<\dfrac{1}{R}$内的罗朗级数

$$F(\zeta)=\sum_{n=-\infty}^{\infty}c_n\zeta^n$$

的主要部分，正是 z 在环域$R<|z|<\infty$内的罗朗级数

$$f(z)=\sum_{n=-\infty}^{\infty}c'_nz^n$$

(其中 $c'_n=c_{-n}$，$n=0,\pm1,\cdots$)的主要部分，由于主要部分完全决定奇点的性质，所以它们二者应相吻合. 因此，以前关于有限域内奇点的特征描述，在这里同样也适用.

4.6.1 可去奇点

(1) $f(z)$在 $z=\infty$去心邻域内的罗朗级数的主要部分为零；

(2) $\lim\limits_{z\to\infty}f(z)=b$，$(\neq\infty)$

(3) $f(z)$在 $z=\infty$的某去心邻域内有界.

例 4.6.3　函数

$$f(z)=\frac{1}{(z-1)(z-2)}$$

在圆环 $2<|z|<+\infty$内的罗朗级数为

$$f(z)=\sum_{n=2}^{\infty}\frac{2^{n-1}-1}{z^n}$$

其主要部分为零,所以 $z=\infty$是 $f(z)$的可去奇点.

4.6.2　极点

其特征为

(1) $f(z)$在 $z=\infty$去心邻域内的罗朗级数的主要部分为

$$b_1z_1+b_2z^2+\cdots+b_mz^m \quad (b_m)\neq 0$$

并称 $z=\infty$为 $f(z)$的 m 阶极点;

(2) $f(z)$在 $z=\infty$的某去心邻域内可表示成

$$f(z)=g(z)z^m$$

其中 $g(z)$在 $z=\infty$的邻域内解析,且 $g(\infty)\neq 0$,m 标志极点的阶数;

(3) $h(z)=\dfrac{1}{f(z)}$　以 $z=\infty$为 m 级零点;

(4) $\lim\limits_{z\to\infty}f(z)=\infty$.

同样,上述极限是判断 $z=\infty$是否为极点的充分必要条件,但缺点是不能指明极点的阶数.

4.6.3　本性奇点

其特征为

(1) $f(z)$在 $z=\infty$去心邻域内的罗朗级数的主要部分是无穷多正幂项不等于零;

(2) $\lim\limits_{z\to\infty}f(z)$不存在.

例 4.6.4　$F(\zeta)=\dfrac{1}{\zeta}$以 $\zeta=0$ 为一阶极点,所以 $f(z)=z$ 以 $z=\infty$为一阶极点.

$F(\zeta)=\mathrm{e}^{\frac{1}{\zeta}}$ 以 $\zeta=0$ 为本性奇点,所以 $f(z)=\mathrm{e}^z$ 以 $z=\infty$为本性奇点.

$F(\zeta)=\zeta^3$ 以 $\zeta=0$ 为三阶零点,所以 $f(z)=\dfrac{1}{z^3}$以 $z=\infty$为三阶零点.

在整个 z 平面上解析的函数 $f(z)$称为整函数或全纯函数,显然每个整函数都以 $z=\infty$为唯一的孤立奇点,它在无穷远点去心邻域 $0<|z|<\infty$内的罗朗级数展开,就是它在原点邻域 $0\leqslant|z|<\infty$内的泰勒展开,即

$$f(z)=\sum_{k=0}^{\infty}c_k z^k \quad (0\leqslant |z|<\infty)$$

在整个 z 平面上除极点(和可去奇点)外,无其他类型奇点的单值解析函数称为亚纯函数.

4.7 解析开拓

定义 4.7.1 设两函数 $f_1(z)$,$f_2(z)$分别在域 D_1,D_2 上解析,并设 D_1 与 D_2 有一公共域 D,如果在 D 上 $f_1(z)=f_2(z)$,则称 $f_2(z)$为 $f_1(z)$在 D_2 内的解析开拓.

因此,解析开拓是研究扩大解析函数定义域的问题.读者很可能会将这里讨论的解析开拓与以前学过的实变函数的连续开拓进行类比,但千万注意它们两者是截然不同的.事实上,在某区间$[a,b]$上给出的实变函数 $f(x)$,我们可以用无穷多种形式将这 $f(x)$连续开拓到$[a,b]$区间之外.但上面提到的 $f_1(z)$在 D_2 内的解析开拓却只有 $f_2(z)$一种形式.其根据是下列定理.

定理 4.7.1 如果函数 $f_1(z)$,$f_2(z)$都在 D 域解析,在 D 内收敛于点 a 的点列$\{z_k\}$($z_k\neq a$,$k=1,2,3,\cdots$)上,$f_1(z_k)=f_2(z_k)$,那么在 D 上 $f_1(z)=f_1(z)$恒成立.

也就是说,在区域 D 上解析的两函数不论在 D 内的怎样小的区域中恒等,则在 D 上全体恒等.换句话说,解析函数在某点邻域的函数值完全决定了全体的函数值,即从函数值的片鳞半爪可知函数的整体,这是在实变函数里想象不到的事.

上述定理也可表达为如下更显明的形式,通常引用时称为解析函数的唯一性定理.

定理 4.7.2 一个解析函数由其定义域内一个小区域或小线段上的值唯一确定.

所以解析函数在区域 D 内整体的值由区域 D 内的局部的值唯一确定,说明解析函数的局部和整体之间有着十分紧密的联系.

解析开拓的方法常用的有两种:(1)对称原理法;(2)幂级数法.其中以幂级数法较易掌握.其步骤如下:如果 $f(z)$的泰勒级数在圆 D 内收敛于 $f(z)$,在 D 内任找一点 z_0,按照定理 4.2.4,$f(z)$在 $z=z_0$ 附近的各阶导数都可算出,因此使用这些值,就可作出 $f(z)$以 z_0 为中心的泰勒级数,此新级数将一部分位于 D 内,一部分位于 D 外的圆 D'的内部收敛.按照定理 4.7.1,第二个级数就是第一个级数的解析开拓.

例如,级数 $\sum\limits_{k=0}^{\infty}(-1)^k z^k$ 在区域 $|z|<1$ 圆内收敛于 $f_1(z)$,而级数

$$\sum_{k=0}^{\infty}(-1)^k\frac{(z-\mathrm{i})^k}{(1+\mathrm{i})^{k+1}}$$

在以 $z=\mathrm{i}$ 为圆心，$\sqrt{2}$为半径的圆$|z-\mathrm{i}|<\sqrt{2}$内收敛于 $f_2(z)$，这两圆有一个公共区域，如图 4.3 中所示的阴影区. 在这公共域中两级数相等，所以 $f_2(z)$为 $f_1(z)$的解析开拓. 事实上，它们不过是同一解析函数$\dfrac{1}{1+z}$在不同域中的泰勒级数而已. 有时称幂级数 $f_2(z)$为幂级数 $f_1(z)$的直接开拓. 更普遍些，从幂级数 $f_1(z)$出发，反复有限次直接开拓而得的幂级数称为 $f_1(z)$的间接开拓.

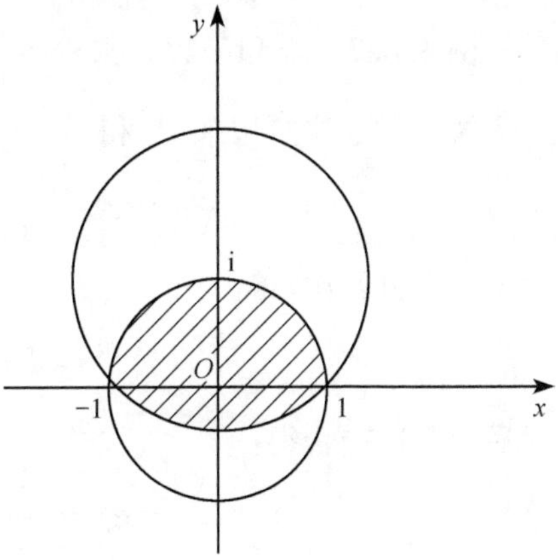

图 4.3

并不是所有实变函数都可解析开拓到实轴以外的区间，例如实变函数

$$\Phi(x)=\begin{cases}\mathrm{e}^{-\frac{1}{x^2}} & (x\neq 0)\\ 0 & (x=0)\end{cases}$$

不能解析开拓到实轴以外的区间，因为复变函数

$$\Phi(z)=\begin{cases}\mathrm{e}^{-\frac{1}{z^2}} & (z\neq 0)\\ 0 & (z=0)\end{cases}$$

在 $z=0$ 处是不连续的，也是不可导的.

通常在两类问题中用到解析开拓：(1)已知在某区域中有定义的解析函数，用解析开拓来扩大其定义域和解析范围. 例如，将实轴上定义的实函数 e^x，$\sin x$ 和 $\cos x$ 解析开拓到包括实轴的复平面上，分别得 e^z，$\sin z$ 和 $\cos z$ 的解析函数；(2)已知数学问题的解是某区域 D 内(除个别奇点外)的解析函数，但求解的方法只能给出在区域 D 的某个子区域 D' 内才有效的函数表达式，利用解析开拓的方法，可以从这个表达式推算出解在 D 的其他子区域中的表达式.

4.8 应　　用

4.8.1 函数项级数的求和

在应用中要学会将函数展开成幂函数项的级数，其逆问题也是很重要的，也就是要学会求函数项的级数之和.

例 4.8.1 求和函数 $f(z)=1+2z+3z^2+4z^3+\cdots\quad |z|<1$

解 在一致收敛区域$|z|<1$ 内，对上式逐项积分，

$$\int_0^z f(z)\mathrm{d}z=z+z^2+z^3+\cdots=\frac{z}{1-z}$$

然后，微分，即得

$$f(z)=\frac{\mathrm{d}}{\mathrm{d}z}\left(\frac{z}{1-z}\right)=\frac{1}{(1-z)^2}$$

例 4.8.2　求和函数　$f(z)=\frac{1}{1\cdot 2}+\frac{z}{2\cdot 3}+\frac{z^2}{3\cdot 4}+\frac{z^3}{4\cdot 5}+\cdots\quad |z|<1$

解　对上式两边乘 z^2，得

$$z^2 f(z)=\frac{z^2}{1\cdot 2}+\frac{z^3}{2\cdot 3}+\frac{z^4}{3\cdot 4}+\cdots$$

对上式微分两次，得

$$[z^2 f(z)]''=1+z+z^2+z^3+\cdots=\frac{1}{1-z}$$

然后，积分二次，得

$$f(z)=\frac{1}{z}+\frac{1-z}{z^2}\ln(1-z)+c$$

其中积分常数可从 $f(0)=\frac{1}{2}$来定，$c=0$.

例 4.8.3　求和 $S=\frac{1}{2!}+\frac{2}{3!}+\frac{3}{4!}+\cdots$

解　定义 $f(z)=\frac{z^2}{2!}+\frac{2z^3}{3!}+\frac{3z^4}{4!}+\cdots$

因此 $S=f(1)$，而

$$f'(z)=z+z^2+\frac{z^3}{2!}+\frac{z^4}{3!}+\cdots=z\mathrm{e}^z$$

所以

$$f(z)=\int_0^z z\mathrm{e}^z\mathrm{d}z=z\mathrm{e}^z-\mathrm{e}^z+1$$

于是

$$S=f(1)=1$$

4.8.2　隐函数的幂级数展开

定理 4.8.1　设两个复变量 z 与 w 之间存在函数关系，若复变函数 $f(z)$在 $|z-z_0|\leqslant\rho$ 内解析，即

$$w=f(z)=w_0+c_1(z-z_0)+c_2(z-z_0)^2+\cdots\quad (c_1\neq 0)$$

则必存在反函数 $z=\varphi(w)$，在$|w-w_0|\leqslant r$ 内也是单值解析函数

$$z=\varphi(w)=z_0+\sum_{n=1}^{\infty}\frac{1}{n!}\frac{\mathrm{d}^{n-1}}{\mathrm{d}\zeta^{n-1}}\left[\left(\frac{\zeta-z_0}{f(\zeta)-w_0}\right)^n\right]_{\zeta=z_0}(w-w_0)^n\quad(4.8.1)$$

例如，$w=f(z)=z\mathrm{e}^{-az}(a\neq 0)$的反函数的幂级数展开式

$$z = \varphi(w) = \sum_{n=1}^{\infty} \frac{1}{n!} \frac{\mathrm{d}^{n-1}}{\mathrm{d}\zeta^{n-1}}(\mathrm{e}^{an\zeta}) \bigg|_{\zeta=0} w^n = \sum_{n=1}^{\infty} \frac{n^{n-2}}{(n-1)!} a^{n-1} w^n$$

例如，两复变量 w 与 z 之间存在如下隐函数关系：

$$z = x + wg(z) \tag{4.8.2}$$

$g(z)=\dfrac{z^2-1}{2}$在 $z_0=x$ 的邻域内解析，在 $w_0=0$ 邻域上，式(4.8.2)定义一个解析函数 $z=\varphi(w)$，且 $\varphi(0)=x$，代入式(4.8.1)，得

$$z = x + \sum_{n=1}^{\infty} \frac{1}{n!} \frac{\mathrm{d}^{n-1}}{\mathrm{d}\zeta^{n-1}}[g(\zeta)^n] \bigg|_{\zeta=x} w^n \tag{4.8.3}$$

从式(4.8.2)解出 z，代入上式，得

$$\frac{1-(1-2xw+w^2)^{1/2}}{w} = x + \sum_{n=1}^{\infty} \frac{1}{n!} \frac{\mathrm{d}^{n-1}}{\mathrm{d}x^{n-1}}[g(x)]^n w^n \tag{4.8.4}$$

上式两边对 x 求导，得

$$\frac{1}{1-2xw+w^2} = \sum_{n=0}^{\infty} \mathrm{P}_n(x) w^n \tag{4.8.5}$$

其中

$$\mathrm{P}_n(x) = \frac{1}{2^n n!} \frac{\mathrm{d}^n}{\mathrm{d}x^n}[(x^2-1)^n]$$

4.8.3　生成函数 $g(x, \zeta)$ 的幂级数展开

数学物理中的生成函数 $g(x, \zeta)$ 定义为

$$g(x,\zeta) = \sum_{n=0}^{\infty} f_n(x) \zeta^n \tag{4.8.6}$$

其中
$$f_n(x) = \frac{1}{n!} \frac{\partial^n}{\partial \zeta^n} g(x,\zeta) \bigg|_{\zeta=0}$$

例如

$$g(x,\zeta) = \frac{1}{1-x\zeta} = \sum_{n=0}^{\infty} f_n(x) \zeta^n \quad |x\zeta| < 1 \tag{4.8.7}$$

其中
$$f_n(x) = x^n$$

如果令式(4.8.7)中的 $x=\mathrm{e}^{\mathrm{i}\theta}$，且令两边实部与虚部分离，得

$$\frac{1-\zeta\cos\theta}{1-2\zeta\cos\theta+\zeta^2} = \sum_{n=0}^{\infty} (\cos n\theta) \zeta^n \tag{4.8.8}$$

$$\frac{\zeta\sin\theta}{1-z\zeta\sin\theta+\zeta^2} = \sum_{n=0}^{\infty} (\sin n\theta) \zeta^n \tag{4.8.9}$$

若用 $x=\cos\theta$ 代入式(4.8.8)，分别得

$$\frac{1-x\zeta}{1-2x\zeta+\zeta^2} = \sum_{n=0}^{\infty} T_n(x) \zeta^n \tag{4.8.10}$$

$$\frac{1}{1-2x\zeta+\zeta^2}=\sum_{n=0}^{\infty}V_n(x)\zeta^n \tag{4.8.11}$$

可以证明 $T_n(x)$ 与 $V_n(x)$ 就是第一类和第二类 Chebyskev 多项式，其形式同习题(3.9.f)的一致.

若用 ω 代替式(4.8.7)中的 x，

$$\omega=\frac{1-(1-2x\zeta+\zeta^2)^{1/2}}{\zeta}$$

则

$$g(x,\zeta)=\frac{1}{1-\omega\zeta}=\sum_{n=0}^{\infty}f_n(x)\zeta^n \tag{4.8.12}$$

其中

$$f_n(x)=\mathrm{P}_n(x)=\frac{1}{2^n n!}\frac{\mathrm{d}^n}{\mathrm{d}\zeta^n}(\zeta-1)^n\bigg|_{\zeta=x}$$

$\mathrm{P}_n(x)$ 为勒让德多项式.

习　题

4.1 试求下列幂级数的收敛半径：

(a) $\sum_{k=1}^{\infty}kz^{k-1}$；　(b) $\sum_{k=1}^{\infty}\frac{(k!)^2}{(2k!!)}z^k$；　(c) $\sum_{k=1}^{\infty}\left(1+\frac{1}{k}\right)^{k^2}z^k$；

(d) $\sum_{k=1}^{\infty}\binom{k+3}{k}z^k$；　(e) $\sum_{k=1}^{\infty}(-1)^{k+1}k^{(\ln k)^2}z^k$；　(f) $\sum_{k=1}^{\infty}\frac{(-1)^k}{k!}z^{2^k}$.

4.2 讨论幂级数 $\sum_{k=1}^{\infty}\frac{z^{mk}}{k}$ 的收敛发散状态.(其中 m 为正整数.)

4.3 如果幂级数 $f(z)=\sum_{k=0}^{\infty}a_kz^k$，$g(z)=\sum_{k=0}^{\infty}b_kz^k$ 的收敛半径都大于1，那么

$$\frac{1}{2\pi}\int_0^{2\pi}f(\mathrm{e}^{\mathrm{i}\theta})g(\mathrm{e}^{-\mathrm{i}\theta})\mathrm{d}\theta=\sum_{k=0}^{\infty}a_kb_k$$

试证明之.

4.4 将 $f(z)=\frac{1}{(1+z)^2}$，运用 $(1+z)^2f(z)=1$ 的关系，展开以 0 为中心的泰勒级数，再求其收敛半径.

4.5 试求满足微分方程 $f''(z)+f(z)=0$ 的泰勒级数的普遍形式.

4.6 写出 $\mathrm{e}^z\ln(1+z)$ 的泰勒级数至含 z^5 项为止，其中 $\ln(1+z)_{z=0}=0$.

4.7 设 $\frac{1}{1-z-z^2}=\sum_{k=0}^{\infty}c_kz^k$，试证明

$$c_k=c_{k-1}+c_{k-2}\quad(k\geqslant 2)$$

4.8 将下列函数按 $z-1$ 的幂展开，并指明其收敛范围.

(a) $\cos z$；　(b) $\sin z$；　(c) $\frac{z}{z+2}$；

(d) $\dfrac{z}{z^2-2z+5}$；　(e) $\sqrt[3]{z}\left(\sqrt[3]{1}=\dfrac{-1+\sqrt{3}\mathrm{i}}{2}\right)$.

4.9 求下列函数以 $z=0$ 为中心的泰勒展开：

(a) $\dfrac{1-z}{1+z+z^2+z^3}$；　(b) $\dfrac{\sin z}{1+z^2}$；　(c) $\sin(z^3)$

(d) $\displaystyle\int_0^z \frac{1-\cos z}{z}\mathrm{d}z$　(e) $\dfrac{\mathrm{e}^z}{1-z}$；　(f) $\dfrac{z}{\mathrm{e}^z-1}$.

4.10 将下列函数的(有限)孤立奇点全求出来，如果是极点，并指明阶数.

(a) $\dfrac{2z+3}{z^6-1}$；　(b) $\left(z^4-\dfrac{1}{z^4}\right)\mathrm{e}^{-\frac{1}{z}}$；

(c) $\left(\dfrac{1+\mathrm{e}^z}{1-\mathrm{e}^z}\right)^2$；　(d) $\dfrac{\sin\left(\dfrac{1}{z}\right)}{z(z^2+1)^2}$.

4.11 当函数 $f(z)$ 以 $z=\infty$ 为 m 阶零点或极点时，问 $f'(z)$ 怎样？

4.12 将下列各函数在指定圆环内展开为罗朗级数：

(a) $\dfrac{z+1}{z^2(z-1)}$，　$0<|z|<1, 1<|z|<+\infty$；

(b) $\dfrac{z^2-2z+5}{(z-2)(z^2+1)}$，　$1<|z|<2$；

(c) $\dfrac{\mathrm{e}^z}{z(z^2+1)}$，$0<|z|<1$　仅取 $k\leqslant 2$ 次幂的各项；

(d) $\dfrac{1}{(z^2+1)^2}$，　$0<|z-\mathrm{i}|<2$；

(e) $z^2\mathrm{e}^{\frac{1}{z}}$，　$0<|z|<+\infty$；

(f) $\mathrm{e}^{\frac{1}{1-z}}$，　$0<|z-1|<+\infty, 1<|z|<\infty$.

4.13 判定下列函数的奇点及其类别(包括无穷远点)：

(a) $\dfrac{1}{\mathrm{e}^z-1}-\dfrac{1}{z}$；　(b) $\mathrm{e}^{z-\frac{1}{z}}$；

(c) $\dfrac{\mathrm{e}^{\frac{1}{z-1}}}{z^2}$；　(d) $\sin\dfrac{1}{z}+\dfrac{1}{z^2}$；

(e) $\mathrm{e}^z\cos\dfrac{1}{z}$；　(f) $\sin\dfrac{1+z^2}{1-z^2}$；

(g) $\dfrac{\mathrm{e}^{\frac{1}{z-1}}}{\mathrm{e}^z-1}$；　(h) $\mathrm{e}^{-z^{-2}}$；

(i) $\dfrac{1}{\sin z+\cos z}$.

4.14 对于固定的 z，在 $0<|w|<\infty$ 中设 w 的函数 $\mathrm{e}^{\frac{z}{2}\left(w-\frac{1}{w}\right)}$ 的罗朗级数为

$$\sum_{k=-\infty}^{\infty}\mathrm{J}_k(z)w^k$$

试证

$$\mathrm{J}_k(z)=\frac{1}{2\pi}\int_{-\pi}^{\pi}\cos(z\sin\theta-k\theta)\mathrm{d}\theta$$

其中 $J_k(z)$ 为 k 阶贝塞尔函数.

4.15 求和

(a) $S=1+m+\frac{m(m-1)}{2!}+\frac{m(m-1)(m-2)}{3!}+\cdots$

(b) $S=1+\frac{2}{2}+\frac{3}{2^2}+\cdots+\frac{n}{2^{n-1}}+\cdots$

(c) $f(z)=\sum_{n=2}^{\infty}\frac{1}{n^2-1}e^{-nz}\quad |z|<1$

(d) $f(z)=\sum_{n=1}^{\infty}n^2z^n\quad |z|<1$

4.16 试证明

$$g(x,\zeta)=\frac{e^{-x\zeta/1-\zeta}}{1-\zeta}=\sum_{n=0}^{\infty}L_n(x)\zeta^n,\quad |\zeta|<1$$

式中　$L_n(x)$是 Laguerre 多项式

$$L_n(x)=\frac{e^x}{n!}\frac{d^n}{dx^n}(x^ne^{-x})\quad (n\text{ 为整数})$$

$\left(\text{提示:作变换令}\frac{x\zeta}{1-\zeta}=\omega-x\text{ 或 }\zeta=\frac{\omega-x}{\omega}\right)$

4.17 若两个复变量 ζ 与 w 之间存在如下关系

$$\zeta=x+wg(\zeta)$$

其中 x 是一定值,$g(\zeta)$在 $\zeta=x$ 邻域里是解析的;在 $w=0$ 邻域内这个关系定义了 w 是 ζ 的解析函数,当 $w=0$ 时,$\zeta=x$;设 $f(\zeta)$在 $\zeta=x$ 的邻域中也是一个解析函数. 则 $f(\zeta(w))$在 $w=0$ 的邻域中是 w 的解析函数. 试证明在 $w=0$ 的邻域中 $f(\zeta)$关于 w 的幂级数展开式为

$$f(\zeta)=\sum_{n=0}^{\infty}\frac{1}{n!}\frac{d^{n-1}}{dx^{n-1}}[f'(x)g^n(x)]w^n$$

上式中 $n=0$ 的项,定义为 $f(x)$.

第 5 章　留数理论及其应用

5.1　留数的基本理论

在实用上,我们需要计算复变函数 $f(z)$沿周线 C 的积分,若 $f(z)$在 C 上连续,在 C 内解析,则按柯西积分定理,有

$$\oint_C f(z)\mathrm{d}z = 0$$

若 C 内含有 $f(z)$的孤立奇点,则上式不一定等于零,下面我们就来研究这一积分值.

5.1.1　留数的定义

定义 5.1.1　设函数 $f(z)$以 $z=z_0(z_0<+\infty)$为其孤立奇点,即函数 $f(z)$在某个圆环 $0<|z-z_0|<\delta$ 内解析,设 C 是任意一个圆周,$|z-z_0|=\rho<\delta$,则称积分

$$\frac{1}{2\pi \mathrm{i}}\oint_C f(z)\mathrm{d}z$$

为函数 $f(z)$在点 $z=z_0$ 处的留数,记作 $\operatorname*{Res}\limits_{z=z_0} f(z)$或 $\mathrm{Res}f(z_0)$.

如果函数 $f(z)$在 $z=z_0$ 处的罗朗级数为

$$f(z) = \sum_{n=-\infty}^{\infty} c_n(z-z_0)^n \quad (0<|z-z_0|<\delta)$$

由于级数在 C 上一致收敛,因此可逐项积分,且利用公式(3.2.3)

$$\oint_C (z-z_0)^n \mathrm{d}z = \begin{cases} 2\pi\mathrm{i} & (n=-1) \\ 0 & (n\neq -1) \end{cases}$$

则

$$\frac{1}{2\pi\mathrm{i}}\oint_C f(z)\mathrm{d}z = c_{-1} \tag{5.1.1a}$$

或

$$\mathrm{Res}f(z_0) = c_{-1} \tag{5.1.1b}$$

由此可见,$f(z)$在有限远点 $z=z_0$ 处的留数,就是它在 z_0 处的罗朗级数中的负一次幂的系数. 因此,若 $z=z_0$ 是函数 $f(z)$的可去奇点(或解析点),则 $\mathrm{Res}f(z_0)=0$.

定义 5.1.2　设∞为 $f(z)$ 的一个孤立奇点，即 $f(z)$ 在去心邻域 $R<|z|<+\infty$ 内解析，则定义函数 $f(z)$ 在 $z=\infty$ 处的留数为

$$\mathrm{Res}f(\infty)=\frac{1}{2\pi \mathrm{i}}\oint_{C^-}f(z)\mathrm{d}z \tag{5.1.2}$$

其中 $C:|z|=\rho>R$，C^- 是指顺时针方向（实际上是无穷远点的正方向）. 如果 $f(z)$ 在 $z=\infty$ 的去心邻域 $R<|z|<+\infty$ 内的罗朗级数为

$$f(z)=\cdots+\frac{c_{-n}}{z^n}+\cdots+\frac{c_{-1}}{z}+c_0+c_1z+\cdots+c_nz^n+\cdots$$

由逐项积分定理及式(3.2.3)，得

$$\mathrm{Res}f(\infty)=\frac{1}{2\pi \mathrm{i}}\oint_{C^-}f(z)\mathrm{d}z=-c_{-1} \tag{5.1.3}$$

也就是说 $\mathrm{Res}f(\infty)$ 等于 $f(z)$ 在∞的罗朗级数中 $\frac{1}{z}$ 这一项系数，再变一个正负号.

此外，无穷远点的留数与有限点的留数还有一个重大差别. 当函数 $f(z)$ 以 $z=\infty$ 为可去奇点或解析点时，其留数 $\mathrm{Res}f(\infty)$ 可能不等于零. 例如，函数 $f(z)=\frac{1}{z}$，以 $z=\infty$ 为解析点，但留数 $\mathrm{Res}f(\infty)=-1$；函数 $f(z)=\frac{z-1}{z}$ 以 $z=\infty$ 为可去奇点，但留数 $\mathrm{Res}f(\infty)=1$.

5.1.2　留数定理

定理 5.1.1　若 $f(z)$ 在周线或复周线 C 所围范围的区域内，除 $z_1,z_2,z_3,\cdots z_n$ 以外解析，在闭域 $\overline{D}=D+C$ 上除 $z_1,z_2,z_3,\cdots z_n$ 以外连续，则

$$\oint_C f(z)\mathrm{d}z=2\pi \mathrm{i}\sum_{k=1}^{n}\mathrm{Res}f(z_k) \tag{5.1.4}$$

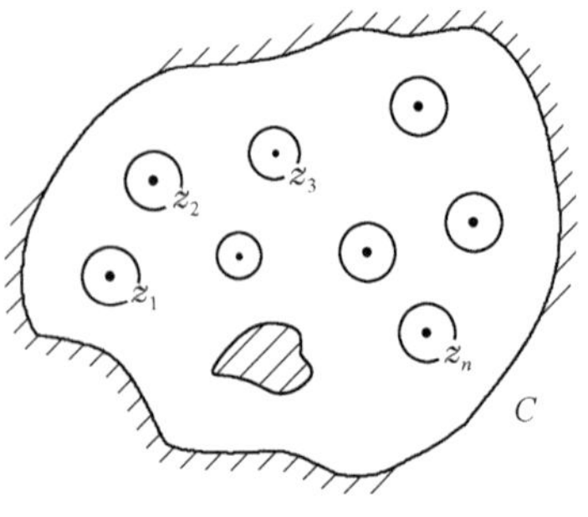

图 5.1

证明　以 z_k 为圆心、充分小的 ρ_k 为半径作圆 $\Gamma_k:|z-z_k|=\rho_k(k=1,2,\cdots,n)$，使这个圆周及其内部均含于 D 内，并彼此分开（如图 5.1 所示）. 应用复周线的柯西积分定理(3.3.3)，得

$$\oint_C f(z)\mathrm{d}z=\sum_{k=1}^{n}\oint_{\Gamma_k}f(z)\mathrm{d}z$$

又按留数定义 5.1.1

$$\oint_{\Gamma_k}f(z)\mathrm{d}z=2\pi \mathrm{i}\mathrm{Res}f(z_k)$$

代入上式，即得所证.

定理 5.1.2　设函数 $f(z)$ 在扩充复平面上除了 $z=z_k(k=1,2,\cdots,n)$ 及 $z=\infty$ 以外解析，则

$$\sum_{k=1}^{n}\mathrm{Res}f(z_k)+\mathrm{Res}f(\infty)=0 \tag{5.1.5}$$

证明　以原点为中心作一大圆$|z|<R$,使其内部包含全部点$z_k(k=1,2,\cdots,n)$,由留数定理 5.1.1,有

$$\frac{1}{2\pi i}\oint_{|z|=R}f(z)\mathrm{d}z=\sum_{k=1}^{n}\mathrm{Res}f(z_k)$$

又按留数定义 5.1.2 有

$$\frac{1}{2\pi i}\oint_{|z|=R}f(z)\mathrm{d}z=-\mathrm{Res}f(\infty)$$

比较上述两式,即得所证.

5.1.3　留数的计算

由留数定理得知,计算函数 $f(z)$沿 C 的积分,可归结为计算周线 C 内各孤立奇点处的留数之和.而留数又是该奇点处的罗朗级数的负一次幂的系数,因此我们只需关心该奇点处罗朗级数中的这一项的系数,也就是说,不必完全求出罗朗级数就可以完全确定该点的留数.

下面介绍求留数的几种常用方法,使用时要根据具体条件,选择一个较方便的方法来进行计算.

1. 有限远点的留数计算法

(1) $z_k=a$ 为 $f(z)$的一阶极点

(i) $\mathrm{Res}f(z_k)=\lim\limits_{z\to a}(z-a)f(z)$　(5.1.6)

(ii) 若 $f(z)=\dfrac{\varphi(z)}{z-z_k}$,且 $\varphi(z)$在 z_k 处解析,又 $\varphi(a)\neq0$,则

$$\mathrm{Res}f(z_k)=\varphi(a) \tag{5.1.7}$$

(iii) 若 $f(z)=\dfrac{p(z)}{q(z)}$,$p(z)$及 $q(z)$在 z_k 点解析,且 $p(z_k)\neq0$,$q(z_k)=0$,但 $q'(z_k)\neq0$,则

$$\mathrm{Res}f(z_k)=\frac{p(a)}{q'(a)} \tag{5.1.8}$$

(2) $z_k=a$ 为 $f(z)$的 n 阶极点

(i) $\mathrm{Res}f(z_k)=\dfrac{1}{(n-1)!}\dfrac{\mathrm{d}^{n-1}}{\mathrm{d}z^{n-1}}[(z-a)^nf(z)]_{z=a}$　(5.1.9)

(ii) 若 $f(z)$具有形式

$$f(z)=\frac{\varphi(z)}{(z-z_k)^n}$$

其中 $\varphi(z)$在点 a 处解析,且 $\varphi(a)\neq0$,则

$$\mathrm{Res}f(a)=\frac{1}{(n-1)!}\varphi^{(n-1)}(a) \tag{5.1.10}$$

(3) $z_k=a$ 为 $f(z)$的本性奇点，或阶数较高的极点，或奇点性质不明确的孤立奇点，这时不能用上述方法来计算数留数，只能直接利用奇点去心邻域的罗朗级数来求. 这样做并不麻烦，因为我们不必完全求出罗朗级数，只需求出级数中负一次幂的系数.

例 5.1.1　$f(z)=\dfrac{z^2-1}{z^{15}(z^2+1)}$以 $z=0$ 为 15 阶极点，因此只能采用直接展开的办法. $f(z)$在 $z=0$ 处的罗朗级数为

$$f(z)=\frac{z^2-1}{z^{15}(z^2+1)}=\frac{1}{z^{15}}[-1+2[z^2-z^4+\cdots+(-1)^{n-1}z^{2n}+\cdots]]$$
$$=\cdots+\frac{2}{z}+\cdots$$

所以

$$\mathrm{Res}f(0)=2$$

在直接展开求留数时，若 $z_k=a\neq0$，即任意阶极点 $z_k=a$ 的去心邻域的罗朗级数为

$$f(z)=\sum_{n=-\infty}^{\infty}c_n(z-a)^n$$

作代换 $z-a=\zeta$，这样罗朗级数将以 ζ 的幂次展开，$\dfrac{1}{\zeta}$前的系数即为所求的留数 $\mathrm{Res}f(a)$，

$$f(z)=f(a+\zeta)=\sum_{n=0}^{\infty}c_n\zeta^n+\frac{c_{-1}}{\zeta}+\cdots+\frac{c_{-n}}{\zeta^n}+\cdots$$

例 5.1.2　$f(z)=\dfrac{z}{(z-1)(z-2)^5}$以 $z=2$ 为 5 阶极点，作代换 $\zeta=z-2$

$$f(z)=\frac{z}{(z-1)(z-2)^5}=\frac{\zeta+2}{(\zeta+1)\zeta^5}=\frac{\zeta+2}{\zeta^5}(1-\zeta+\zeta^2-\zeta^3+\zeta^4-\cdots)$$
$$=\frac{2}{\zeta^5}-\frac{1}{\zeta^4}+\frac{1}{\zeta^3}-\frac{1}{\zeta^2}+\frac{1}{\zeta}-1+\cdots$$

所以

$$\mathrm{Res}f(2)=1$$

例 5.1.3　函数 $f(z)=\tan(\pi z)=\dfrac{\sin\pi z}{\cos\pi z}$，以 $z_k=k+\dfrac{1}{2}(k=0,\pm1,\pm2,\cdots)$为一阶极点，利用公式(5.1.8)，有

$$\mathrm{Res}f(z_k)=\left.\frac{\sin\pi z}{(\cos\pi z)'}\right|_{z=z_k}=-\frac{1}{\pi}\quad(k=0,\pm1,\pm2,\cdots)$$

例 5.1.4　函数 $f(z)=\cot\pi z=\dfrac{\cos\pi z}{\sin\pi z}$以 $z_k=k(k=0,\pm1,\pm2,\cdots)$为一阶极

点，利用式(5.1.8)，有

$$\operatorname{Res}f(z_k)=\left.\frac{\cos\pi z}{(\sin\pi z)'}\right|_{z=z_k}=\frac{1}{\pi}\quad(k=0,\pm1,\pm2,\cdots)$$

例 5.1.5　求函数 $f(z)=\dfrac{z}{\sin^2 z}$ 在 $z_k=k\pi(k=\pm1,\pm2\cdots)$ 处的留数.

解　由于 z_k 是 $f(z)$ 的二阶极点，所以得用式(5.1.9)，有

$$\operatorname{Res}f(z_k)=\frac{\mathrm{d}}{\mathrm{d}z}\left[(z-z_k)^2\frac{z}{\sin^2 z}\right]_{z=z_k}=\frac{\mathrm{d}}{\mathrm{d}z}\left[\frac{(z-z_k)^2 z}{\sin^2(z-z_k)}\right]_{z=z_k}=1$$

所以

$$\operatorname{Res}f(z_k)=1,\quad z_k=k\pi(k=\pm1,\pm2\cdots)$$

注意：$\sin(z_k-z)=-\sin z$，因为 $z_k=k\pi$，而 $\sin(k\pi-z)=-\sin z$.

例 5.1.6　$f(z)=\dfrac{\cos z\cosh z}{z^3\sin z\sinh z}$ 以 $z=0$ 为五阶极点，而 $z=0$ 的去心邻域的罗朗级数为

$$\frac{\left(1-\frac{1}{2!}z^2+\frac{1}{4!}z^4+\cdots\right)\left(1+\frac{1}{2!}z^2+\frac{1}{4!}z^4+\cdots\right)}{z^3\left(z-\frac{1}{3!}z^3+\frac{1}{5!}z^5+\cdots\right)\left(z+\frac{1}{3!}z^3+\frac{1}{5!}z^5+\cdots\right)}$$

$$=\frac{1}{z^5}\left(1-\frac{1}{6}z^4+\cdots\right)\left(1-\frac{1}{90}z^4+\cdots\right)^{-1}$$

$$=\frac{1}{z^5}\left(1-\frac{1}{6}z^4+\cdots\right)\left(1+\frac{1}{90}z^4+\cdots\right)=\frac{1}{z^5}\left(1-\frac{7}{45}z^4+\cdots\right)$$

$$=\frac{1}{z^5}-\frac{7}{45}\frac{1}{z}+\cdots$$

所以

$$\operatorname{Res}f(0)=-\frac{7}{45}$$

2. 无限远点的留数计算法

(1) 利用式(5.1.5)来计算

例 5.1.7　函数 $f(z)=\dfrac{\mathrm{e}^z}{z^2-1}$ 以 $z=1$ 及 $z=-1$ 为一阶极点，$z=\infty$ 为本性奇点又

$$\operatorname{Res}f(1)=\frac{\mathrm{e}}{2},\quad \operatorname{Res}f(-1)=-\frac{1}{2}\mathrm{e}^{-1}$$

所以

$$\operatorname{Res}f(\infty)=\frac{\mathrm{e}^{-1}-\mathrm{e}}{2}$$

(2) 若 $\lim\limits_{z\to\infty}f(z)=0$

则 $f(z)$ 在 $z=\infty$ 的去心邻域的罗朗级数为

$$f(z)=\cdots+\frac{c_{-n}}{z^n}+\cdots+\frac{c_{-1}}{z}+0+0+0+\cdots$$

因此

$$\mathrm{Res}f(\infty)=-\lim_{z\to\infty}[zf(z)] \tag{5.1.11}$$

(3) 若 $\lim\limits_{z\to\infty}f(z)\neq 0$

则 $f(z)$ 在 $z=\infty$ 的去心邻域的罗朗级数为

$$f(z)=\cdots+\frac{c_{-n}}{z^n}+\cdots+\frac{c_{-1}}{z}+c_0+c_1z+\cdots$$

作变换 $\zeta=\dfrac{1}{z}$，则有

$$f\left(\frac{1}{\zeta}\right)=\cdots+c_{-1}\zeta+c_0+c_1\frac{1}{\zeta}+\cdots$$

而

$$\frac{1}{\zeta^2}f\left(\frac{1}{\zeta}\right)=\cdots+\frac{c_{-1}}{\zeta}+\frac{c_0}{\zeta^2}+\frac{c_1}{\zeta^3}+\cdots$$

因此

$$\mathrm{Res}f(\infty)=-c_{-1}=-\mathop{\mathrm{Res}}_{\zeta=0}\left[\frac{1}{\zeta^2}f\left(\frac{1}{\zeta}\right)\right] \tag{5.1.12}$$

例如函数 $f(z)=1-\dfrac{1}{z}+\dfrac{2}{z^2}+\dfrac{3}{z^3}$ 不满足条件 $\lim\limits_{z\to\infty}f(z)=0$. 所以不能利用公式(5.1.11)来求留数，而只能利用式(5.1.12)来求，显然

$$\mathrm{Res}f(\infty)=+1$$

例 5.1.8　求 $I=\oint\limits_{|z|=4}\dfrac{5z^{27}}{(z^2-1)^4(z^4+2)^5}\mathrm{d}z$

解　可以验证被积函数的奇点为 $1,-1,\sqrt[4]{2}\mathrm{e}^{\frac{\pi+2k\pi\mathrm{i}}{4}}(k=0,1,2,3)$

六个奇点全部位于 $|z|=4$ 的圆内，按照定理 5.1.2，有

$$I=-2\pi\mathrm{i}\mathrm{Res}f(\infty)$$

利用公式(5.1.11)

$$\mathrm{Res}f(\infty)=-\lim_{z\to\infty}[zf(z)]=-5$$

所以

$$I=10\pi\mathrm{i}$$

例 5.1.9　求 $I=\oint\limits_{|z|=2}\dfrac{\mathrm{e}^z}{z^2-1}\mathrm{d}z$

解　被积函数的奇点为 1 和 −1，均位于 $|z|=2$ 圆内，所以

$$I=-2\pi\mathrm{i}\mathrm{Res}f(\infty)$$

但本题不适合运用公式(5.1.11)的条件，只能利用公式(5.1.12)或定理 5.1.2，最后得

$$I = \mathrm{i}(\mathrm{e} - \mathrm{e}^{-1})\pi$$

5.2　用留数定理计算实积分

在数学物理中常常要计算一些实积分，特别是计算一些在无穷区间上的积分. 例如，阻尼振动问题中需要计算积分 $\int_0^{\infty} \frac{\sin x}{x}\mathrm{d}x$；光学问题中需要计算积分 $\int_0^{\infty} \cos(x^2)\mathrm{d}x$(或 $\int_0^{\infty} \sin(x^2)\mathrm{d}x$)；热导问题中需要计算积分 $\int_0^{\infty} \mathrm{e}^{-ax}\cos(bx)\mathrm{d}x\cdots$ $(a>0)$ 等等. 而这些实积分在微积分学中必须使用特殊技巧才能计算出来，可惜这些技巧，一般而言，是难掌握的. 可是将这些实积分化为复变函数的围线积分，应用留数定理，这些积分就可按照统一的格式(或公式)来进行计算.

关键在于：先将定积分中的被积实函数变为解析函数. 通常被积实函数为初等函数，所以只要将变量 x 换成复数 z，就可以了. 但有时为了适合问题运用的条件，要另外设计一个解析函数 $F(z)$，使它的实部或虚部与被积实函数一致；其次，要添加相应的辅助曲线，将原定积分的积分区间化为闭合围线. 选择辅助曲线的原则是：使添加路线上的积分能够通过一定的办法(包括引用我们将要给出的若干引理)估计出来，或者是能够化为原来定积分乘以一个常数.

若被积复变函数是多值函数，一定要适当割开平面；使其成为黎曼面上的单值解析函数，以便应用留数定理.

一般而言，利用留数定理计算实积分均可采用如下步骤来做：

(1) 添加辅助曲线，使积分路线构成闭合围线；

(2) 选择一个在围线内除了一些孤立奇点外都解析的被积函数 $F(z)$，使得 $F(x)=f(x)$. 通常选用 $F(z)=f(z)$，只有少数例外.

(3) 计算被积函数 $F(z)$在闭合围线内每个孤立奇点的留数，然后求出这些留数之和；

(4) 计算辅助曲线上函数 $F(z)$的积分值(或辅助曲线变动的极限值.)为了计算辅助曲线上的积分，我们需要下面的引理.

引理 5.2.1　设 C_R 为圆周 $|z|=R$ 的上半圆周，函数 $f(z)$在 C_R 上连续.

若 R 取得足够大时

$$\lim_{R\to\infty} zf(z) = 0(z \in C_R, \mathrm{Im}z \geqslant 0 \text{ 上一致成立}) \tag{5.2.1}$$

则

$$\lim_{R\to\infty}\int_{C_R} f(z)\mathrm{d}z = 0 \tag{5.2.2}$$

证明　对于任意正整数 ε，取充分大的半径 R，根据假设有

当 $|z|>R$，　$|zf(z)|<\varepsilon$　$(0\leqslant \arg z\leqslant \pi)$

所以

$$\int_{C_R} f(z)\mathrm{d}z \leqslant \int_{C_R} |f(z)||\mathrm{d}z| \leqslant \int_{C_R} \frac{\varepsilon}{|z|}|\mathrm{d}z| = \pi\varepsilon$$

故

$$\lim_{R\to\infty}\int_{C_R} f(z)\mathrm{d}z = 0$$

引理 5.2.2　(若尔当不等式)若 $0<\theta<\frac{\pi}{2}$，则

$$\frac{2\theta}{\pi} < \sin\theta \tag{5.2.3}$$

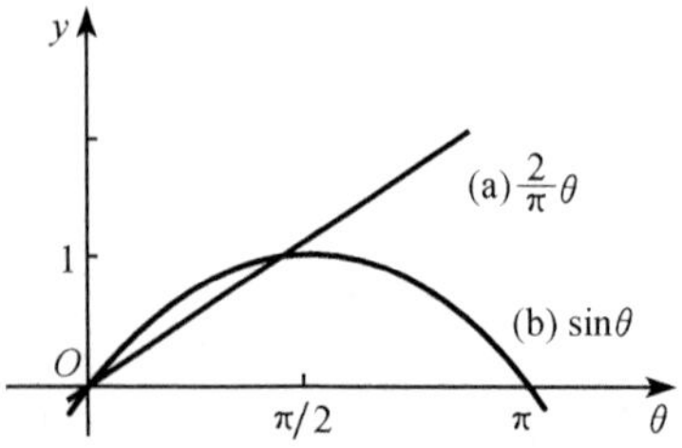

图 5.2

证明　由图 5.2 可知

直线(a)：$y=\frac{2}{\pi}\theta$

曲线(b)：$y=\sin\theta$

两线相交于点 $\left(\frac{\pi}{2},1\right)$，图上显示当

$$0<\theta<\frac{\pi}{2},\quad \sin\theta>\frac{2}{\pi}\theta$$

引理 5.2.3　(若尔当引理) 若 $f(z)$ 沿上半圆周 $C_R: z=Re^{i\theta}(0\leqslant 0\leqslant\pi, R$ 充分大)上连续，

$$\lim_{R\to\infty} f(z) = 0(\text{在 } C_R \text{ 上}, \mathrm{Im}z\geqslant 0 \text{ 上一致成立}) \tag{5.2.4}$$

且常数 $m>0$，则

$$\lim_{R\to\infty}\int_{C_R} f(z)e^{imz}\mathrm{d}z = 0 \quad \begin{pmatrix} m>0 \\ \mathrm{Im}z\geqslant 0\end{pmatrix} \tag{5.2.5}$$

证明　对于任意给定正整数 ε，总存在充分大的半径 R，根据假设有

当 $|z|>R$，$|f(z)|<\varepsilon$　　　　$(z\in C_R, \mathrm{Im}z\geqslant 0)$

$$\left|\int_{C_R} f(z)e^{imz}\mathrm{d}z\right| \leqslant \int_{C_R} |f(z)||e^{imz}||\mathrm{d}z| \leqslant R\varepsilon\int_0^{\pi} e^{-mR\sin\theta}\mathrm{d}\theta$$

$$= 2R\varepsilon\int_0^{\frac{\pi}{2}} e^{-mR\sin\theta}\mathrm{d}\theta < 2R\varepsilon\int_0^{\frac{\pi}{2}} e^{-\frac{2mR}{\pi}\theta}\mathrm{d}\theta$$

$$= \frac{\pi\varepsilon}{m}(1-e^{-mR}) < \frac{\pi\varepsilon}{m}$$

因此

$$\lim_{R\to\infty}\int_{C_R} f(z)e^{imz}\mathrm{d}z = 0 \quad \begin{pmatrix} m>0 \\ \mathrm{Im}z\geqslant 0\end{pmatrix}$$

其中 $|e^{imz}|=|e^{-mR\sin\theta+imR\cos\theta}|=e^{-mR\sin\theta}$，又

$$\int_{\frac{\pi}{2}}^{\pi}e^{-mR\sin\theta}d\theta=-\int_{\frac{\pi}{2}}^{0}e^{-mR\sin(\pi-\varphi)}d\varphi=-\int_{\frac{\pi}{2}}^{0}e^{-mR\sin\varphi}d\varphi=\int_{0}^{\frac{\pi}{2}}e^{-mR\sin\theta}d\theta$$

引理 5.2.4　若 $f(z)$ 沿下半圆周，当 $R\to\infty$，$f(z)$ 在 $\pi\leqslant\arg z\leqslant2\pi$ 上一致地趋于零，对常数 $m<0$，有

$$\lim_{R\to\infty}\int_{C_R}f(z)e^{imz}dz=0\quad\begin{pmatrix}m<0\\ \operatorname{Im}z\leqslant0\end{pmatrix}\tag{5.2.6}$$

计算积分路径上有奇点的积分时，为了估算辅助曲线上的积分，除了上面几个引理之外，还需引入下面的引理.

引理 5.2.5　若函数 $f(z)$ 以 $z=z_0$ 为一阶极点，且

$$C_r:z(\theta)=z_0+re^{i\theta}\quad(\theta_1\leqslant\theta\leqslant\theta_2;0\leqslant\theta_2-\theta_1\leqslant2\pi)$$

则

$$\lim_{r\to0}\int_{C_r}f(z)dz=i(\theta_2-\theta_1)\operatorname{Res}f(z_0)$$

其中沿 C_r 的积分是逆时针方向进行的.

证明　由于 z_0 是 $f(z)$ 的一阶极点，所以其罗朗级数具有如下形式：

$$f(z)=\frac{1}{z-z_0}\operatorname{Res}f(z_0)+g(z)$$

其中 $g(z)$ 在 $z=z_0$ 处解析. 因此

$$\int_{C_r}f(z)dz=\operatorname{Res}f(z_0)\int_{C_r}\frac{dz}{z-z_0}+\int_{C_r}g(z)dz$$

然而

$$\int_{C_r}\frac{dz}{z-z_0}=\int_{\theta_1}^{\theta_2}\frac{rie^{i\theta}}{re^{i\theta}}d\theta=i\int_{\theta_1}^{\theta_2}d\theta=i(\theta_2-\theta_1)$$

又 $g(z)$ 在 z_0 点解析，必有

$$\lim_{r\to0}\int_{C_r}g(z)dz=0$$

综合上述得

$$\lim_{r\to0}\int_{C_r}f(z)dz=i(\theta_2-\theta_1)\operatorname{Res}f(z_0)$$

今后要特别注意，在积分路径上有奇点的积分中，一般总是假定 z_0 是 $f(z)$ 的一阶极点，因为

(1) 现在 C_r 不是闭合围线，沿 C_r 的积分不能套用公式(3.2.3). 若 z_0 不是一阶极点，则因为负二次以上的项的积分发散，一般有

$$\lim_{r\to0}\int_{C_r}\frac{dz}{(z-z_0)^n}=\infty\quad(n\geqslant2)$$

(2) 沿实轴的积分，当 $n\geqslant2$ 时，在主值意义下的积分也不存在. 当 $n=1$ 时，下

列极限

$$\lim_{\substack{\delta_1\to 0\\ \delta_2\to 0}}\left\{\int_{-\infty}^{x_0-\delta_1}\frac{1}{x-x_0}\mathrm{d}x+\int_{x_0+\delta_2}^{\infty}\frac{1}{x-x_0}\mathrm{d}x\right\}$$

仅当 $\delta_1=\delta_2$ 时，极限才存在，即 $f(x)$ 沿实轴的积分存在积分主值. 但也有例外情形. 例如，设 $f(z)$ 沿实轴除了 $z=x_0$ 是三阶极点外解析，且其罗朗展开式为

$$f(x)=\frac{c_{-3}}{(z-x_0)^3}+\frac{c_{-1}}{(z-x_0)}+g(z)$$

其中 $g(x)$ 在 $z=x_0$ 也解析，则可证明以下两条件成立：

① $f(z)$ 沿实轴积分的主值存在，即表示

$$\lim_{\delta\to 0}\left\{\int_{-\infty}^{x_0-\delta}f(x)\mathrm{d}x+\int_{x_0+\delta}^{\infty}f(x)\mathrm{d}x\right\}=\text{有限值}$$

② $\lim\limits_{r\to 0}\int_{C_r}f(z)\mathrm{d}z=\pm\mathrm{i}\pi c_{-1}$

其中 $C_r: z=x_0+r\mathrm{e}^{\mathrm{i}\theta}\quad(0\leqslant\theta\leqslant\pi)$ 而 ± 号与积分路线取向有关，"+"号相应于逆时针方向；"−"号相应于顺时针方向.

例 5.2.1 计算 $\int_0^{\infty}\frac{\sin x}{x}\mathrm{d}x$.

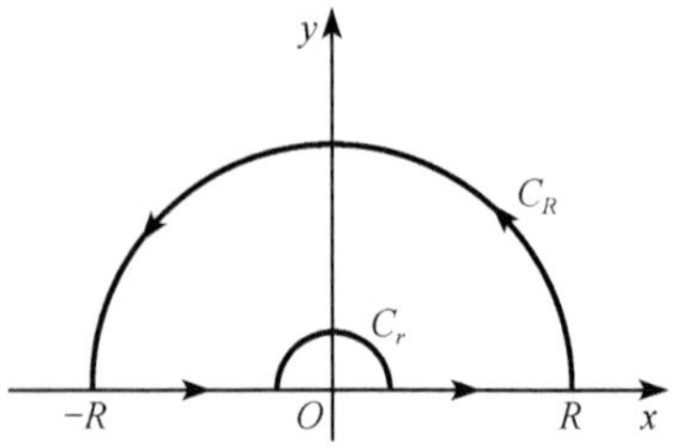

图 5.3

解 由于该积分存在，且 $\int_0^{\infty}\frac{\sin x}{x}\mathrm{d}x=\frac{1}{2}\int_{-\infty}^{\infty}\frac{\sin x}{x}\mathrm{d}x$ 可考虑取函数 $f(z)=\frac{\mathrm{e}^{\mathrm{i}z}}{z}$ 沿图 5.3 所示的路径积分：闭曲线是以原点为中心的两个半圆 C_R 与 C_r，以及 x 轴上的线段连结而成. 其中

$$C_R: z=R\mathrm{e}^{\mathrm{i}\theta};\quad C_r: z=r\mathrm{e}^{\mathrm{i}\theta}\quad(0<\theta<\pi, r<R)$$

由于函数 $f(z)=\frac{\mathrm{e}^{\mathrm{i}z}}{z}$ 以 $z=0$ 为一阶极点，且在上半平面解析，所以

$$\int_C\frac{\mathrm{e}^{\mathrm{i}z}}{z}\mathrm{d}z=\int_{C_R}\frac{\mathrm{e}^{\mathrm{i}z}}{z}\mathrm{d}z+\int_{-R}^{-r}\frac{\mathrm{e}^{\mathrm{i}x}}{x}\mathrm{d}x+\int_{C_r}\frac{\mathrm{e}^{\mathrm{i}z}}{z}\mathrm{d}z+\int_r^R\frac{\mathrm{e}^{\mathrm{i}x}}{x}\mathrm{d}x=0$$

在 C_R 上，$\left|\frac{1}{z}\right|=\frac{1}{R}\to 0(R\to\infty)$，按引理 5.2.3，有

$$\lim_{R\to\infty}\int_{C_R}\frac{\mathrm{e}^{\mathrm{i}z}}{z}\mathrm{d}z=0$$

在 C_r 上，θ 从 π 积分到 0，按引理 5.2.5 有

$$\lim_{r\to 0}\int_{C_r}\frac{\mathrm{e}^{\mathrm{i}z}}{z}\mathrm{d}z=\mathrm{i}(0-\pi)\mathrm{Res}f(0)=-\pi\mathrm{i}$$

又

$$\int_{-R}^{-r}\frac{e^{ix}}{x}dx+\int_{r}^{R}\frac{e^{ix}}{x}dx=\int_{r}^{R}\frac{e^{ix}-e^{-ix}}{x}dx=2i\int_{r}^{R}\frac{\sin x}{x}dx$$

令 $R\to\infty, r\to 0$,则

$$0-\pi i+2i\int_{0}^{\infty}\frac{\sin x}{x}dx=0$$

所以

$$\int_{0}^{\infty}\frac{\sin x}{x}dx=\frac{\pi}{2}$$

由上述结果还可以得到如下的重要积分:

$$F(t)=\int_{0}^{\infty}\frac{\sin tx}{x}dx=\begin{cases}\dfrac{\pi}{2} & (t>0)\\ 0 & (t=0)\\ -\dfrac{\pi}{2} & (t<0)\end{cases}$$

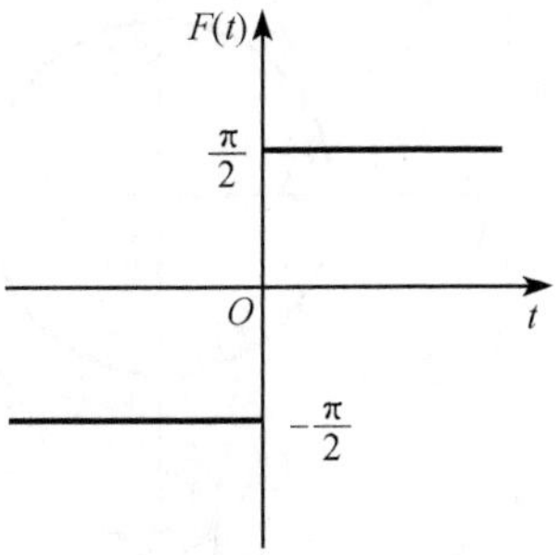

图 5.4

因此 $F(t)$ 是 t 的阶跃函数,如图 5.4 所示.

5.2.1　计算 $\int_0^{2\pi} R(\cos\theta,\sin\theta)\,d\theta$ 型的积分

这里 $R(\cos\theta,\sin\theta)$ 表示关于 $\cos\theta,\sin\theta$ 的有理函数,且在区间 $[0,2\pi]$ 上连续,作变换 $z=e^{i\theta}$,则

$$\cos\theta=\frac{z+z^{-1}}{2},\quad \sin\theta=\frac{z-z^{-1}}{2i},\quad d\theta=\frac{dz}{iz}$$

这样被积函数变成一个复变函数,

$$f(z)=R\left(\frac{z+z^{-1}}{2},\frac{z-z^{-1}}{2i}\right)\frac{1}{iz} \tag{5.2.7}$$

积分路线,当 θ 从 0 变到 2π 时,z 就沿圆周 $|z|=1$ 正向绕行(逆时针)一周,因此

$$\int_0^{2\pi}R(\cos\theta,\sin\theta)d\theta=\oint_{|z|=1}f(z)dz=2\pi i\sum_{k=1}^{n}\text{Res}f(z_k) \tag{5.2.8a}$$

由于 $f(z)$ 是 z 的有理函数,在圆内只有极点,又因假设了原函数 $R(\cos\theta,\sin\theta)$ 在 $[0,2\pi]$ 上连续,所以在积分路径上($|z|=1$)无奇点. 因而用留数定理就可计算其值;若原函数 $R(\cos\theta,\sin\theta)$ 在 $[0,2\pi]$ 上分段连续,但原函数的积分在主值意义下还是存在的,因此函数 $f(z)$ 在积分路径上($|z|=1$),有若干一阶极点,这时公式(5.2.8a)变成下式:

$$\int_0^{2\pi}R(\cos\theta,\sin\theta)d\theta=2\pi i\sum_{k=1}^{n}\text{Res}f(z_k)+\pi i\sum_{k=1}^{l}\text{Res}f(z_k) \tag{5.2.8b}$$

上式中第一个求和是对 $f(z)$ 所有在圆内的奇点留数求和;第二个求和是对 $f(z)$ 在圆周($|z|=1$)上的一阶极点的留数求和.

例 5.2.2　计算 $I=\int_0^{2\pi}\frac{\mathrm{d}\theta}{a+b\cos\theta}\ (a^2>b^2)$.

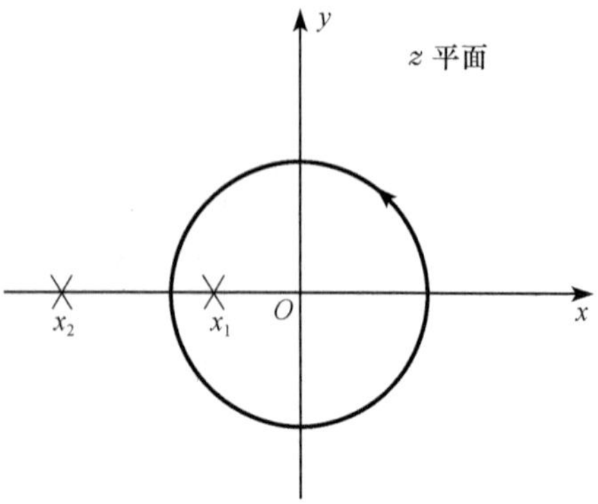

图 5.5

解　作代换,令 $z=\mathrm{e}^{\mathrm{i}\theta}$,$\cos\theta=\frac{z+z^{-1}}{2}$

$$I=\int_0^{2\pi}\frac{\mathrm{d}\theta}{a+b\cos\theta}=\oint_{|z|=1}\frac{2\mathrm{d}z}{\mathrm{i}b\left(z^2+\frac{2a}{b}z+1\right)}=\oint_{|z|=1}f(z)\mathrm{d}z$$

被积函数 $f(z)$有二个极点

$$z_k=\frac{-a\pm\sqrt{a^2-b^2}}{b}\quad(k=1,2)$$

在圆内($|z|<1$),仅有 $z_1=-\frac{a}{b}+\frac{1}{b}\sqrt{a^2-b^2}$,且为一阶极点,留数

$$\mathrm{Res}f(z_1)=\frac{2}{\mathrm{i}b}\left(\frac{1}{z_1-z_2}\right)=\frac{1}{\mathrm{i}(a^2-b^2)^{1/2}}$$

所以

$$I=\int_0^{2\pi}\frac{\mathrm{d}\theta}{a+b\cos\theta}=\frac{2\pi}{(a^2-b^2)^{1/2}}\quad(a^2>b^2)$$

如果 $b^2>a^2$,结果又如何?提示:两极点均在圆周上.

例 5.2.3　计算 $I=\int_0^{2\pi}\frac{\mathrm{d}\theta}{a^2\sin^2\theta+b^2\cos^2\theta}$.

解　令 $z=\mathrm{e}^{\mathrm{i}\theta}$,则按公式(5.2.7)

$$f(z)=\frac{4z}{\mathrm{i}(b^2-a^2)}\left[\left(z^2-\frac{a^2+b^2}{a^2-b^2}\right)^2-\frac{4a^2b^2}{(a^2-b^2)^2}\right]^{-1}$$

被积函数 $f(z)$在圆内$|z|<1$ 有两个极点

$$z_1=\sqrt{\frac{a-b}{a+b}},\quad z_2=-\sqrt{\frac{a-b}{a+b}}$$

所以

$$I=2\pi\mathrm{i}[\mathrm{Res}f(z_1)+\mathrm{Res}f(z_2)]=2\pi\mathrm{i}\left[\frac{1}{\mathrm{i}2ab}+\frac{1}{\mathrm{i}2ab}\right]=\frac{2\pi}{ab}$$

5.2.2　计算 $\int_{-\infty}^{\infty}f(x)\mathrm{d}x$ 型的积分

这是无穷积分,这种积分值定义为下式的极限,即

$$\int_{-\infty}^{\infty}f(x)\mathrm{d}x=\lim_{\substack{R_1\to-\infty\\R_2\to+\infty}}\int_{R_1}^{R_2}f(x)\mathrm{d}x\qquad(5.2.9\mathrm{a})$$

若上式极限不存在,而下式极限:

$$\int_{-\infty}^{\infty} f(x)\mathrm{d}x = \lim_{R\to\infty}\int_{-R}^{R} f(x)\mathrm{d}x \tag{5.2.9b}$$

存在时,则称这无穷积分在柯西积分主值意义下存在.

当实轴上有 $f(z)$的奇点时,$f(z)$沿实轴的积分,也同上面一样,定义为柯西积分主值意义下存在.

今后我们保持上述约定,于是就有如下定理:

定理 5.2.6　若函数 $f(z)$在上半平面 $\mathrm{Im}z\geqslant 0$ 上除了有限个极点 $z_k(k=1,2,\cdots,n)$外解析,在实轴上又有 l 个一阶极点 $x_k(k=1,2,3,\cdots,l)$,且 $\mathrm{Im}z\geqslant 0$ 上,当 $|z|\to\infty$时,$zf(z)$一致趋于零,则主值积分

$$\int_{-\infty}^{\infty} f(x)\mathrm{d}x = 2\pi\mathrm{i}\sum_{k=1}^{n}\mathrm{Res}f(z_k) + \pi\mathrm{i}\sum_{k=1}^{l}\mathrm{Res}f(x_k) \tag{5.2.10}$$

5.2.3　计算 $\int_{-\infty}^{\infty} f(x)\mathrm{e}^{\mathrm{i}mx}\mathrm{d}x$ 型的积分

计算这一类型的积分时,我们同样采用上述办法定义积分主值,于是也可得到类似的定理:

定理 5.2.7　若函数 $f(z)$在上半面 $\mathrm{Im}z\geqslant 0$ 上除了有限个极点 $z_k(k=1,2,\cdots,n)$外解析,在实轴上又有 l 个一阶极点 $x_k(k=1,2,3,\cdots,l)$,且 $\mathrm{Im}z\geqslant 0$ 上,当 $|z|\to\infty$时,$f(z)$一致趋于零,m 是一个正常数,则

$$\int_{-\infty}^{\infty} f(x)\mathrm{e}^{\mathrm{i}mx}\mathrm{d}x = 2\pi\mathrm{i}\sum_{k=1}^{n}\mathrm{Res}[f(z_k)\mathrm{e}^{\mathrm{i}mz_k}] + \pi\mathrm{i}\sum_{k=1}^{l}\mathrm{Res}[f(x_k)\mathrm{e}^{\mathrm{i}mx_k}] \tag{5.2.11}$$

5.2.4　计算其他型的积分

上述几种类型的积分可以按照统一的格式或运用公式来计算,但有些实用的积分,往往需要另外选择被积复变函数和设计积分路径.特别是计算一些广义的实积分,选择的被积复变函数是多值函数时,设计积分路径就较麻烦,要选择避开枝点的路径.但总的来说,还是要遵循 5.2 节开头阐述的几个原则.

例 5.2.4　求 $I=\int_0^{\pi}\tan(\varphi+\mathrm{i}a)\mathrm{d}\varphi$　(其中 a 为较小的非零实数).

解　令 $\theta=2\varphi$,

$$I=\frac{1}{2}\int_0^{2\pi}\tan\left(\frac{\theta}{2}+\mathrm{i}a\right)\mathrm{d}\theta=\frac{1}{2\mathrm{i}}\int_0^{2\pi}\frac{\mathrm{e}^{\mathrm{i}\theta-2a}-1}{\mathrm{e}^{\mathrm{i}\theta-2a}+1}\mathrm{d}\theta$$

令 $z=\mathrm{e}^{\mathrm{i}\theta}$

$$I=-\oint_{|z|=1}\frac{z\mathrm{e}^{-2a}-1}{2z(z\mathrm{e}^{-2a}+1)}\mathrm{d}z=\oint_{|z|=1}f(z)\mathrm{d}z$$

$f(z)$的极点为 $z_1=0$,及 $z_2=-\mathrm{e}^{2a}$,且为一阶极点

$$\mathrm{Res}f(0)=\frac{1}{2},\quad \mathrm{Res}f(-\mathrm{e}^{2a})=-1$$

又 $a>0$ ，$|-\mathrm{e}^{2a}|=\mathrm{e}^{2a}>1$，所以 z_2 不在 $|z|=1$ 圆内

$a<0$ ，$|-\mathrm{e}^{2a}|=\mathrm{e}^{2a}<1$，所以 z_2 在 $|z|=1$ 圆内

于是

$$a>0,\ I=\pi\mathrm{i};\quad a<0,\ I=-\pi\mathrm{i}$$

例 5.2.5 求 $I=\int_{-\infty}^{\infty}\frac{\mathrm{d}x}{x^6+1}$.

解 $f(z)=\frac{1}{z^6+1}$，在 $\mathrm{Im}z>0$ 上有三个极点，且是一阶极点

$$z_1=\mathrm{e}^{\frac{\pi}{6}\mathrm{i}},\quad z_2=\mathrm{e}^{\frac{3}{6}\pi\mathrm{i}},\quad z_3=\mathrm{e}^{\frac{5}{6}\pi\mathrm{i}}$$

$$\mathrm{Res}f(z_1)=-\frac{1}{6}z_1,\quad \mathrm{Res}f(z_2)=-\frac{1}{6}z_2,\quad \mathrm{Res}f(z_3)=-\frac{1}{6}z_3$$

又 $z_1+z_2+z_3=2z_2=2\mathrm{i}$（运用复数的矢量表示，即可得此结果）. 于是

$$I=2\pi\mathrm{i}\sum_{k=1}^{3}\mathrm{Res}f(z_k)=\frac{2}{3}\pi$$

例 5.2.6 求 $I=\int_0^{\infty}\frac{\mathrm{d}x}{1+x^3}$.

解法一 由于积分不是偶函数，所以不能延拓到 $-\infty$，但考虑积分

$$\int\frac{\ln z}{1+z^3}\mathrm{d}z$$

中被积函数是多值函数，可以选择正实轴割开的复平面，以及如图 5.6 的路径，在割痕上沿 $z=x$，$\ln z=\ln x$，在下沿 $z=x\mathrm{e}^{2\pi\mathrm{i}}$，$\ln z=\ln x+2\pi\mathrm{i}$，因此，按图示路径的积分值为

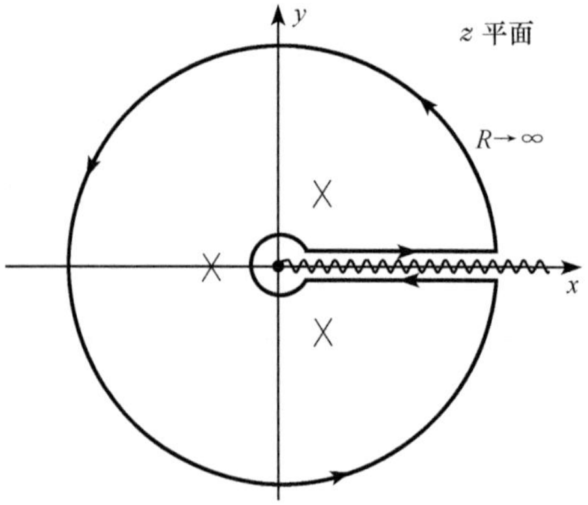

图 5.6

$$\oint \frac{\ln z}{1+z^3}\mathrm{d}z = -2\pi \mathrm{i} I$$

另一方面，应用留数定理，有

$$\oint \frac{\ln z}{1+z^3}\mathrm{d}z = 2\pi \mathrm{i}\sum_{k=1}^{3}\mathrm{Res}f(z_k) = 2\pi\mathrm{i}\left(-\frac{2\pi}{9}\sqrt{3}\right)$$

上述两式应相等，于是

$$I = \frac{2\pi\sqrt{3}}{9}$$

解法二　选择被积函数仍为 $f(z)=\dfrac{1}{1+z^3}$，但积分路径为(i)沿实轴从 0 到∞；(ii)沿三分之二的上半圆 $|z|=\infty$；(iii)再沿射线 $\arg z=\dfrac{2\pi}{3}$ 回到原点.

在此闭合围线内，仅有一个一阶极点 $z_1=\mathrm{e}^{\frac{\pi\mathrm{i}}{3}}$，其留数为

$$\mathrm{Res}f(z_1) = \frac{1}{3z_1^2} = \frac{1}{3}\mathrm{e}^{-2\pi\mathrm{i}/3}$$

又沿射线 $\arg z=\dfrac{2\pi}{3}$ 的积分值为实轴的积分值的 $\mathrm{e}^{2\pi\mathrm{i}/3}$ 倍；按照引理 5.2.1，沿圆孤的积分应为零，于是

$$\oint \frac{\mathrm{d}z}{1+z^3} = (1-\mathrm{e}^{2\pi\mathrm{i}/3})I$$

另一方面，应用留数定理有

$$\oint \frac{\mathrm{d}z}{1+z^3} = 2\pi\mathrm{i}\mathrm{Res}f(z_1)$$

上述两式相等，最后得

$$I = \frac{2\pi\mathrm{i}}{3}\frac{\mathrm{e}^{-2\pi\mathrm{i}/3}}{1-\mathrm{e}^{2\pi\mathrm{i}/3}} = \frac{\pi}{3\sin\dfrac{\pi}{3}} = \frac{2\pi}{3\sqrt{3}}$$

例 5.2.7　求 $I=\displaystyle\int_0^\infty \cos(x^2)\mathrm{d}x=\int_0^\infty \sin(x^2)\mathrm{d}x$.

解　选取被积函数 $f(z)=\mathrm{e}^{-z^2}$. 积分路径为(i)沿实轴从 0 到∞；(ii)沿四分之一的上半圆 $|z|=\infty$；(iii)再沿射线 $\arg z=\dfrac{\pi}{4}$ 回到原点. 如图 5.7 所示.

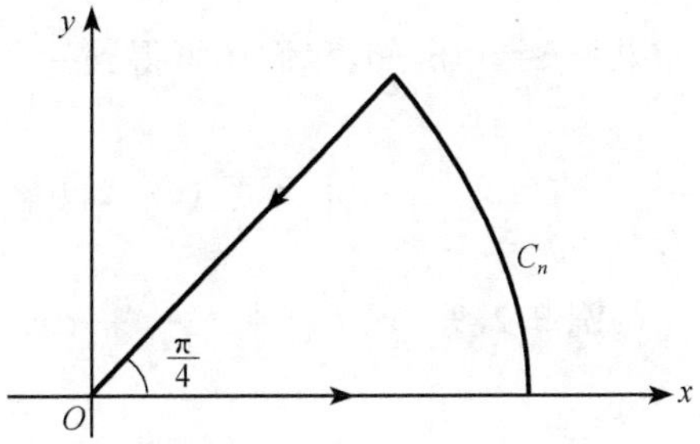

图 5.7

在射线 $\arg z=\dfrac{\pi}{4}$ 上，$z=R\mathrm{e}^{\mathrm{i}\frac{\pi}{4}}$，$\mathrm{d}z=\mathrm{e}^{\mathrm{i}\frac{\pi}{4}}\mathrm{d}R$，$z^2=\mathrm{i}R^2$，所以

$$\int_C e^{-z^2}dz = e^{i\frac{\pi}{4}}\int_{\infty}^{0} e^{-iR^2}dR = -e^{i\frac{\pi}{4}}\int_0^{\infty} e^{-iR^2}dR$$

又在四分之一的上半圆 $|z|=\infty$ 积分，利用引理 5.2.1，有

$$\lim_{R\to\infty}\int_{C_R} e^{-z^2}dz = 0 \quad \left(0\leqslant \arg z\leqslant \frac{\pi}{4}\right)$$

且在闭合围线内无奇点，按柯西积分定理，有

$$\int_0^{\infty} e^{-x^2}dx - e^{i\frac{\pi}{4}}\int_0^{\infty} e^{iR^2}dR = 0$$

利用 $\int_0^{\infty} e^{-x^2}dx = \frac{\sqrt{\pi}}{2}$，上述积分中的 R 换成 x，即得

$$I=\int_0^{\infty}\cos(x^2)dx = \int_0^{\infty}\sin(x^2)dx = \frac{1}{2}\sqrt{\frac{\pi}{2}}$$

例 5.2.8 求证 $\int_{-\infty+\frac{b}{2a}i}^{\infty+\frac{b}{2a}i} e^{-az^2}dz = \int_{-\infty}^{\infty} e^{-ax^2}dx = \sqrt{\frac{\pi}{a}} \quad (a>0)$.

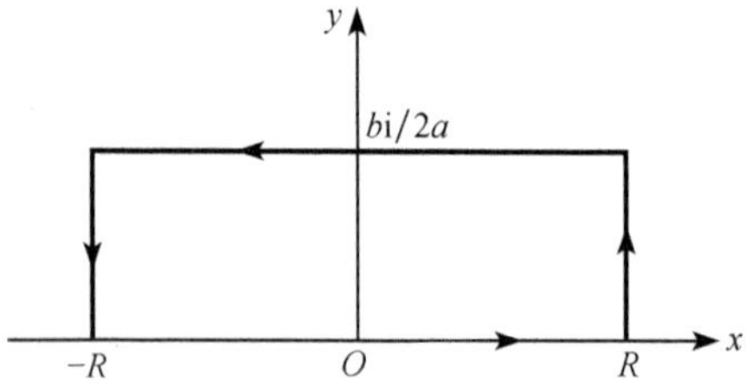

图 5.8

证明 设被积函数 $f(z)=e^{-az^2}$；积分路径为矩形，如图 5.8 所示.

(i) 实轴从 $-R$ 到 $R(R\to\infty)$，(ii)垂直向上到直线 $R+\frac{b}{2a}i$，(iii)从 $R+\frac{b}{2a}i$ 到 $-R+\frac{b}{2a}i$，(iv)垂直向下到实轴 $-R$ 处；

在(ii)及(iv)段的积分为零

因为 $\left|\int_0^{\frac{b}{2a}} e^{-a(R+iy)^2}d(iy)\right| \leqslant \int_0^{\frac{b}{2a}} |e^{-a(R+iy)^2}|dy = e^{-aR^2}\int_0^{\frac{b}{2a}} e^{ay^2}dy$

当 $R\to\infty$ 时，上式积分为零，同理可证(iv)上的积分为零. 由于在矩形围线内 $f(z)$ 无奇点，按柯西积分定理，闭合围线积分为零，于是

$$\int_{-\infty+\frac{b}{2a}i}^{\infty+\frac{b}{2a}i} e^{-az^2}dz = \int_{-\infty}^{\infty} e^{-ax^2}dx = \sqrt{\frac{\pi}{a}} \quad (a>0)$$

如果令 $z=x+\frac{b}{2a}i$，我们还可得到一个有用的结果

$$\int_0^{\infty} e^{-ax^2}\cos(bx)dx = \frac{1}{2}\sqrt{\frac{\pi}{a}}e^{-\frac{b^2}{4a}} \quad (a>0)$$

例 5.2.9 求 $I=\int_0^{\infty}\frac{\sqrt{x}}{1+x^2}dx$.

解 选 $f(z)=\frac{\sqrt{z}}{1+z^2}$，因为 $f(z)$ 是多值函数，应取割开正实轴的复平面，即如

图 5.9 所示的路径积分.

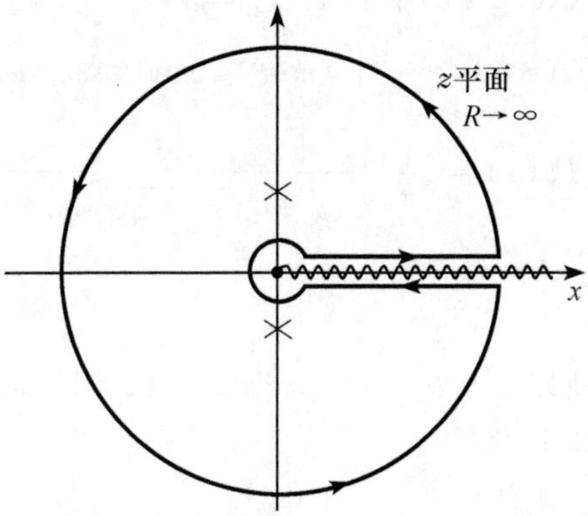

图 5.9

在实轴上沿 $z=xe^{i0}$,$\sqrt{z}=x$;下沿 $z=xe^{i2\pi}$,$\sqrt{z}=-x$,所以

$$\oint\frac{\sqrt{z}}{1+z^2}\mathrm{d}z=2I$$

另一方面,在积分围线内,有二个一阶极点 $z_1=\mathrm{i}$ 及 $z_2=-\mathrm{i}$,所以

$$\oint\frac{\sqrt{z}}{1+z^2}\mathrm{d}z=2\pi\mathrm{i}\sum_{k=1}^{2}\mathrm{Res}f(z_k)=\sqrt{2}\pi$$

令上述两式相等,得

$$I=\int_0^\infty\frac{\sqrt{x}}{1+x^2}\mathrm{d}x=\frac{1}{2}\sqrt{2}\pi$$

例 5.2.10　求证 $P_n(x)=\dfrac{1}{\pi}\displaystyle\int_0^\pi(x\mp\sqrt{x^2-1}\cos\varphi)^n\mathrm{d}\varphi$　(5.2.12)

解　由 $\displaystyle\int_0^\pi\frac{\mathrm{d}\varphi}{a\pm b\cos\varphi}=\frac{\pi}{\sqrt{a^2-b^2}}\quad(a^2>b^2)$　(5.2.13)

令 $a=1-xz,b=z\sqrt{x^2-1}$.

因为 $x<1,z<1$,所以 $a^2-b^2=1-2xz+z^2>(1-z^2)>0$.

将 a,b 代入式(5.2.13)得

$$\begin{aligned}\frac{1}{(1-2xz+z^2)^{1/2}}&=\frac{1}{\pi}\int_0^\pi\frac{\mathrm{d}\varphi}{1-xz\pm z\sqrt{x^2-1}\cos\varphi}\\&=\sum_{n=0}^\infty z^n\left\{\frac{1}{\pi}\int_0^\pi[x\mp\sqrt{x^2-1}\cos\varphi]^n\mathrm{d}\varphi\right\}\end{aligned}$$

由定义 $\dfrac{1}{(1-2xz+z^2)^{1/2}}=\displaystyle\sum_{n=0}^\infty P_n(x)z^n$　(当 $z<1$ 时)

两式比较，即得所证.

例 5.2.11 若令式(5.2.12)中的 $x=\cos\theta$，得

$$P_n(\cos\theta)=\frac{1}{\pi}\int_0^{\pi}(\cos\theta\mp \mathrm{i}\sin\theta\cos\varphi)^n\mathrm{d}\varphi \tag{5.2.14}$$

例 5.2.12 求证 $P_n(x)=\dfrac{1}{\pi}\displaystyle\int_0^{\pi}\frac{\mathrm{d}\varphi}{(x\pm\sqrt{x^2-1}\cos\varphi)^{n+1}}$ (5.2.15)

解 利用式(5.2.13)

令 $a=xz-1, b=z\sqrt{x^2-1}$.

因为 $x<1, z>1$，所以 $a^2-b^2=1-2xz+z^2>(z-1)^2>0$

将 a,b 代入式(5.2.13)得

$$\begin{aligned}\frac{1}{(1-2xz+z^2)^{1/2}}&=\frac{1}{\pi}\int_0^{\pi}\frac{\mathrm{d}\varphi}{z(x\pm\sqrt{x^2-1}\cos\varphi)-1}\\&=\frac{1}{\pi}\int_0^{\pi}\frac{\mathrm{d}\varphi}{z(x\pm\sqrt{x^2-1}\cos\varphi)\left[1-\dfrac{1}{z(x\pm\sqrt{x^2-1}\cos\varphi)}\right]}\\&=\sum_{n=0}^{\infty}\frac{1}{z^{n+1}}\left\{\frac{1}{\pi}\int_0^{\pi}\frac{\mathrm{d}\varphi}{(x\pm\sqrt{x^2-1}\cos\varphi)^{n+1}}\right\}\end{aligned}$$

由定义 $\dfrac{1}{(1-2xz+z^2)^{1/2}}=\displaystyle\sum_{n=0}^{\infty}\frac{1}{z^{n+1}}P_n(x)$ （当 $z>1$ 时）

两式比较，即得所证.

5.2.5 计算级数之和

利用留数定理，可以计算某些级数之和. 例如如下的围线，C_R：C_R 为 $\left[\left(N+\frac{1}{2}\right)(1+\mathrm{i})\rightarrow-\left(N+\frac{1}{2}\right)(1+\mathrm{i})\rightarrow-\left(N+\frac{1}{2}\right)(1-\mathrm{i})\rightarrow\left(N+\frac{1}{2}\right)(1-\mathrm{i})\right]$的正方形，在 C_R 上无任何奇点；且有理函数 $f(z)$在全平面上有有限个极点 $z_k(k=1,2,3\cdots,l)$；$\cot(\pi z)$在实数轴上有无穷多个一阶极点 $z_k=0,\pm1,\pm2,\cdots$，又

$$\mathrm{Res}\cot(\pi z_n)=\frac{1}{\pi}\quad(z_n=0,\pm1,\pm2,\cdots)$$

所以

$$\mathrm{Res}[\pi f(z_n)\cot(\pi z_n)]=f(n)\quad(z_n=0,\pm1,\pm2,\cdots)$$

$$\oint_{C_R}[\pi f(z)\cot(\pi z)]\mathrm{d}z=2\pi\mathrm{i}\sum_{z_n}\mathrm{Res}[\pi f(z)\cot(\pi z)]+2\pi\mathrm{i}\sum_{z_k}\mathrm{Res}[\pi f(z)\cot\pi z]$$

上式右端第一个求和对 $\cot(\pi z)$极点 z_n 求和；第二个求和对 $f(z)$的极点 z_k 求和. 另一方面，C_R 的周长正比于$(8N+4)$，在 C_R 上$|\cot\pi z|<2$，又 $g(z)=\left(\frac{\pi}{z^2}\right)\cot(\pi z)<$

$\frac{\pi}{N^2}$,所以

$$\left|\oint_{C_R} g(z)\mathrm{d}z\right| \leqslant \frac{2\pi}{N^2}(8N+4) \xrightarrow{N\to\infty} 0$$

若 $C_R: R\mathrm{e}^{\mathrm{i}\theta}, -\pi\leqslant\theta\leqslant\pi$. 当 $R\to\infty$ 时,$zf(z)$ 一致趋于零,则

$$\oint_{C_R}[\pi f(z)\cot(\pi z)]\mathrm{d}z = 0 \quad \begin{pmatrix} R\to\infty \\ -\pi\leqslant\theta\leqslant\pi \end{pmatrix}$$

于是

$$\sum_{n=-\infty}^{\infty} f(n) = -\sum_{k=1}^{l} \mathrm{Res}[\pi f(z_k)\cot(\pi z_k)]$$

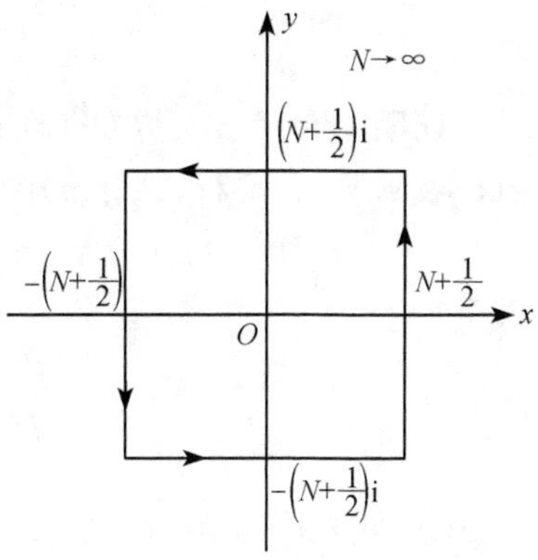

图 5.10

令 $f(z)=\frac{1}{z^2+a^2}$(a 不是整数,且为实数),因此,

$$\sum_{n=-\infty}^{\infty}\frac{1}{n^2+a^2} = \frac{\pi}{a}\coth(\pi a)$$

或

$$\sum_{n=1}^{\infty}\frac{1}{n^2+a^2} = \frac{\pi}{2a}\coth(\pi a) - \frac{1}{2a^2}$$

除此之外,还可得到如下的求和公式:

$$\sum_{n=-\infty}^{\infty}(-1)^n f(n) = -\sum_k \mathrm{Res}[\pi f(z_k)\csc(\pi z_k)]$$

$$\sum_{n=-\infty}^{\infty} f(n+\frac{1}{2}) = \sum_k \mathrm{Res}[\pi f(z_k)\tan(\pi z_k)]$$

$$\sum_{n=-\infty}^{\infty}(-1)^n f(n+\frac{1}{2}) = \sum_k \mathrm{Res}[\pi f(z_k)\sec(\pi z_k)]$$

5.3　对数留数和辐角原理

5.3.1　对数留数

留数理论的另一个重要应用是计算函数 $f(z)$ 的对数留数. 其定义为计算积分 $\frac{1}{2\pi\mathrm{i}}\int_C \frac{f'(z)}{f(z)}\mathrm{d}z$,其积分值称为函数 $f(z)$ 关于曲线 C 的对数留数. 因为被积函数 $\frac{f'(z)}{f(z)}$ 是函数 $f(z)$ 的对数导数,即 $\frac{\mathrm{d}}{\mathrm{d}z}[\ln f(z)]=\frac{f'(z)}{f(z)}$,所以才冠以对数之称呼.

定理 5.3.1　设 a 为 $f(z)$ 的 n 阶零点,则 a 必为函数 $\frac{f'(z)}{f(z)}$ 的一阶极点,且

$$\operatorname*{Res}_{z=a}\left[\frac{f'(z)}{f(z)}\right]=n \tag{5.3.1}$$

证明　由于 a 是 $f(z)$ 的 n 阶零点，因此可令 $f(z)=(z-a)^n\cdot g(z)$，其中 $g(z)$ 在点 $z=a$ 解析，且 $g(a)\neq0$，又

$$f'(z)=n(z-a)^{n-1}g(z)+(z-a)^n g'(z)$$

因而

$$\frac{f'(z)}{f(z)}=\frac{n}{(z-a)}+\frac{g'(z)}{g(z)}$$

因 $g(z)$ 在点 $z=a$ 解析，且 $g(a)\neq0$，所以 $\dfrac{g'(z)}{g(z)}$ 在 a 解析，于是，由上式可知 a 为 $\dfrac{f'(z)}{f(z)}$ 的一阶极点，且

$$\operatorname*{Res}_{z=a}\left[\frac{f'(z)}{f(z)}\right]=n$$

定理 5.3.2　设 b 为 $f(z)$ 的 m 阶极点，则 $z=b$ 必为函数 $\dfrac{f'(z)}{f(z)}$ 的一阶极点，且

$$\operatorname*{Res}_{z=b}\left[\frac{f'(z)}{f(z)}\right]=-m \tag{5.3.2}$$

证明　由于 b 是 $f(z)$ 的 m 阶极点，则在点 b 的去心邻域内有

$$f(z)=\frac{h(z)}{(z-b)^m}$$

其中 $h(z)$ 在点 b 邻域内解析，且 $h(b)\neq0$；另一方面，由上式可导出

$$\frac{f'(z)}{f(z)}=\frac{-m}{z-b}+\frac{h'(z)}{h(z)}$$

因为 $\dfrac{h'(z)}{h(z)}$ 在 $z=b$ 解析，所以，由上式可知，b 为 $\dfrac{f'(z)}{f(z)}$ 的一阶极点，且

$$\operatorname*{Res}_{z=b}\left[\frac{f'(z)}{f(z)}\right]=-m$$

定理 5.3.3　若 $f(z)$ 在围线 C 上解析，且无零点；又若 $f(z)$ 在 C 的内部除可能有有限个极点外解析，则

$$\frac{1}{2\pi i}\int_C\frac{f'(z)}{f(z)}dz=N-P \tag{5.3.3}$$

其中 N 与 P 分别表示 $f(z)$ 在 C 内部的零点与极点的个数（一个 n 阶零点，就算作 n 个零点；一个 m 阶极点也算作 m 个极点）.

证明　利用上述定理 5.3.1 及定理 5.3.2，即可得证.

5.3.2 辐角原理

现在我们来说明式(5.3.3)的几何意义. 当 z 从曲线 C 的某点 z_0 出发,沿曲线 C 正向绕行一周后回到 z_0 时,函数 $\ln f(z)$ 连续地变化,其实部从初值 $\ln|f(z_0)|$ 变起,连续变化最终仍回到此值;但其虚部通常并不回到初值. 若令初值 $\arg f(z_0)$ 为 φ_0,而其终值为 φ_1,则

$$\begin{aligned}\frac{1}{2\pi i}\int_C \frac{f'(z)}{f(z)}dz &= \frac{1}{2\pi i}\int_C \frac{d}{dz}[\ln f(z)]dz \\ &= \frac{1}{2\pi i}\{[\ln|f(z_0)|+i\varphi_1]-[\ln|f(z_0)|+i\varphi_0]\} \\ &= \frac{\varphi_1-\varphi_0}{2\pi} = \frac{\Delta_C \arg f(z)}{2\pi}\end{aligned}$$

式中 $\Delta_C \arg f(z)$ 表示 z 沿 C 正向绕行一周后 $\arg f(z)$ 的改变量.

由式(5.3.3)得

$$\frac{\Delta_C \arg f(z)}{2\pi} = N - P$$

所以,z 沿 C 正向一周后,$\arg f(z)$ 的改变量一定是 2π 的整数倍.

定理 5.3.4(辐角原理)　若函数 $f(z)$ 在围线 C 上解析,且无零点,又 $f(z)$ 在 C 的内部除可能有有限个极点外解析,则 $f(z)$ 在围线 C 内部的零点个数与极点个数之差,等于当 z 沿 C 正向绕行一周后 $\arg f(z)$ 的改变量除以 2π,即

$$N - P = \frac{\Delta_C \arg f(z)}{2\pi} \tag{5.3.4}$$

例 5.3.1　函数 $f(z)=z^3$,以 $z=0$ 为三阶零点,按辐角原理有

$$\frac{\Delta_C \arg f(z)}{2\pi} = 3$$

其几何意义是,当变点 z 沿一闭曲线绕原点 $z=0$ 正向绕行一圈,像点 $w=z^3$ 则绕 $w=0$ 正向转三圈.

定理 5.3.5(儒歇定理)　若 $f(z)$ 和 $\varphi(z)$ 在围线 C 上及其内部解析,且在 C 上,$f(z)$ 的模大于 $\varphi(z)$ 的模,则 $f(z)$ 在 C 内零点的个数不因加上 $\varphi(z)$ 之后发生变化.

证明　由假设,在 C 上 $|f(z)|>|\varphi(z)|$,因此,在 C 上 $|f(z)|>0$,即 $f(z)\neq 0$,且

$$|f(z)+\varphi(z)| > |f(z)| - |\varphi(z)| > 0$$

所以在 C 上 $f(z)+\varphi(z)\neq 0$,又

$$\begin{aligned}\Delta_C \arg[f(z)+\varphi(z)] &= \Delta_C \arg f(z)\left[1+\frac{\varphi(z)}{f(z)}\right] \\ &= \Delta_C \arg f(z) + \Delta_C \arg\left[1+\frac{\varphi(z)}{f(z)}\right]\end{aligned}$$

因此只要证明最后一项为零. 由于在 C 上 $\left|\frac{\varphi(z)}{f(z)}\right|<1$,故当 z 沿 C 变动时,像点

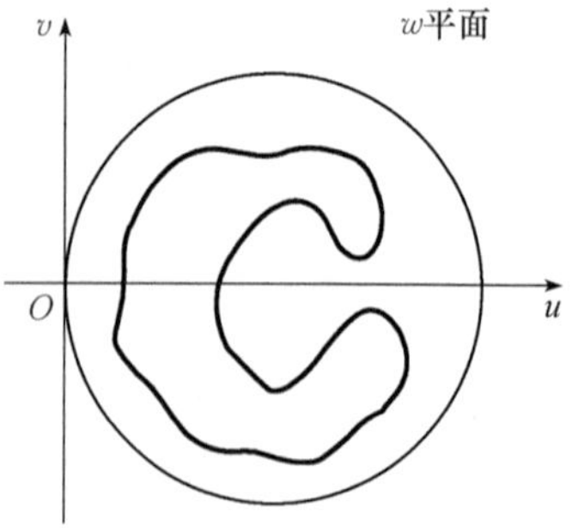

图 5.11

$w=1+\frac{\varphi(z)}{f(z)}$ 总在圆 $|w-1|<1$ 内变动,如图 5.11 所示,因而像点 $w=1+\frac{\varphi(z)}{f(z)}$ 决不会绕 $w=0$ 转圈. 故可断言,当 z 沿 C 绕一周后,$\arg\left[1+\frac{\varphi(z)}{f(z)}\right]$ 的值必回复到原值,即

$$\Delta_C\arg\left[1+\frac{\varphi(z)}{f(z)}\right]=0$$

因此

$$\Delta_C\arg[f(z)+\varphi(z)]=\Delta_C\arg f(z)=2\pi N$$

例 5.3.2 求方程 $z^5-5z^3-2=0$ 在单位圆 $|z|<1$ 内的根的个数.

解 函数 $-5z^3$ 在圆周 $|z|=1$ 上不为 0,且在此圆周所有点处不等式

$$|z^5-2|<|-5z^3|$$

成立. 因为在圆周上 $|z|=1$,所以 $|-5z^3|=5$,而 $|z^5-2|<|z^5|+2=3$. 因此,根据儒歇定理,可知函数 z^5-5z^3-2 与函数 $-5z^3$ 在单位圆内部有同样多个零点. 而函数 $-5z^3$ 在单位圆内有三个零点($z=0$ 是它的一个三阶零点),所以函数 z^5-5z^3-2 在单位圆内也有三个零点,即方程 $z^5-5z^3-2=0$ 在单位圆内有三个根.

习　题

5.1 求出下列函数的奇点,并求在这些点处的留数:

(a) $z^2-\frac{1}{z^2}$;　(b) $\frac{1}{\sinh z}$;　(c) $\frac{1}{\cos z-\sin z}$;

(d) $\frac{2z}{(z^3-1)^2}$;　(e) $\frac{\ln(1+z)}{z^3}(z\neq-1)$;　(f) $\frac{\sec z}{z^3}$;

(g) $z^5\sin\frac{1}{z^2}$;　(h) $\frac{z^2e^{1/z}}{1+z}$.

5.2 运用留数定理,对沿单位圆 $C:|z|=1$ 的正方向转一周的路径,计算下列积分:

(a) $\int_C\frac{z}{1+2z^2}dz$;　(b) $\int_C z^2e^{\frac{1}{z}}dz$;

(c) $\int_C\frac{dz}{(4z^2-1)^3}$;　(d) $\int_C\frac{e^z}{\cos\pi z}dz$.

5.3 沿如下给定的路径(正方向)求积分:

$$\int_C\frac{(z+2)}{z^2(z^2+1)(z-2)}dz$$

(a) $|z|=3$;　(b) $|z|=\frac{3}{2}$;　(c) $|z+1|=\frac{1}{2}$;　(d) $|z-3|=\sqrt{3}$.

5.4　运用留数定理计算下列实变数积分：

(a) $\int_0^{2\pi} \frac{\cos\theta}{3-2\cos\theta} d\theta$；

(b) $\int_0^{2\pi} \frac{d\theta}{(3+\cos^2\theta)^2}$；

(c) $\int_0^{\pi} \frac{\cos 2\theta}{1-2a\cos\theta+a^2} d\theta$；

(d) $\int_0^{2\pi} \frac{d\theta}{(a^2\cos^2\theta+b^2\sin^2\theta)^2}$　$(a>0, b>0)$；

(e) $\int_0^{\pi} \frac{d\theta}{(a^2\sin^2\theta+b^2\cos^2\theta)}$　$(a>0, b>0)$；

(f) $\int_0^{2\pi} \frac{d\theta}{(a+b\cos\theta)^2}$　$(a>b>0)$.

5.5　运用留数定理计算下列实变数积分：

(a) $\int_0^{\infty} \frac{dx}{x^6+1}$；

(b) $\int_{-\infty}^{\infty} \frac{dx}{(x^2+1)(x^2+4)(x^2+9)}$；

(c) $\int_{-\infty}^{\infty} \frac{dx}{(x^2+a^2)^2(x^2+b^2)^2}$　$(a>0, b>0)$；

(d) $\int_0^{\infty} \frac{x^2}{(x^2+a^2)^3} dx$　$(a>0)$；

(e) $\int_0^{\infty} \frac{dx}{(x^2+a^2)^2}$　$(a>0)$.

5.6　计算下列实变数积分：

(a) $\int_{-\infty}^{\infty} \frac{\sin x}{x^2+x+1} dx$；　(b) $\int_{-\infty}^{\infty} \frac{\cos x}{(x^2+1)(x^2+4)} dx$；

(c) $\int_0^{\infty} \frac{x^3\sin x}{x^4+1} dx$；　(d) $\int_{-\infty}^{\infty} \frac{\cos bx}{x^4+a^4} dx$；

(e) $\int_{-\infty}^{\infty} \frac{x\cos x}{x^2-5x+6} dx$；

(f) $\int_{-\infty}^{\infty} \frac{\cos 2ax-\cos 2bx}{x^2} dx$　$(a>0, b>0)$.

5.7　利用勒让德多项式 $P_k(x)$ 的生成函数式

$$\frac{1}{\sqrt{1-2xz+z^2}} = \sum_{k=0}^{\infty} P_k(x) z^k \quad (-1<x<1)$$

证明下式成立：

$$P_k(x) = \frac{1}{\pi}\int_0^{\pi} \frac{d\varphi}{[x \pm \sqrt{x^2-1}\cos\varphi]^{k+1}}$$

5.8　量子力学中计算跃迁概率时常遇到如下函数：

$$f(t,\omega) = \frac{2(1-\cos\omega t)}{\omega^2}$$

试证明下式成立：

$$\int_{-\infty}^{\infty} f(t,\omega)\,d\omega = 2\pi t$$

5.9 (a) 证明 $f(z)=z^4-2\cos 2\theta z^2+1$ 的零点为 $\pm e^{i\theta}, \pm e^{-i\theta}$.

(b) 证明

$$\int_{-\infty}^{\infty} \frac{dx}{x^4-2\cos 2\theta x^2+1} = \frac{\pi}{2\sin\theta} = \frac{\pi}{\sqrt{2(1-\cos 2\theta)}}$$

5.10 证明 $\displaystyle\int_{-\infty}^{\infty} \frac{x^2\,dx}{x^4-2\cos 2\theta x^2+1} = \frac{\pi}{2\sin\theta} = \frac{\pi}{\sqrt{2(1-\cos 2\theta)}}$.

5.11 试计算统计物理中的两个重要积分

(a) $\displaystyle I_1=\int_0^{\infty} \frac{x}{e^x-1}dx$;　　(b) $\displaystyle I_2=\int_0^{\infty} \frac{x^3}{e^x-1}dx$.

提示　取 $f(z)=\dfrac{z}{e^z-1}$,积分围线取$(0,0)\to(\infty,0)\to(\infty,i\pi)\to(0,i\pi)\to(0,0)$. 围线内无奇点.

5.12 计算实变数积分

$$\int_{-\infty}^{\infty} \frac{e^{ax}}{1+e^x}dx \quad (0<a<1)$$

5.13 设函数 $f(z)$在$|z|\leqslant r$ 内解析,在$|z|=r$ 上 $f(z)\neq 0$,试证这时在 $z=r$ 上$\mathrm{Re}\left(z\dfrac{f'(z)}{f(z)}\right)$的最大值至少等于在$|z|<r$ 内 $f(z)$的零点个数.

5.14 试证方程

$$z+e^{-z}=a \quad (a>1)$$

在 $\mathrm{Re}z>0$ 内只有一实根.

5.15 证明

(a) $\displaystyle\lim_{r\to a}\frac{1}{2\pi}\int_0^{2\pi} \frac{a^2-r^2}{a^2-2ar\cos(\theta-\varphi)+r^2}d\theta=1$;

(b) $\displaystyle\lim_{r\to a}\frac{1}{2\pi}\int_0^{2\pi} f(\theta)\frac{a^2-r^2}{a^2-2ar\cos(\theta-\varphi)+r^2}d\theta=f(\varphi)$.

5.16 证明

$$\int_{-\infty}^{\infty} \frac{\cos mx}{e^x+e^{-x}}dx = \frac{\pi}{e^{\frac{m\pi}{2}}+e^{-\frac{m\pi}{2}}} = \frac{\pi}{2}\frac{1}{\cosh\frac{m\pi}{2}}$$

提示　取 $f(z)=\dfrac{e^{imz}}{e^z+e^{-z}}$,积分围线取$(-R,0)\to(R,0)\to(R,i\pi)\to(-R,i\pi)\to(-R,0)$,并令 $R\to\infty$;围线内只含奇点$\dfrac{\pi}{2}i$.

5.17 证明

$$\frac{1}{2\pi}\int_0^{2\pi} e^{-in\theta}\frac{d\theta}{s-i\sin\theta} = \frac{1}{\sqrt{1+s^2}}\left[\sqrt{1+s^2}-s\right]^n \quad (n=0,1,2,\cdots)$$

第 6 章　广 义 函 数

6.1　δ　函　数

在物理学中既有连续分布的量，又有集中分布的量。例如后者有质点、点电荷、点热源、集中负载、瞬时力、脉冲信号等等. 早在 1927 年，在量子力学的研究中英国理论物理学家 P. A. M. Dirac(1902～1984)为了描述集中量的分布密度，就引入了 δ 函数，其定义为

$$\delta(x) = 0, \quad x \neq 0 \tag{6.1.1}$$

$$\int_{-\infty}^{\infty} \delta(x)\mathrm{d}x = 1 \tag{6.1.2}$$

但是在经典数学分析中，除一点外，处处为零的函数的积分是不可能为 1 的. 因此，δ 函数的上述定义一直未被数学家们承认. 但是 $\delta(x)$ 函数确实是一个物理含义十分清楚的"函数". 例如它可以描述单位强度的点电荷的电荷密度分布.

在广义函数论出现之前，人们为了解决以上矛盾，物理学家就利用局部可积函数的序列(δ_n 序列)，当 $n \to \infty$ 时的极限来定义 δ 函数. 常用的 δ_n 序列有

(i)
$$\delta_n(x) = \begin{cases} 0, & x < -\dfrac{1}{2n} \\ n, & -\dfrac{1}{2n} < x < \dfrac{1}{2n} \\ 0, & x > \dfrac{1}{2n} \end{cases} \tag{6.1.3}$$

(ii)
$$\delta_n(x) = \frac{n}{\sqrt{\pi}} \mathrm{e}^{-n^2 x^2} \tag{6.1.4}$$

(iii)
$$\delta_n(x) = \frac{1}{\pi} \frac{n}{1 + n^2 x^2} \tag{6.1.5}$$

(iv)
$$\delta_n(x) = \frac{\sin nx}{\pi x} = \frac{1}{2\pi} \int_{-n}^{n} \mathrm{e}^{\mathrm{i}x\omega} \mathrm{d}\omega \tag{6.1.6}$$

(v)
$$\delta_n(x) = \frac{1}{2\pi} \frac{\sin\left[\left(n + \frac{1}{2}\right)x\right]}{\sin \frac{x}{2}} \tag{6.1.7}$$

然而，对于大多数物理用途，这样的近似是极不恰当的；另一方面，从数学的观点来

看，这种近似也是十分令人不满的，因为在经典数学分析中这些极限

$$\lim_{n\to\infty}\delta_n(x) \tag{6.1.8}$$

是不收敛的，或不存在的.故不能采用上式来作 $\delta(x)$ 函数的数学定义，也就是说，在经典数学分析中，不可能用局部可积的函数组成的连续分布的经典极限来表示集中分布的量.因此，我们需要扩充极限的概念和函数的概念.

6.2 广义函数的引入

20 世纪 50 年代，数学上引入了广义函数，并将 δ 函数作为一种广义函数来研究，从而为 δ 函数的运算奠定了严格的数学理论基础，与此同时广义函数自身的理论也得到了发展和完善，其应用也日益广泛.今天它已成为现代数学理论和应用的重要组成部分了.

有多种引入广义函数的方法，通常采用法国数学家施瓦兹(L. Schwartz)的方法(1950 年)：定义广义函数为函数空间上的连续线性泛函.因此，它描述某个函数空间中的函数和数之间的对应，而普通函数是描述数与数之间的对应.

设 R^n 为 n 维欧几里得空间，Ω 是 R^n 中的一个区域，$C^m(\Omega)$为定义在 Ω 上具有 m 阶连续导数的函数的集合；$C_0^m(\Omega)$是在某个有界区域外为零的 $C^m(\Omega)$ 函数的集合，并且在其内部规定如下的极限关系：序列$\{\varphi_n\}$在 $C(\Omega)$ 上收敛到函数 φ，将 φ 称为序列$\{\varphi_n\}$的极限，即

$$\lim_{n\to\infty}\varphi_n = \varphi \tag{6.2.1}$$

这种收敛关系为内闭一致收敛.如果序列$\{\varphi_n\}$在 Ω 上一致收敛到 φ，则必在 $C(\Omega)$ 中收敛到 φ，从而 φ_n 内闭一致收敛到 φ，反之不然.内闭一致收敛概念要弱于一致收敛概念.具有这种极限关系的 $C_0^\infty(\Omega)$ 记为 $D(\Omega)$，并称其为基本函数空间；其中任一元素 $\varphi(x)$ 称为基本函数.

定义 6.2.1 基本空间 $D(\Omega)$ 上的每一个连续线性泛函 f，就称为是 $D(\Omega)$ 上的广义函数.

它是一个从 $D(\Omega)$ 到实域 R 或复域 C 的一个连续映射，即对 $D(\Omega)$ 上的任一基本函数 $\varphi(x)$ 有一个 R 上的数与之对应，记为

$$f(\varphi) = (f,\varphi) = \int_{R^n} f(x)\varphi(x)\mathrm{d}x \tag{6.2.2}$$

上述符号表示一种对偶关系，这种对偶性的作用，正是广义函数的本质之处，

由于是线性连续泛函，所以应具有以下两个基本性质：

(i) 线性　$\forall \varphi_1,\varphi_2 \in D(R^n)$，　$\forall c_1,c_2 \in R$，有

$$f(c_1\varphi_1 + c_2\varphi_2) = c_1 f(\varphi_1) + c_2 f(\varphi_2) \tag{6.2.3}$$

(ii) 连续性 若$\lim\limits_{n\to\infty}\varphi_n=\varphi$, $\varphi\in D(\Omega)$,则

$$\lim_{n\to\infty}f(\varphi_n)=f(\varphi) \tag{6.2.4}$$

全体$D(\Omega)$上的广义函数的集合记为$D'(\Omega)$,称为$D(\Omega)$的对偶空间或广义函数空间.

由此可见,由基本函数空间$D(\Omega)$上的连续线性泛函的全体,构成一个广义函数空间$D'(\Omega)$.按其自然的方式,在$D'(\Omega)$上定义如下两个基本运算:

1. 线性运算

$$f,g\in D'(\Omega),\quad 则\ c_1f+c_2g\in D'(\Omega)$$

且定义为

$$(c_1f+c_2g,\varphi)=c_1f(\varphi)+c_2g(\varphi),\quad \forall\varphi\in D(\Omega) \tag{6.2.5}$$

2. 极限运算

$$f_n\in D'(\Omega),\quad f\in D'(\Omega)$$

均有

$$\lim_{n\to\infty}f_n(\varphi)=f(\varphi),\quad \forall\varphi\in D(\Omega) \tag{6.2.6}$$

则称广义函数空间$D'(\Omega)$中的序列$\{f_n\}$收敛于f.

这种收敛性,准确一些说,应称为"弱收敛"(普通函数在内积意义下的收敛),它是一致收敛概念的推广.

同样,一个广义函数级数$\sum\limits_{j=1}^{n}f_j$收敛于一个广义函数f,即指对任一$D(\Omega)$中的$\varphi(x)$,均有

$$\lim_{n\to\infty}\sum_{j=1}^{n}f_j(\varphi)=f(\varphi),\quad \forall\varphi\in D(\Omega) \tag{6.2.7}$$

上述结果应用到δ_n序列上有

$$\lim_{n\to\infty}\int_\Omega\delta_n(x)\varphi(x)\mathrm{d}x=\int_\Omega\delta(x)\varphi(x)\mathrm{d}x,\quad \forall\varphi\in D(\Omega) \tag{6.2.7a}$$

即

$$\lim_{n\to\infty}\delta_n(\varphi)=\delta(\varphi),\quad \forall\varphi\in D(\Omega) \tag{6.2.7b}$$

则称

$$\delta_n(x)\xrightarrow{w}\delta(x)$$

在D^*中强收敛的概念并不是唯一有用的收敛概念,另外一个概念——**弱收敛**需要引入到连续泛函中,如果把强收敛改变成弱收敛,在弱收敛意义下每一个有界集也是完备的,我们在以前学习中已有体会:在分析中离开了完备性将寸步难行.

必须指出,强收敛和弱收敛的极限如果都存在,则它们一定相等,在我们这里弱收敛的概念已足矣! 而且可以进一步证明:弱收敛的极限一定存在,且是唯一的. 因此今后我们不用为找 δ_n 序列在经典数学中的极限而犯愁,今后我们说 δ_n 序列的极限,就是指表式(6.2.7a)条件下的收敛,

$$\lim_{n\to\infty}\delta_n(\varphi)=\delta(\varphi)\quad \forall\,\varphi\in D(\Omega)$$

则称

$$\delta_n(x)\xrightarrow{w}\delta(x)\tag{6.2.7c}$$

注意上式中的弱收敛符号是$\xrightarrow{w}$,而不是强收敛的符号$\xrightarrow{s}$.

定义 6.2.2 所有局部可积的函数 $f(x)$定义的广义函数称为正则广义函数.

若对 R^n 上的函数 $f(x)$,在 R^n 的任一有界区域 Ω 上,$\int_\Omega |f|\,\mathrm{d}x$ 存在或有界,则称 $f(x)$为 R^n 上的局部可积函数,它可以由下面对偶关系定义一个连续线性泛函

$$f(\varphi)=\int_{R^n} f(x)\varphi(x)\mathrm{d}x,\quad \forall\,\varphi(x)\in D(\Omega)\tag{6.2.8}$$

按照定义,上式就是 $D'(\Omega)$上的广义函数,并称由这种积分型的泛函定义的广义函数,为正则广义函数,显然,它具有(i)线性;(ii)连续性两个基本性质.

第一特性是显然的. 第二特性证明如下:

证明 因为

$$\lim_{n\to\infty}\varphi_n=\varphi,\quad 当\ n\to\infty,\max|\varphi_n(x)-\varphi(x)|\to 0\quad (x\in\Omega)$$

又 $\int_\Omega |f(x)|\,\mathrm{d}x<+\infty$,所以,当 $n\to\infty$,

$$\begin{aligned}|f(\varphi_n)-f(\varphi)|&=\left|\int_\Omega f(x)[\varphi_n(x)-\varphi(x)]\mathrm{d}x\right|\\&\leqslant\int_\Omega |f(x)||\varphi_n(x)-\varphi(x)|\,\mathrm{d}x\\&=\max|\varphi_n(x)-\varphi(x)|\int_\Omega |f(x)|\,\mathrm{d}x\to 0\end{aligned}$$

即

$$\lim_{n\to\infty}f(\varphi_n)=f(\varphi)\tag{6.2.9}$$

定义 6.2.3 由非局部可积函数 $g(x)$定义的广义函数称为非正则广义函数(或奇异广义函数).

R^n 上的 δ 函数,尽管它不是局部可积函数(经典数学分析意义下的),但也可定义一个广义函数. 例如 δ 函数,它也可使 $D(R^n)$中的任一函数 $\varphi(x)$映射成 φ 在 $x=0$ 的值,即

$$\delta(\varphi) = \int_{\Omega} \delta(x)\varphi(x)\mathrm{d}x = \varphi(0), \quad \forall\, \varphi \in D(R^n) \tag{6.2.10}$$

其中 0 为 R^n 的零矢量.

上述的对偶关系,并非积分型的,但是它仍具有连续线性泛函的两个基本性质:

(i) 线性

$$\delta(c_1\varphi_1 + c_2\varphi_2) = c_1\delta(\varphi_1) + c_2\delta(\varphi_2)$$

(ii) 连续性　若 $\lim\limits_{n\to\infty}\varphi_n = \varphi$ (在包括 $x=0$ 的 Ω 上成立),则

$$\lim_{n\to\infty}\delta(\varphi_n) = \lim_{n\to\infty}\varphi_n(0) = \varphi(0) = \delta(\varphi)$$

所以

$$\lim_{n\to\infty}\delta(\varphi_n) = \delta(\varphi) \tag{6.2.11}$$

为了照顾历史和习惯,人们常把广义函数 $f(\varphi)$形式地写成 $f(x)$;以及 $\delta(\varphi)$形式地写成 $\delta(x)$. 必须注意,不要被这种形式的写法混淆概念. 由广义函数的定义可知,我们谈不上广义函数 $f(x)$在某点的值,当然也谈不上 $f(x)$在某点为零. 我们仍把广义函数 $f(\varphi)$记作 $f(x)$,其目的是表示 x 是 Ω 中的变量,以便与其他参数或变量区分,有时我们称两个广义函数 $f(\varphi)$与 $g(\varphi)$相等,虽然也写成 $f(x)=g(x)$,但不是像经典分析中那样,强调它们逐点相等(事实上,可以除有限个第一类间断点之外),而是强调它们对基本函数 $\varphi(x)$的整体作用,应理解为

$$f(\varphi) = g(\varphi), \quad \forall\, \varphi \in D(R^n) \tag{6.2.12}$$

上式就是广义函数相等的定义. 例如

例 6.2.1　求证　$\nabla^2\left(\dfrac{1}{r}\right) = -4\pi\delta(\boldsymbol{r})$

证　(i) $r\neq 0, r^2 = x^2+y^2+z^2$

$$\left(\frac{\partial^2}{\partial x^2}+\frac{\partial^2}{\partial y^2}+\frac{\partial^2}{\partial z^2}\right)\frac{1}{r} = \frac{\partial}{\partial x}\left(\frac{-x}{r^3}\right)+\frac{\partial}{\partial y}\left(\frac{-y}{r^3}\right)+\frac{\partial}{\partial z}\left(\frac{-z}{r^3}\right)$$

$$= -\frac{3}{r^3} + 3\frac{r^2}{r^5} = 0$$

(ii) 但 $r\to 0$ 时,$\dfrac{1}{r}\to\infty$,所以当 $r\neq 0$ 时,$\nabla^2\left(\dfrac{1}{r}\right)=0$

用 v_ε 表示半径为 ε 的球体,s_ε 表示半径为 ε 的球体的球面,Ω 为球的立体角,$\boldsymbol{e}_r$ 表示径向单位矢量.

因为 $r\neq 0, \nabla^2\left(\dfrac{1}{r}\right)=0$,所以对整个空间的积分,可化为对半径是充分小的 ε 的球体积分,然后应用格林公式得

$$\iiint_{v} \nabla^2\left(\frac{1}{r}\right)\varphi(\boldsymbol{r})\mathrm{d}v = \iiint_{v_\varepsilon} \nabla^2\left(\frac{1}{r}\right)\varphi(\boldsymbol{r})\mathrm{d}v$$

$$
\begin{aligned}
&= \iiint_{v_\varepsilon} \left\{ \nabla\left[\varphi(\boldsymbol{r})\ \nabla\left(\frac{1}{r}\right) \right] - \nabla\left(\frac{1}{r}\right)\nabla\varphi \right\} \mathrm{d}v \\
&= \iint_{s_\varepsilon} \left[\varphi(\boldsymbol{r})\ \nabla\left(\frac{1}{r}\right) \right] \mathrm{d}S - \iiint_{v_\varepsilon} \left(-\frac{\boldsymbol{e}_r}{r^2}\right)\nabla\varphi \mathrm{d}v \\
&= \iint_{s_\varepsilon} \left[\varphi(\boldsymbol{r})\left(-\frac{\boldsymbol{e}_r}{r^2}\right)\cdot \boldsymbol{e}_r r^2 \mathrm{d}\Omega + \iiint_{v_\varepsilon} \frac{\boldsymbol{e}_r}{r^2}\frac{\partial\varphi}{\partial r}\cdot \boldsymbol{e}_r r^2 \mathrm{d}r\mathrm{d}\Omega \right. \\
&= -\iint_{s_\varepsilon} \varphi(\boldsymbol{r})\mathrm{d}\Omega + \iiint_{v_\varepsilon} \frac{\partial\varphi}{\partial r}\mathrm{d}r\mathrm{d}\Omega \\
&= \iint_{s_\varepsilon} \left[-\varphi(\boldsymbol{r})\Big|_{r=\varepsilon} + \varphi(\boldsymbol{r})\Big|_{r=0}^{r=\varepsilon} \right] \mathrm{d}\Omega \\
&= -\varphi(0)\iint_{\Omega} \mathrm{d}\Omega = -4\pi\varphi(0)
\end{aligned}
$$

即

$$
\iiint_v \nabla^2\left(\frac{1}{r}\right)\varphi(\boldsymbol{r})\mathrm{d}v = -4\pi\varphi(0)
$$

又按定义有

$$
\iiint_v \delta(\boldsymbol{r})\varphi(\boldsymbol{r})\mathrm{d}v = \varphi(0)
$$

比较以上二式，得

$$
\nabla^2\left(\frac{1}{r}\right) = -4\pi\delta(\boldsymbol{r})
$$

上式表示广义函数$\nabla^2\left(\frac{1}{r}\right)$与广义函数$-4\pi\delta(\boldsymbol{r})$相等. 决不能用经典数学分析，对$\left(\frac{1}{r}\right)$求导，来得到$\delta(\boldsymbol{r})$函数.

定理 6.2.1 不存在一个普通的局部可积函数 $f(x)$与$\delta(x)$函数等价(即它们两个对 $D(\Omega)$中所有基本函数 $\varphi(x)$的作用上)，因此 $f(\varphi)\neq\delta(\varphi)$.

证明 在 $D(\Omega)$上，我们可以找到下列基本函数：

$$
\varphi_a(x) = \begin{cases} \exp\left(-\dfrac{a^2}{a^2-x^2}\right), & |x| < a \\ 0, & |x| \geqslant a \end{cases}
$$

由

$$\left|\int_{R^n} f(x)\varphi_a(x)\mathrm{d}x\right| = \left|\int_{\|x\|<a} f(x)\varphi_a(x)\mathrm{d}x \leqslant \frac{1}{\mathrm{e}}\int_{\|x\|<a} |f(x)|\mathrm{d}x\right.$$

得

$$\lim_{a\to 0} f(\varphi_a) = 0$$

而

$$\lim_{a\to 0}\delta(\varphi_a) = \lim_{a\to 0}\varphi_a(0) = \frac{1}{\mathrm{e}} \quad (a\neq 0)$$

所以

$$\lim_{a\to 0} f(\varphi_a) \neq \lim_{a\to 0}\delta(\varphi_a)$$

但是在广义函数空间 $D'(\Omega)$中,可以找到与局部可积函数序列 $\delta_n(x)$,对应的广义函数序列 $\delta_n(\varphi)$,在 $D'(\Omega)$中弱收敛于广义函数 $\delta(\varphi)$,即在 $D'(\Omega)$中,对任一 $\varphi\in D(\Omega)$,均有

$$\lim_{n\to\infty}\delta_n(\varphi) = \delta(\varphi), \quad \forall\,\varphi\in D(\Omega) \tag{6.2.13}$$

由此可见,把基本函数空间上的连续线性泛函定义为广义函数,从而使广义函数既能包括全体普通函数,又能包括像 δ 函数这样带有奇异性的非普通函数. 因此,在数学上终于找到了 δ 函数的定位和理论根据.

将广义函数 δ 写成 $\delta(x)$,这纯粹是一种记号. 绝不能将它理解为 δ 是 x 的函数. 作为广义函数 δ,谈它在某一点 $x=x_0$ 的值 $\delta(x_0)$是没意义的. 它的值,仅通过与基本函数空间 $D(\Omega)$中的基本函数 $\varphi(x)$"作用"才能得到显示.

有了广义函数空间 $D'(\Omega)$中关于弱收敛的概念(6.2.6),就可利用局部可积函数组成的序列(δ_n 序列)的极限来定义 δ 函数

定理 6.2.2　设有 $C^\infty(R)$中的函数序列$\{\delta_n(x)\}$满足

(i) 对任意 $M>0$,当$|a|<M$, $|b|<M$时

$$\left|\int_a^b \delta_n(x)\mathrm{d}x\right| \leqslant c, \quad (c\text{ 只与 }M\text{ 有关})$$

(ii) 固定 a 和 b,有

$$\lim_{n\to\infty}\int_a^b \delta_n(x)\mathrm{d}x = \begin{cases} 0, & \text{若 } a,b \text{ 同号} \\ 1, & \text{若 } a<0<b \end{cases}$$

则必有

$$\lim_{n\to\infty}\delta_n(x)\to\delta(x) \tag{6.2.14}$$

例 6.2.2

$$\delta_n(x) = \frac{n}{\pi(1+n^2x^2)}$$

当 $n\to\infty$时

$$\int_a^b \delta_n(x)\mathrm{d}x = \frac{1}{\pi}\int_{na}^{nb}\frac{\mathrm{d}\xi}{\xi^2+1} = \frac{1}{\pi}[\arctan(nb)-\arctan(na)] = \begin{cases}0 & (a<b<0)\\ 1 & (a<0<b)\\ 0 & (0<a<b)\end{cases}$$

按照定理 6.2.2 有

$$\lim_{n\to\infty}\frac{1}{\pi}\frac{n}{(1+n^2x^2)}\to\delta(x) \tag{6.2.15}$$

例 6.2.3

$$\delta_n(x)=\frac{1}{\pi}\frac{\sin nx}{x}$$

当 $n\to\infty$ 时

$$\int_a^b \delta_n(x)\mathrm{d}x = \frac{1}{\pi}\int_a^b\frac{\sin nx}{x}\mathrm{d}x = \frac{1}{\pi}\int_{an}^{bn}\frac{\sin y}{y}\mathrm{d}y = \begin{cases}0 & (a<b<0)\\ 1 & (a<0<b)\\ 0 & (0<a<b)\end{cases}$$

所以

$$\lim_{n\to\infty}\frac{1}{\pi}\frac{\sin nx}{x}\to\delta(x) \tag{6.2.16}$$

例 6.2.4　不是逐点收敛的函数序列,也可满足广义函数的弱收敛准则.例如,

$$\lim_{k\to\infty}\int_{-\infty}^{\infty}\sin(kx)\varphi(x)\mathrm{d}x = \lim_{k\to\infty}\left[-\frac{1}{k}\cos(kx)\varphi(x)\Big|_{-\infty}^{\infty} + \frac{1}{k}\int_{-\infty}^{\infty}\cos(kx)\varphi'(x)\mathrm{d}x\right] = o(\varphi)$$

所以在广义函数的弱收敛概念下,可建立以下关系:

$$\lim_{k\to\infty}\sin(kx)\to 0 \tag{6.2.17}$$

同理,有

$$\lim_{k\to\infty}\cos(kx)\to 0 \tag{6.2.18}$$

例 6.2.5　求证

$$\frac{\mathrm{d}}{\mathrm{d}x}H(x)=\delta(x),\text{其中 } H(x)=\begin{cases}1 & (x>0)\\ 0 & (x<0)\end{cases}$$

证明　由

$$\delta_n(x) = \frac{n}{2\cosh^2(nx)}$$

有

$$\int_{-\infty}^{\infty}\delta_n(x) = 1 \quad (\text{与 } n \text{ 无关})$$

$$\int_{-\infty}^{x}\delta_n(x)\mathrm{d}x = \frac{1}{2}[1+\tanh(nx)] = u_n(x)$$

上式两边取 $n\to\infty$ 极限,并利用

$$\lim_{n\to\infty}u_n(x) = H(x), \quad \lim_{n\to\infty}\delta_n(x)\to\delta(x)$$

所以

$$\int_{-\infty}^{x} \delta(x)\mathrm{d}x = H(x)$$

即

$$\frac{\mathrm{d}H(x)}{\mathrm{d}x} = \delta(x)$$

6.3 广义函数的基本运算

广义函数的运算除了上面给出的线性运算和极限运算之外,还有如下运算:

1. 平移运算

$$(f(x-a),\varphi(x)) = (f(x),\varphi(x+a)), \quad \forall \varphi \in D(\Omega)$$

2. 乘子运算

两个广义函数一般不能相乘,但可以定义 $C^{\infty}(\Omega)$ 中的函数与广义函数的相乘,若

$$f(x) \in D'(\Omega), \quad a(x) \in C^{\infty}(\Omega)$$

定义 $a(x)f(x) \in D'(\Omega)$,即

$$(af,\varphi) = (f,a\varphi) = a(f,\varphi), \quad \forall \varphi \in D(\Omega)$$

称 $a(x)$ 为 $D'(\Omega)$ 中的乘子.

3. 直积运算

若 $f(x) \in D'(R^1)$,$g(y) \in D'(R^1)$,定义 $f(x)$ 和 $g(y)$ 的直积 $f(x)g(y)$ 为 $D'(R^2)$ 中的广义函数

$$(f(x)g(y),\varphi(x,y)) = (f(x,)(g(y),\varphi(x,y)), \quad \forall \varphi(x,y) \in D(R^2)$$

4. 卷积运算

$$(f * g,\varphi(x)) = (f(x),(g(y),\varphi(x+y))), \quad \forall \varphi \in D(R^n)$$

其中卷积 $\displaystyle f * g(x) = \int_{R^n} f(y)g(x-y)\mathrm{d}y = \int_{R^n} g(y)f(x-y)\mathrm{d}y$

上述证明,一般限制于 f 与 g 为正则广义函数,但常用公式也有

$$\delta(x) * f(x) = f(x), \quad \delta^{(n)}(x) * f(x) = f^{(n)}(x), \quad f * \delta = \delta * f$$

5. 复合运算

一般来说,这是比较难的运算,这里仅限于讨论一维空间,若 $y=g(x)$ 无穷可

导，即 $g(x)$ 与 $g'(x)$ 是连续函数，$g(x)=0$ 只有单根 $a_k(k=1,2,\cdots,m)$，则

$$\delta(g(x)) = \sum_{k=1}^{m} \frac{1}{|g'(a_k)|}\delta(x-a_k)$$

其中 $g(a_k)=0$，而 $g'(a_k)\neq 0 \quad (k=1,2,\cdots,m)$.

例 6.3.1
$$\delta(\sin x) = \sum_{k=-\infty}^{\infty} \delta(x-k\pi)$$

$$\delta(\cos\theta-\cos\theta') = \frac{1}{\sin\theta}\delta(\theta-\theta')$$

$$\delta(\boldsymbol{R}) = \frac{1}{r^2}\delta(r-r')\delta(\cos\theta-\cos\theta')\delta(\varphi-\varphi'), \quad \boldsymbol{R}=\boldsymbol{r}-\boldsymbol{r}'$$

6. 微分运算

广义函数 $f(x)\in D'(R')$ 的导数定义为

$$(f'(x),\varphi(x)) = -(f(x),\varphi'(x))$$

若 $f(x)\in D'(R^n)$，则它的偏导数 $\frac{\partial f}{\partial x_k}$ 定义为

$$\left(\frac{\partial f}{\partial x_k},\varphi(x)\right) = -\left(f(x),\frac{\partial \varphi}{\partial x_k}\right)$$

上面的定义，形式上和分部积分公式类似，从这里可以看到，广义函数的运算都是通过对偶地转移到基本函数空间上来实现的. 显然，任何广义函数均可无穷次可导，且

$$(f^{(n)}(x),\varphi(x)) = (-1)^n(f(x),\varphi^{(n)}(x))$$

例 6.3.2

$$\left(\frac{\mathrm{d}H(x)}{\mathrm{d}x},\varphi(x)\right) = -(H,\varphi') = -\int_0^{\infty}\varphi'(x)\mathrm{d}x = \varphi(0)$$

又

$$(\delta(x),\varphi(x)) = \varphi(0)$$

所以

$$\frac{\mathrm{d}H}{\mathrm{d}x} = \delta(x)$$

由此可见，$f(\varphi)$ 是与普通函数 $f(x)$ 等价的广义函数，则 $f^{(k)}(\varphi)$ 与 $f^{(k)}(x)$ 等价. 所以，广义函数的引入，不仅有效地扩大了普通函数的概念，而且扩大了普通函数的运算和收敛的概念. 在经典的数学分析中函数的序列 $\{f_n(x)\}$ 收敛，其导数序列 $\left\{\frac{\partial^{(k)} f_n}{\partial x_k}\right\}$ 不一定收敛，广义函数却没有这种限制，所以运算起来十分方便，这是由于对 f_n 的微商转移到基本函数 $\varphi(x)$ 上去了，从而使微商与取极限不发生关系，

这样绕过了经典数学分析中交换极限次序的困难，这正是对偶性的作用，也就是广义函数的本质所在.

例 6.3.3　证明

$$\delta(x) * f(x) = f(x) * \delta(x) = \int_{-\infty}^{\infty} \delta(x-\xi) f(\xi) \mathrm{d}\xi = \int_{-\infty}^{\infty} \delta(\xi) f(x-\xi) \mathrm{d}\xi$$

$$= \frac{1}{2}[f(x+0) + f(x-0)]$$

$$\int_a^b f(x) \delta(x-x_0) \mathrm{d}x = \frac{1}{2}[f(x_0+0) + f(x_0-0)]$$

证明　令

$$f(x) = f_c(x) + hH(x-x_0)$$

其中 $f_c(x)$ 是连续函数，如图 6.1 所示.

$$H(x) = \begin{cases} 1 & (x > 0), \\ 0 & (x < 0), \end{cases} \quad h = f(x_0+0) - f(x_0-0)$$

$$\int_a^b f(x) \delta(x-x_0) \mathrm{d}x = \int_a^b f_c(x) \delta(x-x_0) \mathrm{d}x + h\int_a^b H(x-x_0) \delta(x-x_0) \mathrm{d}x$$

$$= f(x_0-0) + \frac{1}{2}h$$

$$= \frac{1}{2}[f(x_0+0) + f(x_0-0)] \quad (a < x_0 < b)$$

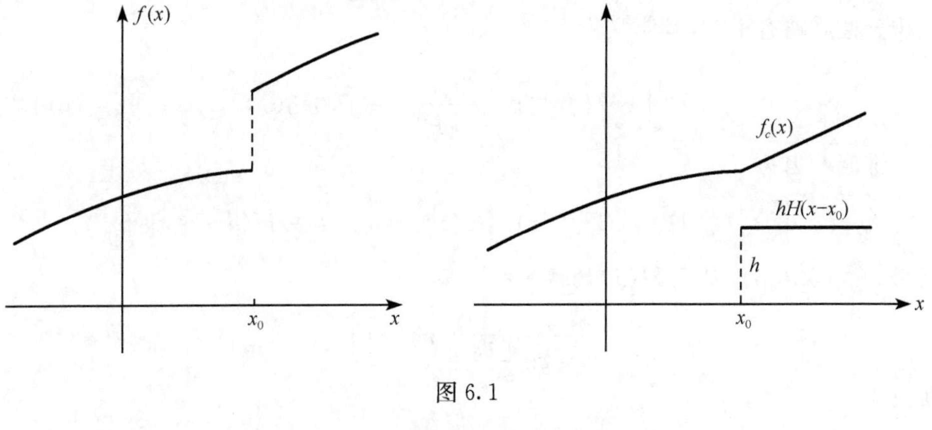

图 6.1

6.4　广义函数的傅里叶变换

如果 R^n 上 $f(x)$ 的傅里叶变换 $F(f)$ 是 $\omega \in R^n$ 的连续函数，且可视作一个广义函数. 应有如下定义：

$$F(f)=\frac{1}{\sqrt{2\pi}}\int_{-\infty}^{\infty}f(x)\mathrm{e}^{-\mathrm{i}\omega x}\mathrm{d}x=\hat{f}(\omega)$$

$$F^{-1}(\hat{f})=\frac{1}{\sqrt{2\pi}}\int_{-\infty}^{\infty}\hat{f}(\omega)\mathrm{e}^{\mathrm{i}\omega x}\mathrm{d}\omega=f(x) \tag{6.4.1}$$

$$\begin{aligned}&(F(f),\varphi)=(f,F(\varphi)),\\&(F^{-1}(f),\varphi)=(f,F^{-1}(\varphi)),\end{aligned}\quad \forall\,\varphi\in D(R^n) \tag{6.4.2}$$

但是对于基本函数 $\varphi\in D(R^n)$，一般来讲它的傅里叶变换 $F(\varphi)$，并不属于$D(R^n)$，从而并非对任何广义函数 $f\in D'(R^n)$都能保证$(f,F(\varphi))$是有意义的. 因此，通常不是在函数空间 $D(R^n)$上定义广义函数的傅里叶变换，而是在被称为速降函数空间 S 的基本函数空间上去进行定义，S 中任一元素 $\varphi(x)$称为速降函数，它满足如下性质：

(i) $\varphi(x)\in C^\infty(R^n)$在 R^n 中无穷次可导；

(ii) $\varphi(x)$在无穷远处急速下降，即对于任意的重指称 m,n，在 R^n 上一致成立，

$$\lim_{|x|\to\infty}|x^m\varphi^{(n)}(x)|=0$$

这样定义之后，广义函数的傅里叶变换仍具有经典傅里叶变换的一些基本性质：

$$F[c_1f_1+c_2f_2]=c_1F[f_1]+c_2F[f_2] \tag{6.4.3}$$

$$F[f'(x)]=\mathrm{i}\omega F[f] \tag{6.4.4}$$

$$F[f(x-a)]=\mathrm{e}^{-\mathrm{i}a\omega}F[f] \tag{6.4.5}$$

$$F[f*g]=F[f]F[g] \tag{6.4.6}$$

但积分性质略有不同，其定义为

$$F\left[\int_{-\infty}^{x}f(\xi)\mathrm{d}\xi\right]=\frac{\hat{f}(\omega)}{\mathrm{i}\omega}+\pi\hat{f}(0)\delta(\omega) \tag{6.4.7}$$

证明 因为

$$\int_{-\infty}^{x}f(\xi)\mathrm{d}\xi=\sqrt{2\pi}f(x)*H(x)=\int_{-\infty}^{\infty}f(\xi)H(x-\xi)\mathrm{d}\xi$$

利用公式(6.4.6)，以及 $H(x)$的傅里叶变换

$$\frac{1}{\sqrt{2\pi}}\left[\frac{1}{\mathrm{i}\omega}+\pi\delta(\omega)\right]$$

所以

$$\begin{aligned}F\left[\int_{-\infty}^{x}f(\xi)\mathrm{d}\xi\right]&=\sqrt{2\pi}\,\hat{f}(\omega)\frac{1}{\sqrt{2\pi}}\left[\frac{1}{\mathrm{i}\omega}+\pi\delta(\omega)\right]\\&=\left[\frac{\hat{f}(\omega)}{\mathrm{i}\omega}+\pi\hat{f}(0)\delta(\omega)\right]\end{aligned}$$

当 $f(x)$是绝对可积的函数，即$\int_{-\infty}^{\infty}|f(x)|\mathrm{d}x$ 收敛，于是

$$\lim_{x\to\infty}f(x)=0,\quad \int_{-\infty}^{\infty}f(x)\mathrm{d}x=0$$

$$\hat{f}(0)=\lim_{\omega\to 0}\hat{f}(\omega)=\lim_{\omega\to 0}\frac{1}{\sqrt{2\pi}}\int_{-\infty}^{\infty}f(x)\mathrm{e}^{\mathrm{i}\omega x}\mathrm{d}x=\frac{1}{\sqrt{2\pi}}\int_{-\infty}^{\infty}f(x)\mathrm{d}x=0$$

若 $f(x)$ 是满足绝对可积的经典意义下的函数,则式(6.4.7)中含 $\hat{f}(0)$ 的项为零.因此,广义函数傅里叶变换的积分定义就和经典意义下的定义一致.

所以广义函数的引入,大大推广了原傅里叶变换的概念,使得许多按古典意义不能进行的傅里叶变换的函数(例如函数 1,$\sin ax$,$\cos ax$,…等等不满足在无穷区间上绝对可积的条件),但在广义函数的傅里叶变换的意义下可以进行变换,而且当一个函数在古典意义下傅里叶变换存在时,广义函数意义下的傅里叶变换也就与它一致.

例 6.4.1　下面给出一些广义函数的傅里叶变换:

单位阶梯函数　$$H(x)=\begin{cases}1 & (x>0)\\ 0 & (x<0)\end{cases}$$

符号函数　$$\mathrm{sgn}(x)=\frac{1}{\pi}\int_{-\infty}^{\infty}\frac{\sin\omega x}{\omega}\mathrm{d}\omega=\begin{cases}-1 & (x<0)\\ 0 & (x=0)\\ 1 & (x>0)\end{cases}$$

又　$$H(x)=\frac{1}{2}+\mathrm{sgn}(x)$$

$f(x)$	$F[f]$
1	$\sqrt{2\pi}\delta(\omega)$
$\delta(x)$	$\frac{1}{\sqrt{2\pi}}$
$H(x)$	$\frac{1}{\sqrt{2\pi}}\left[\frac{1}{\mathrm{i}\omega}+\pi\delta(\omega)\right]$
$\mathrm{sgn}(x)$	$\sqrt{\frac{2}{\pi}}\frac{1}{\mathrm{i}\omega}$
$\frac{1}{x}$	$-\mathrm{i}\sqrt{\frac{\pi}{2}}\mathrm{sgn}\omega$
$\lvert x\rvert^{-\frac{1}{2}}$	$\frac{1}{\sqrt{2\pi}}\lvert\omega\rvert^{-\frac{1}{2}}$
$\mathrm{e}^{\pm\mathrm{i}ax}$	$\sqrt{2\pi}\delta(\omega\mp a)$
$\sin(ax)$	$\mathrm{i}\sqrt{\frac{\pi}{2}}[\delta(\omega+a)-\delta(\omega-a)]$
$\cos(ax)$	$\mathrm{i}\sqrt{\frac{\pi}{2}}[\delta(\omega+a)+\delta(\omega-a)]$

例 6.4.2 若$\{y_k(x)\}$ $(k=0,1,2\cdots)$是在$[a,b]$上带权函数$\rho(x)$的归一完备正交系

$$\int_a^b y_i(x)y_j(x)\rho(x)\mathrm{d}x = \delta_{i,j}$$

则在$[a,b]$上任何一阶导数连续，二阶导数分段连续的函数$f(x)$，有

$$f(x) = \sum_{k=0}^{\infty} c_k y_k(x)$$

其中

$$c_k = \int_a^b f(\xi)\rho(\xi)y_k^*(\xi)\mathrm{d}\xi \quad (k=0,1,2\cdots)$$

于是

$$f(x) = \int_a^b f(\xi)\left[\sum_{k=0}^{\infty} y_k^*(\xi)y_k(x)\rho(\xi)\right]\mathrm{d}\xi = \int_a^b f(\xi)\delta(x-\xi)\mathrm{d}\xi$$

因此

$$\sum_{k=0}^{\infty} y_k^*(\xi)y_k(x)\rho(\xi) = \delta(x-\xi) \tag{6.4.8}$$

上述正是归一正交函数系的封闭性的条件. 又

$$\left\{\sqrt{\frac{2}{l}}\sin\frac{k\pi}{l}x\right\} \quad (k=1,2,\cdots)$$

是在$[0,l]$上的归一完备正交系，所以

$$\delta(x-\xi) = \frac{2}{l}\sum_{k=1}^{\infty}\sin\frac{k\pi\xi}{l}\sin\frac{k\pi x}{l} \quad (0<x<l) \tag{6.4.9}$$

上式也可理解为将$\delta(x-\xi)$按三角正弦函数展开的傅里叶级数.

例 6.4.3

$f(\boldsymbol{r}) = \dfrac{1}{(2\pi)^{3/2}}\displaystyle\iiint_{-\infty}^{\infty} F(\boldsymbol{k})\mathrm{e}^{\mathrm{i}\boldsymbol{k}\cdot\boldsymbol{r}}\mathrm{d}^3k$	$F(\boldsymbol{k}) = \dfrac{1}{(2\pi)^{3/2}}\displaystyle\iiint_{-\infty}^{\infty} f(\boldsymbol{r})\mathrm{e}^{-\mathrm{i}\boldsymbol{k}\cdot\boldsymbol{r}}\mathrm{d}^3r$
$\dfrac{1}{4\pi}\dfrac{1}{r}$	$\dfrac{1}{(2\pi)^{3/2}}\dfrac{1}{k^2}$

证明

$$\begin{aligned}
f(\boldsymbol{r}) &= \frac{1}{(2\pi)^{3/2}}\int_0^{\infty}\int_0^{\pi}\int_0^{2\pi}\frac{1}{(2\pi)^{3/2}}\frac{1}{k^2}\mathrm{e}^{\mathrm{i}kr\cos\theta}k^2\sin\theta\mathrm{d}\varphi\mathrm{d}\theta\mathrm{d}k \\
&= \frac{1}{(2\pi)^2}\int_0^{\infty}\int_0^{\pi}\mathrm{e}^{\mathrm{i}kr\cos\theta}\sin\theta\mathrm{d}\theta\mathrm{d}k \\
&= \frac{1}{2\pi^2}\frac{1}{r}\int_0^{\infty}\frac{1}{k}\sin(kr)\mathrm{d}k = \frac{1}{4\pi}\frac{1}{r}
\end{aligned}$$

$$F(\boldsymbol{k})=\frac{1}{(2\pi)^{3/2}}\int_0^{\infty}\int_0^{\pi}\int_0^{2\pi}\frac{1}{4\pi r}\mathrm{e}^{-\mathrm{i}kr\cos\theta}r^2\sin\theta\mathrm{d}\varphi\mathrm{d}\theta\mathrm{d}r$$
$$=\frac{1}{2}\frac{1}{(2\pi)^{3/2}}\int_0^{\infty}\int_0^{\pi}\mathrm{e}^{-\mathrm{i}kr\cos\theta}r\sin\theta\mathrm{d}\theta\mathrm{d}r$$
$$=\frac{1}{(2\pi)^{3/2}}\int_0^{\infty}\frac{1}{k}\sin(kr)\mathrm{d}r$$
$$=\frac{1}{(2\pi)^{3/2}}\frac{1}{k^2}[1-\lim_{r\to\infty}\cos(kr)]=\frac{1}{(2\pi)^{3/2}}\frac{1}{k^2}$$

其中利用了广义函数的性质(6.2.18).在经典数学分析中是很难完成上述积分的.

6.5 广 义 解

在通常意义下求解微分方程,一般要求所得解要具有微分方程阶数相同的光滑性,这样得到的解称为**经典解**,往往它不一定存在.有时由于这个光滑性要求,也限制了不少运算.若将微分方程放在广义函数空间中来求解,我们就称这种解为**广义解**.这样做之后,会带来极大好处.因为广义解总是存在的,且广义解具有任何阶的导数,运算起来十分方便;如果原来问题存在经典解,则广义解就会与它一致.特别是,微分方程本身内也会出现像δ函数这样的广义函数.因此,今后在研究和求解常微分方程以及偏微分方程时,广义函数的引入是必不可少的.这也就是,为什么我们称它为现代数学理论的基本工具的理由.同样,上面定义的广义解,不仅扩大了微分方程解的范围,也扩大了微分方程的应用范围.

习 题

6.1 求证 $\frac{1}{2\pi}\int_{-\infty}^{\infty}\mathrm{e}^{\mathrm{i}k(x-x')}\mathrm{d}k=\delta(x-x')$;$\frac{1}{2\pi}\int_{-\infty}^{\infty}\mathrm{e}^{\mathrm{i}(k-k')x}\mathrm{d}x=\delta(k-k')$

$$\delta(\boldsymbol{r}-\boldsymbol{r}')=\frac{1}{(2\pi)^{3/2}}\iiint\mathrm{e}^{\mathrm{i}\boldsymbol{k}\cdot(\boldsymbol{r}-\boldsymbol{r}')}\mathrm{d}\Sigma_k;\ \delta(\boldsymbol{k}-\boldsymbol{k}')=\frac{1}{(2\pi)^{3/2}}\iiint\mathrm{e}^{\mathrm{i}(\boldsymbol{k}-\boldsymbol{k}')\cdot\boldsymbol{r}}\mathrm{d}\Sigma_r$$

$$\frac{2}{\pi}\int_0^{\infty}\sin kx\sin kx'\mathrm{d}k=\delta(x-x');\ \frac{2}{\pi}\int_0^{\infty}\cos kx\cos kx'\mathrm{d}k=\delta(x-x')$$

6.2 求证 1、x和x^2的广义傅里叶变换分别为$\sqrt{2\pi}\delta(k)$、$\mathrm{i}\sqrt{2\pi}\delta'(k)$和$-\sqrt{2\pi}\delta''(k)$.

6.3 求证
$$x\frac{\mathrm{d}}{\mathrm{d}x}\delta(x)=-\delta(x)$$
$$\delta(x^2-c^2)=\frac{1}{2|c|}[\delta(x-c)+\delta(x+c)]$$

6.4 求证 $\delta(x-\xi)=\frac{1}{2\pi}+\frac{1}{\pi}\sum_{n=1}^{\infty}(\cos nx\cos n\xi+\sin nx\sin n\xi)$

$$=\frac{1}{2\pi}+\frac{1}{\pi}\sum_{n=1}^{\infty}\cos n(x-\xi)$$

$$\delta(\varphi_1-\varphi_2)=\frac{1}{2\pi}\sum_{m=-\infty}^{\infty}\mathrm{e}^{\mathrm{i}m(\varphi_1-\varphi_2)}$$

6.5 求证

$$\lim_{k\to\infty}\frac{1}{\pi}\int_a^b f(x_0+x)\,\frac{\sin kx}{x}\mathrm{d}x=\begin{cases}\dfrac{1}{2}[f(x_0+0)+f(x_0-0)] & (a<0<b)\\ \dfrac{1}{2}f(x_0+0) & (a=0<b)\\ \dfrac{1}{2}f(x_0-0) & (a<0=b)\\ 0 & \left(\begin{matrix} & a<b<0\\ 或 & \\ & 0<a<b\end{matrix}\right)\end{cases}$$

第 7 章　完备正交函数系展开法

第 4 章阐述的泰勒展开涉及到的仅是按幂函数系$\{x^n\}(n=0,1,2,\cdots)$的展开. 实际上,更富有实用价值和更具普遍性的是完备正交函数系,在数学物理研究领域中,它们起着极为重要的作用. 众所周知,物理学中的量子力学,如果不引入完备正交函数系的概念,就很难有今天的成就. 就连目前热门的研究课题,通讯技术、数字技术和信号处理等等,也离不了它.

7.1　正　交　性

函数的内积　在区间$[a, b]$上有二个实函数 $f(x)$和 $g(x)$,关于权重实函数 $\rho(x)(>0)$的内积定义为

$$(f,g)=\int_a^b\rho(x)f(x)g(x)\mathrm{d}x \tag{7.1.1}$$

函数的模　上述函数 $f(x)$的模定义为

$$\| f \| = \sqrt{(f,f)} \tag{7.1.2}$$

通常假设 f 和 g 是平方可积函数,才有 f 和 g 两函数的模的存在.

如果有

$$(f,g)=0 \tag{7.1.3}$$

我们就说 $f(x)$和 $g(x)$关于权重函数 $\rho(x)$在区间$[a, b]$上正交.

定义 7.1.1　如果定义在某区间$[a, b]$上的实函数序列$\{\varphi_n(x)\}(n=0,1,2,\cdots)$,有

$$\int_a^b\rho(x)\varphi_m(x)\varphi_n(x)\mathrm{d}x = \|\varphi_n\|^2\delta_{m,n} \tag{7.1.4}$$

其中 $\delta_{m,n}=\begin{cases}1, & m=n,\\ 0, & m\neq n\end{cases}$是 Kronecker δ 函数.

具有上述性质的函数系称为在$[a, b]$区间上构成一个正交函数系.

定义 7.1.2　如果一个正交函数系$\{\varphi_n(x)\}$的各函数均有

$$\|\varphi_n\|^2=\int_a^b\rho(x)\varphi_n^2(x)\mathrm{d}x = 1 \tag{7.1.5}$$

上述等式对所有 n 成立,则这函数系又称为$[a, b]$区间上的归一正交函数系.

在数学中通常称标准正交函数系,但物理学中常称归一正交函数系. 然而,任何正交函数系都可很容易地构成一个归一正交函数系. 事实上,如果$\{\varphi_n\}$仅正交,

不归一,则 $\psi_n(x)=\dfrac{\varphi_n(x)}{\|\varphi_n\|}$一定是归一正交系.

例如,下面三角函数系是在$(-l,l)$区间上关于权重 $\rho(x)=1$ 的正交函数系,

$$1,\sin\frac{\pi}{l}x,\cos\frac{\pi x}{l},\cdots,\sin\frac{k\pi}{l}x,\cos\frac{k\pi}{l}x,\cdots \tag{7.1.6}$$

变换成 $$\frac{1}{\sqrt{2l}},\frac{1}{\sqrt{l}}\sin\frac{\pi x}{l},\frac{1}{\sqrt{l}}\cos\frac{\pi x}{l},\cdots,\frac{1}{\sqrt{l}}\sin\frac{k\pi}{l}x,\frac{1}{\sqrt{l}}\cos\frac{k\pi}{l}x,\cdots \tag{7.1.7}$$

就是归一正交函数系了.

上述内积定义,可以推广到 $f(x)$和 $g(x)$是复变函数的情况.

厄米内积

$$(f,g)=\int_a^b\rho(x)f(x)g^*(x)\mathrm{d}x \tag{7.1.8}$$

其中权重函数 $\rho(x)$仍然是大于零的实函数.

复变函数 $f(x)=u(x)+\mathrm{i}v(x)$的积分定义为

$$\int_a^b f(x)\mathrm{d}x=\int_a^b u(x)\mathrm{d}x+\mathrm{i}\int_a^b v(x)\mathrm{d}x \tag{7.1.9}$$

$$\|f\|^2=\|u\|^2+\|v\|^2$$

说两个函数正交或函数系正交,必须指明区间,不能笼统而言正交.事实上基本三角函数系(7.1.6)中任意两个函数在区间$[-l,l]$上是正交的,但在区间$[0,l]$上,这函数系中的任意两个函数不一定正交.例如

$$\int_0^l\sin\frac{m\pi}{l}x\cos\frac{n\pi}{l}x\,\mathrm{d}x\neq 0 \tag{7.1.10}$$

(当 m, n 不同时为奇数或不同时为偶数时)

7.2 零 函 数

定义 7.2.1 如果 $f(x)$是$[a,b]$上的实函数,如果$\|f\|=0$,则称 f 为零函数.

如果 $f(x)$恒等于零,显然就是零函数.然而,我们这里定义的零函数,并不是一定恒等于零.事实上,$f(x)$不限于实连续函数.因此,由$\|f\|=0$,我们并不能得到 $f(x)$是恒等于零的结论.由于积分曲线下的面积,并不因为曲线下有一个或几个孤立点的纵坐标改变而发生变化.因此,$f(x)$在$[a, b]$内有限个点上具有非零值,我们仍有$\|f(x)\|^2=0$;相反,$f(x)$在$[a, b]$内任何子区间(无论怎样短的区间)上,具有非零值,就会出现$\|f(x)\|^2\neq 0$,并且 $f(x)$决不是一个零函数.由此不难证明:**一个零函数在每一个连续点上是零.** $f(x)$应是在$[a,b]$区间上除测度为零的点集外几乎处处连续的函数.

显然,一个零函数乘以任意函数,其乘积仍是一个零函数.因为,这样乘积的积

分是零. 由此可见,任何零函数对一个正交函数系$\{\varphi_n(x)\}$的每一个元素正交. 但逆定理不成立,即与一个正交函数系$\{\varphi_n(x)\}$的每一个元素正交的函数,不一定是零函数,而可能是一个非零函数. 例如,函数系$\{\sin nx\}$是区间$(-\pi,\pi)$上的正交系,又非零函数$g(x)=x^2\neq 0(-\pi,\pi)$,而有

$$\int_a^b g(x)\varphi_n(x)\mathrm{d}x = 0 \quad (\text{对所有 } n \text{ 值成立})$$

7.3 完　备　性

上节的最后例子说明,一个函数系除了正交性之外,尚需具备其他性质,即我们下面要叙述的完备性.

定义 7.3.1　如果关系式$(f,\varphi_n)=0$,仅当$f(x)$是区间$[a,b]$上的零函数时才能对所有n值成立,这正交函数系称谓完备的.

上述定义意味着:对于一个完备正交系$\{\varphi_n\}$,一个非零函数$g(x)$的展开式中,不能所有的系数为零.

定理 7.3.1　任一函数$f(x)$以归一完备正交系$\{\varphi_n\}$的元素形式地展开为

$$c_0\varphi_0(x)+c_1\varphi_1(x)+\cdots+c_n\varphi_n(x)+\cdots;\quad \text{其中 } c_n=\frac{(f,\varphi_n)}{\|\varphi_n\|^2} \tag{7.3.1}$$

而上述级数收敛且可逐项积分,那么该级数的和函数与$f(x)$相差一个零函数.

证明　令

$$g(x)=f(x)-\sum_{n=0}^{\infty}c_n\varphi_n(x)$$

上式两边同乘$\rho(x)\varphi_m(x)$,并在$[a, b]$上积分,得

$$\begin{aligned}(g,\varphi_m)&=(f,\varphi_m)-\sum_{n=0}^{\infty}(c_n\varphi_n,\varphi_m)\\&=c_m\|\varphi_m\|^2-\sum_{n=0}^{\infty}c_n(\varphi_n,\varphi_m)\delta_{n,m}=0\end{aligned}$$

$$(g,\varphi_m)=0\quad (m=0,1,2,\cdots)$$

由于上式对所有m成立,且$\{\varphi_n\}$是完备系,所以$g(x)$是零函数.

因此,如果函数系$\{\varphi_n\}$是完备正交系,则对一切在区间$[a, b]$上平方可积的函数$f(x)$,均可展开成如下形式的广义傅里叶级数:

$$f(x)=\sum_{n=0}^{\infty}c_n\varphi_n \tag{7.3.2}$$

其中系数称谓广义傅里叶系数,即

$$c_n=\frac{(f,\varphi_n)}{\|\varphi_n\|^2}\quad (n=0,1,2,\cdots) \tag{7.3.3}$$

但上述级数只是平均收敛于函数 $f(x)$. 因此,上述定理也可表达成如下形式:

定理 7.3.2 如果以归一正交系$\{\varphi_n\}$的元素做出的 $f(x)$的展开式的第 n 个部分和

$$s_n(x)=c_0\varphi_0(x)+\cdots+c_{n-1}\varphi_{n-1}(x);\quad 其中\ c_n=\frac{(f,\varphi_n)}{\|\varphi_n\|^2},$$

若当 $n\to\infty$时,下式成立:

$$\int_a^b\rho(x)[f(x)-s_n(x)]^2=0 \tag{7.3.4}$$

则称定义在$[a, b]$上的正交函数系$\{\varphi_n\}$是封闭的(或完备的).

为了强调平均收敛这一概念,我们从另外一角度来阐述问题.

如果 $f(x)$是$[a, b]$上的任一平方可积函数;$\{\varphi_n\}$是$[a, b]$上的带权重函数 $\rho(x)(>0)$的正交函数系. 如果要用这些正交函数的组合

$$c_0\varphi_0+c_1\varphi_1+\cdots+c_n\varphi_n$$

来表示 $f(x)$,为了使上述线性组合对 $f(x)$达到最小平方偏差近似,则组合中的系数 c_m,必须为

$$c_m=\frac{(f,\varphi_m)}{\|\varphi_m\|^2}$$

证明 令正交函数的线性组合与 $f(x)$的均方误差为 Δ_n,则

$$\Delta_n=\int_a^b\rho(x)\Big[f(x)-\sum_{k=0}^n c_k\varphi_k(x)\Big]^2\mathrm{d}x$$

由 Δ_n 取极小的条件,$\dfrac{\partial\Delta_n}{\partial c_m}=0$,定出 c_m

$$-\frac{1}{2}\frac{\partial\Delta_n}{\partial c_m}=\int_a^b\rho(x)\Big[f(x)-\sum_{k=0}^n c_k\varphi_k(x)\Big]\varphi_m\mathrm{d}x=(f,\varphi_m)-\sum_{k=0}^n c_k(\varphi_k,\varphi_m)$$

$$=(f,\varphi_m)-\sum_{k=0}^n c_k\|\varphi_m\|^2\delta_{k,m}=(f,\varphi_m)-c_m\|\varphi_m\|^2=0$$

得

$$c_m=\frac{(f,\varphi_m)}{\|\varphi_m\|^2}\quad(m=0,1,2,\cdots n)$$

由于 Δ_n 取极小,所以 $\Delta_n\geqslant0$,即

$$\Delta_n=\int_a^b\rho(x)f^2(x)\mathrm{d}x-\sum_{k=0}^n c_k{}^2\|\varphi_k\|^2\geqslant0$$

等同于

$$\sum_{k=0}^n c_k{}^2\|\varphi_k\|^2\leqslant\int_a^b\rho(x)f^2(x)\mathrm{d}x=\|f\|^2 \tag{7.3.5}$$

上式称为贝塞尔不等式.

上式不等式与 n 无关，所以 $\sum\limits_{k=0}^{n} c_k^2 \|\varphi_k\|^2$ 有界，从而级数 $\sum\limits_{k=0}^{n} c_k^2 \|\varphi_k\|^2$ 收敛，于是

$$\lim_{k\to\infty} c_k \|\varphi_k\| = 0 \tag{7.3.6}$$

如果 $\{\varphi_n(x)\}$ 是归一正交系，那么又可得到级数 $\sum\limits_{k=0}^{\infty} c_k^2$ 收敛，而

$$\lim_{k\to\infty} c_k = 0 \tag{7.3.7}$$

由封闭性(或完备性)准则

$$\lim_{n\to\infty}\int_a^b \rho(x)\Big[f(x) - \sum_{k=0}^{n} c_k\varphi_k(x)\Big]^2 \mathrm{d}x = 0$$

出发，若当 $n\to\infty$ 时，上述贝塞尔不等式就变成等式，即

$$\sum_{k=0}^{\infty} c_k^2 \|\varphi_k\|^2 = \int_a^b \rho(x) f^2(x)\mathrm{d}x = \|f\|^2 \tag{7.3.8}$$

上式称为帕塞瓦尔(Parseval)等式.

具有广义傅里叶系数(7.3.3)的广义傅里叶级数(7.3.2)平均收敛到 $f(x)$ 的必要及充分条件是帕塞瓦尔等式(7.3.8)成立.

一个函数系是正交系，不一定就是完备系. 相反，一个完备系一定可以通过如下的正交化步骤(今后称谓 Gram-schmidt 正交化步骤)来实现正交化.

已知一组线性独立的函数完备系 $\{f_k(x)\}(k=0,1,2,\cdots)$，其线性独立性可以通过它们的朗斯基(Wronskian)行列式 $W(x)\neq 0$ 来验证. 下面我们仅给出正交化的步骤，令

$$\varphi_0(x) = f_0(x)$$

$$\varphi_1(x) = f_1(x) - a_{01}\varphi_0(x)$$

由条件　$(\varphi_0,\varphi_1)=0$，决定 a_{01}

$$\varphi_2(x) = f_2(x) - a_{02}\varphi_0(x) - a_{12}\varphi_1(x)$$

由条件　$(\varphi_m,\varphi_2)=0\quad(m=0,1)$，决定 a_{02} 和 a_{12}. 以此类推.

$$\varphi_n(x) = f_n(x) - \sum_{k=0}^{n-1} a_{kn}\varphi_k(x)\quad(n=3,4,\cdots)$$

由条件　$(\varphi_m,\varphi_n)=0\quad(m=0,1,2,\cdots,n-1)$，决定 n 个系数 a_{kn}，例如

$$(\varphi_m,\varphi_n) = (\varphi_m,f_n) - \sum_{k=0}^{n-1} a_{kn}(\varphi_m,\varphi_k) = (\varphi_m,f_n) - a_{mn}\|\varphi_m\|^2$$

因此

$$a_{kn} = \frac{(\varphi_k,f_n)}{\|\varphi_k\|^2}\quad(k=0,1,2,3,\cdots,n-1)(n=1,2.3,\cdots)$$

直到完成全部正交化步骤.

例 7.3.1 在$[-1,1]$区间上，函数完备系$\{x^k\}(k=0,1,2,\cdots)$是线性独立的，并取权重函数$\rho(x)=1$，求正交化函数系.

解 已知 $f_k(x)=x^k \quad (k=0,1,2,\cdots)$令

$$\varphi_0(x)=1$$

$$\varphi_1(x)=x-a_{01}\varphi_0=x-\frac{(1,x)}{\|1\|^2}\varphi_0=x$$

$$\begin{aligned}\varphi_2(x)&=x^2-a_{02}\varphi_0-a_{12}\varphi_1(x)\\&=x^2-\frac{(\varphi_0,f_2)}{\|\varphi_1\|^2}\varphi_0-\frac{(\varphi_1,f_2)}{\|\varphi_1\|^2}\varphi_1(x)=x^2-\frac{1}{3}\end{aligned}$$

$$\varphi_3(x)=x^3-\frac{3}{5}x$$

$$\varphi_4(x)=x^4-\frac{6}{7}x^2+\frac{3}{35}$$

…………

上述函数系与勒让德多项式系差一个系数，即勒让德多项式 $\mathrm{P}_k(x)=\dfrac{\varphi_k(x)}{\varphi_k(1)}$，有

$$\begin{cases}\mathrm{P}_0(x)=1\\\mathrm{P}_1(x)=x\\\mathrm{P}_2(x)=\dfrac{1}{2}(3x^2-1)\end{cases}\begin{cases}\mathrm{P}_3(x)=\dfrac{1}{2}(5x^3-3x)\\\mathrm{P}_4(x)=\dfrac{1}{8}(35x^4-30x^2+3)\\\cdots\cdots\end{cases}$$

例 7.3.2 在$(-\infty,\infty)$区间，函数完备系$\{x^k\}\quad(k=0,1,2,\cdots)$是线性独立的，并取权重函数$\rho(x)=\mathrm{e}^{-x^2}$，通过正交化步骤，可得正交化函数系$\{\varphi_k(x)\}$.

其一般项为

$$\varphi_k(x)=\left[\frac{1}{(2^k k!\sqrt{\pi})^{1/2}}\right]\mathrm{e}^{-\frac{x^2}{2}}\boldsymbol{H}_k(x)\quad(k=0,1,2,\cdots)$$

其中

$$\boldsymbol{H}_0(x)=1,\boldsymbol{H}_k(x)=(-1)^k\mathrm{e}^{x^2}\frac{\mathrm{d}^k}{\mathrm{d}x^k}(\mathrm{e}^{-x^2})\quad(k=1,2,\cdots)$$

$\boldsymbol{H}_k(x)$称为 k 阶厄米特多项式，它是如下的厄米特方程的解

$$\frac{\mathrm{d}^2H_k}{\mathrm{d}x^2}-2x\frac{\mathrm{d}H_k}{\mathrm{d}x}+2kH_k=0$$

例 7.3.3 在区间$(0,\infty)$上函数完备系$\{x^k\}(k=0,1,2,\cdots)$是线性独立的，并取权重函数$\rho(x)=\mathrm{e}^{-x}$，通过正交化步骤，也可得正交化函数系$\{\varphi_k(x)\}$.

其一般项为

$$\varphi_k(x) = \mathrm{e}^{-\frac{x}{2}} \boldsymbol{L}_k(x) \quad (k = 0,1,2,\cdots)$$

其中

$$\boldsymbol{L}_0(x) = 1, \boldsymbol{L}_k(x) = \frac{\mathrm{e}^x}{k!} \frac{\mathrm{d}^k}{\mathrm{d}x^k}(x^k \mathrm{e}^{-x}) \quad (k = 1,2,\cdots)$$

$\boldsymbol{L}_k(x)$称为拉盖尔多项式,它是如下拉盖尔方程的解

$$x \frac{\mathrm{d}^2 \boldsymbol{L}_k}{\mathrm{d}x^2} + (1-x) \frac{\mathrm{d}\boldsymbol{L}_k}{\mathrm{d}x} + k\boldsymbol{L}_k = 0$$

总结　平方可积函数 $f,g \in \boldsymbol{L}^2(R)$,内积为

$$(f,g) = \int_a^b \rho(x) f(x) g^*(x) \mathrm{d}x$$

且　(i) 对称性　$(f,g)=(g,f)^*$

(ii) 线性　$(\alpha f+\beta g,h)=\alpha(f,h)+\beta(g,h)$

(iii) 正性　$(f,f)\geqslant 0,(f,f)=0$,当且仅当 $f=0$

则 $\boldsymbol{L}^2(R)$是 Hilbert 空间.

若$\{\varphi_n : n\in N\}$是 $\boldsymbol{L}^2(R)$Hilbert 空间中的标准(归一)正交完备系,则以下条件互相等价:

(i) 定义 7.3.1

(ii) 定理 7.3.1

(iii) 定理 7.3.2

(iv) Parseval 等式(7.3.8)

7.4　推　　广

上述内容可以推广到多个变量的情形,首先定义一个多变量的正交函数系.

定义 7.4.1　若$\{\varphi_{nm}(x,y)\}(n,m=0,1,2,\cdots)$是一个正交函数系,必须满足任何两个不同指标的内积为零的条件,即

$$(\varphi_{nm},\varphi_{rs}) = \iint_S \rho(x,y)\varphi_{nm}\varphi_{rs}\,\mathrm{d}x\mathrm{d}y = \|\varphi_{nm}\|^2 \delta_{nm}^{rs} \tag{7.4.1}$$

其中

$$\|\varphi_{nm}\|^2 = (\varphi_{nm},\varphi_{nm})$$

$$\delta_{nm}^{rs} = \begin{cases} 1, & r=n, s=m \\ 0, & \text{其他情形 } r\neq n, s\neq m, \text{包括不同时为零} \end{cases}$$

定义 7.4.2　上述条件中,如果$\|\varphi_{nm}\|=1(n,m=0,1,2,\cdots)$成立,同时也称$\{\varphi_{nm}(x,y)\}$是归一的.

定义 7.4.3　若 $f(x,y)$是(x,y)平面区域内的连续函数(除了可能在边界上

有有限的跳迁)，则 $f(x,y)$的广义双重傅里叶级数定义为

$$f(x,y)=\sum_{n}\sum_{m}c_{nm}\varphi_{nm}(x,y) \tag{7.4.2}$$

$$c_{nm}=\frac{(f,\varphi_{nm})}{\|\varphi_{nm}\|^2} \tag{7.4.3}$$

例 7.4.1　在区域$(0<x<a,0<y<b)$上，函数系

$$\varphi_{nm}=\frac{2}{\sqrt{ab}}\sin\frac{n\pi}{a}x\sin\frac{m\pi}{b}y$$

带权 $\rho(x,y)=1$ 正交，则区域内的连续函数 $f(x,y)$，可展成为下列的广义双重傅里叶级数：

$$f(x,y)=\sum_{n=1}^{\infty}\sum_{m=1}^{\infty}c_{nm}\sin\frac{n\pi}{a}x\sin\frac{m\pi}{b}y$$

其中

$$c_{nm}=\frac{4}{ab}\int_0^b\int_0^a f(x,y)\sin\frac{n\pi}{a}x\sin\frac{m\pi}{b}y\,\mathrm{d}x\mathrm{d}y$$

广义双重傅里叶级数(7.4.2)与 $f(x,y)$的均方误差定义为

$$\Delta_N=\iint_D\rho(x,y)\left[f(x,y)-\sum_{n=0}^{N}\sum_{m=0}^{N}c_{nm}\varphi_{nm}\right]^2\mathrm{d}x\mathrm{d}y \tag{7.4.4}$$

贝塞尔不等式定义为

$$\sum_{n=0}^{N}\sum_{m=0}^{N}c_{nm}^2\|\varphi_{nm}\|^2\leqslant\|f(x,y)\|^2 \tag{7.4.5}$$

帕塞瓦尔恒等式定义为

$$\sum_{n=0}^{\infty}\sum_{m=0}^{\infty}c_{nm}^2\|\varphi_{nm}\|^2=\|f\|^2 \tag{7.4.6}$$

第 8 章　斯特姆-刘维本征值问题

由第 15 章可知，用分离变量法解定解问题时，必然导致本征值问题，即在一定的边界条件下求一个含参数的齐次常微分方程的非零解的问题，而定解问题的最后解决又取决于本征值问题的解决. 也就是说，必须从数学理论上论证本征值与本征函数是否存在？本征函数在指定的区域是否正交？满足一定条件的函数类是否可以按本征函数系展开？等问题. 因为这些问题的阐述能为分离变量法提供必要的数学理论基础，所以它们才引起人们极大的重视.

本征值问题最早由瑞士数学家斯特姆(J. C. F. Sturm)和法国数学家刘维(J. Liouville)研究过，并在数学杂志(1836～1838)上发表了他们的研究结果. 下面我们仅介绍斯特姆-刘维型方程的本征值问题的一些概念及主要结论，而不作全面论述.

8.1　本征值问题的提法

在第 15 章中对数理方程实施变量分离后，通常会得到一些带有参数的常微分方程，它们普遍可写成下面的形式：

$$c_1(x)\frac{\mathrm{d}^2 y}{\mathrm{d}x^2}+c_2(x)\frac{\mathrm{d}y}{\mathrm{d}x}+[c_3(x)+\lambda]y=0 \tag{8.1.1}$$

若作如下的变换：

$$k(x)=\exp\left[\int\frac{c_2(x)}{c_1(x)}\mathrm{d}x\right],\quad q(x)=-\frac{c_3(x)}{c_1(x)}k(x),\rho(x)=\frac{k(x)}{c_1(x)} \tag{8.1.2}$$

则方程(8.1.1)可以变成

$$\frac{\mathrm{d}}{\mathrm{d}x}\left[k(x)\frac{\mathrm{d}y}{\mathrm{d}x}\right]-q(x)y+\lambda\rho(x)y=0 \tag{8.1.3}$$

因此，任何一个含参数 λ 的二阶常微分方程(8.1.1)都可以化为形式(8.1.3)的方程形式. 这种形式的方程今后我们就称为斯特姆-刘维型方程. 简称为 S-L 方程.

方程(8.3.3)中的 λ 是与变量 x 无关的参数，而 $k(x)$、$q(x)$ 和 $\rho(x)$ 通常都假设是实变函数. 为了保证解的存在，我们又设 $q(x)$ 和 $\rho(x)$ 在有限闭区间 $[a, b]$ 上都是连续的，而 $k(x)$ 在 (a, b) 上是连续可微的.

如果函数 $k(x)$ 和 $\rho(x)$ 在区间 $[a, b]$ 上都是正的，那么称斯特姆一刘维方程在区间 $[a, b]$ 上是正则的. 当所给定的区间是半无限区间或无限区间，或者当 $k(x)$ 和 $\rho(x)$ 在有限区间 $[a, b]$ 的一个端点或两个端点处等于零时，$q(x)$ 在 (a, b) 中出现间断点，则称斯特姆-刘维方程是奇异的.

下面我们将本书中采用分离变量法时所得到的常微分方程规范化，即将它们化成斯特姆-刘维型.

例 8.1.1 简谐方程

令 $k(x)=1, q(x)=0, \rho(x)=1$，得

$$\frac{\mathrm{d}}{\mathrm{d}x}\left[\frac{\mathrm{d}y}{\mathrm{d}x}\right]+\lambda y=0, \quad 0<x<l$$

例 8.1.2 贝塞尔方程

令 $k(x)=x, q(x)=\dfrac{m^2}{x}, \rho(x)=x$，得

$$\frac{\mathrm{d}}{\mathrm{d}x}\left[x\frac{\mathrm{d}y}{\mathrm{d}x}\right]-\frac{m^2}{x}y+\lambda xy=0 \quad (0<x<a)$$

例 8.1.3 勒让德方程

令 $k(x)=1-x^2, q(x)=0, \rho(x)=1$，得

$$\frac{\mathrm{d}}{\mathrm{d}x}\left[(1-x^2)\frac{\mathrm{d}y}{\mathrm{d}x}\right]+\lambda y=0 \quad (-1<x<1)$$

例 8.1.4 连带勒让德方程

令 $k(x)=1-x^2, q(x)=\dfrac{m^2}{1-x^2}, \rho(x)=1$，得

$$\frac{\mathrm{d}}{\mathrm{d}x}\left[(1-x^2)\frac{\mathrm{d}y}{\mathrm{d}x}\right]-\frac{m^2}{1-x^2}y+\lambda y=0 \quad (-1<x<1)$$

式中 m 是常数.

例 8.1.5 球贝塞尔方程

令 $k(x)=x^2, q(x)=l(l+1), \rho(x)=x^2$，得

$$\frac{\mathrm{d}}{\mathrm{d}x}\left[x^2\frac{\mathrm{d}y}{\mathrm{d}x}\right]-l(l+1)y+\lambda x^2y=0 \quad (0<x<a)$$

式中 l 是常数.

数学物理方程分离变量后，与分离出的常微分方程一起，通常还伴有经过分离变量后的边界条件，如：

(1) 第一、二、三类齐次边界条件. 它们可以统一表示为

$$\alpha_1 y(a)+\alpha_2 y'(a)=0, \quad \beta_1 y(b)+\beta_2 y'(b)=0 \tag{8.1.4a}$$

其中 $\alpha_1, \alpha_2, \beta_1, \beta_2$ 都是实数，且 $\alpha_1^2+\alpha_2^2\neq0, \beta_1^2+\beta_2^2\neq0$.

(2) 周期性边界条件. 若在端点上 $k(a)=k(b)$，则要求

$$y(b)=y(a), y'(b)=y'(a) \tag{8.1.4b}$$

(3) 自然边界条件. 若在端点上 $k(a)=0, k'(a)\neq0$ 则要求

$$|y(a)|<M \quad (\text{对应于 } k(a)=0)$$

$$\text{或}\ |y(b)| < M \quad (\text{对应于}\ k(b) = 0) \tag{8.1.4c}$$

此外，基本区间的端点可能是斯特姆-刘维型方程的奇点（例如当 $k(x)$ 在端点等于零时）. 对于这些端点，由问题本身的特点也会提出一定的要求，例如要求解连续，或有界，或不超过指定阶数的无穷大等等. 这些要求也可起到边界条件的作用，而它们统称为自然边界条件.

因此，斯特姆-刘维本征值问题是由斯特姆-刘维型方程(8.1.3)加上边界条件(8.1.4)组成的，即

$$\frac{\mathrm{d}}{\mathrm{d}x}\left[k(x)\frac{\mathrm{d}y}{\mathrm{d}x}\right] - q(x)y + \lambda\rho(x)y = 0 \quad (a < x < b)$$

边界条件（由式(8.1.4)给出的）　　(8.1.5)

也就是说，本征值问题就是求满足上述方程及边界条件的非零值 λ（本征值）以及相应的非零解（本征函数）的问题.

8.2　本征值问题的主要结论

斯特姆-刘维本征值问题的研究已有一百多年的历史，人们得到了很多极富有实用价值的结论，从而为分离法变量法奠定了坚实的理论基础. 下面仅给出其中的一些主要结论.

定理 8.2.1　在斯特姆-刘维本征值问题中，若

(a) $k(x)$、$k'(x)$、$\rho(x)$ 都是在 (a,b) 上的实变连续函数

(b) $q(x) \geqslant 0$，且连续，或者在端点上至多有一阶极点

(c) $k(x) > 0$，$\rho(x) > 0$，或者它们在区间端点上至多有一阶零点

则

(i) 本征值存在，所有本征值都是非负实数. 特别是 $\alpha_1\alpha_2 \leqslant 0$，$\beta_1\beta_2 \geqslant 0$ 时，所有本征值是正数，即 $\lambda > 0$.

零本征值（$\lambda = 0$）的充要条件是边界条件均为齐次第二类边界条件，或周期边界条件，且 $q(x) \equiv 0$；与 $\lambda = 0$ 对应的本征函数为常数 1.

(ii) 所有本征值组成一个单调递增，以无穷远点为凝聚点的序列.

$$0 \leqslant \lambda_0 \leqslant \lambda_1 \leqslant \lambda_2 \leqslant \cdots \leqslant \lambda_n \leqslant \cdots$$

且 $\lim\limits_{n\to\infty}\lambda_n = \infty$.

(iii) 对于齐次边界条件，一个本征值 λ_n 只对应一个本征函数 $y_n(x)$，并且 $y_n(x)$ 在 $(a,\ b)$ 区间上有 n 个零点.

对于周期性边界条件，一个本征值 λ_n 可能有多个线性无关的本征函数，即简并. 此时，线性无关的本征函数的排序需要调整，调整后的本征函数仍可按零点的个数

排序.

(iv) 对应于不同本征值的本征函数在区间$[a, b]$上是带权正交的.

在简并情形,同一个本征值所对应的线性无关的几个本征函数,可以通过正交化步骤实现彼此正交.

(v) 本征函数系$\{y_n(x)\}$ $(n=0,1,2,3,\cdots)$在区间$[a, b]$上构成一个正交完备系,即任何一个在$[a, b]$上具有连续的一阶导函数和分段连续的二阶导函数,且适合本征值问题的边界条件的函数$f(x)$,都可按$\{y_n(x)\}$展开成在$[a, b]$上绝对且一致收敛的级数,即

$$f(x)=\sum_{n=0}^{\infty} f_n y_n(x)$$

而系数

$$f_n=\frac{\int_a^b \rho(x) f(x) y_n(x) \mathrm{d}x}{\int_a^b \rho(x) y_n^2(x) \mathrm{d}x}$$

$$=\frac{1}{N_n^2}\int_a^b \rho(x) f(x) y(x) \mathrm{d}x$$

其中 $N_n=\sqrt{\int_a^b \rho(x) y_n^2(x) \mathrm{d}x}$为本征函数$y_n(x)$的模.

若$f(x)$和$f'(x)$在$[a, b]$上是分段连续的,则此级数在$f(x)$的间断点x_0处收敛于$\frac{1}{2}[f(x_0+0)+f(x_0-0)]$,且在$[a, b]$上的收敛失去一致性.

为了加深对上述定理的理解,我们选出一部分来加以证明. 在证明定理之前,我们先来导出一个 Lagrange 恒等式.

首先,定义一个算符L

$$L(y)=-\frac{\mathrm{d}}{\mathrm{d}x}\left[k(x)\frac{\mathrm{d}}{\mathrm{d}x}y\right]+q(x)y \tag{8.2.1}$$

因此

$$y_m L[y_n]-y_n L[y_m]=\frac{\mathrm{d}}{\mathrm{d}x}[k(x)(y'_m y_n-y_m y'_n)]$$

和

$$y_m^* L[y_n]-y_n L[y_m]^*=\frac{\mathrm{d}}{\mathrm{d}x}[k(x)(y'^*_m y_n-y_m^* y'_n)]$$

式中函数右上方的$*$号表示其共轭复数. 对上式两边积分,得

$$\int_a^b y_m^* L[y_n]\mathrm{d}x-\int_a^b y_n L[y_m]^*\mathrm{d}x=[k(x)(y'^*_m y_n-y_m^* y'_n)]\Big|_a^b \tag{8.2.2}$$

由于y_m、y_n都满足同样的边界条件,例如边界条件(8.1.4a),即

$$\alpha_1 y'^*_m(a)+\alpha_2 y_m^*(a)=0,\quad \alpha_1 y'_n(a)+\alpha_2 y_n(a)=0$$

且由于上式中 α_1、α_2 不同时为零，于是必定有

$$\left.\left(y_m'^{*} y_n - y_m^{*} y_n'\right)\right|_{x=a} = 0 \tag{8.2.3a}$$

同理可证

$$\left.\left(y_m'^{*} y_n - y_m^{*} y_n'\right)\right|_{x=b} = 0 \tag{8.2.3b}$$

将式(8.2.3a)、(8.2.3b)代入式(8.2.2)，得

$$\int_a^b y_m^{*} L[y_n] \mathrm{d}x - \int_a^b y_n L[y_m]^{*} \mathrm{d}x = 0 \tag{8.2.4}$$

上式对周期边界条件(8.1.4b)也成立，因为这时 $y(a)=y(b)$，$y'(a)=y'(b)$. 但同时还要求 $k(a)=k(b)$成立.

上式对自然边界条件(8.1.4c)也成立，因为这时 $k(a)=0$，$k(b)=0$. 总之，等式(8.2.4)对式(8.1.4)给出的所有边界条件都成立. 满足这个恒等式的 S-L 算符称为厄米算符或自共轭算符.

有了上面这个恒等式(8.2.4)，证明下述分定理就方便了.

定理 8.2.2　如果 $\rho(x)>0$，那么斯特姆-刘维本征值问题的所有本征值都是实数.

证明　利用算符 L，斯特姆—刘维型方程(8.1.3)可重新写成

$$L[y] = \lambda\rho(x) y$$

由于 $\rho(x)$是实函数，所以

$$L[y]^{*} = \lambda^{*} \rho(x) y^{*}$$

将上述二式代入恒等式(8.2.4)，得

$$\int_a^b y^{*} L[y] \mathrm{d}x - \int_a^b y L[y]^{*} \mathrm{d}x = (\lambda - \lambda^{*}) \int_a^b \rho(x) y^{*} y \mathrm{d}x = 0$$

又因为 $\rho(x)>0$，所以

$$\int_a^b \rho(x) y^{*} y \mathrm{d}x = \int_a^b \rho(x) \mid y \mid^2 \mathrm{d}x > 0$$

于是

$$\lambda - \lambda^{*} = 0$$

即　$\lambda=\lambda^{*}$，　λ 是实数.

定理 8.2.3　对应于不同本征值的本征函数，在区间$[a, b]$上是带权 $\rho(x)$正交的. 即

$$\int_a^b \rho(x) y_m^{*}(x) y_n(x) \mathrm{d}x = 0 \quad (m \neq n)$$

证明　由于

$$L[y_n] = \lambda_n \rho(x) y_n, \quad L[y_m]^{*} = \lambda_m \rho(x) y_m^{*}$$

将上述二式代入恒等式(8.2.4)，得

$$\int_a^b y_m^* L[y_n]\mathrm{d}x - \int_a^b y_n L[y_m]^* \mathrm{d}x$$

$$= (\lambda_n - \lambda_m)\int_a^b \rho(x) y_m^*(x) y_n(x)\mathrm{d}x = 0$$

因为当 $m \neq n$ 时，$\lambda_n \neq \lambda_m$，所以

$$\int_a^b \rho(x) y_m^*(x) y_n(x)\mathrm{d}x = 0 \quad (m \neq n)$$

定理 8.2.4 在带有齐次边界条件的 S-L 本征值问题中，若

$k(x)>0$，$\rho(x)>0$，$q(x)\geqslant 0$，$\alpha_1\alpha_2\leqslant 0$，$\beta_1\beta_2\geqslant 0$，则方程只有非负的本征值，即 $\lambda>0$.

证明 由 S-L 方程，两边同乘 y，并积分，得

$$\int_a^b (ky')' y\mathrm{d}x + \lambda\int_a^b \rho y^2 \mathrm{d}x = \int_a^b qy^2 dx$$

又

$$\int_a^b (ky')' y\mathrm{d}x = [ky'y]|_a^b - \int_a^b ky'^2 \mathrm{d}x$$

由边界条件(8.1.4a)，得

$$y(a) = -\frac{\alpha_2}{\alpha_1} y'(a),\ y(b) = -\frac{\beta_2}{\beta_1} y'(b)$$

所以

$$[k(x)y'(x)y(x)]|_a^b = k(b)y'(b)y(b) - k(a)y'(a)y(a)$$

$$= \left(-\frac{\beta_2}{\beta_1}\right)k(b)[y'(b)]^2 + \left(\frac{\alpha_2}{\alpha_1}\right)k(a)[y'(a)]^2$$

由于 $\alpha_1\alpha_2\leqslant 0$，$\beta_1\beta_2\geqslant 0$，因此上式为负，于是

$$\lambda\int_a^b \rho y^2 \mathrm{d}x \geqslant 0$$

又因 $\rho(x)\geqslant 0$，最后得 $\lambda>0$.

若边界条件同为第二类齐次边界条件，或周期性边界条件，且 $q(x)=0$，这时本征值 $\lambda=0$，与其相应的本征函数可取常数 1.

定理 8.2.5 (a) 本征函数 $y(x)$ 的零点都是一阶的，全部位于 (a, b) 区间内.

(b) 线性无关的两个本征函数 $y_n(x)$ 和 $y_m(x)$ 的零点互相穿插，交错排列，即在 $y_n(x)$ 的两相邻零点之间必有 $y_m(x)$ 的一个零点，反之亦然.

证明

(a) $y(x)$ 不能有重零点，因为 $y(x)$ 是一个二阶常微分方程的解. 如果 ξ 是它的 m 阶零点($m\geqslant 2$)，则 $y(\xi)=0$，$y'(\xi)=0$，代入 S-L 方程得 $y(x)\equiv 0$.

(b) 令 α 及 $\beta\in(a,b)$ 是 $y_n(x)$ 的两个相邻的零点，即 $y_n(\alpha)=y_n(\beta)=0$，显然，$y_m(\alpha)\neq 0$，$y_m(\beta)\neq 0$，否则 $y_n(x)$ 和 $y_m(x)$ 线性相关，与题设矛盾.

若 $y_m(x)$ 在 (α,β) 内没有零点，于是函数 $u(x)=\dfrac{y_n(x)}{y_m(x)}$ 在 (α,β) 内连续，且 $u(\alpha)=u(\beta)=0$，从而 $u'(x)$ 在 (α,β) 内至少有一个零点，设位于 $x=\delta,\alpha<\delta<\beta$，又

$$u'(x)=\frac{y'_n y_m-y_n y'_m}{y_m^2}=\frac{W[y_n,y_m]}{y_m^2}=0$$

由 $W[y_n,y_m]=0$，得 y_n 和 y_m 线性相关. 这与题设矛盾.

同时也证明了 $y_m(x)$ 在 (α,β) 内应有一个零点，而且只有一个零点. 由此可见，y_n 和 y_m 的零点互相穿插，交错排列.

定理 8.2.6　S-L 本征值问题中(a)有无穷多个本征值 $\{\lambda_k\}(k=0,1,2,\cdots)$，且

$$0\leqslant\lambda_0<\lambda_1<\lambda_2<\cdots<\lambda_n<\cdots$$

$$\lim_{n\to\infty}\lambda_n=\infty$$

(b) 对于齐次边界条件，一个本征值 λ_n 只对应一个本征函数 $y_n(x)$，并且 $y_n(x)$ 在区间 (a,b) 上有 n 个零点.

证明

在齐次边界条件下，本征函数是实的，且非简并. 首先来证明与最小本征值 λ_0 对应的本征函数是 $y_0(x)$，在 (a,b) 上无零点. 用反证法，如果 $y_0(x)$ 在 (a,b) 存在一个零点 $\xi,a<\xi<b$，我们可以找到一个函数 $v(x)$ 在 (a,b) 上无零点，其本征值为 λ，且与 $y_0(x)$ 正交. 按图 8.1 所示，计算积分

$$(\lambda_0-\lambda)\int_a^\xi \rho y_0 v\mathrm{d}x=-ky'_0v\Big|_a^\xi=-ky'_0v\Big|_{x=\xi}$$

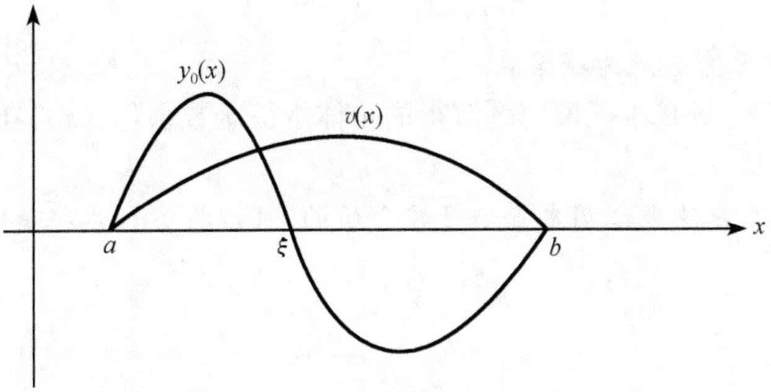

图 8.1

由图可知

$$\int_a^\xi \rho y_0 v\mathrm{d}x>0$$

及 $v(\xi)>0,y'_0(\xi)<0$，又因为 $k(x)>0$，在 (a,b) 区间上，所以

$$-ky'_0v\Big|_{x=\xi}>0$$

于是,得 $\lambda_0-\lambda>0$,与题设矛盾.

因此证明了最小本征值 λ_0 对应的本征函数 $y_0(x)$在区间(a, b)上无零点.

在量子力学中 $y_0(x)$称为基态,在区间(a, b)上应该无零点,其余 $y_n(x)(n\neq 0)$. 称为激发态,激发态能量的高低视(a, b)中零点数多寡而定.

按照定理 8.2.5, y_n 和 y_{n+1} 的零点应交错排列,如图 8.2 所示,由此计算积分

$$(\lambda_{n+1}-\lambda_n)\int_a^\eta \rho y_n y_{n+1}\,\mathrm{d}x=-ky_n y'_{n+1}\Big|_a^\eta=-ky_n y'_{n+1}\Big|_{x=\eta}$$

当 $n\to\infty$时,$k(x)$,$y_n(x)$和 $y_{n+1}(x)$所有值仍然保持有限.

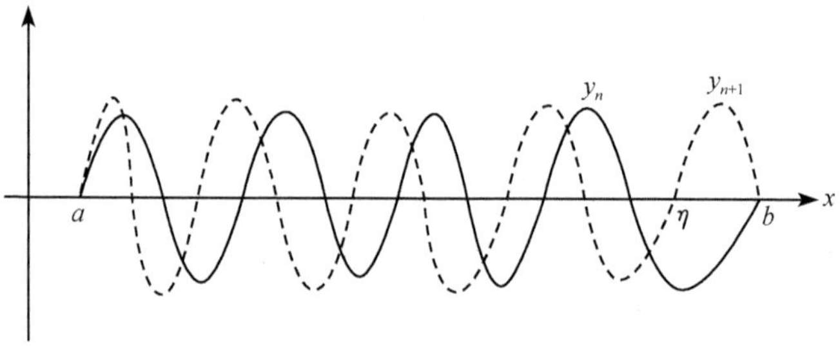

图 8.2

另一方面,当 $n\to\infty$时,$\eta\to b$,由正交性条件得

$$\lim_{n\to\infty}\int_a^\eta \rho y_n y_{n+1}\,\mathrm{d}x=0$$

因此

$$\lim_{n\to\infty}(\lambda_{n+1}-\lambda_n)=\infty$$

上式表明 λ_n 以无穷远点为凝聚点.

定理 8.2.7 S-L 本征值问题解得的全体本征函数系$\{y_k(x)\}$在区间(a, b)上构成正交完备系.

证明 由变分法来证明本命题是较合适的,可以将 S-L 本征值问题

$$\frac{\mathrm{d}}{\mathrm{d}x}(ky')-qy+\lambda\rho y=0,\quad kyy'\Big|_a^b=0 \tag{8.2.5}$$

化为泛函

$$I[y]=\int_a^b(ky'^2+qy^2)\,\mathrm{d}x=kyy'\Big|_a^b-\int_a^b k\left[\frac{\mathrm{d}}{\mathrm{d}x}(ky')-qy\right]\mathrm{d}x \tag{8.2.6}$$

在约束

$$J[y]=\int_a^b\rho y^2\,\mathrm{d}x=\text{常数} \tag{8.2.7}$$

下,求泛函的极值问题. 或化为求下列泛函的极值问题:

$$K[y]=\frac{I[y]}{J[y]} \tag{8.2.8}$$

若

$$\int_a^b \rho y^2 \mathrm{d}x = 1 \tag{8.2.9}$$

又

$$y = \sum_{k=0}^{n-1} c_k y_k \tag{8.2.10}$$

且

$$\int_a^b \rho y_i y_j \mathrm{d}x = \delta_{i,j} \tag{8.2.11}$$

将式(8.2.10)代入式(8.2.6)，得

$$I[y] = \lambda_0 + \sum_{k=0}^{n-1} c_k^2 (\lambda_k - \lambda_0) \tag{8.2.12}$$

所以

$$I[y_k] = \lambda_k \quad (k = 0,1,2,3\cdots,n-1) \tag{8.2.13}$$

上式显示，由变分法可以求得前 n 个本征值，$\lambda_k(k=0,1,2,\cdots,n-1)$ 及 n 个本征函数 $y_k(x)(k=0,1,2,\cdots,n-1)$. 若另置试探函数

$$y = y_n + c_1 y_{n+1} + \cdots + c_k y_{n+k} + \cdots \tag{8.2.14}$$

其中 $c_1, c_2, \cdots, c_k, \cdots$ 是小数.

现在我们并不要求 y 满足式(8.2.9)的归一条件，但 y 与前 n 个本征函数一一正交. 将 y 代入式(8.2.8)，有

$$K[y] = \lambda_n + \sum_{k=1} c_k^2 [\lambda_{n+k} - \lambda_n] \geqslant \lambda_n \tag{8.2.15}$$

结合式(8.2.8)，得

$$\lambda_n \leqslant \frac{\int_a^b (ky'^2 + qy^2)\mathrm{d}x}{\int_a^b \rho y^2 \mathrm{d}x} \tag{8.2.16}$$

对任一实函数 $f(x)$，我们可以定义一个新函数

$$\Delta_n(x) = f(x) - \sum_{k=0}^{n-1} c_k y_k(x) \tag{8.2.17}$$

其中　$c_k = \int_a^b \rho f y_k \mathrm{d}x \quad (k = 0,1,2,\cdots,n-1)$.

显然新构成的函数 $\Delta_n(x)$ 满足与前 n 个本征函数 $y_k(x)(k=0,1,2,\cdots,n-1)$ 一一正交的条件，因此，它可以代替前面的试探函数(8.2.14)，并满足式(8.2.16)，得

$$\lambda_n \leqslant \frac{I[\Delta_n]}{\int_a^b \rho \Delta_n^2 \mathrm{d}x} = \frac{I[\Delta_n]}{\delta_n^2} \tag{8.2.18}$$

其中　$\delta_n^2 = \int_a^b \rho \Delta_n^2 \mathrm{d}x$，又

$$I[\Delta_n] = I[f(x)] - \sum_{k=0}^{n-1} c_k^2 \lambda_k \tag{8.2.19}$$

由于 $f(x)$ 是确定的，所以泛函 $I[f(x)]$ 的值也存在，并为级数 $\sum\limits_{k=0}^{n-1} c_k^2 \lambda_k$ 的上限. 又 $\lambda_k > 0$，所以此级数是正项级数，当 $n \to \infty$，意味着级数不会趋于 $-\infty$. 所以，$I[\Delta_n]$ 的有界性是显然的，由不等式(8.2.18)，可得，当 $n \to \infty$ 时，$\lambda_n \to \infty$，则

$$\lim_{n\to\infty} \delta_n^2 = 0$$

也就是

$$\lim_{n\to\infty} \int_a^b \Big[f(x) - \sum_{k=0}^{n-1} c_k y_k\Big]^2 \rho(x) \mathrm{d}x = 0 \tag{8.2.20}$$

上式正是正交函数系 $\{y_k\}$ 的封闭性(或完备性)准则. 于是证明了 S-L 本征值问题中的函数系 $\{y_k\}$ $(k=0,1,2,\cdots)$ 是完备正交系.

1. 本征函数的简并问题

对应于同一个本征值是否可以有多于一个以上的本征函数? 我们有如下定理:

定理 8.2.8 对于配有第一、二、三类边界条件的斯特姆-刘维本征问题，一个本征值只能与一个线性独立的本征函数相对应.

证明 若对应于同一本征值 λ，有两个线性无关的本征函数 y_{I} 及 y_{II} 与它相应，则我们将它们分别代入边界条件(8.1.4a)中去得

$$\alpha_1 y'_{\mathrm{I}}(a) + \alpha_2 y_{\mathrm{I}}(a) = 0, \quad \alpha_1 y'_{\mathrm{II}}(a) + \alpha_2 y_{\mathrm{II}}(a) = 0$$

由于 α_1 和 α_2 不同时为零，所以下列行列式应等于零:

$$\begin{vmatrix} y'_{\mathrm{I}}(a), & y_{\mathrm{I}}(a) \\ y'_{\mathrm{II}}(a), & y_{\mathrm{II}}(a) \end{vmatrix} = 0$$

因此按朗斯基理论，y_{I} 与 y_{II} 应线性相关，这与题设矛盾.

对于周期边界条件，因同一点的 $y(a)$ 及 $y'(a)$ 之间没有上述那种关系式，所以这种矛盾不会发生，因此同一本征值可以对应一个以上线性独立的本征函数.

在二阶常微分方程的情形，对应于一个本征值最多只能有二个线性无关的本征函数，但对于偏微分方程，即使是二阶的也可有较高的简并度，即对应于一个本征值可以有二个以上线性无关的本征函数，例如球面谐函数 $m=0, \pm 1, \cdots \pm l$，对于同一个本征值 l 有 $(2l+1)$ 个本征函数相对应.

例 8.2.1 周期性边界条件的 S-L 本征值问题

$$y'' + \lambda y = 0 \quad (0 < \varphi < 2\pi)$$
$$y(\varphi) = y(\varphi + 2\pi)$$

解得本征值 $\lambda = m^2$ $(m=0,1,2,3,\cdots)$.

由于是简并情形，因此本征值和本征函数可以这样来排序.

$$\lambda_0 < \lambda_1 \leqslant \lambda_2 < \cdots < \lambda_{2n-1} \leqslant \lambda_{2n} < \cdots$$

$\lambda_0=0$，对应 $y_0(x)=1$，$\cdots\lambda_{2n-1}=\lambda_{2n}=n^2$，分别对应

$$y_{2n-1}(x) = \sin n\varphi, \quad y_{2n}(x) = \cos n\varphi$$

$y_{2n-1}(x)$在$(0,2\pi)$上有$(2n-1)$个零点；$y_{2n}(x)$在$(0,2\pi)$上有$(2n)$个零点. 所以本征函数 $y_n(x)$仍按零点的个数多少排序.

2. 本征值为连续谱的问题

定理 8.2.1 中的第二个结论说本征值构成一个可数的无穷数列. 但是，当给定的区间是半无限区间或无限区间时，或者当区间端点是 $k(x)$或 $\rho(x)$的奇点时，本征值谱就不可能是分立的，而应是连续的，即谱中包含 λ 区间上所有的数值. 于是定理 8.2.1 中的(v)按本征函数的展开应由傅里叶积分来代替傅里叶级数.

例如，本征值问题

$$y'' + \lambda y = 0 \quad (-\infty < x < \infty)$$

$$|\, y(\pm\infty)\,| < M$$

很显然，任何非负的数都可作为本征值，相应的本征函数则为 $\sin\sqrt{\lambda}x$ 和 $\cos\sqrt{\lambda}x$. 因此，按本征函数展开就表示为傅里叶积分.

有关这些方面的详细论述，请参阅柯朗(R. Courant)和希尔伯特(D. Hilbert)著的书《数学物理方法》第一卷.（科学出版社，1958 年，第 261 页.）

例 8.2.2　求下列边值问题的本征值和本征函数：

$$x^2 y'' + xy' + \lambda y = 0 \quad (1 < x < \mathrm{e})$$

$$y(1) = 0, \quad y(\mathrm{e}) = 0$$

解　首先利用变换(8.1.2)将上述方程化成斯特姆-刘维型，得

$$\frac{\mathrm{d}}{\mathrm{d}x}\left[x\frac{\mathrm{d}y}{\mathrm{d}x}\right] + \lambda\frac{1}{x}y = 0$$

即 $k(x)=x$，$q(x)=0$，$\rho(x)=\dfrac{1}{x}$.

其次，并注意到原方程是欧拉型方程，它应具有下列形式的通解：

$$y(x) = Cx^{\mathrm{i}\sqrt{\lambda}} + Dx^{-\mathrm{i}\sqrt{\lambda}}$$

由于

$$x^{\mathrm{i}a} = \mathrm{e}^{\mathrm{i}a\ln x} = \cos(a\ln x) + \mathrm{i}\sin(a\ln x)$$

所以通解还可以改写成

$$y(x) = A\cos(\sqrt{\lambda}\ln x) + B\sin(\sqrt{\lambda}\ln x)$$

其中 A、B 是任意常数. 将通解代入问题的边界条件：

$$y(1) = 0, \quad 得\ A = 0$$

$$y(\mathrm{e}) = 0, \quad 得\ B\sin\sqrt{\lambda} = 0$$

于是,由上面最后一个等式,得到本征值

$$\lambda_n = n^2\pi^2 \quad (n = 1,2,3,\cdots)$$

及其对应的本征函数

$$y_n(x) = \sin(n\pi\ln x) \quad (n = 1,2,3,\cdots)$$

利用算符

$$L[y] = -\frac{\mathrm{d}}{\mathrm{d}x}\left[k(x)\frac{\mathrm{d}}{\mathrm{d}x}y\right] + q(x)y$$

和恒等式(8.2.4)可以得到(或通过直接积分验证也可得到)

$$(n^2\pi^2 - m^2\pi^2)\int_1^{\mathrm{e}} \frac{1}{x}\sin(m\pi\ln x)\sin(n\pi\ln x)\mathrm{d}x = 0$$

当 $n \neq m$ 时,则

$$\int_1^{\mathrm{e}} \frac{1}{x}\sin(m\pi\ln x)\sin(n\pi\ln x)\mathrm{d}x = 0$$

因此,对应于不同本征值 λ_n 的本征函数 $y_n(x)$ 在区间 $[1,\mathrm{e}]$ 上是带权 $\frac{1}{x}$ 正交的.

例 8.2.3 求解下列边值问题的本征值、本征函数及其模:

$$X''(x) + \lambda X(x) = 0 \quad (0 < x < l) \tag{1}$$

$$X'(0) - hX(0) = 0$$

$$X'(l) + hX(l) = 0 \tag{2}$$

解 方程(1)的通解为

$$X(x) = C\cos\sqrt{\lambda}x + D\sin\sqrt{\lambda}x \tag{3}$$

将(3)代入边界条件(2)得

$$hC - \sqrt{\lambda}D = 0$$

$$(h\cos\sqrt{\lambda}l - \sqrt{\lambda}\sin\sqrt{\lambda}l)C + (\sqrt{\lambda}\cos\sqrt{\lambda}l + h\sin\sqrt{\lambda}l)D = 0$$

若要求解(3)中系数 C 与 D 不同时为零,则上述系数行列式必须为零,即

$$\begin{vmatrix} h & -\sqrt{\lambda} \\ h\cos\sqrt{\lambda}l - \sqrt{\lambda}l\sin\sqrt{\lambda}l & \sqrt{\lambda}\cos\sqrt{\lambda}l + h\sin\sqrt{\lambda}l \end{vmatrix} = 0 \tag{4}$$

于是,有

$$2\sqrt{\lambda}h\cos\sqrt{\lambda}l - (\lambda - h^2)\sin\sqrt{\lambda}l = 0 \tag{5}$$

故得本征值为 $\lambda_n(n=1,2,3,\cdots)$. 其中 λ_n 是下面方程的正根:

$$\tan\sqrt{\lambda}l = \frac{2\sqrt{\lambda}h}{\lambda - h^2} \tag{6}$$

与本征值 λ_n 对应的本征函数为

$$X_n(x) = \sqrt{\lambda_n}\cos\sqrt{\lambda_n}x + h\sin\sqrt{\lambda_n}x \tag{7}$$

对上式微分,得

$$X_n'(x) = -\lambda_n \sin\sqrt{\lambda_n}x + h\sqrt{\lambda_n}\cos\sqrt{\lambda_n}x \tag{8}$$

将方程(1)乘以 $X(x)$后，再积分，得

$$\begin{aligned}\int_0^l \lambda_n X_n^2(x)\mathrm{d}x &= \int_0^l -X_n(x)X''_n(x)\mathrm{d}x \\ &= -[X_n(x)X_n'(x)]\Big|_0^l + \int_0^l X_n'^2(x)\mathrm{d}x\end{aligned} \tag{9}$$

利用式(7)和(8)，得

$$[\sqrt{\lambda_n}X_n]^2 + X_n'^2 = \lambda_n X_n^2 + X_n'^2 = \lambda_n^2 + h^2\lambda_n \tag{10}$$

对式(10)两边积分，有

$$\int_0^l \lambda X_n^2\mathrm{d}x + \int_0^l X_n'^2\mathrm{d}x = (\lambda_n^2 + h^2\lambda_n)l \tag{11}$$

利用等式(10)及边界条件(2)，有

$$X_n(l) = \sqrt{\lambda_n} \text{ 及 } X_n(0) = \sqrt{\lambda_n} \tag{12}$$

和

$$X_n X_n'\Big|_0^l = -2hX_n^2(l) = -2h\lambda_n \tag{13}$$

将式(13)代入式(9)得

$$\int_0^l \lambda_n X_n^2\mathrm{d}x - \int_0^l X_n'^2(x)\mathrm{d}x = -X_n X_n'\Big|_0^l = 2h\lambda_n \tag{14}$$

由式(11)与式(14)联立解得

$$2\lambda_n\int_0^l X_n^2(x)\mathrm{d}x = [\lambda_n^2 + h^2\lambda_n]l + 2h\lambda_n$$

于是，最后得本征函数 $X_n(x)$的模

$$N_n^2 = \int_0^l X_n^2(x)\mathrm{d}x = \frac{[\lambda_n + h^2]l + 2h}{2}$$

至于对应于不同本征值 λ_n 的本征函数 $X_n(x)$在$[0,l]$上的正交性可以采用[例 8.2.2]同样的方法来验证.

8.3　其他型的本征值问题

除了上述标准的 S-L 型本征值问题之外，在实际应用中，往往会遇到很多非标准型的本征值问题. 例如，研究非均匀杆的纵振动，研究端点有负荷的弹簧的振动、研究弦的中部有负载的振动，以及研究桥梁的横向振动等等问题时，都会遇到一些例外情形. 下面我们仅讨论端点有负荷的弹簧的振动的本征值问题，在第 15 章会给出详细介绍. 这个问题的边界条件为

$$\begin{cases} u(0,t) = 0 & (x=0) \\ Mu_{tt} = -ESu_x(l,t) & (x=l) \end{cases} \tag{8.3.1}$$

令 $u(x,t)=T(t)X(x)$，分离变量后，得到 $X_n(x)$ 的本征值问题，

$$X''+\lambda X=0\quad(0<x<l)$$

$$X(0)=0\tag{8.3.2}$$

$$X(l)-\frac{\rho S}{M\lambda}X'(l)=0\tag{8.3.3}$$

本征值 λ_n 由下面方程的正根来决定：

$$\cot\sqrt{\lambda_n}l=\frac{M}{m}\sqrt{\lambda_n}l\quad(m=\rho Sl)\tag{8.3.4}$$

本征函数 $$X_n(x)\sim\sin\sqrt{\lambda_n}x\tag{8.3.5}$$

由于边界条件(8.3.2)中的系数出现 $\frac{\rho S}{M\lambda}$，它不是像标准 S-L 型本征值问题那样的固定常数，而是随 λ 不同而异. 因此，不能保证本征函数 $X_n(x)$ 正交化. 事实上，

$$\int_0^l[X_nL(X_m)-X_mL(X_n)]\mathrm{d}x=[X_nX'_m-X_mX'_n]\Big|_0^l\neq0\tag{8.3.6}$$

所以，不同本征值的本征函数不满足通常的正交化条件，即

$$\int_0^l X_nX_m\rho(x)\mathrm{d}x\neq0\quad(m\neq n)\tag{8.3.7}$$

然而函数系 $\{\cos\sqrt{\lambda_n}x\}$ 却是正交系，因此启发我们能否考虑函数系 $\{X'_n(x)\}$. 令

$$y_n(x)=X'_n(x)\tag{8.3.8}$$

按照这个代换，由 $X_n(x)$ 的本征值问题(8.3.2)，导出如下的 $y_n(x)$ 的本征值问题：

$$y''+\lambda y=0\qquad(0<x<l)$$

$$y(0)=0\tag{8.3.9}$$

$$y(l)+\frac{m}{Ml}y'(l)=0\quad(m=\rho Sl)$$

λ_n 由下面方程的正根来决定：

$$\cot\sqrt{\lambda_n}l=\frac{M}{m}\sqrt{\lambda_n}l\tag{8.3.10}$$

上式与式(8.3.4)一致，但本征函数 $y_n(x)$ 为

$$y_n(x)\sim\cos\sqrt{\lambda_n}x\tag{8.3.11}$$

因为上述 $y(x)$ 的本征值问题是标准的 S-L 型本征值问题. 显然，函数系 $\{\cos\sqrt{\lambda}x\}$ 是完备正交函数系.

第 9 章　傅里叶级数和傅里叶变换

在自然界中广泛地存在各种各样的周期性运动(即相隔一定时间间隔往复循环的过程). 例如,日月星球的运动,海洋潮汐的运动,电磁波与声波的运动,工厂里机器部件的往复运动,时钟摆的摆动以及人体心脏的跳动等,都是周期性运动.

为了描述周期性的运动过程,数学上是借助某类函数来描述的. 当然这类函数也要体现出周期性. 这类函数称为周期函数.

在前面几章中,为了研究函数的性质,常常采用分析表示法,将这些函数在某区域展开成幂级数的形式,如泰勒级数或罗朗级数. 但是,这种幂级数形式的展开式是体现不出周期性来的,那么,对于周期函数应采取怎样的分析表示法呢? 这就是本章要讨论的内容.

9.1　周期函数和傅里叶级数

9.1.1　周期函数

凡满足以下关系式:

$$f(x+T)=f(x)\quad (T\text{ 为常数})\tag{9.1.1}$$

的函数,都称为周期函数.

周期的定义

(1) 满足式(9.1.1)的 T 值中的最小正数,即为该函数的周期;

(2) 一个常数以任何正数为周期.

9.1.2　基本三角函数系

按某一规则确定的函数序列称为函数系.

如下形式的函数系:

$$1,\cos\frac{\pi}{l}x,\sin\frac{\pi}{l}x,\cos\frac{2\pi}{l}x,\sin\frac{2\pi}{l}x,\cdots,\cos\frac{k\pi}{l}x,\sin\frac{k\pi}{l}x,\cdots\tag{9.1.2}$$

称做基本三角函数系. 所有这些函数具有各自的周期,例如 $\cos\frac{k\pi}{l}x$ 和 $\sin\frac{k\pi}{l}x$ 的周期为$\frac{2l}{k}$,但它们的共同周期为 $2l$(即所有周期的最小公倍数). 通常这个周期命名为函数系的周期. 所以式(9.1.2)的三角函数系的周期为 $2l$.

如果我们将基本三角函数系中的函数,任意取 n 个组合,则我们可以得到一个较复杂的函数.例如图 9.1(a)是两个函数的组合 $f(x)=\sin\frac{\pi}{l}x-\frac{1}{2}\sin\frac{2\pi}{l}x$;图 9.1(b)是三个函数的组合 $f(x)=\sin\frac{\pi}{l}x-\frac{1}{2}\sin\frac{2\pi}{l}x+\frac{1}{3}\sin\frac{3\pi}{l}x$.

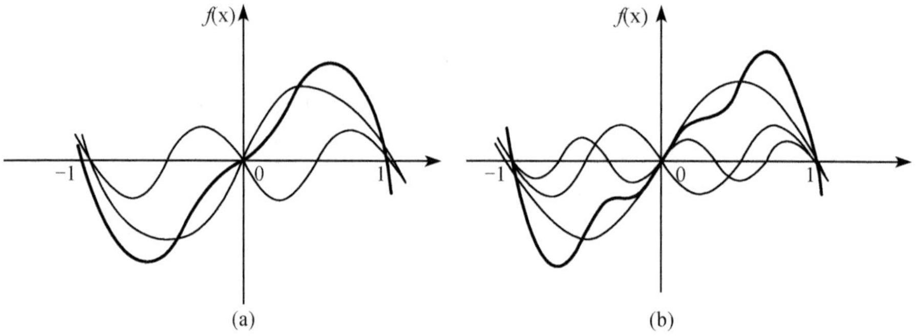

图 9.1

如果我们取更多的函数组合,甚至全体的组合,将会得到更复杂的函数或我们所期望的函数.

9.1.3 傅里叶级数

现在我们讨论上述问题的逆问题.即如果给定一个周期为 $2l$ 的任意周期函数 $f(x)$

$$f(x+2l)=f(x) \tag{9.1.3}$$

我们能否将它表示成简单的三角函数(有限个或无限个)之和呢?即能否将 $f(x)$ 分解成如下形式:

$$f(x)=\frac{a_0}{2}+\sum_{k=1}^{\infty}\left(a_k\cos\frac{k\pi}{l}x+b_k\sin\frac{k\pi}{l}x\right) \tag{9.1.4}$$

如果能实现这种分解,那么对许多复杂的函数就可以通过简单的三角函数来研究其性质了.

上述问题的回答是肯定的,并称式(9.1.4)为函数 $f(x)$的傅里叶级数(有时我们也称它为狭义傅里叶展式).若函数 $f(x)$按非三角函数系$\{\phi_k(x)\}(k=1,2,\cdots)$进行展开,所得的级数称为广义傅里叶展式.因为这一问题,最早是由工程师 J. Fourier 提出来的.他在 1807 年 12 月 21 日向权威的法国科学院宣告:任意的周期函数 $f(x)$都能展开成正弦及余弦的无穷级数,即形式(9.1.4)的级数.他的宣告震怒了整个科学院.当时许多杰出的院士,包括著名法国数学家拉格朗日等,都认为他的结果是荒谬的.因为那时它在数学上没有得到严格的证明.然而,现在数学家已把“傅里叶级数理论”发展到相当高的水平,已有许多专著,并建立了这级数收敛的非常明确的条件. 这结果被认为是 20 世纪所发现的最重要的数学理论之一.

以上这种分解不仅具有严格的数学基础,而且还具有真实的物理背景. 我们也可以用实验来证明这种分解过程. 例如将矩形脉冲或半波整流电路的输出波形输入到一个选频放大器中,再将选频放大器的输出端接到示波器上,调整选频放大器的频率,就可以看到示波器上出现各种不同频率的正弦波,这说明矩形脉冲或半波整流电路的输出波形可以看作许多不同频率的正弦波的叠加. 特别是近几年来配备有数字电子计算机的专用仪器相继问世(如频率分析仪、快速傅里叶变换处理机、信号处理机等),像这种分解过程在很短时间内就可完成.

将一个周期为 $2l$ 的任意周期函数按基本三角函数系展开,首先需要解决如下两个问题:

(1) 在什么条件下 $f(x)$才能按基本三角函数系展开?

(2) 如何确定展开式中系数? 也就是说,如果 $f(x)$可以展开成下式:

$$f(x)=\frac{a_0}{2}+\sum_{k=1}^{\infty}\left(a_k\cos\frac{k\pi}{l}x+b_k\sin\frac{k\pi}{l}x\right)$$

$\left(\text{其中},a_0\text{ 前的}\frac{1}{2}\text{系数},\text{是为了使今后系数公式更为对称而引入的}\right)$那么 $a_0,a_1,\cdots$ 及 $b_1,b_2,\cdots$这些系数应如何确定? 为了解决这两个问题,还需介绍如下几个概念.

9.2　完备正交函数系

为了回答上面的第一个问题,首先要求证明三角函数系是否是完备正交系,其次再对 $f(x)$提出一些附带要求——狄里克雷条件,这个条件虽然非常之微弱,可是正因为当时傅里叶不知道这一点,所以他遭到攻击,也在所难免. 现在我们应用第 8 章的成果,来证明三角函数系是正交完备系.

按标准的 S-L 本征值问题,其中令 $k(x)=1,q(x)=0,\rho(x)=1$,

求解

$$\begin{gathered}y''+\lambda y=0\quad a\leqslant x\leqslant b\\ y(a)=y(b),\quad y'(a)=y'(b)\end{gathered}\tag{9.2.1}$$

解得满足方程的解为 $y(x)=c\mathrm{e}^{\mathrm{i}\sqrt{\lambda}x}$,代入边界条件得

$$\mathrm{e}^{\mathrm{i}\lambda b}=\mathrm{e}^{\mathrm{i}\sqrt{\lambda}a},\quad \mathrm{e}^{\mathrm{i}\sqrt{\lambda}(b-a)}=1$$

即

$$\sqrt{\lambda}(b-a)=2k\pi\quad(k=0,\pm1,\pm2,\cdots)$$

求得**本征值**为

$$\lambda=\left(\frac{2k\pi}{b-a}\right)^2\quad(k=0,\pm1,\pm2,\cdots)\tag{9.2.2}$$

由于周期性边界条件有二个线性独立的解(复数解的实部和虚部). 因此,我们这样来排序,令

$$\lambda_0 = 0,\quad \lambda_{2k-1} = \lambda_{2k} = \left(\frac{2k\pi}{b-a}\right)^2,$$

$$\lambda_0 < \lambda_1 = \lambda_2 < \cdots < \lambda_{2k-1} = \lambda_{2k} < \cdots$$

$$y_0(x) = 1,\quad y_{2k-1}(x) = \sin\left(\frac{2k\pi x}{b-a}\right),\quad y_{2k}(x) = \cos\left(\frac{2k\pi x}{b-a}\right) \quad (9.2.3)$$

根据定理(8.2.1),上述$\{y_k(x)\}$在区间$[a,b]$上构成完备正交系,并且任何一个在$[a,b]$上具有连续的一阶导数和分段连续的二阶导数,又适合本征值问题的边界条件的函数 $f(x)$,都可按$\{y_k(x)\}$展开成在$[a,b]$上绝对且一致收敛的级数,即

$$f(x) = \sum_{k=0}^{\infty} c_k y_k(x)$$

其中

$$c_k = \frac{(f, y_k)}{\| y_k \|^2} \quad (k = 0,1,2,\cdots) \quad (9.2.4)$$

由于

$$\| y_0 \|^2 = \int_a^b 1\mathrm{d}x = b-a$$

$$\| y_{2k-1} \|^2 = \| y_{2k} \|^2 = \frac{1}{2}(b-a) \quad (k = 1,2,3,\cdots)$$

也可表示成

$$f(x) = b_0 + \sum_{k=1}^{\infty}\left[a_k \sin\left(\frac{2k\pi x}{b-a}\right) + b_k \cos\left(\frac{2k\pi x}{b-a}\right)\right] \quad (9.2.5)$$

其中

$$b_0 = \frac{1}{b-a}\int_a^b f(x)\mathrm{d}x$$

$$a_k = \frac{2}{b-a}\int_a^b f(x)\sin\left(\frac{2k\pi x}{b-a}\right)\mathrm{d}x \quad (9.2.6)$$

$$b_k = \frac{2}{b-a}\int_a^b f(x)\cos\left(\frac{2k\pi x}{b-a}\right)\mathrm{d}x$$

如果令 $a=0,b=2\pi$,即在区间$[0,2\pi]$上下列函数系$\{y_k\}$:

$$y_0(x) = 1,\quad y_{2k-1}(x) = \sin kx,\quad y_{2k}(x) = \cos kx \quad (k = 1,2,3\cdots) \quad (9.2.7)$$

构成完备正交函数系.

如果令 $a=-l,b=l$,即在区间$[-l,l]$上下列函数系$\{y_k(x)\}$:

$$y_0(x) = 1,\quad y_{2k-1}(x) = \sin\frac{k\pi x}{l},\quad y_{2k}(x) = \cos\frac{k\pi x}{l} \quad (k = 1,2,3\cdots) \quad (9.2.8)$$

构成完备正交函数系.这函数系就是通常的基本三角函数系(9.1.2).

展开式(9.2.5)中的本征函数系排序是按区间$[a,b]$上本征函数的零点个数来排序的,但为了照顾习惯和历史,我们仍按通俗的方式来排序.于是,$f(x)$按基本三角函数系的展开式为

$$f(x)=\frac{a_0}{2}+\sum_{k=1}^{\infty}\left(a_k\cos\frac{k\pi x}{l}+b_k\sin\frac{k\pi x}{l}\right) \tag{9.2.9}$$

其中系数

$$a_k=\frac{1}{l}\int_{-l}^{l}f(x)\cos\frac{k\pi x}{l}\mathrm{d}x\quad(k=0,1,2,\cdots) \tag{9.2.10a}$$

$$b_k=\frac{1}{l}\int_{-l}^{l}f(x)\sin\frac{k\pi x}{l}\mathrm{d}x\quad(k=1,2,3\cdots) \tag{9.2.10b}$$

利用帕塞瓦尔等式(7.3.8),有

(i) 若 $f(x)=\sum_{k=0}^{\infty}c_k y_k(x)$,则 $\|f\|^2=\sum_{k=0}^{\infty}c_k^2\|y_k\|^2$; (9.2.11)

(ii) 若 $f_1(x)=\sum_{k=0}^{\infty}c_{k1}y_k(x)$;$f_2(x)=\sum_{k=0}^{\infty}c_{k2}y_k(x)$,则

$$(f_1,f_2)=\sum_{k=0}^{\infty}c_{k1}c_{k2}\|y_k\|^2 \tag{9.2.12}$$

应用到 $f(x)$按基本三角函数系展开式(9.2.9)上,并注意$\|y_0\|^2=2l$,$\|y_k\|^2=l$,

(i)
$$\frac{1}{l}\int_{-l}^{l}f^2(x)\mathrm{d}x=\frac{a_0^2}{2}+\sum_{k=1}^{\infty}(a_k^2+b_k^2) \tag{9.2.13}$$

(ii)
$$\frac{1}{l}\int_{-l}^{l}f_1(x)f_2(x)\mathrm{d}x=\frac{a_{01}a_{02}}{2}+\sum_{k=1}^{\infty}(a_{k1}a_{k2}+b_{k2}b_{k2}) \tag{9.2.14}$$

综合上述,对于任意函数 $f(x)$可按函数系$\{y_k(x)\}$进行展开的条件是

(1) 函数 $f(x)$在$[a,b]$上是绝对可积的连续函数(今后这条件可放宽,由狄利克雷条件(见 9.3)代替);

(2) 函数系必须在$[a,b]$上是完备正交系.

以上两个条件才能保证 $f(x)$展开成如下形式:

$$f(x)=c_0y_0(x)+c_1y_1(x)+\cdots+c_ky_k(x)+\cdots \tag{9.2.15}$$

其中系数由下式确定:

$$c_k=\frac{\int_a^b f(x)y_k(x)\mathrm{d}x}{\int_a^b y_k^2(x)\mathrm{d}x}\quad(k=0,1,2,\cdots) \tag{9.2.16}$$

对于基本三角函数系(9.1.2),正是因为它在区间$[-l,l]$上构成正交完备系,才能让绝对可积的连续函数 $f(x)$展开成(9.2.9)形式的傅里叶级数,其中系数由公式(9.2.10)确定.

如果用 Δ_n 来表示函数 $f(x)$ 与其展开式的前 $n+1$ 项之部分和的均方偏差，即

$$\Delta_n = \frac{1}{2l}\int_{-l}^{l}\left[f(x)-\frac{a_0}{2}-\sum_{k=1}^{n}\left(a_k\cos\frac{k\pi}{l}x+b_k\sin\frac{k\pi}{l}x\right)\right]^2 dx \tag{9.2.17}$$

要使 Δ_n 取极小值，对所有 k 下式必须成立：

$$\frac{\partial\Delta_n}{\partial a_k}=0 \quad (k=0,1,2,\cdots,n) \tag{9.2.18}$$

$$\frac{\partial\Delta_n}{\partial b_k}=0 \quad (k=1,2,\cdots,n) \tag{9.2.19}$$

这就导致求系数 a_k 及 b_k 的公式，即傅里叶系数公式(9.2.10a)及(9.2.10b)，并且这些公式与我们取多少项的部分和求均方偏差无关.

在复杂波形的分析中(海洋潮汐、地震、乐调等)，也许更方便的是将傅里叶级数写成如下形式：

$$f(x)=\frac{\alpha_0}{2}+\sum_{k=1}^{\infty}\alpha_k\cos\left(\frac{k\pi}{l}x-\theta_k\right) \tag{9.2.20}$$

其中系数 α_k 及 θ_k 与上述傅里叶系数 a_k 及 b_k 的关系为

$$\begin{aligned} a_k &= \alpha_k\cos\theta_k, \quad b_k=\alpha_k\sin\theta_k \\ \alpha_k^2 &= a_k^2+b_k^2, \quad \tan\theta_k=\frac{b_k}{a_k} \quad (k=1,2,3,\cdots) \end{aligned} \tag{9.2.21}$$

系数 α_k^2 又称功率谱，它明确地与 k 有关，且在相角 θ_k 改变之后，并不变化.

9.3 傅里叶级数的性质

9.3.1 收敛性

定理 9.3.1 傅里叶级数的收敛准则——狄利克雷(Dirichlet)定理

若(1) $f(x)$在$[-l,l]$上或者连续，或者只有有限个间断点，在间断处函数的左、右极限都存在；

(2) $f(x)$在$[-l,l]$上只有有限个极大值点与极小值点；

(3) $f(x)$在$[-l,l]$外是周期函数，其周期为 $2l$，则级数

$$\frac{a_0}{2}+\sum_{k=1}^{\infty}\left(a_k\cos\frac{k\pi}{l}x+b_k\sin\frac{k\pi}{l}x\right)=\begin{cases} f(x); \text{在连续点处} \\ \frac{1}{2}[f(x+0)+f(x-0)] \ \text{在间断点处} \end{cases} \tag{9.3.1}$$

证明

$$S_n(x)=\frac{a_0}{2}+\sum_{k=1}^{n}\left(a_k\cos\frac{k\pi}{l}x+b_k\sin\frac{k\pi}{l}x\right)$$

$$
\begin{aligned}
&= \frac{1}{l}\int_{-l}^{l} f(\xi)\left[\frac{1}{2}+\sum_{k=1}^{n}\left(\cos\frac{k\pi}{l}\xi\cos\frac{k\pi}{l}x+\sin\frac{k\pi}{l}\xi\sin\frac{k\pi}{l}x\right)\right]\mathrm{d}\xi \\
&= \frac{1}{l}\int_{-l}^{l} f(\xi)\left[\frac{1}{2}+\sum_{k=1}^{n}\cos\frac{k\pi}{l}(x-\xi)\right]\mathrm{d}\xi \\
&= \frac{1}{l}\int_{-l}^{l} f(\xi)\,\frac{\sin\left(n+\frac{1}{2}\right)\frac{(x-\xi)\pi}{l}}{2\sin\frac{(x-\xi)\pi}{2l}}\mathrm{d}\xi
\end{aligned}
$$

因为

$$
\lim_{n\to\infty}\frac{1}{2\pi}\,\frac{\sin\left(n+\frac{1}{2}\right)x}{\sin\frac{x}{2}}\to\delta(x)
$$

及

$$
\delta(ax)=\frac{1}{|a|}\delta(x)
$$

所以

$$
\begin{aligned}
\frac{a_0}{2}+\sum_{k=1}^{\infty}\left(a_k\cos\frac{k\pi}{l}x+b_k\sin\frac{k\pi}{l}x\right) &= \lim_{n\to\infty}S_n(x)=\int_{-l}^{l}f(\xi)\delta(x-\xi)\,\mathrm{d}\xi \\
&= \begin{cases} f(x) \\ \dfrac{1}{2}[f(x+0)+f(x-0)] \end{cases}
\end{aligned}
$$

例 9.3.1　试将锯齿波 $f(x)=x$ 在区间 $[-l,l]$ 上展开为傅里叶级数.

解　如图 9.2 所示，我们要将 $f(x)$ 在 $[-l,l]$ 之外视作是 $2l$ 的周期函数，按傅里叶系数公式(9.2.10a)及(9.2.10b)有

$$
a_k=\frac{1}{l}\int_{-l}^{l}\xi\cos\frac{k\pi}{l}\xi\,\mathrm{d}\xi\equiv 0\quad(k=0,1,2,\cdots)
$$

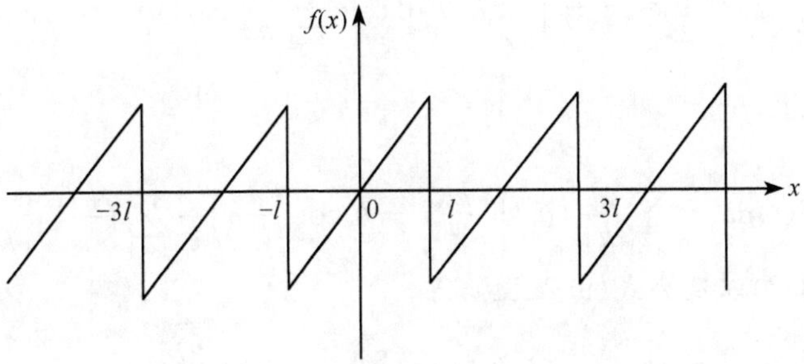

图 9.2

及

$$b_k = \frac{1}{l}\int_{-l}^{l}\xi\sin\frac{k\pi}{l}\xi\,\mathrm{d}\xi = \frac{2}{l}\left(\frac{l}{k\pi}\right)^2\int_0^{k\pi} y\sin y\mathrm{d}y$$

$$= \frac{2l}{(k\pi)^2}[\sin y - y\cos y]\Big|_0^{k\pi} = \frac{2l}{k\pi}(-1)^{k+1} \quad (k = 1,2,3,\cdots)$$

因此,所求级数为

$$f(x) = \frac{2l}{\pi}\sum_{k=1}^{\infty}\frac{(-1)^{k+1}}{k}\sin\frac{k\pi}{l}x \tag{9.3.2}$$

由于 $x=0$ 是 $f(x)$ 的连续点,所以上式两边可划等号. 事实上,也正是如此,可代入数字验证.

而 $x=l$ 是 $f(x)$ 间断点,由图 9.2 可知

$$f(l+0) = -l, \quad f(l-0) = l$$

按收敛准则,$f(x)$ 傅里叶级数在间断点处应收敛到

$$\frac{1}{2}[f(l+0) + f(l-0)] = 0$$

事实上,以 $x=l$ 代入级数(9.3.2),得级数之和为零.

必须注意,狄利克雷定理中加在 $f(x)$ 上的条件(1)及(2)是充分的,但不是必要的. 在实际中这些条件通常是满足的,目前还不知道傅里叶级数收敛的必要且充分的条件是什么. 值得注意的是,单从 $f(x)$ 的连续性考虑还不能保证傅里叶级数收敛.

9.3.2 积分

定理 9.3.2 如果 $f(x)$ 在区间 $[-l,l]$ 上分段连续,其傅里叶级数为

$$f(x) = \sum_{k=1}^{\infty}\left(a_k\cos\frac{k\pi}{l}x + b_k\sin\frac{k\pi}{l}x\right)$$

则

$$F(x) = \int_{-l}^{x}f(t)\mathrm{d}t = -\frac{1}{2l}\int_{-l}^{l}xf(x)\mathrm{d}x + \sum_{k=1}^{\infty}\frac{l}{k\pi}\left(a_k\sin\frac{k\pi}{l}x - b_k\cos\frac{k\pi}{l}x\right) \tag{9.3.3}$$

证明

$$\int_{-l}^{x}f(t)\mathrm{d}t = \sum_{k=1}^{\infty}\frac{l}{k\pi}\left(a_k\sin\frac{k\pi}{l}x - b_k\cos\frac{k\pi}{l}x\right) + \sum_{k=1}^{\infty}(-1)^k\frac{l}{k\pi}b_k \tag{9.3.4}$$

利用公式(9.3.2)以及公式(9.2.14),得

$$\frac{1}{l}\int_{-l}^{l}xf(x)\mathrm{d}x = \sum_{k=1}^{\infty}(-1)^{k+1}\frac{2l}{k\pi}b_k \tag{9.3.5}$$

上式代入(9.3.4),即得所证.

如果原级数中 $a_0 \neq 0$，只要用 $\left[f(x)-\frac{a_0}{2}\right]$ 代替公式(9.3.4)中的 $f(x)$ 即可.

9.3.3　微分

定理 9.3.3　若 $f(x)$ 在 $[-l,l]$ 上连续，又 $f'(x)$ 绝对可积，则有

$$\begin{aligned} f'(x) &= \frac{A_0}{2}+\sum_{k=1}^{\infty}\left[A_k\cos\frac{k\pi}{l}x+B_k\sin\frac{k\pi}{l}x\right] \\ &= \frac{c}{2}+\sum_{k=1}^{\infty}\left\{\left[\frac{k\pi}{l}b_k+(-1)^k c\right]\cos\frac{k\pi}{l}x-\frac{k\pi}{l}a_k\sin\frac{k\pi}{l}x\right\} \end{aligned} \tag{9.3.6}$$

式中 $c=\frac{1}{l}[f(l)-f(-l)]$.

利用求系数公式(9.2.10)及分部积分，可以证明

$$A_k = \frac{k\pi}{l}b_k+(-1)^k c \quad (k=0,1,2,\cdots)$$

$$B_k = -\frac{k\pi}{l}a_k \qquad (k=1,2,3,\cdots)$$

如果 $f(l)=f(-l)$，则 $f'(x)$ 的傅里叶级数可通过对 $f(x)$ 的傅里叶级数进行逐项求导而得，即

$$f'(x)=\sum_{k=1}^{\infty}\left[\frac{k\pi}{l}b_k\cos\frac{k\pi}{l}x-\frac{k\pi}{l}a_k\sin\frac{k\pi}{l}x\right] \tag{9.3.7}$$

微分与积分大不相同，例如考虑下列函数(锯齿波)：

$$f(x)=x \quad (-l<x<l)$$

的傅里叶级数为

$$x=2\sum_{k=1}^{\infty}(-1)^{k+1}\frac{1}{k\pi}\sin\frac{k\pi}{l}x \quad (-l<x<l)$$

对上式逐项微分得

$$1=2\sum_{k=1}^{\infty}(-1)^{k+1}\cos\frac{k\pi}{l}x$$

于是得到不收敛的级数.

其次，再考虑三角波

$$f(x)=|x| \quad (-l<x<l)$$

它的傅里叶级数

$$|x|=\frac{l}{2}-\frac{4l}{\pi^2}\sum_{k=0}^{\infty}\frac{1}{(2k+1)^2}\cos\frac{(2k+1)\pi}{l}x$$

是一个收敛得相当快的级数，且在 $[-l,l]$ 上一致收敛. 对上式逐项微分得

$$f'(x)=\frac{4}{\pi}\sum_{k=0}^{\infty}\frac{1}{(2k+1)}\sin\frac{(2k+1)\pi}{l}x$$

上式正是方波

$$f'(x)=\begin{cases}1 & (0<x<l)\\-1 & (-l<x<0)\end{cases}$$

的傅里叶级数. 事实上,三角波的导数正是方波.

从上面例子可知,与积分相反,微分之后每一个系数前却增添了一个增长因子 k,这就降低了收敛程度. 所以上面第一个例子微分后得一发散级数. 事实上,第一个例子中的级数在 $[-l,l]$ 区间上一致收敛. 一般来说,微分使级数的收敛程度降低.

有时将可以逐项微分的条件表示成如下形式:

$$\lim_{k\to\infty}ka_k=\lim_{k\to\infty}kb_k=0 \tag{9.3.8}$$

此外,函数的光滑程度可以从该函数的傅里叶级数的系数上反映出来. 一般而言,一个满足狄利克雷条件的周期函数. 其傅里叶级数中的系数 a_k 和 b_k 随着 k 趋向于无限大时,它们至少应与 $\frac{c}{k}$(其中 c 为与 k 无关的常数)一样快地趋向于零. 如果函数包含一个或几个间断点,那么不是 a_k 就是 b_k,一般情况是二者都不能比 $\frac{c}{k}$ 更快地趋向于零. 如果函数以及它的前 $(n-1)$ 阶导数满足狄利克雷条件,而且处处连续,那么随着 k 趋向于无限大,$f(x)$ 的傅里叶级数的系数 a_k 和 b_k 至少应与 $\frac{c}{k^{n+1}}$ 一样快趋向于零. 如果 $f(x)$ 的 n 阶导数不处处连续,那么不是 a_k 就是 b_k,一般情况是二者都不能比 $\frac{c}{k^{n+1}}$ 更快地趋向于零.

因此,函数愈光滑,其傅里叶级数的系数收敛得愈快. 反之,只要考察某函数的傅里叶级数的系数收敛快慢程度,就可判断该函数的光滑程度.

9.3.4　吉布斯现象

在间断点处,傅里叶级数呈现奇特的现象. 作为例子,我们考虑方波(图 9.3)

$$f(x)=\begin{cases}1 & (0,l)\\-1 & (-l,0)\end{cases}$$

其傅里叶级数为

$$f(x)=\frac{4}{\pi}\left(\sin\frac{\pi}{l}x+\frac{1}{3}\sin\frac{3\pi}{l}x+\cdots\right) \tag{9.3.9}$$

除去间断点 $x_k=kl\quad(k=0,\pm1,\cdots)$ 之外,上式右边级数之和与 $f(x)$ 一致. 设级数前 N 项的部分和 $S_N(x)$,它与 $f(x)$ 之差命名为误差项 $R_N(x)$,即

$$R_N(x)=f(x)-S_N(x)$$

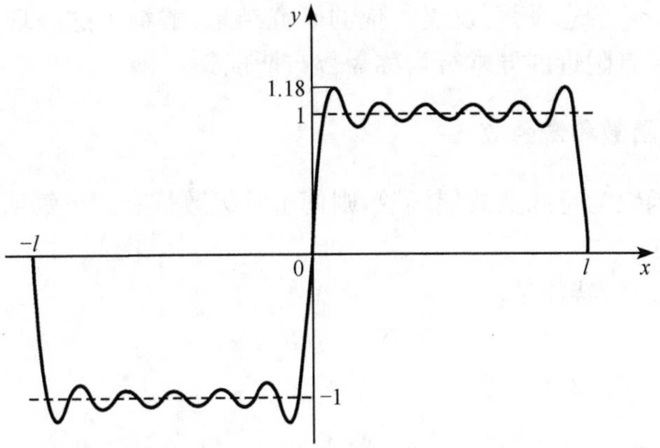

图 9. 3

因为

$$f(x)=\frac{4}{\pi}\sum_{k=1}^{\infty}\frac{\sin(2k-1)x}{(2k-1)}$$

$$S_N(x)=\frac{4}{\pi}\sum_{k=1}^{N}\frac{\sin(2k-1)x}{(2k-1)}$$

又

$$S'_N(x)=\frac{4}{\pi}\sum_{k=1}^{N}\cos(2k-1)x=\frac{2}{\pi}\frac{\sin(2Nx)}{\sin x}$$

其中已利用了公式

$$2\sin x\cos(2k-1)x=\sin(2kx)-\sin(2k-2)x$$

因此，可将 $S_N(x)$表达为积分形式

$$S_N(x)=\frac{2}{\pi}\int_0^x\frac{\sin 2Nt}{t}\mathrm{d}t$$

在间断点 $x=\frac{\pi}{2N}$，

$$\lim_{N\to\infty}S_N\left(\frac{\pi}{2N}\right)=\frac{2}{\pi}\int_0^{\pi}\frac{\sin\xi}{\xi}\mathrm{d}\xi=1.1789797$$

由分析可知，误差项在间断点处取极大值，特别是 $N\to\infty$，有

$$R(x)=f(x)-S(x)=1-\frac{2}{\pi}\int_0^{\pi}\frac{\sin\xi}{\xi}\mathrm{d}\xi$$
$$=1-1.1789797\cdots=-0.1789797\cdots$$

也就是说，即使当 $N\to\infty$，$x\to x_k\pm 0$（x_k 为间断点），而 $R(x)$趋于非零值，即误差总是存在的. 在间断点 $f(x)$的傅里叶级数之和越过（overshoot）这函数 $f(x)$的值，超出幅度约为 18%，这种现象称为吉布斯现象. 这是由于 J. W. Gibbs（1839～1903）

第一个向“Nature”杂志投稿，发表了他的研究结果，解释了这一现象. 因此后来就将部分和在间断点附近的异常行为称为吉布斯现象.

9.3.5 偶函数和奇函数

如果周期函数为奇函数或偶函数，则傅里叶级数具有如下鲜明的特征：

(1) 奇函数

奇函数 $G(x)$ 的特征是

$$G(x) = -G(-x) \tag{9.3.10}$$

因此，由系数公式(9.2.10)，得

$$a_k = \frac{1}{l}\int_{-l}^{l} G(\xi)\cos\frac{k\pi}{l}\xi\, d\xi \equiv 0 \quad (k = 0,1,2,\cdots)$$

及

$$b_k = \frac{1}{l}\int_{-l}^{l} G(\xi)\sin\frac{k\pi}{l}\xi\, d\xi = \frac{2}{l}\int_{0}^{l} G(\xi)\sin\frac{k\pi}{l}\xi\, d\xi \quad (k = 1,2,\cdots)$$

所以，奇函数 $G(x)$ 的傅里叶级数为

$$G(x) = \sum_{k=1}^{\infty} b_k \sin\frac{k\pi}{l}x \tag{9.3.11}$$

由正弦函数的性质可知，在 $x=0$ 与 $x=l$ 两端，级数收敛到零，于是

$$G(0) = G(l) = 0 \tag{9.3.12}$$

综合上述，奇函数的傅里叶级数的特征是：级数中只含正弦项，且在 $x=0$ 及 $x=l$ 两端，级数收敛到零.

(2) 偶函数

偶函数 $F(x)$ 的特征是

$$F(x) = F(-x) \tag{9.3.13}$$

因此，由系数公式(9.2.10)，得

$$b_k = \frac{1}{l}\int_{-l}^{l} F(\xi)\sin\frac{k\pi}{l}\xi\, d\xi \equiv 0 \quad (k = 1,2,3,\cdots)$$

及

$$a_k = \frac{1}{l}\int_{-l}^{l} F(\xi)\cos\frac{k\pi}{l}\xi\, d\xi = \frac{2}{l}\int_{0}^{l} F(\xi)\cos\frac{k\pi}{l}\xi\, d\xi \quad (k = 0,1,2,\cdots)$$

所以，偶函数 $F(x)$ 的傅里叶级数为

$$F(x) = \frac{a_0}{2} + \sum_{k=1}^{\infty} a_k \cos\frac{k\pi}{l}x \tag{9.3.14}$$

由余弦级数的性质可知，在 $x=0$ 及 $x=l$ 两端，级数的导数（设可微分）收敛到零，于是

$$F'(0) = 0, \quad F'(l) = 0 \tag{9.3.15}$$

综合上述,偶函数的傅里叶级数的特征是:级数中只含余弦项,且在 $x=0$ 及 $x=l$ 两端,级数的导数收敛到零.

9.4　傅里叶级数的应用

9.4.1　应用举例

在电路分析中常常要将信号函数展开成傅里叶函数.但变量常用时间 t 表示,周期用 T 表示,因此傅里叶级数具有如下形式

$$f(t)=\frac{a_0}{2}+\sum_{k=1}^{\infty}\left(a_k\cos\frac{2k\pi}{T}t+b_k\sin\frac{2k\pi}{T}t\right) \tag{9.4.1}$$

此外,通常还用到一个物理量——角频率 ω,其定义为

$$\omega=\frac{2\pi}{T}=2\pi\nu$$

于是式(9.4.1)又可写成

$$f(t)=\frac{a_0}{2}+\sum_{k=1}^{\infty}(a_k\cos k\omega t+b_k\sin k\omega t) \tag{9.4.2}$$

1. 为设计放大器提供依据

例如电路中常常使用图 9.3 所示的矩形波及图 9.2 所示的锯齿波.对于矩形波

$$f(t)=\begin{cases}E_0 & \left(0<t<\dfrac{T}{2}\right)\\ -E_0 & \left(-\dfrac{T}{2}<t<0\right)\end{cases}$$

其傅里叶展开式为

$$f(t)=\frac{4E_0}{\pi}\left(\frac{\sin\omega t}{1}+\frac{1}{3}\sin3\omega t+\frac{1}{5}\sin5\omega t+\cdots\right)$$

其中系数和$\dfrac{1}{k}$成正比,因此随着谐波次数的增高,幅度迅速减小.一般来说,在 10 次谐波以后,就认为幅度已相当小,可以略去不计.因此在设计矩形波放大器时,要求它的通频带宽度约为矩形脉冲的 10 倍.若扫描矩形波频率为 60Hz,则要求放大器通频带度为 600Hz 就可以了.电视机及示波器中常用扫描锯齿波,也可作出与上述相同的分析.

2. 频谱分析

为了将交流电流变为直流电流,可以利用下面的整流电路(图 9.4).

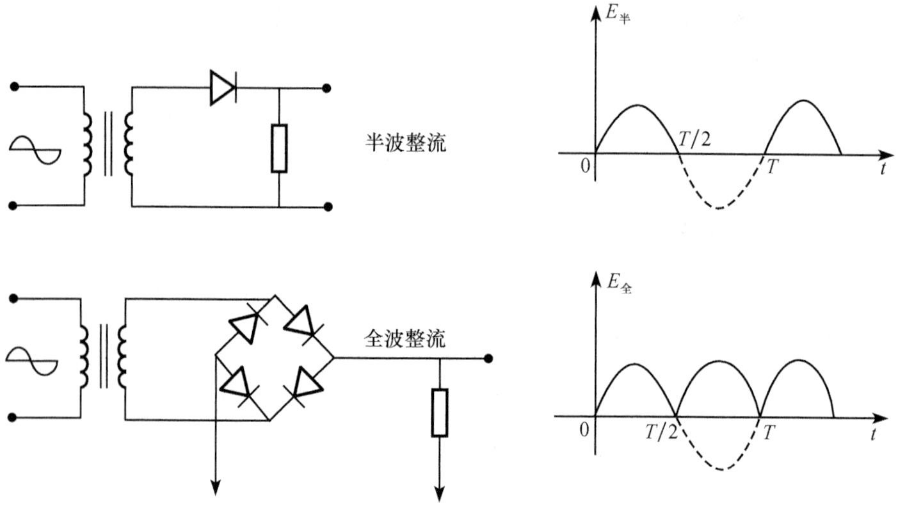

图 9.4

(a) 半波整流

半波整流的输出电压为

$$E_{半}=\begin{cases}0 & \left(-\dfrac{T}{2}<t<0\right)\\ E_0\sin\omega t & \left(0<t<\dfrac{T}{2}\right)\end{cases}$$

其傅里叶级数为

$$E_{半}=\frac{E_0}{\pi}+\frac{E_0}{2}\sin\omega t+\frac{2E_0}{\pi}\sum_{n=1}^{\infty}\frac{1}{[1-(2n)^2]}\cos(2n\omega t)$$

(b) 全波整流

全波整流的输出电压为

$$E_{全}=E_0\mid\sin\omega t\mid=\begin{cases}-E_0\sin\omega t & \left(-\dfrac{T}{2}<t<0\right)\\ +E_0\sin\omega t & \left(0<t<\dfrac{T}{2}\right)\end{cases}$$

其傅里叶级数为

$$E_{全}=\frac{2E_0}{\pi}+\frac{4E_0}{\pi}\sum_{n=1}^{\infty}\frac{1}{[1-(2n)^2]}\cos(2n\omega t)$$

图 9.5 是这两波形的频谱分析图，即以频率为横坐标，以振幅为纵坐标来描述信号的动态特征. 由图 9.5 可知

(1) 全波整流的直流分量(常数项)比半波整流大一倍，因此整流效果较好.

(2) 全波整流中没有基频分量($n=1$，即与电源频率相同的项)，而半波整流却

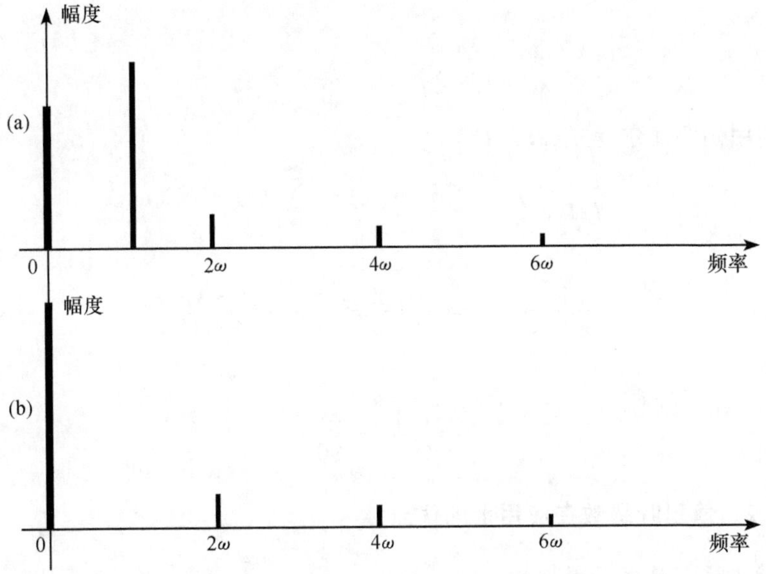

图 9.5

存在这一分量，并且幅度比直流分量还大. 特别是这一项属于低频，很难除掉.

(3) 全波整流中的倍频分量比相应的半波整流分量大一倍，但这些高频分量很容易采用滤波电路来去掉，所以不存在问题.

频谱分析不仅可应用于电路，而且可应用于无线电波、光波以及声波等. 由此可见它在现代技术中的实用价值了.

3. 计算无穷级数的和

例如，设周期为 2π 的某函数 $f(x)$，其在一个周期上的表达式为

$$f(x) = x^2 \quad (-\pi < x < \pi)$$

由于 $f(x)$是偶函数，所以它的傅里叶级数只有余弦项

$$a_0 = \frac{1}{\pi}\int_{-\pi}^{\pi} x^2 \mathrm{d}x = \frac{2\pi^2}{3}$$

$$a_k = \frac{2}{\pi}\int_{0}^{\pi} x^2 \cos kx \mathrm{d}x = \frac{2}{\pi}(-1)^k \frac{2\pi}{k^2} = (-1)^k \frac{4}{k^2} \quad (k = 1,2,\cdots)$$

因此，$f(x)$的傅里叶级数为

$$x^2 = \frac{\pi^2}{3} + 4\sum_{k=1}^{\infty}(-1)^k \frac{1}{k^2}\cos kx \quad (-\pi < x < \pi)$$

令 $x=\pi$，且利用 $\cos k\pi=(-1)^k$，所以

$$\pi^2 = \frac{\pi^2}{3} + 4\sum_{k=1}^{\infty}\frac{1}{k^2}$$

因此,得

$$\sum_{k=1}^{\infty}\frac{1}{k^2}=\frac{\pi^2}{6}$$

若利用帕塞瓦尔等式(9.2.13)

$$\frac{1}{l}\int_{-l}^{l}[f(x)]^2\mathrm{d}x=\frac{a_0^2}{2}+\sum_{k=1}^{\infty}(a_k^2+b_k^2)$$

则

$$\frac{1}{\pi}\int_{-\pi}^{\pi}x^4\mathrm{d}x=\frac{1}{2}\left(\frac{2}{3}\pi^2\right)^2+16\sum_{k=1}^{\infty}\frac{1}{k^4}$$

整理后得

$$\sum_{k=1}^{\infty}\frac{1}{k^4}=\frac{\pi^4}{90}$$

9.4.2 傅里叶级数在应用上的优点

1. 能表示不连续函数

电路中很多常用的脉冲波形(如矩形波)的函数是不太容易用数学式子来表达的.因为这些函数不是解析的(不是无限次连续可微的),所以这样的函数不能展成泰勒级数,但这样的函数可以用傅里叶级数来表示.

2. 能表示周期函数

但必须注意原函数在整个区间有定义,在基本区间之外有

$$f(x+T)=f(x)$$

这样的函数是能用傅里叶级数来表示的.但若在基本区间之外无定义,那么傅里叶展开式在这种情况下就不是唯一的(见 9.5).

3. 能对任意函数作调和分析

例如,求施加周期性强迫力的振动系统的响应或施加周期性电压的电路内的电流时,把强迫力(或外电压)分解成简单的三角函数组合形式(即傅里叶级数),这样,就很容易分别求出各分量(三角函数)的响应.然后再将这一些响应叠加起来,就可求得相应于任意外部干扰的系统响应.

9.5 有限区间上的函数的傅里叶级数

现在函数 $f(x)$定义在$[0,l]$区间上,而在端点和端点之外没有定义.让我们先来考察下面的函数(图 9.6(a))

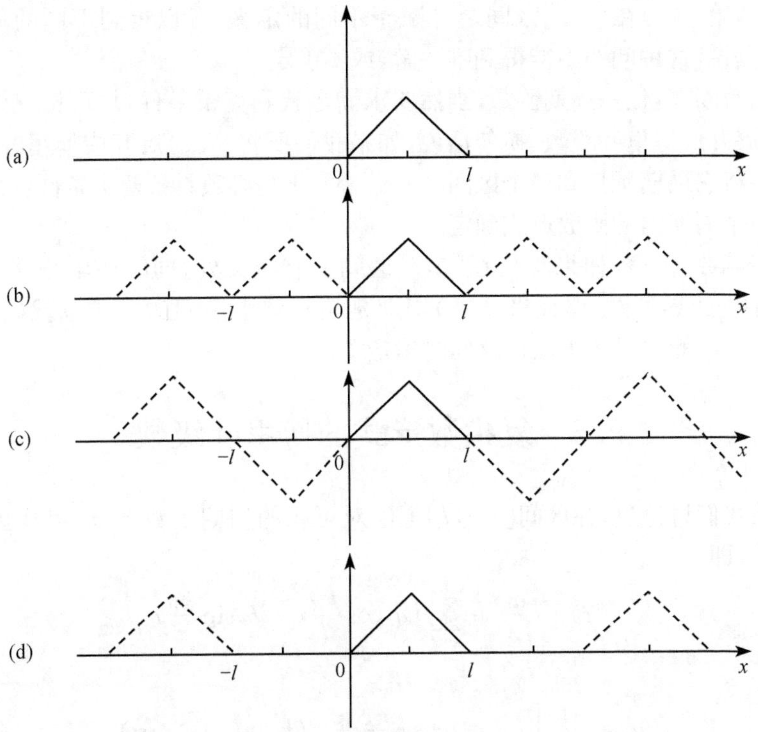

图 9.6

$$f(x)=\begin{cases}\dfrac{2a}{l}x & \left(0<x<\dfrac{l}{2}\right)\\ \dfrac{2a}{l}(l-x) & \left(\dfrac{l}{2}<x<l\right)\end{cases}$$

并将它展开成傅里叶级数.其具体形式,随函数 $f(x)$在$[0,l]$区间之外的定义不同而异.现分别叙述如下:

(1) 当函数 $f(x)$延拓成如图 9.6(b)所示的偶函数时,其傅里叶级数为

$$f(x)=\frac{a}{2}-\frac{16a}{\pi}\left[\frac{1}{2^2}\cos\frac{2\pi}{l}x+\frac{1}{6^2}\cos\frac{6\pi}{l}x+\cdots\right]$$

(2) 当函数 $f(x)$延拓成如图 9.6(c)所示的奇函数时,其傅里叶级数为

$$f(x)=\frac{8a}{\pi^2}\left[\frac{1}{1^2}\sin\frac{\pi}{l}x-\frac{1}{3^2}\sin\frac{3\pi}{l}x+\frac{1}{5^2}\sin\frac{5\pi}{l}x\cdots\right]$$

(3) 当函数 $f(x)$延拓成如图 9.6(d)所示的负侧为零的函数时,其傅里叶级数为

$$f(x)=\frac{a}{4}-\frac{8a}{\pi^2}\left[\frac{1}{2^2}\cos\frac{2\pi}{l}x+\frac{1}{6^2}\cos\frac{6\pi}{l}x+\cdots\right]$$
$$+\frac{4a}{\pi^2}\left[\frac{1}{1^2}\sin\frac{\pi}{l}x-\frac{1}{3^2}\sin\frac{3\pi}{l}x+\cdots\right]$$

由此可见，给 $f(x)$ 在 $[0,l]$ 区间之外赋予不同的定义，可以得到不同的傅里叶级数. 也就是说，这种问题不能得到唯一解，或不确定.

以前曾断言，任一周期函数（当然要求满足狄利克雷条件）均可按三角函数系(9.1.2)展开成傅里叶级数. 换句话说，如果我们要将 $f(x)$ 展开成傅里叶级数，就意味着要将它周期延拓到整个区间 $[-\infty,\infty]$. 于是必须具备两个条件：(1)周期确定；(2)一个周期内的函数形式确定.

对于函数 $f(x)$，如果除了在 $[0,l]$ 区间上有定义外，同时还给出了 $x=0$ 与 $x=l$ 两端的边界条件，那么将 $f(x)$ 周期延拓到整个区间的方式也就确定了. 因此，函数 $f(x)$ 的傅里叶级数也就同时确定了.

9.6 复指数形式的傅里叶级数

以前我们讨论过，在区间 $[-l,l]$ 上绝对可积的周期函数 $f(x)$ 可作出它的傅里叶级数，即

$$f(x)=\frac{a_0}{2}+\sum_{k=1}^{\infty}\left(a_k\cos\frac{k\pi}{l}x+b_k\sin\frac{k\pi}{l}x\right) \tag{9.6.1}$$

式中

$$a_k=\frac{1}{l}\int_{-l}^{l}f(\xi)\cos\frac{k\pi}{l}\xi\,\mathrm{d}\xi\quad(k=0,1,2,\cdots) \tag{9.6.2a}$$

$$b_k=\frac{1}{l}\int_{-l}^{l}f(\xi)\sin\frac{k\pi}{l}\xi\,\mathrm{d}\xi\quad(k=1,2,\cdots) \tag{9.6.2b}$$

利用欧拉公式

$$\cos\theta=\frac{1}{2}(\mathrm{e}^{\mathrm{i}\theta}+\mathrm{e}^{-\mathrm{i}\theta}),\quad \sin\theta=\frac{1}{2\mathrm{i}}(\mathrm{e}^{\mathrm{i}\theta}-\mathrm{e}^{-\mathrm{i}\theta}) \tag{9.6.3}$$

可将式(9.6.1)改写成

$$f(x)=\frac{a_0}{2}+\sum_{k=1}^{\infty}\left[\frac{(a_k-\mathrm{i}b_k)}{2}\mathrm{e}^{\mathrm{i}\frac{k\pi}{l}x}+\frac{(a_k+\mathrm{i}b_k)}{2}\mathrm{e}^{-\mathrm{i}\frac{k\pi}{l}x}\right] \tag{9.6.4}$$

若令

$$c_0=\frac{a_0}{2},\quad c_k=\frac{a_k-\mathrm{i}b_k}{2},\quad c_{-k}=\frac{a_k+\mathrm{i}b_k}{2}\quad(k=1,2,3,\cdots) \tag{9.6.5}$$

则

$$f(x)=\sum_{k=-\infty}^{\infty}c_k\mathrm{e}^{\mathrm{i}\frac{k\pi}{l}x} \tag{9.6.6}$$

式中

$$c_k=\frac{1}{2l}\int_{-l}^{l}f(\xi)\mathrm{e}^{-\mathrm{i}\frac{k\pi}{l}\xi}\mathrm{d}\xi \tag{9.6.7}$$

事实上，函数系 $\{\mathrm{e}^{\mathrm{i}\frac{k\pi}{l}x}\}(k=0,\pm1,\pm2,\cdots)$ 在 $[-l,l]$ 区间上也构成完备正交系，因

为它们不过是余弦和正弦三角函数的重新组成而已. 复变函数系仅在正交性定义上略有不同,即将原来的正交性定义

$$\int_a^b \varphi_i(x)\varphi_j(x)\mathrm{d}x\begin{cases}\neq 0 & (i=j)\\ =0 & (i\neq j)\end{cases}$$

改成

$$\int_a^b \varphi_i^*(x)\varphi_j(x)\mathrm{d}x\begin{cases}\neq 0 & (i=j)\\ =0 & (i\neq j)\end{cases}$$

其中 $\varphi_i^*(x)$是 $\varphi_i(x)$的共轭复数.

由 c_k 和 a_k 与 b_k 之间的关系式(6.7.5)可知 $c_k=(c_{-k})^*$,即系数 c_k 和 c_{-k}互为共轭复数.

9.7　傅里叶展开与罗朗展开的联系

若 $f(z)$在环 $1-\varepsilon<|z|<1+\varepsilon$ 内解析,其罗朗级数为

$$f(z)=\sum_{k=-\infty}^{\infty} c_k z^k,\quad c_k=\frac{1}{2\pi}\oint_{|z|=1}\frac{f(z)}{z^{k+1}}\mathrm{d}z \tag{9.7.1}$$

而 $\varphi(\theta)$在区间$[0,2\pi]$连续,且为 2π 的周期函数,其傅里叶级数为

$$\varphi(\theta)=\sum_{k=-\infty}^{\infty} c_k \mathrm{e}^{\mathrm{i}k\theta},\quad c_k=\frac{1}{2\pi}\int_0^{2\pi}\varphi(\theta)\mathrm{e}^{-\mathrm{i}k\theta}\mathrm{d}\theta \tag{9.7.2}$$

若将式(9.7.1)系数 c_k 的积分中的 z 代换成 $z=\mathrm{e}^{\mathrm{i}\theta}$,就会发现上面二式中的 c_k 是一致的. 特别是 $\varphi(\theta)$为 $\cos\theta$ 与 $\sin\theta$ 的有理函数时,为了求 $\varphi(\theta)$的傅里叶级数,先将 $\varphi(\theta)$通过代换 $z=\mathrm{e}^{\mathrm{i}\theta}$变成 $f(z)$的函数,再将 $f(z)$进行罗朗展开,最后通过代换 $z=\mathrm{e}^{\mathrm{i}\theta}$,就可得到 $\varphi(\theta)$的傅里叶级数.

例 9.7.1　求 $\varphi(\theta)=\dfrac{1}{1-2a\cos\theta+a^2}(a<1)$的傅里叶级数.

解　在 $\varphi(\theta)$中,令 $z=\mathrm{e}^{\mathrm{i}\theta}$, $\cos\theta=\dfrac{z+z^{-1}}{2}$,得

$$f(z)=\frac{1}{1-a(z+z^{-1})+a^2}=\frac{z}{-a(1-az)\left(1-\dfrac{z}{a}\right)}$$

$$=\frac{1}{1-a^2}\left[\frac{1}{1-az}-\frac{1}{1-\dfrac{z}{a}}\right]$$

因为

$$a<1-\varepsilon<|z|<1+\varepsilon<\frac{1}{a}$$

所以

$$az<1 \quad 及 \quad \frac{a}{z}<1$$

$$\frac{1}{1-az}=1+az+(az)^2+\cdots$$

$$-\frac{1}{1-\frac{z}{a}}=\frac{\frac{a}{z}}{1-\frac{a}{z}}=\left(\frac{a}{z}\right)+\left(\frac{a}{z}\right)^2+\cdots$$

于是

$$f(z)=\frac{1}{1-a^2}\left\{1+a\left(z+\frac{1}{z}\right)+\cdots+a^k\left[z^k+\left(\frac{1}{z}\right)^k\right]+\cdots\right\}$$

上式中令 $z=e^{i\theta}$，得 $\varphi(\theta)$ 的傅里叶级数

$$\varphi(\theta)=\frac{1}{1-a^2}\left[1+2\sum_{k=1}^{\infty}a^k\cos k\theta\right] \quad (a<1)$$

同理可得

$$\varphi(\theta)=\frac{1}{a^2-1}\left[1+2\sum_{k=1}^{\infty}\frac{1}{a^k}\cos k\theta\right] \quad (a>1)$$

9.8 傅里叶积分与变换

9.8.1 傅里叶积分

本节内容与 9.5 不同，在那里函数仅在 $(0,l)$ 上有定义，而 $(0,l)$ 外没有定义. 而本节中要讨论的函数 $f(x)$ 在整个区间 $[-\infty,\infty]$ 上都有定义，且明确它是一个非周期函数. 但是，我们可以将它看作是由某个周期函数 $g_L(x)$，当 $L\to\infty$ 时的极限情形. 为此，我们这样来定义函数 $g_L(x)$：在 $[-L,L]$ 区间内，令

$$g_L(x)=f(x) \quad (-L<x<L) \tag{9.8.1}$$

然后以 $2L$ 为周期延拓到整个区间 $[-\infty,\infty]$ 上. 于是 $g_L(x)$ 的傅里叶级数为

$$g_L(x)=\frac{a_0}{2}+\sum_{k=1}^{\infty}\left(a_k\cos\frac{k\pi}{L}x+b_k\sin\frac{k\pi}{L}x\right) \tag{9.8.2}$$

其中

$$a_k=\frac{1}{L}\int_{-L}^{L}f(\xi)\cos\frac{k\pi}{L}\xi\,d\xi \quad (k=0,1,2,\cdots) \tag{9.8.3a}$$

及

$$b_k=\frac{1}{L}\int_{-L}^{L}f(\xi)\sin\frac{k\pi}{L}\xi\,d\xi \quad (k=1,2,3,\cdots) \tag{9.8.3b}$$

将式(9.8.3)代入(9.8.2)中，得

$$g_L(x) = \frac{1}{2L}\int_{-L}^{L} f(\xi)\mathrm{d}\xi + \frac{1}{L}\sum_{k=1}^{\infty}\int_{-L}^{L} f(\xi)\cos\frac{k\pi}{L}(x-\xi)\mathrm{d}\xi \tag{9.8.4}$$

令　$\omega_k = \frac{k\pi}{L}$，$\Delta\omega = \omega_{k+1} - \omega_k = \frac{\pi}{L}$，当 $L\to\infty$ 时，求和变成积分

$$\lim_{L\to\infty} g_L(x) = \frac{1}{\pi}\int_0^{\infty}\mathrm{d}\omega\int_{-\infty}^{\infty} f(\xi)\cos\omega(x-\xi)\mathrm{d}\xi \tag{9.8.5}$$

从式(9.8.4)到式(9.8.5)，删除了(9.8.4)右端第一项，因为 $f(x)$ 满足绝对可积的要求.

当 $L\to\infty$ 时，$g_L(x)$ 的极限是否会给出预期的结果 $f(x)$？决定于如下积分

$$\frac{1}{\pi}\int_0^{\infty}\mathrm{d}\omega\int_{-\infty}^{\infty} f(\xi)\cos\omega(x-\xi)\mathrm{d}\xi \tag{9.8.6}$$

是否收敛？收敛到什么函数？因为

$$\left|\int_{-\infty}^{\infty} f(\xi)\cos\omega(x-\xi)\mathrm{d}\xi\right| \leqslant \int_{-\infty}^{\infty} |f(\xi)|\mathrm{d}\xi \tag{9.8.7}$$

由于上式右端收敛，所以左端绝对一致收敛，因此，式(9.8.6)可以交换积分的次序，

$$\begin{aligned}
&\frac{1}{\pi}\int_0^{\infty}\mathrm{d}\omega\int_{-\infty}^{\infty} f(\xi)\cos\omega(x-\xi)\mathrm{d}\xi \\
&= \frac{1}{\pi}\int_{-\infty}^{\infty} f(\xi)\left[\lim_{N\to\infty}\int_0^{N}\cos\omega(x-\xi)\mathrm{d}\omega\right]\mathrm{d}\xi \\
&= \int_{-\infty}^{\infty} f(\xi)\left[\lim_{N\to\infty}\frac{\sin N(x-\xi)}{\pi(x-\xi)}\right]\mathrm{d}\xi \\
&= \int_{-\infty}^{\infty} f(\xi)\delta(x-\xi)\mathrm{d}\xi = \frac{1}{2}[f(x+0)+f(x-0)]
\end{aligned} \tag{9.8.8}$$

上式证明了，当 $L\to\infty$ 时，$g_L(x)$ 平均收敛到 $f(x)$. 因此，

$$f(x) = \frac{1}{\pi}\int_0^{\infty}\mathrm{d}\omega\int_{-\infty}^{\infty} f(\xi)\cos\omega(x-\xi)\mathrm{d}\xi \tag{9.8.9}$$

9.8.2　傅里叶变换

可以把式(9.8.9)的傅里叶积分表示为复数形式. 为此，利用欧拉公式

$$\cos\omega(\xi - x) = \frac{1}{2}[\mathrm{e}^{\mathrm{i}\omega(\xi-x)} + \mathrm{e}^{-\mathrm{i}\omega(\xi-x)}]$$

将式(9.8.8)改写成

$$f(x) = \frac{1}{2\pi}\int_0^{\infty}\int_{-\infty}^{\infty} f(\xi)\mathrm{e}^{\mathrm{i}\omega(\xi-x)}\mathrm{d}\xi\mathrm{d}\omega + \frac{1}{2\pi}\int_0^{\infty}\int_{-\infty}^{\infty} f(\xi)\mathrm{e}^{-\mathrm{i}\omega(\xi-x)}\mathrm{d}\xi\mathrm{d}\omega$$

把上面等式右端第一个积分的积分变量由 ω 变成 $-\omega$，就得到

$$f(x) = \frac{1}{\sqrt{2\pi}}\int_{-\infty}^{\infty}\left[\frac{1}{\sqrt{2\pi}}\int_{-\infty}^{\infty} f(\xi)\mathrm{e}^{-\mathrm{i}\omega\xi}\mathrm{d}\xi\right]\mathrm{e}^{+\mathrm{i}\omega x}\mathrm{d}\omega \tag{9.8.10}$$

现在让我们定义一函数 $F(\omega)$，它称为 $f(x)$ 的傅里叶变换，其表示为

$$F(\omega)=\frac{1}{\sqrt{2\pi}}\int_{-\infty}^{\infty}f(\xi)\mathrm{e}^{-\mathrm{i}\omega\xi}\mathrm{d}\xi \tag{9.8.11a}$$

而其逆变换为

$$f(x)=\frac{1}{\sqrt{2\pi}}\int_{-\infty}^{\infty}F(\omega)\mathrm{e}^{+\mathrm{i}\omega x}\mathrm{d}\omega \tag{9.8.11b}$$

以上两式又称为对称型的傅里叶变换. 其实并不完全对称,因为两式中的 i 前的符号仍不同.

(a) 若 $f(x)$是偶函数,我们用 $f_c(x)$表示,则有

$$f_c(x)=f_c(-x)$$

因此

$$\begin{aligned}F_c(\omega)&=\frac{1}{\sqrt{2\pi}}\int_{-\infty}^{\infty}f_c(\xi)(\cos\omega\xi+\mathrm{i}\sin\omega\xi)\mathrm{d}\xi\\&=\sqrt{\frac{2}{\pi}}\int_0^{\infty}f_c(\xi)\cos\omega\xi\,\mathrm{d}\xi\end{aligned} \tag{9.8.12a}$$

类似地,由于 $\cos\omega\xi$ 是 ω 的偶函数,所以 $F_c(\omega)$也是 ω 的偶函数,则

$$f_c(x)=\sqrt{\frac{2}{\pi}}\int_0^{\infty}F_c(\omega)\cos\omega x\,\mathrm{d}\omega \tag{9.8.12b}$$

式(9.8.12a)及(9.8.12b)称为傅里叶余弦变换及其逆变换.

(b) 若 $f(x)$是奇函数,我们用 $f_s(x)$表示,则有

$$f_s(x)=-f_s(-x)$$

类似上述推导,可得

$$F_s(\omega)=\sqrt{\frac{2}{\pi}}\int_0^{\infty}f_s(\xi)\sin\omega\xi\,\mathrm{d}\xi \tag{9.8.13a}$$

及

$$f_s(x)=\sqrt{\frac{2}{\pi}}\int_0^{\infty}F_s(\omega)\sin\omega x\,\mathrm{d}\omega \tag{9.8.13b}$$

式(9.8.13a)及(9.8.13b)称为傅里叶正弦变换及其逆变换.

若引入三维空间的基矢,$\boldsymbol{r}=x\boldsymbol{e}_x+y\boldsymbol{e}_y+z\boldsymbol{e}_z$,和 $\boldsymbol{k}=k_x\boldsymbol{e}_x+k_y\boldsymbol{e}_y+k_z\boldsymbol{e}_z$.

$\mathrm{d}\boldsymbol{r}=\mathrm{d}x\mathrm{d}y\mathrm{d}z$,$\mathrm{d}\boldsymbol{k}=\mathrm{d}k_x\mathrm{d}k_y\mathrm{d}k_z$,则上述傅里叶变换可推广到三维空间.

$$F(\boldsymbol{k})=\frac{1}{(2\pi)^{\frac{3}{2}}}\iiint f(\boldsymbol{r})\mathrm{e}^{-\mathrm{i}\boldsymbol{k}\cdot\boldsymbol{r}}\mathrm{d}\boldsymbol{r} \tag{9.8.14a}$$

$$f(\boldsymbol{r})=\frac{1}{(2\pi)^{\frac{3}{2}}}\iiint F(\boldsymbol{k})\mathrm{e}^{\mathrm{i}\boldsymbol{k}\boldsymbol{r}}\mathrm{d}\boldsymbol{k} \tag{9.8.14b}$$

以及如下变换公式,

$$\mathscr{F}(f(\boldsymbol{r}-\boldsymbol{a}))=\mathrm{e}^{\mathrm{i}\boldsymbol{k}\boldsymbol{a}}F(\boldsymbol{k})$$

$$\mathscr{F}(\boldsymbol{\nabla}f(\boldsymbol{r}))=\mathrm{i}\boldsymbol{k}F(\boldsymbol{k})$$

$$\mathscr{F}(\nabla^2 f(\boldsymbol{r})) = -\boldsymbol{k}^2 F(\boldsymbol{k})$$

$$\mathscr{F}(\nabla \times \vec{f}(\boldsymbol{r})) = \mathrm{i}\boldsymbol{k} \times \vec{F}(\boldsymbol{k})$$

……

若引入四维空间的基矢，定义 $k_4 = \mathrm{i}\omega, x_4 = \mathrm{i}t$，则

$$\boldsymbol{k} \cdot \boldsymbol{x} = \sum_{\mu=1}^{4} k_\mu x_\mu = \boldsymbol{k} \cdot \boldsymbol{r} - \omega t,$$

$$\mathrm{d}^4 x = \mathrm{d}\boldsymbol{r}\mathrm{d}t = \mathrm{d}x\mathrm{d}y\mathrm{d}z\mathrm{d}t, \quad \mathrm{d}^4 k = \mathrm{d}\boldsymbol{k}\mathrm{d}\omega = \mathrm{d}k_x \mathrm{d}k_y \mathrm{d}k_z \mathrm{d}\omega$$

$$F(\boldsymbol{k},\boldsymbol{\omega}) = \frac{1}{(2\pi)^{\frac{4}{2}}} \iiiint f(\boldsymbol{r},t) \mathrm{e}^{-\mathrm{i}(\boldsymbol{k}\cdot\boldsymbol{r}-\omega t)} \mathrm{d}\boldsymbol{r}\mathrm{d}t \tag{9.8.15a}$$

$$f(\boldsymbol{r},t) = \frac{1}{(2\pi)^{\frac{4}{2}}} \iiiint F(\boldsymbol{k},\omega) \mathrm{e}^{\mathrm{i}(\boldsymbol{k}\cdot\boldsymbol{r}-\omega t)} \mathrm{d}\boldsymbol{k}\mathrm{d}\omega \tag{9.8.15b}$$

以及如下变换公式：

$$\mathscr{F}\left(\frac{\partial}{\partial t} f(\boldsymbol{r},t)\right) = -\mathrm{i}\omega F(\boldsymbol{k},\omega)$$

$$\mathscr{F}(\nabla f(\boldsymbol{r},t)) = \mathrm{i}\boldsymbol{k} F(\boldsymbol{k},\omega)$$

$$\frac{1}{(2\pi)^{\frac{4}{2}}} \iiiint f_1(\boldsymbol{r}',t) f_2(\boldsymbol{r}-\boldsymbol{r}',t) \mathrm{d}\boldsymbol{r}' \doteq F_1(\boldsymbol{k},\omega) F_2(\boldsymbol{k},\omega)$$

$$f_1(\boldsymbol{r},t) f_2(\boldsymbol{r},t) \doteq \frac{1}{(2\pi)^{\frac{4}{2}}} \iiiint F_1(\boldsymbol{k}-\boldsymbol{q},\omega) F_2(\boldsymbol{q},\omega) \mathrm{d}\boldsymbol{q}$$

……等等公式.

如果将上述傅里叶变换推广到三维空间，则有

$$F(\boldsymbol{k}) = \frac{1}{(2\pi)^{\frac{3}{2}}} \iiint f(\boldsymbol{r}) \mathrm{e}^{-\mathrm{i}\boldsymbol{k}\cdot\boldsymbol{r}} \mathrm{d}^3 r \tag{9.8.14a}$$

及

$$f(\boldsymbol{r}) = \frac{1}{(2\pi)^{\frac{3}{2}}} \iiint F(\boldsymbol{k}) \mathrm{e}^{+\mathrm{i}\boldsymbol{k}\cdot\boldsymbol{r}} \mathrm{d}^3 k \tag{9.8.14b}$$

9.9　傅里叶变换的性质

今后我们称

$$F(\omega) = \frac{1}{\sqrt{2\pi}} \int_{-\infty}^{\infty} f(x) \mathrm{e}^{-\mathrm{i}\omega x} \mathrm{d}x \tag{9.9.1}$$

（其中已将式(9.8.11a)中的 ξ 变量换成 x，其结果不受影响）为 $f(x)$ 的傅里叶变换（或像函数），记为

$$F(\omega) = \mathscr{F}(f(x)) \tag{9.9.2}$$

而称

$$f(x) = \frac{1}{\sqrt{2\pi}} \int_{-\infty}^{\infty} F(\omega) \mathrm{e}^{\mathrm{i}\omega x} \mathrm{d}\omega \tag{9.9.3}$$

为 $F(\omega)$ 的傅里叶逆变换(或像原函数),记为

$$f(x)=\mathscr{F}^{-1}[F(\omega)] \tag{9.9.4}$$

为了今后叙述的方便,在讨论傅里叶变换的性质之前,我们假定下面提到的函数均满足存在傅里叶变换的条件,即

(1) 函数在任何一有限区间上满足狄利克雷条件;

(2) 函数在无限区间 $(-\infty,\infty)$ 上绝对可积.

9.9.1 线性性质

设 $F_1(\omega)=\mathscr{F}[f_1(x)]$,$F_2(\omega)=\mathscr{F}[f_2(x)]$,且 c_1 与 c_2 为常数,则

$$\mathscr{F}[c_1f_1(x)+c_2f_2(x)]=c_1F_1(\omega)+c_2F_2(\omega) \tag{9.9.5}$$

证明 因为

$$\begin{aligned}&\frac{1}{\sqrt{2\pi}}\int_{-\infty}^{\infty}[c_1f_1(x)+c_2f_2(x)]\mathrm{e}^{-\mathrm{i}\omega x}\mathrm{d}x\\&=\frac{1}{\sqrt{2\pi}}\int_{-\infty}^{\infty}c_1f_1(x)\mathrm{e}^{-\mathrm{i}\omega x}\mathrm{d}x+\frac{1}{\sqrt{2\pi}}\int_{-\infty}^{\infty}c_2f_2(x)\mathrm{e}^{-\mathrm{i}\omega x}\mathrm{d}x\\&=c_1F_1(\omega)+c_2F_2(\omega)\end{aligned}$$

9.9.2 位移性质

设 $F(\omega)=\mathscr{F}[f(x)]$,且 x_0 为实常数,则

$$\mathscr{F}[f(x\pm x_0)]=\mathrm{e}^{\pm\mathrm{i}\omega x_0}F(\omega) \tag{9.9.6}$$

证明

$$\frac{1}{\sqrt{2\pi}}\int_{-\infty}^{\infty}f(x\pm x_0)\mathrm{e}^{-\mathrm{i}\omega x}\mathrm{d}x=\frac{1}{\sqrt{2\pi}}\int_{-\infty}^{\infty}f(x\pm x_0)\mathrm{e}^{-\mathrm{i}\omega(x\pm x_0)}\mathrm{e}^{\pm\mathrm{i}\omega x_0}\mathrm{d}x$$

$$=\mathrm{e}^{\pm\mathrm{i}\omega x_0}\cdot\frac{1}{\sqrt{2\pi}}\int_{-\infty}^{\infty}f(\xi)\mathrm{e}^{-\mathrm{i}\omega\xi}\mathrm{d}\xi=\mathrm{e}^{\pm\mathrm{i}\omega x_0}F(\omega)$$

9.9.3 相似性质

设 $F(\omega)=\mathscr{F}[f(x)]$,$a$ 是实常数,且 $a\neq0$,则

$$\mathscr{F}[f(ax)]=\frac{1}{|a|}F\left(\frac{\omega}{a}\right) \tag{9.9.7}$$

证明

$$\frac{1}{\sqrt{2\pi}}\int_{-\infty}^{\infty}f(ax)\mathrm{e}^{-\mathrm{i}\omega x}\mathrm{d}x=\begin{cases}\dfrac{1}{a}\dfrac{1}{\sqrt{2\pi}}\displaystyle\int_{-\infty}^{\infty}f(x)\mathrm{e}^{-\mathrm{i}\frac{\omega}{a}x}\mathrm{d}x & (\text{当 } a>0)\\ \dfrac{-1}{a}\dfrac{1}{\sqrt{2\pi}}\displaystyle\int_{-\infty}^{\infty}f(x)\mathrm{e}^{-\mathrm{i}\frac{\omega}{a}x}\mathrm{d}x & (\text{当 } a<0)\end{cases}$$

$$=\frac{1}{|a|}\frac{1}{\sqrt{2\pi}}\int_{-\infty}^{+\infty}f(x)\mathrm{e}^{-\mathrm{i}\frac{\omega}{a}x}\mathrm{d}x=\frac{1}{|a|}F\left(\frac{\omega}{a}\right)$$

9.9.4　微分性质

如果当 $x\to+\infty$ 时，$f(x)\to 0$，又 $F(\omega)=\mathscr{F}[f(x)]$，则

$$\mathscr{F}[f'(x)]=\mathrm{i}\omega F(\omega) \tag{9.9.8}$$

证明

$$\begin{aligned}&\frac{1}{\sqrt{2\pi}}\int_{-\infty}^{\infty}f'(x)\mathrm{e}^{-\mathrm{i}\omega x}\mathrm{d}x\\&=\frac{1}{\sqrt{2\pi}}f(x)\mathrm{e}^{-\mathrm{i}\omega x}\Big|_{-\infty}^{+\infty}+\frac{1}{\sqrt{2\pi}}(\mathrm{i}\omega)\int_{-\infty}^{+\infty}f(x)\mathrm{e}^{-\mathrm{i}\omega x}\mathrm{d}x\\&=(\mathrm{i}\omega)F(\omega)\end{aligned}$$

推论　若 $\lim\limits_{|x|\to\infty}f^{(k)}(x)=0\quad(k=0,1,2,\cdots,n-1)$，则有

$$\mathscr{F}[f^{(n)}(x)]=(\mathrm{i}\omega)^nF(\omega) \tag{9.9.8a}$$

9.9.5　积分性质

设 $F(\omega)=\mathscr{F}[f(x)]$，则

$$\mathscr{F}\left[\int_{x_0}^{x}f(\xi)\mathrm{d}\xi\right]=\frac{1}{\mathrm{i}\omega}F(\omega) \tag{9.9.9}$$

证明　令

$$g(x)=\int_{x_0}^{x}f(\xi)\mathrm{d}\xi=\mathscr{F}^{-1}[G(\omega)]$$

因为 $g'(x)=f(x)$，所以

$$\mathscr{F}[g'(x)]=\mathscr{F}[f(x)]=F(\omega)$$

根据(9.9.8)，又有

$$\mathscr{F}[g'(x)]=\mathrm{i}\omega G(\omega)$$

所以 $G(\omega)=\dfrac{1}{\mathrm{i}\omega}F(\omega)$，故

$$\mathscr{F}\left[\int_{x_0}^{x}f(\xi)\mathrm{d}\xi\right]=\frac{1}{\mathrm{i}\omega}F(\omega)$$

9.9.6　卷积定理

设 $F(\omega)=\mathscr{F}[f(x)]$，$G(\omega)=\mathscr{F}[g(x)]$，则 $f(x)$ 和 $g(x)$ 在区间 $(-\infty,\infty)$ 上的卷积定义为

$$f(x)*g(x)=\int_{-\infty}^{\infty}f(x-\xi)g(\xi)\mathrm{d}\xi$$

以及

$$F(\omega)*G(\omega)=\int_{-\infty}^{\infty}F(\omega-\Omega)G(\Omega)\mathrm{d}\Omega$$

则

$$\mathscr{F}[f(x) * g(x)] = \sqrt{2\pi}F(\omega)G(\omega) \tag{9.9.10a}$$

以及

$$\mathscr{F}[\sqrt{2\pi}f(x)g(x)] = F(\omega) * G(\omega) \tag{9.9.10b}$$

证明　我们先来求

$$\frac{1}{\sqrt{2\pi}}\int_{-\infty}^{\infty} f(x-\xi)g(\xi)\mathrm{d}\xi$$

的傅里叶变换

$$\frac{1}{\sqrt{2\pi}}\int_{-\infty}^{\infty}\left[\frac{1}{\sqrt{2\pi}}\int_{-\infty}^{\infty} f(x-\xi)g(\xi)\mathrm{d}\xi\right]\mathrm{e}^{-\mathrm{i}\omega x}\mathrm{d}x$$

$$=\frac{1}{\sqrt{2\pi}}\int_{-\infty}^{\infty} g(\xi)\mathrm{e}^{-\mathrm{i}\omega\xi}\mathrm{d}\xi\left[\frac{1}{\sqrt{2\pi}}\int_{-\infty}^{\infty} f(x-\xi)\mathrm{e}^{-\mathrm{i}\omega(x-\xi)}\mathrm{d}x\right]$$

（作变换令 $\eta = x-\xi$，得）

$$=\frac{1}{\sqrt{2\pi}}\int_{-\infty}^{\infty} g(\xi)\mathrm{e}^{-\mathrm{i}\omega\xi}\mathrm{d}\xi\left[\frac{1}{\sqrt{2\pi}}\int_{-\infty}^{\infty} f(\eta)\mathrm{e}^{-\mathrm{i}\omega\eta}\mathrm{d}\eta\right]$$

$$= F(\omega)G(\omega)$$

同理可证(9.9.10b).

9.9.7　乘积定理

设 $F_1(\omega)=\mathscr{F}[f_1(x)]$，$F_2(\omega)=\mathscr{F}[f_2(x)]$，则

$$\int_{-\infty}^{\infty} f_1(x)f_2(x)\mathrm{d}x = \int_{-\infty}^{\infty} F_1^*(\omega)F_2(\omega)\mathrm{d}\omega = \int_{-\infty}^{\infty} F_1(\omega)F_2^*(\omega)\mathrm{d}\omega \tag{9.9.11}$$

其中 $F_1^*(\omega)$，$F_2^*(\omega)$分别为 $F_1(\omega)$，$F_2(\omega)$的共轭复数.

证明　因为

$$\int_{-\infty}^{\infty} f_1(x)f_2(x)\mathrm{d}x=\int_{-\infty}^{\infty} f_1(x)\left[\frac{1}{\sqrt{2\pi}}\int_{-\infty}^{\infty} F_2(\omega)\mathrm{e}^{+\mathrm{i}\omega x}\mathrm{d}\omega\right]\mathrm{d}x$$

$$=\frac{1}{\sqrt{2\pi}}\int_{-\infty}^{\infty} F_2(\omega)\left[\int_{-\infty}^{\infty} f_1(x)\mathrm{e}^{+\mathrm{i}\omega x}\mathrm{d}x\right]\mathrm{d}\omega$$

又因 $f_1(x)$是 x 的实函数，而 $\mathrm{e}^{+\mathrm{i}\omega x}=(\mathrm{e}^{-\mathrm{i}\omega x})^*$，所以

$$f_1(x)\mathrm{e}^{+\mathrm{i}\omega x} = f_1(x)(\mathrm{e}^{-\mathrm{i}\omega x})^* = (f_1(x)\mathrm{e}^{-\mathrm{i}\omega x})^*$$

于是

$$\int_{-\infty}^{\infty} f_1(x)f_2(x)\mathrm{d}x=\int_{-\infty}^{\infty} F_2(\omega)\left[\frac{1}{\sqrt{2\pi}}\int_{-\infty}^{\infty}(f_1(x)\mathrm{e}^{-\mathrm{i}\omega x})^*\mathrm{d}x\right]\mathrm{d}\omega$$

$$=\int_{-\infty}^{\infty} F_2(\omega)F_1^*(\omega)\mathrm{d}\omega$$

同理可证

$$\int_{-\infty}^{\infty} f_1(x) f_2(x) \mathrm{d}x = \int_{-\infty}^{\infty} F_1(\omega) F_2^*(\omega) \mathrm{d}\omega$$

9.9.8 能量积分

设 $F(\omega)=\mathscr{F}[f(x)]$，则

$$\int_{-\infty}^{\infty} [f(x)]^2 \mathrm{d}x = \int_{-\infty}^{\infty} |F(\omega)|^2 \mathrm{d}\omega \tag{9.9.12}$$

上式又称为帕塞瓦尔等式.

证明 在式(9.8.11)中，令 $f_1(x)=f_2(x)=f(x)$，即得所证.

9.9.9 相关函数

定义两个不同函数 $f_1(t)$，$f_2(t)$的互相关函数为

$$R_{12}(\tau) = \int_{-\infty}^{\infty} f_1(t) f_2(t+\tau) \mathrm{d}\tau \tag{9.9.13}$$

当 $f_1(t)=f_2(t)=f(t)$时，则称

$$R(\tau) = \int_{-\infty}^{\infty} f(t) f(t+\tau) \mathrm{d}\tau \tag{9.9.14}$$

为函数 $f(t)$的自相关函数. 可证明它是偶函数，即

$$R(\tau) = R(-\tau) \tag{9.9.15}$$

$$R(-\tau) = \int_{-\infty}^{\infty} f(t) f(t-\tau) \mathrm{d}t \xrightarrow{t=u+\tau} \int_{-\infty}^{\infty} f(u+\tau) f(u) \mathrm{d}u = R(\tau)$$

由卷积定理可知 $R(\tau)$的傅里叶变换为$\sqrt{2\pi}F(\omega)F(\omega)=\sqrt{2\pi}|F(\omega)|^2$，所以

$$R(\tau) = \int_{-\infty}^{\infty} |F(\omega)|^2 \mathrm{e}^{\mathrm{i}\omega\tau} \mathrm{d}\omega \tag{9.9.16}$$

例 9.9.1 求证$\int_0^{\infty} \left(\frac{\omega}{1+\omega^2}\right)^2 \mathrm{d}\omega = \frac{\pi}{4}$.

证明 因为 $f_S(x)=\mathrm{e}^{-x}$的正弦傅里叶变换为

$$F_S(\omega) = \sqrt{\frac{2}{\pi}} \frac{\omega}{1+\omega^2}$$

再利用恒等式

$$\int_0^{\infty} [f_S(x)]^2 \mathrm{d}x = \int_0^{\infty} |F_S(\omega)|^2 \mathrm{d}\omega$$

所以

$$\int_0^{\infty} \left(\sqrt{\frac{2}{\pi}} \frac{\omega}{1+\omega^2}\right)^2 \mathrm{d}\omega = \int_0^{\infty} \mathrm{e}^{-2x} \mathrm{d}x = \frac{1}{2}$$

表 9-1　傅里叶变换基本公式

性　质	像函数 $F(\omega)$	原函数 $f(x)$
线性	$c_1F_1(\omega)\pm c_2F_2(\omega)$	$c_1f_1(x)\pm c_2f_2(x)$
位移	$\mathrm{e}^{\pm\mathrm{i}\omega x_0}F(\omega)$	$f(x\pm x_0)$
	$F(\omega\pm\omega_0)$	$\mathrm{e}^{\mp\mathrm{i}\omega_0 x}f(x)$
相似	$\frac{1}{\|a\|}F\left(\frac{\omega}{a}\right)$	$f(ax)$
微分	$(\mathrm{i}\omega)^nF(\omega)$	$f^{(n)}(x)$
	$F^{(n)}(\omega)$	$(-\mathrm{i}x)^nf(x)$
积分	$\frac{F(\omega)}{\mathrm{i}\omega}$	$\int_{x_0}^{x}f(\xi)\mathrm{d}\xi$
	$\int_{-\infty}^{\omega}F(z)\mathrm{d}z$	$-\frac{f(x)}{\mathrm{i}(x)}$
卷积	$F(\omega)G(\omega)$	$\frac{1}{\sqrt{2\pi}}\int_{-\infty}^{\infty}f(x-\xi)g(\xi)\mathrm{d}\xi$
	$F_c(\omega)G_c(\omega)$	$\frac{1}{\sqrt{2\pi}}\int_{0}^{\infty}g_c(\xi)[f_c(\|x-\xi\|)+f_c(x+\xi)]\mathrm{d}\xi$
	$F_s(\omega)G_s(\omega)$	$\frac{1}{\sqrt{2\pi}}\int_{0}^{\infty}g_s(\xi)[f_s(\|x-\xi\|)-f_s(x+\xi)]\mathrm{d}\xi$

于是

$$\int_0^{\infty}\left(\frac{\omega}{1+\omega^2}\right)^2\mathrm{d}\omega=\frac{\pi}{4}$$

表 9-2　几个常用的恒等式

1	$\int_{-\infty}^{\infty}f_1(x)f_2(x)\mathrm{d}x=\int_{-\infty}^{\infty}F_1(\omega)F_2^*(\omega)\mathrm{d}\omega=\int_{-\infty}^{\infty}F_1^*(\omega)F_2(\omega)\mathrm{d}\omega$
2	$\int_{-\infty}^{\infty}[f(x)]^2\mathrm{d}x=\int_{-\infty}^{\infty}\|F(\omega)\|^2\mathrm{d}\omega$
3	$\int_{0}^{\infty}[f_c(x)]^2\mathrm{d}x=\int_{0}^{\infty}\|F_c(\omega)\|^2\mathrm{d}\omega$
4	$\int_{0}^{\infty}[f_s(x)]^2\mathrm{d}x=\int_{0}^{\infty}\|F_s(\omega)\|^2\mathrm{d}\omega$

表 9-3　傅里叶变换简表

	$f(x)$	$F(\omega)=\mathscr{F}[f(x)]$	备　注
1	$H(x)=\begin{cases}1, & x\geqslant 0\\0, & x<0\end{cases}$	$\frac{1}{\sqrt{2\pi}}\left[\frac{1}{\mathrm{i}\omega}+\pi\delta(\omega)\right]$	
2	1	$\sqrt{2\pi}\delta(\omega)$	
3	$f(x)=\begin{cases}\mathrm{e}^{-ax}, & x\geqslant 0\\0, & x<0\end{cases}\quad(a>0)$	$\frac{1}{\sqrt{2\pi}}\frac{1}{a+\mathrm{i}\omega}$	

续表

	$f(x)$	$F(\omega)=\mathscr{F}[f(x)]$	备　注
4	$f(x)=\begin{cases}e^{-ax}, & x\geqslant 0\\ e^{ax}, & x<0\end{cases}\quad(a>0)$	$\sqrt{\frac{2}{\pi}}\frac{a}{a^2+\omega^2}$	与 $F_c(\omega)$ 相同
5	$f(x)=\begin{cases}e^{-ax} & x\geqslant 0\\ -e^{ax} & x<0\end{cases}\quad(a>0)$	$\sqrt{\frac{2}{\pi}}\frac{\omega}{a^2+\omega^2}$	与 $F_s(\omega)$ 相同
6	$f(x)=\begin{cases}1, & 0\leqslant x\leqslant b\\ 0, & -b\leqslant x<0\end{cases}\quad(b>0)$	$\frac{1}{\sqrt{2\pi}}\frac{i}{\omega}[e^{-i\omega b}-1]$	
7	$f(x)=\begin{cases}1, & 0\leqslant x\leqslant b\\ 1, & -b\leqslant x<0\end{cases}\quad(b>0)$	$\sqrt{\frac{2}{\pi}}\frac{\sin\omega b}{\omega}$	与 $F_c(\omega)$ 相同
8	$f(x)=\begin{cases}1, & 0<x\leqslant b\\ -1, & -b\leqslant x<0\end{cases}\quad(b>0)$	$\sqrt{\frac{2}{\pi}}\frac{1-\cos\omega b}{\omega}$	与 $F_s(\omega)$ 相同
9	$\frac{1}{a^2+x^2}$, $\mathrm{Re}(a)<0$	$-\frac{1}{a}\sqrt{\frac{\pi}{2}}e^{a\lvert\omega\rvert}$	
10	$\frac{x}{(a^2+x^2)^2}$, $\mathrm{Re}(a)<0$	$\frac{i\omega}{2a}\sqrt{\frac{\pi}{2}}e^{a\lvert\omega\rvert}$	
11	$\frac{\cos bx}{a^2+x^2}$, $\mathrm{Re}(a)<0$, $\mathrm{Im}b=0$	$-\frac{1}{2a}\sqrt{\frac{\pi}{2}}[e^{a\lvert\omega-b\rvert}+e^{a\lvert\omega+b\rvert}]$	
12	$\frac{\sin bx}{a^2+x^2}$, $\mathrm{Re}(a)<0$, $\mathrm{Im}b=0$	$\frac{i}{2a}\sqrt{\frac{\pi}{2}}[e^{a\lvert\omega-b\rvert}-e^{a\lvert\omega+b\rvert}]$	
13	e^{-ax^2}, $\mathrm{Re}(a)>0$	$\sqrt{\frac{1}{2a}}e^{-\frac{\omega^2}{4a}}$	
14	$\frac{\sin\omega_0 x}{\pi x}$	$F(\omega)=\begin{cases}\frac{1}{\sqrt{2\pi}}, & \lvert\omega\rvert<\omega_0\\ 0, & \lvert\omega\rvert>\omega_0\end{cases}$	

例 9.9.2　求证 $\int_0^{\infty}\left(\frac{1-\cos\omega}{\omega}\right)^2 d\omega=\frac{\pi}{2}$

证明　因为 $f_s(x)=1\quad(0\leqslant x\leqslant 1)$的正弦傅里叶变换为

$$F_s(\omega)=\sqrt{\frac{2}{\pi}}\frac{1-\cos\omega}{\omega}$$

再利用表 9-2 恒等式 4 得

$$\int_0^{\infty}\left(\sqrt{\frac{2}{\pi}}\frac{1-\cos\omega}{\omega}\right)^2 d\omega=\int_0^1 dx=1$$

于是

$$\int_0^{\infty}\left(\frac{1-\cos\omega}{\omega}\right)^2 d\omega=\frac{\pi}{2}$$

例 9.9.3　求证 $\int_0^{\infty}\left(\frac{\sin\omega}{\omega}\right)^2 d\omega=\frac{\pi}{2}$

证明　因为 $f_c(x)=1\quad(0\leqslant x\leqslant 1)$的余弦傅里叶变换为

$$F_c(\omega)=\sqrt{\frac{2}{\pi}}\frac{\sin\omega}{\omega}$$

再利用表 9-2 恒等式 3 得

$$\int_0^{\infty}[f_c(x)]^2\mathrm{d}x = 1 = \int_0^{\infty}\mid F_c(\omega)\mid^2\mathrm{d}\omega = \int_0^{\infty}\frac{2}{\pi}\left(\frac{\sin\omega}{\omega}\right)^2\mathrm{d}\omega$$

于是

$$\int_0^{\infty}\left(\frac{\sin\omega}{\omega}\right)^2\mathrm{d}\omega = \frac{\pi}{2}$$

例 9.9.4 求证 $\int_0^{\infty}\frac{\omega^2}{(1+\omega^2)^4}\mathrm{d}\omega = \frac{\pi}{32}$.

证明 因 $f(x)=\mathrm{e}^{-|x|}$ 的傅里叶变换 $F(\omega)=\sqrt{\frac{2}{\pi}}\frac{1}{1+\omega^2}$，利用微分性质

$$\frac{\mathrm{d}}{\mathrm{d}\omega}F(\omega) = \mathscr{F}[-\mathrm{i}xf(x)]$$

即

$$-\frac{1}{\sqrt{2\pi}}\frac{4\omega\mathrm{i}}{(1+\omega^2)^2} = \mathscr{F}[x\mathrm{e}^{-|x|}]$$

再利用表 9-2 恒等式 2 得

$$\begin{aligned}\int_{-\infty}^{\infty}\left|-\frac{1}{\sqrt{2\pi}}\frac{4\mathrm{i}\omega}{(1+\omega^2)^2}\right|^2\mathrm{d}\omega &= \int_{-\infty}^{\infty}x^2\mathrm{e}^{-2|x|}\mathrm{d}x\\ &= 2\int_0^{\infty}\xi^2\mathrm{e}^{-2\xi}\mathrm{d}\xi = \frac{1}{2}\end{aligned}$$

所以

$$\int_{-\infty}^{\infty}\frac{16\omega^2}{(1+\omega^2)^4}\mathrm{d}\omega = \pi$$

于是

$$\int_0^{\infty}\frac{\omega^2}{(1+\omega^2)^4}\mathrm{d}\omega = \frac{\pi}{32}$$

例 9.9.5 求证 $\int_0^{\infty}\frac{\sin^3\omega}{\omega^3}\mathrm{d}\omega = \frac{3}{8}\pi$

证明 因为

$$f_1(x) = \begin{cases}1 & (0\leqslant|x|\leqslant 1)\\ 0 & (|x|>1)\end{cases},\quad F_1(\omega) = \sqrt{\frac{2}{\pi}}\frac{\sin\omega}{\omega}$$

$$f_2(x) = \begin{cases}1-\frac{1}{2}|x| & (0\leqslant|x|\leqslant 2)\\ 0 & (|x|>2)\end{cases},\quad F_2(\omega) = \sqrt{\frac{2}{\pi}}\frac{\sin^2\omega}{\omega^2}$$

利用表 9-2 恒定式 1 得

$$\frac{2}{\pi}\int_{-\infty}^{\infty}\frac{\sin^3\omega}{\omega^3}\mathrm{d}\omega = \int_{-1}^{1}\left(1-\frac{1}{2}|x|\right)\mathrm{d}x = \frac{3}{2}$$

于是

$$\int_0^{\infty} \frac{\sin^3\omega}{\omega^3} \mathrm{d}\omega = \frac{3}{8}\pi$$

例 9.9.6　求证 $\int_0^{\infty} \frac{\sin^4\omega}{\omega^4} \mathrm{d}\omega = \frac{1}{3}\pi$.

证明　因为

$$f(x) = \begin{cases} 1 - \frac{1}{2} \mid x \mid & (0 \leqslant \mid x \mid \leqslant 2) \\ 0 & (\mid x \mid > 2) \end{cases}, \quad F(\omega) = \sqrt{\frac{2}{\pi}} \frac{\sin^2\omega}{\omega^2}$$

利用表 9-2 恒等式 2 得

$$\frac{2}{\pi}\int_{-\infty}^{\infty} \frac{\sin^4\omega}{\omega^4} \mathrm{d}\omega = \int_{-2}^{2} \left(1 - \frac{1}{2} \mid x \mid\right)^2 \mathrm{d}x = \frac{4}{3}$$

于是

$$\int_0^{\infty} \frac{\sin^4\omega}{\omega^4} \mathrm{d}\omega = \frac{1}{3}\pi$$

用傅里叶变换求解偏微分方程的大量例子将在第 18 章中给出.

9.10　小波变换的引荐

傅里叶变换在求解一些常系数的微分方程和偏微分方程时，还是十分凑效的. 但求解变系数的线性微分方程，却显然无能为力. 它只适合研究平移不变的线性系统. 它的最大缺点是不能反映出信号在局部时间范围中的特性. 而在许多实际问题中，我们所关心的或能够获取的恰好是信号在局部时间范围内的特性.

例如地震信号.

当我们对由地震仪得到的地动记录进行谱分析时，我们只对某一时间区间进行分析. 这相当于在此时间区域内，给信号加了一个矩形的数据窗.

设给定的数据为 $f(t)$，所加的窗口为 $\widetilde{\omega}(t)$，则我们所要分析的数据 $g(t)$ 就成为

$$g(t) = f(t) \cdot \widetilde{\omega}(t) \tag{9.10.1}$$

定义傅里叶变换

$$f(t) = \frac{1}{\sqrt{2\pi}}\int_{-\infty}^{\infty} F(\omega) \mathrm{e}^{-\mathrm{i}\omega t} \mathrm{d}\omega \tag{9.10.2a}$$

$$\widetilde{\omega}(t) = \frac{1}{\sqrt{2\pi}}\int_{-\infty}^{\infty} W(\omega) \mathrm{e}^{-\mathrm{i}\omega t} \mathrm{d}\omega \tag{9.10.2b}$$

根据卷积定理，$g(t)$ 的傅里叶变换 $G(\omega)$ 就为

$$G(\omega) = \frac{1}{\sqrt{2\pi}}\int_{-\infty}^{\infty} f(t)\widetilde{\omega}(t)\mathrm{e}^{-\mathrm{i}\omega t} \mathrm{d}t = \frac{1}{\sqrt{2\pi}}\int_{-\infty}^{\infty} F(\Omega)W(\omega - \Omega)\mathrm{d}\Omega \tag{9.10.3}$$

若窗口函数 $\widetilde{\omega}(t)$为矩形窗，

$$\widetilde{\omega}(t) = \begin{cases} 1, & |t| \leqslant \tau \\ 0, & t > \tau \end{cases} \tag{9.10.4}$$

$$W(\omega) = \sqrt{\frac{2}{\pi}} \frac{\sin\omega\tau}{\omega} \tag{9.10.5}$$

$$G(\omega) = \frac{1}{\pi}\int_{-\infty}^{\infty} F(\Omega) \frac{\sin(\omega - \Omega)\tau}{\omega - \Omega} \mathrm{d}\Omega \neq F(\omega) \tag{9.10.6}$$

由于 $G(\omega) \neq F(\omega)$，所以由 $G(\omega)$的逆变换不会得到 $f(t)$. 从上式也可知道，只有当 $\tau \to \infty$，即矩形窗无穷宽，才能得到 $G(\omega) = F(\omega)$.

傅里叶变换只能反映信号及其频谱的整体特性，而不能反映信号的局部性质. 傅里叶变换所用的 $f(t), t \in \mathbf{R}$ 的全部信息，所提供的也是关于 $\omega \in \mathbf{R}$ 的全部信息，对于特定的某时段的频域特性和某种频率特征反映在哪些时段等问题，傅里叶变换是无能为力的，需要另觅新办法来解决.

因发明全息照相技术，并获诺贝尔奖的 D. Gabor 在 1946 年提出了用高斯窗口函数

$$g(t) = \frac{1}{(2\pi a^2)^{\frac{1}{4}}} \mathrm{e}^{-\frac{t^2}{4a^2}} \tag{9.10.7}$$

代替矩形窗(9.10.4). 并定义一个函数 $f(t)$关于窗口函数 $g(t)$的“窗口”傅里叶变换(后称 Gabor 变换).

$$G_f(\omega, \tau) = \frac{1}{\sqrt{2\pi}} \int_{-\infty}^{\infty} f(t) g(t - \tau) \mathrm{e}^{-\mathrm{i}\omega t} \mathrm{d}t$$

反演公式为

$$f(t) = \frac{1}{\sqrt{2\pi}} \int_{-\infty}^{\infty}\int_{-\infty}^{\infty} G_f(\omega, \tau) g(t - \tau) \mathrm{e}^{\mathrm{i}\omega t} \mathrm{d}\omega \mathrm{d}\tau \tag{9.10.8}$$

其中
$$\int_{-\infty}^{\infty} |g(t)|^2 \mathrm{d}t = \frac{1}{(2\pi a^2)^{\frac{1}{2}}} \int_{-\infty}^{\infty} \mathrm{e}^{-\frac{t^2}{2a^2}} \mathrm{d}t = 1$$

证明

$$\begin{aligned}\int_{-\infty}^{\infty} G_f(\omega, \tau) g(t - \tau) \mathrm{d}\tau &= \frac{1}{\sqrt{2\pi}} \int_{-\infty}^{\infty}\int_{-\infty}^{\infty} f(t) |g(t - \tau)|^2 \mathrm{e}^{-\mathrm{i}\omega t} \mathrm{d}t \mathrm{d}\tau \\ &= \frac{1}{\sqrt{2\pi}} \int_{-\infty}^{\infty} f(t) \mathrm{e}^{-\mathrm{i}\omega t} \left[\int_{-\infty}^{\infty} \frac{1}{(2\pi a^2)^{\frac{1}{2}}} \mathrm{e}^{-\frac{(t-\tau)^2}{2a^2}} \mathrm{d}\tau\right] \mathrm{d}t \\ &= \frac{1}{\sqrt{2\pi}} \int_{-\infty}^{\infty} f(t) \mathrm{e}^{-\mathrm{i}\omega t} \mathrm{d}t = F(\omega)\end{aligned}$$

由此可见，Gabor 变换 $G_f(\omega, \tau)$，反映了信号 $f(t)$在 $t = \tau$ 附近的频谱特征，而且没有丢失 $f(t)$在频域上的任何信息. Gabor 变换的成功之处在于：乘以窗口函

数，然后通过时间轴上平移得到全部信息.

众所周知，高频信号，波长较短，即在时间轴上的扩展较窄，因此时间观察窗的窗口应调小一些. 而低频信号，波长较长，即在时间轴上的扩展较宽，因此时间观察窗的窗口应调大一些. 然而，Gabor 变换的窗口的形状和大小保持不变，与频率无关. 所以是不合理的，正是由于这一缺陷，所以限制了 Gabor 变换的发展和广泛应用.

对于傅里叶变换，人们将参数离散化后得到按完备正交基(三角函数系)展开的傅里叶级数；而对于 Gabor 变换人们发现无论如何离散化参数后，均找不到完备正交的基函数，所以这一点是它的致命弱点.

20 世纪 80 年代，以法国学者为代表，为克服加窗傅里叶变换的不足之处，而开发了一个应用数学分支小波变换(或小波分析). 主要贡献者有法国数学家 Y. Meyer，法国地质学家 J. Morlet，和法国理论物理学家 A. Grossman. 但推向工程应用的应归功于法国学者 I. Daubechies 和 S. Mallet.

下面介绍(连续)小波变换的主要思想：

定义小波函数

$$\psi_{a\tau}(t) = \frac{1}{\sqrt{a}}\psi\left(\frac{t-\tau}{a}\right) \tag{9.10.9}$$

其中 a 与 τ 是常数，且 $a\neq 0$，通过改变 a 来调节窗口的形状和大小. 然后用 $\psi_{a\tau}(t)$ 代替 Gabor 变换中的 $g(t-\tau)\mathrm{e}^{-\mathrm{i}\omega t}$，得到小波变换

$$W_f(a,\tau) = \int_{-\infty}^{\infty} f(t)\psi_{a\tau}^*(t)\mathrm{d}t \tag{9.10.10a}$$

其反演公式为

$$f(t) = \frac{1}{c_\psi}\int_{-\infty}^{\infty}\int_{-\infty}^{\infty} W_f(a,\tau)\psi_{a\tau}(t)\,\frac{\mathrm{d}a\mathrm{d}\tau}{a^2} \tag{9.10.10b}$$

$$c_\psi = \int_{-\infty}^{\infty}\frac{|\Psi(\omega)|^2}{|\omega|}\mathrm{d}\omega < \infty$$

$\Psi(\omega)$ 是 $\psi(t)$ 的傅里叶变换，只有当小波满足 $c_\psi<\infty$ 的“容许条件”时，才能保证由小波变换 $W_f(a,\tau)$ 反演原函数 $f(t)$.

证明　令

$$\Psi(\omega) = \int_{-\infty}^{\infty}\psi(t)\mathrm{e}^{-\mathrm{i}\omega t}\mathrm{d}t \tag{9.10.11a}$$

根据位移定理(9.9.6)及相似定理(9.9.7)有

$$\mathscr{F}[\psi_{a\tau}(t)] = \Psi_{a\tau}(\omega) = \frac{\sqrt{|a|}}{\sqrt{2\pi}}\Psi(a\omega)\mathrm{e}^{\mathrm{i}\omega\tau} \tag{9.10.11b}$$

根据帕塞瓦尔定理(9.9.12)，

$$W_f(a,\tau) = \int_{-\infty}^{\infty} f(t)\psi_{a\tau}^*(t)\mathrm{d}t = \int_{-\infty}^{\infty} F(\omega)\Psi_{a\tau}^*(\omega)\mathrm{d}\omega$$

即

$$W_f(a,\tau)=\frac{\sqrt{|a|}}{\sqrt{2\pi}}\int_{-\infty}^{\infty}F(\omega)\Psi^*(a\omega)\mathrm{e}^{-\mathrm{i}\omega\tau}\mathrm{d}\omega \tag{9.10.12}$$

因此

$$\begin{aligned}&\int_{-\infty}^{\infty}\int_{-\infty}^{\infty}(W_f(a,\tau)W_g^*(a,\tau))\frac{\mathrm{d}a\mathrm{d}\tau}{a^2}\\=&\int_{-\infty}^{\infty}\int_{-\infty}^{\infty}\left[\int_{-\infty}^{\infty}\int_{-\infty}^{\infty}\frac{|a|}{2\pi}F(\omega)G^*(\omega')\Psi^*(a\omega)\Psi(a\omega')\mathrm{e}^{\mathrm{i}(\omega'-\omega)\tau}\mathrm{d}\omega\mathrm{d}\omega'\right]\frac{\mathrm{d}a\mathrm{d}\tau}{a^2}\end{aligned}$$

对 τ 积分,利用 $\frac{1}{2\pi}\int_{-\infty}^{\infty}\mathrm{e}^{\mathrm{i}(\omega'-\omega)\tau}\mathrm{d}\tau=\delta(\omega'-\omega)$,再对 $\mathrm{d}\omega'$ 积分,可去消 ω' 与 ω 的区别.

$$上式=\int_{-\infty}^{\infty}\left[\int_{-\infty}^{\infty}\frac{\Psi^*(a\omega)\Psi(a\omega)}{a}\mathrm{d}a\right]F(\omega)G^*(\omega)\mathrm{d}\omega$$

利用 $\int_{-\infty}^{\infty}\frac{|\Psi(a\omega)|^2}{a\omega}\mathrm{d}(a\omega)=\int_{-\infty}^{\infty}\frac{|\Psi(\widetilde{\omega})|}{|\widetilde{\omega}|}\mathrm{d}\widetilde{\omega}=c_\psi$,及帕塞瓦尔定理(9.9.12),

$$上式=c_\psi\int_{-\infty}^{\infty}F(\omega)G^*(\omega)\mathrm{d}\omega=c_\psi\int_{-\infty}^{\infty}f(t)g^*(t)\mathrm{d}t$$

上式正是小波变换的内积定理(Moyal 定理),即

$$\int_{-\infty}^{\infty}\int_{-\infty}^{\infty}W_f(a,\tau)W_g^*(a,\tau)\frac{\mathrm{d}a\mathrm{d}\tau}{a^2}=c_\psi\int_{-\infty}^{\infty}f(t)g^*(t)\mathrm{d}t \tag{9.10.13}$$

令

$$g(t)=\frac{1}{2\sqrt{\pi\alpha}}\mathrm{e}^{-\frac{(t-t_0)^2}{4\alpha}} \tag{9.10.14}$$

$$\lim_{\alpha\to 0}g(t)=\delta(t-t_0) \tag{9.10.15}$$

$$\lim_{\alpha\to 0}W_g^*(a,\tau)=\psi_{a\tau}(t_0) \tag{9.10.16}$$

将上述 $g(t)$ 代入式(9.10.13),两边令 $\alpha\to 0$,利用等式(9.10.15)与(9.10.16)就可得到反演公式(9.10.10b).

由上述可知,连续小波变换对信号的分析(或检测)十分方便:通过调节 τ 来改变跟踪信号的快慢;通过调节参数 a 来改变小波函数窗口的形状和大小,

$|a|<1$,压缩,波形狭窄,幅度上、下振动频繁,高频小波;

$|a|>1$,伸展,波形宽大,幅度上、下振动缓慢,低频小波.

由于数学上的内积表示两个函数的“相似程度”,所以小波变换 $W_f(a,\tau)$ 表示 $f(t)$ 与 $\psi_{a,\tau}(t)$ 的“相似”程度. 因此尺度参数 a 与小波变换 $W_f(a,\tau)$ 所反映的被测信号 $f(t)$ 的频率成分的量有关. 所以我们有时也称 a 是频率参数,它们有如下的对应关系:

$$\text{尺度 } a\text{:小}\rightarrow\text{大} \quad \Leftrightarrow \quad \text{频率 } \omega\text{:高}\rightarrow\text{低}$$

当 a 增大时($a>1$),小波变换表示用伸展了的 $\psi_{a,\tau}(t)$去观察整个 $f(t)$,$W_f(a,\tau)$反映的是 $t=\tau$ 时附近的低频成分的特性;反之,当 a 减小时($0<a<1$),小波变换表示用压缩了的 $\psi_{a,\tau}(t)$去观察 $f(t)$的局部,$W_f(a,\tau)$反映的是 $t=\tau$ 时附近的高频成分特性. 所以,随着尺度参数 a 从大变到小($0<a<\infty$),$f(t)$的小波变换可以反映 $f(t)$从概貌到细节的全部信息,从这个意义上说,小波变换是一架“变焦镜头”,它既是“望远镜”,又是“显微镜”,而 a 就是“变焦旋钮”. 难怪有人说小波变换是分析信号的数学显微镜(或望远镜).

$f(t)$的傅里叶变换 $F(\omega)$表示信号 $f(t)$的频率 ω 的含量,所以傅里叶变换方法是一种频域分析方法,而傅里叶逆变换就是由 $F(\omega)$重构 $f(t)$.

对于连续小波变换(9.10.10a)它是把信号 $f(t)$变换成了包含两个参数 a 和 τ 的信息 $W_f(a,\tau)$,这里 a 是伸缩因子,它的变化代表频率的变化,τ 是平移因子,它的变化代表时间的变化. 因此,连续小波变换 $W_f(a,\tau)$是一个时—频变换,反演公式(9.10.10b)表示由 $W_f(a,\tau)$重构 $f(t)$.

离散小波变换和小波级数

对于小波变换也可将 $\psi_{a,\tau}(t)$中的参数 a 和 τ 离散化,从而可以找到一组标准(归一)完备正交基,因此任一信号 $f(t)\in L^2(R)$都可以用这组完备正交基表示成收敛的小波级数. 这种构造好的小波级数可以像傅里叶级数那样用于信号滤波或压缩信号处理,只要把小波级数中欲舍弃项的系数去掉或进行适当修改.

虽然,小波变换是以解决应用问题而发展起来的,但是在成长过程中. 它也吸收了泛函分析,时频分析,逼近论和广义函数论等众多学科的知识,它现在已形成了一套完善的理论体系,并成为今天最有前途的应用数学分支,同时广泛应用于图像处理,信号分析,地震勘探,CT 成像,航天技术、生物医学、大气湍流,以及微分方程的求解等等研究领域.

9.11　三种定义式

在实际应用中,傅里叶变换常常采用如下三种形式,由于它们采取不同的定义式,往往给出不同的结果,为了便于相互之间转换,特给出如下关系式:

(i)

$$F_1(\omega)=\frac{1}{\sqrt{2\pi}}\int_{-\infty}^{\infty}f(t)\mathrm{e}^{-\mathrm{i}\omega t}\,\mathrm{d}t,\quad f(t)=\frac{1}{\sqrt{2\pi}}\int_{-\infty}^{\infty}F_1(\omega)\mathrm{e}^{\mathrm{i}\omega t}\,\mathrm{d}\omega \quad (9.11.1)$$

(ii)

$$F_2(\omega)=\int_{-\infty}^{\infty}f(t)\mathrm{e}^{-\mathrm{i}\omega t}\,\mathrm{d}t,\quad f(t)=\frac{1}{2\pi}\int_{-\infty}^{\infty}F_2(\omega)\mathrm{e}^{\mathrm{i}\omega t}\,\mathrm{d}\omega \quad (9.11.2)$$

(iii)

$$F_3(\omega)=\int_{-\infty}^{\infty}f(t)\mathrm{e}^{-\mathrm{i}2\pi\omega t}\,\mathrm{d}t,\quad f(t)=\int_{-\infty}^{\infty}F_3(\omega)\mathrm{e}^{\mathrm{i}2\pi\omega t}\,\mathrm{d}\omega \tag{9.11.3}$$

三者之间的关系为

$$F_1(\omega)=\frac{1}{\sqrt{2\pi}}F_2(\omega)=\frac{1}{\sqrt{2\pi}}F_3\left(\frac{\omega}{2\pi}\right) \tag{9.11.4}$$

本书采用的是第一种定义式.

习　题

9.1 (a) $f(x)=x^2,0<x<2\pi$,以 2π 为周期延拓到整个区间$(-\infty,\infty)$,试将这个周期函数展开为傅里叶级数.

(b) 利用上题的结果,证明

$$\frac{1}{1^2}+\frac{1}{2^2}+\frac{1}{3^2}+\cdots=\frac{\pi^2}{6}$$

9.2 对于 $0\leqslant x\leqslant\pi$,证明

(a) $x(\pi-x)=\dfrac{\pi^2}{6}-\left(\dfrac{\cos2x}{1^2}+\dfrac{\cos4x}{2^2}+\dfrac{\cos6x}{3^2}+\cdots\right)$

(b) $x(\pi-x)=\dfrac{8}{\pi}\left(\dfrac{\sin x}{1^3}+\dfrac{\sin3x}{3^3}+\dfrac{\sin5x}{5^3}+\cdots\right)$

9.3 利用上题证明

(a) $\displaystyle\sum_{n=1}^{\infty}\frac{1}{n^2}=\frac{\pi^2}{6}$;　　(b) $\displaystyle\sum_{n=1}^{\infty}\frac{(-1)^{n-1}}{n^2}=\frac{\pi^2}{12}$;

(c) $\displaystyle\sum_{n=1}^{\infty}\frac{(-1)^{n-1}}{(2n-1)^3}=\frac{\pi^3}{32}$;　　(d) $\displaystyle\sum_{n=1}^{\infty}\frac{1}{n^4}=\frac{\pi^4}{90}$;

(e) $\displaystyle\sum_{n=1}^{\infty}\frac{1}{n^6}=\frac{\pi^6}{945}$.

9.4 (a) 将 $f(x)=\sin x(0<x<\pi)$展开为傅里叶余弦级数;

(b) 利用上题结果,证明

$$\frac{1}{1^2\cdot3^2}+\frac{1}{3^2\cdot5^2}+\frac{1}{5^2\cdot7^2}+\cdots=\frac{\pi^2-8}{16}$$

9.5 有时为了方便起见,将[0,1]区间上的函数 $\sin\pi x$ 用抛物曲线 $ax(1-x)$来作近似(其中 a 是常数). 试先将 $4x(1-x)$在区间[0,1]上展成正弦级数,然后讨论这种近似的精度.

9.6 将对称的具有可调高度和宽度的三角脉冲波 $f(x)$展开成傅里叶级数.

$$f(x)=\begin{cases}a\left(1-\dfrac{|x|}{b}\right) & (0\leqslant|x|\leqslant b)\\ 0 & (b\leqslant|x|\leqslant\pi)\end{cases}$$

其中 a 与 b 是常数,可取 $a=1,b=\dfrac{\pi}{2}$,计算系数.

9.7 证明 $f(z)=\ln(1+z)=\displaystyle\sum_{k=1}^{\infty}(-1)^{k+1}\frac{z^k}{k}$,右端级数除 $z=-1$ 点以外,对$|z|\leqslant1$ 的点均收

敛到 $\ln(1+z)$.

(a) 令 $z=\mathrm{e}^{\mathrm{i}\theta}$,分离 $f(z)$的实部可得

$$\ln\left(2\cos\frac{\theta}{2}\right)=\sum_{k=1}^{\infty}(-1)^{k+1}\frac{\cos k\theta}{k}\quad(-\pi<\theta<\pi)$$

(b) 上式作变换后,可得

$$-\ln\left(2\sin\frac{\varphi}{2}\right)=\sum_{k=1}^{\infty}\frac{\cos k\varphi}{k}\quad(0<\varphi<2\pi)$$

9.8 (a) 将矩形脉冲波

$$\delta_n(x)=\begin{cases}n & \left(|x|<\dfrac{1}{2n}\right)\\ 0 & \left(|x|>\dfrac{1}{2n}\right)\end{cases}$$

在$(-\pi,\pi)$区间上展开成傅里叶级数;

(b) 证明上题结果当取 $n\to\infty$的极限时与 $\delta(x)$的傅里叶展式一致;

(c) 证明上题结果与在$(-\pi,\pi)$区间上有限且在 $x=0$ 连续的任一函数 $f(x)$的乘积,对 x 从$-\pi$到 π 积分,其值为

$$\int_{-\pi}^{\pi}f(x)[\delta_\infty(x)\text{ 的傅里叶级数}]\mathrm{d}x=f(0)$$

9.9 证明 $\delta(x-a)$在半区间$(0,L)$上的正弦傅里叶级数

$$\delta(x-a)=\frac{2}{L}\sum_{k=1}^{\infty}\sin\frac{k\pi a}{L}\sin\frac{k\pi x}{L}\quad(0<a<L)$$

实际上是区间$(-L,L)$上的函数$-\delta(x+a)+\delta(x-a)$的傅里叶展式.

9.10 先将周期为 2π 的函数 $\cot\pi t$ 展开成傅里叶级数,然后证明下式成立:

$$\cot\pi t-\frac{1}{\pi t}=-\frac{2t}{\pi}\sum_{k=1}^{\infty}\frac{1}{k^2-t^2}$$

并再证明,若对上式 t 从 0 到 x 积分得

$$\ln\left(\frac{\sin\pi x}{\pi x}\right)=\sum_{k=1}^{\infty}\ln\left(1-\frac{x^2}{k^2}\right)$$

因上式右端级数对所有 x 值绝对收敛,因此上式可表示成无穷乘积

$$\frac{\sin\pi x}{\pi x}=\prod_{k=1}^{\infty}\left(1-\frac{x^2}{k^2}\right)$$

9.11 将下列两函数:

(a) $\delta_n(x)=\begin{cases}n & \left(|x|<\dfrac{1}{2n}\right),\\ 0 & \left(|x|>\dfrac{1}{2n}\right);\end{cases}$

(b) $\delta_n(x)=\dfrac{n}{\sqrt{x}}\exp(-n^2x^2)$

表示成傅里叶积分,并证明下式成立:

$$\delta(x)=\lim_{n\to\infty}\delta_n(x)=\frac{1}{2\pi}\int_{-\infty}^{\infty}\mathrm{e}^{-\mathrm{i}kx}\,\mathrm{d}k$$

9.12 在共振腔中频率为 ω_0 的电磁振荡按下面规律消失:

$$A(t) = A_0 e^{-\frac{\omega_0 t}{2\theta}} \cdot e^{-i\omega_0 t} \quad (t > 0)$$
$$A(t) = 0 \quad (t < 0)$$

其中参数 θ 表示每周中储能与耗能之比，试计算振荡器的频率分布规律 $a^*(\omega)a(\omega)$，其中$a(\omega)$是 $A(t)$的傅里叶变换.

9.13 证明 $f(\boldsymbol{r})=\dfrac{1}{4\pi r}$的傅里叶变换为

$$g(\boldsymbol{k}) = \frac{1}{(2\pi)^{\frac{3}{2}}}\iiint f(\boldsymbol{r})e^{i\boldsymbol{k}\cdot\boldsymbol{r}}dr = \frac{1}{(2\pi)^{\frac{3}{2}}}\frac{1}{k^2}$$

9.14 求解位于坐标原点的中子源的中子扩散方程

(a) 一维情形：$-D\dfrac{d^2\phi(x)}{dx^2}+k^2D\phi(x)=\theta\delta(x)$；

(b) 三维情形：$-D\nabla^2\phi(\boldsymbol{r})+k^2\phi(\boldsymbol{r})=\theta\delta(\boldsymbol{r})$；

其中 $\phi(\boldsymbol{r})$是中子浓度分布；D、k 与 θ 均为常数。

9.15 求三维电荷密度分布 $\rho(\boldsymbol{r})=\dfrac{a^2}{4\pi}\dfrac{e^{-ar}}{r}$的傅里叶变换

$$F(\boldsymbol{k}) = \frac{1}{(2\pi)^{\frac{3}{2}}}\iiint \rho(\boldsymbol{r})e^{i\boldsymbol{k}\cdot\boldsymbol{r}}d\boldsymbol{r}$$

9.16 若 $f(x,y)=f(\sqrt{x^2+y^2})$，试由二维傅里叶变换

$$F(u,v) = \frac{1}{2\pi}\int_{-\infty}^{\infty}\int_{-\infty}^{\infty} f(x,y)e^{-i(ux+vy)}dxdy$$
$$f(x,y) = \frac{1}{2\pi}\int_{-\infty}^{\infty}\int_{-\infty}^{\infty} F(u,v)e^{i(ux+vy)}dudv$$

导出下面的汉克尔变换

$$F(\omega) = \int_0^{\infty}\rho f(\rho)J_0(\omega\rho)d\rho,\quad f(\rho) = \int_0^{\infty}\omega F(\omega)J_0(\omega\rho)d\omega$$

9.17 试由傅里叶变换

$$F(\omega) = \frac{1}{\sqrt{2\pi}}\int_{-\infty}^{\infty} f(x)e^{-i\omega x}dx,\quad f(x) = \frac{1}{\sqrt{2\pi}}\int_{-\infty}^{\infty} F(\omega)e^{i\omega x}d\omega$$

作代换 $x\rightarrow \ln y, i\omega\rightarrow\alpha-\sigma$，导出下式的梅林变换：

$$G(\alpha) = \int_{-\infty}^{\infty} g(y)y^{\alpha-1}dy,\quad g(y) = \frac{1}{2\pi i}\int_{\sigma-i\infty}^{\sigma+i\infty} G(\alpha)y^{-\alpha}d\alpha$$

第 10 章 拉普拉斯变换

10.1 拉普拉斯变换的概念

10.1.1 拉普拉斯变换的定义

在上一章中我们叙述过，一个函数当它除了满足狄利克雷条件之外，还在$(-\infty,\infty)$内满足绝对可积的条件时，就一定存在经典意义下的傅里叶变换. 但绝对可积的条件是比较强的. 实际上，许多函数即使是很简单的函数（如单位阶跃函数、正弦函数、余弦函数以及线性函数等）都不满足这个条件；其次，可以进行傅里叶变换的函数必须在整个数轴上有定义. 但在物理上，无线电技术等实际应用中，许多以时间 t 作为自变量的函数往往在 $t<0$ 时是无意义的，或者是不需要考虑的，像这样的函数都不能作傅里叶变换. 由此可见，傅里叶变换的应用范围要受到相当大的限制.

为了将可进行变换的函数范围扩大，特作如下处理：假定本章中所考虑的每个函数 $f(t)$都是实变函数，且满足以下两个条件：

(1) 当 $t<0$ 时，$f(t)$恒等于零；

(2) 在 $t=0$ 处，$f(t)$是右侧连续的.

用数学式表示，即

(1) $f(t)=0\quad(t<0)$，

(2) $\lim\limits_{t\to0^+}f(t)=f(0)\quad(t>0)$ (10.1.1)

或假定原函数是 $f(t)$，而所研究的函数都是 $f(t)u(t)$（其中 $u(t)$是单位阶跃函数，与函数 $H(t)$相同），如图 10.1 所示.

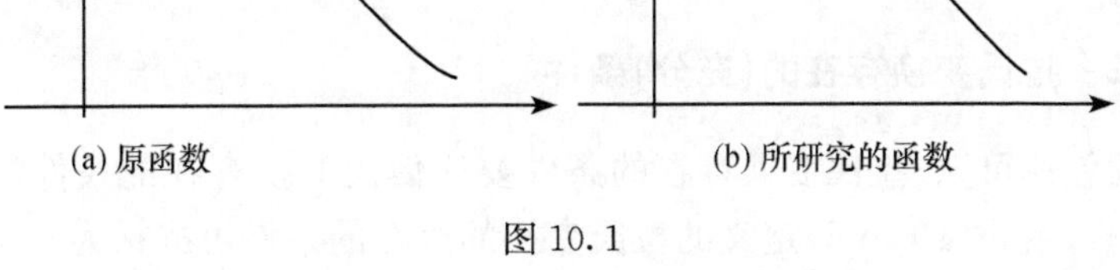

(a) 原函数 (b) 所研究的函数

图 10.1

此外,把要求函数绝对可积的条件放宽,代之以函数乘以 $e^{-\sigma t}$ 后绝对可积,即积分 $\int_0^\infty |f(t)e^{-\sigma t}|dt$ 为有限,只要选择适当的 $\sigma(\sigma>0)$,一般来说是会满足的. 这样处理之后,可进行变换的函数范围,就要比原来傅里叶变换适用的函数范围广得多.

由于积分 $\int_0^\infty |f(t)e^{-\sigma t}|dt$ 为有限,所以函数 $[f(t)e^{-\sigma t}]$ 满足傅里叶变换的要求,于是有

$$[f(t)e^{-\sigma t}]=\frac{1}{\sqrt{2\pi}}\int_{-\infty}^{\infty}\left\{\frac{1}{\sqrt{2\pi}}\int_0^\infty[f(t)e^{-\sigma t}]e^{-i\omega t}dt\right\}e^{i\omega t}d\omega$$

其中右端大括号内的积分从 0 至 ∞,而不是从 $-\infty$ 到 ∞,但由于式(10.1.1)的假定要求,所以才可以这样做. 将上式整理后得

$$f(t)=\frac{1}{2\pi}\int_{-\infty}^{\infty}\left[\int_0^\infty f(t)e^{-(\sigma+i\omega)t}dt\right]e^{(\sigma+i\omega)t}d\omega \tag{10.1.2}$$

下面定义一个新的复变量 s

$$s=\sigma+i\omega,\quad d\omega=\frac{ds}{i} \tag{10.1.3}$$

则式(10.1.2)变为

$$f(t)=\frac{1}{2\pi i}\int_{\sigma-i\infty}^{\sigma+i\infty}\left[\int_0^\infty f(t)e^{-st}dt\right]e^{st}ds \tag{10.1.4}$$

于是定义一个函数 $F(s)$,称它为 $f(t)$ 的拉普拉斯变换,其表示为

$$F(s)=\int_0^\infty f(t)e^{-st}dt \tag{10.1.5a}$$

而其逆变换为

$$f(t)=\frac{1}{2\pi i}\int_{\sigma-i\infty}^{\sigma+i\infty}F(s)e^{st}ds \tag{10.1.5b}$$

$F(s)$ 又称为像函数,而 $f(t)$ 称为原函数. 它们之间的关系常用的简单记号为

$$F(s)=\mathscr{L}[f(t)] \tag{10.1.6a}$$

$$f(t)=\mathscr{L}^{-1}[F(s)] \tag{10.1.6b}$$

由式(10.1.5)可知,函数 $f(t)(t\geqslant 0)$ 的拉普拉斯变换,实际上就是函数 $f(t)u(t)e^{-\sigma t}$ 的傅里叶变换.

为了叙述方便起见,今后简称拉普拉斯变换为拉氏变换;而傅里叶变换为傅氏变换.

10.1.2 拉氏变换存在的(充分)条件

由上面叙述可知,拉氏变换存在的条件要比傅氏变换存在的条件的要求低得多. 具体而言,由式(10.1.5)定义的拉氏变换的存在的条件可概括为

(1) 函数 $f(t)$在 $t\geqslant 0$ 的任一有限区间上连续或逐段连续；

(2) 当 $t\to 0^+$时，对某些 n 值($n<1$)，$t^n|f(t)|$是有界的；

(3) 函数 $f(t)$是指数型的，即当 $t\to\infty$时，$f(t)$的增长速度不超过某一指数函数，亦即存在常数 $M>0$ 及 $\alpha\geqslant 0$，使得下式

$$|f(t)|\leqslant M\mathrm{e}^{\alpha t}\quad(0\leqslant t\leqslant\infty)\tag{10.1.7}$$

成立.

上述条件是充分的. 物理学和工程技术中常见的函数大都能满足以上条件. 例如

$$u(t)\leqslant 1\mathrm{e}^{0t},\text{所以 } M=1,\alpha=0$$

$$|\cos\omega t|\leqslant 1\mathrm{e}^{0t},\text{所以 } M=1,\alpha=0$$

$$t^m\leqslant m!\mathrm{e}^t,\text{所以 } M=m!,\alpha=1\quad(m=1,2,\cdots)$$

然而也有变换不存在的例子. 例如，$f(t)=\mathrm{e}^{t^2}$不是指数型的，因为对任意值 α，当 $t\to\infty$时，$\mathrm{e}^{-\alpha t}\mathrm{e}^{t^2}$是无界的，因此，其拉氏变换是不存在的. 根据条件(2)，当 $n\leqslant -1$ 时，函数 $f(t)=t^n$ 的拉氏变换也不存在. 因为，当 $n\leqslant -1$ 时，积分 $\int_0^\infty t^n\mathrm{e}^{-st}\mathrm{d}t$ 在原点是发散的.

10.2　基本函数的拉氏变换

10.2.1　单位阶跃函数 $u(t)$

单位阶跃函数 $u(t)$的定义为

$$u(t)=\begin{cases}1 & (t\geqslant 0)\\0 & (t<0)\end{cases}\tag{10.2.1}$$

其拉氏变换为

$$\mathscr{L}[u(t)]=\int_0^\infty u(t)\mathrm{e}^{-st}\mathrm{d}t=\int_0^\infty \mathrm{e}^{-st}\mathrm{d}t$$

$$=\frac{\mathrm{e}^{-st}}{-s}\bigg|_0^\infty=\frac{\mathrm{e}^{-\sigma t-\mathrm{i}\omega t}}{-s}\bigg|_{t=\infty}+\frac{1}{s}$$

因设 $\sigma>0$($\mathrm{Re}s>0$)，所以上式的结果中的第一项当 $t\to\infty$时为零，于是

$$\mathscr{L}[u(t)]=\frac{1}{s}\quad(\mathrm{Re}s=\sigma>0)\tag{10.2.2}$$

10.2.2　$\delta(t)$函数

$\delta(t)$函数是广义函数，应利用广义函数的性质.

$$\mathscr{L}[\delta(t-t_0)]=\int_0^\infty \mathrm{e}^{-st}\delta(t-t_0)\mathrm{d}t=\mathrm{e}^{-st_0}\qquad(t_0\geqslant 0)\tag{10.2.3}$$

当 $t_0 \to 0$ 时，

$$\mathscr{L}[\delta(t)] = 1 \tag{10.2.4}$$

10.2.3 函数 $t^n(n>-1)$ 的拉氏变换

根据定义

$$\mathscr{L}[t^n] = \int_0^\infty t^n e^{-st} dt$$

令 $x=st$，则

$$\mathscr{L}[t^n] = \int_0^\infty \left(\frac{x}{s}\right)^n e^{-x} \frac{dx}{s} = \frac{1}{s^{n+1}}\int_0^\infty x^n e^{-x} dx = \frac{\Gamma(n+1)}{s^{n+1}}$$

又 Γ 函数性质有

(1) $\Gamma(n+1)=n\Gamma(n)$；

(2) $\Gamma(n+1)=n!$ （当 n 为整数）；

(3) $\Gamma\left(\frac{1}{2}\right)=\sqrt{\pi}$； $\Gamma(1)=1$.

所以

$$\mathscr{L}[t^n] = \frac{n!}{s^{n+1}} \quad (n \text{ 为整数}), \mathscr{L}[t^{\frac{1}{2}}] = \frac{\sqrt{\pi}}{2}\frac{1}{s^{3/2}}$$

$$\mathscr{L}[t^{-\frac{1}{2}}] = \frac{\sqrt{\pi}}{s^{\frac{1}{2}}}, \quad \mathscr{L}\left[\frac{4^n n! t^{n-\frac{1}{2}}}{(2n)!\sqrt{\pi}}\right] = \frac{1}{s^{n+\frac{1}{2}}}$$

原则上可以从拉氏变换的定义(10.1.5a)及(10.1.5b)来求函数的拉氏变换及拉氏逆变换. 但通常还是利用现成的拉氏变换表，如果我们能掌握拉氏变换的性质，再使用查表的方法，这样就能更快地找到所求函数的拉氏变换.

10.3 拉氏变换的性质

为了方便起见，在讨论下面函数的拉氏变换性质时，均假定它们都满足拉氏变换存在的条件.

10.3.1 线性性质

若 $\mathscr{L}[f_1(t)]=F_1(s)$，$\mathscr{L}[f_2(t)]=F_2(s)$，且 c_1 与 c_2 为常数，则

$$\mathscr{L}[c_2 f_1(t) + c_2 f_2(t)] = c_1 F_1(s) + c_2 F_2(s)$$

证明 因为

$$\int_0^\infty [c_1 f_1(t) + c_2 f_2(t)] e^{-st} dt$$

$$=c_1\int_0^{\infty} f_1(t)\mathrm{e}^{-st}\,\mathrm{d}t+c_2\int_0^{\infty} f_2(t)\mathrm{e}^{-st}\,\mathrm{d}t \tag{10.3.1}$$

10.3.2　平移性质

若 $\mathscr{L}[f(t)]=F(s)$，且 a 为常数，则

$$\mathscr{L}[\mathrm{e}^{\pm at}f(t)]=F(s\mp a) \tag{10.3.2}$$

证明　因为

$$\int_0^{\infty} f(t)\mathrm{e}^{\pm at}\cdot\mathrm{e}^{-st}\,\mathrm{d}t=\int_0^{\infty} f(t)e^{-(s\mp a)t}\,\mathrm{d}t=F(s\mp a)$$

10.3.3　延迟性质

若 $\mathscr{L}[f(t)]=F(s)$，且 a 为任一非负实数，则

$$\mathscr{L}[f(t-a)u(t-a)]=\mathrm{e}^{-as}F(s) \tag{10.3.3}$$

证明

$$\begin{aligned}\int_0^{\infty} f(t-a)u(t-a)\mathrm{e}^{-st}\,\mathrm{d}t&=\int_0^{a}0\cdot\mathrm{e}^{-st}\,\mathrm{d}t+\int_a^{\infty} f(t-a)\mathrm{e}^{-st}\,\mathrm{d}t\\&=\int_0^{\infty}\mathrm{e}^{-s(\tau+a)}f(\tau)\,\mathrm{d}\tau\\&=\mathrm{e}^{-as}\int_0^{\infty} f(\tau)\mathrm{e}^{-s\tau}\,\mathrm{d}\tau=\mathrm{e}^{-as}F(s)\end{aligned}$$

10.3.4　相似性质

若 $\mathscr{L}[f(t)]=F(s)$，且 a 为常数，则

$$\mathscr{L}[f(at)]=\frac{1}{a}F\left(\frac{s}{a}\right) \tag{10.3.4}$$

证明　因为

$$\int_0^{\infty} f(at)\mathrm{e}^{-st}\,\mathrm{d}t=\frac{1}{a}\int_0^{\infty} f(\tau)\mathrm{e}^{-\frac{s}{a}}\,\mathrm{d}\tau=\frac{1}{a}F\left(\frac{s}{a}\right)$$

10.3.5　微分性质

若 $\mathscr{L}[f(t)]=F(s)$，则

$$\mathscr{L}[f'(t)]=sF(s)-f(0) \tag{10.3.5}$$

证明

$$\int_0^{\infty} f'(t)\mathrm{e}^{-st}\,\mathrm{d}t=f(t)\mathrm{e}^{-st}\Big|_0^{\infty}+s\int_0^{\infty} f(t)\mathrm{e}^{-st}\,\mathrm{d}t=sF(s)-f(0)$$

推论

$$\mathscr{L}[f^{(n)}(t)]=s^nF(s)-s^{n-1}f(0)-s^{n-2}f'(0)-\cdots-f^{(n-1)}(0) \tag{10.3.5a}$$

10.3.6 积分性质

若 $\mathscr{L}[f(t)]=F(s)$，则

$$\mathscr{L}\left[\int_0^t f(\tau)\mathrm{d}\tau\right]=\frac{1}{s}F(s) \tag{10.3.6}$$

证明 令

$$g(t)=\int_0^t f(\tau)\mathrm{d}\tau,\quad \mathscr{L}[g(t)]=G(s)$$

按式(10.3.5)有

$$\mathscr{L}[g'(t)]=sG(s)-g(0)$$

而 $g(0)=0$，且 $g'(t)=f(t)$，所以

$$\mathscr{L}[f(t)]=F(s)=sG(s)-g(0)=sG(s)$$

故

$$G(s)=\frac{1}{s}F(s)=\mathscr{L}\left[\int_0^t f(\tau)\mathrm{d}\tau\right]$$

10.3.7 像微分性质

若 $\mathscr{L}[f(t)]=F(s)$，则

$$\mathscr{L}[t^n f(t)]=(-1)^n\frac{\mathrm{d}^n}{\mathrm{d}s^n}F(s) \tag{10.3.7}$$

证明 因为

$$\frac{\mathrm{d}}{\mathrm{d}s}\int_0^\infty f(t)\mathrm{e}^{-st}\mathrm{d}t=\int_0^\infty f(t)\frac{\mathrm{d}}{\mathrm{d}s}\mathrm{e}^{-st}\mathrm{d}t$$

(由于积分绝对一致收敛，所以可交换次序)

$$=-\int_0^\infty tf(t)\mathrm{e}^{-st}\mathrm{d}t=\mathscr{L}[-tf(t)]$$

由此可推知式(10.3.7)成立.

10.3.8 像积分性质

若 $\mathscr{L}[f(t)]=F(s)$，则

$$\mathscr{L}\left[\frac{f(t)}{t}\right]=\int_s^\infty F(z)\mathrm{d}z \tag{10.3.8}$$

证明

$$\int_s^\infty F(z)\mathrm{d}z=\int_s^\infty \mathrm{d}z\int_0^\infty \mathrm{e}^{-zt}f(t)\mathrm{d}t$$

$$=\int_0^\infty f(t)\left[\int_s^\infty \mathrm{e}^{-zt}\mathrm{d}z\right]\mathrm{d}t$$

$$=\int_0^{\infty}\frac{f(t)}{t}\mathrm{e}^{-st}\,\mathrm{d}t=\mathscr{L}\left[\frac{f(t)}{t}\right]$$

10.3.9　卷积定理

若 $\mathscr{L}[f(t)]=F(s)$，$\mathscr{L}[g(t)]=G(s)$，则

$$\mathscr{L}\left[\int_0^t f(\tau)g(t-\tau)\mathrm{d}\tau\right]=F(s)G(s) \tag{10.3.9}$$

其中 $\int_0^t f(\tau)g(t-\tau)\mathrm{d}\tau$ 称为函数 $f(t)$ 与 $g(t)$ 的卷积.

证明　因为 $(t-\tau)<0$ 时，$g(t-\tau)=0$ 所以

$$\int_0^{\infty}\left[\int_0^t f(\tau)g(t-\tau)\mathrm{d}\tau\right]\mathrm{e}^{-st}\,\mathrm{d}t=\int_0^{\infty}\mathrm{e}^{-st}\left[\int_0^{\infty}f(\tau)g(t-\tau)\mathrm{d}\tau\right]\mathrm{d}t$$

$$=\int_0^{\infty}f(\tau)\left[\int_0^{\infty}g(t-\tau)\mathrm{e}^{-st}\,\mathrm{d}t\right]\mathrm{d}\tau \qquad \text{（利用公式(10.3.3)）}$$

$$=\int_0^{\infty}f(\tau)[\mathrm{e}^{-s\tau}G(s)]\mathrm{d}\tau=F(s)G(s)$$

很容易证明卷积具有对称性，即

$$\int_0^t f(\tau)g(t-\tau)\mathrm{d}\tau\xlongequal{t-\tau=\eta}-\int_t^0 f(t-\eta)g(\eta)\mathrm{d}\eta=\int_0^t f(t-\eta)g(\eta)\mathrm{d}\eta$$

于是有

$$\int_0^t f(\tau)g(t-\tau)\mathrm{d}\tau=\int_0^t g(\tau)f(t-\tau)\mathrm{d}\tau$$

10.3.10　初值定理

设 $\mathscr{L}[f(t)]=F(s)$，　且 $\lim\limits_{s\to\infty}sF(s)$ 存在，则

$$f(0)=\lim_{t\to 0}f(t)=\lim_{s\to\infty}sF(s) \tag{10.3.10}$$

证明　因为

$$\int_0^{\infty}f'(t)\mathrm{e}^{-st}\,\mathrm{d}t=sF(s)-f(0)$$

对上式两边取 $s\to\infty$ 的极限值

左边 $=\int_0^{\infty}[\lim\limits_{s\to\infty}f'(t)\mathrm{e}^{-st}]\mathrm{d}t=0$

右边 $=\lim\limits_{s\to\infty}sF(s)-f(0)$

于是

$$f(0)=\lim_{t\to 0}f(t)=\lim_{s\to\infty}sF(s)$$

因此 $f(t)$ 在 $t=0$ 时的函数值，可以通过 $f(t)$ 的拉氏变换 $F(s)$ 乘以 s，再取极限 $s\to\infty$ 得到. 它建立了函数 $f(t)$ 在坐标原点的值与函数 $sF(s)$ 在无穷远点的值之间

的关系.

10.3.11 终值定理

设 $\mathscr{L}[f(t)]=F(s)$，且$\lim\limits_{t\to\infty}f(t)$存在，或 $sF(s)$的奇点位于 $\mathrm{Re}s<0$ 的半平面上，则

$$f(\infty)=\lim_{t\to\infty}f(t)=\lim_{s\to 0}sF(s) \tag{10.3.11}$$

证明 对式(10.3.5)两边取 $s\to 0$ 的极限值，则

$$\lim_{s\to 0}\int_0^{\infty}f'(t)\mathrm{e}^{-st}\mathrm{d}t=\lim_{s\to 0}[sF(s)-f(0)]$$

$$\text{左边}=\int_0^{\infty}[\lim_{s\to 0}f'(t)\mathrm{e}^{-st}]\mathrm{d}t=\int_0^{\infty}f'(t)\mathrm{d}t=\lim_{t\to\infty}f(t)-f(0)$$

于是

$$\lim_{t\to\infty}f(t)=\lim_{s\to 0}[sF(s)]$$

因此，函数 $f(t)$在 $t\to\infty$时的数值，可以通过 $f(t)$的拉氏变换乘以 s，再取 $s\to 0$ 时的极限值而得到. 它建立了函数 $f(t)$在无穷远点的值与函数 $sF(s)$在原点的值之间的关系.

例 10.3.1 由 $F(s)=\dfrac{1.06}{s[s(s+1)(s+2)+1.06]}$找出原函数 $f(t)$是较困难的，但是，如果我们只需知道 $f(t)$的稳定值(终值)，就不必计算出 $f(t)$的具体形式，利用式(10.3.11)便可找到. 即

$$f(\infty)=\lim_{t\to\infty}f(t)=\lim_{s\to 0}sF(s)=1$$

例 10.3.2 对于给定问题，在使用终值定理之前，首先必须判断定理条件是否都满足. 例如函数 $f(t)=\sin\omega t$，因

$$\lim_{t\to\infty}f(t)\ \text{不存在}$$

并且 $sF(s)=\dfrac{s\omega}{s^2+\omega^2}$在虚轴上，极点为$\pm\omega\mathrm{i}$，对于这样的函数就不能用终值定理. 但是，对这函数初值定理还是成立的，即

$$\lim_{t\to 0}\sin\omega t=0,\quad \lim_{s\to\infty}sF(s)=\lim_{s\to\infty}\frac{s\omega}{s^2+\omega^2}=0$$

10.3.12 周期函数

若 $f(t)$是周期为 T 的周期函数，则

$$\mathscr{L}[f(t)]=\frac{1}{1-\mathrm{e}^{-sT}}\int_0^{T}f(t)\mathrm{e}^{-st}\mathrm{d}t \tag{10.3.12}$$

证明

$$\mathscr{L}[f(t)]=\int_0^{\infty}f(t)\mathrm{e}^{-st}\mathrm{d}t=\int_0^{T}f(t)\mathrm{e}^{-st}\mathrm{d}t+\int_T^{2T}f(t)\mathrm{e}^{-st}\mathrm{d}t+\int_{2T}^{3T}f(t)\mathrm{e}^{-st}\mathrm{d}t+\cdots$$

$$令\ t=x+T,t=x+2T,t=x+3T\cdots$$

$$\begin{aligned}\mathscr{L}[f(t)]&=\int_0^{T}f(t)\mathrm{e}^{-sT}\mathrm{d}t+\int_0^{T}f(x+T)\mathrm{e}^{-s(x+T)}\mathrm{d}x+\int_0^{T}f(x+2T)\mathrm{e}^{-s(x+2T)}\mathrm{d}x+\cdots\\&=\int_0^{T}f(t)\mathrm{e}^{-st}\mathrm{d}t+\mathrm{e}^{-sT}\int_0^{T}f(x+T)\mathrm{e}^{-sx}\mathrm{d}x+\mathrm{e}^{-2T}\int_0^{T}f(x+2T)\mathrm{e}^{-sx}\mathrm{d}x+\cdots\\&=(1+\mathrm{e}^{-sT}+\mathrm{e}^{-2sT}+\cdots)\int_0^{T}f(t)\mathrm{e}^{-st}\mathrm{d}t\\&=\frac{1}{1-\mathrm{e}^{-sT}}\int_0^{T}f(t)\mathrm{e}^{-st}\mathrm{d}t\end{aligned}$$

例 10.3.3　设台阶函数 $f(t)=n+1,\quad nT<t<(n+1)T,n=0,1,2,\cdots$则

$$\mathscr{L}[f(t)]=\frac{1}{s(1-\mathrm{e}^{-sT})}$$

10.3.13　关于参数的运算

对于含参数 α 的函数 $f(t,\alpha)$ 的拉氏变换来说，由于关于 t 的积分(即拉氏变换运算)与关于 α 的运算顺序可以交换，所以

$$\mathscr{L}[\lim_{\alpha\to a}f(t,\alpha)]=\lim_{\alpha\to a}F(s,\alpha)\tag{10.3.13a}$$

$$\mathscr{L}\left[\frac{\partial}{\partial\alpha}f(t,\alpha)\right]=\frac{\partial}{\partial\alpha}F(s,\alpha)\tag{10.3.13b}$$

$$\mathscr{L}\left[\int_0^{a}f(t,\alpha)\mathrm{d}\alpha\right]=\int_0^{a}F(s,\alpha)\mathrm{d}\alpha\tag{10.3.13c}$$

上述结果，对今后求解偏微分方程是有很大帮助的.

表 10-1　拉普拉斯变换基本公式

	性　质	原函数 $f(t)$	像函数 $F(s)=\mathscr{L}[f(t)]$
1	线性	$c_1f(t)+c_2f_2(t)$	$c_1F_1(s)+c_2F_2(s)$
2	平移	$\mathrm{e}^{\pm at}f(t)$	$F(s\mp a)$
3	延迟	$f(t-a)u(t-a)$	$\mathrm{e}^{-as}F(s)\quad(a\geqslant0,t>0)$
4	相似	$f(at)$	$\frac{1}{a}F\left(\frac{s}{a}\right)\quad(a>0)$
5	微分	$f'(t)$	$sF(s)-f(0)$
6	微分	$f^{(n)}(t)$	$s^nF(s)-s^{n-1}f(0)-s^{n-2}f'(0)-\cdots-f^{(n-1)}(0)$
7	像微分	$tf(t)$	$-\frac{\mathrm{d}}{\mathrm{d}s}F(s)$
8	积分	$\int_0^t f(\tau)\mathrm{d}\tau$	$\frac{1}{s}F(s)$

续表

	性　质	原函数 $f(t)$	像函数 $F(s)=\mathscr{L}[f(t)]$
9	积分	$f^{(-1)}(t)=\int_{-\infty}^{t}f(\tau)\mathrm{d}\tau$	$\frac{F(s)}{s}+\frac{f^{(-1)}(0)}{s}$
10	像积分	$\frac{f(t)}{t}$	$\int_{s}^{\infty}F(z)\mathrm{d}z$
11	像积分	$\int_{t}^{\infty}\frac{f(\tau)}{\tau}\mathrm{d}\tau$	$\frac{1}{s}\int_{0}^{s}F(z)\mathrm{d}z$
12	卷积	$\int_{0}^{t}f(\tau)g(t-\tau)\mathrm{d}\tau$	$F(s)G(s)$
13	像卷积	$f(t)g(t)$	$\frac{1}{2\pi\mathrm{i}}\int_{\sigma-\mathrm{i}\infty}^{\sigma+\mathrm{i}\infty}F(z)G(s-z)\mathrm{d}z$
14	周期函数	$f(t+T)=f(t)$	$\frac{1}{1-\mathrm{e}^{-sT}}\int_{0}^{T}f(t)^{-st}\mathrm{d}t$

例 10.3.4 求积分正弦函数 $Si(t)=\int_{0}^{t}\frac{\sin\tau}{\tau}\mathrm{d}\tau$ 的拉氏变换 $F(s)$.

解 因为 $\mathscr{L}[\sin t]=\frac{1}{s^2+1}$利用基本公式(10),有

$$\mathscr{L}\left[\frac{\sin t}{t}\right]=\int_{s}^{\infty}\frac{1}{z^2+1}\mathrm{d}z=\arctan z\Big|_{s}^{\infty}=\frac{\pi}{2}-\arctan s=\operatorname{arccot}s=\arctan\frac{1}{s}$$

再利用基本公式,得

$$\mathscr{L}\left[\int_{0}^{t}\frac{\sin\tau}{\tau}\mathrm{d}\tau\right]=\frac{1}{s}\arctan\frac{1}{s}$$

例 10.3.5 求积分余弦 $Ci(t)=\int_{t}^{\infty}\frac{\cos\tau}{\tau}\mathrm{d}\tau$ 的拉氏变换 $F(s)$.

解 利用基本公式(11),有

$$\mathscr{L}\left[\int_{t}^{\infty}\frac{\cos\tau}{\tau}\mathrm{d}\tau\right]=\frac{1}{s}\int_{0}^{s}\frac{z}{z^2+1}\mathrm{d}z=\frac{1}{2s}\ln(s^2+1)$$

例 10.3.6 求误差函数 $\operatorname{erf}\sqrt{t}=\frac{2}{\sqrt{\pi}}\int_{0}^{\sqrt{t}}\mathrm{e}^{-x^2}\mathrm{d}x$ 的拉氏变换.

解

$$\begin{aligned}\operatorname{erf}\sqrt{t}&=\frac{2}{\sqrt{\pi}}\int_{0}^{\sqrt{t}}\mathrm{e}^{-x^2}\mathrm{d}x\\&=\frac{2}{\sqrt{\pi}}\int_{0}^{\sqrt{t}}\left(1-\frac{x^2}{1!}+\frac{x^4}{2!}-\frac{x^6}{3!}+\cdots\right)\mathrm{d}x\\&=\frac{2}{\sqrt{\pi}}\left[t^{\frac{1}{2}}-\frac{1}{3}t^{\frac{3}{2}}+\frac{1}{10}t^{\frac{5}{2}}-\frac{1}{42}t^{\frac{7}{2}}+\cdots\right]\end{aligned}$$

且利用公式

$$\mathscr{L}[t^{n-\frac{1}{2}}]=\frac{[1\cdot3\cdot5\cdots(2n-1)]\sqrt{\pi}}{2^n}s^{-\left(n+\frac{1}{2}\right)}$$

$$(n = 1,2,3,\cdots)$$

得

$$\mathscr{L}[\mathrm{erf}\sqrt{t}] = s^{-\frac{3}{2}}\left[1 - \frac{1}{2}\cdot\frac{1}{s} + \frac{3}{8}\cdot\frac{1}{s^2} - \frac{5}{16}\cdot\frac{1}{s^3} + \cdots\right]$$

$$= s^{-\frac{3}{2}}\left(1+\frac{1}{s}\right)^{-\frac{1}{2}} = \frac{1}{s\sqrt{s+1}}$$

例 10.3.7　求零阶贝塞尔函数 $J_0(2\sqrt{t})$ 的拉氏变换.

解　因为

$$J_0(2\sqrt{t}) = 1 - t + \frac{t^2}{(2!)^2} - \frac{t^3}{(3!)^2} + \cdots$$

利用公式

$$\mathscr{L}[t^n] = \frac{n!}{s^{n+1}} \qquad (n = 0,1,2,3,\cdots)$$

所以

$$\mathscr{L}[J_0(2\sqrt{t})] = \frac{1}{s}\left[1 - \frac{1}{s} + \frac{1}{2!s^2} - \frac{1}{3!s^3} + \cdots\right] = \frac{1}{s}\mathrm{e}^{-\frac{1}{s}}$$

10.4　拉普拉斯逆变换

这里引用拉普拉斯变换的主要目的是为了今后解偏微分方程，其解题思路如图 10.2 所示.

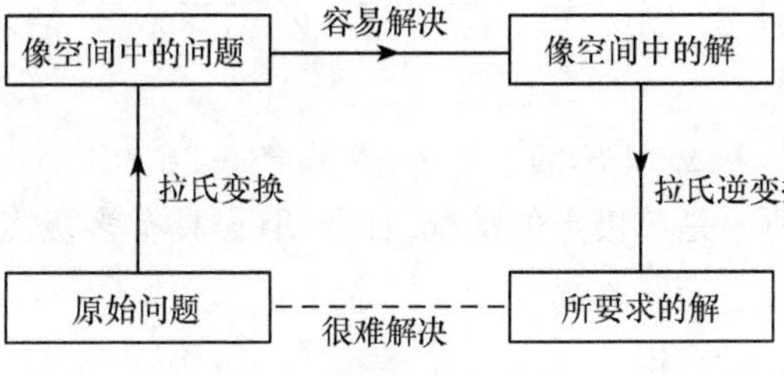

图 10.2

由图 10.2 可知，我们应用拉氏变换解偏微分方程，能否顺利完成，其最后一步——进行拉氏逆变换，是很关键的.

通常为了方便，已将许多函数的拉氏逆变换列成了表格，供人们使用，本节中的简表就是其中一部分. 但任何逆变换表都不能提供一切函数的变换表达式. 事实上，很多函数从表上查不到. 然而，如果将它们作适当的分解(或展开)，而分解(或展开)后的每一项函数，却可从表上找到变换的结果. 或者有时利用拉氏变换基本公式与查表相结合可以找到所需要的结果……等等. 这样就产生了如下寻找拉氏逆变换的方法.

10.4.1 部分分式展开

一般来说,解线性微分方程可得如下像函数:

$$Y(s)=\frac{a_n s^n+a_{n-1}s^{n-1}+\cdots+a_0}{b_m s^m+b_{m-1}s^{m-1}+\cdots+b_0}$$

我们可以采用部分分式展开的方法将上式化简为简分式的和,然后查表.具体做法是:

(1) 化简:必须使分子幂次低于分母,如果不是这样可采取整除办法,如

$$Y(s)=\frac{s^3+8s^2+26s+22}{s^3+7s^2+14s+8}=1+\frac{s^2+12s+14}{s^3+7s^2+14s+8}$$

这样就化成求下式拉氏变换

$$F(s)=\frac{s^2+12s+14}{s^3+7s^2+14s+8}$$

的逆变换的问题了.

(2) 将 $F(s)$ 的分母分解因式

$$s^3+7s^2+14s+8=(s+1)(s+2)(s+4)$$

(3) 进行部分分式展开

$$F(s)=\frac{s^2+12s+14}{(s+1)(s+2)(s+4)}=\frac{A}{s+1}+\frac{B}{s+2}+\frac{C}{s+4}$$

然后求出 $A=1,B=2,C=-3$,这样

$$F(s)=\frac{1}{s+1}+\frac{3}{s+2}-\frac{3}{s+4}$$

(4) 查表,得

$$\mathscr{L}^{-1}[F(s)]=\mathrm{e}^{-t}+3\mathrm{e}^{-2t}-3\mathrm{e}^{-4t}$$

上面仅讨论了 $F(s)$ 是单极点的情况.如果 $F(s)$ 具有多极点,应按下面式样展开.例如

$$F(s)=\frac{s^2+3s+1}{s(s+1)^3}=\frac{A}{s}+\frac{B_1}{s+1}+\frac{B_2}{(s+1)^2}+\frac{B_3}{(s+1)^3}$$

如果 $F(s)$ 是共轭极点的情况,应按下面式样展开.例如

$$F(s)=\frac{1}{s(s^2+2s+2)}=\frac{1}{s[(s+1)^2+1]}=\frac{A}{s}+\frac{Bs+C}{(s+1)^2+1}$$

例 10.4.1 求 $\mathscr{L}^{-1}[F(s)]=\mathscr{L}^{-1}\left[\frac{s^2+1}{(s+1)(s+2)(s+3)}\right]$.

解
$$F(s)=\frac{s^2+1}{(s+1)(s+2)(s+3)}=\frac{A}{s+1}+\frac{B}{s+2}+\frac{C}{s+3}$$

将上式两边乘以 $s+1$,然后令 $s=-1$,得 $A=1$;将上式两边乘以 $s+2$,然后令

$s=-2$,得 $B=-5$;将上式两边乘以 $s+3$,然后令 $s=-3$,得 $C=5$. 所以

$$F(s)=\frac{1}{s+1}+\frac{-5}{s+2}+\frac{5}{s+3}$$

于是

$$\mathscr{L}^{-1}[F(s)]=\mathrm{e}^{-t}-5\mathrm{e}^{-2t}+5\mathrm{e}^{-3t}$$

例 10.4.2　求 $\mathscr{L}^{-1}\left[\dfrac{3s+1}{(s-1)(s^2+1)}\right]$.

解

$$F(s)=\frac{3s+1}{(s-1)(s^2+1)}=\frac{A}{s-1}+\frac{Bs+C}{s^2+1}$$

将上式两边同乘以 $s-1$,然后令 $s=1$,得 $A=2$;将上式两边同乘以 s,然后令 $s\to\infty$,得 $A+B=0$,故 $B=-2$;

将上式两边令 $s\to 0$,得 $-A+C=-1$,故 $C=1$. 所以

$$F(s)=\frac{2}{s-1}+\frac{-2s+1}{s^2+1}$$

于是

$$\mathscr{L}^{-1}[F(s)]=2\mathrm{e}^{t}-2\cos t+\sin t$$

例 10.4.3　求 $\mathscr{L}^{-1}\left[\dfrac{s}{(s+1)(s^2+2s+2)}\right]$.

解

$$F(s)=\frac{s}{(s+1)(s^2+2s+2)}=\frac{A}{s+1}+\frac{Bs+C}{s^2+2s+s}$$

将上式两边同乘以 $s+1$,然后令 $s=-1$,得 $A=-1$;将上式两边同乘以 s,然后令 $s\to\infty$,得 $A+B=0$,故 $B=1$;令上式两边的 $s=0$,得 $A+\dfrac{C}{2}=0$,故 $C=-2A=2$. 所以

$$F(s)=-\frac{1}{s+1}+\frac{s+2}{s^2+2s+2}$$

于是

$$\mathscr{L}^{-1}[F(s)]=\mathrm{e}^{-t}[-1+\sin t+\cos t]$$

例 10.4.4　求 $\mathscr{L}^{-1}[F(s)]=\mathscr{L}^{-1}\left[\dfrac{1}{\sqrt{s^2+a^2}}\right]$.

解　先按二项式定理将 $F(s)$ 展成 $\dfrac{1}{s}$ 的幂级数

$$\frac{1}{\sqrt{s^2+a^2}}=\frac{1}{s}\left[1+\left(\frac{a}{s}\right)^2\right]^{-\frac{1}{2}}=\frac{1}{s}-\frac{a^2}{2s^3}+\frac{3a^4}{2!2^2s^5}-\frac{3\cdot 5a^6}{3!2^3s^7}+\cdots$$

然后逐项取逆变换,得

$$\mathscr{L}^{-1}\left[\frac{1}{\sqrt{s^2+a^2}}\right]=1-\left(\frac{at}{2}\right)^2+\frac{(at)^4}{(2\cdot 4)^2}-\frac{(at)^6}{(2\cdot 4\cdot 6)^2}+\cdots$$

$$=\sum_{k=0}^{\infty}\frac{(-1)^k}{(k!)^2}\left(\frac{at}{2}\right)^{2k}=\mathrm{J}_0(at)$$

其中 $\mathrm{J}_0(at)$是零阶第一类贝塞尔函数.

应用拉氏变换初值定理和终值定理可得

$$\mathrm{J}_0(0)=\lim_{s\to\infty}\frac{s}{\sqrt{s^2+a^2}}=1,\quad \mathrm{J}_0(\infty)=\lim_{s\to 0}\frac{s}{\sqrt{s^2+a^2}}=0$$

10.4.2　利用拉氏变换基本公式

基本公式中用得最多的要算卷积定理,即

$$\mathscr{L}^{-1}[F(s)G(s)]=\int_0^t f(\tau)g(t-\tau)\mathrm{d}\tau$$

因为实用中常常发生两像函数的乘积的逆变换难以求得,但它们中的每一个逆变换较易解出,这时利用上述卷积定理就可求得两像函数乘积的逆变换.

例 10.4.5　求 $\mathscr{L}^{-1}\left[\frac{s^2}{(s+1)^2(s^2+2s+2)^2}\right]$.

解　设 $F(s)=G(s)=\frac{s}{(s+1)(s^2+2s+2)}$

$$\mathscr{L}^{-1}[F(s)]=\mathscr{L}^{-1}[G(s)]=\mathrm{e}^{-t}\left[\sqrt{2}\sin\left(t+\frac{\pi}{4}\right)-1\right]$$

所以

$$\begin{aligned}&\mathscr{L}^{-1}[F(s)G(s)]\\&=\int_0^t \mathrm{e}^{-\tau}\left[\sqrt{2}\sin\left(\tau+\frac{\pi}{4}\right)-1\right]\cdot \mathrm{e}^{-(t-\tau)}\left\{\sqrt{2}\sin\left[(t-\tau)+\frac{\pi}{4}\right]-1\right\}\mathrm{d}\tau\\&=\mathrm{e}^{-t}[t+t\sin t-\sin t+2\cos t-2]\end{aligned}$$

例10.4.6　求 $\mathscr{L}^{-1}\left[\frac{1}{s\sqrt{s+1}}\right]$.

解　因为

$$\mathscr{L}^{-1}\left[\frac{1}{\sqrt{s+1}}\right]=\frac{1}{\sqrt{\pi t}}\mathrm{e}^{-t}$$

所以

$$\begin{aligned}\mathscr{L}^{-1}\left[\frac{1}{s\sqrt{s+1}}\right]&=\int_0^t\frac{1}{\sqrt{\pi\tau}}\mathrm{e}^{-\tau}u(t-\tau)\mathrm{d}\tau\\&=\int_0^t\frac{1}{\sqrt{\pi\tau}}\mathrm{e}^{-\tau}\mathrm{d}\tau\quad(\text{令 }\tau=x^2)\\&=\frac{2}{\sqrt{\pi}}\int_0^{\sqrt{t}}\mathrm{e}^{-x^2}\mathrm{d}x=\mathrm{erf}\sqrt{t}\end{aligned}$$

例 10.4.7　求 $\mathscr{L}^{-1}\left[\ln\left(1+\frac{1}{s}\right)\right]$.

解　因为

$$\frac{\mathrm{d}}{\mathrm{d}s}\ln\left(1+\frac{1}{s}\right)=\frac{1}{s+1}-\frac{1}{s}$$

所以

$$\ln\left(1+\frac{1}{s}\right)=-\int_s^{\infty}\left(\frac{1}{z+1}-\frac{1}{z}\right)\mathrm{d}z$$

利用拉氏变换基本公式(10)，得

$$\mathscr{L}^{-1}\left[\ln\left(1+\frac{1}{s}\right)\right]=-\frac{\mathrm{e}^{-t}}{t}+\frac{1}{t}=\frac{1}{t}(1-\mathrm{e}^{-t})$$

10.4.3　利用围线积分法

当不能采用上述两种方法求得像函数 $F(s)$ 的逆变换时，就得从逆变换的定义式出发，借助于复变函数的围线积分(或留数定理)来求.

定理 10.4.1　若 $f(t)$ 在 $t\geqslant 0$ 的任一有限区间上分段连续. 且是指数阶的，即存在大于零的常数 M 和 a，使得 $\mathrm{e}^{-at}\mid f(t)\mid<M$，则 $f(t)$ 的拉氏变换 $F(s)$，在 $\mathrm{Re}(s)>a$ 的半平面上为解析函数，且 $\lim\limits_{s\to\infty}F(s)=0$.

证明　设 $\mathrm{Re}(s)=\sigma>a$，因为一个积分的绝对值总是等于或小于绝对值的积分，所以

$$\mid F(s)\mid=\left|\int_0^{\infty}f(t)\mathrm{e}^{-st}\mathrm{d}t\right|\leqslant\int_0^{\infty}\left|f(t)\mathrm{e}^{-st}\right|\mathrm{d}t\leqslant\int_0^{\infty}M\mathrm{e}^{at}\cdot\mathrm{e}^{-st}\mathrm{d}t=\frac{M}{s-a}$$

得

$$\lim_{s\to\infty}F(s)=0 \tag{10.4.1}$$

由于上述积分绝对收敛，因此可在积分号内对 s 求导

$$\int_0^{\infty}\frac{\mathrm{d}}{\mathrm{d}s}[f(t)\mathrm{e}^{-st}]\mathrm{d}t\leqslant\frac{M}{(s-a)^2}$$

由此可见，$F(s)$ 在 $\mathrm{Re}(s)>a$ 的半平面内可导，因此 $F(s)$ 解析.

定理 10.4.2　若 $s=R\mathrm{e}^{\mathrm{i}\theta}(0\leqslant\theta\leqslant 2\pi)$，当 $R\to\infty$ 时，充分条件是 $F(s)\leqslant\frac{M}{R^k}$(其中 M 和 k 为大于零的常数)，则

$$f(t)=\frac{1}{2\pi\mathrm{i}}\int_{\sigma-\mathrm{i}\infty}^{\sigma+\mathrm{i}\infty}F(s)\mathrm{e}^{st}\mathrm{d}s=\begin{cases}0 & (t<0)\\ \sum\limits_{k=1}^{n}\mathrm{Res}[F(s_k)\mathrm{e}^{s_k t}] & (t\geqslant 0)\end{cases} \tag{10.4.2}$$

式中对 $F(s)$ 在 $\mathrm{Re}(s)<a$ 的半平面内的所有孤立奇点的留数求和.

证明　令 $s\equiv\sigma+\mathrm{i}\omega$，$\mathrm{Re}(s)=\sigma>a$，根据定理 10.4.1，有

$$\lim_{\omega\to\infty}|F(\sigma+\mathrm{i}\omega)|=0$$

所以存在一致收敛的积分

$$\lim_{\omega\to\infty}\int_{\sigma-\mathrm{i}\omega}^{\sigma+\mathrm{i}\omega}F(s)\mathrm{e}^{st}\,\mathrm{d}s \tag{10.4.3}$$

根据若尔当引理(5.2.3)以及命题条件,有

(i) 对于 $\mathrm{Re}(s)>a$ 的 s,当 $|s|=R\to\infty$ 时,$F(s)$一致地趋向于零,则当 $t<0$ 时,

$$\lim_{R\to\infty}\int_{C_R}F(s)\mathrm{e}^{st}\,\mathrm{d}s=0 \tag{10.4.4a}$$

其中 C_R:$|s|=R,\mathrm{Re}(s)>a$,它是一个以点$(a+\mathrm{i}0)$为圆心,R 为半径的左边半圆弧.

(ii) 对于 $\mathrm{Re}(s)<a$ 的 s,当 $|s|=R\to\infty$ 时,$F(s)$一致地趋向于零,则当 $t>0$ 时,

$$\lim_{R\to\infty}\int_{C_R'}F(s)\mathrm{e}^{st}\,\mathrm{d}s=0 \tag{10.4.4b}$$

其中 C_R':$|s|=R,\mathrm{Re}(s)<a$,它是一个以点$(a+\mathrm{i}0)$为圆心,R 为半径的右边半圆弧. 因此,当 $t<0$ 时,直线段的积分(10.4.3)应与圆弧 C_R 上的积分(10.4.4a)组成闭合围线的积分;当 $t>0$ 时,直线段的积分(10.4.3)应与圆弧 C_R'上的积分(10.4.4b)组成闭合围线的积分. 再根据定理 10.4.1. $F(s)$在 $\mathrm{Re}(s)>a$ 的半平面上解析,所以 $F(s)$的奇点均位于 $\mathrm{Re}(s)<a$ 半平面内. 最后,应用留数定理,得到

$$f(t)=\frac{1}{2\pi\mathrm{i}}\int_{\sigma-\mathrm{i}\infty}^{\sigma+\mathrm{i}\infty}F(s)\mathrm{e}^{st}\,\mathrm{d}s=\begin{cases}0 & (t<0)\\ \sum\limits_{k=1}^{n}\mathrm{Res}[F(s_k)\mathrm{e}^{s_kt}] & (t\geqslant 0)\end{cases} \tag{10.4.5}$$

关于公式(10.4.5)中的求和,应分二类:

类型 1. $F(s)$的唯一奇点是极点.

如果极点个数有限,对于这种情况,求和不成问题. 如果存在无穷多个极点,这时积分围线的曲线部分可取这样的半径 R_n,使它只包围有限个极点,并使围线上不包含极点,然后取 $n\to\infty$的适当极限,即可求得所要结果.

类型 2. 在 $s=0$ 处 $F(s)$有一个枝点.

存在枝点的情况,积分围线应作修改. 例如 $s=0$ 为 $F(s)$的枝点,则复平面需从枝点 $s=0$ 开始,沿半实轴,到 $s=-\infty$割开. 使函数 $F(s)$在割开了的平面上是单值解析函数. 积分路径取如图 10.3 所示围线,且应用留数定理.

$$\lim_{R\to\infty}\frac{1}{2\pi\mathrm{i}}\left[\int_{\overline{AB}}+\int_{\widehat{BC}}+\int_{\overline{CD}}+\int_{\varphi}+\int_{\overline{EF}}+\int_{\widehat{FA}}\right][F(s)\mathrm{e}^{st}]\mathrm{d}s=\sum_{k=1}^{n}\mathrm{Res}[F(s_k)\mathrm{e}^{s_kt}]$$

若尔当引理(5.2.3)仍然适用,所以大圆弧$\overline{BC}$和$\overline{FA}$上的积分为零.

在直线 CD 上，$s=x\mathrm{e}^{\mathrm{i}\pi}$，　$\mathrm{d}s=\mathrm{e}^{\mathrm{i}\pi}\mathrm{d}x$

在直线 EF 上，$s=x\mathrm{e}^{-\mathrm{i}\pi}$，　$\mathrm{d}s=\mathrm{e}^{-\mathrm{i}\pi}\mathrm{d}x$

上式中的 x 和 $\mathrm{d}x$ 分别表示$|x|$和$|\mathrm{d}x|$，因此沿 CD 和 EF 的积分分别为

$$\lim_{R\to\infty}\frac{-1}{2\pi\mathrm{i}}\int_{\infty}^{0}\mathrm{e}^{-xt}F(x\mathrm{e}^{\mathrm{i}\pi})\mathrm{d}x$$
$$=\frac{1}{2\pi\mathrm{i}}\int_{0}^{\infty}\mathrm{e}^{-xt}F(x\mathrm{e}^{\mathrm{i}\pi})\mathrm{d}x$$
$$\lim_{R\to\infty}\frac{-1}{2\pi\mathrm{i}}\int_{0}^{\infty}\mathrm{e}^{-xt}F(x\mathrm{e}^{-\mathrm{i}\pi})\mathrm{d}x$$
$$=-\frac{1}{2\pi\mathrm{i}}\int_{0}^{\infty}\mathrm{e}^{-xt}F(x\mathrm{e}^{-\mathrm{i}\pi})\mathrm{d}x$$

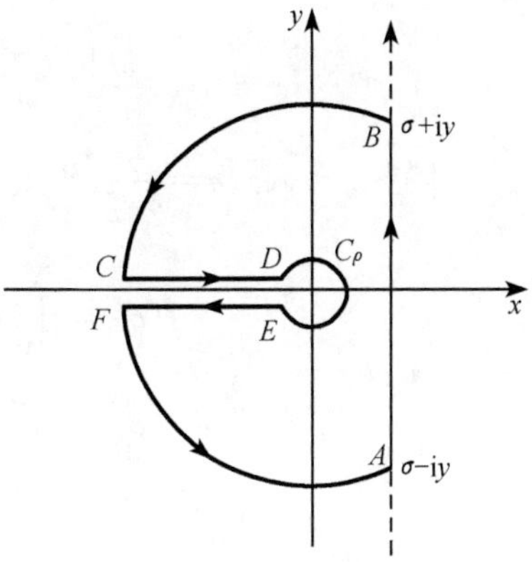

图 10.3

在小圆 C_ρ 上，$s=\rho\mathrm{e}^{\mathrm{i}\theta}$，$\mathrm{d}s=\mathrm{i}\rho\mathrm{e}^{\mathrm{i}\theta}\mathrm{d}\theta$，积分为

$$\frac{1}{2\pi\mathrm{i}}\int_{C_\rho}\mathrm{e}^{st}F(s)\mathrm{d}s=\frac{1}{2\pi\mathrm{i}}\int_{+\pi}^{-\pi}\exp(\rho\mathrm{e}^{\mathrm{i}\theta}t)F(\rho\mathrm{e}^{\mathrm{i}\theta})(\mathrm{i}\rho\mathrm{e}^{\mathrm{i}\theta}\mathrm{d}\theta)$$
$$=-\frac{1}{2\pi}\int_{-\pi}^{\pi}\exp(\rho\mathrm{e}^{\mathrm{i}\theta}t)F(\rho\mathrm{e}^{\mathrm{i}\theta})(\rho\mathrm{e}^{\mathrm{i}\theta}\mathrm{d}\theta)$$

于是

$$\begin{aligned}f(t)&=\frac{1}{2\pi\mathrm{i}}\int_{\sigma-\mathrm{i}\infty}^{\sigma+\mathrm{i}\infty}F(s)\mathrm{e}^{st}\mathrm{d}s\\&=\sum_{k=1}^{n}\mathrm{Res}[F(s_k)\mathrm{e}^{s_kt}]+\lim_{\rho\to0}\frac{1}{2\pi}\int_{-\pi}^{\pi}\exp(\rho\mathrm{e}^{\mathrm{i}\theta}t)F(\rho\mathrm{e}^{\mathrm{i}\theta})\rho\mathrm{e}^{\mathrm{i}\theta}\mathrm{d}\theta\\&\quad+\frac{1}{2\pi\mathrm{i}}\int_{0}^{\infty}\mathrm{e}^{-xt}[F(x\mathrm{e}^{\mathrm{i}\pi})-F(x\mathrm{e}^{-\mathrm{i}\pi})]\,\mathrm{d}x\end{aligned}\tag{10.4.6}$$

上式中最后一项，由于 $F(s)$是 s 的多值函数，所以在割痕上沿和下沿的值不等. 因而此项不等于零.

例 10.4.8　$F(s)=\mathrm{e}^{-a\sqrt{s}}$.

解　$F(s)$沿 C_ρ 上的积分，当 $\rho\to0$ 时为零；且 $F(s)$在平面上没有其他奇点，因此公式(10.4.6)中的第一项和第二项为零，而

$$F(x\mathrm{e}^{-\mathrm{i}\pi})=\mathrm{e}^{-a\sqrt{s}}\big|_{s=x\mathrm{e}^{-\mathrm{i}\pi}}=\mathrm{e}^{\mathrm{i}a\sqrt{x}},\quad F(x\mathrm{e}^{\mathrm{i}\pi})=\mathrm{e}^{-a\sqrt{s}}\big|_{s=x\mathrm{e}^{\mathrm{i}\pi}}=\mathrm{e}^{-\mathrm{i}a\sqrt{x}}$$

所以

$$f(t)=\frac{1}{2\pi\mathrm{i}}\int_{0}^{\infty}\mathrm{e}^{-xt}[\mathrm{e}^{\mathrm{i}a\sqrt{x}}-\mathrm{e}^{-\mathrm{i}a\sqrt{x}}]\mathrm{d}x=\frac{1}{\pi}\int_{0}^{\infty}\mathrm{e}^{-xt}\sin(a\sqrt{x})\mathrm{d}x=\frac{a}{\sqrt{\pi}}\left(\frac{1}{4t^3}\right)^{\frac{1}{2}}\mathrm{e}^{-\frac{a^2}{4t}}\tag{10.4.7}$$

注意：利用第 5 章例题的结果.

$$\int_0^{\infty} e^{-x^2}\cos(2ax)\,dx = \sqrt{\frac{\pi}{2}}e^{-a^2}$$

上式中令 $x=y\sqrt{t}$, $a=\dfrac{b}{2\sqrt{t}}$,代入上式

$$I(b) = \int_0^{\infty} e^{-y^2 t}\cos(by)\,dy = \frac{1}{2}\sqrt{\frac{\pi}{t}}e^{-\frac{b^2}{4t}}$$

$$-\frac{\partial I}{\partial b} = \int_0^{\infty} y e^{-ty^2}\sin(by)\,dy = \frac{\sqrt{\pi}b}{4t^{3/2}}e^{-\frac{b^2}{4t}}$$

又

$$\frac{1}{\pi}\int_0^{\infty} e^{-xt}\sin(a\sqrt{x})\,dx = \frac{2}{\pi}\int_0^{\infty} y e^{-ty^2}\sin(ay)\,dy$$

例 10.4.9 已知

$$F(s) = \frac{Aa\omega\sinh\left(\dfrac{s}{a}x\right)}{s(s^2+\omega^2)\cosh\left(\dfrac{s}{a}l\right)}$$

其中,A、a,ω,l 均为与 s 无关的常数,求 $f(t)$.

解 由于 $F(s)$的奇点全部为极点,极点位置由下式决定:

$$s(s^2+\omega^2)\cosh\left(\frac{s}{a}l\right) = 0$$

从上方程解得,一个实极点 $s=0$,无穷多个纯虚数极点,且它们成对共轭,上半平面的极点为

$$s_0 = \mathrm{i}\omega, \quad s_k = \mathrm{i}\omega_k = \mathrm{i}\,\frac{(2k-1)\pi a}{2l} \quad (k=1,2,3,\cdots) \tag{10.4.8}$$

由于都是一阶极点,所以留数很好计算,令 $F(s)=\dfrac{p(s)}{q(s)}$,则

$$\mathrm{Res}[F(s_k)e^{s_k t}] = \frac{p(s_k)}{q'(s_k)}e^{s_k t}$$

$$f(t) = \frac{1}{2\pi\mathrm{i}}\int_{\sigma-\mathrm{i}\infty}^{\sigma+\mathrm{i}\infty} F(s)e^{st}\,ds = \sum_{n=1}\frac{p(s_n)}{q'(s_n)}e^{s_n t} + 2\mathrm{Re}\left[\sum_{k=1}^{\infty}\frac{p(s_k)}{q'(s_k)}e^{s_k t}\right]$$

第一个求和是对所有实轴上的极点求和,本题中 $s=0$ 为可去奇点. 所以留数为零,第二个求和对上半平面的虚根求和. 由于虚根成对出现,所以求和符号前出现取实部 Re 的二倍值.

$$f(t) = 2\mathrm{Re}\left[\frac{p(\mathrm{i}\omega)}{q'(\mathrm{i}\omega)}e^{\mathrm{i}\omega t} + \sum_{k=1}^{\infty}\frac{p(\mathrm{i}\omega_k)}{q'(\mathrm{i}\omega_k)}e^{\mathrm{i}\omega_k t}\right] \tag{10.4.9}$$

10.5 应　用

10.5.1 利用拉氏变换求积分

(1) 例如,我们要求 $\int_0^{\infty}\cos(x^2)\mathrm{d}x$ 的积分. 可以先求 $\int_0^{\infty}\cos(x^2t)\mathrm{d}x(t>0)$ 的积分,然后令 $t=1$,就可得到前者的积分. 具体做法如下:

例 10.5.1 求 $I=\int_0^{\infty}\cos x^2\mathrm{d}x$ 之值.

解 因为

$$\mathscr{L}\left[\int_0^{\infty}\cos(x^2t)\mathrm{d}x\right]=\int_0^{\infty}\mathscr{L}[\cos x^2t]\mathrm{d}x=\int_0^{\infty}\frac{s}{s^2+x^4}\mathrm{d}x=\frac{\pi\sqrt{2}}{4\sqrt{s}}$$

所以

$$\int_0^{\infty}\cos(x^2t)\mathrm{d}x=\mathscr{L}^{-1}\left[\frac{\pi\sqrt{2}}{4\sqrt{s}}\right]=\frac{\sqrt{2\pi}}{4}t^{-\frac{1}{2}}$$

于是

$$I=\int_0^{\infty}\cos(x^2)\mathrm{d}x=\frac{1}{2}\sqrt{\frac{\pi}{2}}$$

例 10.5.2 求 $I=\int_0^{\infty}\mathrm{e}^{-x^2}\mathrm{d}x$.

解 因为

$$\mathscr{L}\left[\int_0^{\infty}\mathrm{e}^{-tx^2}\mathrm{d}x\right]=\int_0^{\infty}\mathscr{L}[\mathrm{e}^{-tx^2}]\mathrm{d}x=\int_0^{\infty}\frac{1}{s+x^2}\mathrm{d}x$$
$$=\frac{1}{\sqrt{s}}\arctan\frac{x}{\sqrt{s}}\Big|_0^{\infty}=\frac{\pi}{2}\frac{1}{\sqrt{s}}$$

所以

$$\int_0^{\infty}\mathrm{e}^{-tx^2}\mathrm{d}x=\mathscr{L}^{-1}\left[\frac{\pi}{2}\frac{1}{\sqrt{s}}\right]=\frac{\sqrt{\pi}}{2}t^{-\frac{1}{2}}$$

于是

$$I=\int_0^{\infty}\mathrm{e}^{-x^2}\mathrm{d}x=\frac{\sqrt{\pi}}{2}$$

(2) 若 $\mathscr{L}[f(t)]=F(s)$,则

$$\int_0^{\infty}f(t)\mathrm{d}t=\lim_{s\to0}F(s)\tag{10.5.1}$$

例 10.5.3 求 $I=\int_0^\infty te^{-at}\sin\omega t\,dt$ 之值.

解 因为

$$\mathscr{L}[te^{-at}\sin\omega t]=\frac{2\omega(s+a)}{[(s+a)^2+\omega^2]^2}$$

所以,按公式(10.5.1),有

$$I=\int_0^\infty te^{-at}\sin\omega t\,dt=\frac{2\omega a}{(a^2+\omega^2)^2}$$

(3) 若 $\mathscr{L}[f(t)]=F(s)$,利用基本公式(11)和初值定理,得到

$$\int_0^\infty \frac{f(\tau)}{\tau}d\tau=\int_0^\infty F(s)ds \tag{10.5.2}$$

例 10.5.4 求 $I=\int_0^\infty \frac{e^{at}-e^{bt}}{t}dt \quad (a<b<0)$.

解 因为

$$\mathscr{L}[e^{at}-e^{bt}]=\frac{1}{s-a}-\frac{1}{s-b}$$

所以,按公式(10.5.2),有

$$I=\int_0^\infty \frac{e^{at}-e^{bt}}{t}dt=\int_0^\infty\left[\frac{1}{s-a}-\frac{1}{s-b}\right]ds=\ln\frac{b}{a}$$

例 10.5.5 求 $I=\int_0^\infty \frac{\cos at-\cos bt}{t}dt \quad (a<b<0)$.

解 因为

$$\mathscr{L}[\cos at-\cos bt]=\frac{s}{s^2+a^2}-\frac{s}{s^2+b^2}$$

所以按公式(10.5.2),有

$$\begin{aligned}I&=\int_0^\infty \frac{\cos at-\cos bt}{t}dt=\int_0^\infty\left[\frac{s}{s^2+a^2}-\frac{s}{s^2+b^2}\right]ds\\&=\frac{1}{2}\ln\frac{s^2+b^2}{s^2+a^2}\bigg|_0^\infty=\ln\frac{b}{a}\end{aligned}$$

10.5.2 利用拉氏变换求解微分方程

例 10.5.6 解方程

$$\begin{aligned}&ty''(t)+y'(t)+ty(t)=0\\&y(0)=1,\quad y'(0)=0\end{aligned}$$

解 令 $\mathscr{L}[y(t)]=Y(s)$,则

$$\mathscr{L}[ty(t)] = -\frac{\mathrm{d}}{\mathrm{d}s}Y(s)$$

$$\mathscr{L}[y'(t)] = sY(s) - y(0) = sY(s) - 1$$

$$\mathscr{L}[ty''(t)] = -\frac{\mathrm{d}}{\mathrm{d}s}[s^2Y(s) - s]$$

因此,原方程进行拉氏变换后,在像空间中的方程为下面的一阶微分方程,所以较易求解. 即

$$(s^2+1)Y'(s) + sY(s) = 0, \quad \frac{\mathrm{d}Y}{Y} = -\frac{s}{s^2+1}\mathrm{d}s$$

$$Y(s) = \frac{c}{\sqrt{s^2+1}} \quad (\text{其中 } c \text{ 为积分常数})$$

于是

$$y(t) = \mathscr{L}^{-1}[Y(s)] = \mathscr{L}^{-1}\left[\frac{c}{\sqrt{s^2+1}}\right] = c\mathrm{J}_0(t)$$

式中 $\mathrm{J}_0(t)$是零阶第一类贝塞尔函数.

例 10.5.7　解积分方程 $y(t) = 1 + \int_0^t y(\tau)\sin(t-\tau)\mathrm{d}\tau$.

解　令

$$\mathscr{L}[y(t)] = Y(s), \mathscr{L}[\sin t] = \frac{1}{s^2+1}$$

所以

$$\mathscr{L}\left[\int_0^t y(\tau)\cdot\sin(t-\tau)\mathrm{d}\tau\right] = Y(s)\,\frac{1}{s^2+1}$$

则原方程经拉氏变换后,成为

$$Y(s) = \frac{1}{s} + Y(s)\,\frac{1}{s^2+1}$$

因此

$$Y(s) = \frac{1}{s} + \frac{1}{s^3}$$

于是

$$y(t) = \mathscr{L}^{-1}[Y(s)] = \mathscr{L}^{-1}\left[\frac{1}{s} + \frac{1}{s^3}\right] = 1 + \frac{t^2}{2}$$

10.5.3　利用拉氏变换求解偏微分方程

这一部分内容我们将在第 18 章中阐述. 下面先列出函数的拉普拉斯变换表(表 10-2).

表 10-2　函数的拉普拉斯变换表

序　号	$F(s)$	$f(t)$
1	$\frac{1}{s}$	1
2	$\frac{1}{s^2}$	t
3	$\frac{1}{s^n}(n=1,2,3,\cdots)$	$\frac{t^{n-1}}{(n-1)!}$
4	$\frac{1}{\sqrt{s}}$	$\frac{1}{\sqrt{\pi t}}$
5	$s^{-3/2}$	$2\sqrt{t/\pi}$
6	$s^{-(n+1/2)}(n=1,2,3,\cdots)$	$\frac{2^n}{[1\cdot 3\cdot 5\cdots(2n-1)]\sqrt{\pi}}t^{n-1/2}$
7	$\frac{1}{s^n}(n>0)$	$\frac{1}{\Gamma(n)}t^{n-1}$
8	$\frac{1}{s+a}$	e^{-at}
9	$\frac{1}{(s+a)^n}(n=1,2,3,\cdots)$	$\frac{t^{n-1}e^{-at}}{(n-1)!}$
10	$\frac{\Gamma(k)}{(s+a)^k}(k>0)$	$t^{k-1}e^{-at}$
11	$\frac{1}{(s+a)(s+b)}(a\neq b)$	$\frac{e^{-at}-e^{-bt}}{b-a}$
12	$\frac{s}{(s+a)(s+b)}(a\neq b)$	$\frac{ae^{-at}-be^{-bt}}{b-a}$
13	$\frac{1}{s^2+a^2}$	$\frac{1}{a}\sin at$
14	$\frac{s}{s^2+a^2}$	$\cos at$
15	$\frac{1}{s^2-a^2}$	$\frac{1}{a}\sinh at$
16	$\frac{s}{s^2-a^2}$	$\cosh at$
17	$\frac{1}{s(s^2+a^2)}$	$\frac{1}{a^2}(1-\cos at)$
18	$\frac{1}{s^2(s^2+a^2)}$	$\frac{1}{a^3}(at-\sin at)$
19	$\frac{1}{(s^2+a^2)^2}$	$\frac{1}{2a^3}(\sin at-at\cos at)$
20	$\frac{s}{(s^2+a^2)^2}$	$\frac{t}{2a}\sin at$
21	$\frac{s^2}{(s^2+a^2)^2}$	$\frac{1}{2a}(\sin at+at\cos at)$
22	$\frac{s^2-a^2}{(s^2+a^2)^2}$	$t\cos at$

续表

序　号	$F(s)$	$f(t)$
23	$\frac{1}{(s^2+a^2)(s^2+b^2)}(a^2\neq b^2)$	$\frac{1}{b^2-a^2}\left[\frac{1}{a}\sin at-\frac{1}{b}\sin bt\right]$
24	$\frac{s}{(s^2+a^2)(s^2+b^2)}(a^2\neq b^2)$	$\frac{1}{b^2-a^2}[\cos at-\cos bt]$
25	$\frac{1}{\sqrt{s}}e^{-a/s}$	$\frac{1}{\sqrt{\pi t}}\cos(2\sqrt{at})$
26	$\frac{1}{s^{3/2}}e^{-a/s}$	$\frac{1}{\sqrt{\pi a}}\sin(2\sqrt{at})$
27	$\frac{1}{s}\left(\frac{s-1}{s}\right)^n \quad (n>0)$	$L_n(t)$拉盖尔多项式
28	$\frac{1}{\sqrt{s^2+a^2}}$	$J_0(at)$
29	$\frac{(\sqrt{s^2+a^2}-s)^v}{\sqrt{s^2+a^2}}(v>-1)$	$a^v J_v(at)$
30	$\frac{1}{s}e^{-ks}$	$u(t-k)$
31	$\frac{1}{s^2}e^{-ks}$	$(t-k)u(t-k)$
32	$\frac{1}{s}e^{-k/s}$	$J_0(2\sqrt{kt})$
33	$\frac{1}{s^\mu}e^{-k/s}(\mu>0)$	$\left(\frac{t}{k}\right)^{(\mu-1)/2}J_{\mu-1}(2\sqrt{kt})$
34	$e^{-k\sqrt{s}}(k>0)$	$\frac{k}{2\sqrt{\pi t^3}}\exp\left(-\frac{k^2}{4t}\right)$
35	$\frac{1}{s}e^{-k\sqrt{s}}(k\geqslant 0)$	$\mathrm{erfc}\,\frac{k}{2\sqrt{t}}$
36	$\frac{1}{\sqrt{s}}e^{-k\sqrt{s}}(k\geqslant 0)$	$\frac{1}{\sqrt{\pi t}}\exp\left(-\frac{k^2}{4t}\right)$
37	$\frac{1}{s^{3/2}}e^{-k\sqrt{s}}(k\geqslant 0)$	$2\sqrt{\frac{t}{\pi}}\exp\left(-\frac{k^2}{4t}\right)-k\,\mathrm{erfc}\,\frac{k}{2\sqrt{t}}$
38	$\frac{1}{\sqrt{s^2-a^2}}$	$I_0(at)$

其中

误差函数 $\mathrm{erf}(x)=\frac{2}{\sqrt{\pi}}\int_0^x e^{-t^2}\,dt$

余误差函数 $\mathrm{erfc}(x)=1-\mathrm{erf}(x)=\frac{2}{\sqrt{\pi}}\int_x^\infty e^{-t^2}\,dt$

拉盖尔多项式 $L_n(t)=\frac{e^t}{n!}\frac{d^n}{dt^n}[t^n e^{-t}]$

习　题

10.1 求下列函数的拉氏变换：

(a) $f(t)=1-te^t$；　(b) $f(t)=(t-1)^2e^t$；

(c) $f(t)=\dfrac{t}{2a}\sin at$；　(d) $f(t)=\cos^2 t$；

(e) $f(t)=\dfrac{e^{3t}}{\sqrt{t}}$；　(f) $f(t)=te^{-3t}\sin 2t$；

(g) $f(t)=t\int_0^t e^{-3\tau}\sin 2\tau d\tau$；　(h) $f(t)=\int_0^t \tau e^{-3\tau}\sin 2\tau d\tau$.

10.2 若 $\mathscr{L}[f(t)]=F(s)$，且积分 $\int_0^\infty F(z)dz$ 收敛，证明

$$\mathscr{L}\left[\frac{f(t)}{t}\right]=\int_s^\infty F(z)dz \text{ 或 } f(t)=t\mathscr{L}^{-1}\left[\int_s^\infty F(z)dz\right]$$

并利用此结论，计算下列各式的拉氏变换：

(a) $f(t)=\dfrac{\sin\omega t}{t}$；　(b) $f(t)=\dfrac{e^{-3t}\sin 2t}{t}$；

(c) $\int_0^t \dfrac{e^{-3\tau}\sin 2\tau}{\tau}d\tau$.

10.3 求下列函数的拉氏逆变换：

(a) $F(s)=\dfrac{1}{(s^2+4)^2}$；　(b) $F(s)=\dfrac{s}{s+2}$；

(c) $F(s)=\dfrac{2s+1}{s(s+1)(s+2)}$；　(d) $F(s)=\dfrac{1}{s^4+5s^2+4}$；

(e) $F(s)=\dfrac{1}{(s+3)^2(s^2+4s+5)}$；　(f) $F(s)=\dfrac{s^2}{(s+1)^2(s^2+2s+2)^2}$；

(g) $F(s)=\dfrac{2(7s^2+12s+9)}{s(s+2)(s^2+9)}$.

10.4 试证

$$\mathscr{L}\left[\frac{1}{\sqrt{\pi t}}e^{-\frac{a^2}{4t}}\right]=\frac{1}{\sqrt{s}}e^{-a\sqrt{s}},\quad \mathscr{L}\left[t^{-\frac{2}{3}}e^{-\frac{a^2}{4t}}\right]=\frac{2\sqrt{\pi}}{a}e^{-a\sqrt{s}}$$

10.5 证明 $\mathscr{L}\left[\int_t^\infty \dfrac{f(\tau)}{\tau}d\tau\right]=\dfrac{1}{s}\int_0^s F(z)dz$，并由此求出下列各式：

(a) $\mathscr{L}[Ci(t)]=\mathscr{L}\left[\int_t^\infty \dfrac{\cos\tau}{\tau}d\tau\right]$

(b) $\mathscr{L}[Ei(t)]=\mathscr{L}\left[\int_t^\infty \dfrac{e^{-\tau}}{\tau}d\tau\right]$

10.6 求 $\mathscr{L}\left[f(t)=\dfrac{2}{\sqrt{\pi}}\int_0^{\sqrt{t}}e^{-x^2}dx\right]$

提示，对上式求得 $f'(t)$，再利用公式

$$\mathscr{L}[f'(t)]=sF(s)-f(0)$$

10.7 计算下列积分：

(a) $\int_0^\infty \frac{e^{-t}-e^{-2t}}{t}dt$；　(b) $\int_0^\infty \frac{1-\cos t}{t}e^{-t}dt$；

(c) $\int_0^\infty te^{-3t}\sin 2t\,dt$；　(d) $\int_0^\infty \frac{e^{-t}\sin^2 t}{t}dt$；

(e) $\int_0^\infty t^3 e^{-t}\sin t\,dt$；　(f) $\int_0^\infty J_0(t)dt$；

(g) $\int_0^\infty e^{-t}\operatorname{erf}\sqrt{t}dt$,其中 $\operatorname{erf}\sqrt{t}=\frac{2}{\sqrt{\pi}}\int_0^{\sqrt{t}}e^{-x^2}dx$.

10.8 试求下列常微分方程的特解：

(a) $y''+2ky'+k^2y=e^t$，　$y(0)=0$，　$y'(0)=1$；

(b) $ty''+(2t-1)y'+(t-1)y=0$，　$y(0)=0$，　$y'(0)=0$；

(c) $4ty''+2y'+ty=0$，　$y(0)=0$，　$y'=(0)=0$；

(d) $y''+3y'+2y=0$，　$y(0)=-2$，　$y'(0)=1$；

(e) $y''+2y'+y=0$，　$y(0)=3$，　$y'(0)=-2$；

(f) $y''+4y=a\cos\omega t$，　$y(0)=0$，　$y'(0)=0$；

(g) $y''+2y'=\cos t$，　$y(0)=0$，　$y'(0)=0$；

(h) $y''-2ay'+a^2y=\sin t$，　$y(0)=0$，　$y'(0)=0$.

10.9 解下列微分方程：

(a) $ty''+2(t-1)y'+(t-2)y=0$，　$y(0)=c_1$，　$y'(0)=c_2$；

(b) $ty''+2(2t-1)y'+4(t-1)y=0$，　$y(0)=c_1$，　$y'(0)=c_2$；

(c) $ty''-2(2t+1)y'+(4t+4)y=0$，　$y(0)=c_1$，　$y'(0)=c_2$；

(d) $ty''-2y'+ty=0$，　$y(0)=c_1$，　$y'(0)=c_2$；

(e) $ty''+2(2t-1)y'-4y=0$，　$y(0)=c_1$，　$y'(0)=c_2$.

10.10 解积分方程

$$y(t)-\frac{1}{\sqrt{\pi}}\int_0^t \frac{y(\xi)}{\sqrt{t-\xi}}d\xi=\frac{1}{\sqrt{\pi t}}$$

10.11 解 $ty''(t)+(1-t)y'(t)+ny(t)=0$，　$n\in N$.

10.12 证 $\int_0^t\int_0^{t_{n-1}}\cdots\int_0^{t_1}f(\tau)d\tau dt_1\cdots dt_{n-1}=\int_0^t\frac{(t-\tau)^{n-1}}{(n-1)!}f(\tau)d\tau$.

10.13 证 $\mathscr{L}^{-1}[sF(s)G(s)]=f(t)g(0)+\int_0^t f(\tau)g'(t-\tau)d\tau$.

10.14 证明

$$\frac{d^n y}{dt^n}+a_{n-1}\frac{d^{n-1}y}{dt^{n-1}}+\cdots+a_0y(t)=f(t)$$

$$y(0)=y'(0)=\cdots=y^{(n-1)}(0)=0$$

而

$$\frac{d^n z}{dt^n}+a_{n-1}\frac{d^{n-1}z}{dt^{n-1}}+\cdots+a_0z(t)=0$$

$$z(0)=z'(0)=\cdots=z^{(n-2)}(0)=0,z^{(n-1)}(0)=f(\tau)$$

则

$$y(t)=\int_0^t z(t-\tau)d\tau$$

第 11 章　二阶线性常微分方程的级数解法

在数学物理方程的处理中，常常遇到二阶线性常微分方程的求解问题，但能用以往的求积法解出的方程是极其有限的，因此，一般考虑用级数来确定方程的解. 也就是将方程的解表示为系数待定的级数形式，代入方程依次逐个确定系数，从而得到方程的解. 这种求解的方法通常称为级数解法. 它是一个比较易行、运用面较广的方法.

11.1　常点邻域的级数解法

二阶线性(齐次)常微分方程通常表示为如下形式：

$$y''+P(x)y'+Q(x)y=0 \tag{11.1.1}$$

其中 $y(x)$ 是未知函数，$P(x)$ 和 $Q(x)$ 是已知函数，称为方程的系数.

定义 11.1.1　若方程(11.1.1)的系数 $P(x)$ 和 $Q(x)$ 都在点 x_0 及其邻域内解析，则称 x_0 为方程(11.1.1)的常点.

定义 11.1.2　只要系数 $P(x)$ 和 $Q(x)$ 之一在 x_0 点不解析，则称 x_0 为方程的奇点.

定义 11.1.3　若 $(x-x_0)P(x)$ 及 $(x-x_0)^2Q(x)$ 都在 x_0 点解析，则称 x_0 为方程的正则奇点；否则称 x_0 为方程的非正则奇点.

定理 11.1.1　若 x_0 点为方程(11.1.1)的常点，则在 x_0 点的邻域内，方程(11.1.1)的通解形式为

$$y(x)=\sum_{k=0}^{\infty}c_k(x-x_0)^k=c_0y_0(x)+c_1y_1(x)$$

其中 c_0 和 c_1 为任意常数，$y_0(x)$ 及 $y_1(x)$ 为在 x_0 点解析的两个线性独立的函数.

今后我们将讨论 $x_0=0$ 的情形. 若 $x_0\neq 0$，可作变换，令 $x'=x-x_0$，将 x_0 移至原点，从而将使代数式大大简化. 由此得出的新微分方程可用围绕 $x'=0$ 的幂级数求解. 解出后再代回到原来变量，即可得到原方程的解.

下面我们试用幂级数法求勒让德方程在 $x=0$ 的解. 其方程形式如下：

$$(1-x^2)y''-2xy'+l(l+1)y=0 \tag{11.1.2}$$

或

$$y''-\frac{2x}{1-x^2}y'+\frac{l(l+1)}{1-x^2}y=0$$

因此

$$P(x) = -\frac{2x}{1-x^2}, \qquad Q(x) = \frac{l(l+1)}{1-x^2} \tag{11.1.3}$$

由于 $P(x)$ 及 $Q(x)$ 在 $x=0$ 及其邻域内解析，因而按定义 11.1.1，$x=0$ 是勒让德方程(11.1.2)的常点. 又根据定理 11.1.1，方程(11.1.2)的通解具有如下形式：

$$y(x) = c_0 + c_1 x + c_2 x^2 + \cdots = \sum_{k=0}^{\infty} c_k x^k \tag{11.1.4}$$

于是

$$y'(x) = \sum_{k=0}^{\infty} k c_k x^{k-1} \tag{11.1.5}$$

$$y''(x) = \sum_{k=0}^{\infty} k(k-1) c_k x^{k-2} \tag{11.1.6}$$

将式(11.1.4)、式(11.1.5)及式(11.1.6)代入方程(11.1.2)，得

$$(1-x)^2 \sum_{k=0}^{\infty} k(k-1) c_k x^{k-2} - 2x \sum_{k=0}^{\infty} k c_k x^{k-1} + l(l+1) \sum_{k=0}^{\infty} c_k x^k = 0$$

上式进行归并后得

$$\sum_{k=0}^{\infty} \left[k(k-1) c_k x^{k-2} - (k-l)(k+l+1) c_k x^k \right] = 0$$

由于上式是恒等式，所以 x 各次幂的系数都应等于零. 于是

$$(k+1)(k+2) c_{k+2} - (k-l)(k+l+1) c_k = 0$$

即

$$c_{k+2} = \frac{(k-l)(k+l+1)}{(k+1)(k+2)} c_k = \frac{k(k+1) - l(l+1)}{(k+1)(k+2)} c_k \tag{11.1.7}$$

根据定理 11.1.1，c_0 和 c_1 为两个独立的任意常数. 由系数递推公式(11.1.7)得知，$c_2, c_4, \cdots, c_{2n}, \cdots$ 等偶次系数都可用 c_0 来表示；而 $c_3, c_5, \cdots, c_{2n+1}, \cdots$ 等奇次系数都可用 c_1 来表示，这样就求得了勒让德方程(11.1.2)的通解.

把各项的系数具体写出如下：

$$c_2 = -\frac{l(l+1)}{2 \cdot 1} c_0 \qquad\qquad c_3 = -\frac{(l-1)(l+2)}{3 \cdot 2} c_1$$

$$c_4 = -\frac{(l-2)(l+3)}{4 \cdot 3} c_2 \qquad\qquad c_5 = -\frac{(l-3)(l+4)}{5 \cdot 4} c_3$$

$$= \frac{(l-2)l(l+1)(l+3)}{4!} c_0 \qquad\qquad = \frac{(l-3)(l-1)(l+2)(l+4)}{5!} c_1$$

$$\cdots\cdots \qquad\qquad \cdots\cdots$$

因此通解为

$$y(x) = c_0 y_0(x) + c_1 y_1(x) \tag{11.1.8}$$

其中

$$y_0(x) = 1 - \frac{l(l+1)}{2!}x^2 + \frac{(l-2)l(l+1)(l+3)}{4!}x^4 + \cdots + (-1)^k \frac{(l-2k+2)(l-2k+4)\cdots l(l+1)(l+3)\cdots(l+2k-1)}{(2k)!}x^{2k} + \cdots \tag{11.1.9a}$$

$$y_1(x) = x - \frac{(l-1)(l+2)}{3!}x^3 + \frac{(l-3)(l-1)(l+2)(l+4)}{5!}x^5 + \cdots + (-1)^k \frac{(l-2k+1)(l-2k+3)\cdots(l-1)(l+2)(l+4)\cdots(l+2k)}{(2k+1)!}x^{2k+1} + \cdots \tag{11.1.9b}$$

由达朗贝尔判别法,级数(11.1.9a)及(11.1.9b)的收敛半径为

$$R = \lim_{k\to\infty}\left|\frac{c_k}{c_{k+2}}\right|^{\frac{1}{2}} = \lim_{k\to\infty}\left|\frac{(k+2)(k+1)}{(k-l)(k+l-1)}\right|^{\frac{1}{2}} = \lim_{k\to\infty}\left|\frac{\left(1+\frac{2}{k}\right)\left(1+\frac{1}{k}\right)}{\left(1-\frac{l}{k}\right)\left(1+\frac{l+1}{k}\right)}\right|^{\frac{1}{2}} = 1$$

因而级数(11.1.9a)及(11.1.9b)当$|x|<1$时收敛;当$|x|>1$时发散.至于$|x|=1$时级数的敛散性应借助高斯判别法加以解决.为此,先介绍**高斯判别法**.

正项级数$\sum\limits_{k=1}^{\infty} u_k$,当

$$\lim_{k\to\infty}\left|\frac{u_k}{u_{k+1}}\right| = 1$$

时,若前后邻项之比可表示为

$$\frac{u_k}{u_{k+1}} = 1 + \frac{\lambda}{k} + \frac{B(k)}{k^2}$$

其中$B(k)$是当$k\to\infty$时为k的有界函数,$\lambda>1$时级数收敛,当$\lambda\leqslant 1$时级数发散.

利用上述的高斯判别法,当$x=1$时,级数(11.1.9)中第k项系数的前后邻项之比为

$$\frac{u_k}{u_{k+1}} = \frac{c_{2k}}{c_{2k+2}} = \frac{(2k+1)(2k+2)}{2k(2k+1)-l(l+1)}$$

$$\Rightarrow \frac{2k+2}{2k} = 1 + \frac{1}{k} \qquad (\text{其中利用了 } k \geqslant l \text{ 的条件})$$

或

$$\frac{u_k}{u_{k+1}} = \frac{c_{2k-1}}{c_{2k+1}} = \frac{(2k)(2k+1)}{(2k-1)(2k)-l(l+1)}$$

$$\Rightarrow \frac{2k+1}{2k-1} = 1 + \frac{2}{2k-1} \Rightarrow 1 + \frac{1}{k}$$

因此级数 $y_0(x)$ 或级数 $y_1(x)$，在 $x=\pm 1$ 处发散. 然而请注意下面的递推式：

$$c_{k+2} = \frac{(k-l)(k+l+1)}{(k+1)(k+2)} c_k$$

因为上式中有一因子 $(k-l)$，若令 $k=l$，则 $c_{k+2}=0$，从而立即可推出

$$0 = c_{k+4} = c_{k+6} = c_{k+8} = \cdots$$

一方面，若 l 为奇数，则所有奇系数 $c_k(k>l)$ 为零；另一方面，若 l 为偶数，则所有偶数系数 $c_k(k>l)$ 为零. 故在通解 $y(x)=c_0 y_0(x)+c_1 y_1(x)$ 中的 $y_0(x)$ 或 $y_1(x)$（具体视 l 为偶数或奇数而定）内，只能包含有限个直到 x^l 的非零项. 所以 l 为整数时，通解中总有一个 $y_0(x)$ 或 $y_1(x)$ 成为一个 l 次多项式.

当 l 为偶数时，$y_0(x)$ 为多项式，而 $y_1(x)$ 仍为无穷级数，所以在 $x=\pm 1$ 处，$y_1(x)$ 发散.

当 l 为奇数时，$y_1(x)$ 为多项式，而 $y_0(x)$ 仍为无穷级数，所以在 $x=\pm 1$ 处，$y_0(x)$ 发散.

11.2　正则奇点邻域的级数解法

现在让我们来讨论方程(11.1.1)在正则奇点 x_0 邻域的级数解法. 回到以前的方程

$$y'' + P(x)y' + Q(x)y = 0 \tag{11.2.1}$$

由上节内容可知，方程的常点必是解的正则点，解在该点及其邻域内单值解析，也就是在该点邻域解可用泰勒级数来表示. 但方程的奇点，有可能同时也是解的奇点，则解应该用罗朗级数来表示. 事实上，在一般情况下方程的奇点常常是解的枝点.

在方程的正则奇点邻域，解的罗朗展开式中只含有限个负幂项；在方程的非正则奇点邻域，解的罗朗展开式中含有无限多个负幂项. 并有下列定理：

定理 11.2.1　若 x_0 为方程(11.2.1)的正则奇点，则存在两个线性无关（独立）的解，它们在这奇点的去心邻域上可表示成下列形式：

$$y_1(x) = (x-x_0)^{s_1} \sum_{k=0}^{\infty} c_k (x-x_0)^k$$

和

$$y_2(x) = (x-x_0)^{s_2} \sum_{k=0}^{\infty} a_k (x-x_0)^k$$

或

$$y_2(x) = (x-x_0)^{s_2}\sum_{k=0}^{\infty} a_k(x-x_0)^k + Ay_1(x)\ln(x-x_0)$$

现在我们来讨论，如何确定上述定理中的常数 s_1、s_2、A 和系数 c_k、a_k. 为了方便起见，我们今后总设 $x_0=0$，因为这并不失去普遍性. 若 $x_0\neq 0$，则我们总可以通过坐标平移变换将 x_0 移至坐标原点. 因此我们将定理 11.2.1 中解的形式变为

$$y(x,s) = x^s\sum_{k=0}^{\infty} c_k x^k \tag{11.2.2}$$

其次，由于 $x_0=0$ 是方程的正则奇点，根据定义 11.1.3，$p(x)=xP(x)$ 在 $x_0=0$ 点解析，故可用泰勒级数表示为

$$p(x) = p_0 + p_1 x + p_2 x^2 + \cdots \tag{11.2.3a}$$

同样 $q(x)=x^2Q(x)$ 在 $x_0=0$ 点也解析，也可用泰勒级数表示为

$$q(x) = q_0 + q_1 x + q_2 x^2 + \cdots \tag{11.2.3b}$$

用 x^2 乘方程(11.2.1)，然后将 $xP(x)$ 与 $x^2Q(x)$代入，得

$$x^2y'' + x(p_0 + p_1x + p_2x^2 + \cdots)y' + (q_0 + q_1x + q_2x^2 + \cdots)y = 0 \tag{11.2.4a}$$

再将级数形式解(11.2.2)代入上述方程，有

$$\begin{aligned}&x^2[c_0s(s-1)x^{s-2} + c_1(s+1)sx^{s-1} + c_2(s+2)(s+1)x^s + \cdots]\\&+ x(p_0 + p_1x + p_2x^2 + \cdots)[c_0sx^{s-1} + c_1(s+1)x^s + c_2(s+1)x^{s+1} + \cdots]\\&+ (q_0 + q_1x + q_2x^2 + \cdots)[c_0x^s + c_1x^{s+1} + c_2x^{s+2} + \cdots] = 0\end{aligned} \tag{11.2.4b}$$

合并 x 的各次幂的项，得

$$\begin{aligned}&c_0[s(s-1) + p_0s + q_0]x^s + \{c_1[(s+1)s + (s+1)p_0 + q_0]\\&+ c_0(sp_1 + q_1)\}x^{s+1} + \{c_2[(s+2)(s+1) + (s+2)p_0 + q_0]\\&+ c_1[(s+1)p_1 + q_1] + c_0(sp_1 + q_1)\}x^{s+2} + \cdots = 0\end{aligned} \tag{11.2.4c}$$

若要上式变成恒等式，只有当各次幂的系数都是零时才能成立. 于是我们得到如下的一系列方程组(今后我们称它为系数方程组)：

$$\begin{aligned}c_0f_0(s) &= 0\\c_1f_0(s+1) + c_0f_1(s) &= 0\\c_2f_0(s+2) + c_1f_1(s+1) + c_0f_2(s) &= 0\\c_3f_0(s+3) + c_2f_1(s+2) + c_1f_2(s+1) + c_0f_3(s) &= 0\\&\cdots\cdots\cdots\cdots\\c_kf_0(s+k) + c_{k-1}f_1(s+k-1) + \cdots + c_1f_{k-1}(s+1) + c_0f_k(s) &= 0\end{aligned}$$

其中

$$f_0(s) = s(s-1) + sp_0 + q_0, f_k(s) = sp_k + q_k \qquad (k = 1,2,3,\cdots)$$

若要求 $c_0 \neq 0$,则由上述系数方程组的第一个等式得到

$$f_0(s) = s(s-1) + sp_0 + q_0 \equiv 0 \tag{11.2.5}$$

式(11.2.5)称为指标方程.它可确定指标 s_1 和 s_2.

一般来说,二次方程有两个根 s_1 和 s_2.今后我们约定 $s_1 > s_2$,即符号 s_1 代表两根中的较大根,s_2 为较小根.因此,对所有大于零的整数,决不会发生

$$f_0(s_1 + k) = 0 \quad (k = 1,2,3,\cdots)$$

如果上式成立,则我们又找到一根 $s_1 + k$,而且此根大于 s_1,这与上面约定矛盾,所以这是不可能发生的.

这样,我们将 s_1 代入系数方程组就可确定 $c_1, c_2, c_3, \cdots$ 等所有系数,而其中 c_0 为不等于零的任意数,故形式上总可以得到方程(11.2.1)的一个解.

$$y_1(x) = x^{s_1} \sum_{k=0}^{\infty} c_k x^k \tag{11.2.6}$$

并可证明上述级数在 $x_0 = 0$ 的某邻域内收敛.

方程(11.2.1)的另一个线性独立的解,不能总像 $y_1(x)$ 那样顺利地求得,具体视下列情况而定.

(1) $s_1 - s_2 \neq$ 整数(包括零)

在这情形中,也可像 $y_1(x)$ 一样,形式上可以找另一个解

$$y_2(x) = x^{s_2} \sum_{k=0}^{\infty} a_k x^k \tag{11.2.7}$$

因为对所有大于零的整数,下式决不会发生:

$$f_0(s_2 + k) = 0 \quad (k = 1,2,3,\cdots)$$

否则指标方程将含有三个根,这是不可能的.

这样,我们将 s_2 代入系数方程组也可确定另一组 $a_1, a_2, a_3 \cdots$ 等所有系数,其中 a_0 为不等于零的任意数.

(2) $s_1 - s_2 = 0$

在这情形中,不能用级数解法求得两个线性独立的解,也就是说 $y_2(x)$ 必须用其他办法来求解,并可证明 $y_2(x)$ 一定含有 x 的对数项.

(3) $s_1 - s_2 = m$(大于零的整数)

在这情形中,固然 $y_1(x) = x^{s_1} \sum\limits_{k=0}^{\infty} c_k x^k$ 可用上述办法来求,但 $y_2(x)$ 却不一定行,因为 $f_0(s_2 + k) \neq 0$ 不能对所有整数 k 成立.而由于

$$f_0(s_2 + m) = f_0(s_1) = 0$$

并且又有

$$a_m f_0(s_2 + m) + a_{m-1} f_1(s_2 + m - 1) + \cdots + a_0 f_m(s_2) = 0$$

因此,确定 a_m 以后的系数就有困难.

(a) 若 $f_0(s_2+m)=0$,但 $a_{m-1}f_1(s_2+m-1)+\cdots+a_0f_m(s_2)\neq 0$,这样就发生矛盾,所以必须用其他方法来求第二个解.

(b) 若 $f_0(s_2+m)=0$,而 $a_{m-1}f_1(s_2+m-1)+\cdots+a_0f_m(s_2)=0$,则我们可以将 a_m 取作为不等于零的任意常数,于是得到与 $y_1(x)$线性独立的另一个解为

$$y_2(x)=x^{s_2}\sum_{k=0}^{m-1}a_kx^k \tag{11.2.8}$$

其中与 a_m 有关的部分,实际上是与 $y_1(x)$线性相关的解.它与 $y_1(x)$仅差一系数,所以我们已将它抛去,这不会影响两解的线性独立性.

此外,从式(11.2.8)我们还可以看出,在这种情形下,另一解 $y_2(x)$不含 x 的对数项.

例 11.2.1 在 $x_0=0$ 的邻域,求解 m 阶贝塞尔方程

$$x^2y''+xy'+(x^2-m^2)y=0 \tag{11.2.9}$$

解 由于

$$P(x)=\frac{1}{x},\quad Q(x)=\frac{x^2-m^2}{x^2}$$

所以按定义 11.1.3,$x=0$ 是方程的正则奇点.并且

$$p(x)=xP(x)=1=p_0+p_1x+p_2x^2+\cdots$$

即

$$p_0=1,p_k=0\quad(k\geqslant 1)$$

和

$$q_0(x)=x^2Q(x)=-m^2+x^2=q_0+q_1x+q_2x^2+\cdots$$

即

$$q_0=-m^2,q_1=0,q_2=1,q_k=0\quad(k\geqslant 3)$$

因此

$$\begin{cases}f_1(s)\equiv 0\\ f_2(s)=sp_2+q_2\equiv 1\\ f_k(s)\equiv 0\quad(k\geqslant 3)\end{cases}$$

指标方程

$$f_0(s)=s(s-1)+sp_0+q_0=s(s-1)+s-m^2$$

由 $f_0(s)=s^2-m^2=0$ 得

$$s_1=m,s_2=-m$$

以 $s_1=m$ 代入系数方程组,有

$$c_0f_0(s_1)=0$$

$$c_1f_0(s_1+1)+0\quad=0$$

$$c_2 f_0(s_1+2) + \quad 0 \quad + c_0 f_2(s_1) = 0$$

$$\cdots\cdots\cdots\cdots$$

$$c_k f_0(s_1+k) + 0 + c_{k-2} f_2(s_1+k-2) + \cdots + 0 + 0 + 0 = 0$$

所以,当 $k=2n+1$ 时

$$c_{2n+1} = 0 \quad (n = 0,1,2,3,\cdots)$$

而当 $k=2n$ 时,有

$$f_0(s_1+2n) = (s_1+2n)^2 - m^2 = (m+2n)^2 - m^2 = 4n(n+m)$$

$$f_2(s_1+2n-2) = 1 \quad (n = 1,2,3,\cdots)$$

因此,由 $c_{2n} f_0(s_1+2n)+0+c_{2n-2} f_2(s_1+2n-2)=0$ 得

$$\begin{aligned} c_{2n} &= -\frac{1}{4n(n+m)} c_{2n-2} = \frac{1}{16n(n-1)(n+m)(n+m-1)} c_{2n-4} \\ &= \cdots = \frac{(-1)^n}{2^{2n} n!(m+1)(m+2)\cdots(m+n)} c_0 \\ &= \frac{(-1)^n \Gamma(m+1)}{2^{2n} n! \Gamma(m+n+1)} c_0 \end{aligned}$$

所以

$$y_1(x) = c_0 \sum_{n=0}^{\infty} \frac{(-1)^n \Gamma(m+1)}{2^{2n} n! \Gamma(m+n+1)} x^{m+2n}$$

通常取 $c_0 = \frac{1}{2^m \Gamma(m+1)}$,并定义当 c_0 取这个值时 $y_1(x)$ 为 m 阶贝塞尔函数. 用符号 $\mathrm{J}_m(x)$ 表示,即

$$y_1(x) = \mathrm{J}_m(x) = \sum_{n=0}^{\infty} \frac{(-1)^n}{n! \Gamma(m+n+1)} \left(\frac{x}{2}\right)^{m+2n} \tag{11.2.10}$$

至于 $y_2(x)$ 的求解,我们要分下面几种情形来讨论:

(1) 当 $s_1 - s_2 = 2m \neq$ 整数时

仿照求 $y_1(x)$ 的做法,在上面系数方程组中用 s_2 代替 s_1,这样可以得到另一组系数,即得到另一个与 $y_1(x)$ 线性独立的解

$$y_2(x) = \mathrm{J}_{-m}(x) = \sum_{n=0}^{\infty} \frac{(-1)^n}{n! \Gamma(n-m+1)} \left(\frac{x}{2}\right)^{-m+2n} \tag{11.2.11}$$

(2) 当 $s_1 - s_2 = 0$ 时

必须用其他方法(下面我们要介绍的办法)来求 $y_2(x)$,并且可以证明,在这种情形下,$y_2(x)$ 中一定含有 x 的对数项.

(3) 当 $s_1 - s_2 = 2m = 2N+1$(其中 N 是整数)时,与(1)的情形一样,可以求得两个线性独立的解,分别表示为

$$y_1(x) = \mathrm{J}_{N+\frac{1}{2}}(x)$$

和

$$y_2(x) = \mathrm{J}_{-(N+\frac{1}{2})}(x)$$

并且,$y_2(x)$中也不含 x 的对数项.

(4) 当 $s_1 - s_2 = 2m = 2N$(N 是整数)时

也必须用下面我们要介绍的办法来求第二个线性独立的解 $y_2(x)$,并可以证明这时 $y_2(x)$中含有 x 的对数项.

下面我们就来介绍另一个求第二个线性独立解的方法——弗罗贝尼乌斯(Frobenius)法.

11.3 求第二个解的方法

11.3.1 朗斯基法

$$y'' + P(x)y' + Q(x)y = 0 \tag{11.3.1}$$

由上所述,总可以找到第一个解

$$y_1(x) = y(x, s_1) \tag{11.3.2}$$

则第二个解可取如下形式:

$$y_2(x) = v(x)y_1(x)$$

代入方程(11.3.1)

$$\begin{aligned}&(vy''_1 + 2v'y'_1 + y_1v'') + P(x)(y'_1v + y_1v') + Q(x)(vy_1)\\&= [y''_1 + P(x)y'_1 + Q(x)y_1]v + [2y'_1 + P(x)y_1]v' + y_1v'' = 0\end{aligned}$$

因 y_1 是方程的解,所以第一项为零. 于是,只要

$$y_1v'' + [2y'_1 + P(x)y_1]v' = 0 \tag{11.3.3}$$

解出 v,则 $y_2 = vy_1$ 就是方程(11.3.1)的第二个解.

$$\frac{v''}{v'} = -P - \frac{2y'_1}{y_1}, \quad v' = \frac{1}{y_1^2}\exp\left[-\int P(x)\mathrm{d}x\right]$$

因此

$$y_2 = y_1\int_0^x \frac{1}{y_1^2}\exp\left[-\int P(x)\mathrm{d}x\right] \tag{11.3.4}$$

由于

$$\frac{y_2}{y_1} = \int_0^x \frac{1}{y_1^2}\exp\left[-\int P(x)\mathrm{d}x\right]$$

对上式两边微分,并利用朗斯基行列式

$$W(x) = \begin{vmatrix} y_1 & y_2 \\ y'_1 & y'_2 \end{vmatrix} \tag{11.3.5}$$

可得

$$\frac{W(x)}{y_1^2} = \frac{1}{y_1^2}\exp\left[-\int P(x)\mathrm{d}x\right]$$

而

$$W(x) = \exp\left[-\int P(x)\mathrm{d}x\right] \tag{11.3.6}$$

根据朗斯基理论，$W(x)$行列式不恒等于零，则 y_2 与 y_1 线性独立，所以公式(11.3.4)给出的 $y_2(x)$是我们要求的第二个解.

11.3.2　弗罗贝尼乌斯法

$$p(x) = xP(x) = p_0 + p_1 x + p_2 x^2 + \cdots \tag{11.3.7}$$

$$q(x) = x^2 Q(x) = q_0 + q_1 x + q_2 x^2 + \cdots \tag{11.3.8}$$

令

$$L[y(x)] = x^2 \frac{\mathrm{d}^2}{\mathrm{d}x^2} + xp(x)\frac{\mathrm{d}}{\mathrm{d}x} + q(x)[y(x)] \tag{11.3.9}$$

$$y(x,s) = x^s \sum_{k=0}^{\infty} c_k x^k \tag{11.3.10}$$

因此

$$\begin{aligned} L[y(x,s)] = {} & c_0 f_0(s) x^s \\ & + [c_1 f_0(s+1) + c_0 f_1(s)] x^{s+1} \\ & + [c_2 f_0(s+2) + c_1 f_1(s+1) + c_0 f_2(s)] x^{s+2} \\ & \cdots\cdots \\ & + [c_k f_0(s+k) + c_{k-1} f_1(s+k-1) + \cdots + c_1 f_{k-1}(s+1) + c_0 f_k(s)] x^{s+k} \\ & \cdots\cdots \end{aligned} \tag{11.3.11}$$

其中

$$f_0(s) = s(s-1) + sp_0 + q_0, \quad f_k(s) = sp_k + q_k \quad (k = 1,2,3,\cdots)$$

$y(x, s)$中的系数 $c_k(k\geqslant 1)$皆通过如下等式与 c_0 有关，即

$$c_1 = -\frac{f_1(s)}{f_0(s+1)} c_0$$

$$c_2 = -\frac{1}{f_0(s+2)}[c_1 f_1(s+1) + c_0 f_2(s)] c_0$$

$$\cdots\cdots$$

因此

$$L[y(x,s)] = c_0 f_0(s) x^s = c_0 (s-s_1)(s-s_2) x^s \tag{11.3.12}$$

显然

$$y_1(x) = y(x, s_1) \tag{11.3.13}$$

是方程的第一个解. 若 $s_1 - s_2 \neq m(m=0,1,2,\cdots)$，则 $y(x,s_2)$就是第二个解. 这些情况在上节中已讨论过，现在我们要讨论如下二种情况：

(i) $s_1 - s_2 = 0$　由

$$L[y(x,s)] = c_0(s-s_1)^2 x^k$$

二边对 s 微分,再令 $s=s_1$,得

$$L\left[\frac{\partial}{\partial s}y(x,s)\bigg|_{s=s_1}\right] = 0$$

所以

$$y_2(x) = \frac{\partial}{\partial s}y(x,s)\bigg|_{s=s_1} = \ln x[y(x,s)]\bigg|_{s=s_1} + x^{s_1}\sum_{k=1}^{\infty}\left[\frac{\mathrm{d}c_k}{\mathrm{d}s}\right]_{s=s_1} x^k \quad (11.3.14)$$

$$y_2(x) = y_1(x)\ln x + x^{s_1}\sum_{k=1}^{\infty} a_k x^k$$

其中

$$a_k = \frac{\mathrm{d}c_k}{\mathrm{d}s}\bigg|_{s=s_1}$$

(ii) $s_1 - s_2 = m$ (m 为不等于零的整数)

$$L[(s-s_2)y(x,s)] = c_0(s-s_1)(s-s_2)^2 x^s$$

上式两边对 s 微分,再令 $s=s_2$,得

$$L\left\{\frac{\partial}{\partial s}[(s-s_2)y(x,s)]\right\}_{s=s_2} = 0$$

所以

$$\begin{aligned} y_2(x) &= \left\{\frac{\partial}{\partial s}[(s-s_2)y(x,s)]\right\}_{s=s_2} \\ &= \ln x\left[(s-s_2)x^s\sum_{k=0}^{\infty} c_k x^k\right]_{s=s_2} + x^{s_2}\sum_{k=0}^{\infty}\left[\frac{\mathrm{d}}{\mathrm{d}s}(s-s_2)c_k(s)\right]_{s=s_2} x^k \\ &= Ay_1(x)\ln x + x^{s_2}\sum_{k=0}^{\infty} a_k x^k \end{aligned} \quad (11.3.15)$$

其中

$$a_k = \left[\frac{\mathrm{d}}{\mathrm{d}s}(s-s_2)c_k(s)\right]\bigg|_{s=s_2}$$

可证明

$$[(s-s_2)y(x,s)]|_{s=s_2} = Ay_1(x) \quad (A\text{ 为常数}) \quad (11.3.16)$$

例 11.3.1 在 $x_0=0$ 邻域,求解 m 阶贝塞尔方程

$$x^2y'' + xy' + (x^2 - m^2)y = 0$$

仍利用例 11.2.1 中的系数递推关系

当 $k=2n+1$ 时

$$c_k = c_{2n+1} = 0 \quad (n = 0,1,2,\cdots)$$

当 $k=2n$ 时

$$c_{2n} = \frac{-f_2(s+2n-2)}{f_0(s+2n)}c_{2n-2} = -\frac{1}{[(s+2n)^2 - m^2]}c_{2n-2} \quad (n = 1,2,3,\cdots)$$

$$y(x,s)=c_0x^s\left\{1-\frac{x^2}{(s+2+m)(s+2-m)}\right.$$
$$+\frac{x^4}{(s+2+m)(s+2-m)(s+4+m)(s+4-m)}+\cdots$$
$$\left.+(-1)^n\frac{x^{2n}}{[(s+2)^2-m^2][(s+4)^2-m^2]\cdots[(s+2n)^2-m^2]}+\cdots\right\}$$
(11.3.17)

下面我们讨论二种特殊的情况(i) $m=2$;(ii) $m=0$

(i) 当 $m=2$ 时, $s_1=2, s_2=-2$

$$y(x,s)=c_0x^s\left[1-\frac{x^2}{s(s+4)}+\frac{x^4}{s(s+2)(s+4)(s+6)}+\cdots\right.$$
$$\left.+(-1)^n\frac{x^{2n}}{s(s+2)(s+4)\cdots(s+2n-2)(s+4)(s+6)\cdots(s+2n+2)}+\cdots\right]$$
(11.3.18)

$$y_1(x)=y(x,2)=\mathrm{J}_2(x)\tag{11.3.19}$$

它是第二阶贝塞尔函数. 从 $y(x,s)$的表达式中可以看到, $x^4,x^6,\cdots,x^{2n},\cdots$的系数的分母中都含有因子$(s+2)$, 所以我们不能从 $y(x,s_2)$得到第二个解, 只能利用公式(11.3.15). 因此$[(s+2)y(x,s)]$又使 $x^4,x^6,\cdots$的系数的分母中的$(s+2)$消失. 同时也可得

$$[(s+2)y(x,s)]_{s=s_2}=-\frac{1}{16}y(x,s_1)=-\frac{1}{16}\mathrm{J}_2(x)$$

上式正是公式(11.3.16)的结果. 利用公式

$$\frac{\partial}{\partial s}(x^s)=x^s\ln x$$

$$\frac{\mathrm{d}}{\mathrm{d}x}\left[\frac{u\cdot v\cdots}{W\cdot Z\cdots}\right]=\frac{u\cdot v\cdots}{W\cdot Z\cdots}\left[\frac{u'}{u}+\frac{v'}{v}+\cdots-\frac{W'}{W}-\frac{Z'}{Z}\cdots\right]$$

$$\frac{\partial}{\partial s}[(s+2)c_{2n}]_{s=-2}$$
$$=(-1)^n\frac{(s+2)}{s(s+2)(s+4)\cdots(s+2n-2)(s+4)(s+6)\cdots(s+2n+2)}$$
$$\times\left[-\frac{1}{s}-\frac{1}{s+4}-\cdots-\frac{1}{(s+2n-2)}-\frac{1}{s+4}-\frac{1}{s+6}-\cdots-\frac{1}{(s+2n+2)}\right]_{s=-2}$$
$$=\frac{(-1)^n}{(-2)(2)(4)\cdots(2n-4)2\cdot4\cdots2n}\left[-\frac{1}{(-2)}-\frac{1}{2}-\cdots-\frac{1}{(2n-4)}-\frac{1}{2}-\frac{1}{4}-\frac{1}{2n}\right]$$
$$=\frac{(-1)^n(2n-2)(2n)}{(-2)(2n!!)^2}\left[-\left(1+\frac{1}{2}+\cdots+\frac{1}{n}\right)+\frac{1}{2}+\frac{1}{(2n-2)}+\frac{1}{2n}\right]$$
$$=\frac{(-1)^n(n-1)n}{2^{2n}(n!)^2}\left[2\left(1+\frac{1}{2}+\frac{1}{4}+\cdots+\frac{1}{n}\right)-1-\frac{1}{n-1}-\frac{1}{n}\right]$$

所以

$$y_2(x) = N_2(x) = -\frac{1}{16}J_2(x)\ln x + x^{-2}\left\{1 + \frac{x^2}{4} + \cdots + \right.$$

$$\left.\sum_{n=2}^{\infty}\frac{(-1)^n n(n-1)}{2^{2n}(n!)^2}\left[2\left(1+\frac{1}{2}+\cdots+\frac{1}{n}\right)-1-\frac{1}{n-1}-\frac{1}{n}\right]x^{2n}+\cdots\right\}$$

(11.3.20)

(ii) 当 $m=0$ 时，$s_1=0$，$s_2=0$

$$y(x,s) = c_0 x^s\left\{1 - \frac{x^2}{(s+2)^2} - \frac{x^4}{(s+2)^2(s+4)^2} + \cdots \right.$$

$$\left. + (-1)^n\frac{x^{2n}}{(s+2)^2(s+4)^2\cdots(s+2n)^2} + \cdots\right\} \quad (11.3.21)$$

所以

$$y_1(x) = y(x,0) = J_0(x) = 1 - \frac{x^2}{2^2} + \frac{x^4}{2^2\cdot 4^2} + \cdots$$

$$+ (-1)^n\frac{(-1)^n x^{2n}}{2^2\cdot 4^2\cdots(2n)^2} + \cdots \quad (11.3.22)$$

按公式(11.3.14)可得第二个解

$$y_2(x) = \frac{\partial}{\partial s}y(x,s)\bigg|_{s=0}$$

$$= \ln x\cdot y(x,0) + x^s\sum_{k=1}^{\infty}\frac{\partial}{\partial s}c_k\bigg|_{s=0}x^k$$

$$\frac{\partial}{\partial s}c_{2n}\bigg|_{s=0} = \frac{(-1)^n}{(s+2)^2(s+4)^2\cdots(s+2n)^2}$$

$$\left[-\frac{2}{(s+2)} - \frac{2}{(s+4)} - \cdots - \frac{2}{(s+2n)}\right]_{s=0}$$

$$= \frac{(-1)^{n+1}}{2^2\cdot 4^2\cdots(2n)^2}\left[1+\frac{1}{2}+\frac{1}{3}+\cdots+\frac{1}{n}\right]$$

$$= \frac{(-1)^{n+1}}{(2^n)^2(n!)^2}\left[1+\frac{1}{2}+\frac{1}{3}+\cdots+\frac{1}{n}\right]$$

定义 Neumann 函数 $N_0(x)$

$$y_2(x) = N_0(x)$$

$$= J_0(x)\ln x + \sum_{n=0}^{\infty}(-1)^{n+1}\frac{1}{2^{2n}(n!)^2}\left(1+\frac{1}{2}+\frac{1}{3}+\cdots+\frac{1}{n}\right)x^{2n}$$

(11.3.23)

或定义 Weber 函数 $Y_0(x)$

$$y_2(x) = Y_0(x) = \frac{2}{\pi}\left[\ln\left(\frac{x}{2}\right)+\gamma\right]J_0(x)$$

$$-\frac{2}{\pi}\sum_{n=0}^{\infty}(-1)^n\frac{1}{2^{2n}(n!)^2}\left(1+\frac{1}{2}+\frac{1}{3}+\cdots+\frac{1}{n}\right)x^{2n} \tag{11.3.24}$$

其中 γ 是欧拉常数，$\gamma=0.577215665\cdots$

因为 Weber 及 Schlafli 首先提出如下定义：

$$\mathrm{Y}_\nu(x)=\frac{\mathrm{J}_\nu(x)\cos(\nu\pi)-\mathrm{J}_{-\nu}(x)}{\sin(\nu\pi)}$$

当 $\nu\to m$（整数）时，利用洛必达法则

$$\mathrm{Y}_m(x)=\lim_{\nu\to m}\frac{1}{\pi}\left[\frac{\partial \mathrm{J}_\nu(x)}{\partial\nu}-(-1)^m\frac{\partial \mathrm{J}_{-\nu}(x)}{\partial\nu}\right]$$

当 $m=0$ 时，$\mathrm{Y}_0(x)$ 正是表达式(11.3.24).

例 11.3.2　求 $y''-y'+\dfrac{1}{x}y=0$ 在 $x_0=0$ 邻域的解.

解　$p(x)=xP(x)=-x$，即 $p_0=0,p_1=-1,p_k=0\quad(k\geqslant2)$

$q(x)=x^2Q(x)=x$，即 $q_0=0,q_1=1,q_k=0\quad(k\geqslant2)$

$$f_0(s)=s(s-1)+sp_0+q_0=s(s-1)$$

所以

$$s_1=1,\quad s_2=0,\quad f_1(s)=sp_1+q_1=-s+1$$

$$f_k(s)\equiv0\quad(k\geqslant2)$$

$$c_k=-\frac{f_1(s+k-1)}{f_0(s+k)}c_{k-1}=-\frac{2-(s+k)}{(s+k)(s+k-1)}c_{k-1}=\frac{(s+k-2)}{(s+k)(s+k-1)}c_{k-1}$$

$$=\frac{(s+k-2)(s+k-3)\cdots(s+2)(s+1)\cdot s(s-1)}{(s+k)(s+k-1)\cdots(s+1)(s+k-1)(s+k-2)\cdots(s+1)s}c_0$$

$$y(x,s)=c_0x^s\left[1+\frac{(s-1)}{(s+1)s}x+\frac{s(s-1)}{(s+2)(s+1)(s+1)s}x^2+\cdots+c_kx^k+\cdots\right]$$

$$y_1(x)=y(x,1)=c_0x$$

$$y_2(x)=\frac{\partial}{\partial s}[(s-s_2)y(x,s)]|_{s=s_2}=\frac{\partial}{\partial s}[sy(x,s)]\Big|_{s=0}$$

因为

$$[sy(x,s)]_{s=0}=-y(x,1)=-x$$

$$\left[\frac{\partial}{\partial s}(sc_k)\right]_{s=0}=c_k|_{s=0}+s\frac{\partial c_k}{\partial s}\Big|_{s=0}=c_k|_{s=0}=-\frac{(k-2)!}{k!(k-1)!}=-\frac{1}{k!(k-1)}$$

所以

$$y_2(x)=a_0\left\{-x\ln x+1+2x-\sum_{k=2}^{\infty}\frac{1}{k!(k-1)}x^k\right\}$$

若用朗斯基法求 $y_2(x)$，则

$$y_2(x) = y_1(x)\int^x \frac{1}{y_1^2}\exp\left[-\int P(x)\mathrm{d}x\right]\mathrm{d}x = a_0 x\int^x \frac{\mathrm{e}^x}{x^2}\mathrm{d}x$$

$$= a_0 x\left[-\frac{1}{x} + \frac{1}{1!}\ln x + \frac{1}{2!}x + \cdots + \frac{1}{(k+1)!}\frac{x^k}{k} + \cdots\right]$$

$$= a_0\left[x\ln x - 1 + \sum_{k=2}^{\infty}\frac{1}{k!(k-1)}x^k\right]$$

例 11.3.3 在 $x_0=0$ 邻域求解 $y''+\frac{3}{x-1}y'+\frac{1}{x(x-1)}y=0$.

解 $p(x)=xP(x)=-3x-3x^2-3x^3-\cdots$, $p_0=0$, $p_k=-3$ $(k\geqslant 1)$

$q(x)=x^2Q(x)=-x-x^2-x^3-\cdots$, $q_0=0$, $q_k=-1$ $(k\geqslant 1)$

$f_0(s)=s(s-1)+sp_0+q_0=s(s-1)$

$$s_1 = 1, s_2 = 0, f_k(s) = -3s-1 \quad (k \geqslant 1)$$

$$c_k = \frac{k+s}{k+s-1}c_{k-1} = \frac{(k+s)(k+s-1)\cdots(s+2)(s-1)}{(k+s-1)(k+s-2)\cdots(s-1)s}c_0 = \frac{k+s}{s}c_0$$

$$y(x,s) = x^s\sum_{k=0}^{\infty} c_k x^k = c_0 x^s \sum_{k=0}^{\infty}\left(\frac{k+s}{s}\right)x^k$$

$$y_1(x) = y(x,1) = c_0 x\sum_{k=0}^{\infty}(k+1)x^k = c_0\frac{x}{(1-x)^2}$$

$$y_2(x) = \frac{\partial}{\partial s}[sy(x,s)]\big|_{s=0} = a_0\frac{x}{(1-x)^2}\left[\ln x + \frac{1}{x} - 1\right]$$

若用朗斯基法求 $y_2(x)$,则

$$y_2(x) = a_0\frac{x}{(1-x)^2}\int^x \frac{(1-\xi)^4}{\xi^2}\exp\left[-\int^\xi \frac{3}{\eta-1}\mathrm{d}\eta\right]\mathrm{d}\xi$$

$$= a_0\frac{x}{(1-x)^2}\int^x \frac{(1-\xi)^4}{\xi^2}\exp[-3\ln(\xi-1)]\mathrm{d}\xi$$

$$= a_0\frac{x}{(1-x)^2}\int^x \frac{\xi-1}{\xi^2}\mathrm{d}\xi$$

$$= a_0\frac{x}{(1-x)^2}\left[\ln x + \frac{1}{x}\right]$$

例 11.3.4 在 $x_0=0$ 邻域求解高斯方程(超几何方程).

$$x(x-1)y'' + [(1+\alpha+\beta)x-\gamma]y' + \alpha\beta y = 0$$

解 $f_0(s)=s(s-1+\gamma)=0$, $s_1=0, s_2=1-\gamma$

$$y(x,s) = x^s\sum_{k=0}^{\infty}c_k x^k,\quad c_{k+1} = \frac{[(k+s)+\alpha][(k+s)+\beta]}{[(k+s)+1][(k+s)+\gamma]}c_k \qquad (k\geqslant 1)$$

若 γ 不是整数, $s_1-s_2=\gamma-1$ 也不是整数,则

$$y_1(x) = y(x,0)$$

$$= 1 + \frac{\alpha\beta}{\gamma}x + \frac{\alpha(1+\alpha)\beta(1+\beta)}{2!\gamma(1+\gamma)}x^2$$

$$+\frac{\alpha(1+\alpha)(2+\alpha)\beta(1+\beta)(2+\beta)}{3!\gamma(1+\gamma)(2+\gamma)}x^3+\cdots$$

$$\begin{aligned}y_2(x)&=y(x,1-\gamma)\\&=x^{1-\gamma}\Big[1+\frac{(1-\gamma+\alpha)(1-\gamma+\beta)}{2-\gamma}x\\&\quad+\frac{(2-\gamma+\alpha)(1-\gamma+\alpha)(2-\gamma+\beta)(1-\gamma+\beta)}{2!(2-\gamma)(3-\gamma)}x^2+\cdots\Big]\end{aligned}$$

若 γ 为整数,则 $y_2(x)$ 必须用 11.3 中的办法来解. 例如

$$\alpha=\frac{1}{2},\quad \beta=\frac{1}{2},\quad \gamma=1$$

$$x(x-1)y''+(2x-1)y'+\frac{1}{4}y=0,\quad s_1=0,\quad s_2=0$$

$$\begin{aligned}y(x,s)&=c_0x^s\Big[1+\frac{(s+\alpha)(s+\beta)}{(s+1)(s+\gamma)}x+\cdots\\&\quad+\frac{[(k+s)+\alpha][(k+s)+\beta]\cdots(s+\alpha)(s+\beta)}{[(k+s)+1][(k+s)+\gamma]\cdots(s+1)(s+\gamma)}x^k+\cdots\Big]\end{aligned}$$

$$y_1(x)=y(x,0)=1+\sum_{k=1}^{\infty}\left[\frac{(2k-1)!!}{(2k)!!}\right]^2x^k$$

$$\begin{aligned}y_2(x)&=\frac{\partial}{\partial s}y(x,s)\Big|_{s=0}\\&=y_1(x)\ln x+4\sum_{k=1}^{\infty}\left[\frac{(2k-1)!!}{(2k)!!}\right]^2\left(1-\frac{1}{2}+\frac{1}{3}+\cdots-\frac{1}{2k}\right)x^k\end{aligned}$$

11.4　非正则奇点邻域的渐近解

一般来说,在非正则奇邻域,不会得到像 11.2 节中所述的级数形式解(也称为正则解). 有时即使存在,往往也是发散的,所以我们只能给出渐近解.

定理 11.4.1　若 $x_0=0$ 为非正则奇点,方程

$$y''+P(x)y'+Q(x)y=0 \tag{11.4.1}$$

$$P(x)=x^{-m}(p_0+p_1x+p_2x^2+\cdots)\quad p_0\neq 0$$
$$Q(x)=x^{-n}(q_0+q_1x+q_2x^2+\cdots)\quad q_0\neq 0$$

在 $x_0=0$ 存在一个正则解的必要条件为

$$m\geqslant 1\quad 且\quad m\geqslant n-1$$

例如,方程 $x^4y''+y=0$ 在 $x=0$ 邻域不存在级数形式的解. 所以幂级数解法对系数 $P(x)$ 和 $Q(x)$ 有较严的要求. 即使系数 $P(x)$ 和 $Q(x)$ 是解析函数,其解也只是在

局部范围有效,难以讨论解的整体性质. 利用小波变换,可使这类问题的解决得到实质性的进展,请参考有关小波变换与奇性分析的专著.

11.5 渐近展开和最陡下降法

从上节我们得知:解微分方程时除了会遇到收敛级数之外,还会涉及到发散级数. 另一方面,由数理方程求出的解,很多是特殊函数,通常它们是用积分形式来表示的. 为了计算出这些积分的具体数值,需要一种求积分渐近展开的方法,这里仅介绍一种最有代表性的方法——最陡下降法. 它是一种非常实用的近似计算方法,有必要掌握它.

为了介绍这一方法,我们先来回忆和熟悉一些预备知识.

(1) 一个二元函数 $u(x,y)$ 或三维空间的曲面,在点 (x_0,y_0) 附近有泰勒展开,

$$u(x,y)=u(x_0,y_0)+\left(\frac{\partial u}{\partial x}\right)\Delta x+\left(\frac{\partial u}{\partial y}\right)\Delta y$$
$$+\frac{1}{2}\left[\frac{\partial^2 u}{\partial x^2}(\Delta x)^2+2\frac{\partial^2 u}{\partial x\partial y}\Delta x\Delta y+\frac{\partial^2 u}{\partial y^2}(\Delta y)^2\right]+\cdots$$

其中 $\Delta x=x-x_0$,$\Delta y=y-y_0$;若 $\left.\frac{\partial u}{\partial x}\right|_0=0$,$\left.\frac{\partial u}{\partial y}\right|_0=0$,则

$$u(x,y)-u(x_0,y_0)=\frac{1}{2}\left\{u_{xx}\left(\Delta x+\frac{u_{xy}}{u_{xx}}\Delta y\right)^2+(\Delta y)^2\left(u_{yy}-\frac{u_{xy}^2}{u_{xx}}\right)\right\}+\cdots$$

极值条件(i)极小,如果 $u_{xy}^2<u_{xx}u_{yy}$,$u_{xx}>0$,$u_{yy}>0$;

(ii) 极大,如果 $u_{xy}^2<u_{xx}u_{yy}$,$u_{xx}<0$,$u_{yy}<0$;

(iii) 鞍点,如果 $u_{xy}^2>u_{xx}u_{yy}$.

然而请注意:若 $u_{xx}=0$ 或 $u_{yy}=0$,需要进一步研究.

(2) 在 2.4 节中提到解析函数 $f(z)=u+iv$,有

(i) $\Delta u=0$,$\Delta v=0$

(ii) $\nabla u\cdot\nabla v=0$

上式(ii)说明解析函数 $f(z)$ 的虚部 $v=$ 常数的等值线与其实部 u 的梯度变化最大的方向正交.

11.5.1 最陡下降法(method of steepest descents)

在 α 的绝对值很大时,近似地估计形如下

$$I(\alpha)=\int_C g(z)e^{\alpha f(z)}dz \tag{11.5.1}$$

的一种复积分法,称谓最陡下降法,也称鞍点法.

式中的 $g(z)$ 和 $f(z)$ 是在包含积分路径 C 在内的某区域 D 内的解析函数;α

是一个数值很大的正实数. 按柯西定理(3.3.4)在解析区域 D 内,可以任意改变积分路径. 可以选择一条使 $f(z)$在路径 C 上变化很大,并且在路径上可以找到一点使 $\mathrm{Re}[\alpha f(z)]$取极大值的点 z_0,从而可用在 z_0 附近的积分来表达 $I(\alpha)$值,这就是最陡下降法的原理.

令 $z=z_0$, $f'(z_0)=0$,即$\left.\frac{\partial u}{\partial x}\right|_0=0$, $\left.\frac{\partial u}{\partial y}\right|_0=0$,又因$\frac{\partial^2 u}{\partial x^2}+\frac{\partial^2 u}{\partial y^2}=0$,则

$$u_{xy}^2-u_{xx}u_{yy}=(u_{xy})^2+(u_{xx})^2>0$$

所以 z_0 或点(x_0,y_0)只能是曲面$u(x,y)$的鞍点,根据鞍点的特点:可以找到一条通过 z_0、u 是最陡上升的曲线;也可以找到一条通过 z_0、u 是最陡下降的曲线. 如图 11.1 所示.

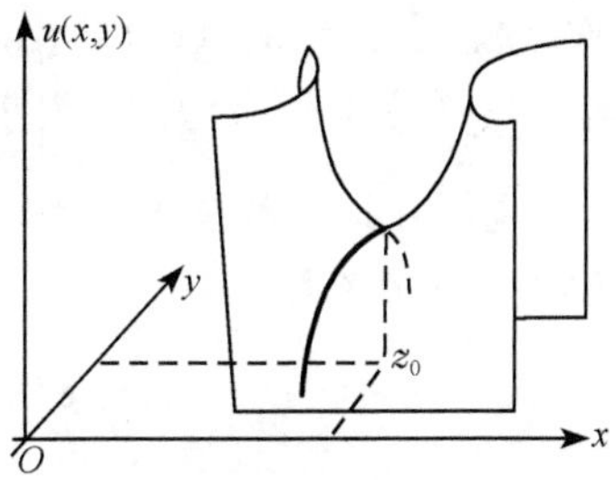

图 11.1

因此,我们可以选择一条 $u(x,y)$是最陡下降的路径 C,且在 z_0 处 $u(x,y)$取极大值,而 $v(x,y)$在路径 C 取常数值 v_0,这样 $f(z)$的虚部对积分仅提供一个因子 $e^{i\alpha v_0}$,对积分影响甚微.

在鞍点 z_0 处,$f(z)$可以进行泰勒展开

$$f(z)=f(z_0)+\frac{1}{2}f''(z_0)(z-z_0)^2+\cdots \tag{11.5.2}$$

令 $z-z_0=\rho e^{i\varphi}$, $f''(z_0)=|f''(z_0)|e^{i\theta}=ae^{i\theta}$,则

$$u(x,y)=u(x_0,y_0)+\frac{1}{2}a\rho^2\cos(\theta+2\varphi) \tag{11.5.3a}$$

$$v(x,y)=v(x_0,y_0)+\frac{1}{2}a\rho^2\sin(\theta+2\varphi) \tag{11.5.3b}$$

由式(11.5.3a)得,当 $\theta+2\varphi=(2k+1)\pi$ 时,$\cos(\theta+2\varphi)=-1$,方向$\varphi=-\frac{\theta}{2}\pm\frac{\pi}{2}$为最陡下降方向,在 z_0 处 u 取极大值;当 $\theta+2\varphi=2k\pi$ 时,$\cos(\theta+2\varphi)=1$,方向$\varphi=-\frac{\theta}{2}\pm\pi$为最陡上升方向,在 z_0 处 u 取极小值.

同时从式(11.5.3b)可知,在最陡下降方向的路径上

$$v(x,y)=v(x_0,y_0)=\text{常数}$$

由 $\mathrm{Im}[f(z)-f(z_0)]=0$,得$\frac{1}{2}(z-z_0)^2 f''(z_0)$必须是实数,即

$$\begin{aligned} f(z) &\sim f(z_0)+\frac{1}{2}\mid f''(z_0)\mid \rho^2 e^{i(\theta+2\varphi)} \\ &\sim f(z_0)-\frac{1}{2}|f''(z_0)|\rho^2 \quad (\text{因为 } \theta+2\varphi=\pi) \end{aligned} \tag{11.5.4}$$

于是

$$I(\alpha) \sim g(z_0)\mathrm{e}^{\alpha f(z_0)}\int_c \mathrm{e}^{-\frac{\alpha}{2}|f''(z_0)|\rho^2}\mathrm{d}z$$
$$\sim g(z_0)\mathrm{e}^{\alpha f(z_0)}\int_{-\varepsilon}^{\varepsilon}\mathrm{e}^{-\frac{\alpha}{2}|f''(z_0)|\rho^2}\cdot \mathrm{e}^{\mathrm{i}\varphi}\mathrm{d}\rho$$

作变换，令 $t=|\alpha f''(z_0)|^{1/2}\rho$，$t$ 也是实数，积分范围由$(\varepsilon,-\varepsilon)$变到$(t_0,-t_0)$，其中 $t_0=|\alpha f''(z_0)|^{1/2}\varepsilon$，即使 ε 很小，但因 α 足够大，可使 t_0 也够大；其次高斯分布函数 $\mathrm{e}^{-\frac{t^2}{2}}$局限在很小范围内变动，所以再将区间$(t_0,-t_0)$扩大到$(\infty,-\infty)$，所带来的误差也极其有限. 因此

$$I(\alpha) \sim g(z_0)\mathrm{e}^{\alpha f(z_0)}\cdot \mathrm{e}^{\mathrm{i}\varphi}\frac{1}{|\alpha f''(z_0)|^{1/2}}\int_{-\infty}^{\infty}\mathrm{e}^{-\frac{t^2}{2}}\mathrm{d}t$$
$$I(\alpha) \sim \frac{\sqrt{2\pi}g(z_0)\mathrm{e}^{\alpha f(z_0)}\cdot \mathrm{e}^{\mathrm{i}\varphi}}{|\alpha f''(z_0)|^{1/2}} \tag{11.5.5}$$

例 11.5.1 求解

$$H_\nu^{(1)}(x)=\frac{1}{\pi\mathrm{i}}\int_{0_{C_1}}^{-\infty}\mathrm{e}^{\frac{x}{2}\left(z-\frac{1}{z}\right)}\frac{\mathrm{d}z}{z^{\nu+1}}$$

积分路径 C_1 如图 11.2 所示.

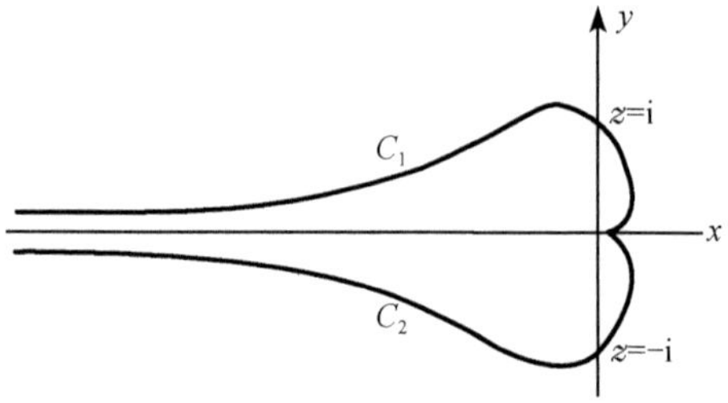

图 11.2

解 取

$$f(z)=\frac{1}{2}\left(z-\frac{1}{z}\right),\quad f'(z)=\frac{1}{2}+\frac{1}{2z^2},\quad f''(z)=-\frac{1}{z^3}$$

由 $f'(z_0)=0$，得 $z_0=\mathrm{i}$ 或$-\mathrm{i}$，取

$$z_0=\mathrm{i},\quad f(z_0)=\mathrm{i},\quad f''(z_0)=f''(\mathrm{i})=\mathrm{e}^{\mp\mathrm{i}\frac{\pi}{2}},\quad a=1,\quad \theta=\mp\frac{\pi}{2}$$

若 $\theta=-\frac{\pi}{2}$，$\varphi=-\left(-\frac{\pi}{4}\right)\pm\frac{\pi}{2}=\frac{3}{4}\pi$ 或$-\frac{1}{4}\pi$，实际上是一个方向，分别为沿最陡曲线上坡和下坡方向

$$g(z_0)=\mathrm{e}^{-\mathrm{i}\frac{\pi}{2}(\nu+1)},\quad f(z_0)=\mathrm{i}$$

利用公式(11.5.5)

$$H_{\nu}^{(1)}(x) \sim \sqrt{\frac{2}{\pi x}}\mathrm{e}^{\mathrm{i}\frac{\pi}{2}(-\nu-2)} \cdot \mathrm{e}^{\mathrm{i}x} \cdot \mathrm{e}^{\mathrm{i}\frac{3}{4}\pi} = \sqrt{\frac{2}{\pi x}}\mathrm{e}^{\mathrm{i}\left(x-\frac{\pi}{2}\nu-\frac{\pi}{4}\right)} \tag{11.5.6}$$

例 11.5.2　求

$$\Gamma(x+1) = \int_0^\infty t^{-x}\mathrm{e}^{-t}\mathrm{d}t$$

解　令 $t=xz$，

$$\Gamma(x+1) = x^{x+1}\int_0^\infty \mathrm{e}^{x(\ln z - z)}\mathrm{d}z$$

所以

$$f(z) = \ln z - z,\quad f'(z) = \frac{1}{z} - 1,\quad f''(z) = -\frac{1}{z^2}$$

由 $f'(z_0)=0$，得 $z_0=1$

$$f''(z_0) = -1 = 1\mathrm{e}^{\mathrm{i}\pi}, a = 1, \theta = \pi$$

$$\varphi = -\frac{\theta}{2} \pm \frac{\pi}{2} = -\frac{\pi}{2} \pm \frac{\pi}{2} = 0 \text{ 或 } \pi$$

利用公式(11.5.5)

$$\Gamma(x+1) = \frac{\sqrt{2\pi}x^{x+1}\mathrm{e}^{-x}}{|x(-1)^2|^{1/2}} = \sqrt{2\pi x}x^x\mathrm{e}^{-x} \tag{11.5.7}$$

若 $x=n$(整数)

$$\Gamma(n+1) = n! = \sqrt{2\pi n}n^n\mathrm{e}^{-n} \tag{11.5.8}$$

上式就是 Stirling 公式.

11.5.2　主项

研究函数 $f(x)$ 在 $x\to\infty$ 的性质或计算其值时，可以用函数的渐近展开. 在物理学中就经常会遇到这样的渐近展开，实际上它往往是发散级数，但是在这些发散级数的背后，隐藏着更深层次的物理内涵，所以物理学家对它特别感兴趣.

渐近展开的定义　对于函数 $f(x)$，下列级数

$$S(x) = c_0 + \frac{c_1}{x} + \frac{c_2}{x^2} + \cdots + \frac{c_n}{x^n} + \cdots \tag{11.5.9}$$

的前 $(n+1)$ 项之和定义为 $S_n(x)$，若对于给定一个 n 值，

$$\lim_{x\to\infty} x^n\{f(x) - S_n(x)\} = 0 \quad (n = 0,1,2,\cdots)$$

成立，则称 $S(x)$ 为 $f(x)$ 的渐近展开.

对于确定的 x，级数(11.5.9)收敛，还是发散，可以暂且搁置一旁，

$$\lim_{x\to\infty} x^n\{f(x) - S_n(x)\} = 0 \tag{11.5.10}$$

的意义在于，当 x 充分大时，用 $S_n(x)$ 代替 $f(x)$ 时所产生的误差是比 $\frac{1}{x^n}$ 更高阶地

接近于零，若将式(11.5.10)稍作变形，取为

$$\lim_{x\to\infty}x^n\left[f(x)-c_0-\frac{c_1}{x}-\cdots-\frac{c_{n-1}}{x^{n-1}}\right]=c_n \tag{11.5.11}$$

分别令 $n=0,1,2,\cdots$，可得 $c_0,c_1,c_2\cdots$. 即利用上式，可逐次求得展开式(11.5.9)的系数. 但这种定义的方法求系数出现困难时，就要用其他办法来求，例如分部积分，各种技巧等等.

有时 $f(x)$ 无渐近展开，但存在适当的函数 $g(x)$，使得

$$\frac{f(x)}{g(x)}\sim c_0+\frac{c_1}{x}+\frac{c_2}{x^2}+\cdots$$

于是

$$f(x)\sim g(x)\left(c_0+\frac{c_1}{x}+\frac{c_2}{x^2}+\cdots\right) \tag{11.5.12}$$

上式中的 $c_0g(x)$ 称做 $f(x)$ 的渐近展开的**主项**. 例如上节中用最陡下降法得到的公式(11.5.5)，实质上就是所求积分的渐近展开的**主项**.

例 11.5.3 求 $\Gamma(x)$ 函数的渐近展开.

解 利用公式(11.5.7)以及 $\Gamma(x+1)=x\Gamma(x)$ 性质，得

$$\Gamma(x)=\sqrt{2\pi}x^{x-\frac{1}{2}}\mathrm{e}^{-x}\left(1+\frac{A}{x}+\frac{B}{x^2}+\frac{C}{x^3}+\cdots\right) \tag{1}$$

于是

$$\Gamma(x+1)=\sqrt{2\pi}(x+1)^{x+\frac{1}{2}}\mathrm{e}^{-(x+1)}\left[1+\frac{A}{(x+1)}+\frac{B}{(x+1)^2}+\frac{C}{(x+1)^3}+\cdots\right] \tag{2}$$

利用下列等式：

$$\begin{aligned}&\exp\left[\left(x+\frac{1}{2}\right)\ln(x+1)-(x+1)\right]\\&=\exp\left[\left(x+\frac{1}{2}\right)\ln x-x+\left(\frac{1}{12x^2}-\frac{1}{12x^3}+\frac{3}{40x^4}+\cdots\right)\right]\end{aligned}$$

$$\left[1+\frac{A}{(x+1)}+\frac{B}{(x+1)^2}+\frac{C}{(x+1)^3}+\cdots\right] \tag{3}$$

$$=1+\frac{A}{x}+\frac{B-A}{x^2}+\frac{C-2B+A}{x^3}+\cdots \tag{4}$$

$$\exp\left(\frac{1}{12x^2}-\frac{1}{12x^3}+\frac{3}{40x^4}+\cdots\right)=1+\frac{1}{12x^2}-\frac{1}{12x^3}+\cdots \tag{5}$$

(4)式乘以(5)式，得

$$\left(1+\frac{1}{12x^2}-\frac{1}{12x^3}+\cdots\right)\left(1+\frac{A}{x}+\frac{B-A}{x^2}+\frac{C-2B+A}{x^3}+\cdots\right)$$

$$=1+\frac{A}{x}+\left(A+B-\frac{1}{12}\right)\frac{1}{x^2}+\left(\frac{11}{12}A+2B-\frac{1}{12}+C\right)\frac{1}{x^3}+\cdots \tag{6}$$

将以上结果(3),(4),(5),(6),代入(1)和(2),以及

$$\Gamma(x+1)=x\Gamma(x)$$

比较 x 幂次相同的系数,得

$$A=A,\quad A+B-\frac{1}{12}=B,\quad \frac{11}{12}A+2B-\frac{1}{12}+C=C$$

解得

$$A=\frac{1}{12},\quad B=\frac{1}{288},\cdots$$

所以

$$\Gamma(x)=\sqrt{2\pi}x^{x-\frac{1}{2}}\mathrm{e}^{-x}\left(1+\frac{1}{12x}+\frac{1}{288x^2}+\cdots\right)\tag{11.5.13}$$

习　题

11.1　求二阶常微分方程 $y''+xy'+y=0$ 的幂级数解.

11.2　求微分方程 $x^2y''-2x(1+x)y'+2(1+x)y=0$ 在 $x=0$ 附近的级数解.

11.3　试求微分方程 $(x-1)^2y''-(x-1)y'+y=0$ 在 $(a)\,x=0$,$(b)\,x=1$ 附近的级数解.

11.4　试求厄米方程 $y''-2xy'+\lambda y=0$ 在 $x=0$ 附近的级数解,并问 λ 取何值时,这级数退化为多项式?

11.5　试求微分方程 $xy''-xy'+y=0$ 在 $x=0$ 附近的级数解.

11.6　两个相距很近的原子核相互作用,可以用介子相互作用的势 $V=A\mathrm{e}^{-\alpha x}/x$ 来描述($A<0$,表示吸引).试求如下薛定谔方程在 $x=0$ 附近的级数解:

$$y''+k\left(E-\frac{A}{x}\mathrm{e}^{-\alpha x}\right)y=0$$

其中 α、A、E 与 $k=\dfrac{2m}{h}$ 均为常数,只要求出大根 s_1 对应的级数前三项.

11.7　在抛物线坐标中对于斯塔克效应的量子力学分析会导出如下微分方程

$$\frac{\mathrm{d}}{\mathrm{d}x}(xy')+\left(\frac{1}{2}Ex+\alpha-\frac{m^2}{4x}-\frac{1}{4}Fx^2\right)y=0$$

试求 $x=0$ 邻域内对应大根 s_1 的级数的前三项.其中 α、E、F、m 均为常数.

第 12 章　数学模型——定解问题

12.1 引　　言

从物理上来分析，数学物理定解问题表征的是场和产生这种场的源之间的关系. 例如，声振动是研究声源与声波场之间的关系；热传导是研究热源与温度场之间的关系；泊松方程表示的是电势（或电场）和电荷分布之间的关系等等.

更进一步分析，数学物理定解问题又可分二大范畴：(i)正向问题，已知源求场；(ii)逆向问题，已知场求源，前一范畴，正是经典数学物理讨论的问题；后一范畴是现代数学物理着重研究的内容，就是通过位于源的外部场的观测来重建源的内部结构，它在探测物质微观结构、地震勘探、核磁共振成像、雷达、激光成像、声纳、声成像等高新技术领域中都有极其广阔的用途. 特别是，逆散射问题：已知入射波和散射体外的散射波，来求散射体，已成为当今数学物理的热门课程.

从数学处理来分析，不管是正向问题还是逆向问题又可分成二大类别：(i)一类是线性问题，可以应用叠加原理（或独立作用原理），(ii)另一类是非线性问题. 在此系统中线性叠加原理已不再适用. 所以处理这类问题是十分复杂的和困难的. 但是正是这种复杂性背后隐藏着物理的真谛，也给科学技术的发展增添了生命力.

本书研究的重点仍限于经典的数学物理问题，而且偏重于线性系统.

数学物理方程（简称数理方程），通常是指从物理问题导出的函数方程，主要指偏微分方程和积分方程. 本书限于讨论二阶线性偏微分方程.

数学物理方程研究的范围十分广泛，它深刻地描述了许多自然界的物理现象，并能解决生产及科学技术上的重要问题. 它处理问题的大致步骤如下.

（一）将物理问题归结成数学上的定解问题——建立数学模型.

将物理问题根据有关定律建立相应的数学模型，也就是将物理问题归结成数学上的定解问题.

定解问题是由泛定方程和定解条件所组成的整体. 泛定方程是描述物理现象的偏微分方程（即数学物理方程）本身；定解条件包括反映一个具体问题边界所处的物理状况的边界条件，以及反映初始状态的初始条件.

（二）解定解问题. 也就是用数学方法求出满足方程和定解条件的解.

（三）对所得解通过数学的论证和客观实践的检验鉴定其正确性，并将所得的解作适当的物理解释，从而解决某方面的物理问题. 由于生产及科学技术上的很多物理问题都可归结为偏微分方程的问题，因此偏微分方程问题的解决也等于解决了物理问题，所以数学物理方程不仅仅是一个纯粹的数学问题.

数学物理方程一般可以按照所代表的物理过程(或状态)分为三类.

(1) 波动方程

$$\frac{\partial^2 u}{\partial t^2}-a^2\left(\frac{\partial^2 u}{\partial x^2}+\frac{\partial^2 u}{\partial y^2}+\frac{\partial^2 u}{\partial z^2}\right)=0 \tag{12.1.1}$$

是描述振动(或波动)过程的偏微分方程. 它很好地描述了各向同性的弹性体中的振动、声波或电磁波的传播等的过程.

(2) 输运方程

$$\frac{\partial u}{\partial t}-a^2\left(\frac{\partial^2 u}{\partial x^2}+\frac{\partial^2 u}{\partial y^2}+\frac{\partial^2 u}{\partial z^2}\right)=0 \tag{12.1.2}$$

是描述输运(趋向平衡)过程的偏微分方程. 例如它恰当地描述了粒子扩散、热传导等的过程.

(3) 拉普拉斯方程(或泊松方程)

$$\frac{\partial^2 u}{\partial x^2}+\frac{\partial^2 u}{\partial y^2}+\frac{\partial^2 u}{\partial z^2}=\rho(x,y,z) \tag{12.1.3}$$

是描述物理中的稳定(或平衡状态)过程的偏微分方程. 例如它很好地描述重力场、静电场、静磁场、稳恒流的速度势等的规律.

以上这些方程描述一些典型的物理现象是相当成功的，并解决了某些若干重大问题. 尽管这些问题是属于经典的范畴，但我们可以通过这些问题的研究，藉以掌握一些方法，作为今后探讨新问题的参考.

下面我们将开始研究这些方程，首先仔细考察某些物理问题的数学模型.

12.2　数学模型的建立

12.2.1　振动方程

1. 弦的横振动

拉紧弦的横振动问题，是数学物理方程中的典型例子，因为它简单，并且有代表性. 尽管这个问题已连续引用了 280 多年，但今天它依然是一个出色的初始范例.

让我们考察一根长为 l 两端固定的、水平拉紧的弦，现在我们来讨论如何将这一物理问题转化为数学上的定解问题. 首先要确立弦的运动方程.

(1) 必须明确我们要研究的物理量是什么?

本题是讨论弦的运动规律，被研究的是弦沿垂直方向的位移 $u(x,t)$.

(2) 被研究的物理量遵循哪些物理规律?

在本题中遵循的是牛顿第二定律.

(3) 按物理定律写出数理方程(即建立泛定方程).

其中必须注意两点:(a) 由于数理方程(泛定方程)是反映弦上任一位置上的垂直位移普遍遵循的规律,所以考察点不能取在端点上,但可取除端点之外的任何位置作为考察点.(b) 由于物理问题涉及的因素较多,往往还需要引入适当的假设,才能使方程简化.

在本题中,我们取如图 12.1 所示的一段 Δx 来进行研究,采用“隔离物体法”,分析 Δx 段受力的情况. 它受三个力作用:两个张力(T_1 和 T_2)以及重力 $\rho g\Delta s$,其中 ρ 是弦的线密度,g 是重力加速度.

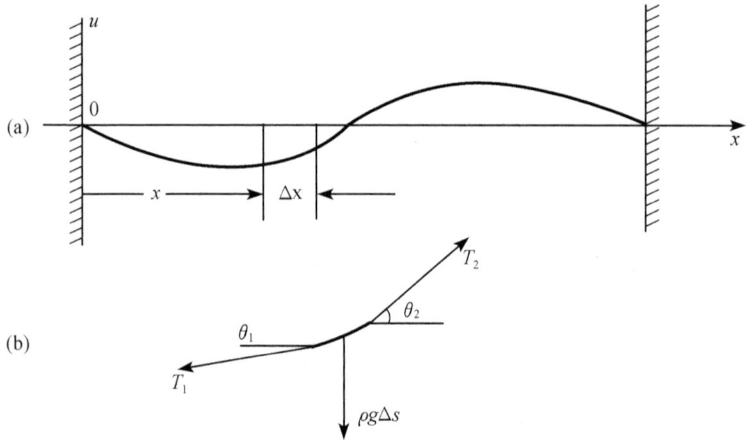

图 12.1

$u(x,t)$表示在 x 位置,在 t 时刻,弦沿垂直方向的位移. 假设弦是均匀的,即密度 ρ_0 是常数(其中 ρ_0 是弦处于平衡位置时的线密度). 其次,设弦是完全柔软的弹性体,这意味着弦无弯曲刚度,张力 T 总是沿着弦的振动波形的切线方向;又设弦作纯粹横向振动,即忽略弦在水平方向上的位移. 按牛顿第二定律,运动方程为

$$\rho\Delta s\,\frac{\partial^2 u}{\partial t^2}=T_2\sin\theta_2-T_1\sin\theta_1-\rho g\,\Delta s \tag{12.2.1a}$$

$$0=T_2\cos\theta_2-T_1\cos\theta_1 \tag{12.2.1b}$$

严格说来,弦作纯粹横向振动的假设即式(12.2.1b),与弦上所有点的张力 T 都相同的推论是不相容的. 事实上,由式(12.2.1b),我们只能得

$$T_2\cos\theta_2=T_1\cos\theta_1=T_0=\text{常数}$$

式中 T_0 是弦处于平衡位置时弦上的张力.

因为设弦是完全柔软的弹性体,无弯曲刚度,所以张力 T 总是沿着弦振动波形的切线方向,即

$$\sin\theta = \frac{\dfrac{\partial u}{\partial x}}{\sqrt{1+\left(\dfrac{\partial u}{\partial x}\right)^2}},\quad \cos\theta = \frac{1}{\sqrt{1+\left(\dfrac{\partial u}{\partial x}\right)^2}}$$

这样，由 $T\cos\theta = T_0$ 可以得到

$$T(x) = T_0\sqrt{1+\left(\frac{\partial u}{\partial x}\right)^2}$$

可见在振动时，弦上各点的张力并不是处处相同的. 由上式还可导出

$$T_1\sin\theta_1 = T_0\,\frac{\partial u(x,t)}{\partial x},\quad T_2\sin\theta_2 = T_0\,\frac{\partial u(x+\Delta x,t)}{\partial x}$$

其次，如果设在振动时弦的截面的变化可忽略不计，则弦的线密度 ρ 应满足下式：

$$\rho_0\Delta x = \rho(x)\Delta s = \rho(x)\sqrt{1+\left(\frac{\partial u}{\partial x}\right)^2}\,\Delta x$$

所以

$$\rho(x) = \frac{\rho_0}{\sqrt{1+\left(\dfrac{\partial u}{\partial x}\right)^2}}$$

可见在振动时，弦上各点的线密度也不是恒定的. 再利用泰勒级数

$$\frac{\partial u(x+\Delta x,t)}{\partial x} = \frac{\partial u(x,t)}{\partial x} + \frac{\partial^2 u(x,t)}{\partial x^2}\Delta x + \frac{1}{2!}\frac{\partial^3 u(x,t)}{\partial x^3}(\Delta x)^2 + \cdots$$

将以上所有结论代入式(12.2.1a)中，并忽略 Δx 的平方项，得

$$\rho_0\Delta x\,\frac{\partial^2 u}{\partial t^2} = T_0\left[\frac{\partial u(x+\Delta x,t)}{\partial x} - \frac{\partial u(x,t)}{\partial x}\right] - \rho_0 g\Delta x \approx T_0\,\frac{\partial^2 u}{\partial x^2}\Delta x - \rho_0 g\Delta x$$

消去两边的 Δx，然后令 $\Delta x\to 0$，注意式(12.2.1a)中左端的$\dfrac{\partial^2 u}{\partial t^2}$应是微元 Δx 的质心加速度，只有当 $\Delta x\to 0$ 时，我们才可用$\dfrac{\partial^2 u(x,t)}{\partial t^2}$代替，于是得

$$\frac{\partial^2 u}{\partial t^2} = a^2\,\frac{\partial^2 u}{\partial x^2} - g \tag{12.2.2}$$

其中 $a^2 = \dfrac{T_0}{\rho_0}$，而 T_0 及 ρ_0 分别是弦处于平衡位置时弦上的张力及线密度.

若设弦的重量远小于弦的张力，则上式右端第二项可忽略. 如果在弦的每单位长度上还有外力密度 $F(x,t)$作用，则式(12.2.2)将改写成

$$\frac{\partial^2 u}{\partial t^2} = a^2\,\frac{\partial^2 u}{\partial x^2} + f(x,t) \tag{12.2.3}$$

式中

$$f(x,t)=\frac{1}{\rho_0}F(x,t)$$

2. 杆的纵振动

用$u(x,t)$表示在x位置在t时刻杆沿纵方向(如图12.2所示x方向)的位移,因此杆每单位长度的相对伸长为

$$\varepsilon=\frac{\Delta x'-\Delta x}{\Delta x}=\frac{\{[u(x+\Delta x)+x+\Delta x]-[u(x)+x]\}-\Delta x}{\Delta x}$$

$$=\frac{u(x+\Delta x)-u(x)}{\Delta x}\approx\frac{\partial u}{\partial x}$$

其中$\Delta x'$为Δx形变后的长度.

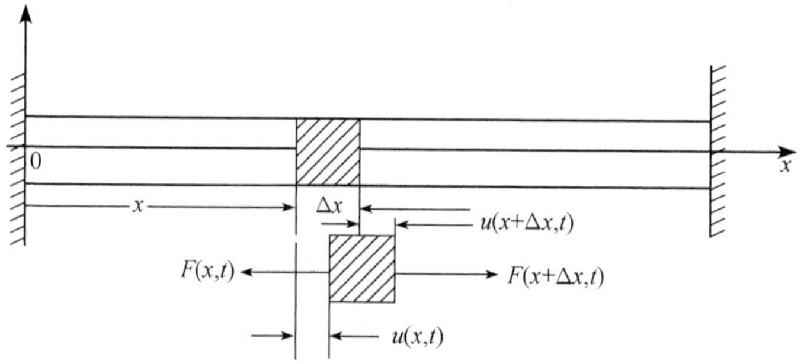

图 12.2

为了建立杆的任一截面(单元)的运动方程,我们考察图12.2所示被研究单元的受力情况.采用"隔离物体"法,分析受力情况,两个横截面上各受一力.假设重力与截面上的作用力比较,可忽略不计,则根据胡克(Hooke)定律,杆的轴向张应力σ和杆的轴向应变(相对伸长)ε有如下关系:

$$\sigma=E\varepsilon$$

其中E为弹性模量(或杨氏模量,例如铜$E=11.1\times10^4\,\mathrm{N/mm^2}$),并假设杆是均匀的,即各物理量(截面$S$,弹性模量$E$,密度$\rho_0$等)不随杆的位置而变化.
如果用$\boldsymbol{F}$表示x处横截面上的轴向应力之和,则

$$\boldsymbol{F}=\sigma\boldsymbol{S}=ES\frac{\partial u}{\partial x}\boldsymbol{e}_x$$

其次,我们将设杆的横截面在振动过程中始终保持为平面,即每一横截面内诸质点仅沿杆的轴线方向运动.事实上,在振动过程中,由于纵向伸长(或压缩)必将导致横向变形,如果我们假设纵波的长度比杆的横截面的尺寸大得多,那么横向位移对纵向运动的影响就可忽略不计.

因所研究单元的质量为$\rho_0 S\Delta x$,按牛顿第二定律有如下运动方程:

$$\rho_0 S\Delta x \frac{\partial^2 u}{\partial t^2} = F(x+\Delta x) - F(x)$$

其中

$$F(x) = ES\frac{\partial u(x,t)}{\partial x}, \quad F(x+\Delta x) = ES\frac{\partial u(x+\Delta x,t)}{\partial x}$$

所以

$$F(x+\Delta x) - F(x) = ES\frac{\partial^2 u(x,t)}{\partial x^2}\Delta x + 0(\Delta x)^2$$

将上式代入方程，忽略二级小量，消去两边 Δx，并令 $\Delta x \to 0$，得

$$\frac{\partial^2 u}{\partial t^2} = a^2\frac{\partial^2 u}{\partial x^2} \tag{12.2.4}$$

其中

$$a = \sqrt{\frac{E}{\rho_0}}$$

3. 电报方程

在非常长的两条平行传输线(或同轴电缆)的输入端加上交变电源时，线间电压和线间电流的分布可由图 12.3 所示的等效电路求得，图中 L、R、C、G 分别为往返线路每单位长度的电感、电阻、静电电容和漏电导的值. 若设传输线(或电缆)是均匀的，则这些值可视作常数. 例如通信电缆在 20℃时 $R=56\Omega/\text{km}$，$L=0.7\text{mH/km}$，$C=0.036\mu\text{F/km}$，$G=0.6\text{S/km}$，[S 为西门子(Siemens)].

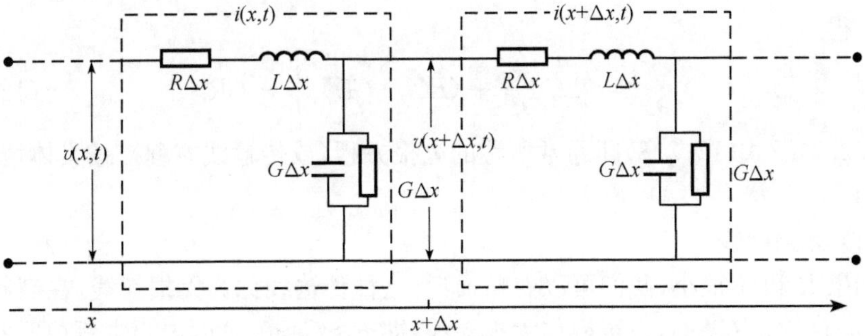

图 12.3

由于输入端是交变电源(或交变讯号)，所以电压及电流将沿着传输线的长度 x 变化，通常还是时间 t 的函数. 下面我们来确立分布传输线上的电压 $v(x,t)$ 与电流 $i(x,t)$ 所满足的数理方程.

设在某瞬间在传输上距离始端为 x 处的电压为 $v(x,t)$，电流为 $i(x,t)$.

对 Δx 小段回路应用基尔霍夫(Kirchhoff)第二定律,或$\oint \boldsymbol{E}\mathrm{d}\boldsymbol{l}=0$ 便得出

$$\left(Ri+L\frac{\partial i}{\partial t}\right)\Delta x+v(x+\Delta x,t)-v(x,t)=0$$

其中$\left(Ri+L\frac{\partial i}{\partial t}\right)\Delta x$ 表示在 Δx 段电阻和电感产生的电压降,令 $\Delta x\to 0$,在一级近似中有

$$\frac{\partial v}{\partial x}+L\frac{\partial i}{\partial t}+Ri=0 \tag{12.2.5}$$

同样电流 $i(x,t)$ 由点 x 流至$(x+\Delta x)$点时也有变化,因为有一部分电流将流向分支中的电导与电容. 根据基尔霍夫第一定律,流入 x 节点的电流的总和应等于从该节点流出的电流的总和. 另一方面,流经分支电容及电导的电流分别为$C\Delta x\frac{\partial v}{\partial t}$及$(G\Delta x)v$,因此

$$i(x,t)-\left[(C\Delta x)\frac{\partial v}{\partial t}+(G\Delta x)v\right]-i(x+\Delta x,t)=0$$

同样令 $\Delta x\to 0$,取一级近似得

$$\frac{\partial i}{\partial x}+C\frac{\partial v}{\partial t}+Gv=0 \tag{12.2.6}$$

将式(12.2.5)对 x 微分,将式(12.2.6)对 t 微分,再将这两式消去$\frac{\partial^2 i}{\partial x\partial t}$项,得

$$\frac{\partial^2 v}{\partial x^2}=LC\frac{\partial^2 v}{\partial t^2}+(RC+GL)\frac{\partial v}{\partial t}+GRv \tag{12.2.7}$$

同理可得

$$\frac{\partial^2 i}{\partial x^2}=LC\frac{\partial^2 i}{\partial t^2}+(RC+GL)\frac{\partial i}{\partial t}+GRi \tag{12.2.8}$$

式(12.2.7)及式(12.2.8)即通常所称的电报方程(或传输线方程). 按具体情况,又可分为

(1) 无损耗线

如果 R 和 G 很小,我们可以忽略损耗,这种传输线称为无损耗线. 在高频情况下,若 $\omega L\gg R,\omega C\gg G$,也可视作无损耗线,即 $R\approx G\approx 0$. 这时电报方程(12.2.7)及(12.2.8)将简化为

$$\frac{\partial^2 v}{\partial x^2}=LC\frac{\partial^2 v}{\partial t^2}$$

$$\frac{\partial^2 i}{\partial x^2}=LC\frac{\partial^2 i}{\partial t^2}$$

(2) 无失真线

当信号在无失真线上传播时,不会发生畸变(失真)现象,因此也是一种理想的

长传输线. 无失真的条件为 $RC=LG$，这时电报方程(12.2.7)及(12.2.8)简化为

$$\frac{\partial^2 v}{\partial x^2}=\frac{1}{a^2}\frac{\partial^2 v}{\partial t^2}+\frac{2\beta}{a}\frac{\partial v}{\partial t}+\beta^2 v$$

及

$$\frac{\partial^2 i}{\partial x^2}=\frac{1}{a^2}\frac{\partial^2 i}{\partial t^2}+\frac{2\beta}{a}\frac{\partial i}{\partial t}+\beta^2 i$$

其中

$$a^2=\frac{1}{LC},\quad \beta^2=RG$$

(3) 无漏导，无电感线

如果传输线的 G 和 L 都可忽略不计，即 $G\approx L\approx 0$(同轴电缆通常就是这种情况)，则有

$$\frac{\partial^2 v}{\partial x^2}=RC\frac{\partial v}{\partial t}$$

以及

$$\frac{\partial^2 i}{\partial x^2}=RC\frac{\partial i}{\partial t}$$

它们也称为电报方程，在数学上它们等同于一维热传导方程.

4. 膜的横振动

在推导膜的横振动方程之前，也应像推导弦的横振动方程一样，作出一定的简化假设：

(1) 膜是均匀的；

(2) 膜是柔软的弹性体，即它不能抵抗弯曲，因此在任何时刻它的张力总是在膜的切平面内；

(3) 膜的重量与膜的张力相比，可忽略不计；

(4) 膜的偏移与膜的最小直径相比很小；

(5) 振动时膜上任一点处沿任一方向的斜率远小于 1；

(6) 只作纯横向振动.

考虑膜的任意一块微小单元 $PQRS$(如图 12.4 所示)，采用“隔离物体法”，分析该单元上的受力情况.

设 $u(x,y,t)$表示膜相对于平衡位置(在 xy 平面内)的垂直方向的位移. 可以完全仿照弦的横振动方程的建立过程中的推导，得

$$\rho(x,y)\Delta S=\rho_0\Delta x\Delta y$$

其中 ρ_0 是膜处于平衡位置时的面密度.

如果膜与 x 轴垂直的截面的交线为 PQ 及 RS，膜与 y 轴垂直的截面的交线为

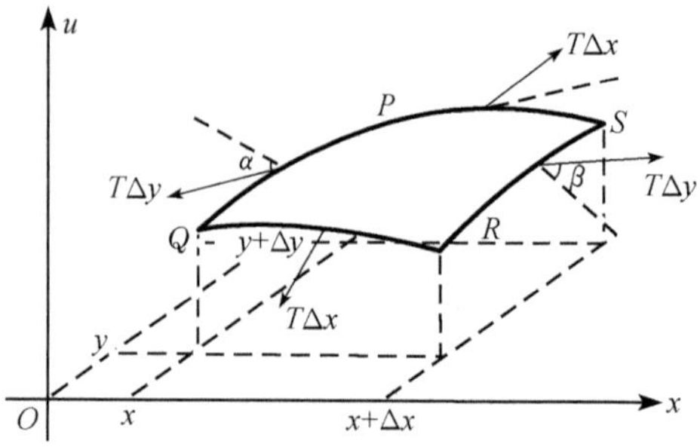

图 12.4

QR 及 SP，且作用在 PQ 及 RS 每单位长度上的张力用 $T\Delta y$ 表示，则通过边缘 PQ 及 RS 受到近似等于 $T\Delta y$、且沿膜的切面方向的拉力的作用. 因此，在 PQ 及 RS 边缘受到的切向张力的垂直分量为

$$T\Delta y(\sin\beta - \sin\alpha) = T_0\Delta y[u_x(x+\Delta x, y_1) - u_x(x, y_2)]$$

式中 T_0 是膜处于平衡位置时的张力.

同样地，可得在边缘 QR 与 SP 上所受的力沿垂直方向的分量为

$$T_0\Delta x[u_y(x_1, y+\Delta y) - u_y(x_2, y)]$$

根据牛顿第二定律，单元 $PQRS$ 的运动方程为

$$\rho_0\Delta x\Delta y\frac{\partial^2 u}{\partial t^2} = T_0\Delta y[u_x(x+\Delta x, y_1) - u_x(x, y_2)] + T_0\Delta x[u_y(x_1, y+\Delta y) - u_y(x_2, y)]$$

其中

$$x \leqslant x_i \leqslant x+\Delta x, y \leqslant y_i \leqslant y+\Delta y \quad (i=1,2)$$

将上式右端作泰勒展开，令 $\Delta x \to 0$，$\Delta y \to 0$，取一级近似得

$$\frac{\partial^2 u}{\partial t^2} = a^2\left(\frac{\partial^2 u}{\partial x^2} + \frac{\partial^2 u}{\partial y}\right) \tag{12.2.9}$$

其中 $a^2 = \frac{T_0}{\rho_0}$.

式(12.2.9)通常称做膜的横振动方程.

12.2.2 热传导方程

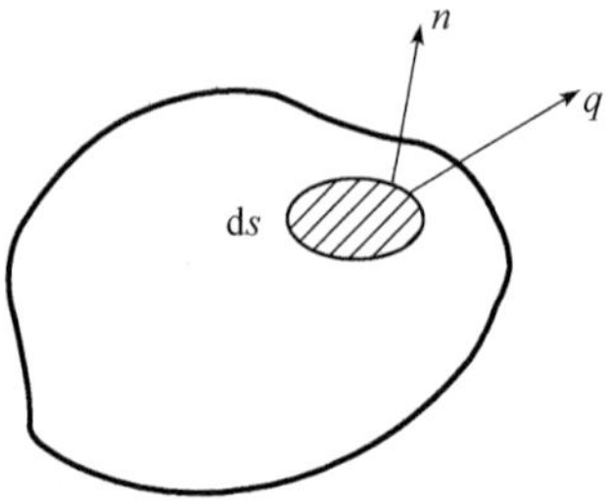

图 12.5

现在所研究的物理量是温度 u，它可以是坐标 (x, y, z) 及时间 t 的函数.

在导热物体内部任取一个体元 V，其闭曲面的面积为 S，如图 12.5 所示. 在讨论问题之前，先来定义一个热流密度矢量 $\boldsymbol{q}(r, t)$，它表示在单位等温面积上，在温度降低的方向上单位时间内的热流量.

按照傅里叶定理，对于均匀的、各向同性的固体（即材料的导热系数不随方向而变），热流密度 $\boldsymbol{q}$ 与温度 u 之间存在下列热传导法则

$$\boldsymbol{q}(\boldsymbol{r},t)=-\kappa\nabla u(\boldsymbol{r},t)=-\kappa\left[\frac{\partial u}{\partial x}\boldsymbol{e}_x+\frac{\partial u}{\partial y}\boldsymbol{e}_y+\frac{\partial u}{\partial z}\boldsymbol{e}_z\right] \tag{12.2.10}$$

其中 κ 是材料的导热系数，它是一个正的标量.

热流密度矢量 $\boldsymbol{q}$ 指向温度降低的方向，式(12.2.10)中的负号的作用是使热流量成为一个正的量. 有了这个热流密度矢量 $\boldsymbol{q}$，我们就可以讨论通过闭曲面 S 流出（或流入）的热量. 按定义，通过闭曲面 S 上微小表面元 $\mathrm{d}S$（面元 $\mathrm{d}S$ 的外法线方向的 $\boldsymbol{n}$）流出（或流入）的热量为

$$\boldsymbol{q}\cdot\mathrm{d}\boldsymbol{S}=(\boldsymbol{q}\cdot\boldsymbol{n})\mathrm{d}\boldsymbol{S} \tag{12.2.11}$$

若 $(\boldsymbol{q}\cdot\boldsymbol{n})>0$，则为流出；若 $(\boldsymbol{q}\cdot\boldsymbol{n})<0$，则为流入. 将上式对整个闭曲面积分，即得单位时间内经闭曲面 S 流出（或流入）的热量.

按热力学第一定律（或能量守恒定律）有

$$\begin{bmatrix}\text{单位时间内通}\\\text{过 } V \text{ 的边界流}\\\text{入的热量}\end{bmatrix}+\begin{bmatrix}\text{单位时间内在}\\V\text{ 内产生的热}\\\text{量}\end{bmatrix}=\begin{bmatrix}\text{单位时间内在}\\V\text{ 内积累的热}\\\text{量}\end{bmatrix} \tag{12.2.12}$$

现分别计算如下：

单位时间内通过 V 的边界 S 流入的热量为

$$-\oiint_S(\boldsymbol{q}\cdot\boldsymbol{n})\mathrm{d}S=-\iiint_V\mathrm{div}\boldsymbol{q}\mathrm{d}v \tag{12.2.13a}$$

单位时间在 V 内产生的热量（物体内含有热源的原因是各式各样的，如核反应，化学反应，电热发热，γ 射线或其他热源，这些热源可以是时间和空间位置的函数）为

$$\iiint_V f(\boldsymbol{r},t)\mathrm{d}v \tag{12.2.13b}$$

在单位时间内在 V 内积累的热能为

$$\iiint_V c\rho\frac{\partial u}{\partial t}\mathrm{d}v \tag{12.2.13c}$$

其中 c 为物质的比热容.

将式(12.2.13)代入式(12.2.12)得

$$\iiint_V\left[-\nabla\cdot\boldsymbol{q}(\boldsymbol{r},t)+f(\boldsymbol{r},t)-c\rho\frac{\partial u}{\partial t}\right]\mathrm{d}v=0 \tag{12.2.14}$$

由于上式是对固体内任意的小体积元 V 进行推导的，因此，V 的体积可取得足够小，这样下式成立

$$-\nabla\cdot\boldsymbol{q}(\boldsymbol{r},t)+f(\boldsymbol{r},t)-c\rho\frac{\partial u}{\partial t}=0 \tag{12.2.15}$$

将式(12.2.10)代入上式,得

$$c\rho \frac{\partial u}{\partial t} = \nabla[\kappa \nabla u] + f(\boldsymbol{r},t) \tag{12.2.16}$$

若导热系数为常数,则上式又可改写成

$$\frac{\partial u}{\partial t} = a^2 \nabla^2 u(\boldsymbol{r},t) + \frac{1}{c\rho} f(\boldsymbol{r},t) \tag{12.2.17}$$

其中 $a^2 = \frac{\kappa}{c\rho}$,即热扩散系数.

式(12.2.17)就是含有热源的各向同性物体的热传导方程.

对于扩散问题,只要将物理量 u 定义为物质的浓度,亦可用相同的方程求解.由于浓度的不均匀,物质从浓度大的地方向浓度小的地方转移,这种现象称为扩散.

描述扩散运动有两个基本定律:(1) 粒子数守恒定律;(2) 斐克定律.按斐克(Fick)定律,粒子流量 $\boldsymbol{q}(\boldsymbol{r},t)$,与粒子浓度之间存在下列扩散规律:

$$\boldsymbol{q}(\boldsymbol{r},t) = -D \nabla u(\boldsymbol{r},t)$$

其中比例系数 D 称为物质的扩散系数.

按粒子数守恒定律,单位时间内,流出固定区域的表面的粒子数为

$$\oiint (\boldsymbol{q} \cdot \boldsymbol{n}) \mathrm{d}S = \iiint \mathrm{div}\boldsymbol{q} \mathrm{d}v$$

单位时间内在固定区域中粒子减少的数目为

$$\iiint -\frac{\partial u}{\partial t} \mathrm{d}v$$

于是有

$$\iiint\limits_V \left[\nabla \cdot \boldsymbol{q} + \frac{\partial u}{\partial t}\right] \mathrm{d}v = 0$$

由于固定区域 V 是任意取的,所以

$$\nabla \cdot \boldsymbol{q} + \frac{\partial u}{\partial t} = 0$$

利用斐克定律,消去 $\boldsymbol{q}$,并设扩散系数为常数,得

$$\frac{\partial u}{\partial t} = a^2 \nabla^2 u(\boldsymbol{r},t) \tag{12.2.18}$$

其中 $a^2 = D$,即扩散系数,上式称做扩散方程.式(12.2.18)和式(12.2.17)形式上完全一样.

12.2.3 拉普拉斯方程(或泊松方程)

如果热传导过程(或扩散过程)达到稳定状态,即温度(或浓度)的分布不随时间变化,此时方程(12.2.17)或(12.2.18)化为

$$\nabla^2 u = 0 \tag{12.2.19}$$

即拉普拉斯方程，它描述稳定的温度（或浓度）分布.

此外，在静电场中，电场强度 $\boldsymbol{E}$，电势 $u(x,y,z)$ 和电荷密度 ρ，有如下关系：

$$\boldsymbol{E} = -\nabla u, \quad \nabla \cdot \boldsymbol{E} = \rho/\varepsilon$$

式中 ε 为介电系数. 因此静电场中的电势 $u(x,y,z)$ 应满足下列微分方程：

$$\nabla^2 u = \frac{\partial^2 u}{\partial x^2} + \frac{\partial^2 u}{\partial y^2} + \frac{\partial^2 u}{\partial z^2} = -\frac{1}{\varepsilon}\rho(x,y,z) \tag{12.2.20}$$

上式称为泊松（Poisson）方程. 若区域内无电荷，则式(12.2.20)简化为

$$\nabla^2 u = 0 \tag{12.2.21}$$

即静电势满足的拉普拉斯方程

以上几个例子，仅用来说明如何从一个物理问题，利用相应的物理定律，并作适当简化假设，最后转化为数学问题的过程，即建立数理方程的过程. 除了这些例子之外，在物理学和力学中还有各种各样的其他偏微分方程，其中较重要的有流体力学中的流体运动方程，电磁场的麦克斯韦方程，量子力学的薛定谔方程等，这些方程都要分别在相应的课程中推导（或建立），故不在此重复.

12.3 定解条件

仅有以上推导的偏微分方程，还不足以确定某个物理量随空间和时间变化的规律，因为这个变化还与这个物理量的初始状态，以及它通过边界所受到的外界作用有关. 描述这种初始状况和边界状况的数学形式分别称为初始条件和边界条件.

12.3.1　初始条件

由于描述热传导（或扩散）过程的泛定方程只有一阶时间偏导数 $\frac{\partial u}{\partial t}$，所以只需一个初始条件；而描述振动过程的泛定方程中具有二阶时间偏导数 $\frac{\partial^2 u}{\partial t^2}$，所以需要两个初始条件；而描述稳恒过程的泛定方程中没有时间偏导数项，所以不需要初始条件.

初始条件应是整个系统的初始状态，而不是系统中个别地点的初始状态.

在周期性外力作用下的振动过程或周期性外源引起的输运过程，在经历许多周期之后，处理时可以忽略初始条件的影响，此时系统处于与周期扰动同步的周期变化的状态. 所以这一类问题可以称为没有初始条件的问题. 但要注意这种问题不等于初始条件为零的问题，它仅是不受初始的条件约束的问题.

此外，初始条件还与所选择的初始时刻有关.

例 12.3.1 下面两个定解问题是等价的：

(a) $\frac{\partial^2 u}{\partial t^2}-a^2\frac{\partial^2 u}{\partial x^2}=\frac{I}{\rho}\delta(x-x_0)\delta(t-\tau)$， $\left.\frac{\partial u}{\partial t}\right|_{t=0}=0$， $u|_{t=0}=0$

(b) $\frac{\partial^2 u}{\partial t^2}-a^2\frac{\partial^2 u}{\partial x^2}=0$， $\left.\frac{\partial u}{\partial t}\right|_{t=\tau+0}=\frac{I}{\rho}\delta(x-x_0)$， $u|_{t=\tau}=0$

尽管上面两个定解问题是描述同一物理过程的规律，但它们由于选择了不同的初始时刻为参考点，所以初始条件是不同的.

例 12.3.2 一根长为 l 的杆以常速 v 沿 x 轴方向运动，在某时刻在杆的中点突然钳住停止运动. 试求其振动.

下面我们先写出这问题的初始条件. 如果取杆中点突然停止运动的时刻为时间参考零点，则该问题的初始条件为

$$u|_{t=0}=0,\quad \left.\frac{\partial u}{\partial t}\right|_{t=0}=v$$

12.3.2 边界条件

以前我们在建立泛定方程时，总是选取物体内部不包含端点或边界的一小部分，来讨论所研究的物理量的变化规律，从而导出该物理量满足的数理方程. 因此，所得到的方程只反映物体内部所研究的物理量的相互作用，而对整个物体来说，该物理量还受到外界的影响. 外界的作用常常是通过物体的边界传到物体内部去的. 所以，边界条件即物体边界上的物理量的变化规律，它暗含了外界对物体的影响或作用.

下面以具体例子来说明边界条件的表达形式.

（一）振动问题

我们以杆的纵振动为例. 设杆的两端通过弹簧固定（如图 12.6 所示，当杆经受各种位移时，弹簧也跟着位移，但是由于弹簧的惯性便存在着迟后现象，因此，必须找一个在杆——弹簧连接处与杆的解相匹配的解. 为了避免这一困难，我们假设弹簧很轻，它的惯性可以忽略. 于是，在这种情形下，杆的位移将立即引起弹簧的相应的均匀拉伸），即杆的每一端从支承物的一边受到与位移成比例、方向与位移相反的纵向力的作用. 设弹簧的弹性系数为 k，是一常数，选取如图 12.6 所示的坐标. 为了考察 $x=l$ 端的边界条件，在边界处划出长为 Δx 的一段来进行讨论. 杆的其余部分对这边界单元的作用力为 $-ESu_x(l-\Delta x,t)\boldsymbol{e}_x$，作用在边界单元的左端. 弹性支架借助力 $-ku(l,t)\boldsymbol{e}_x$ 作用于边界单元的右端.

按照牛顿第二定律，边界单元的运动方程为

$$\rho S\Delta x\frac{\partial^2 u}{\partial t^2}=-ESu_x(l-\Delta x,t)-ku(l,t)$$

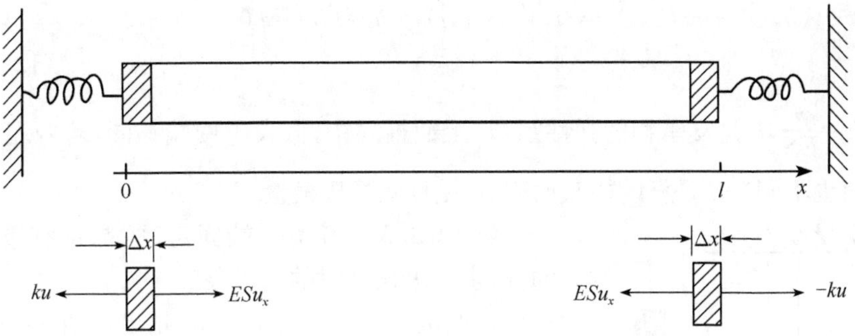

图 12.6

因此，令 $\Delta x \to 0$，取极限，就得到关于 $x=l$ 端的边界条件

$$ESu_x(l,t) + ku(l,t) = 0 \tag{12.3.1}$$

或

$$u_x(l,t) + hu(l,t) = 0 \quad \left(h = \frac{k}{ES}\right)$$

对于 $x=0$ 端的边界条件，只需将上式中 h 前的符号改变一下就可以了. 事实上，在边界单元 $(0,\Delta x)$ 上，左端受力 $-ku(0,t)\boldsymbol{e}_x$；右端受力 $ESu_x(\Delta x,t)\boldsymbol{e}_x$，因此按牛顿第二定律，边界单元的运动方程为

$$\rho S \Delta x \frac{\partial^2 u}{\partial t^2} = ESu_x(\Delta x, t) - ku(0,t)$$

令 $\Delta x \to 0$，取极限，得

$$ESu_x(0,t) - ku(0,t) = 0$$

或

$$u_x(0,t) - hu(0,t) = 0 \quad \left(h = \frac{k}{ES}\right) \tag{12.3.2}$$

若杆是均匀的，且两端支承弹簧的弹性系数是相同的常数，则 h 也是一常数.

如果杆的两端是固定不动的，则边界条件是显然的

$$u(0,t) = 0 \tag{12.3.3a}$$

$$u(l,t) = 0 \tag{12.3.3b}$$

如果杆的两端是自由的或弹性固结的，则边界条件可以由表示边界单元的牛顿第二定律的关系式而得出. 一般来说，有如下的形式：

(i) 当杆的两端按给定的规律移动时，则边界条件为

$$u(0,t) = f(t), \quad u(l,t) = g(t) \qquad (0 < t < \infty) \tag{12.3.4a}$$

(ii) 当杆的两端是自由的，则边界条件为

$$u_x(0,t) = 0, \quad u_x(l,t) = 0 \qquad (0 < t < \infty) \tag{12.3.4b}$$

(iii) 当杆的两端弹性固结时，则边界条件为

$$u_x(0,t)-hu(0,t)=0,\quad u_x(l,t)+hu(l,t)=0 \qquad (0<t<\infty)$$

(12.3.4c)

其中 $h=\dfrac{k}{ES}$，k 是支承物的弹性系数(上面推导中，假设了两端相同，若两端不同，则 h 值也不同)，S 是杆的横截面积，E 是杆的杨氏模量.

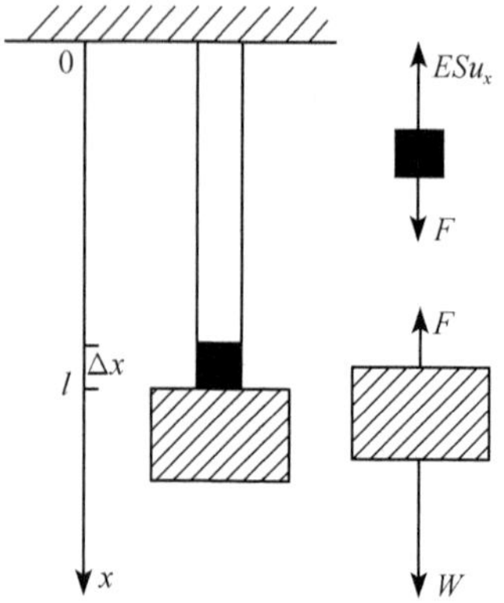

图 12.7

例 12.3.3 考察一端固定，一端系有重物 W 的杆，求作纵振动时的边界条件.

选取坐标，如图 12.7 所示，划出包括 $x=l$ 端的边界单元 $(l-\Delta x,l)$ 及重物 W. 分析其受力情况，然后按牛顿第二定律确立其运动方程：

$$\rho S\Delta x\,\frac{\partial^2 u}{\partial t^2}=F-ESu_x(l-\Delta x,t),$$

$$\frac{W}{g}\,\frac{\partial^2 x_c}{\partial t^2}=-F+W$$

其中 F 是重物对边界单元下端的作用力，W 是重力，x_c 是重物质心的坐标.

当 $\Delta x\to 0$ 取极限，由上面两方程，可得边界条件

$$\frac{W}{g}\,\frac{\partial^2 u}{\partial t^2}(x_c,t)=-ESu_x(l,t)+W$$

因为重物 W 可认为是刚性的(不变形的)，故它的一切点在杆作纵向振动时，应得到同一的纵向加速度，因此可用 l 代替 x_c. 于是，得 $x=l$ 端的边界条件为

$$\frac{W}{g}\,\frac{\partial^2 u}{\partial t^2}(l,t)=-ESu_x(l,t)+W$$

在 $x=0$ 端的边界条件是显然的

$$u(0,t)=0$$

(二) 热传导问题

热传导问题的边界条件可按下列定律来建立：(1) 能量守恒定律；(2) 固体中的内部热传导定律(傅里叶定律)；(3)固体表面与周围的液体或气体介质之间的对流交换定律(牛顿定律).

傅里叶定律 单位时间内，通过单位面积的热流为

$$\boldsymbol{q}=-\kappa\,\nabla u$$

其中 u 是所在位置上物体的温度，κ 是传热系数.

牛顿定律 单位时间，通过物体单位表面积流入周围介质的热流为

$$\boldsymbol{q} = \alpha(u - u_0)\boldsymbol{n}$$

式中 u 是物体表面的温度，u_0 是周围介质的温度，α 是热交换系数，$\boldsymbol{n}$ 是所考察表面的外法线方向的单位矢量.

现在我们来建立热传导问题的边界条件，首先考虑处于介质包围的一维传热杆(如图 12.8 所示，设杆的截面积为 S).

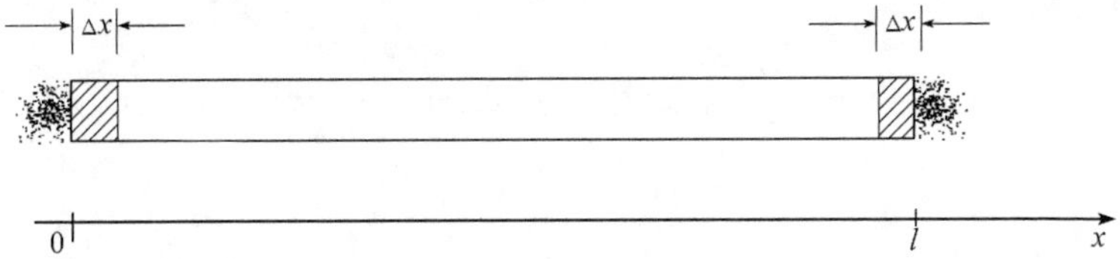

图 12.8

在杆的两端各划出长为 Δx 的一段单元来考察，在 $x=l$ 端向外流出的热量，在边界单元的右侧为

$$\boldsymbol{q} \cdot \boldsymbol{S} = \alpha(u - u_0)\boldsymbol{n} \cdot \boldsymbol{S} = \alpha S(u - u_0)$$

在边界单元的左侧向外流出的热量为

$$\boldsymbol{q} \cdot \boldsymbol{S} = \left(-\kappa \frac{\partial u}{\partial x}\boldsymbol{e}_x\right) \cdot (\boldsymbol{S}') = \kappa S \frac{\partial u}{\partial x}(l - \Delta x, t)$$

因为左侧法线方向 $\boldsymbol{n}' = -\boldsymbol{e}_x$，根据能量守恒定律，单位时间流出的热量，应等于边界单元内单位时间减少的能量，即

$$-c\rho S \Delta x \frac{\partial u}{\partial t} = \kappa S \frac{\partial u}{\partial t}(l - \Delta x, t) + \alpha S(u - u_0)$$

(注意上式右端还应加上边界单元上下侧向外流出的热量，若杆的周长为 L，则侧面积为 $L\Delta x$，向周围介质流出的热量为 $L\Delta x\alpha(u-u_0)$. 当取极限时 $\Delta x \to 0$，这一项贡献为零.)令 $\Delta x \to 0$，取极限得 $x=l$ 端的边界条件为

$$\kappa \frac{\partial u}{\partial t}(l, t) + \alpha(u - u_0) = 0$$

若周围介质的温度 $u_0=0$，则

$$\kappa \frac{\partial u}{\partial x} + \alpha u \,\Big|_{x=l} = 0$$

或

$$\frac{\partial u}{\partial x} + hu \,\Big|_{x=l} = 0 \quad \left(h = \frac{\alpha}{\kappa}\right) \tag{12.3.5a}$$

在 $x=0$ 端，通过边界单元右侧流出的热量为

$$\boldsymbol{q} \cdot \boldsymbol{S} = \left(-\kappa \frac{\partial u}{\partial x}\boldsymbol{e}_x\right) \cdot (\boldsymbol{S}) = -\kappa S \frac{\partial u(\Delta x, t)}{\partial x}$$

其中利用了条件 $\boldsymbol{n} = \boldsymbol{e}_x$.

通过边界单元左侧流出的热量为

$$\boldsymbol{q}\cdot\boldsymbol{S}' = [\alpha(u-u_0)\boldsymbol{n}']\cdot(\boldsymbol{S}') = \alpha S(u-u_0)$$

再利用能量守恒定律，取极限($\Delta x\to 0$)，最后得 $x=0$ 端的边界条件为

$$-\kappa\frac{\partial u}{\partial x}(0,t)+\alpha(u-u_0)=0$$

若设 $u_0=0$，则

$$-\kappa\frac{\partial u}{\partial x}+\alpha u\big|_{x=0}=0\quad\left(h=\frac{\alpha}{\kappa}\right)$$

或

$$\frac{\partial u}{\partial x}-hu\big|_{x=0}=0\quad\left(h=\frac{\alpha}{\kappa}\right)\tag{12.3.5b}$$

对于热传导问题的边界条件，一般说来有如下几种形式：

(i) 当杆的两端温度按给定规律变化时，则边界条件为

$$u(0,t)=f(t),\quad u(l,t)=g(t)\qquad(0<t<\infty)\tag{12.3.6a}$$

(ii) 当杆的两端是绝热的，则边界条件为

$$u_x(0,t)=0\quad,u_x(l,t)=0\qquad(0<t<\infty)\tag{12.3.6b}$$

(iii) 当杆的两端表面与外界通过对流方式进行热交换时，则边界条件为

$$u_x+hu\big|_{x=l}=0,\quad u_x-hu\big|_{x=0}=0\qquad(0<t<\infty)\tag{12.3.6c}$$

其中 $h=\dfrac{\alpha}{\kappa}$，α 是热交换系数，κ 是传热系数.

若表面和外界是通过辐射来进行热交换的，则式(12.3.6c)应改写成

$$u_x\big|_{x=0}=c(u^4-u_0^4)\big|_{x=0}$$

式中 u 表示表面温度，u_0 表示环境温度，都采用开氏绝对温标. 上式右端含 u 的四次方，故是非线性的. 但若设 u 和 u_0 相差不大，则

$$u^4-u_0^4\approx 4u_0^3(u-u_0)$$

这样就和对流情形的边界条件类同.

上面给出的边界条件的三种形式概括了实际问题中大部分的情形，这些边界条件都是线性的边界条件. 对于热量传输遵循温度四次方定律(Stefan 定律)的热辐射边界条件，或者，热量传输正比于温差 5/4 次方的自然对流边界条件，由于边界条件中出现温度的幂次，所以这些边界条件均是非线性的.

对于扩散问题的边界条件，可按下列定律来建立：(1) 物质守恒定律；(2) 斐克定律；(3) 能斯脱(Nernst)定律.

若用 u 表示其物理的浓度，D 为浓度扩散系数，则

斐克定理　单位时间内通过单位面积所扩散的物质的量为

$$\boldsymbol{q} = -D\,\nabla u$$

能斯脱定律　单位时间内通过半渗透间壁(或膜)的单位面积所扩散的物质量为

$$\boldsymbol{q} = \alpha(u - u_0)\boldsymbol{n}$$

式中 α 为渗透扩散系数，u_0 为周围介质中该物质的浓度.

(三) 稳恒问题

稳恒问题的边界条件应和上述问题的边界条件相仿. 例如，稳恒温度分布问题，实际上是将上面热传导问题中的时间变量 t 保持不变，或问题中的所有函数不随时间变化，就可得到稳恒温度分布问题的边界条件.

对于静电位 u 的问题，边界条件通常也有三种形式：

(1) $u|_\Sigma = f_1$　第一边值问题(Dirichlet 问题)，是给定了边界上的位函数值.

(2) $\left.\dfrac{\partial u}{\partial n}\right|_\Sigma = f_2$　第二边值问题(Neumann 问题)，是给定了边界上的位函数导数值.

(3) $\left.\left(\dfrac{\partial u}{\partial n} + hu\right)\right|_\Sigma = f_3$　第三边值问题(Robin 问题)，是一部分边界上给定了位函数值；另一部分边界上给定了位函数导数值.

总结以上，数学物理方程中常见的边界条件有

第一类边界条件：　$u|_\Sigma = f_1(\Sigma, t)$

第二类边界条件：　$\left.\dfrac{\partial u}{\partial n}\right|_\Sigma = f_2(\Sigma, t)$

第三类边界条件：　$\left.\left(\dfrac{\partial u}{\partial n} + hu\right)\right|_\Sigma = f_3(\Sigma, t)$

式中 Σ 表示边界上的点. 以上三类边界条件都是线性的. 当 $f=0$ 时，称为齐次边界条件；当 $f \neq 0$ 时称为非齐次边界条件.

除了上述三类常见的边界条件之外，今后我们还要涉及其他形式的边界条件，例如，自然边界条件、周期性边界条件等.

12.3.3　连接条件(或衔接条件)

如果所研究的物体是由两种以上性质不同的材料(或媒质)组成的，在每一个同性质的区域内，对所研究的物理量可建立一个数理方程，但它们每一个都不能构成一个独立的定解问题，而是通过在不同性质区域的交界面上将这些解联系在一起. 其数学形式，即为连接条件.

下面列出几个常见的物理量在交界面的连接条件

分　类	物理量	系　数	流矢量
稳恒电流场	电势 u	导电系数 σ	电流密度 $\boldsymbol{j}=-\sigma\nabla u$
热传导	温度 u	导热系数 κ	热流 $\boldsymbol{q}=-\kappa\nabla u$
扩散	浓度 u	扩散系数 D	物质流 $\boldsymbol{q}=-D\nabla u$
静电学	电场的电势 u	介电常数 ε	电感应矢量 $\boldsymbol{D}=\varepsilon\boldsymbol{E}=-\varepsilon\nabla u$
静磁学	磁场的磁势 u	导磁系数 μ	磁感应矢量 $\boldsymbol{B}=\mu\boldsymbol{H}=-\mu\nabla u$

若在某曲面 Σ 上常数 σ、κ、D、ε、μ 有间断，在曲面两侧的不同值分别标以 1 和 2，则在曲面 Σ 上，连接条件为

$$u_1=u_2 \qquad (\text{在}\ \Sigma\ \text{上}) \tag{12.3.7a}$$

$$c_1\frac{\partial u_1}{\partial n}=c_2\frac{\partial u_2}{\partial n} \qquad (\text{在}\ \Sigma\ \text{上}) \tag{12.3.7b}$$

式中 u 可以代表上列表中任一物理量，参数 c 可以代表与物理量相应的系数（例如 $\sigma,\kappa,D,\varepsilon,\mu$ 等）.

12.4　定解问题

12.4.1　定解问题的提法

对于定解问题，常常因定解条件的差异有下面三种提法：

（1）初值问题：指只有初始条件，没有边界条件的定解问题，通常它又称为柯西问题.

（2）边值问题：指只有边界条件，没有初始条件的定解问题. 对于静电场的问题，常常根据边界条件的类型，又分成三类边值问题. 见上节（12.3.2）中的（三）.

（3）混合问题：指既有初始条件，又有边界条件的定解问题.

12.4.2　定解问题的适定性

由物理模型建立的定解问题是否反映客观规律性，这需要依靠实践的检验. 然而，从数学上可由三方面加以论证.

第一，定解问题的解是否存在，即解的存在性问题.

第二，定解问题的解是否只有一个，即解的唯一性问题.

第三，定解问题是否当方程的自由项或定解条件作微小变化时，解的变化也是微小的，即解的稳定性问题.

定解问题解的存在性、唯一性和稳定性统称为定解问题的适定性. 如果一个定解问题的解是存在的、唯一的、且稳定的，我们就称定解问题是适定的. 这是数理方程理论的三个主要问题.

定解问题适定性的研究，对于判断定解问题的合理性及求解起着指导作用. 特别是解的唯一性和稳定性，在应用中也起较重要的作用.

唯一性问题是讨论对某类方程，需要给出什么定解条件，且应给多少个，才能确定唯一解. 往往物理问题有唯一解，但数学问题不止一个解. 即用不同方法解同一问题时，解的形式可能不同. 虽然从理论上可以论证解是唯一的，因此这两个形式上不同的解应相等，但是要从计算上来证明这一点，却是相当困难的.

稳定性问题是讨论当定解条件作微小变化时，相应的解应作如何变化. 这个问题富有实际意义，因为物理问题转化为数学问题时，一般总要作适当的简化假设，以及在测量过程中难免发生微小误差，因此对表示一个物理现象的定解问题来说，给定数据的微小变化必然要求解的变化也是微小的，这样才会使问题有实际意义. 此外，研究稳定性问题，还可对解的近似程度作出估计.

在本书中主要介绍一些求解的方法，对于解的适定性的研究请见有关专著.

12.5　求解途径

用精确解法、近似解法及数值解法求解数学物理方程的定解问题已做了大量工作，并有不少文献资料及专著. 用分析的方法处理非线性问题是一件复杂的事情，至今还没有这方面的系统理论，可适合于处理各种分析形式的非线性问题. 本书主要介绍定解问题的各种解法，因此也限定本书只讨论各类线性问题.

为了使读者有一个概貌性的认识，下面对定解问题的各种解法做扼要的叙述.

(1) 通解法：先求通解，然后再找满足定解条件的特解.

(2) 行波法：是通解法的一种特殊情形，即解依赖于自变量的线性组合. 特别适合研究波动问题. 有时也可用于解非线性偏微分方程.

(3) 分离变量法：先求适合部分条件的特解族，然后再用线性组合的办法(组成级数或含参数的积分)构成适合定解条件的特解.

(4) 积分变换法：把偏微分方程化为像平面(或像空间上)的常微分方程或代数方程来求解.

(5) 变分法：用求泛函极值的方法(包括间接法和直接法)来解数学物理的定解问题.

(6) 格林函数法：又称点源影响函数法. 把产生某种现象或过程的分布干扰分解为一系列离散的点干扰的影响，再利用线性叠加原理把这些点干扰影响叠加起来，从而获得整个过程的分布干扰产生的影响.

(7) 保角变换法：利用解析函数将边界形状复杂的区域变到某种特定的边界形状简单的区域，从而使后一区域上的拉普拉斯边值问题得到顺利解决.

(8) 近似分析法：利用变分原理来处理问题.

(9) 数值计算法:对于边界条件复杂,几何形状不规则的问题,精确求解是不可能的. 近似解法也许不能采用,或不能达到预期的准确程度. 针对这种情形,可采用各种数值求解的方法. 其中有:有限差分法、蒙特-卡洛(Monte-Carlo)法等.

(10) 特殊解法:例如求解三维波动方程时,常采用的平均值法等.

习　题

12.1 当 $t>0$ 时,沿两端固定不动和电阻小得可以忽略不计的导线($0\leqslant x\leqslant l$),流动着电流强度为 $I(t)$ 的交变电流;此外,与导线垂直的方向施加一强度为 H 的恒定磁场,试写出该导线横振动的定解问题.

12.2 一根重量不可忽略的均匀弹性杆垂直放置着,上端固定在一自由下落的电梯天花板上,设此电梯达到速度 v_0 时突然停止,试写出该杆振动的定解问题.

12.3 试写出两端固定的弦,在阻力与速度成比例的介质中作微小横振动的定解问题.

12.4 在无阻力的介质中均匀弹性杆的一端固定,而另一端受到与速度成比例的阻力的作用,试写出该杆纵振动的定解问题.

12.5 圆台形的弹性杆的两端固定,而且在时刻 $t=0$ 杆的各点被传给了初始纵向偏移和速度;设杆长为 l,底半径 $R>r$,杆是均匀的,且若横截面的形变可忽略不计,试写出该杆纵振动的定解问题.

12.6 假定重弦之上端固定,而下端自由,若弦以角速度 $\omega=$ 常数相对于铅直平衡位置旋转,试写出该弦关于铅直平衡位置的振动的定解问题.

12.7 不重的弦,围绕竖直轴以常角速度旋转时位于水平面内,而且弦之一端固定在轴的某一点上,另一端自由. 在初始时刻 $t=0$,给弦的各点以一个竖直方向的微小偏移和速度,试写出弦横振动的定解问题.

12.8 若半无限的杆的一端在燃烧,而且烧着的前沿以常速 v_0 扩展. 若杆端的温度变化规律为 $\Phi(t)$,试写出使此杆变热的定解问题.

12.9 均匀细导线,每单位长的电阻为 R,通过恒定电流 I,与周围温度为零度的介质进行热交换,热交换系数为 α. 若导线初始温度与两端温度都是零度,试写出导线中温度分布函数所满足的定解问题.

12.10 长为 l 的均匀杆,侧表面绝热,一端温度为零,另一端有恒定热流密度 q 流入(即单位时间内通过单位截面积流入的热量为 q),杆的初始温度分布函数是 $\dfrac{x(l-x)}{2}$,试写出相应的定解问题.

12.11 长为 l 的弹簧,上端固定在电梯天花板上,弹簧垂直悬挂,下端悬挂重量为 W 的重物. 电梯下降,当速度为 v_0 时突然停止,试写出相应的定解问题.

12.12 有一根长为 l 的水平杆以常速 v 顺水平轴 x 轴方向运动,若杆的中点处突然被钳住,试写出相应的定解问题.

12.13 若静止水平高度为 h,起伏高度为 $u(x,t)$,水槽截面为矩形,槽宽为 l,水的密度为 ρ,试建立浅水波的运动方程.

第 13 章　二阶线性偏微分方程的分类

13.1　基本概念

下面对偏微分方程的有关概念作一简介.

偏微分方程　含有未知多元函数及其偏导数的方程,如

$$F\left(x,y,\cdots,u,\frac{\partial u}{\partial x},\frac{\partial u}{\partial y},\cdots,\frac{\partial^2 u}{\partial x^2},\frac{\partial^2 u}{\partial y^2},\frac{\partial^2 u}{\partial x\partial y},\cdots\right)=0$$

其中 $u(x,y,\cdots)$是未知多元函数;$\frac{\partial u}{\partial x},\frac{\partial u}{\partial y}\cdots$为 u 的偏导数,有时为了书写方便,通常写作

$$u_x=\frac{\partial u}{\partial x},\quad u_y=\frac{\partial u}{\partial y},\quad \cdots,\quad u_{xx}=\frac{\partial^2 u}{\partial x^2},\cdots$$

方程的阶　偏微分方程中未知函数偏导数的最高阶数称为方程的阶.

方程的次数　偏微分方程中最高阶偏导数的幂次数称为偏微分方程的次数.

线性方程　一个偏微分方程对未知函数和未知函数的所有偏导数都是一次的,就称为线性方程,高于一次以上的称非线性方程.

准线性方程　一个偏微分方程,如果仅对方程中所有最高阶偏导数是线性的,则称方程为准线性方程.

自由项　在偏微分方程中,不含有未知函数及其偏导数的项称为自由项.

齐次方程　没有自由项的偏微分方程称为齐次偏微分方程.否则,称为非齐次偏微分方程.

方程的解　如果一函数代入偏微分方程后,使方程化为一个恒等式,则称这函数为方程的解.

通解　通解是指包含任意独立函数的方程的解,且独立函数的个数等于方程的阶数.

特解　从通解中特殊地选定任意函数而得到的解,称为方程的特解.

例 13.1.1　$\frac{\partial u}{\partial x}=4\frac{\partial^2 u}{\partial y^2}$是二阶线性齐次偏微分方程.

$x^2\frac{\partial^3 u}{\partial y^3}=y^3\frac{\partial^2 u}{\partial x^2}$是三阶线性齐次偏微分方程.

$u\frac{\partial^2 u}{\partial x^2}=xyz$ 是二阶准线性非齐次偏微分方程.

$\frac{\partial^2 u}{\partial x^2}+\frac{\partial^2 u}{\partial y^2}+\frac{\partial^2 u}{\partial z^2}=0$ 是二阶线性齐次偏微分方程.

$\left(\frac{\partial u}{\partial x}\right)^2+\left(\frac{\partial u}{\partial y}\right)^2=1$ 是一阶非线性非齐次偏微分方程.

$\frac{\partial^3 u}{\partial x^3}+\frac{\partial^2 u}{\partial^2 x\partial y}+\ln u=0$ 是三阶准线性齐次偏微分方程.

例 13.1.2 二阶线性非齐次偏微分方程

$$\frac{\partial^2 u}{\partial x\partial y}=2x-y$$

的通解为

$$u(x,y)=x^2y-\frac{1}{2}xy^2+F(x)+G(y)$$

其中 $F(x)$ 及 $G(y)$ 是两个独立的任意函数. 因为方程为二阶的,所以是两个任意函数. 若给 $F(x)$ 及 $G(y)$ 特指定为 $F(x)=2\sin x$,$G(y)=3y^4-5$,则得到的解

$$u(x,y)=x^2y-\frac{1}{2}xy^2+2\sin x+3y^4-5$$

称为方程的特解.

一般而言,n 阶常微分方程的通解含有 n 个任意常数,而 n 阶偏微分方程的通解含有 n 个任意函数. 而任意函数中自变量的个数比未知函数的自变量的个数少一个.

13.2 二阶线性偏微分方程的分类及标准化

含有两个自变量的二阶线性偏微分方程的一般形式为

$$A(x,y)\frac{\partial^2 u}{\partial x^2}+B(x,y)\frac{\partial^2 u}{\partial x\partial y}+C(x,y)\frac{\partial^2 u}{\partial y^2}+D(x,y)\frac{\partial u}{\partial x}+E(x,y)\frac{\partial u}{\partial x}+F(x,y)u=G(x,y) \tag{13.2.1}$$

上式和解析几何中的二次曲线表达式很相似. 二次曲线的方程是

$$ax^2+bxy+cy^2+dx+ey+f=0$$

其中 a、b、c、d、e 及 f 均为常数. 设 $\delta=b^2-4ac$,当 $\delta>0$,$=0$,<0 时,上式表示的二次曲线分别为双曲线、抛物线和椭圆. 由解析几何中二次曲线方程分类的启发,我们可根据判别式 $\Delta=B^2-4AC$ 的符号将方程(13.2.1)分类:

当 $\Delta>0$ 时,称为双曲型 (13.2.2a)

当 $\Delta=0$ 时,称为抛物型 (13.2.2b)

当 $\Delta<0$ 时,称为椭圆型 (13.2.2c)

一般来说,Δ 的符号根据 (x,y) 区域不同而异,所以一个偏微分方程在不同区域内的类型也可以不同.

最主要的标志还是不同类型方程的标准形式是不同的. 因此分类的目的在于，通过适当的自变量变换，将方程在某一点(或某一区域)化为标准形式. 对于两个自变量的情形，在给定的区域总能找到某个自变量的变换，把给定的方程化成标准形式. 然而，对于多个自变量的情形，一般来说，这样的变换不是总能找到的.

自变量变换可以采取多种形式，但判别式的符号在自量变换前后是不变的，也就是说方程的类型完全由判别式 Δ 的符号来确定.

现在的问题是，如何确定将方程(13.2.1)化成标准形式的自变量变换? 在回答这个问题之前，我们先来定义一个特征方程，即

$$A(\mathrm{d}y)^2 - B\mathrm{d}x\mathrm{d}y + C(\mathrm{d}x)^2 = 0 \qquad (13.2.3)$$

并命这个一阶常微分方程的积分曲线族为特征曲线族. 这个曲线族，根据判别式 Δ 的不同符号(正、零、负)，分别对应于两个实函数族，一个实函数族，一对共轭复函数族. 因此，特征方程既指定了给出原偏微分方程初始值的方法，又如下面所展示的那样是将原偏微分方程化成相应的标准形式的出发点，即给出了从原方程到标准形式的自变量变换.

13.2.1　双曲型偏微分方程

因为双曲型方程的判别式 $\Delta = B^2 - 4AC > 0$，所以特征曲线是两族不同的实函数曲线

设特征方程(13.2.3)的解为

$$\varphi(x,y) = \text{常数 } c_1, \quad \psi(x,y) = \text{常数 } c_2$$

令

$$\xi = \varphi(x,y), \quad \eta = \psi(x,y)$$

进行自变量变换，则原偏微分方程(13.2.1)变为

$$\frac{\partial^2 u}{\partial\xi\partial\eta} = D_1(\xi,\eta)u_\xi + E_1(\xi,\eta)u_\eta + F_1(\xi,\eta)u + G_1(\xi,\eta) \qquad (13.2.4)$$

式(13.2.4)称为双曲型偏微分方程的第一种标准形式. 再作变量代换，令

$$\alpha = \xi + \eta, \quad \beta = \xi - \eta$$

则偏微分方程(13.2.4)又变为

$$\frac{\partial^2 u}{\partial\alpha^2} - \frac{\partial^2 u}{\partial\beta^2} = D_1^*(\alpha,\beta)u_\alpha + E_1^*(\alpha,\beta)u_\beta + F_1^*(\alpha,\beta)u + G_1^*(\alpha,\beta) \qquad (13.2.5)$$

式(13.2.5)称为双曲型偏微分方程的第二种标准形式.

例 13.2.1　原偏微分方程为

$$\frac{\partial^2 u}{\partial x^2} + y\frac{\partial^2 u}{\partial y^2} = 0 \qquad (y < 0)$$

在 $y<0$ 区域中，其判别式 $\Delta = B^2 - 4AC = 0 - 4y > 0$，所以方程为双曲型.

其特征方程为

$$(\mathrm{d}y)^2 + y(\mathrm{d}x)^2 = 0$$

上式变形为

$$(\mathrm{d}y + \sqrt{-y}\mathrm{d}x)(\mathrm{d}y - \sqrt{-y}\mathrm{d}x) = 0$$

(一般而言,双曲型偏微分方程的特征方程,总可以这样进行因式分解).因此

$$\frac{\partial y}{\partial x} = \pm\sqrt{-y}$$

这个常微分方程的解为

$$x + 2\sqrt{-y} = 常数\ c_1, \quad x - 2\sqrt{-y} = 常数\ c_2$$

是两族实函数曲线.若令

$$\xi = x + 2\sqrt{-y}, \quad \eta = x - 2\sqrt{-y}$$

或

$$x = \frac{1}{2}(\xi + \eta), \quad y = -\frac{1}{16}(\xi - \eta)^2$$

$$\frac{\partial \xi}{\partial x} = 1, \quad \frac{\partial \xi}{\partial y} = -\frac{1}{\sqrt{-y}}, \quad \frac{\partial \eta}{\partial x} = 1, \quad \frac{\partial \eta}{\partial y} = \frac{1}{\sqrt{-y}}$$

$$\frac{\partial u}{\partial x} = \frac{\partial u}{\partial \xi} + \frac{\partial u}{\partial \eta}, \quad \frac{\partial u}{\partial y} = -\frac{1}{\sqrt{-y}}\frac{\partial u}{\partial \xi} + \frac{1}{\sqrt{-y}}\frac{\partial u}{\partial \eta}$$

$$\frac{\partial^2 u}{\partial x^2} = \frac{\partial^2 u}{\partial \xi^2} + 2\frac{\partial^2 u}{\partial \xi \partial \eta} + \frac{\partial^2 u}{\partial \eta^2}$$

$$\frac{\partial^2 u}{\partial y^2} = -\frac{1}{y}\left(\frac{\partial^2 u}{\partial \xi^2} - 2\frac{\partial^2 u}{\partial \xi \partial \eta} + \frac{\partial^2 u}{\partial \eta^2}\right) - \frac{1}{2\sqrt{-y^3}}\left(\frac{\partial u}{\partial \xi} - \frac{\partial u}{\partial \eta}\right)$$

代入原方程,得

$$4\frac{\partial^2 u}{\partial \xi \partial \eta} = -\frac{1}{2\sqrt{-y}}\left(\frac{\partial u}{\partial \xi} - \frac{\partial u}{\partial \eta}\right) = -\frac{2}{\xi - \eta}\left(\frac{\partial u}{\partial \xi} - \frac{\partial u}{\partial \eta}\right)$$

所以原偏微分方程化为下列标准形式:

$$\frac{\partial^2 u}{\partial \xi \partial \eta} = -\frac{1}{2(\xi - \eta)}\left(\frac{\partial u}{\partial \xi} - \frac{\partial u}{\partial \eta}\right)$$

13.2.2 抛物型偏微分方程

因为抛物型偏微分方程的判别式 $\Delta = 0$,所以特征曲线是一族实函数曲线.其特征方程的解为

$$\varphi(x, y) = 常数\ c$$

因此,令

$$\xi = \varphi(x, y), \quad \eta = y$$

进行自变量变换,则原偏微分方程(13.2.1)变为

$$\frac{\partial^2 u}{\partial \eta^2}=D_2(\xi,\eta)u_\xi+E_2(\xi,\eta)u_\eta+F_2(\xi,\eta)u+G_2(\xi,\eta) \qquad (13.2.6)$$

式(13.2.6)称为抛物型偏微分方程的标准形式.

例 13.2.2　设原偏微分方程为

$$x^2\frac{\partial^2 u}{\partial x^2}+2xy\frac{\partial^2 u}{\partial x\partial y}+y^2\frac{\partial^2 u}{\partial y^2}=0 \qquad (y\neq 0)$$

其判别式 $\Delta=B^2-4AC=4x^2y^2-4x^2y^2=0$,所以方程为抛物型,其特征方程为

$$x^2(\mathrm{d}y)^2-2xy\,\mathrm{d}x\mathrm{d}y+y^2(\mathrm{d}x)^2=0$$

上式又可变形为

$$(x\mathrm{d}y-y\mathrm{d}x)^2=0$$

(一般而言,抛物型偏微分方程的特征方程,总可以变为这样平方的形式.)

因此,特征曲线为 $\frac{y}{x}=c$,若令 $\xi=\frac{y}{x}$, $\eta=y$,则

$$\frac{\partial \xi}{\partial x}=-\frac{\xi}{x},\quad \frac{\partial \xi}{\partial y}=\frac{1}{x},\quad \frac{\partial \eta}{\partial y}=1$$

$$\frac{\partial u}{\partial x}=-\frac{y}{x^2}\frac{\partial u}{\partial \xi},\quad \frac{\partial u}{\partial y}=\frac{1}{x}\frac{\partial u}{\partial \xi}+\frac{\partial u}{\partial \eta}$$

$$\frac{\partial^2 u}{\partial x^2}=\frac{y^2}{x^4}\frac{\partial^2 u}{\partial \xi^2}+\frac{2y}{x^3}\frac{\partial u}{\partial \xi},\qquad \frac{\partial^2 u}{\partial y^2}=\frac{1}{x^2}\frac{\partial^2 u}{\partial \xi^2}+\frac{2}{x}\frac{\partial^2 u}{\partial \xi\partial \eta}+\frac{\partial^2 u}{\partial \eta^2}$$

$$\frac{\partial^2 u}{\partial x\partial y}=-\frac{y}{x^3}\frac{\partial^2 u}{\partial \xi^2}-\frac{y}{x^2}\frac{\partial^2 u}{\partial \xi\partial \eta}-\frac{1}{x^2}\frac{\partial u}{\partial \xi}$$

代入原方程

$$\eta^2\frac{\partial^2 u}{\partial \eta^2}=0 \qquad (y\neq 0\ 或\ \eta\neq 0)$$

因为 $\eta\neq 0$,所以原偏微分方程化为下列标准形式:

$$\frac{\partial^2 u}{\partial \eta^2}=0$$

13.2.3　椭圆型偏微分方程

椭圆型偏微分方程的判别式 $\Delta<0$,所以特征曲线是一组共轭复变函数族.

其特征方程的解为

$$\varphi(x,y)+\mathrm{i}\psi(x,y)=常数\ c_1,\quad \varphi(x,y)-\mathrm{i}\psi(x,y)=常数\ c_2$$

若令

$$\xi=\varphi(x,y),\quad \eta=\psi(x,y)$$

作自变量变换,则偏微分方程(13.2.1)变为

$$\frac{\partial^2 u}{\partial \xi^2}+\frac{\partial^2 u}{\partial \eta^2}=D_3(\xi,\eta)u_\xi+E_3(\xi,\eta)u_\eta+F_3(\xi,\eta)u+G_3(\xi,\eta) \quad (13.2.7)$$

式(13.2.7)称为椭圆型偏微分方程的标准形式.

例 13.2.3 设原偏微分方程为

$$y^2 \frac{\partial^2 u}{\partial x^2} + \frac{\partial^2 u}{\partial y^2} = 0$$

判别式 $\Delta = B^2 - 4AC = 0 - 4y^2 < 0$,所以上述方程为椭圆型.其特征方程为

$$y^2 (\mathrm{d}y)^2 + (\mathrm{d}x)^2 = 0$$

上式又可变形为

$$(y\mathrm{d}x + \mathrm{i}\mathrm{d}x)(y\mathrm{d}y - \mathrm{i}\mathrm{d}x) = 0$$

(一般而言,椭圆型偏微分的特征方程,总可以分解为共轭复数的乘积形式.)

因此

$$\frac{\mathrm{d}y}{\mathrm{d}x} = \pm \mathrm{i} \frac{1}{y}$$

这个常微分方程的解为

$$\frac{1}{2}y^2 + \mathrm{i}x = 常数\ c_1, \quad \frac{1}{2}y^2 - \mathrm{i}x = 常数\ c_2$$

是一组共轭复数族.

若令

$$\xi = \frac{1}{2}y^2, \quad \eta = x$$

则原偏微分方程化为如下的标准形式

$$\frac{\partial^2 u}{\partial \xi^2} + \frac{\partial^2 u}{\partial \eta^2} = -\frac{1}{2\xi} \frac{\partial u}{\partial \xi}$$

13.3 二阶线性常系数偏微分方程的进一步化简

二阶线性常系数偏微分方程按上述方法化为标准形式之后,还可以进一步化简.

13.3.1 双曲型

由式(13.2.4),双曲型偏微分方程的第一种标准形式为

$$\frac{\partial^2 u}{\partial \xi \partial \eta} = d_1 \frac{\partial u}{\partial \xi} + e_1 \frac{\partial u}{\partial \eta} + f_1 u + g_1(\xi, \eta) \tag{13.3.1}$$

式中 d_1、e_1、f_1 均为常系数.

若令

$$u(\xi, \eta) = \mathrm{e}^{e_1 \xi + d_1 \eta} v(\xi, \eta)$$

未知函数由 u 变为 v,式(13.3.1)变为

$$\frac{\partial^2 v}{\partial\xi\partial\eta}=h_1 v+j_1(\xi,\eta) \tag{13.3.2}$$

其中

$$h_1=d_1e_1+f_1,\quad j_1(\xi,\eta)=g_1(\xi,\eta)\mathrm{e}^{-(e_1\xi+d_1\eta)}$$

由式(13.2.5),双曲型偏微分方程的第二种标准形式为

$$\frac{\partial^2 u}{\partial\xi^2}-\frac{\partial^2 u}{\partial\eta^2}=d_1^*\frac{\partial u}{\partial\xi}+e_1^*\frac{\partial u}{\partial\eta}+f_1^*u+g_1^*(\xi,\eta) \tag{13.3.3}$$

式中 d_1^*、e_1^* 及 f_1^* 均为常系数.若令

$$u(\xi,\eta)=\mathrm{e}^{\frac{1}{2}(d_1^*\xi+e_1^*\eta)}v(\xi,\eta)$$

未知函数由 u 变为 v,式(13.3.3)变为

$$\frac{\partial^2 v}{\partial\xi^2}-\frac{\partial^2 v}{\partial\eta^2}=h_1^*v+j_1^*(\xi,\eta) \tag{13.3.4}$$

其中

$$h_1^*=f_1^*+\frac{1}{4}d_1^*-\frac{1}{4}e_1^*,\quad j_1^*(\xi,\eta)=g_1^*(\xi,\eta)\mathrm{e}^{-\frac{1}{2}(d_1^*\xi+e_1^*\eta)}$$

13.3.2　抛物型

按抛物型偏微分方程的标准形式(13.2.6),有

$$\frac{\partial^2 u}{\partial\eta^2}=d_2\frac{\partial u}{\partial\xi}+e_2\frac{\partial u}{\partial\eta}+f_2u+g_2(\xi,\eta) \tag{13.3.5}$$

式中 d_2、e_2 及 f_2 为常系数.

(i) 若 $d_2\neq0$,令

$$u(\xi,\eta)=\mathrm{e}^{-\frac{1}{d_2}(f_2+\frac{1}{4}\mathrm{e}_2^2)\xi+\frac{1}{2}e_1\eta}v(\xi,\eta)$$

方程(13.3.5)变为

$$\frac{\partial^2 v}{\partial\eta^2}=d_2\frac{\partial v}{\partial\xi}+j_2(\xi,\eta) \tag{13.3.6}$$

其中

$$j_2(\xi,\eta)=g_2(\xi,\eta)\mathrm{e}^{\frac{1}{d_2}(f_2+\frac{1}{4}\mathrm{e}_2^2)\xi-\frac{1}{2}\mathrm{e}_2\eta}$$

(ii) 若 $d_2=0$,令

$$u(\xi,\eta)=\mathrm{e}^{\frac{1}{2}\mathrm{e}_2\eta}v(\xi,\eta)$$

方程(13.3.5)变为

$$\frac{\partial^2 v}{\partial\eta^2}=h_2v+j_2(\xi,\eta) \tag{13.3.6$'$}$$

其中

$$h_2=f_2+\frac{1}{4}\mathrm{e}_2^2,\ j_2(\xi,\eta)=g_2(\xi,\eta)\mathrm{e}^{-\frac{1}{2}\mathrm{e}_2\eta}$$

13.3.3　椭圆型

按椭圆型偏微分方程的标准形式(13.2.7),有

$$\frac{\partial^2 u}{\partial \xi^2}+\frac{\partial^2 u}{\partial \eta^2}=d_3\frac{\partial u}{\partial \xi}+e_3\frac{\partial u}{\partial \eta}+f_3 u+g_3(\xi,\eta) \tag{13.3.7}$$

式中 d_3、e_3 及 f_3 为常系数. 若令

$$u(\xi,\eta)=e^{\frac{1}{2}(d_3\xi+e_3\eta)}v(\xi,\eta)$$

未知函数由 u 变为 v,式(13.3.7)变为

$$\frac{\partial^2 v}{\partial \xi^2}+\frac{\partial^2 v}{\partial \eta^2}=h_3 v+j_3(\xi,\eta) \tag{13.3.8}$$

其中

$$h_3=f_3+\frac{1}{4}d_3^2+\frac{1}{4}e_3^2,\quad j_3(\xi,\eta)=g_3(\xi,\eta)e^{-\frac{1}{2}(d_3\xi+e_3\eta)}$$

13.4 三类方程的物理内涵

从数学上分析,二阶线性偏微分方程的上述分类,是很自然的,但是,上述三种类型的方程所描述的自然现象的本质却是不同的. 所以,上述分类方法,是有其深刻的物理内涵. 下面仅作简略介绍.

物理量 u 在原点邻域的泰勒展开式为

$$\begin{aligned}u(x,y,z,t)=&u(0,0,0,t)+\left(\frac{\partial u}{\partial x}\right)_0 x+\left(\frac{\partial u}{\partial y}\right)_0 y+\left(\frac{\partial u}{\partial z}\right)_0 z\\&+\frac{1}{2}\left[\left(\frac{\partial^2 u}{\partial x^2}\right)_0 x^2+\left(\frac{\partial^2 u}{\partial y^2}\right)_0 y^2+\left(\frac{\partial^2 u}{\partial z^2}\right)_0 z^2\right]\\&+\left(\frac{\partial^2 u}{\partial x\partial y}\right)_0 xy+\left(\frac{\partial^2 u}{\partial y\partial z}\right)_0 yz+\left(\frac{\partial^2 u}{\partial z\partial x}\right)_0 zx+\cdots\end{aligned}$$

在边长为 l 的立方体内积分,求平均,同时考虑奇函数的贡献为零,且

$$\iiint_{-\frac{l}{2}}^{\frac{l}{2}} x^2\,dx\,dy\,dz=\frac{l^5}{12}$$

所以

$$\bar{u}l^3=u_0 l^3+\frac{l^5}{24}\left(\frac{\partial^2 u}{\partial x^2}+\frac{\partial^2 u}{\partial y^2}+\frac{\partial^2 u}{\partial z^2}\right)$$

即

$$\bar{u}-u_0=\frac{l^2}{24}\nabla^2 u \tag{13.4.1}$$

所以量$\nabla^2 u$ 是度量 u 在原点处的数值 u_0 和在包括这一点的一个无限小邻域内的平均值 $\bar{u}$ 之差.

13.4.1 热传导过程

由于局域值 u_0 不同于平均值 $\bar{u}$,这种差别会引起一种随时间趋向于均匀化的

趋势，而且这种偏差越大，产生均匀化趋势越迫切，即

$$\bar{u}-u_0 \propto k\frac{\partial u}{\partial t} \quad (k\text{ 为比例系数})$$

或

$$\frac{\partial u}{\partial t}=a^2\nabla^2 u \quad (a\text{ 为常数}) \tag{13.4.2}$$

所以，热传导过程反映的是一种趋向均匀化的物理过程.

13.4.2　波动过程

局域值 u_0 与平均值 $\bar{u}$ 之差，也可能引起像振动一样，上、下偏差，因此，这一差值起到一个恢复力的作用，即差值正比于加速度(即 u 对时间的二阶导数)——$\frac{\partial^2 u}{\partial t^2}$，即

$$\bar{u}-u_0 \propto k\frac{\partial^2 u}{\partial t^2} \qquad (k\text{ 是比例系数})$$

或

$$\frac{\partial^2 u}{\partial t^2}=a^2\nabla^2 u \quad (a\text{ 是常数}) \tag{13.4.3}$$

平均值越接近局域值时，加速度越小；当到达局域值时，加速度为零，但是$\frac{\partial u}{\partial t}\neq 0$，于是偏差向反方面变化，$\frac{\partial^2 u}{\partial t^2}$变号，到达偏差最大时，$\frac{\partial u}{\partial t}=0$，但$\frac{\partial^2 u}{\partial t^2}\neq 0$，从而迫使系统恢复到平衡位置，即平均值 $\bar{u}$ 又开始越来越接近局域值 u_0. 如此重复变化，变量 u 在其平衡位置 u_0 上、下振动.

13.4.3　稳恒过程

变量 u 与时间 t 无关，所以 $\frac{\partial u}{\partial t}=0$，及 $\frac{\partial^2 u}{\partial t^2}=0$，即

$$\bar{u}-u_0=0$$

或

$$\nabla^2 u=0 \tag{13.4.4}$$

平均值 $\bar{u}$ 等于局域值 u_0，这正是第 3 章中均值定理的结果. 其次，自然界存在二类过程：一类是可逆过程；另一类是不可逆过程. 不可逆过程反映在时间反演下(t 变为$-t$)要变号，可逆过程反映在时间反演下不变号，所以，热传导过程是不可逆过程，而波动过程是可逆过程. 薛定谔方程

$$-\frac{h^2}{2m}\nabla^2\psi+V(\boldsymbol{r})\psi=\mathrm{i}h\frac{\partial\psi}{\partial t}$$

形似抛物型方程，但必须注意有差别，因为系数前有 i，并且有意义的物理量与$\psi^*\psi$

成正比,所以薛定谔方程反映的仍是可逆过程.

其次,必须注意,同样一个方程,在不同区域,可以属于不同类型,例如

$$(1-x^2)\frac{\partial^2 u}{\partial x^2}-2xy\frac{\partial^2 u}{\partial x\partial y}-(1+y^2)\frac{\partial^2 u}{\partial y^2}-2x\frac{\partial u}{\partial x}-2y\frac{\partial u}{\partial y}=0$$

判别式

$$\Delta = B^2-4AC=4(1-x^2+y^2)$$

所以,在区域 $1-x^2+y^2>1$ 上是双曲型;在区域 $1-x^2+y^2<1$ 上是椭圆型;在区域 $x^2-y^2=1$ 上是抛物型.

13.5　二阶线性偏微分方程的特征

含有两个自变量的线性偏微分方程的一般形式(13.2.1)也可以简写成下面的形式:

$$L[u]=G(x,y)$$

其中 L 是二阶线性偏微分算符,G 是 x,y 的函数.

线性偏微分算符有以下两个基本特征:

(a)　$L[cu]=cL[u]$;

(b)　$L[c_1u_1+c_2u_2]=c_1L[u_1]+c_2L[u_2]$;

其中 c、c_1、c_2 均为常数.

因此,齐次线性偏微分方程的解有以下特性:

(1) 当 u 为方程的解时,则 cu 也为方程的解;

(2) 若 u_1,u_2 为方程的解,则 $c_1u_1+c_2u_2$ 也是方程的解;

(3) 若存在由方程所有解组成的无穷函数系$\{u_n\}(n=0,1,2,3\cdots)$,则称 $\sum_{n=0}^{\infty}c_nu_n$ 为方程的形式解;如果 $\sum_{n=0}^{\infty}c_nu_n$ 一致收敛,且直到二阶偏导数都连续,则称 $\sum_{n=0}^{\infty}c_nu_n$ 为方程的解;若级数一致收敛,但偏导数不存在时,则称此为广义解;

(4) 若解 $u(x,\xi)$关于参数 ξ 可积分时,则对 ξ 的任意连续函数 $c(\xi)$,定义如下积分:

$$\int c(\xi)u(x,\xi)\mathrm{d}\xi$$

为方程的形式解,而积分限与 x 无关. 如果上式积分一致收敛,而其结果为关于 x 的函数,这函数具有对 x 的连续二阶偏导数时,则上式积分便是方程的解;当偏导数的条件不能满足时,则为广义解.

而非齐次线性偏微分方程的解具有如下特性:

(1) 若 u^* 为非齐次方程的特解,u 为齐次方程的解,则 u^*+u 为非齐次方程的解;

(2) 若 $L[u_1]=G_1(x,y)$, $L[u_2]=G_2(x,y)$,则

$$L[u_1+u_2]=G_1(x,y)+G_2(x,y)$$

习　题

13.1 试将下列二阶偏微分方程,按双曲型、椭圆型、抛物型进行分类,并分别化为标准型.

(a) $-y^2\frac{\partial^2 u}{\partial x^2}+\frac{\partial^2 u}{\partial y^2}=0$;

(b) $\frac{\partial^2 u}{\partial x^2}+x^2\frac{\partial^2 u}{\partial y^2}=0$;

(c) $4\frac{\partial^2 u}{\partial x^2}-4\frac{\partial^2 u}{\partial x\partial y}+\frac{\partial^2 u}{\partial y^2}=0$;

(d) $y^2\frac{\partial^2 u}{\partial y^2}-2xy\frac{\partial^2 u}{\partial x\partial y}+x^2\frac{\partial u^2}{\partial y^2}-\frac{y^2}{x}\frac{\partial u}{\partial x}-\frac{x^2}{y}\frac{\partial u}{\partial y}=0$;

(e) $e^{2y}\frac{\partial^2 u}{\partial x^2}-e^{2x}\frac{\partial^2 u}{\partial y^2}-e^{2y}\frac{\partial u}{\partial x}+e^{2x}\frac{\partial u}{\partial y}=0$.

13.2 确定下列方程,在什么区域是椭圆型、双曲型、抛物型?

(a) $y\frac{\partial^2 u}{\partial x^2}+2\frac{\partial^2 u}{\partial x\partial y}+\frac{\partial^2 u}{\partial y^2}=0$;

(b) $(1+x)\frac{\partial^2 u}{\partial x^2}+2y\frac{\partial^2 u}{\partial x\partial y}+\frac{\partial^2 u}{\partial y^2}=0$.

13.3 将下列方程标准化:

(a) $2\frac{\partial^2 u}{\partial x^2}-4\frac{\partial^2 u}{\partial x\partial y}+2\frac{\partial^2 u}{\partial y^2}+3u=0$;

(b) $\frac{\partial^2 u}{\partial x\partial y}+2\frac{\partial^2 u}{\partial y^2}+9\frac{\partial u}{\partial x}+\frac{\partial u}{\partial y}=2$;

(c) $6\frac{\partial^2 u}{\partial x^2}-\frac{\partial^2 u}{\partial x\partial y}+u=y^2$.

13.4 证明电报方程

$$\frac{\partial^2 u}{\partial x^2}=a_0\frac{\partial^2 u}{\partial t^2}+2b_0\frac{\partial u}{\partial t}+c_0u$$

其中 $a_0=LC$, $2b_0=RC+GL$, $c_0=GR$,可作变换 $u=e^{-\beta t}v$ 化为

$$\frac{\partial^2 v}{\partial t^2}=a^2\frac{\partial^2 v}{\partial x^2}+b^2v$$

其中 $a=\frac{1}{\sqrt{a_0}}$, $b=\frac{1}{a_0}\sqrt{b_0^2-a_0c_0}$, $\beta=\frac{b_0}{a_0}$.

13.5 x 与 y 取什么值时,下列方程是双曲型?抛物型?

(a) $(y+1)\frac{\partial^2 u}{\partial x^2}+2x\frac{\partial^2 u}{\partial x\partial y}+\frac{\partial^2 u}{\partial y^2}=x+y$;

(b) $(x+1)\frac{\partial^2 u}{\partial x^2}+2x\frac{\partial^2 u}{\partial x\partial y}+y\frac{\partial^2 u}{\partial y^2}=u$;

(c) $(1-y)\frac{\partial^2 u}{\partial x^2}+2(1-x)\frac{\partial^2 u}{\partial x\partial y}+(1+y)\frac{\partial^2 u}{\partial y^2}-x\frac{\partial u}{\partial y}+y\frac{\partial u}{\partial x}=0$.

第14章　行　波　法

通过变量代换，将二阶线性偏微分方程化成标准形式后，往往可以获得方程的通解，然后结合定解条件，最后找出定解问题的解. 一般来说，此法难于找到完善结果，所以此法的适用面很窄. 然而，通解法中有一种特殊情形——行波解(即依赖于自变量的线性组合的解)，它特别适合研究波动问题，甚至解一些非线性偏微分方程也很凑效.

14.1　通　　解

对于给定的偏微分方程，一般不能简单地确定其通解. 但有时对一个方程的标准形式作进一步化简，就能较容易地得到通解. 如果偏微分方程的标准形式特别简单，则通解可以直接求得.

例 14.1.1　求偏微分方程

$$x^2 u_{xx} + 2xyu_{xy} + y^2 u_{yy} = 0 \quad (y \neq 0)$$

的通解.

解　因为方程的判别式 $\Delta = B^2 - 4AC = 4x^2y^2 - 4x^2y^2 \equiv 0$，所以方程处处是抛物型的.

特征方程是

$$(x\mathrm{d}y - y\mathrm{d}x)^2 = 0$$

特征曲线族是

$$\frac{y}{x} = c \quad (\text{常数})$$

令

$$\xi = \frac{y}{x}, \quad \eta = y$$

作自变量变换，原方程化为如下标准形式：

$$\eta^2 u_{\eta\eta} = 0$$

或

$$u_{\eta\eta} = 0 \quad (\eta \neq 0 \text{ 即 } y \neq 0)$$

将上式对 η 积分两次，得

$$u(\xi, \eta) = \eta f(\xi) + g(\xi)$$

其中 $f(\xi)$ 和 $g(\xi)$ 是两个任意连续二次可微函数.

恢复到原来变量 x、y，就得到原方程的通解

$$u(x,y)=yf\left(\frac{y}{x}\right)+g\left(\frac{y}{x}\right)$$

例 14.1.2　求偏微分方程

$$x^2u_{xx}-y^2u_{yy}=0\quad(x>0,y>0)\tag{14.1.1}$$

的通解.

解　因为方程的判别式 $\Delta=B^2-4AC=x^2y^2>0$，所以方程为双曲型的.

其特征方程为

$$(x\mathrm{d}y+y\mathrm{d}x)(x\mathrm{d}y-y\mathrm{d}x)=0$$

因此，特征曲线是如下两族曲线：

$$xy=c_1(\text{常数}),\quad \frac{y}{x}=c_2(\text{常数})$$

作自变量变换

$$\xi=xy,\quad \eta=\frac{y}{x}$$

则题设方程可化为如下标准形式：

$$u_{\xi\eta}=\frac{1}{2\xi}u_\eta\quad(\xi>0,\ \eta>0)$$

再作代换

$$v=u_\eta$$

则上述方程简化为

$$v_\xi=\frac{1}{2\xi}v$$

这个方程经过分离变量很容易积分. 对 ξ 积分后，我们有

$$v=\sqrt{\xi}f(\eta)$$

将上式再对 η 积分，即得

$$u(\xi,\eta)=G(\xi)+\sqrt{\xi}F(\eta)$$

其中 $f(\eta)$、$F(\eta)$和 $G(\xi)$是三个任意二次连续可微函数.

恢复到原来变量 x、y，就得到原方程的通解

$$u(x,y)=G(xy)+\sqrt{xy}F\left(\frac{y}{x}\right)\tag{14.1.2}$$

再求上述方程适合如下定解条件的解：

$$u(x,y)\big|_{y=1}=\varphi(x),\left.\frac{\partial u(x,y)}{\partial y}\right|_{y=1}=\psi(x)\tag{14.1.3}$$

将式(14.1.2)代入式(14.1.3)

$$G(x)+\sqrt{x}F\left(\frac{1}{x}\right)=\varphi(x) \tag{14.1.4}$$

$$xG'(x)+\frac{\sqrt{x}}{2}F\left(\frac{1}{x}\right)+\frac{1}{\sqrt{x}}F'\left(\frac{1}{x}\right)=\psi(x) \tag{14.1.5}$$

微分式(14.1.4),得

$$G'(x)+\frac{1}{2\sqrt{x}}F\left(\frac{1}{x}\right)-\frac{1}{x\sqrt{x}}F'\left(\frac{1}{x}\right)=\varphi'(x) \tag{14.1.6}$$

式(14.1.5)与式(14.1.6),解出

$$F'\left(\frac{1}{x}\right)=-\frac{1}{2}x^{3/2}\varphi'(x)+\frac{\sqrt{x}}{2}\psi(x)$$

因此

$$F\left(\frac{1}{x}\right)=\frac{1}{2}\int_{x_0}^{x}\frac{\varphi'(z)}{\sqrt{z}}\mathrm{d}z-\frac{1}{2}\int_{x_0}^{x}\frac{\psi(z)}{z^{3/2}}\mathrm{d}z+c\quad(c\text{ 为常数}) \tag{14.1.7}$$

$$G(x)=\varphi(x)-\frac{\sqrt{x}}{2}\int_{x_0}^{x}\frac{\varphi'(z)}{\sqrt{z}}\mathrm{d}z+\frac{\sqrt{x}}{2}\int_{x_0}^{x}\frac{\psi(z)}{z^{3/2}}\mathrm{d}z-c\sqrt{x}\quad(c\text{ 为常数}) \tag{14.1.8}$$

于是

$$\begin{aligned}u(x,y)&=\varphi(xy)+\frac{\sqrt{xy}}{2}\int_{xy}^{\frac{x}{y}}\frac{\varphi'(z)}{\sqrt{z}}\mathrm{d}z-\frac{\sqrt{xy}}{2}\int_{xy}^{\frac{x}{y}}\frac{\psi(z)}{z^{3/2}}\mathrm{d}z\\&=\frac{1}{2}\varphi(xy)+\frac{y}{2}\varphi\left(\frac{x}{y}\right)+\frac{\sqrt{xy}}{4}\int_{xy}^{\frac{x}{y}}\frac{\varphi(z)}{z^{3/2}}\mathrm{d}z-\frac{\sqrt{xy}}{2}\int_{xy}^{\frac{x}{y}}\frac{\psi(z)}{z^{3/2}}\mathrm{d}z\end{aligned} \tag{14.1.9}$$

14.2 行 波 解

行波解,即解依赖于自变量的幂次组合或线性组合,再以这种组合为新自变量,这样就使得自变量的数目减少.如果能减少到只含一个自变量,于是二个自变量的偏微分方程可化为常微分方程,从而大大方便了求解.

带有常系数的二阶线性偏微分方程

$$A\frac{\partial^2 u}{\partial x^2}+B\frac{\partial^2 u}{\partial x\partial y}+C\frac{\partial^2 u}{\partial y^2}=0 \tag{14.2.1}$$

其中 A、B 与 C 均为实常数.

方程(14.2.1)的行波解为

$$u(x,y)=f(y+\lambda x)$$

代入方程(14.2.1)

$$A\lambda^2 f''(y+\lambda x)+B\lambda f''(y+\lambda x)+Cf''(y+\lambda x)=0$$

若 $f''(y+\lambda x)\neq 0$,则

$$A\lambda^2+B\lambda+C=0 \tag{14.2.2}$$

(i) $B^2-4AC>0$,双曲型,方程(14.2.2)有二根 λ_1 和 λ_2,则

$$u(x,y)=f(y+\lambda_1 x)+g(y+\lambda_2 x) \tag{14.2.3}$$

(ii) $B^2-4AC=0$,抛物型,$\lambda_1=\lambda_2=-\dfrac{B}{2A}$,则

$$u(x,y)=f(y+\lambda_1 x)+xg(y+\lambda_1 x) \tag{14.2.4}$$

(iii) $B^2-4AC<0$,椭圆型,$\lambda_1=\alpha+\mathrm{i}\beta$,$\lambda_2=\alpha-\mathrm{i}\beta$,则

$$u(x,y)=f[(y+\alpha x)+\mathrm{i}\beta x]+g[(y+\alpha x)-\mathrm{i}\beta x] \tag{14.2.5}$$

例 14.2.1 求解

$$\frac{\partial^2 u}{\partial x^2}+4\frac{\partial^2 u}{\partial x\partial y}+5\frac{\partial^2 u}{\partial y^2}=0$$

解 (i) $\Delta=B^2-4AC=-4<0$, 椭圆型, $\lambda_1=-2+\mathrm{i}$, $\lambda_2=-2-\mathrm{i}$,

$$u(x,y)=f[y-(2+\mathrm{i})x]+g[y-(2-\mathrm{i})x]$$

如果方程为

$$A\frac{\partial^2 u}{\partial x^2}+B\frac{\partial^2 u}{\partial x\partial y}+C\frac{\partial^2 u}{\partial y^2}+D\frac{\partial u}{\partial x}+E\frac{\partial u}{\partial y}+F=0 \tag{14.2.6}$$

其中 A、B、C、D、E 与 F 均为实常数,则

$$u(x,y)=\mathrm{e}^{mx+ny} \tag{14.2.7}$$

上式代入方程(14.2.6),得

$$Am^2+Bmn+Cn^2+Dm+En+F=0 \tag{14.2.8}$$

(ii) $B^2-4AC>0$,双曲型,上述方程可解得二个不同的根 $n_1(m)$和 $n_2(m)$,则

$$u(x,y)=c_1\mathrm{e}^{mx+n_1(m)y}+c_2\mathrm{e}^{mx+n_2(m)y} \tag{14.2.9}$$

例 14.2.2 求解

$$\frac{\partial^2 u}{\partial x^2}-\frac{\partial^2 u}{\partial y^2}-2\frac{\partial u}{\partial x}+u=0$$

解 (i) $\Delta=B^2-4AC=4>0$,双曲型. 由方程(14.2.8)解得

$$n_1=m-1,\quad n_2=-m+1$$

则

$$u(x,y)=c_1\mathrm{e}^{mx+(m-1)y}+c_2\mathrm{e}^{mx+(-m+1)y}$$

或

$$u(x,y)=\mathrm{e}^{-y}f(x+y)+\mathrm{e}^{-y}g(x-y)$$

(ii) $B^2-4AC=0$,抛物型,由方程(14.2.8)解得,$n_1(m)=n_2(m)$,则

$$u(x,y)=c_1\mathrm{e}^{mx+n_1(m)y}+c_2x\mathrm{e}^{mx+n_1(m)y} \tag{14.2.10}$$

例 14.2.3 求解

$$\frac{\partial^2 u}{\partial x^2}-2\frac{\partial^2 u}{\partial x\partial y}+\frac{\partial^2 u}{\partial y^2}+2\frac{\partial u}{\partial x}-2\frac{\partial u}{\partial y}+u=0$$

解 (i) $\Delta=B^2-4AC=0$,抛物型,由方程(14.2.8)解得

$$n_1=n_2=1+m$$

则

$$u(x,y)=c_1\mathrm{e}^{mx+n_1 y}+c_2 x\mathrm{e}^{mx+n_1 y}$$

或

$$u(x,y)=\mathrm{e}^y[f(x+y)+xg(x+y)]$$

(ii) $B^2-4AC<0$,椭圆型,由方程(14.2.8)解得

$$n_1=\alpha(m)+\mathrm{i}\beta(m),\quad n_2=\alpha(m)-\mathrm{i}\beta(m)$$

因此,

$$u(x,y)=c_1\mathrm{e}^{mx+[(\alpha+\mathrm{i}\beta)y]}+c_2\mathrm{e}^{mx+(\alpha-\mathrm{i}\beta)y} \tag{14.2.11}$$

例 14.2.4 求解

$$\frac{\partial^2 u}{\partial x^2}+\frac{\partial^2 u}{\partial y^2}-2\frac{\partial u}{\partial y}+u=0$$

解 $\Delta=B^2-4AC=-4<0$,椭圆型,由方程(14.2.8)解得

$$n_1=1+m\mathrm{i},\quad n_2=1-m\mathrm{i}$$

所以

$$u(x,y)=c_1\mathrm{e}^{mx+(1+m\mathrm{i})y}+c_2\mathrm{e}^{mx+(1-m\mathrm{i})y}$$

或

$$u(x,y)=\mathrm{e}^y[f(x+\mathrm{i}y)+g(x-\mathrm{i}y)]$$

14.3 达朗贝尔公式

14.3.1 达朗贝尔公式

无界弦的自由振动的定解问题为

$$\begin{aligned}&u_{tt}-a^2u_{xx}=0 \qquad (-\infty<x<\infty,t>0)\\&u(x,0)=\varphi(x)\\&u_t(x,0)=\psi(x)\end{aligned} \tag{14.3.1}$$

上述偏微分方程的判别式 $\Delta=B^2-4AC=+4a^2>0$,所以方程属双曲型,由方程(14.2.2),得

$$\lambda^2-a^2=0,\quad \lambda_1=a,\quad \lambda_2=-a$$

所以,方程(14.3.1)的解为

$$u(x,t)=f_1(x-at)+f_2(x+at) \tag{14.3.2}$$

其中 f_1 和 f_2 是两个任意连续二次可微函数.

为了确定 f_1 和 f_2，将通过(14.3.2)代入定解问题(14.3.1)中的初始条件，得

$$f_1(x)+f_2(x)=\varphi(x) \tag{14.3.3a}$$

$$-af'_1(x)+af'_2(x)=\varphi(x) \tag{14.3.3b}$$

将上式积分得

$$-af_1(x)+af_2(x)=\int_{x_0}^{x}\psi(\xi)\mathrm{d}\xi+c \tag{14.3.3c}$$

其中 x_0 及 c 均为常数.

由式(14.3.3c)与式(14.3.3a)联立解得

$$f_1(x)=\frac{1}{2}\varphi(x)-\frac{1}{2a}\int_{x_0}^{x}\psi(\xi)\mathrm{d}\xi-\frac{c}{2a}$$

$$f_2(x)=\frac{1}{2}\varphi(x)-\frac{1}{2a}\int_{x_0}^{x}\psi(\xi)\mathrm{d}\xi+\frac{c}{2a}$$

再将上述两式中的 $f_1(x)$、$f_2(x)$代入式(14.3.2)，得

$$u(x,t)=\frac{1}{2}[\varphi(x+at)+\varphi(x-at)]+\frac{1}{2a}\int_{x-at}^{x+at}\psi(\xi)\mathrm{d}\xi \tag{14.3.4}$$

当函数 $\varphi(x)$是二次连续函数，函数 $\psi(x)$是一次连续可微函数，式(14.3.4)就是定解问题(14.3.1)的解，并称解的这种表达式为达朗贝尔(D'Alembert)公式.

14.3.2 达朗贝尔公式的物理意义

由于定解问题(14.3.1)的解可以表示为两个函数 $f_1(x-at)$和 $f_2(x+at)$之和，而这两个函数的具体形式完全由初始条件来确定. 为了阐明达朗贝尔公式的物理意义，我们只要先阐明这两个函数 $f_1(x-at)$和 $f_2(x+at)$的物理意义就行了.

如果将一函数 $f(x)$的图形保持外形不变，相对原点向右移 x_0 距离(如图14.1所示)，移动后这图形的表达式就变为 $f(x-x_0)$. 若令 $x_0=at$，则 x_0 点的移动速度为$\frac{\mathrm{d}x_0}{\mathrm{d}t}=a$. 这样，我们就赋予 $f_1(x-at)$以新的物理意义：弦上质点的振动所构成的外形函数 $f_1(x-at)$是以常速 a 向 x 轴正方向传播的，即它代表一个以速度 a 沿正方向传播的行波或正向波.

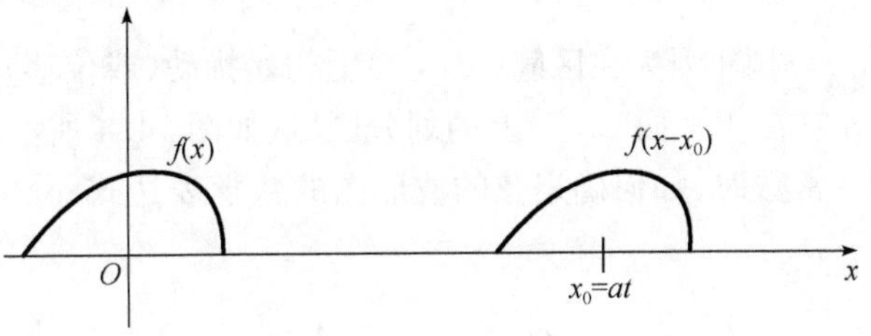

图 14.1

与此类似,形如 $f_2(x+at)$ 的解就代表一个以速度 a 沿 x 轴负方向传播的行波或反向波.

于是,由达朗贝尔公式(14.3.4)可知,由任意初始扰动引起的自由振动弦总以行波的形式向正、反两个方向传播出去,传播的速度恰好等于泛定方程中的常数 a,这就是达朗贝尔公式的物理意义.

14.3.3　达朗贝尔公式的应用

为了加深对达朗贝尔公式的理解,让我们来讨论一个具体问题:

$$u_{tt}=a^2u_{xx}\quad(-\infty<x<\infty,t>0)$$

$$u(x,0)=\varphi(x)=\begin{cases}\dfrac{c-|x|}{c}h, & 0\leqslant|x|\leqslant c\\ 0, & |x|>c\end{cases}$$

$$u_t(x,0)=0$$

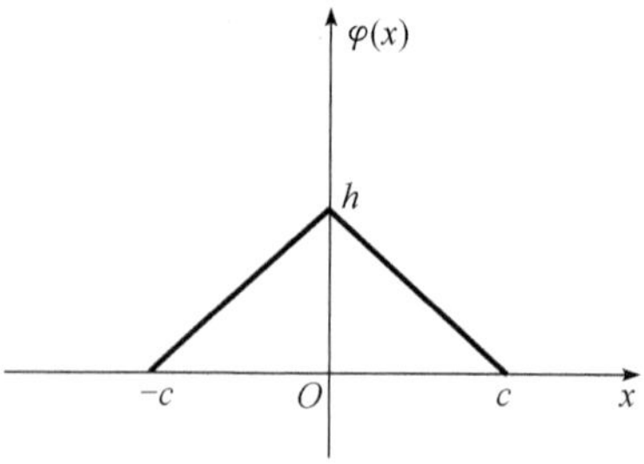

图 14.2

按达朗贝尔公式(14.3.4)得

$$u(x,t)=\frac{1}{2}[\varphi(x+at)+\varphi(x-at)]$$

其中 $\varphi(x)$ 由图 14.2 给出.

正向波 $\frac{1}{2}\varphi(x-at)$ 和反向波 $\frac{1}{2}\varphi(x+at)$,在初始时刻 $t=0$ 时相重合,并且数值等于 $\frac{1}{2}\varphi(x)$.

在时刻 $t(t>0)$,正向波的图形无畸变地向右位移了距离 at,而反向波的图形向左位移了距离 at,当把正向波和反向波在时刻 $t_1,t_2,\cdots$ 所位移的图形迭加起来,即得到在这些时刻弦的波形图.

下面我们依次对时刻 $t_k=\frac{kc}{4a}(k=0,1,2,3,4,5)$ 画出弦的波形图,如图 14.3 所示.

为了利用表达式 $u(x,t)=\frac{1}{2}[\varphi(x-at)+\varphi(x+at)]$ 写出 $u(x,t)$ 的数学表达式,我们经 $(-c,\ c)$ 两端[因为在区间 $(-c,\ c)$ 上初始扰动(或位移)不等于零]画出特征线,并且研究它在相平面 $(x,\ t)$ 上的划分区域(如图 14.4 所示).

首先讨论 $t=$ 常数时,如何确定弦的波形图的数学表达式.分两种情形来讨论较方便,即

$$(1)\ 0<t<\frac{c}{a};\qquad (2)\ \frac{c}{a}<t<\infty.$$

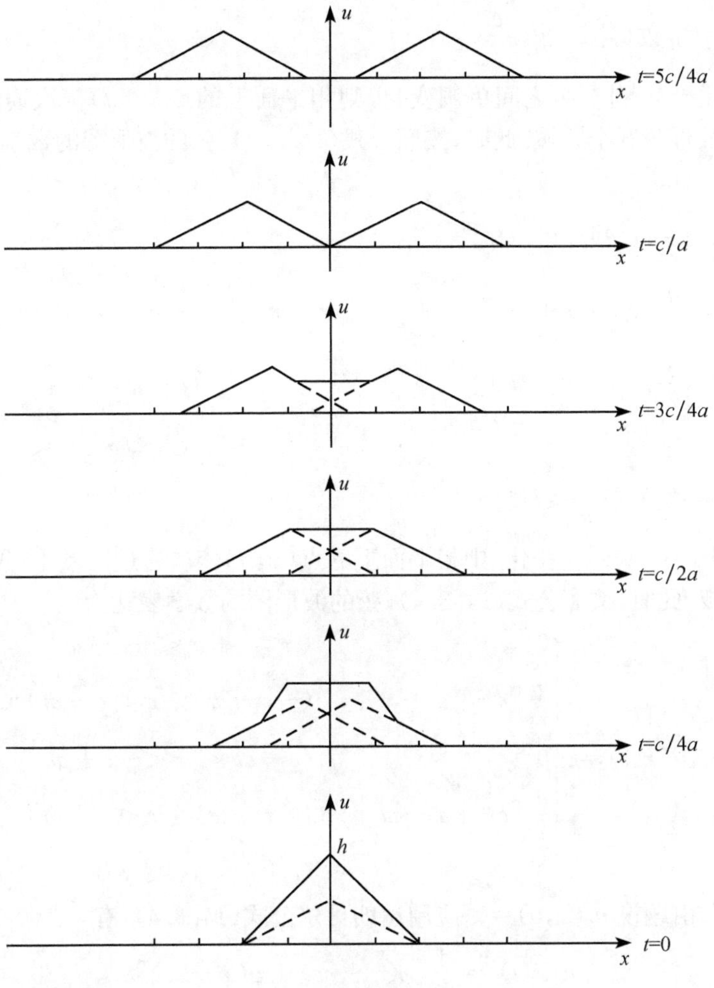
u
t=5c/4a
x
u
t=c/a
x
u
t=3c/4a
x
u
t=c/2a
x
u
t=c/4a
x
u
h
t=0
x

图 14.3

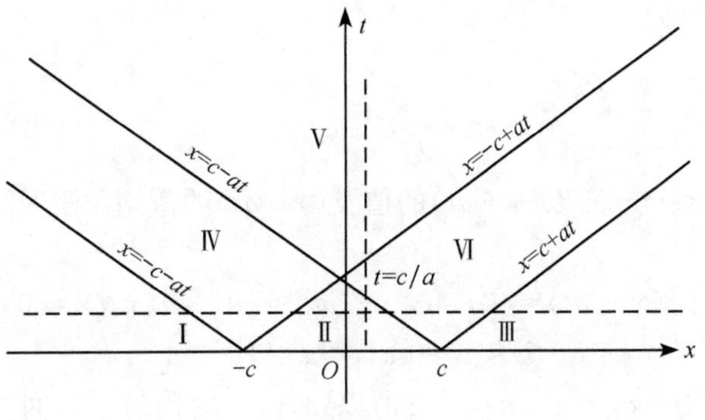
t
x=c−at
x=−c+at
x=−c−at
x=c+at
Ⅰ
Ⅱ
Ⅲ
Ⅳ
Ⅴ
Ⅵ
t=c/a
−c
O
c
x

图 14.4

(1) $t=$常数，且$0<t<\frac{c}{a}$

若x由$-\infty$到$+\infty$之间单调变化，则相平面上的点$(x,\ t)$依次通过区域Ⅰ，Ⅳ，Ⅱ，Ⅵ及Ⅲ等五个区域. 此时，按照公式(14.3.4)，弦的波形图的数学表达式为

$$u(x,t)=\begin{cases}0 & (-\infty<x<-c-at)\\ \frac{h}{2c}[c-|x+at|] & (-c-at<x<-c+at)\\ \frac{h}{2c}[c-|x+at|]+\frac{h}{2c}[c-|x-at|] & (-c+at<x<c-at)\\ \frac{h}{2c}[c-|x-at|] & (c-at<x<c+at)\\ 0 & (c+at<x<\infty)\end{cases}$$

(2) $t=$常数，且$\frac{c}{a}<t<\infty$

若x从$-\infty$到$+\infty$变化，则相平面上的点$(x,\ t)$依次通过区域Ⅰ，Ⅳ，Ⅴ，Ⅵ及Ⅲ五个区域. 此时，按照公式(14.3.4)，弦的波形图的数学表达为

$$u(x,t)=\begin{cases}0 & (-\infty<x<-c-at)\\ \frac{h}{2c}[c-|x+at|] & (-c-at<x<c-at)\\ 0 & (c-at<x<-c+at)\\ \frac{h}{2c}[c-|x-at|] & (-c+at<x<c+at)\\ 0 & (c+at<x<\infty)\end{cases}$$

证明 由题设$u_t(x,0)=0$，应用达朗贝尔公式(14.3.4)，有

$$u(x,t)=\frac{1}{2}[\varphi(x+at)+\varphi(x-at)]$$

其次，应注意题设的$\varphi(x)$在$|x|>c$等于零. 然而，按图14.4中的虚线，从左到右，以次序来分析

(1) $t=$常数 $0<t<\frac{c}{a}$

(i) 区域Ⅰ $-\infty<x<-c-at,\quad x<0$

因为$x+at<-c$，所以$(x+at)$的值及$(x-at)$的值均位于区间$[-c,\ c]$外面. 因此，

$$\varphi(x-at)=0,\quad \varphi(x+at)=0,\quad u(x,t)=0$$

(ii) 区域Ⅳ $-c-at<x<-c+at,\quad x<0$

因为$x+at>-c,\quad x-at<-c$. 所以$(x+at)$的值位于区间$[-c,\ c]$内部，而$(x-at)$的值仍位于区间$[-c,\ c]$之外，因此，

$$\varphi(x+at)\neq 0,\quad \varphi(x-at)=0,\quad u(x,t)=\frac{1}{2}\varphi(x+at)$$

(iii) 区域Ⅱ　$-c+at<x<c-at$

因此 $x+at<c$, $x-at>-c$,所以 $(x+at)$ 的值与 $(x-at)$ 的值均位于区间 $[-c,\ c]$ 内部. 因此

$$\varphi(x+at)\neq 0,\quad \varphi(x-at)\neq 0,\quad u(x,t)=\frac{1}{2}[\varphi(x+at)+\varphi(x-at)]$$

(iv) 区域Ⅵ　$c-at<x<c+at$,　$x>0$

因为 $x+at>c$, $x-at<c$, 所以 $(x+at)$ 的值位于区间 $[-c,\ c]$ 外部,而 $(x-at)$ 的值仍位于区间 $[-c,\ c]$ 内部,因此

$$\varphi(x+at)=0,\quad \varphi(x-at)\neq 0,\quad u(x,t)=\frac{1}{2}\varphi(x-at)$$

(v) 区域Ⅲ　$c+at<x<\infty$,　$x>0$

因为 $x-at>c$, 所以 $(x+at)$ 的值与 $(x-at)$ 的值均位于区间 $[-c,\ c]$ 外部,因此

$$\varphi(x+at)=0,\quad \varphi(x-at)=0,\quad u(x,t)=0$$

(2) $t=$常数, $\frac{c}{a}<t<\infty$

证法类同. 其次,也可以按 $x=$常数来讨论波形图的数学表达式.

14.3.4　依赖区间、决定区域和影响区域

由达朗贝尔公式(14.3.4)可知,解在 (x,t) 的数值仅依赖于 x 轴上区间 $[x-at,\ x+at]$ 内的初始条件,而与 x 轴上其余点上的初始条件无关. 因此,我们称区间 $[x-at,\ x+at]$ 为点 (x,t) 的依赖区间,它是由过点 (x,t) 的两条斜率为 $\pm\frac{1}{a}$ 的直线在 x 轴上所截得的区间. 例如,在图 14.4 上点 $\left(x=0, t=\frac{c}{a}\right)$ 的依赖区间为 $[-c,\ c]$.

另一方面,对于初始轴 $t=0$ 上的一个区间 $[-c,\ c]$,过点 $(-c,0)$ 作斜率为 $\frac{1}{a}$ 的直线 $x=-c+at$,以及过点 $(c,0)$ 作斜率为 $\frac{1}{a}$ 的直线 $x=c-at$,这两条直线与区间 $[-c,\ c]$ 一起构成一个三角形区域(图 14.4 上的区域Ⅱ). 在这三角形区域中的任何一点 (x,t) 的依赖区间都落在区间 $[-c,\ c]$ 的内部,因此解在这三角形域中任一点的数值完全由区间 $[-c,\ c]$ 上的初始条件来决定,而与这区间之外的初始条件无关. 所以我们称这个区域

$$-c+at\leqslant x\leqslant c-at\quad (t>0)\tag{14.3.5}$$

为区间[$-c$, c]的决定区域.

如果在初始时刻($t=0$)弦线仅在有限线段[$-c$, c]上有扰动(上节中的例子正是这种情形),那么经过时间 t 后,受到这扰动影响的范围由不等式

$$-c-at \leqslant x \leqslant c+at \quad (t>0) \tag{14.3.6}$$

所限定.在这区域中的任一点,其坐标(x,t)表示在某时刻 t,某点 x 正在受到扰动的影响(图 14.4 中的Ⅳ区、Ⅱ区及Ⅵ区),或已受到扰动的影响(图 14.4 中的Ⅴ区).而在这区域之外(图 14.4 中的Ⅰ区,Ⅲ区)的任一点,其坐标(x,t)表示某时刻 t 某点 x 还未受到扰动的影响.因此,我们称式(14.3.6)表示的区域为区间[$-c$, c]的影响区域.

例如,我们要考虑弦上某点 x 上的解随时间的变化值,我们只要在(x,t)平面上,过点$(x,0)$作一平行于 t 轴的直线.在Ⅰ,Ⅲ区域内直线上的坐标(x,t)表示在时刻 t,点 x 处尚未受到扰动的影响(或振动波尚未传到);在Ⅳ,Ⅱ,Ⅵ区域内直线上的坐标(x,t)表示在时刻 t,点 x 处正受到扰动的影响.在Ⅳ区域内只能受到反向波的扰动;在Ⅵ区域内只能受到正向波的扰动;而在Ⅱ区域内可受到正、反两个方向波的扰动.在Ⅴ区域内直线上的坐标(x,t)表示在时刻 t,点 x 处已遭受过扰动的影响,现在弦已恢复到静止状态,但弦不一定恢复到原来的位置(这位移通常称为剩余位移).

14.4 半无限长弦的自由振动

定解问题为

$$\begin{aligned} &u_{tt}=a^2u_{xx} \quad (t>0,x>0)\\ &u(0,t)=0 \quad (t\geqslant 0)\\ &u(x,0)=\varphi(x) \quad (x\geqslant 0)\\ &u_t(x,0)=\psi(x) \quad (x\geqslant 0)\end{aligned} \tag{14.4.1}$$

其中边界条件表示 $x=0$ 端弦是固定的,求解区域是(x,t)平面上的第一象限.若要求 $u(x,t)$在求解的区域直到边界上是连续的,就应设 $\varphi(0)=0,\psi(0)=0$,否则端点 $x=0$ 就不能保持无位移.于是只要把 $\varphi(x)$与 $\psi(x)$延拓成$-\infty<x<\infty$区间上的奇函数,这样 $x=0$ 端的边界条件自然得到满足.即将上述初始条件改为

$$u(x,0)=\Phi(x)=\begin{cases}\varphi(x) & (x\geqslant 0)\\ -\varphi(-x) & (x\leqslant 0)\end{cases} \tag{14.4.2}$$

$$u_t(x,0)=\Psi(x)=\begin{cases}\psi(x) & (x\geqslant 0)\\ -\psi(-x) & (x\leqslant 0)\end{cases} \tag{14.4.3}$$

这样处理之后,由于函数定义在$-\infty<x<\infty$整个区间,所以可以直接应用达朗贝尔公式(14.3.4),于是得

$$u(x,t)=\frac{1}{2}[\Phi(x+at)+\Phi(x-at)]$$
$$+\frac{1}{2a}\int_{x-at}^{x+at}\Psi(\xi)\mathrm{d}\xi \qquad (14.4.4)$$

然后利用 $\Phi(x)$、$\Psi(x)$ 的奇函数特性，最终解用 $\varphi(x)$ 与 $\psi(x)$ 来表示.

为此，在 (x,t) 平面上的第一象限应分成两个区域（如图 14.5 所示）：

(1) $x>at$, $t>0$;

(2) $0<x<at$, $t>0$.

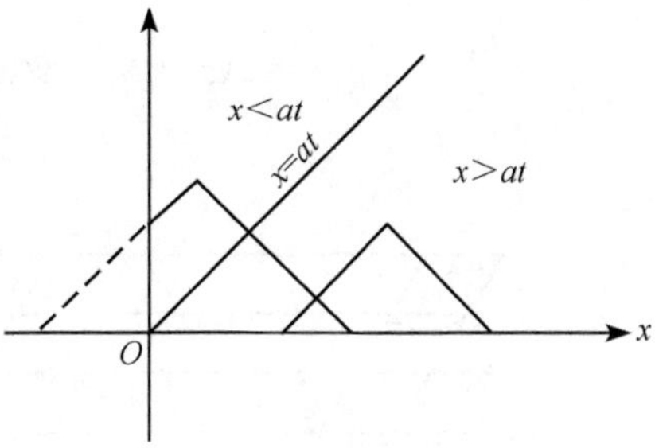

图 14.5

由图 14.5 可见，由于在 $x>at$ 区域内的任何点的依赖区间全部位于 $(t=0, x\geqslant 0)$ 的区间内，因此解只依赖于 $t=0$、$x\geqslant 0$ 的初始条件，所以在区域(1)内的解，只须将 $\varphi(x)$ 与 $\psi(x)$ 的具体形式直接代入表式(14.4.4)即可，得

$$\begin{aligned}u(x,t)&=u_{\mathrm{I}}(x,t)\\&=\frac{1}{2}[\varphi(x+at)+\varphi(x-at)]+\frac{1}{2a}\int_{x-at}^{x+at}\psi(\xi)\mathrm{d}\xi \quad (t>0,x>at)\end{aligned}$$
(14.4.5a)

而区域(2)内的点的依赖区间已跨到负 x 轴上去了. 因此要利用 $\Phi(x)$ 与 $\Psi(x)$ 的奇函数特性，得

$$\begin{aligned}u(x,t)&=u_{\mathrm{II}}(x,t)\\&=\frac{1}{2}[\varphi(x+at)-\varphi(at-x)]+\frac{1}{2a}\left[\int_{0}^{x+at}\psi(\xi)\mathrm{d}\xi-\int_{x-at}^{0}\psi(-\xi)\mathrm{d}\xi\right]\\&=\frac{1}{2}[\varphi(x+at)-\varphi(at-x)]+\frac{1}{2a}\int_{at-x}^{x+at}\psi(\xi)\mathrm{d}\xi \quad (t>0,0<x<at)\end{aligned}$$
(14.4.5b)

注意图 14.6 中时刻 t_5，在端点 $x=0$ 的情形：向右传播的虚像与向左传播的实像重叠，因而实际波形消失. 此后，向右传播的虚像变成实像，从端点向右传播. 从端点来看，反射波与入射波位相相反，这种现象称为半波损失.

如果定解问题(14.4.1)的端点 $x=0$ 的边界条件改为

$$u_x(0,t)=0 \quad (t\geqslant 0)$$

那么应设 $\varphi'(0)=0$，及 $\psi'(0)=0$，这样才能保持端点自由（即 $u_x(0,t)=0$），因此应将 $\varphi(x)$ 与 $\psi(x)$ 延拓成在 $-\infty<x<\infty$ 整个区间上的偶函数，这样 $x=0$ 端的边界条件自然会得到满足. 即将定解问题(14.4.1)的初始条件改为

$$u(x,0)=\Phi(x)=\begin{cases}\varphi(x) & (x\geqslant 0)\\ \varphi(-x) & (x\leqslant 0)\end{cases} \qquad (14.4.6)$$

$$u(x,0)=\Psi(x)=\begin{cases}\psi(x) & (x\geqslant 0)\\ \psi(-x) & (x\leqslant 0)\end{cases} \tag{14.4.7}$$

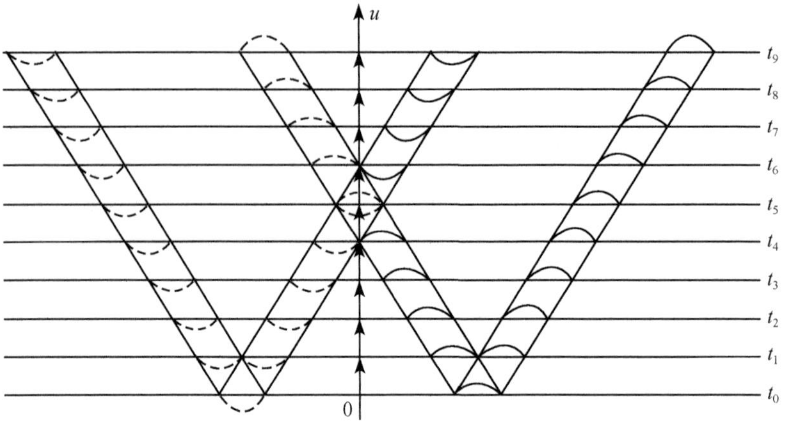

图 14.6

这样处理之后，由于函数定义在$-\infty<x<\infty$整个区间上，因此可以直接应用达朗贝尔公式(14.3.4)，于是得

$$u(x,t)=\frac{1}{2}[\Phi(x+at)+\Phi(x-at)]+\frac{1}{2a}\int_{x-at}^{x+at}\Psi(\xi)\mathrm{d}\xi \tag{14.4.8}$$

其次，还应像上面所做的那样，(a)利用$\Phi(x)$与$\Psi(x)$的偶函数特性；(b)将(x,t)平面上的第一象限分成两个区域(1)$x>at$及(2)$x<at$. 最后得

当$x>at$；$t>0$时

$$\begin{aligned}u(x,t)&=u_{\mathrm{I}}(x,t)\\&=\frac{1}{2}[\varphi(x+at)+\varphi(x-at)]+\frac{1}{2a}\int_{x-at}^{x+at}\psi(\xi)\mathrm{d}\xi\end{aligned} \tag{14.4.9a}$$

当$t>0$，$0<x<at$时

$$\begin{aligned}u(x,t)&=u_{\mathrm{II}}(x,t)\\&=\frac{1}{2}[\varphi(x+at)+\varphi(at-x)]+\frac{1}{2a}\int_0^{x+at}\psi(\xi)\mathrm{d}\xi+\int_{x-at}^{0}\psi(-\xi)\mathrm{d}\xi\\&=\frac{1}{2}[\varphi(x+at)+\varphi(at-x)]+\frac{1}{2a}\left[\int_0^{at+x}\psi(\xi)\mathrm{d}\xi+\int_0^{at-x}\psi(\xi)\mathrm{d}\xi\right]\end{aligned} \tag{14.4.9b}$$

从图 14.7 可知，在端点当时间为t_5时，向右传播的虚像与向左传播的实像重叠，由于位相相同，因此合成波形是加强，而不是削弱. 再经过一段时间后，向右传播的虚像变成实像，从端点向右传播. 从端点来看，反向波与入射波位相相同即不发生半波损失现象.

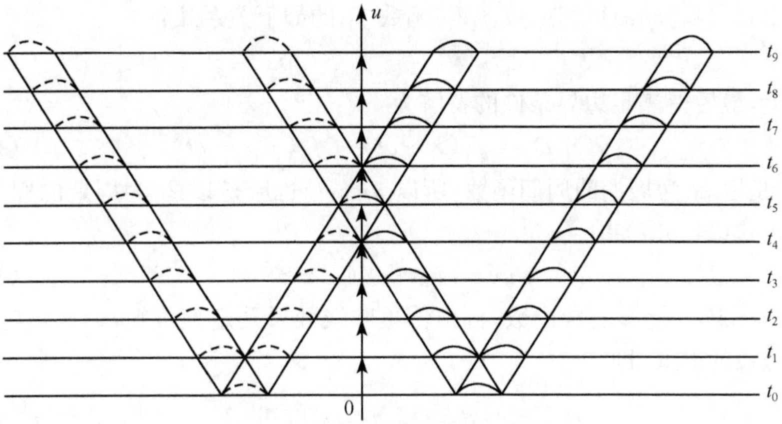

图 14.7

14.5　两端固定的弦的自由振动

定解问题为

$$\begin{aligned} &u_{tt} = a^2 u_{xx} && (0 < x < l, t > 0) \\ &u(0,t) = 0 && (t > 0) \\ &u(l,t) = 0 && (t > 0) \\ &u(x,0) = \varphi(x) && (0 \leqslant x \leqslant l) \\ &u_t(x,0) = \psi(x) && (0 \leqslant x \leqslant l) \end{aligned} \tag{14.5.1}$$

由通解表式(14.3.2)得到上述泛定方程的通解为

$$u(x,t) = f_1(x - at) + f_2(x + at) \tag{14.5.2}$$

其中 f_1 及 f_2 是两个任意二次可微函数.

下面我们来讨论满足边界条件的特解的形式如何.

将式(14.5.2)代入定解问题(14.5.1)中的边界条件,得

$$f_1(-at) + f_2(at) = 0 \tag{14.5.3a}$$

$$f_1(l - at) + f_2(l + at) = 0 \tag{14.5.3b}$$

改写后成为

$$f_1(-y) + f_2(y) = 0 \tag{14.5.4a}$$

$$f_1(-y) + f_2(y + 2l) = 0 \tag{14.5.4b}$$

由式(14.5.4a)与式(14.5.4b)联立解得

$$f_2(y) - f_2(y + 2l) = 0 \tag{14.5.5}$$

由上式可知,f_2 是周期为 $2l$ 的周期函数. 同理可证 f_1 也是周期为 $2l$ 的周期函数.

再由式(14.5.4a)得到函数 f_2 与函数 f_1 的如下关系式:

$$f_2(y) = -f_1(-y) \tag{14.5.6}$$

总结以上,最后得满足边界条件的特解为

$$u(x,t) = f_1(x-at) - f_1(-x-at) \tag{14.5.7}$$

由于 f_1 是以 $2l$ 为周期的周期函数,所以 $u(x,t)$ 也应是以 $2l$ 为周期的周期函数. 其次由表式(14.5.7)得

$$u(x,t) = -u(-x,t) \tag{14.5.8}$$

所以 $u(x,t)$ 还应是 x 的奇函数. 再由傅里叶级数展开定理可知,$u(x,t)$ 应具有傅氏正弦级数的形式. 即

$$u(x,t) = \sum_{n=1}^{\infty} T_n(t) \sin \frac{n\pi}{l} x \tag{14.5.9}$$

同理,为了使满足边界条件,就要求初始条件提供的函数也应是以 $2l$ 为周期的周期函数,并且是奇函数.

因此,在解定解问题(14.5.1)时,只要将解 $u(x,t)$ 以及初始条件给出的函数 $\varphi(x)$ 与 $\psi(x)$,延拓成周期为 $2l$ 的奇周期函数,这样就将问题化为无界弦的定解问题来求解了,而后者可直接利用达朗贝尔公式(14.3.4).

例 14.5.1 求解定解问题

$$\begin{cases} u_{tt} = a^2 u_{xx} & (0 < x < l, t > 0) \\ u(0,t) = 0 & (t > 0) \\ u(l,t) = 0 & (t > 0) \\ u(x,0) = \varphi(x) = x(l-x) & (0 \leqslant x \leqslant l) \\ u_t(x,0) = 0 & (0 \leqslant x \leqslant l) \end{cases}$$

解 首先将 $\varphi(x)$ 延拓成为 $2l$ 为周期的奇函数,即将 $\varphi(x)$ 展开成周期为 $2l$ 的正弦傅里叶级数,并以 $\Phi(x)$ 表示之.

$$\Phi(x) = \sum_{k=1}^{\infty} b_k \sin \frac{k\pi}{l} x$$

其中

$$b_k = \frac{2}{l} \int_0^l x(l-x) \sin \frac{k\pi}{l} x \, \mathrm{d}x \quad (k = 1,2,3,\cdots)$$

由上式计算出 b_k,然后代入 $\Phi(x)$ 中,得

$$\Phi(x) = \frac{8l^2}{\pi^3} \sum_{k=1}^{\infty} \frac{1}{(2k-1)^3} \sin \frac{(2k-1)\pi x}{l} \quad (-\infty < x < \infty)$$

因为 $u_t(x,0)=0$,其延拓后仍然是恒等于零. 于是应用达朗贝尔公式(14.3.4)得

$$u(x,t) = \frac{1}{2}[\Phi(x-at) + \Phi(x+at)]$$

$$= \frac{4l^2}{\pi^3}\left\{\sum_{k=1}^{\infty}\frac{1}{(2k-1)^3}\left[\sin\frac{(2k-1)\pi(x-at)}{l}+\sin\frac{(2k-1)\pi(x+at)}{l}\right]\right\}$$

$$= \frac{8l^2}{\pi^3}\sum_{k=1}^{\infty}\frac{1}{(2k-1)^3}\cos\frac{(2k-1)\pi at}{l}\sin\frac{(2k-1)\pi x}{l}$$

上式解决了历史上困惑多年的问题:为什么解析得到的行波公式(14.3.4)和直觉得到的驻波公式(14.5.9),形式上是如此的不相同?

14.6　齐次化原理(Duhamel 原理)

求解非齐次泛定方程的问题,运用通解和行波解,均显得无能为力. 但是应用齐次化原理(Duhamel 原理),却非常之凑效. 应用 Duhamel 原理,可以将求解非齐次方程的问题化为求解齐次方程的问题,它不仅适用于波动方程,也适用于其他含时的方程及含时的方程组(如热传导方程,常微分方程等);不仅适用于初值问题,也适用于初边值问题,不过对不同定解问题,其原理叙述略有不同,下面叙述的是针对波动方程给出的,今后再给出热传导方程的结果.

定理 14.6.1　若 $u(x,t)$ 为非齐次方程的问题(Ⅰ)的解,

(Ⅰ)　$$\frac{\partial^2 u}{\partial t^2}=a^2\frac{\partial^2 u}{\partial x^2}+f(x,t)\quad (t>0)\quad (-\infty<x<\infty)$$

当 $t=0$ 时, $u(x,0)=0$

$$\frac{\partial u}{\partial t}(x,0)=0$$

而 $v(x,t')$ 为齐次方程的问题(Ⅱ)的解

(Ⅱ)　$$\frac{\partial^2 v}{\partial t'^2}=a^2\frac{\partial^2 v}{\partial x^2}\quad (t'>0,t'=t-\tau)\quad (-\infty<x<\infty)$$

当 $t'=0$ 时, $v(x,0)=0$

$$\frac{\partial v}{\partial t'}(x,0)=f(x,\tau)$$

则

$$u(x,t)=\int_0^t v(x,t';\tau)\mathrm{d}\tau$$

或

$$u(x,t)=\int_0^t v(x,t-\tau;\tau)\mathrm{d}\tau \tag{14.6.1}$$

证明　(i) 方法一:运用拉普拉斯变换很容易证明此结果,见第 18 章.

(ii) 方法二:运用 Leibnitz 公式

$$\frac{\mathrm{d}}{\mathrm{d}y}\int_{a(y)}^{b(y)}f(x,y)\mathrm{d}x=\int_{a(y)}^{b(y)}\frac{\partial f(x,y)}{\partial y}\mathrm{d}x+f(b,y)\frac{\mathrm{d}b}{\mathrm{d}y}-f(a,y)\frac{\mathrm{d}a}{\mathrm{d}y}$$

将表达式(14.6.1)直接代入问题(Ⅰ)验证.

利用达朗贝尔公式(14.3.4),定理 14.6.1 的具体结果如下:

$$u(x,t)=\frac{1}{2a}\int_0^t\int_{x-a(t-\tau)}^{x+a(t-\tau)}f(\xi,\tau)\mathrm{d}\xi\mathrm{d}\tau \tag{14.6.2}$$

14.7 非线性偏微分方程

一般来说,非线性偏微方程无统一的解法,但常用的有两种:一种是由 S. Lie 开创的微分方程群论的方法来求解;另一种是通过变换来求解,其中行波解特别适合于非线性波动方程的求解,而且可以给出问题的解析解. 下面我们就通常所说的,以二位荷兰科学家(D. J. Kortweg)与(G. de Vries)命名的 KdV 方程为例,展开讨论.

$$\frac{\partial u}{\partial t}+u\frac{\partial u}{\partial x}+\frac{\partial^3 u}{\partial x^3}=0 \quad (\text{KdV 方程}) \tag{14.7.1}$$

所谓行波解,就是令

$$\xi=x-at$$

其中 a 为波沿 x 正方向传播的速度,为常数

$$u(x,t)=u(\xi),\quad \frac{\partial u}{\partial t}=\frac{\partial u}{\partial \xi}\frac{\partial \xi}{\partial t}=-a\frac{\partial u}{\partial \xi}$$

于是偏微分方程(14.7.1)化为下面的常微分方程

$$(u-a)\frac{\partial u}{\partial \xi}+\frac{\partial^3 u}{\partial \xi^3}=0 \tag{14.7.2}$$

两边积分

$$\int_{-\infty}^{\xi}(u-a)\frac{\partial u}{\partial \xi}\mathrm{d}\xi+\int_{-\infty}^{\xi}\frac{\partial^3 u}{\partial \xi^3}\mathrm{d}\xi=0$$

得

$$\frac{\mathrm{d}^2 u}{\mathrm{d}\xi^2}=au-\frac{1}{2}u^2 \tag{14.7.3}$$

其中利用了条件:当 $\xi\to\pm\infty$ 时,$u\to 0$ 以及 $\frac{\partial u}{\partial \xi}\to 0$. (14.7.4)

两边乘以 $\frac{\partial u}{\partial \xi}$,再对 $\mathrm{d}\xi$ 积分,再次利用条件(14.7.4),得

$$\left(\frac{\mathrm{d}u}{\mathrm{d}\xi}\right)^2=au^2-\frac{1}{3}u^3$$

或

$$\frac{\mathrm{d}u}{\mathrm{d}\xi}=\sqrt{a}u\sqrt{1-\frac{u}{3a}} \tag{14.7.5}$$

再对 $\mathrm{d}\xi$ 积分,得

$$\sqrt{1-\frac{u}{3a}}=\tanh\left[-\frac{\sqrt{a}}{2}\xi+c_0\right]$$

或

$$u(\xi)=3a\operatorname{sech}^2\left[\frac{\sqrt{a}}{2}\xi+c_0\right] \tag{14.7.6}$$

取 $c_0=0$，

$$u(x,t)=3a\operatorname{sech}^2\left[\frac{\sqrt{a}}{2}(x-at)\right] \tag{14.7.7}$$

$\operatorname{sech}(x)$是钟形的双曲正割函数，其图像与浅水槽中观察到的孤立波的形状相同. 上述 KdV 方程的行波解(14.7.7)称为孤立波，从而在数学上证实了孤立波的存在. 20 世纪 70 年后(即 1965 年)两位美国科学家(Zabusky 和 Kruskal)用数值模拟证实了；两个相对运动的孤立波在碰撞之后仍为两个稳定的，形状与碰撞前相同的孤立波，仅仅相位有了改变，也就是说两个孤立波的碰撞类似于粒子之间的碰撞. 因此，这二位学者给这种类型的孤立波命名为"孤立子"(Soliton).

非线性偏微分方程存在孤立波解，除 KdV 方程之外，还有很多，例如

(i) 正弦——戈登方程

$$\frac{\partial^2\varphi}{\partial t^2}-\frac{\partial^2\varphi}{\partial x^2}=\sin\varphi$$

(ii) 非线性薛定谔方程

$$\mathrm{i}\frac{\partial\psi}{\partial t}+\frac{\partial^2\psi}{\partial x^2}+k\mid\psi\mid^2\psi=0$$

还有 Klein-Gordon 方程，Toda 非线性晶格方程，铁磁链方程等等，这些非线性偏微分方程在等离子体物理，凝聚态物理、非线性光学、生物学、量子场论等领域中都有很重要的应用.

在高科技上，孤立子最成功的应用就要算光纤中的光孤立子(即光孤子)了. 它具有长距离传输损耗小，无需中继站，比特率(单位时间传输的信息量)高等优点，所以目前公认：光纤孤立子通信有希望成为超高速率和超长距离通信的重要手段.

习 题

14.1 求下列方程的通解：

(a) $2u_{xx}+5u_{xy}+2u_{yy}=0$；

(b) $u_{xx}-3u_{xy}+2u_{yy}=0$；

(c) $u_{xx}+10u_{xy}+9u_{yy}=0$；

(d) $\frac{\partial^2 u}{\partial t^2}=a^2\left[\frac{\partial^2 u}{\partial r^2}+\frac{2}{r}\frac{\partial u}{\partial r}\right]$；

(e) $\dfrac{\partial}{\partial x}\left[\left(1-\dfrac{x}{H}\right)^2\dfrac{\partial u}{\partial x}\right]=\dfrac{1}{a^2}\left(1-\dfrac{x}{H}\right)^2\dfrac{\partial^2 u}{\partial t^2}$；

(f) $u_{xx}+yu_{yy}+\dfrac{1}{2}u_y=0\quad(y<0)$；

(g) $x^2u_{xx}-y^2u_{yy}-2yu_y=0$.

14.2 求解

$$x^2\frac{\partial^2 u}{\partial x^2}-y^2\frac{\partial^2 u}{\partial y^2}=0,\quad u\big|_{y=1}=f(x),\quad \left.\frac{\partial u}{\partial y}\right|_{y=1}=F(x)$$

14.3 求 $\dfrac{\partial^2 u}{\partial t^2}=\dfrac{2}{2n+1}x\dfrac{\partial^2 u}{\partial x^2}+\dfrac{\partial u}{\partial x}\quad(n=0,1,2,\cdots)$的通解.

14.4 求解

$$4t^2\frac{\partial^2 u}{\partial x^2}+2(1-t^2)\frac{\partial^2 u}{\partial x\partial t}-\frac{\partial^2 u}{\partial t^2}-\frac{2t}{1+t^2}\left(2\frac{\partial u}{\partial x}-\frac{\partial u}{\partial t}\right)=0$$
$$u(x,0)=\varphi(x),\quad u_t(x,0)=\psi(x)$$

14.5 求解

$$\frac{\partial}{\partial x}\left[\left(1-\frac{x}{H}\right)^2\frac{\partial u}{\partial x}\right]=\frac{1}{a^2}\left(1-\frac{x}{H}\right)^2\frac{\partial^2 u}{\partial t^2}$$
$$u(x,0)=\varphi(x),\quad u_t(x,0)=\psi(x)$$

14.6 在无失真条件下，即 $CR=GL$，求如下电报方程的解：

$$v_x+Li_t+Ri=0\quad(-\infty<x<\infty,0<t<\infty)$$
$$i_x+Cv_t+Gv=0$$
$$v(x,0)=f(x)\quad(-\infty<x<\infty)$$
$$i(x,0)=\sqrt{\frac{C}{L}}F(x)$$

14.7 以常速 v_0 平行于轴 x 运动着的载荷 $Q=Mg$，在时刻 $t=0$，由于冲击的结果，使它粘在半无限杆 $0\leqslant x<+\infty$的自由端上，而且与其一道继续运动. 假定初始偏移 $u(x,0)=0$，而初始速度除载面 $x=0$(在这里等于 v_0)以外处处为零，试求当 $t>0$ 时杆的横截面离平衡位置的偏移 $u(x,t)$. 其相应的定解问题为

$$u_{tt}=a^2u_{xx}\quad(0<x<\infty,0<t<\infty)$$
$$Mu_{tt}(0,t)=ESu_x(0,t)\quad\left(0<t<\infty,M=\frac{Q}{g}\right)$$
$$u(x,0)=0\quad(0<x<\infty)$$
$$u_t(x,0)=\begin{cases}v_0 & (x=0)\\ 0 & (0<x<\infty)\end{cases}$$

14.8 求解

$$u_{tt}=a^2u_{xx}\quad(0<x<\infty,t>0)$$
$$u(x,0)=0,\quad u_t(x,0)=0\quad(0<x<\infty)$$
$$u(0,t)=f(t)\quad(0<t<\infty)$$

14.9 求解

$$
\begin{aligned}
&u_{tt} = a^2 u_{xx} \quad (0 < x < \infty, t > 0) \quad a^2 = \frac{E}{\rho} \\
&u(x,0) = 0, \quad u_t(x,0) = 0, \quad 0 < x < \infty \\
&ESu_x(0,t) = -F(t), \quad 0 < t < \infty
\end{aligned}
$$

第 15 章　分离变量法

分离变量法是解偏微分方程定解问题最常用、最基本的方法. 分离变量法又称本征函数展开法(或傅里叶级数法).

这种解法的基本思想是:试图先求出方程的变量分离形式的试探解(或特解) $u_n(x,t)$

$$u_n(x,t) = X_n(x)T_n(t)$$

从而将求解偏微方程的定解问题化为求解常微分方程的问题. 然后利用线性方程的解的叠加原理,作这些特解的线性组合

$$u(x,t) = \sum_n u_n(x,t)$$

最后求得定解问题所要求的解.

15.1　分 离 变 量

对给定的偏微分方程实施变量分离应具备什么条件? 为此,我们以两个自变量的二阶线性偏微分方程为例,来讨论能用这种方法求解的条件.

在第 13 章中,我们已讨论过任何二阶线性(齐次)偏微分方程

$$A(\xi,\eta)u_{\xi\xi} + B(\xi,\eta)u_{\xi\eta} + C(\xi,\eta)u_{\eta\eta} + D(\xi,\eta)u_{\xi} + E(\xi,\eta)u_{\eta} + F(\xi,\eta)u = 0 \tag{15.1.1}$$

总可以通过自变量变换变成下列标准形式:

$$a(x,y)u_{xx} + c(x,y)u_{yy} + d(x,y)u_x + e(x,y)u_y + f(x,y)u = 0 \tag{15.1.2}$$

而且

(1) 当 $a\equiv -c$ 时,它是双曲型的;

(2) 当 $a\equiv 0$ 时或 $c\equiv 0$ 时,它是抛物型的;

(3) 当 $a\equiv c$ 时,它是椭圆型的.

假设方程(15.1.2)的解的形式为

$$u(x,y) = X(x)Y(y) \tag{15.1.3}$$

其中 X 和 Y 分别是单个变量 x 和单个变量 y 的二次可微函数.

将式(15.1.3)代入方程(15.1.2)得

$$aX''Y + cXY'' + dX'Y + eXY' + fXY = 0 \tag{15.1.4}$$

其中 X 和 Y 右上角的撇号"$'$"表示对各自的变量求导数

假设存在一个函数 $P(x,y)$，使得方程(15.1.4)除以 $P(x,y)$后，能变为

$$\begin{aligned} & a_1(x)X''Y+b_1(y)XY''+a_2(x)X'Y+b_2(y)XY' \\ & \quad +[a_3(x)+b_3(y)]XY=0 \end{aligned} \tag{15.1.5}$$

再将方程(15.1.5)除以 XY，得

$$\left[a_1\frac{X''}{X}+a_2\frac{X'}{X}+a_3\right]=-\left[b_1\frac{Y''}{Y}+b_2\frac{Y'}{Y}+b_3\right] \tag{15.1.6}$$

上式左边只是 x 的函数，而右边只是 y 的函数. 因此，要等式始终成立，只有它们等于同一常数，并记为$+\lambda$，从而得到两个(变量已被分离的)常微分方程

$$a_1X''+a_2X'+(a_3-\lambda)X=0 \tag{15.1.7a}$$

和

$$b_1Y''+b_2Y'+(b_3+\lambda)Y=0 \tag{15.1.7b}$$

如果方程(15.1.4)的系数均匀为常数，则将方程两边同除以 XY，得

$$a\frac{X''}{X}+c\frac{Y''}{Y}+d\frac{X'}{X}+e\frac{Y'}{Y}+f=0$$

即

$$\frac{aX''+dX'}{X}=-\frac{cY''+eY'}{Y}-f$$

因此，方程中变量已被分离. 左边仅是 x 的函数，右边仅是 y 的函数. 要等式永远成立，只有同时等于一常数 λ. 于是，得到两个常微分方程

$$aX''+dX'-\lambda X=0 \tag{15.1.8a}$$

及

$$cY''+eY'+(f+\lambda)Y=0 \tag{15.1.8b}$$

由此可见，变系数的二阶线性(齐次)偏微分方程，不是总能实施变量分离的. 由上述可知，必须找到那个能使方程(15.1.4)化为方程(15.1.5)的函数 $P(x,y)$. 然而，对于常系数的二阶线性(齐次)偏微分方程来说，总是可以实施变量分离的.

下面讨论边界条件可实施变量分离的条件.

对于一维情形，常见的齐次边界条件为

$$u\Big|_{x=x_0}=0,\quad \frac{\partial u}{\partial x}\Big|_{x=x_0}=0,\quad \frac{\partial u}{\partial x}+hu\Big|_{x=x_0}=0$$

其中 x_0 表示边界点，通常是 0 和 l 或其他任何值.

假设给定的边界条件为

$$u\Big|_{x=0}=0,\quad \frac{\partial u}{\partial x}\Big|_{x=l}=0$$

由于 $u(x,t)=X(x)T(t)$，所以

$$X(0)T(t)=0,\quad X'(l)T(t)=0$$

因为要找 $u(x,t)$不是恒等于零的解，则要求 $T(t)\neq 0$. 因此，得

$$X(0)=0,\quad X'(l)=0$$

由此可知，只有当边界条件是齐次的，方可分离出单变量未知函数的边界条件. 此外，对上面所提到的边界条件作变量分离时，最好选择适合于边界的坐标系. 例如，对边界 $x=$常数和 $y=$常数的矩形域，我们宜采用直角坐标系(x,y)；对边界为 $\rho=$常数的圆形域，我们宜采用极坐标系(ρ,φ)…….

15.2 直角坐标系中的分离变量法

15.2.1 齐次方程的定解问题

下面以一维有界弦的自由振动为例，较详细地阐述分离变量法的主要步骤和基本精神.

例 15.2.1 两端固定的弦自由振动的定解问题为

$$\begin{aligned}&u_{tt}=a^2u_{xx}\quad(0<x<l,t>0)\\&u(x,0)=\varphi(x),\quad u_t(x,0)=\psi(x)\quad(0\leqslant x\leqslant l)\\&u(0,t)=0,\quad u(l,t)=0\quad(t\geqslant 0)\end{aligned}\tag{15.2.1}$$

解 用分离变量法求解，具体可分如下四个步骤：

(i) 将变量分离形式的试探解 $u(x,t)=X(x)T(t)$，代入齐次泛定方程和齐次边界条件，导出 $X(x)$所满足的常微分方程的边值问题.

找如下形式、且满足边界条件的特解

$$u(x,t)=X(x)T(t)\tag{15.2.2}$$

目的在于把解偏微分方程的问题化成解常微分方程的问题. 将式(15.2.2)代入定解问题(15.2.1)中的泛定方程，得

$$X(x)\cdot T''(t)=a^2X''(t)\cdot T(t)$$

即

$$\frac{X''(x)}{X(x)}=\frac{T''(t)}{a^2T(t)}$$

上式左、右两边各为一个自变量的函数，所以要相等，只能是它们等于一个公共常数，且令它为$-\lambda$，于是偏微分方程(15.2.1)就被分离成两个常微分方程

$$T''(t)+a^2\lambda T(t)=0\tag{15.2.3a}$$

和

$$X''(x)+\lambda X(x)=0\tag{15.2.3b}$$

同样，将式(15.2.2)代入边界条件(15.2.1)，可得

$$X(0)T(t)=0,\quad X(l)T(t)=0$$

因为 $T(t)\neq 0$，故得

$$X(0)=0,\quad X(l)=0$$

可见,为了确定 $X(x)$,需要解下列常微分方程的边值问题

$$X''(x)+\lambda X(x)=0 \tag{15.2.4a}$$

$$X(0)=0,X(l)=0 \tag{15.2.4b}$$

至此,坐标部分方程的定解条件已明确,但时间部分方程的定解条件尚不明确. 至少要先知道 $X(x)$才能给出 $T(t)$的定解条件. 因此,应先解出 $X(x)$.

(ii) 解本征值问题,求出本征值及本征函数.

由方程(15.2.4a)及边界条件(15.2.4b)可知,除非参数取某些特定值,方程(15.2.4a)在齐次边界条件(15.2.4b)下才有非零解. 这些特定的 λ 值称为方程(15.2.4a)在齐次边界条件(15.2.4b)下的本征值,相应的非零解称为本征函数. 求本征值 λ 和相应的本征函数的问题称为本征值问题.

下面讨论本征值和本征函数的求解问题.

(15.2.4a)与(15.2.4b)所列的边值问题,是典型的斯特姆-刘维本征值问题.

$$X''(x)+\lambda X(x)=0,\quad X(0)=0,\quad X(l)=0$$

微分方程的通解为

$$X(x)=c_1\cos\sqrt{\lambda}x+c_2\sin\sqrt{\lambda}x$$

代入齐次边界条件,因为 $X(0)=0$, 所以 $c_1=0$,又 $X(l)=0$, 则 $c_2\sin\sqrt{\lambda}l=0$.

若要 $c_2\neq0$,则 $\sin\sqrt{\lambda}l=0$,于是满足此方程的 λ 值,称为本征值,即本征值

$$\lambda_n=\left(\frac{n\pi}{l}\right)^2\quad(n=1,2,3,\cdots)$$

及本征函数

$$X_n(x)=\sin\frac{n\pi}{l}x\quad(n=1,2,3,\cdots)$$

由于是典型的斯特姆-刘维本征值问题[$k(x)=1,q(x)=0,\rho(x)=1$],所以本征函数系$\{X_n\}$在区间[$0,l$]上构成完备正交系,且

$$\int_0^l X_nX_m\,\mathrm{d}x=\begin{cases}0 & (n\neq m)\\ \|X_n\|^2 & (n=m)\end{cases}$$

$$\|X_n(x)\|^2=\int_0^l\sin^2\frac{n\pi}{l}x\,\mathrm{d}x=\frac{l}{2}$$

因此任何一个在[$0,l$]上具有连续的一阶导数和分段连续的二阶导数的函数,均可按本征函数系$\{X_n\}$展开成傅里叶级数.

(iii) 设想的解 $u(x,t)$,以及 $\varphi(x)$和 $\psi(x)$按本征函数系$\left\{\sin\frac{n\pi}{l}x\right\}$展开成傅里叶级数

$$u(x,t)=\sum_{n=1}^{\infty}T_n(t)\sin\frac{n\pi}{l}x$$

$$u(x,0)=\varphi(x)=\sum_{n=1}^{\infty}\varphi_n\sin\frac{n\pi}{l}x=\sum_{n=1}^{\infty}T_n(0)\sin\frac{n\pi}{l}x$$

$$u_t(x,0)=\psi(x)=\sum_{n=1}^{\infty}\psi_n\sin\frac{n\pi}{l}x=\sum_{n=1}^{\infty}T_n'(0)\sin\frac{n\pi}{l}x$$

其中

$$\varphi_n=\frac{1}{\|X_n\|^2}\int_0^l\varphi(\xi)\sin\frac{n\pi}{l}\xi\mathrm{d}\xi=\frac{2}{l}\int_0^l\varphi(\xi)\sin\frac{n\pi}{l}\xi\mathrm{d}\xi\quad(n=1,2,3,\cdots)$$

以及

$$\psi_n=\frac{1}{\|X_n\|^2}\int_0^l\psi(\xi)\sin\frac{n\pi}{l}\xi\mathrm{d}\xi=\frac{2}{l}\int_0^l\psi(\xi)\sin\frac{n\pi}{l}\xi\mathrm{d}\xi\quad(n=1,2,3,\cdots)$$

(iv) 将形式解 $u(x,t)$代入泛定方程及定解条件，得到时间部分 $T_n(t)$满足的常微分方程及初始条件

$$T_n''(t)+\omega_n^2T_n(t)=0\quad(\text{其中 }\omega_n=\sqrt{\lambda_n}a)$$

$$T_n(0)=\varphi_n,\quad T_n'(0)=\psi_n$$

解上述初值问题，得

$$T_n(t)=\varphi_n\cos\omega_nt+\frac{\psi_n}{\omega_n}\sin\omega_nt\quad(n=1,2,3,\cdots)$$

最后得定解问题的解

$$u(x,t)=\sum_{n=1}^{\infty}\left(\varphi_n\cos\omega_nt+\frac{\psi_n}{\omega_n}\sin\omega_nt\right)\sin\frac{n\pi}{l}x\tag{15.2.5}$$

其中 $\omega_n=\sqrt{\lambda_n}a=\dfrac{n\pi a}{l}$.

经过上述四个步骤，形式上推出解的表达式的过程称为分析过程. 对于定解问题的初始条件中给定的函数 $\varphi(x)$与 $\psi(x)$加以一定的限制条件，并验证级数(15.2.5)确实是定解问题的解，这种验证的过程称为综合过程.

综合过程的结果可归结成如下定理：

定理 15.2.1 如果在区间$[0,l]$中 $\varphi(x)$有连续的二阶导数，$\psi(x)$也有连续的二阶导数，并且它们满足齐次边界条件，则定解问题的解是存在的，它可用级数给出，其中系数由初始条件确定.

解的物理意义 为了揭示所研究现象的重要物理特性，以及阐明解的物理意义，现在我们以两端固定弦的自由振动为例来说明这一点.

考虑级数(15.2.5)中的任一特解 $u_n(x,t)$，并将它改写成

$$u_n(x,t)=A_n\sin\frac{n\pi}{l}x\sin\left(\frac{n\pi a}{l}t+\theta_n\right)\quad(n=1,2,3,\cdots)\tag{15.2.6}$$

其中

$$A_n=\sqrt{a_n^2+b_n^2},\quad\theta_n=\arctan\frac{a_n}{b_n},$$

$$a_n = \varphi_n, \quad b_n = \frac{\psi_n}{\omega_n}$$

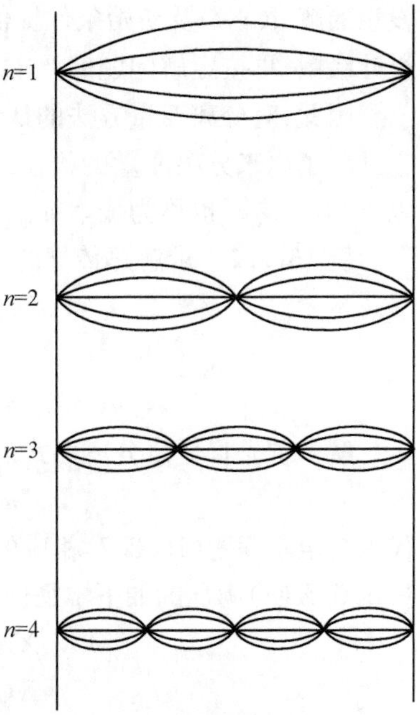

图 15.1

由此可见，弦的全振动 $u(x,t)$ 是一系列简谐振动 $u_n(x,t)$ 所组成的. 每一简谐振动的振幅为 $A_n\left|\sin\frac{n\pi}{l}x\right|$，频率为 $\omega_n=\frac{n\pi a}{l}$，初相位为 θ_n. 振幅大小与位置有关，当 $x=0,\frac{l}{n},\cdots,\frac{n-1}{n}l,l$ 时，振幅为零，这些点称为**波节**；而当 $x=\frac{1}{2n},\frac{3l}{2n},\cdots,\frac{2n-1}{2n}l$ 时，振幅为最大，这些点称为**波腹**. 图 15.1 上画出了 $n=1,2,3,4$ 的简谐振动模式. 弦的这种模式的运动称为**驻波**. 所以在物理上也把分离变量法称为**驻波法**，即把弦的全振动看作一系列具有本征频率的驻波的叠加. $n=1$ 的驻波称为基波，$n>1$ 的各个驻波分别称为 n 次谐波，而每个驻波的波长为 $\frac{2l}{n}$.

分离变量法的理论基础

上面我们已用分离变量法求解了二阶线性常系数偏微分方程的定解问题. 从演算过程的前半部来看，我们明确了变量可分离的条件是要求泛定方程及边界条件是齐次的. 从演算过程的后半部分来看，我们体会到分离变量法成功与否完全取决于本征值问题能否得到完满解决.

其次，我们看到，在第二步求解本征值问题中隐含着两个问题：

(1) 在什么条件下本征值问题有解？

(2) 从本征值问题求解所得的本征函数系在指定的区间内是否一定构成完备正交系？

以上两个问题在第 8 章中已讨论过，并且答案是肯定的(详见第 8 章内容). 至少可以说在本书中所涉及的本征值问题，均有解，且本征函数系在指定的区域(例如区间$[0,l]$)上构成完备正交系，因此，任何满足狄里克雷条件的函数均可按本征函数系进行(广义)傅里叶级数展开.

由此可见，有关本征值问题的研究成果才是分离变量法的理论基础.

按本征函数展开法

我们可以利用上述研究成果来重新认识分离变量法.

首先，找出与定解问题相适应的本征值问题，求出本征值及本征函数. 直接将

设想的解 $u(x,t)$ 及初始条件提供的函数 $\varphi(x)$ 及 $\psi(x)$ 按本征函数系展开成广义傅里叶级数，再按定解问题的要求去确定 $T_n(t)$，最后得出定解问题的解.

因此，对分离变量方法的认识再不是那种纯粹实施变量分离来求解的方法了，它推广了原来分离变量的概念. 它还可用来求解非齐次泛定方程的定解问题. 所以，这方法有时也称为按本征函数展开法.

例 15.2.2 求解热传导的定解问题

$$\begin{aligned} &u_t = a^2 u_{xx} \quad (0 < x < l, t > 0) \\ &u(0,t) = 0, \quad u_x(l,t) = 0 \quad (t > 0) \\ &u(x,0) = \varphi(x) \quad (0 < x < l) \end{aligned} \tag{15.2.7}$$

解 首先将变量分离形式的解

$$u(x,t) = X(x)T(t)$$

代入与定解问题(15.2.7)相应的齐次方程及齐次边界条件中去，从而得到空间变量函数 $X(x)$ 满足的如下本征值问题：

$$\begin{aligned} &X''(x) + \lambda X(x) = 0 \\ &X(0) = 0, \quad X'(l) = 0 \end{aligned} \tag{15.2.8}$$

求得本征值

$$\lambda_n = \left[\frac{\left(n+\frac{1}{2}\right)}{l}\pi\right]^2 = \left[\frac{(2n+1)\pi}{2l}\right]^2 \quad (n = 0,1,2,3,\cdots)$$

(其中 $\sqrt{\lambda_n}$ 是方程 $\cos\sqrt{\lambda}l = 0$ 的根)及本征函数

$$X_n(x) = \sin\frac{(2n+1)\pi}{2l}x \quad (n = 0,1,2,3,\cdots)$$

由于本征问题(15.2.8)是第 8 章中斯特姆-刘维本征问题的一种特殊情形[$k(x)=1$, $\rho(x)=1$, $q(x)=0$]，所以本征函数系在区间[$0,l$]上构成完备正交系，且

$$\int_0^l X_m(x)X_n(x)\mathrm{d}x = \begin{cases} 0 & (m \neq n) \\ \| X_n \|^2 & (m = n) \end{cases}$$

而 $\| X_n \|^2$ 定义为函数 $X_n(x)$ 的模的平方

$$\| X_n(x) \|^2 = \int_0^l \left[\sin\frac{(2n+1)}{2l}x\right]\mathrm{d}x = \frac{l}{2} \quad (n = 0,1,2,3,\cdots)$$

因此任何二次可微函数均可按本征函数系 $\{X_n(x)\}$ 展开成傅里叶级数，得

$$u(x,t) = \sum_{n=0}^{\infty} T_n(t)\sin\frac{(2n+1)\pi}{2l}x$$

$$u(x,0) = \varphi(x) = \sum_{n=0}^{\infty}\varphi_n\sin\frac{(2n+1)\pi}{2l}x = \sum_{n=0}^{\infty}T_n(0)\sin\frac{(2n+1)\pi}{2l}x$$

其中系数

$$\varphi_n = \frac{1}{\|X_n\|^2}\int_0^l \varphi(\xi)X_n(\xi)\mathrm{d}\xi = \frac{2}{l}\int_0^l \varphi(\xi)\sin\frac{(2n+1)\pi}{2l}\xi\mathrm{d}\xi \quad (n=0,1,2,3,\cdots)$$

将 $u(x,t)$ 及 $u(x,0)$ 代入定解问题(15.2.7)，得时间变量函数 $T_n(t)$ 满足的常微分方程及初值条件

$$T_n'(t) + \left[\frac{(2n+1)\pi a}{2l}\right]^2 T_n(t) = 0, \quad T_n(0) = \varphi_n$$

由上述初值问题解得

$$T_n(t) = \varphi_n \mathrm{e}^{-\left[\frac{(2n+1)\pi a}{2l}\right]^2 t}$$

最后得定解问题的解

$$u(x,t) = \sum_{n=1}^{\infty} \varphi_n \mathrm{e}^{-\left[\frac{(2n+1)\pi a}{2l}\right]^2 t} \sin\frac{(2n+1)\pi}{2l}x \tag{15.2.9}$$

总结　关于 $x=0, x=l$ 的边界条件，包括前面二个例子在内，总共可得九种不同的组合. 表 15.1 中列出了对应于在 $x=0$ 与 $x=l$ 处九种不同组合形式的边界条件下，微分方程 $X''(x)+\lambda X(x)=0$ 的本征函数 $X_n(x)$、本征值 λ_n 以及模 $\|X_n\|$. 因此，我们只要根据 $x=0, x=l$ 的边界条件，从表 15.1 中查得 $X_n(x)$、λ_n 以及 $\|X_n\|^2$ 的值，然后由公式(15.2.5)及公式(15.2.9)，通过适当替代就可直接得到自由振动问题及热传导问题的解.

九种不同边界条件下微分方程

$$X''(x) + \lambda X(x) = 0 \quad (0 < x < l)$$

的本征函数 $X_n(x)$、本征值 λ_n 以及模的平方 $\|X_n\|^2$ 总结为表 15-1.

表 15-1　九种边界条件下的 λ_n、X_n 和 $\|X_n\|^2$

(1)	(2)
$X(0)=0, X(l)=0$	$X(0)=0, X'(l)=0$
$\lambda_n=\mu_n^2=\left(\frac{n\pi}{l}\right)^2$	$\lambda_n=\mu_n^2=\left[\frac{(2n+1)\pi}{2l}\right]^2$
μ_n 是方程 $\sin\mu l=0$ 的根	μ_n 是 $\cos\mu l=0$ 的根
$(n=1,2,3,\cdots)$.	$X_n(x)=\sin\frac{(2n+1)\pi}{2l}x$
$X_n=\sin\frac{n\pi}{l}x$	$(n=0,1,2,3,\cdots)$
$\|X_n\|^2=\frac{l}{2}$	$\|X_n\|^2=\frac{l}{2}$
(3)	(4)
$X(0)=0,\quad X'(l)+hX(l)=0$	$X'(0)=0,\quad X(l)=0$
$\lambda_n=\mu_n^2$	$\lambda_n=\mu_n^2=\left[\frac{(2n+1)\pi}{2l}\right]^2$
μ_n 是 $\mu\cot\mu l=-h$ 的根	μ_n 是 $\cos\mu l=0$ 的根

续表

$X_n(x)=\sin\mu_n x$ $(n=1,2,3,\cdots)$ $\Vert X_n \Vert^2=\dfrac{l(\mu_n^2+h^2)+h}{2(\mu_n^2+h^2)}$	$X_n(x)=\cos\dfrac{(2n+1)\pi}{2l}x$ $(n=0,1,2,3,\cdots)$ $\Vert X_n \Vert^2=\dfrac{l}{2}$
(5) $X'(0)=0,\quad X'(l)=0$ $\lambda_n=\mu_n^2=\left(\dfrac{n\pi}{l}\right)^2$ μ_n 是 $\sin\mu l=0$ 的根 $X_n(x)=\cos\dfrac{n\pi}{l}x$ $(n=0,1,2,3,\cdots)$ $\Vert X_n \Vert^2=\dfrac{1}{2}\quad(n\neq0)$ $\Vert X_0 \Vert^2=l\quad(n=0)$	(6) $X'(0)=0$ $X'(l)+hX(l)=0$ $\lambda_n=\mu_n^2$ μ_n 是 $\mu\tan\mu l=h$ 的根 $X_n(x)=\cos\mu_n x$ $\Vert X_n \Vert^2=\dfrac{l}{2}\quad(n\neq0)$ $(n=1,2,3,\cdots)$ $\Vert X_n \Vert^2=\dfrac{l(\mu_n^2+h^2)+h}{2(\mu_n^2+h^2)}$
(7) $X'(0)-hX(0)=0,\quad X(l)=0$ $\lambda_n=\mu_n^2$ μ_n 是 $\mu\cot\mu l=-h$ 的根 $X_n(x)=\sin\mu_n(l-x)$ $(n=1,2,3,\cdots)$ $\Vert X_n \Vert^2=\dfrac{l(\mu_n^2+h^2)+h}{2(\mu_n^2+h^2)}$	(8) $X'(0)-hX(0)=0,\quad X'(l)=0$ $\lambda_n=\mu_n^2$ μ_n 是 $\mu\tan\mu l=h$ 的根 $X_n(x)=\cos\mu_n(l-x)$ $(n=1,2,3,\cdots)$ $\Vert X_n \Vert^2=\dfrac{l(\mu_n^2+h^2)+h}{2(\mu_n^2+h^2)}$
(9) $X'(0)-hX(0)=0,\quad X'(l)+hX(l)=0$ $\lambda_n=\mu_n^2$ μ_n 是 $\tan\mu l=\dfrac{2h\mu}{\mu^2-h^2}$ 的根 $X_n(x)=\mu_n\cos\mu_n x+h\sin\mu_n x$ $(n=1,2,3,\cdots)$ $\Vert X_n \Vert^2=\dfrac{(\mu_n^2+h^2)l+2h}{2}$	

例 15.2.3　设两端固定的轻弦，在初始时刻、在弦的 $x=c$ 点处，轻轻拨开位移 h 高度，然后让其自由振动，试求其解的形式(图 15.2).

解　上述问题等价于解下述定解问题：

$$u_{tt}=a^2u_{xx}\quad(0<x<l,t>0)$$

$$u(0,t)=0,\quad u(l,t)=0$$

$$u(x,0)=\varphi(x)=\begin{cases}\dfrac{h}{c}x & (0\leqslant x\leqslant c)\\[2mm] \dfrac{h(l-x)}{l-c} & (c\leqslant x\leqslant l)\end{cases}$$

$$u_t(x,0)=\psi(x)=0$$

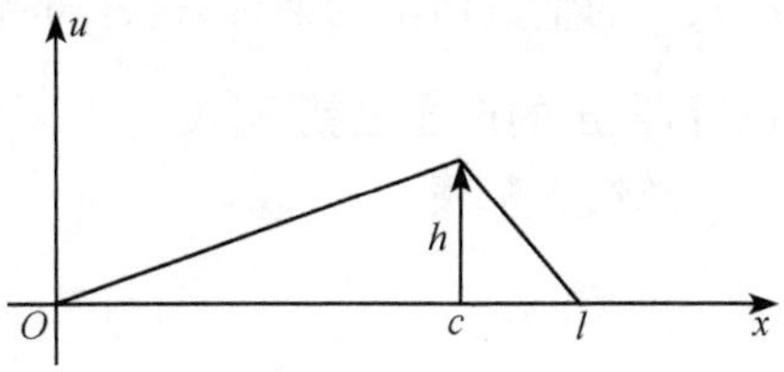

图 15.2

其中 $a^2=\dfrac{T}{\rho}$，T 是弦处于平衡位置时弦中的张力，ρ 是弦的线密度. 按照公式(15.2.5)

$$\varphi_n=\frac{2}{l}\int_0^l\varphi(x)\sin\frac{n\pi}{l}x\,\mathrm{d}x=\frac{2}{l}\left[\int_0^c\frac{h}{c}x\sin\frac{n\pi}{l}x\,\mathrm{d}x+\int_c^l\frac{h(l-x)}{l-c}\sin\frac{n\pi}{l}x\,\mathrm{d}x\right]$$

$$=\frac{2hl^2}{c(l-c)n^2\pi^2}\sin\frac{n\pi}{l}c$$

$$\psi_n=0\quad(n=0,1,2,3,\cdots)$$

所以上述定解问题的解为

$$u(x,t)=\sum_{n=1}^{\infty}\frac{2hl^2}{c(l-c)n^2\pi^2}\sin\frac{n\pi c}{l}\sin\frac{n\pi}{l}x\cos\frac{n\pi a}{l}t$$

由上式可知，全解是由一系列简谐振动的解组成的，第一项相应于最低频率，称为弦的基音，其值为 $\omega_1=\dfrac{a\pi}{l}=\dfrac{\pi}{l}\sqrt{\dfrac{T}{\rho}}$；其余项相应的频率为 $\omega_n=n\omega_1$，称为弦的泛音. 由于振幅

$$A_n=\frac{2hl^2}{c(l-c)n^2\pi^2}\sin\frac{n\pi}{l}c\sin\frac{n\pi}{l}x$$

与 n^2 成反比，所以一般说来，$A_1\gg A_n\,(n\geqslant2)$. 因此，弦的基音决定弦的音调，而泛音决定音色. 弦乐器(胡琴、提琴、琵琶等)即使发声的音调相同(基音相同)，但由于它们的音色各异，就表现为不同的声音.

其次，由 $\omega_1=\dfrac{\pi}{l}\sqrt{\dfrac{T}{\rho}}$ 可知，用手指按压弦的不同点，相应于弦的长度 l 改变，因此可以改变弦的音调. 例如手指压在弦线的中点是，基音及所有的泛音频率比原来增大一倍，这样弦的音调就高八度. 改变弦的张力 T 也可影响基音频率，张力愈大，基音频率愈高. 张力加倍，就使频率增高$\sqrt{2}$倍. 此外，粗弦的线密度较大，细弦的线密度较小，因此两根具有相同长度 l 及张力 T 的弦，细弦比粗弦应发出较高频率的基音.

另一方面，由于振幅 A_n 中含有因子 $\sin\frac{n\pi}{l}c$，当 $\frac{l}{c}$ = 任何整数时，就不存在 $\frac{l}{c}$ 次及 $\frac{l}{c}$ 的整数倍次的谐音，这样声音显得清脆悦耳. 因此演奏琵琶时拨动弦的不同位置，发出的声音也就不同.

总结 基频

$$f_1=\frac{\omega_1}{2\pi}=\frac{1}{2l}\sqrt{\frac{T}{\rho}}$$

其中，l 是弦长，T 是线张力，ρ 是线密度. 张力 T 愈大，频率愈高；密度 ρ 愈大，频率愈低；粗弦线密度大，所以频率较低；细弦线密度小，所以频率较高.

用手指按压弦的不同点，相应于弦的长度 l 改变，下面所示 L 表示弦长的改变，同时带来的频率改变，我们用 f 表示，也可用发出的音名来表示，发音名"1" do，通常调试为 270Hz.

L	l	$\frac{8}{9}l$	$\frac{4}{5}l$	$\frac{8}{11}l$	$\frac{2}{3}l$	$\frac{8}{13}l$	$\frac{4}{7}l$	$\frac{1}{2}l$
f	f_1	$\frac{9}{8}f_1$	$\frac{5}{4}f_1$	$\frac{11}{8}f_1$	$\frac{3}{2}f_1$	$\frac{13}{8}f_1$	$\frac{7}{4}f_1$	$2f_1$
音名	1	2	3	4	5	6	7	i
	do	re	mi	fa	sol	la	si	do↑
频率	270Hz	304Hz	338Hz	371Hz	405Hz	439Hz	472Hz	540Hz

若 $\frac{l}{c}=m$(整数)，则泛音中 ω_m 项以及 ω_{km} 项(k 为整数)消失，所以声音清脆悦耳.

由此可见，从上述定解问题的解的分析，我们就可以初步领会弦乐器的演奏原理.

15.2.2 非齐次方程的定解问题

对于非齐次方程的定解问题，由于方程中含有自由项，因而不能实施变量分离. 但是，如果我们采用上节中推广的分离变量法——按本征函数展开法，还是可行的.

下面以两端固定弦的强迫振动问题为例来介绍具体解法.

例 15.2.4 求解定解问题

$$\begin{aligned}&u_{tt}=a^2u_{xx}+f(x,t)\quad(0<x<l,t>0)\\&u(0,t)=0,\quad u(l,t)=0\quad(t>0)\\&u(x,0)=\varphi(x),\quad u_t(x,0)=\psi(x)\quad(0<x<l)\end{aligned}\tag{15.2.10}$$

解 首先将变量分离形式的解

$$u(x,t)=X(x)T(t)$$

代入与定解问题(15.2.10)相应的齐次方程及齐次边界条件中去，从而得 $X(x)$ 满足的本征值问题

$$X''(x)+\lambda X(x)=0$$
$$X(0)=0,\quad X(l)=0$$

解上述本征值问题,得本征值

$$\lambda_n=\left(\frac{n\pi}{l}\right)^2\quad(n=1,2,3,\cdots)$$

及本征函数

$$X_n(x)=\sin\frac{n\pi}{l}x\quad(n=1,2,3,\cdots)$$

且

$$\int_0^l X_m(x)X_n(x)\mathrm{d}x=\begin{cases}0 & (m\neq n)\\ \|X_n\|^2 & (m=n)\end{cases}$$
$$\|X_n\|^2=\int_0^l\left[\sin\frac{n\pi}{l}x\right]^2\mathrm{d}x=\frac{l}{2}$$

由于本征函数系$\left\{\sin\frac{n\pi}{l}x\right\}$$(n=1,2,3,\cdots)$在$[0,l]$上构成完备正交系,所以任何二次可微函数均可按本征函数系$\left\{\sin\frac{n\pi}{l}x\right\}$展开成傅里叶级数. 由此得

$$u(x,t)=\sum_{n=1}^{\infty}T_n(t)\sin\frac{n\pi}{l}x\tag{15.2.11a}$$
$$f(x,t)=\sum_{n=1}^{\infty}f_n(t)\sin\frac{n\pi}{l}x\tag{15.2.11b}$$
$$u(x,0)=\varphi(x)=\sum_{n=1}^{\infty}\varphi_n\sin\frac{n\pi}{l}x=\sum_{n=1}^{\infty}T_n(0)\sin\frac{n\pi}{l}x\tag{15.2.11c}$$
$$u_t(x,0)=\psi(x)=\sum_{n=1}^{\infty}\psi_n\sin\frac{n\pi}{l}x=\sum_{n=1}^{\infty}T'(0)\sin\frac{n\pi}{l}x\tag{15.2.11d}$$

其中

$$f_n(t)=\frac{2}{l}\int_0^l f(\xi,t)\sin\frac{n\pi}{l}\xi\mathrm{d}\xi\quad(n=1,2,3,\cdots)\tag{15.2.12a}$$
$$\varphi_n=\frac{2}{l}\int_0^l\varphi(\xi)\sin\frac{n\pi}{l}\xi\mathrm{d}\xi\quad(n=1,2,3,\cdots)\tag{15.2.12b}$$
$$\psi_n=\frac{2}{l}\int_0^l\psi(\xi)\sin\frac{n\pi}{l}\xi\mathrm{d}\xi\quad(n=1,2,3,\cdots)\tag{15.2.12c}$$

将式(15.2.11a)～式(15.2.11d)代入定解问题,得时间变量函数 $T_n(t)$满足的常微分方程及初始条件

$$T_n''(t)+\omega_n^2T_n(t)=f_n(t)\tag{15.2.13}$$
$$T_n(0)=\varphi_n,\qquad T_n'(0)=\psi_n$$

其中 $\omega_n=\frac{n\pi a}{l}$.

对于上述二阶线性非齐次常数微分方程的初值问题，可由拉普拉斯变换求得解为

$$T_n(t)=\frac{1}{\omega_n}\int_0^t[f_n(\tau)\sin\omega_n(t-\tau)]\mathrm{d}\tau+\varphi_n\cos\omega_n t+\frac{1}{\omega_n}\psi_n\sin\omega_n t\quad(n=1,2,3,\cdots)$$

(15.2.14)

将式(15.2.14)的 $T_n(t)$ 代入式(15.2.11)，并利用 $f_n(t)$、φ_n 和 ψ_n 的系数公式，最后得定解问题(15.2.10)的解为

$$u(x,t)=\sum_{n=1}^{\infty}\left\{\int_0^t\left[\frac{1}{\omega_n}f_n(\tau)\sin\omega_n(t-\tau)\right]\mathrm{d}\tau+\varphi_n\cos\omega_n t+\frac{\psi_n}{\omega_n}\sin\omega_n t\right\}\sin\frac{n\pi}{l}x$$

(15.2.15)

其中 $\omega_n=\dfrac{n\pi a}{l}$，$f_n(\tau)$，$\varphi_n$ 及 ψ_n 由(15.2.12a)～(15.2.12c)给出．上式(15.2.15)中的第一项正是定理 14.6.1 的结论．

研究弹簧振动的问题.

螺旋弹簧的平均直径 $D=2.5\text{cm}$，钢丝的直径 $d=0.25\text{cm}$，每单位长的匝数为 20 匝($N=20/\text{cm}$)，钢丝的受剪的弹性模量 $E=0.8\times10^6\text{kg/cm}^2$，弹簧常数 k.

$$k=\frac{Ed^4}{8ND^3}=\frac{0.8\times10^6\times(0.25)^4}{8\times20\times(2.5)^3}=1.25\text{kg/cm}$$

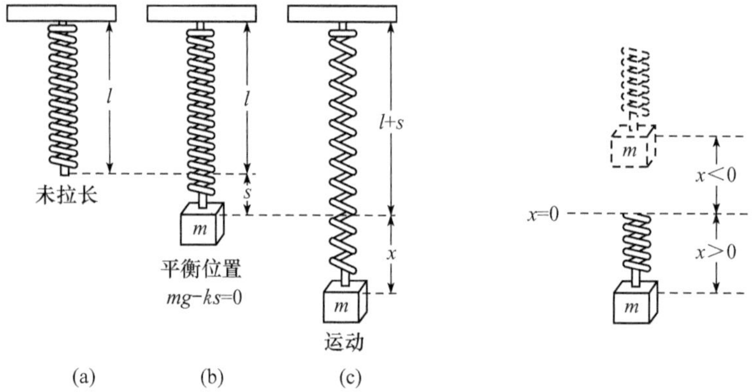

图 15.3

弹簧长为 l，重物为 $W=Mg$，弹簧振动的定解问题，利用例 12.3.3 的结果，得

$$\frac{\partial^2u}{\partial t^2}=a^2\frac{\partial^2u}{\partial x^2}+g\quad(0<x<l,t>0)$$

$$u(0,t)=0,M\frac{\partial^2u}{\partial t}(l,t)=-Eu_x(l,t)+W$$

$$u(x,0)=\varphi(x),u_t(x,0)=\psi(x)$$

$$a^2=\frac{E}{\rho}=\frac{kl}{\rho s}=\frac{kl^2}{m};F=k\Delta l,F=ES\frac{\Delta l}{l},\therefore k=\frac{ES}{l},$$

其中,m 为弹簧的自重,S 为弹簧的截面积,E 为弹性模量.

下面分两种情况来讨论:(1) 自重作用下的振动;(2) 挂重物后的振动.

例 15.2.5　求上端固定,下端自由的弹簧,在自重作用下的纵向振动解.

解　上述问题等价于解下述定解问题:

$$\begin{aligned}&u_{tt}=a^2u_{xx}+g\quad(0<x<l,t>0)\\&u(0,t)=0,\quad u_x(l,t)=0\\&u(x,0)=0,\quad u_t(x,0)=0\end{aligned}$$

其中,$a^2=\dfrac{kl^2}{m}$,k 是弹簧常数,l 是弹簧长度,m 是弹簧的质量.令

$$u(x,t)=v(x,t)+\Phi(x)$$

首先按照公式(15.2.17)找出特解,它既满足非齐次泛定方程,又满足边界条件,其形式为

$$\Phi(x)=\frac{g}{2a^2}x(2l-x)$$

而另一解 $v(x,t)$,按照公式(15.2.18),应为下列定解问题的解:

$$\begin{aligned}&v_{tt}=a^2v_{xx}\quad(0<x<l,t>0)\\&v(0,t)=0,\quad v_x(l,t)=0\\&v(x,0)=-\Phi(x)=-\frac{g}{2a^2}x(2l-x)\\&v_t(x,0)=0\end{aligned}$$

上述定解问题的解为

$$v(x,t)=-\frac{16gl^2}{\pi^3a^2}\sum_{n=0}^{\infty}\frac{1}{(2n+1)^3}\cos\frac{(2n+1)\pi a}{2l}t\sin\frac{(2n+1)\pi}{l}x$$

因此,本题的解为

$$u(x,t)=\frac{gx(2l-x)}{2a^2}-\frac{16gl^2}{\pi^3a^2}\sum_{n=0}^{\infty}\frac{1}{(2n+1)^3}\cos\frac{(2n+1)\pi a}{2l}t\sin\frac{(2n+1)\pi a}{2l}x$$

于是,$x=l$ 端的位移为

$$u(l,t)=\frac{gl^2}{2a^2}-\frac{16gl^2}{\pi^3a^2}\sum_{n=0}^{\infty}\frac{(-1)^n}{(2n+1)^3}\cos\frac{(2n+1)\pi a}{2l}t$$

当 $t=\dfrac{2l}{a}$ 时,达到极大值

$$u_{\max}=\frac{gl^2}{2a^2}+\frac{16gl^2}{\pi^3a^2}\sum_{n=0}^{\infty}\frac{(-1)^n}{(2n+1)^3}=\frac{gl^2}{2a^2}+\frac{16gl^2}{\pi^3a^2}\left(\frac{\pi^3}{32}\right)=\frac{gl^2}{a^2}=\frac{mg}{k}$$

所以弹簧端点在 l 到 $l+\dfrac{mg}{k}$ 之间上下振动.

例 15.2.6 挂重物后的振动,$M\neq 0, a^2=\frac{kl^2}{m}=\frac{kl}{\rho S}$,

$$\frac{\partial^2 u}{\partial t^2}=a^2\frac{\partial^2 u}{\partial x^2}+g \quad (0<x<l, t>0)$$

$$u(x,0)=0, \quad u_t(x,0)=0$$

$$u(0,t)=0, \quad M\frac{\partial^2 u}{\partial t^2}\bigg|_{x=l}=-ES\frac{\partial u}{\partial x}\bigg|_{x=l}+Mg$$

解 令 $u(x,t)=v(x,t)+\Phi_1(x)+\Phi_2(x)$

$$\Phi_1(x)=\frac{g}{2a^2}x(2l-x), \Phi_2(x)=\frac{Mg}{ES}x$$

于是 $v(x,t)$满足的定解问题为

$$\frac{\partial^2 v}{\partial t^2}=a^2\frac{\partial^2 v}{\partial x^2} \quad (0<x<l, t)$$

$$v(x,0)=-\frac{g}{2a^2}x(2l-x)-\frac{Mg}{ES}x=\Phi(x), \quad v_t(x,0)=0$$

$$v(0,t)=0, M\frac{\partial^2 v}{\partial t^2}\bigg|_{x=l}+ES\frac{\partial v}{\partial x}\bigg|_{x=l}=0$$

再令 $v(x,t)=T(t)X(x)$

$T''(t)+a^2\lambda_n T=0$	$X''+\lambda X=0$
$T_n(0)=\varphi_n, T'_n(0)=0$	$X(0)=0, X(l)-\frac{m}{M}\frac{1}{\lambda l}X'(l)=0$

解本征值问题,通解

$$X(x)=A\cos\sqrt{\lambda}x+B\sin\sqrt{\lambda}x$$

代入边界条件,得

$$\because X(0)=0, \quad \therefore A=0$$

$$\because X(l)-\frac{m}{M}\frac{1}{\lambda l}X'(l)=0, \quad B\left[\sin\sqrt{\lambda}l-\frac{m}{M}\frac{1}{\sqrt{\lambda}l}\cos\sqrt{\lambda}l\right]=0$$

所以本征值由下面方程的正根来确定

$$\cot\sqrt{\lambda_n}l=\frac{M}{m}\sqrt{\lambda_n}l \quad (n=1,2,3,\cdots)$$

为了表达清楚,令 $\mu_n=\sqrt{\lambda_n}l$

$$\omega_n=a\sqrt{\lambda_n}=a\frac{\mu_n}{l}$$

由初始条件可以确定系数,但必须注意$\left\{\sin\frac{\mu_n}{l}x\right\}$不是正交完备系.

参见 8.3 节，$\left\{\cos\dfrac{\mu_n}{l}x\right\}$才是正交完备系，最后解给出为

$$v(x,t)=\sum_{n=1}^{\infty}a_n\cos(\omega_n t)\cdot\sin\frac{\mu_n}{l}x$$

其中

$$a_n=\frac{4}{2\mu_n+\sin(2\mu_n)}\int_0^l\Phi(x)\cos\left(\frac{\mu_n}{l}x\right)\mathrm{d}x\quad(n=1,2,3,\cdots)$$

则挂重物后弹簧的振动解为

$$u(x,t)=\frac{Mg}{ES}x+\sum_{n=1}^{\infty}a_n\cos(a\sqrt{\lambda_n}t)\sin(\sqrt{\lambda_n}x)$$

其中

$$a_n=2\frac{Mg}{ES}\cdot\frac{\dfrac{1}{\sqrt{\lambda_n}}\cos(\sqrt{\lambda_n}l)-\left(\dfrac{1}{\lambda_n}+\dfrac{Ml}{\rho}\right)\sin(\sqrt{\lambda_n}l)}{l+\dfrac{M\rho S}{\rho^2S^2+M^2\lambda_n}}$$

讨论　挂重物后弹簧振动的固有(本征)频率发生了变化.

$$\omega_n=\sqrt{\lambda_n}a$$

基频为

$$\omega_1=\sqrt{\lambda_1}a$$

$\sqrt{\lambda_n}$由方程

$$\cot\sqrt{\lambda_n}l=\frac{M}{m}\sqrt{\lambda_n}l\quad(n=1,2,3,\cdots)$$

决定的正根，λ_1 为第一个根，λ_n 中最小的一个值.

令 $\mu_n=\sqrt{\lambda_n}l$，则方程变为

$$\cot\mu_n=\frac{M}{m}\mu_n\quad(n=1,2,3,\cdots)$$

又因

$$\cot x=\frac{1}{x}-\frac{x}{3}-\frac{x^3}{45}-\frac{2x^5}{945}-\cdots\quad(0<x<\pi)$$

当 x 较小，可以忽略 x^3 以上项，所以

$$\frac{1}{\mu_1}-\frac{\mu_1}{3}=\frac{M}{m}\mu_1$$

$$1-\frac{\mu_1^2}{3}=\frac{M}{m}\mu_1^2$$

$$\mu_1=\sqrt{\lambda_1}l=\left(\frac{m}{M+\dfrac{1}{3}m}\right)^{\frac{1}{2}}$$

因为 $a^2=\dfrac{kl^2}{m}$，所以基频 ω_1 为

$$\omega_1=\sqrt{\lambda_1}a=\sqrt{\lambda_1}l\sqrt{\frac{k}{m}}=\left(\frac{k}{M+\frac{1}{3}m}\right)^{\frac{1}{2}}$$

15.2.3　非齐次边界条件的齐次化

由于非齐次边界条件不能实施变量分离，因此我们必须首先将边界条件化为齐次的. 原则上是找一个特解 $W(x,t)$，令

$$u(x,t)=v(x,t)+W(x,t) \tag{15.2.16}$$

而只要求 $W(x,t)$ 满足边界条件，从而另一个解 $v(x,t)$ 就是满足齐次边界条件的定解问题的解了. 但特解 $W(x,t)$ 的形式可以有很多种，而我们希望 $W(x,t)$ 愈简单愈好，因为复杂的函数形式会给 $v(x,t)$ 的方程的自由项及初始条件增添麻烦. 所以我们希望 $W(x,t)$ 是 x 的线性函数或不大于 x 的二次幂的函数. 表 15-2 就是按以上要求给出的特解.

例 15.2.7　求解定解问题

$$\begin{aligned}&u_{tt}=a^2u_{xx}\quad (0<x<l,t>0)\\&u(0,t)=0,\quad u(l,t)=A\sin\omega t\\&u(x,0)=0,\quad u_t(x,0)=0\end{aligned} \tag{15.2.17}$$

解　法一　令

$$u(x,t)=v(x,t)+W(x,t)$$

由表 15-2 查得

$$W(x,t)=A\frac{x}{l}\sin\omega t$$

表 15-2　对于几种常用的非齐次边界条件齐次化所用的特解 $W(x,t)$ 函数的形式

边界条件	$W(x,t)$
$u(0,t)=f_1(t)$ $u(l,t)=f_2(t)$	$f_1(t)+\frac{x}{l}[f_2(t)-f_1(t)]$
$u(0,t)=f_1(t)$ $u_x(l,t)=f_2(t)$	$f_2(t)(1+x)+\frac{x^2}{2l}[f_2(t)-f_1(t)]$
$u_x(0,t)=f_1(t)$ $u(l,t)=f_2(t)$	$f_2(t)[1+(x-l)]+\frac{(x-l)^2}{2l}[f_2(t)-f_1(t)]$
$u_x(0,t)=f_1(t)$ $u_x(l,t)=f_2(t)$	$f_1(t)x+\frac{x^2}{2l}[f_2(t)-f_1(t)]$

续表

边界条件	$W(x,t)$
$u_x-hu\|_{x=0}=f_1(t)$ $u_x+hu\|_{x=l}=f_2(t)$	$(\alpha_1 x+\beta_1)f_1(t)+(\alpha_2 x+\beta_2)f_2(t)$ 其中 $\alpha_1=\frac{1}{2+hl}$；　$\alpha_2=\frac{1}{2+hl}$ $\beta_1=-\frac{1+hl}{(2+hl)h}$；　$\beta_2=\frac{1}{(2+hl)h}$

从而，另一解 $v(x,t)$ 是下列定解问题的解：

$$v_{tt}=a^2v_{xx}+A\frac{x}{l}\omega^2\sin\omega t\quad(0<x<l,t>0)$$

$$v(0,t)=0,\quad v(l,t)=0$$

$$v(x,0)=0,\quad v_t(x,0)=-A\omega\frac{x}{l}$$

上述定解问题可按 15.2.2 节中的本征函数展开法来求解. 最后得到

$$u(x,t)=A\frac{x}{l}\sin\omega t+2A\omega\sum_{n=1}^{\infty}\frac{(-1)^n}{n\pi(\omega^2-\omega_n^2)}[\omega\sin\omega t-\omega_n\sin\omega_n t]\sin\frac{n\pi}{l}x \tag{15.2.18}$$

其中 $\omega_n=\frac{n\pi a}{l}$.

法二　法一的缺点是 $W(x,t)$ 不满足泛定方程，所以给 $v(x,t)$ 满足的方程增添了一自由项，而本法是先找一个特解 $W(x,t)$，使它既满足非齐次边界条件，又满足泛定方程，其形式为

$$W(x,t)=\Phi(x)\sin\omega t$$

将 $W(x,t)$ 代入原定解问题的泛定方程及边界条件，得

$$\Phi''(x)+\frac{\omega^2}{a^2}\Phi(x)=0,\quad \Phi(0)=0,\quad \Phi(l)=A$$

当 $\omega\neq\frac{n\pi a}{l}$（其中 n 为任一整数）时，上述常微分方程边值问题的解为

$$\Phi(x)=\frac{A}{\sin\frac{\omega l}{a}}\sin\frac{\omega}{a}x$$

因此

$$W(x,t)=A\frac{\sin\frac{\omega}{a}x}{\sin\frac{\omega}{a}l}\sin\omega t$$

因而 $v(x,t)$ 是下列定解问题的解：

$$v_{tt}=a^2v_{xx}\quad(0<x<l,t>0),\quad v(0,t)=0,\quad v(l,t)=0$$

$$v(x,0)=0,\quad v_t(x,0)=-A\omega\frac{\sin\frac{\omega}{a}x}{\sin\frac{\omega}{a}l}$$

尽管上述定解问题也要用本征函数展开法来求解，但它要比解法一中 $v(x,t)$ 满足的定解问题容易求得多

不难找出

$$v(x,t)=\frac{2aA\omega}{l}\sum_{n=1}^{\infty}\frac{(-1)^{n-1}}{\omega^2-\omega_n^2}\sin\omega_n t\sin\frac{n\pi}{l}x\quad\left(\omega_n=\frac{n\pi a}{l}\right)$$

由此可见，特解 $W(x,t)$ 选择的好坏关系到另一解 $v(x,t)$ 的定解问题的难易程度. 但是，一般来说，要选择一个既满足泛定方程，又满足非齐次边界条件的特解也不是容易的事.

最后得到定解问题(15.2.17)的解

$$u(x,t)=A\frac{\sin\frac{\omega}{a}x}{\sin\frac{\omega}{a}l}\sin\omega t+\frac{2aA\omega}{l}\sum_{n=1}^{\infty}\frac{(-1)^{n-1}}{\omega^2-\omega_n^2}\sin\omega_n t\sin\frac{n\pi}{l}x\tag{15.2.19}$$

我们要证明两种解法的结果是相同的，因为有下面的傅里叶级数展开式：

$$\frac{\sin\frac{\omega}{a}x}{\sin\frac{\omega}{a}l}-\frac{x}{l}=\frac{2\omega^2}{\pi}\sum_{n=1}^{\infty}\frac{(-1)^n}{n(\omega^2-\omega_n^2)}\sin\frac{n\pi}{l}x\quad(0<x<l)$$

但是解法二不适用于共振情形，即 $\omega=\omega_m=\frac{m\pi a}{l}$(其中 m 是某一正整数)的场合. 当发生共振时，$\omega=\omega_m=\frac{ma\pi}{l}$，解法一可以得到如下结果：

$$\begin{aligned}u(x,t)=&A\frac{x}{l}\sin\omega t+2A\omega\sum_{\substack{n=1\\n\neq m}}^{\infty}{}'\frac{(-1)^n}{n\pi(\omega^2-\omega_n^2)}[\omega\sin\omega t-\omega_n\sin\omega_n t]\sin\frac{n\pi}{l}x\\&+A\frac{a}{l}(-1)^m\left[t\cos\omega_m t+\frac{1}{\omega_m}\sin\omega_m t\right]\sin\frac{m\pi}{l}x\end{aligned}\tag{15.2.20}$$

例 15.2.8　设初始温度为 0℃，长为 5cm 的均匀细生铁杆，当杆的一端温度为 300℃，而另一端及杆的侧面对于周围介质热绝缘时，求杆中的温度分布.

解　本题等价于下列定解问题：

$$u_t = a^2 u_{xx} \quad (0 < x < l, t > 0)$$
$$u_x(0,t) = 0, \quad u(l,t) = u_0 = 300,$$
$$u(x,0) = 0$$

其中 $a^2 = \frac{\kappa}{c\rho}$；　因

$$\rho = 0.0072\text{kg/cm}^3,$$
$$c = 0.546\text{J/(kg·K)},$$
$$\kappa = 0.000546\text{J/(cm·K·s)}$$

所以 $a^2 = 0.139\text{cm}^2/\text{s}$. 令

$$u(x,t) = v(x,t) + W(x,t)$$

本题最好不要按表 15-2 来找特解，因为按目测法很容易找到一个即满足泛定方程，又满足非齐次边界条件的解，即

$$W(x,t) = u_0 = 300$$

因而，$v(x,t)$满足下列定解问题：

$$v_t = a^2 v_{xx} \quad (0 < x < l, t > 0)$$
$$v_x(0,t) = 0, \quad v(l,t) = 0,$$
$$v(x,0) = -u_0 = -300$$

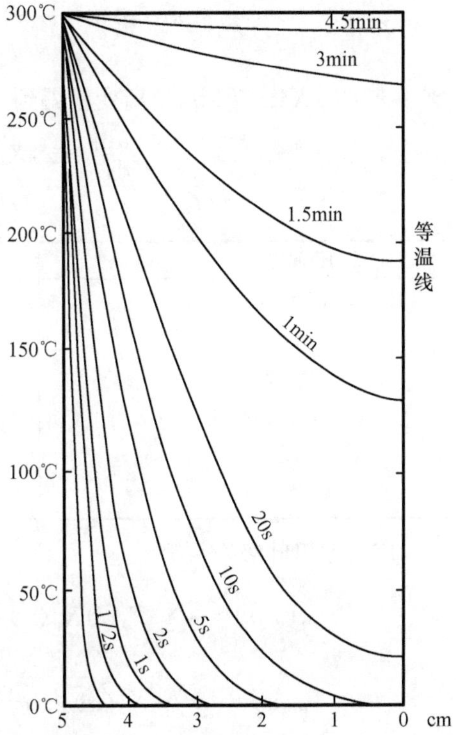

图 15.4

解出上述定解问题，最后得本题的解为

$$u(x,t) = u_0 - 4\frac{u_0}{\pi}\sum_{n=0}^{\infty}\frac{(-1)^{n+1}}{(2n+1)}e^{-a^2\left[\frac{(2n+1)\pi}{2l}\right]^2 t}\cos\frac{(2n+1)\pi}{2l}x$$

其中 $u_0 = 300$. 不同时刻杆上的温度分布已示于图 15.4 上. 从图上可以看出，温度的传递速度还是较快的，这是因为生铁是金属. 若是非金属就没有这么快了.

下面再提供几个常用材料的数据：银 $a^2 = 1.7\text{cm}^2/\text{s}$；铜 $a^2 = 1.03\text{cm}^2/\text{s}$；玻璃 $a^2 = 0.006\text{cm}^2/\text{s}$；木头 $a^2 = 0.0015\text{cm}^2/\text{s}$.

总结　关于波动问题，一般的定解问题是这样给出的

$$\rho(x)\frac{\partial^2 u}{\partial t^2} = \frac{\partial}{\partial x}\left[k(x)\frac{\partial u}{\partial x}\right] - q(x)u$$
$$(0 \leqslant x \leqslant l) \tag{15.2.21}$$

其中 $k(x)$、$q(x)$、$\rho(x)$是$[0,l]$区域间上的连续或分段连续的实函数，且 $k(x)>0$，$q(x)\geqslant 0$，$\rho(x)>0$，并满足定理 8.2.1 的所有条件.

$$\alpha_1 u(0,t) + \alpha_2 u_x(0,t) = 0$$
$$(\alpha_1^2 + \alpha_2^2 \neq 0)$$
$$\beta_1 u(l,t) + \beta_2 u_x(l,t) = 0$$
$$(\beta_1^2 + \beta_2^2 \neq 0)$$

$$u(x,0)=\varphi(x),\quad u_t(x,0)=\psi(x)$$
$$(t>0)$$

令 $u(x,t)=X(x)T(t)$，分离变量得到

$$\frac{T''(t)}{T(t)}=\frac{\frac{\mathrm{d}}{\mathrm{d}x}[k(x)X'(x)]-q(x)X(x)}{\rho(x)X(x)}=-\lambda$$

$T(t)$的初值问题	$X(x)$的本征值问题
$T''(t)+\lambda T(t)=0$ $T(0)=\varphi_n$ $T'(0)=\psi_n$	$\frac{\mathrm{d}}{\mathrm{d}x}[k(x)X'(x)]+[\lambda\rho(x)-q(x)]X(x)=0$ $\alpha_1X(0)+\alpha_2X'(0)=0$ $\beta_1X(l)+\beta_2X'(l)=0$ 本征值 $\lambda_0<\lambda_1<\lambda_2\cdots<\lambda_n<\cdots$ 本征函数 $X_0(x),X_1(x),\cdots,X_n(x),\cdots$ $\{X_n(x)\}$是$[0,l]$上的完备正交函数系 模$\\|X_n\\|^2$

广义傅里叶级数展开

$$u(x,t)=\sum_{n=0}^{\infty}T_n(t)X_n(x)$$

$$\varphi(x)=\sum_{n=0}^{\infty}\varphi_nX_n(x),\quad \varphi_n=\frac{1}{\|X_n\|^2}\int_0^l\varphi(\xi)X_n(\xi)\rho(\xi)\mathrm{d}\xi$$

$$\psi(x)=\sum_{n=0}^{\infty}\psi_nX_n(x),\quad \psi_n=\frac{1}{\|X_n\|^2}\int_0^l\psi(\xi)X_n(\xi)\rho(\xi)\mathrm{d}\xi$$

最后给出解

$$u(x,t)=\sum_{n=0}^{\infty}\left(\varphi_n\cos\sqrt{\lambda_n}t+\frac{1}{\sqrt{\lambda_n}}\psi_n\sin\sqrt{\lambda_n}t\right)X_n(x)\tag{15.2.22}$$

热传导问题，只要将方程(15.2.21)中的时间导数，改为一次导数，且没有 $u_t(x,0)=\psi(x)$的条件，于是

$$u(x,t)=\sum_{n=0}^{\infty}\varphi_n\mathrm{e}^{-\lambda_nt}X_n(x)\tag{15.2.23}$$

15.2.4 三维形式中方程的分离

下面我们以直角坐标系中的三维齐次热传导方程为例来说明三维形式中方程的分离. 若将方程中的时间偏导数改成二阶的，此方法就很容易推广到波动的问题上去.

在直角坐标系中热传导方程为

$$\frac{\partial u}{\partial t}=a^2\left[\frac{\partial^2u}{\partial x^2}+\frac{\partial^2u}{\partial y^2}+\frac{\partial^2u}{\partial z^2}\right]\tag{15.2.24}$$

令

$$u(x,y,z,t)=v(x,y,z)T(t)$$

代入式(15.2.24)，分离坐标部分与时间部分，得

$$\frac{T'}{a^2T}=\frac{1}{v}\left[\frac{\partial^2 v}{\partial x^2}+\frac{\partial^2 v}{\partial y^2}+\frac{\partial^2 v}{\partial z^2}\right]=-k^2$$

由于分离常数通常是正数，所以我们采用实数的平方形式(k^2)来表示. 于是有

$$T'(t)+a^2k^2T(t)=0 \tag{15.2.25a}$$

及

$$\frac{\partial^2 v}{\partial x^2}+\frac{\partial^2 v}{\partial y^2}+\frac{\partial^2 v}{\partial z^2}+k^2v=0 \tag{15.2.25b}$$

式(15.2.28b)为亥姆霍兹方程. 而 $v(x,y,z)$ 又可表示成如下的分离形式：

$$v(x,y,z)=X(x)Y(y)Z(z) \tag{15.2.26}$$

将式(15.2.29)代入式(15.2.28b)中，得

$$\frac{X''}{X}+\frac{Y''}{Y}+\frac{Z''}{Z}+k^2=0$$

由于上式中函数的每一项都是单一自变量的函数. 因此只有当每一项分别等于某一任意的分离常数时，上述等式才成立. 于是，得

$$X''+\lambda X=0 \tag{15.2.27a}$$

$$Y''+\mu Y=0 \tag{15.2.27b}$$

$$Z''+\nu Z=0 \tag{15.2.27c}$$

其中 $\lambda+\mu+\nu=k^2$.

上面三个方程，就是 X、Y 和 Z 的分离方程，这些分离方程的通解是正弦函数与余弦函数的组合. 若是有限区域的情形，这些分离方程还应配有相应的齐次边界条件，即构成本征值问题. 在这种情况下，这些分离常数(λ,μ 及 ν)应是一系列离散值(例如它们分别与一系列整数 l,m 及 n 有关)，这些离散值即本征值；与此相应的解，即本征函数. 而时间部分的解为

$$T(t)=\mathrm{e}^{-(\lambda+\mu+\nu)a^2t}$$

因此，三维形式中热传导问题的完整解为

$$u(x,y,z,t)=\sum_l\sum_m\sum_n c_{l,m,n}\mathrm{e}^{-(\lambda+\mu+\nu)a^2t}X_l(x)Y_m(y)Z_n(z) \tag{15.2.28}$$

例 15.2.9　最简单的量子力学的问题是质量为 m 的粒子受限于一立方体内，立方体的三边长分别为 a、b 和 c. 盒子内势能 $V(x,y,z)=0$，这个问题满足如下的定态薛定谔方程

$$-\frac{\hbar^2}{2m}\left(\frac{\partial^2\psi}{\partial x^2}+\frac{\partial^2\psi}{\partial y^2}+\frac{\partial^2\psi}{\partial z^2}\right)=E\psi(x,y,z)\quad(0\leqslant x\leqslant a,\quad 0\leqslant y\leqslant b,\quad 0\leqslant z\leqslant c)$$

其中 $\hbar=\dfrac{h}{2\pi}$，h 是普朗克常数，波函数 $\psi(x,y,z)$ 在边界上取零值，即

$$\psi(0,y,z)=\psi(a,y,z)=0\quad 适合一切\ y\ 和\ z$$

$$\psi(x,0,z)=\psi(x,b,z)=0 \quad \text{适合一切 } x \text{ 和 } z$$
$$\psi(x,y,0)=\psi(x,y,c)=0 \quad \text{适合一切 } x \text{ 和 } y$$

令 $\psi(x,y,z)=X(x)Y(y)Z(z)$ 代入方程，并分离变量

$X''+\lambda X=0$	$Y''+\mu Y=0$	$Z''+\nu Z=0$
$X(0)=0,X(a)=0$	$Y(0)=0,Y(b)=0$	$Z(0)=0,Z(c)=0$

解得

$$\psi_{n_xn_yn_z}(x,y,z)=A_xA_yA_z\sin\frac{n_x\pi}{a}x\sin\frac{n_y\pi}{b}y\sin\frac{n_z\pi}{c}z$$

其中 n_x，n_y 和 n_z 分别独立地取值 $1,2,3,\cdots,A_xA_yA_z$ 由如下归一化条件决定，即

$$\int_0^a\mathrm{d}x\int_0^b\mathrm{d}y\int_0^c\mathrm{d}z\psi^*(x,y,z)\psi(x,y,z)=1$$

得 $A_xA_yA_z=(8/abc)^{1/2}$，势阱中粒子的波函数为

$$\psi_{n_xn_yn_z}(x,y,z)=\left(\frac{8}{abc}\right)^{1/2}\sin\frac{n_x\pi}{a}x\sin\frac{n_y\pi}{b}y\sin\frac{n_z\pi}{c}z$$

其中 $n_x=1,2,3,\cdots;n_y=1,2,3,\cdots;n_z=1,2,3,\cdots$

将上述波函数代入薛定谔方程，得

$$E_{n_x,n_y,n_z}=\frac{\hbar^2}{2m}\left(\frac{n_x^2}{a^2}+\frac{n_y^2}{b^2}+\frac{n_z^2}{c^2}\right)$$

其中 $n_x=1,2,3,\cdots;n_y=1,2,3,\cdots;n_z=1,2,3\cdots$

由此我们可以画出粒子的量子化能级如图 15.5 所示.

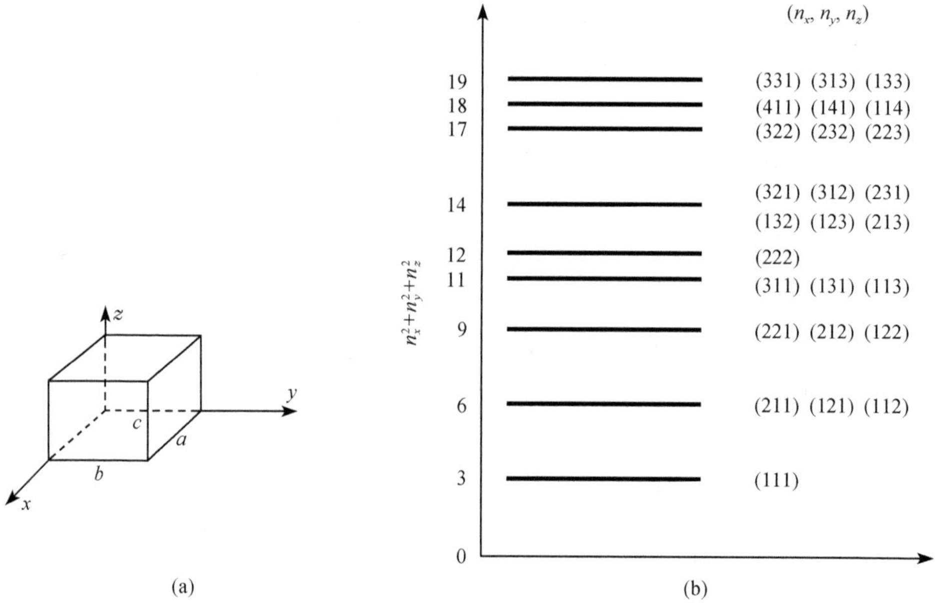

图 15.5

15.2.5　分离变量法的限制

(i) 第一个限制，我们在 15.1 节中已叙述过，变系数的二阶线性偏微分方程，不是总能实施变量分离的.

(ii) 第二个限制，二阶线性偏微分方程的解，不一定是分离变量的乘积形式，例如，$u=x+y$ 是拉普拉斯方程 $\nabla^2 u=0$ 的解，但不是 $u(x,y)=X(x)Y(y)$ 形式的解.

(iii) 第三个限制，没有乘积解 $u(x,t)=X(x)T(t)$ 能够描述如下定解问题中的稳态响应的电压变化.

例 15.2.10　如果在一条无限长传输线的发送端 $x=0$ 施加一个信号电压 $v_0\cos\omega t$，求传输线上任何点的稳态电压分布.

电报方程的定解问题

$$\frac{\partial^2 v}{\partial x^2}=LC\frac{\partial^2 v}{\partial t^2}+(RC+GL)\frac{\partial v}{\partial t}+RGv$$

$$v(0,t)=v_0\cos\omega t,\quad \lim_{x\to\infty} v(x,t)<+\infty \tag{15.2.29}$$

这是一个无初始条件的问题，其中 L、C、R、G 均为实常数

解　求乘积解，令 $v(x,t)=X(x)T(t)$，分离变量

$$\frac{LCT''+(RC+GL)T'+RGT}{T}=\frac{X''}{X}=-\lambda$$

$T(t)$满足的方程为

$$LCT''+(RC+GL)T'+(RG+\lambda)T=0$$

因此，$T(t)$有下列形式之一的解：

(1) $e^{\alpha t}(A\cos\Omega t+B\sin\Omega t)$；

(2) $e^{\alpha t}(At+B)$；

(3) $Ae^{\alpha_1 t}+Be^{\alpha_2 t}$.

因为在外加周期扰动的系统，必须表现出周期的稳态特性. 但(2)和(3)显然不表示周期的特性，而(1)只有在 $\alpha=0$ 时才能表示周期的特性，但这是不可能的，因为 $\alpha=-(RC+GL)/2LC\neq 0$. 因此，没有乘积解 $u(x,t)=X(x)T(t)$ 能够描述电报方程的定解问题的稳态响应的电压变化.

所以不能把本章的解法纯粹理解为变量分离的解，即 $u(x,t)=X(x)T(t)$，而以前解法所以能凑效，是我们从齐次泛定方程和齐次边界条件，得到了 $X(x)$ 的本征值问题，求出本征值及本征函数. 然后，解以本征函数系展开的结果；不是仅仅因为方程能实施变量分离的结果.

另一方面，在 14.2 节中我们讨论过，由于方程(15.2.29)的系数均为实常数，

所以方程(15. 2. 29)应有适合问题的行波解.

$$v(x,t)=v_0 e^{-\alpha x}\cos(\omega t+\beta x) \tag{15. 2. 30}$$

代入上述定解问题,得到

$$\alpha^2-\beta^2=RG-LC\omega^2,\quad 2\alpha\beta=-(RC+GL)\omega$$

上述代数方程联立解,可求得 α 和 β. 公式(15. 2. 30)表达的行波解正是我们所求的解.

15. 3 圆柱坐标系中的分离变量法

本节中着重讨论圆柱坐标系中齐次泛定方程的分离,以及分离后的每一方程的通解. 这些通解的组合仅是齐次泛定方程的特解. 只有对于具体定解问题,我们才可以将上述分离的每一方程与相应的边界条件结合在一起,构成相应的本征值问题. 解出本征值及本征函数,这些本征函数的组合才是定解问题的解. 后一问题的讨论我们将放到 17 章中去做.

15. 3. 1 方程的分离

首先我们从下面的波动方程着手:

$$u_{tt}=a^2\,\nabla^2 u \tag{15. 3. 1}$$

令

$$u(\boldsymbol{r},t)=v(\boldsymbol{r})T(t) \tag{15. 3. 2}$$

将表式(15. 3. 2)代入方程(15. 3. 1),得

$$\frac{T''(t)}{a^2T(t)}=\frac{\nabla^2 v(\boldsymbol{r})}{v(\boldsymbol{r})}=-k^2$$

于是分离后的方程为

$$T''(t)+a^2k^2T(t)=0 \tag{15. 3. 3a}$$

$$\nabla^2 v(\boldsymbol{r})+k^2v(\boldsymbol{r})=0 \tag{15. 3. 3b}$$

同理也可对热传导方程

$$u_t=a^2\,\nabla^2 u \tag{15. 3. 4}$$

进行同样的变量分离措施,得

$$T'(t)+a^2k^2T(t)=0 \tag{15. 3. 5a}$$

$$\nabla^2 v(\boldsymbol{r})+k^2v(\boldsymbol{r})=0 \tag{15. 3. 5b}$$

因此,无论从波动方程出发,还是从热传导方程出发,分离时间变量及坐标变量都得到两个方程,而坐标部分满足的方程是相同的,即亥姆霍兹方程. 如果令 $k=0$,就得到稳恒问题中的拉普拉斯方程.

若把坐标部分的函数 $v(\boldsymbol{r})$再分离成如下形式:

$$v(\rho,\varphi,z)=R(\rho)\Phi(\varphi)Z(z) \tag{15.3.6}$$

并在圆柱坐标系中写出亥姆霍兹方程，即

$$\frac{1}{\rho}\frac{\partial}{\partial\rho}\left(\rho\frac{\partial v}{\partial\rho}\right)+\frac{1}{\rho^2}\frac{\partial^2 v}{\partial\varphi^2}+\frac{\partial^2 v}{\partial z^2}+k^2v=0$$

对上式实施变量分离，得

$$\frac{1}{R}\frac{1}{\rho}\frac{\partial}{\partial\rho}\left(\rho\frac{\partial R}{\partial\rho}\right)+\frac{1}{\rho^2}\frac{1}{\Phi}\frac{\partial^2\Phi}{\partial\varphi^2}+\frac{1}{Z}\frac{\partial^2 Z}{\partial z^2}+k^2=0 \tag{15.3.7}$$

若要上式成立，只有使上式中函数的每一项等于任一分离常数，即

$$\frac{1}{\Phi}\frac{\mathrm{d}^2\Phi}{\mathrm{d}\varphi^2}=-m^2,\quad \frac{1}{Z}\frac{\mathrm{d}^2Z}{\mathrm{d}z^2}=-\lambda^2$$

$$\frac{1}{R}\frac{1}{\rho}\frac{\mathrm{d}}{\mathrm{d}\rho}\left(\rho\frac{\mathrm{d}R}{\mathrm{d}\rho}\right)-\frac{m^2}{\rho^2}=-\omega^2$$

于是分离后的方程及其基本解为

$$Z''(z)+\lambda^2Z(z)=0 \tag{15.3.8a}$$

$$Z(\lambda,z):\sin\lambda z\ 和\ \cos\lambda z$$

$$\Phi''(\varphi)+m^2\Phi(\varphi)=0 \tag{15.3.8b}$$

$$\Phi(m,\varphi):\sin m\varphi\ 和\ \cos m\varphi$$

$$\frac{\mathrm{d}^2R}{\mathrm{d}\rho^2}+\frac{1}{\rho}\frac{\mathrm{d}R}{\mathrm{d}\rho}+\left(\omega^2-\frac{m^2}{\rho^2}\right)R=0 \tag{15.3.8c}$$

$$R_m(\omega,\rho):\mathrm{J}_m(\omega\rho)\ 和\ \mathrm{Y}_m(\omega\rho)$$

其中 $\mathrm{J}(\rho)$和 $\mathrm{Y}(\rho)$为第一类和第二类贝塞尔函数，见第 17 章内容.

函数 $T(t)$满足的方程及其解为

$$T''(t)+a^2k^2T(t)=0\quad（适合波动方程） \tag{15.3.9a}$$

$$T(t):\cos akt\ 和\ \sin akt$$

$$T'(t)+a^2k^2T(t)=0\quad（适合热传导方程） \tag{15.3.9b}$$

$$T(t):\mathrm{e}^{-a^2\kappa^2t}$$

其中 $k^2=\omega^2+\lambda^2$.

因此波动方程的特解形式为

$$u(\rho,\varphi,z,t)=\begin{Bmatrix}\sin akt\\ \cos akt\end{Bmatrix}\begin{Bmatrix}\mathrm{J}_m(\omega\rho)\\ \mathrm{Y}_m(\omega\rho)\end{Bmatrix}\begin{Bmatrix}\sin m\varphi\\ \cos m\varphi\end{Bmatrix}\begin{Bmatrix}\sin\lambda z\\ \cos\lambda z\end{Bmatrix} \tag{15.3.10a}$$

而热传导方程的特解形式为

$$u(\rho,\varphi,z,t)=\mathrm{e}^{-a^2\kappa^2t}\cdot\begin{Bmatrix}\mathrm{J}_m(\omega\rho)\\ \mathrm{Y}_m(\omega\rho)\end{Bmatrix}\begin{Bmatrix}\sin m\varphi\\ \cos m\varphi\end{Bmatrix}\begin{Bmatrix}\sin\lambda z\\ \cos\lambda z\end{Bmatrix} \tag{15.3.10b}$$

其中符号$\{\ \}$表示对括号内的函数进行线性组合.

对于具体定解问题，应在上述分离方程的下面添上相应的边界条件，构成若干本征值问题；再用本征值问题的解的线性组合（即本征函数）来代替(15.3.10)中的

基本解的线性组合,于是就得到具体定解问题的特解.

15.3.2 与时间有关的问题

下面我们来研究几种特殊情况下式(15.3.1)和式(15.3.4)的变量分离.

(1) 物理量 u 与变量 φ 无关

波动方程

$$\frac{\partial^2 u}{\partial t^2}=a^2\left[\frac{\partial^2 u}{\partial \rho^2}+\frac{1}{\rho}\frac{\partial u}{\partial \rho}+\frac{\partial^2 u}{\partial z^2}\right] \tag{15.3.11a}$$

或热传导方程

$$\frac{\partial u}{\partial t}=a^2\left[\frac{\partial^2 u}{\partial \rho^2}+\frac{1}{\rho}\frac{\partial u}{\partial \rho}+\frac{\partial^2 u}{\partial z^2}\right] \tag{15.3.11b}$$

分离后的方程及基本解为

$$Z''(z)+\lambda^2 Z(z)=0$$

$$Z(z):\sin\lambda z \text{ 和 } \cos\lambda z$$

$$\frac{\mathrm{d}^2R}{\mathrm{d}\rho^2}+\frac{1}{\rho}\frac{\mathrm{d}R}{\mathrm{d}\rho}+\omega^2R=0$$

$$R_0(\omega,\rho):\mathrm{J}_0(\omega\rho) \text{ 和 } \mathrm{Y}_0(\omega\rho)$$

$$T''(t)+a^2k^2T(t)=0 \quad \text{(适合波动方程)}$$

$$T(t):\sin akt \text{ 和 } \cos akt$$

$$T'(t)+a^2k^2T(t)=0 \quad \text{(适合热传导方程)}$$

$$T(t):\mathrm{e}^{-a^2k^2t}$$

其中 $k^2=\omega^2+\lambda^2$.

因此,波动方程的特解形式为

$$u(\rho,z,t)=\begin{Bmatrix}\sin akt\\ \cos akt\end{Bmatrix}\begin{Bmatrix}\mathrm{J}_0(\omega\rho)\\ \mathrm{Y}_0(\omega\rho)\end{Bmatrix}\begin{Bmatrix}\sin\lambda z\\ \cos\lambda z\end{Bmatrix} \tag{15.3.12a}$$

而热传导方程的特解形式为

$$u(\rho,z,t)=\mathrm{e}^{-a^2\kappa^2t}\cdot\begin{Bmatrix}\mathrm{J}_0(\omega\rho)\\ \mathrm{Y}_0(\omega\rho)\end{Bmatrix}\begin{Bmatrix}\sin\lambda z\\ \cos\lambda z\end{Bmatrix} \tag{15.3.12b}$$

(2) 物理量 u 与变量 z 无关

波动方程

$$\frac{\partial^2 u}{\partial t^2}=a^2\left[\frac{\partial^2 u}{\partial \rho^2}+\frac{1}{\rho}\frac{\partial u}{\partial \rho}+\frac{1}{\rho^2}\frac{\partial^2 u}{\partial \varphi^2}\right] \tag{15.3.13a}$$

或热传导方程

$$\frac{\partial u}{\partial t}=a^2\left[\frac{\partial^2 u}{\partial \rho^2}+\frac{1}{\rho}\frac{\partial u}{\partial \rho}+\frac{1}{\rho^2}\frac{\partial^2 u}{\partial \varphi^2}\right] \tag{15.3.13b}$$

分离后的方程及其基本解为

$$\Phi''(\varphi)+m^2\Phi(\varphi)=0$$

$\Phi(\varphi)$:$\sin m\varphi$ 和 $\cos m\varphi$

$$\frac{d^2R}{d\rho^2}+\frac{1}{\rho}\frac{dR}{d\rho}+\left(\omega^2-\frac{m^2}{\rho^2}\right)R=0$$

$R_m(\omega,\rho)$:$J_m(\omega\rho)$ 和 $Y_m(\omega\rho)$

$T''(t)+a^2k^2T(t)=0$ (适合波动方程)

$T(t)$:$\sin akt$ 和 $\cos akt$

$T'(t)+a^2k^2T(t)=0$ (适合热传导方程)

$T(t)$:$e^{-a^2\kappa^2t}$

其中 $k^2=\omega^2$.

因此波动方程的特解形式为

$$u(\rho,\varphi,t)=\begin{Bmatrix}\sin akt\\ \cos akt\end{Bmatrix}\begin{Bmatrix}J_m(\omega\rho)\\ Y_m(\omega\rho)\end{Bmatrix}\begin{Bmatrix}\sin m\varphi\\ \cos m\varphi\end{Bmatrix} \tag{15.3.14a}$$

而热传导方程的特解形式为

$$u(\rho,\varphi,t)=e^{-a^2\kappa^2t}\begin{Bmatrix}J_m(\omega\rho)\\ Y_m(\omega\rho)\end{Bmatrix}\begin{Bmatrix}\sin m\varphi\\ \cos m\varphi\end{Bmatrix} \tag{15.3.14b}$$

(3) 物理量 u 与变量 φ 及 z 无关

波动方程

$$\frac{\partial^2u}{\partial t^2}=a^2\left[\frac{\partial^2u}{\partial\rho^2}+\frac{1}{\rho}\frac{\partial u}{\partial\rho}\right] \tag{15.3.15a}$$

或热传导方程

$$\frac{\partial u}{\partial t}=a^2\left[\frac{\partial^2u}{\partial\rho^2}+\frac{1}{\rho}\frac{\partial u}{\partial\rho}\right] \tag{15.3.15b}$$

分离后的方程及基本解为

$$\frac{d^2R}{d\rho^2}+\frac{1}{\rho}\frac{dR}{d\rho}+\omega^2R=0$$

$R_0(\omega,\rho)$:$J_0(\omega\rho)$ 和 $Y_0(\omega\rho)$

$T''(t)+a^2k^2T(t)=0$ (适合波动方程)

$T(t)$:$\sin akt$ 和 $\cos akt$

$T'(t)+a^2k^2T(t)=0$ (适合热传导方程)

$T(t)$:$e^{-a^2\kappa^2t}$

其中 $k^2=\omega^2$.

因此,波动方程的特解形式为

$$u(\rho,t)=\begin{Bmatrix}\sin akt\\ \cos akt\end{Bmatrix}\begin{Bmatrix}J_0(\omega\rho)\\ Y_0(\omega\rho)\end{Bmatrix} \tag{15.3.16a}$$

而热传导方程的特解形式为

$$u(\rho,t)=e^{-a^2\kappa^2 t}\begin{Bmatrix}J_0(\omega\rho)\\ Y_0(\omega\rho)\end{Bmatrix} \tag{15.3.16b}$$

例 15.3.1 设有一实心圆柱，$0\leqslant\rho\leqslant b$，初始温度分布为 $\varphi(\rho)$. $t>0$ 时，$\rho=b$ 处的边界面以对流方式向温度为零度的周围介质放热. 试求 $t>0$ 时该圆柱内的温度分布 $u(\rho,t)$.

解 上述问题相当于解下列定解问题：

$$\frac{\partial u}{\partial t}=a^2\left[\frac{\partial^2 u}{\partial\rho^2}+\frac{1}{\rho^2}\frac{\partial u}{\partial\rho}\right]\quad(0\leqslant\rho\leqslant b,t>0)$$

$$\lim_{\rho\to 0}|u(\rho,t)|<M,\quad \frac{\partial u}{\partial\rho}+hu\big|_{\rho=b}=0,\quad u(\rho,0)=\varphi(\rho)$$

按照公式(15.3.16b)，时间变量的函数为

$$T(t)=e^{-a^2\omega^2 t}$$

而空间变量的函数 $R(\omega,\rho)$ 应由下面本征值问题的解来代替：

$$\frac{d^2R}{d\rho^2}+\frac{1}{\rho}\frac{dR}{d\rho}+\omega^2R(\rho)=0\quad(0\leqslant\rho\leqslant b)$$

$$|R(0)|<M,\quad \frac{dR}{d\rho}+hR\big|_{\rho=b}=0$$

由上述本征值问题解得

本征值为 $\omega_n^2(n=1,2,3,\cdots)$，其中 ω_n 是方程 $\omega_n J_0'(\omega_n b)+hJ_0(\omega_n b)=0$ 的第 n 正根.

本征函数为 $J_0(\omega_n\rho)$ $(n=1,2,3,\cdots)$，模

$$\int_0^b[J_0(\omega_n\rho)]\rho d\rho=\frac{b^2(\omega_n^2+h^2)}{2\omega_n^2}J_0^2(\omega_n b)$$

因此，定解问题的解为

$$u(\rho,t)=\sum_{n=0}^{\infty}c_n e^{-a^2\omega_n^2 t}J_0(\omega_n\rho)$$

其中系数由初始条件确定. 最后得圆柱内的温度分布

$$u(\rho,t)=\frac{2}{b^2}\sum_{n=0}^{\infty}e^{-a^2\omega_n^2 t}\frac{\omega_n^2 J_0(\omega_n\rho)}{(\omega_n^2+h^2)J_0^2(\omega_n b)}\cdot\int_0^b\varphi(\rho')J_0(\omega_n\rho')\rho' d\rho'$$

15.3.3 与时间无关的问题

与时间无关的问题，相当于 $k=0$ 的情形. 这时泛定方程为如下的拉普拉斯方程：

$$\nabla^2 u = \frac{\partial^2 u}{\partial \rho^2} + \frac{1}{\rho}\frac{\partial u}{\partial \rho} + \frac{1}{\rho^2}\frac{\partial^2 u}{\partial \varphi^2} + \frac{\partial^2 u}{\partial z^2} = 0 \tag{15.3.17}$$

下面分几个具体情形来讨论方程(15.3.17)的特解形式.

(1) 仅保留 ρ 分量的边界条件为非齐次的情形

这种情形下,方程(15.3.17)的分离方程及其基本解为

$$\Phi''(\varphi) + m^2\Phi(\varphi) = 0,\quad \Phi(m,\varphi): \sin m\varphi \text{ 和 } \cos m\varphi$$

$$Z''(z) + \lambda^2 Z(z) = 0,\quad Z(\lambda,z): \sin\lambda z \text{ 和 } \cos\lambda z$$

$$\frac{d^2R}{d\rho^2} + \frac{1}{\rho}\frac{dR}{d\rho} - \left(\lambda^2 + \frac{m^2}{\rho^2}\right)R = 0,\quad R_m(\lambda,\rho): \mathrm{I}_m(\lambda\rho) \text{ 和 } \mathrm{K}_m(\lambda\rho)$$

因此方程(15.3.17)的特解形式为

$$u(\rho,\varphi,z) = \begin{Bmatrix} \mathrm{I}_m(\lambda\rho) \\ \mathrm{K}_m(\lambda\rho) \end{Bmatrix}\begin{Bmatrix} \sin m\varphi \\ \cos m\varphi \end{Bmatrix}\begin{Bmatrix} \sin\lambda z \\ \cos\lambda z \end{Bmatrix} \tag{15.3.18}$$

(2) 仅保留 z 分量的边界条件为非齐次的情形

这种情形下,方程(15.3.17)的分离方程及其基本解为

$$\Phi''(\varphi) + m^2\Phi(\varphi) = 0,\quad \Phi(m,\varphi): \sin m\varphi \text{ 和 } \cos m\varphi$$

$$Z''(z) - \omega^2 Z(z) = 0,\quad Z(\omega,z): \mathrm{e}^{-\omega z} \text{ 和 } \mathrm{e}^{\omega z}$$

$$\frac{d^2R}{d\rho^2} + \frac{1}{\rho}\frac{dR}{d\rho} + \left(\omega^2 - \frac{m^2}{\rho^2}\right)R = 0,\quad R_m(\omega,\rho): \mathrm{J}_m(\omega\rho) \text{ 和 } \mathrm{Y}_m(\omega\rho)$$

因此方程(15.3.17)的特解形式为

$$u(\rho,\varphi,z) = \begin{Bmatrix} \mathrm{J}_m(\omega\rho) \\ \mathrm{Y}_m(\omega\rho) \end{Bmatrix}\begin{Bmatrix} \sin m\varphi \\ \cos m\varphi \end{Bmatrix}\begin{Bmatrix} \mathrm{e}^{-\omega z} \\ \mathrm{e}^{\omega z} \end{Bmatrix} \tag{15.3.19}$$

(3) 当物理量 u 与时间 t 及变量 z 无关时

这时,方程(15.3.17)简化为

$$\frac{\partial^2 u}{\partial \rho^2} + \frac{1}{\rho}\frac{\partial u}{\partial \rho} + \frac{1}{\rho^2}\frac{\partial^2 u}{\partial \varphi^2} = 0 \tag{15.3.20}$$

上式就是圆域问题的拉普拉斯方程.

方程(15.3.20)的分离方程及其基本解为

$$\Phi''(\varphi) + m^2\Phi(\varphi) = 0,\quad \Phi(m,\varphi): \sin m\varphi \text{ 和 } \cos m\varphi$$

$$\frac{d^2R}{d\rho^2} + \frac{1}{\rho}\frac{dR}{d\rho} - \frac{m^2}{\rho^2}R = 0,\quad R(\rho): \begin{cases} C_1 + C_2\ln\rho & (m=0) \\ \rho^m \text{ 和 } \rho^{-m} & (m\neq 0) \end{cases} \tag{15.3.21}$$

因此,方程(15.3.20)的特解为

$$\begin{Bmatrix} \sin m\varphi \\ \cos m\varphi \end{Bmatrix}\begin{Bmatrix} \rho^m \\ \rho^{-m} \end{Bmatrix}\quad (m\neq 0) \qquad \text{和 } C_0 + D_0\ln\rho \quad (m=0) \tag{15.3.22}$$

例 15.3.2　求解定解问题

$$
\begin{aligned}
&\nabla^2 u = \frac{1}{\rho}\frac{\partial u}{\partial \rho}\left(\rho\frac{\partial u}{\partial \rho}\right) + \frac{1}{\rho^2}\frac{\partial^2 u}{\partial \varphi^2} = 0 \quad (\rho < b)\\
&u(b,\varphi) = f(\varphi)\\
&|u(0,\varphi)| < M \quad \text{(物理量有限的自然要求)}\\
&u(\rho,\varphi+2\pi) = u(\rho,\varphi) \quad \text{(物理量单一的要求)}
\end{aligned}
\tag{15.3.23}
$$

解 令

$$u(\rho,\varphi) = R(\rho)\Phi(\varphi)$$

将上式代入$\nabla^2 u=0$,进行变量分离. 对于 φ 变量的函数 $\Phi(\varphi)$应满足下列本征值问题:

$$\Phi''(\varphi) + m^2\Phi(\varphi) = 0, \quad \Phi(\varphi+2\pi) = \Phi(\varphi)$$

上述本征值问题的解为

本征值为 $m^2(m=0,1,2,3,\cdots)$,本征函数为

$$\Phi(\varphi):\begin{cases}A_0 & (m=0)\\ A_m\cos m\varphi + B_m\sin m\varphi & (m\neq 0)\end{cases}$$

因此,定解问题的解为

$$u(\rho,\varphi) = (C_0 + D_0\ln\rho) + \sum_{m=1}^{\infty}(A_m\cos m\varphi + B_m\sin m\varphi)(C_m\rho^m + D_m\rho^{-m})$$

按题意应有

$$|u(0,\varphi)| < M$$

所以 $D_m\equiv 0$ $(m=0,1,2,3,\cdots)$,于是

$$u(\rho,\varphi) = C_0' + \sum_{m=1}^{\infty}(A_m'\cos m\varphi + B_m'\sin m\varphi)\rho^m$$

其中 $C_0'=C_0, A_m'=A_mC_m, B_m'=B_mC_m$. 又按题意有

$$u(b,\varphi) = f(\varphi) = C_0' + \sum_{m=1}^{\infty}(A_m'\cos m\varphi + B_m'\sin m\varphi)b^m$$

再依照傅里叶系数公式,得

$$C_0' = \frac{1}{2\pi}\int_{-\pi}^{\pi} f(\theta)\mathrm{d}\theta, \; A_m'b^m = \frac{1}{\pi}\int_{-\pi}^{\pi} f(\theta)\cos m\theta\,\mathrm{d}\theta$$

$$B_m'b^m = \frac{1}{\pi}\int_{-\pi}^{\pi} f(\theta)\sin m\theta\,\mathrm{d}\theta \quad (m=1,2,3,\cdots)$$

将上述系数代入 $u(\rho,\varphi)$的表达式,并利用三角公式,于是

$$
\begin{aligned}
u(\rho,\varphi) &= \frac{1}{2\pi}\int_{-\pi}^{\pi} f(\theta)\mathrm{d}\theta + \frac{1}{\pi}\int_{-\pi}^{\pi} f(\theta)\left[\sum_{m=1}^{\infty}\cos m(\theta-\varphi)\frac{\rho^m}{b^m}\right]\mathrm{d}\theta\\
&= \frac{1}{\pi}\int_{-\pi}^{\pi} f(\theta)\left[\frac{1}{2} + \sum_{m=1}^{\infty}\left(\frac{\rho}{b}\right)^m\cos(\theta-\varphi)\right]\mathrm{d}\theta
\end{aligned}
$$

$$= \frac{1}{2\pi}\int_{-\pi}^{\pi} f(\theta)\, \frac{b^2-\rho^2}{b^2+\rho^2-2b\rho\cos(\theta-\varphi)}\mathrm{d}\theta \tag{15.3.24}$$

上式就是著名的**泊松公式**.

特解法

如果方程(15.3.20)的右边出现自由项，即由拉普拉斯方程(15.3.20)变成如下的泊松方程：

$$\frac{\partial^2 u}{\partial x^2}+\frac{\partial^2 u}{\partial y^2}=-\rho(x,y) \tag{15.3.25}$$

此时解决问题的最方便的方法，是设法找一特解，消去这一自由项，这种方法称为特解法. 于是，通过这一特解，就将泊松方程的边值问题转化为拉普拉斯方程的边值问题了. 例如

$$\frac{\partial^2 u}{\partial x^2}+\frac{\partial^2 u}{\partial y^2}=-2 \tag{15.3.25a}$$

我们取特解 $W(x,y)$ 的形式为

$$W(x,y)=Ax^2+By^2$$

一般来说，特解 $W(x,\ y)$ 中的 x 及 y 的幂次要比自由项的 x 及 y 的幂次高二次. 将上述的 $W(x,\ y)$ 代入泊松方程(15.3.25a)得

$$2A+2B=-2$$

因此特解的形式可以有很多种，较简单的可选择

$$A=-1,\quad B=0,\quad \text{特解 } W(x)=-x^2$$

$$A=0,\quad B=-1,\quad \text{特解 } W(y)=-y^2$$

$$A=-\frac{1}{2},\quad B=-\frac{1}{2},\quad \text{特解 } W(x,y)=-\frac{1}{2}(x^2+y^2)$$

…………

由此可见，仅限于满足方程，特解可以有很多种形式，如果再添上适当的边界条件，则特解的形式就要受到一定的限制.

如果函数 $\rho(x,y)$ 在所给的区域 D 内直到边界都是连续的，并且在区域 D 内有连续的一阶偏导数，则总可以找到如下形式的特解：

$$W(x,y)=\frac{1}{2\pi}\iint_D \rho(x',y')\ln\frac{1}{\sqrt{(x-x')^2+(y-y')^2}}\mathrm{d}x'\mathrm{d}y' \tag{15.3.26}$$

上式的证明将在第 20 章中给出.

15.4　球坐标系中的分离变量法

15.4.1　方程的分离

本节的推导，可以仿照 15.3.1 节所用的方法.

首先写出波动方程

$$\frac{\partial^2 u}{\partial t^2} = a^2 \nabla^2 u \tag{15.4.1a}$$

或热传导方法

$$\frac{\partial u}{\partial t} = a^2 \nabla^2 u \tag{15.4.1b}$$

然后,令

$$u(\boldsymbol{r},t) = v(\boldsymbol{r})T(t) \tag{15.4.2}$$

再分离坐标部分和时间部分,得

$$T''(t) + a^2k^2T(t) = 0 \quad (\text{适合波动方程}) \tag{15.4.3a}$$

$$\nabla^2 v(\boldsymbol{r}) + k^2 v(\boldsymbol{r}) = 0$$

$$T'(t) + a^2k^2T(t) = 0 \quad (\text{适合热传导方程}) \tag{15.4.3b}$$

$$\nabla^2 v(\boldsymbol{r}) + k^2 v(\boldsymbol{r}) = 0$$

由此可见,时间部分与 15.3.1 节中的完全相同. 所以下一步只要讨论在球坐标系中亥姆霍兹方程的分离变量措施. 令

$$v(r,\theta,\rho) = R(r)\Theta(\theta)\Phi(\varphi) \tag{15.4.4}$$

并在球坐标系中写出亥姆霍兹方程,即

$$\frac{1}{r^2}\frac{\partial}{\partial r}\left(r^2\frac{\partial v}{\partial r}\right) + \frac{1}{r^2\sin\theta}\frac{\partial}{\partial\theta}\left(\sin\theta\frac{\partial v}{\partial\theta}\right) + \frac{1}{r^2\sin^2\theta}\frac{\partial^2 v}{\partial\varphi^2} + k^2 v = 0 \tag{15.4.5}$$

将表式(15.4.4)代入方程(15.4.5),并且两边除以 v,于是方程(15.4.5)就分离成如下的三个常微分方程:

$$\frac{1}{R}\frac{\mathrm{d}}{\mathrm{d}r}\left(r^2\frac{\mathrm{d}R}{\mathrm{d}r}\right) + k^2r^2 = \omega^2$$

$$\frac{\mathrm{d}^2\Phi}{\mathrm{d}\varphi^2} + m^2\Phi = 0$$

$$\frac{1}{\sin\theta}\frac{\mathrm{d}}{\mathrm{d}\theta}\left(\sin\theta\frac{\mathrm{d}\Theta}{\mathrm{d}\theta}\right) + \left(\omega^2 - \frac{m^2}{\sin^2\theta}\right)\Theta = 0$$

通常将 ω^2 写成 $l(l+1)$的形式,并且最后一个方程的变量不用 θ,而改用 x,它们之间的关系为

$$x = \cos\theta \tag{15.4.6}$$

并且利用如下的微分关系:

$$\frac{\partial}{\partial\theta} = -\sqrt{1-x^2}\,\frac{\partial}{\partial x} \tag{15.4.7}$$

$$\frac{1}{\sin\theta}\frac{\partial}{\partial\theta} = -\frac{\partial}{\partial x}$$

这样,最后一个方程可以改写成

$$\frac{\partial}{\partial x}\left[(1-x^2)\frac{\partial\Theta}{\partial x}\right]+\left(l(l+1)-\frac{m^2}{1-x^2}\right)\Theta(x)=0$$

于是分离后的方程及其基本解为

$$\Phi''(\varphi)+m^2\Phi(\varphi)=0,\quad \Phi(m,\varphi):\sin m\varphi \text{ 和 } \cos m\varphi \tag{15.4.8a}$$

$$\frac{\partial}{\partial x}\left[(1-x^2)\frac{\partial\Theta}{\partial x}\right]+\left(l(l+1)-\frac{m^2}{1-x^2}\right)\Theta(x)=0 \tag{15.4.8b}$$

$$\Theta(x):\mathrm{P}_l^m(x) \text{ 和 } \mathrm{Q}_l^m(x)$$

其中 $\mathrm{P}_l^m(x)$和 $\mathrm{Q}_l^m(x)$分别称为 m 阶 l 次第一类和第二类连带勒让德函数.

$$r^2\frac{\mathrm{d}^2R}{\mathrm{d}r^2}+2r\frac{\mathrm{d}R}{\mathrm{d}r}+[k^2r^2-l(l+1)]R=0 \tag{15.4.8c}$$

$$R(r):\frac{1}{\sqrt{r}}\mathrm{J}_{l+\frac{1}{2}}(kr) \text{ 和 } \frac{1}{\sqrt{r}}\mathrm{Y}_{l+\frac{1}{2}}(kr)$$

因此,波动方程的特解形式为

$$u(r,\theta,\varphi,t)=\begin{Bmatrix}\sin akt\\ \cos akt\end{Bmatrix}\begin{Bmatrix}\frac{1}{\sqrt{r}}\mathrm{J}_{l+\frac{1}{2}}(kr)\\ \frac{1}{\sqrt{r}}\mathrm{Y}_{l+\frac{1}{2}}(kr)\end{Bmatrix}\cdot\begin{Bmatrix}\sin m\varphi\\ \cos m\varphi\end{Bmatrix}\begin{Bmatrix}\mathrm{P}_l^m(\cos\theta)\\ \mathrm{Q}_l^m(\cos\theta)\end{Bmatrix} \tag{15.4.9a}$$

而热传导方程的特解形式为

$$u(r,\theta,\varphi,t)=\mathrm{e}^{-a^2k^2t}\begin{Bmatrix}\frac{1}{\sqrt{r}}\mathrm{J}_{l+\frac{1}{2}}(kr)\\ \frac{1}{\sqrt{r}}\mathrm{Y}_{l+\frac{1}{2}}(kr)\end{Bmatrix}\cdot\begin{Bmatrix}\sin m\varphi\\ \cos m\varphi\end{Bmatrix}\begin{Bmatrix}\mathrm{P}_l^m(\cos\theta)\\ \mathrm{Q}_l^m(\cos\theta)\end{Bmatrix} \tag{15.4.9b}$$

千万要记住,上式并不是某个定解问题的特解. 因为对于定解问题,要在分离方程的下面添上适当的边界条件,从而构成本征值问题. 用本征值问题的解(即本征函数)来代替上述的基本解,这样得到的特解才是具体定解问题的特解.

15.4.2　与时间有关的问题

下面研究在几个特殊情况下方程(15.4.1)的变量分离.

1. 物理量 u 与 φ 无关

在这种情况下,方程(15.4.5)简化为

$$\frac{1}{r^2}\frac{\partial}{\partial r}\left(r^2\frac{\partial v}{\partial r}\right)+\frac{1}{r^2}\frac{\partial}{\partial x}\left[(1-x^2)\frac{\partial v}{\partial x}\right]+k^2v=0 \tag{15.4.10}$$

(其中 $x=\cos\theta$)

令 $v(r,\theta)=R(r)\Theta(\theta)$,进行变量分离,分离后的方程及其基本解为

$$\frac{\mathrm{d}}{\mathrm{d}x}\left[(1-x^2)\frac{\mathrm{d}\Theta}{\mathrm{d}x}\right]+l(l+1)\Theta=0,\quad \Theta(x):\mathrm{P}_l(x)\text{ 和 }\mathrm{Q}_l(x)$$

$$r^2\frac{\mathrm{d}^2R}{\mathrm{d}r^2}+2r\frac{\mathrm{d}R}{\mathrm{d}r}+[k^2r^2-l(l+1)]R=0,\quad R(r):\frac{1}{\sqrt{r}}\mathrm{J}_{l+\frac{1}{2}}(kr)\text{ 和}\frac{1}{\sqrt{r}}\mathrm{Y}_{l+\frac{1}{2}}(kr)$$

因此,波动方程的特解形式为

$$u(r,\theta,t)=\begin{Bmatrix}\sin akt\\ \cos akt\end{Bmatrix}\begin{Bmatrix}\dfrac{1}{\sqrt{r}}\mathrm{J}_{l+\frac{1}{2}}(kr)\\ \dfrac{1}{\sqrt{r}}\mathrm{Y}_{l+\frac{1}{2}}(kr)\end{Bmatrix}\begin{Bmatrix}\mathrm{P}_l(\cos\theta)\\ \mathrm{Q}_l(\cos\theta)\end{Bmatrix}\tag{15.4.11a}$$

而热传导方程的特解形式为

$$u(r,\theta,t)=\mathrm{e}^{-a^2k^2t}\begin{Bmatrix}\dfrac{1}{\sqrt{r}}\mathrm{J}_{l+\frac{1}{2}}(kr)\\ \dfrac{1}{\sqrt{r}}\mathrm{Y}_{l+\frac{1}{2}}(kr)\end{Bmatrix}\begin{Bmatrix}\mathrm{P}_l(\cos\theta)\\ \mathrm{Q}_l(\cos\theta)\end{Bmatrix}\tag{15.4.11b}$$

2. 物理量 u 与变量 θ 及 φ 无关

这时,方程(15.4.1)可简化为

$$\frac{\partial^2u}{\partial r^2}+\frac{2}{r}\frac{\partial u}{\partial r}=\begin{cases}\dfrac{1}{a^2}\dfrac{\partial^2u}{\partial t^2} & (\text{波动})\\ \dfrac{1}{a^2}\dfrac{\partial u}{\partial t} & (\text{热传导})\end{cases}\tag{15.4.12a}$$

或

$$\frac{1}{r}\frac{\partial^2}{\partial r^2}(ru)=\begin{cases}\dfrac{1}{a^2}\dfrac{\partial^2u}{\partial t^2} & (\text{波动})\\ \dfrac{1}{a^2}\dfrac{\partial u}{\partial t} & (\text{热传导})\end{cases}\tag{15.4.12b}$$

若令

$$v(r,t)=ru(r,t)\tag{15.4.13}$$

则方程(15.4.12b)及可改写成

$$\frac{\partial^2v}{\partial r^2}=\begin{cases}\dfrac{1}{a^2}\dfrac{\partial^2v}{\partial t^2} & (\text{波动})\\ \dfrac{1}{a^2}\dfrac{\partial v}{\partial t} & (\text{热传导})\end{cases}\tag{15.4.14}$$

上式正是直角坐标系中的一维波动(或热传导)方程的常见形式,因此,可完全用15.2.1节中的方法进行变量分离.

例 15.4.1 一半径 $r=b$ 的实心球,初始温度为 $\varphi(r)$,时间 $t>0$ 时,$r=b$ 处的边界面以对流方式向温度为零度的周围介质放热. 试求时间 $t>0$ 时该球内温度分

布 $u(r,t)$ 的表达式.

解　按题意可化为如下定解问题求解

$$\frac{1}{r}\frac{\partial^2}{\partial r^2}(ru)=\frac{1}{a^2}\frac{\partial u}{\partial t}\quad(0\leqslant r\leqslant b,t>0)$$

$$\frac{\partial u}{\partial r}+hu\Big|_{r=b}=0\quad(t>0)$$

$$u(r,0)=\varphi(r)\quad(0\leqslant r\leqslant b)$$

$$|u(0,t)|<M\quad(t>0)$$

令 $v(r,t)=ru(r,t)$,作变换得如下定解问题:

$$\frac{\partial^2 v}{\partial r^2}=\frac{1}{a^2}\frac{\partial v}{\partial t}\quad(0\leqslant r\leqslant b,t>0)$$

$$v(0,t)=0\quad(t>0)$$

$$\frac{\partial v}{\partial r}+\left(h-\frac{1}{b}\right)v\Big|_{r=b}=0\quad(t>0)$$

$$v(r,0)=r\varphi(r)\quad(0\leqslant r\leqslant b)$$

上述定解问题可用 15.2 节中的方法求解,解出 $v(r,t)$,然后还原成 $u(r,t)$. 最后得

$$u(r,t)=\sum_{n=1}^{\infty}\frac{A_n}{r}\mathrm{e}^{-\left(\frac{\mu_n a}{b}\right)^2 t}\sin\frac{\mu_n}{b}r$$

其中

$$A_n=\frac{2}{b}\frac{\beta^2+\mu_n^2}{\beta(\beta+1)+\mu_n^2}\int_0^b r\varphi(r)\sin\left(\frac{\mu_n}{b}r\right)\mathrm{d}r$$

μ_n 是方程 $\mu+\beta\tan\mu=0$ 的第 n 正根;$\beta=hb-1$.

15.4.3　与时间无关的问题

1. 物理量 u 与变量 t 无关

这时方程(15.4.5)简化为

$$\frac{1}{r^2}\frac{\partial}{\partial r}\left(r^2\frac{\partial u}{\partial r}\right)+\frac{1}{r^2}\frac{\partial}{\partial x}\left[(1-x^2)\frac{\partial u}{\partial x}\right]+\frac{1}{r^2(1-x^2)}\frac{\partial^2 u}{\partial\varphi^2}=0\quad(15.4.15)$$

其中 $x=\cos\theta$.

令 $u(r,x,\varphi)=R(r)\Theta(x)\Phi(\varphi)$,则分离方程为

$$\Phi''(\varphi)+m^2\Phi(\varphi)=0\quad(15.4.16a)$$

$$\frac{\mathrm{d}}{\mathrm{d}x}\left[(1-x^2)\frac{\mathrm{d}\Theta}{\mathrm{d}x}\right]+\left[l(l+1)-\frac{m^2}{1-x^2}\right]\Theta=0\quad(15.4.16b)$$

$$\frac{\mathrm{d}^2 R}{\mathrm{d}r^2}+\frac{2}{r}\frac{\mathrm{d}R}{\mathrm{d}r}-\frac{l(l+1)}{r^2}R=0\quad(15.4.16c)$$

以上分离方程的基本解为

$$\Phi(\varphi): \sin m\varphi \text{ 和 } \cos m\varphi \tag{15.4.17a}$$

$$\Theta(\theta): \mathrm{P}_l^m(\cos\theta) \text{ 和 } \mathrm{Q}_l^m(\cos\theta) \tag{15.4.17b}$$

$$R(r): r^l \text{ 和 } r^{-l-1} \tag{15.4.17c}$$

方程(15.4.15)的特解形式为

$$u(r,\theta,\varphi)=\begin{Bmatrix} r^l \\ \dfrac{1}{r^{l+1}} \end{Bmatrix}\begin{Bmatrix} \sin m\varphi \\ \cos m\varphi \end{Bmatrix}\begin{Bmatrix} \mathrm{P}_l^m(\cos\theta) \\ \mathrm{Q}_l^m(\cos\theta) \end{Bmatrix} \tag{15.4.18}$$

2. 物理量 u 与变量 φ 及时间 t 无关

这时方程(15.4.5)简化为

$$\frac{1}{r^2}\frac{\partial}{\partial r}\left(r^2\frac{\partial u}{\partial r}\right)+\frac{1}{r^2}\frac{\partial}{\partial x}\left[(1-x^2)\frac{\partial u}{\partial x}\right]=0 \tag{15.4.19}$$

其中 $x=\cos\theta$. 令

$$u(r,x)=R(r)\Theta(x)$$

对方程(15.4.19)进行变量分离,得

$$\frac{\mathrm{d}^2R}{\mathrm{d}r^2}+\frac{2}{r}\frac{\mathrm{d}R}{\mathrm{d}r}-\frac{l(l+1)}{r^2}R=0 \tag{15.4.20a}$$

$$\frac{\mathrm{d}}{\mathrm{d}x}\left[(1-x^2)\frac{\mathrm{d}\Theta}{\mathrm{d}x}\right]+l(l+1)\Theta=0 \tag{15.4.20b}$$

它们的基本解为

$$R(r): r^l \text{ 和} \frac{1}{r^{l+1}} \tag{15.4.21a}$$

$$\Theta(\theta): \mathrm{P}_l(\cos\theta) \text{ 和 } \mathrm{Q}_l(\cos\theta) \tag{15.4.21b}$$

方程(15.4.19)的特解形式为

$$u(r,\theta)=\begin{Bmatrix} r^l \\ \dfrac{1}{r^{l+1}} \end{Bmatrix}\begin{Bmatrix} \mathrm{P}_l(\cos\theta) \\ \mathrm{Q}_l(\cos\theta) \end{Bmatrix} \tag{15.4.22}$$

例 15.4.2 半径分别为 a 和 $b(b>a)$ 的两同心球壳,内球表面电位为 $\cos^2\theta$,外球表面电位为零,试求两球壳之间任一点的电势.

解 按题意化为如下的定解问题求解:

$$\nabla^2 u=0 \quad (a<r<b), \quad u|_{r=a}=\cos^2\theta$$

$$u|_{r=b}=0, \quad |u(r,\theta)|<M \quad (0\leqslant\theta\leqslant\pi)$$

由于问题旋转对称,所以 u 与 φ 无关,因此方程简化为

$$\frac{\partial^2 u}{\partial r^2}+\frac{2}{r}\frac{\partial u}{\partial r}+\frac{1}{r^2}\frac{\partial}{\partial x}\left[(1-x)\frac{\partial u}{\partial x}\right]=0$$

其中 $x=\cos\theta$. 令

$$u(r,x)=R(r)\Theta(x)$$

分离后的方程为

$$\frac{\mathrm{d}}{\mathrm{d}x}\left[(1-x^2)\frac{\mathrm{d}\Theta}{\mathrm{d}x}\right]+l(l+1)\Theta=0$$

$$|\Theta(\theta)|<M\quad(0\leqslant\theta\leqslant\pi)$$

基本解 $\Theta(x)$ 为 $\mathrm{P}_l(x)$ 和 $\mathrm{Q}_l(x)$.

但由于边界条件要求解有限,所以 l 必须为整数,并且 $\mathrm{Q}_l(x)$ 不适合本问题,应删除. 因此

$$\Theta(\theta)=\mathrm{P}_l(x)=\mathrm{P}_l(\cos\theta)$$

而方程

$$\frac{\mathrm{d}^2R}{\mathrm{d}r^2}+\frac{2}{r}\frac{\mathrm{d}R}{\mathrm{d}r}-\frac{l(l+1)}{r^2}R=0$$

基本解 $R(r)$ 为 r^l 和 $\frac{1}{r^{l+1}}$. 所以定解问题的解为

$$u(r,\theta)=\sum_{l=0}^{\infty}\left(A_lr^l+B_l\frac{1}{r^{l+1}}\right)\mathrm{P}_l(\cos\theta)$$

并将边界条件中给出的函数也按本征函数系 $\{\mathrm{P}_l(\cos\theta)\}(l=0,1,2,3,\cdots)$ 展开,得

$$u(a,\theta)=\cos^2\theta=\frac{2}{3}\mathrm{P}_2(\cos\theta)+\frac{1}{3}=\sum_{l=0}^{\infty}\left(A_la^l+B_l\frac{1}{a^{l+1}}\right)\mathrm{P}_l(\cos\theta)$$

$$u(b,\theta)=0=\sum_{l=0}^{\infty}\left(A_lb^l+B_l\frac{1}{b^{l+1}}\right)\mathrm{P}_l(\cos\theta)$$

利用本征函数系 $\{\mathrm{P}_l(\cos\theta)\}$ 的完备性,得

$$A_0+B_0\frac{1}{a}=\frac{1}{3},\quad A_2a^2+B_2\frac{1}{a^3}=\frac{2}{3}$$

$$A_0+B_0\frac{1}{b}=0,\quad A_2b^2+B_2\frac{1}{b^3}=0$$

而其余系数为零,上式解得

$$A_0=\frac{1}{3}\frac{a}{(a-b)},\quad B_0=\frac{1}{3}\frac{ab}{(b-a)}$$

$$A_2=\frac{2}{3}\frac{a^3}{(a^5-b^5)},\quad B_2=\frac{2}{3}\frac{a^3b^5}{(b^5-a^5)}$$

最后得

$$u(r,\theta)=\frac{1}{3}\frac{a}{(a-b)}\left(1-b\frac{1}{r}\right)\mathrm{P}_0(\cos\theta)+\frac{2}{3}\frac{a^3}{(a^5-b^5)}\left(r^2-b^5\frac{1}{r^3}\right)\mathrm{P}_2(\cos\theta)$$

习　题

15.1 解定解问题

$$u_{tt}=a^2u_{xx}\quad (0<x<l,t>0)$$

$$u(0,t)=0,\quad u(l,t)=0,\quad u_t(x,0)=0$$

$$u(x,0)=\varphi(x)=\begin{cases}\dfrac{h}{c}x & (0\leqslant x\leqslant c)\\ \dfrac{h(l-x)}{l-c} & (c\leqslant x\leqslant l)\end{cases}$$

15.2 解定解问题

$$u_{tt}=a^2u_{xx}\quad (0<x<l,t>0)$$

$$u(0,t)=0,\quad u(l,t)=0,\quad u(x,0)=0$$

$$u_t(x,0)=\begin{cases}v_0\cos\dfrac{\pi(x-c)}{h} & \left(|x-c|<\dfrac{h}{2}\right)\\ 0 & \left(|x-c|>\dfrac{h}{2}\right)\end{cases}$$

15.3 解定解问题

$$u_{tt}=a^2u_{xx}\quad \left(a^2=\frac{E}{\rho},0<x<l,t>0\right)$$

$$u(0,t)=0,\quad u_x(l,t)=0,\quad u(x,0)=cx,\quad u_t(x,0)=0$$

其中 c 为常数.

15.4 解定解问题

$$u_{tt}=a^2u_{xx}\quad \left(a^2=\frac{E}{\rho},-l<x<l,t>0\right)$$

$$u_x(-l,t)=0,\quad u_x(l,t)=0,\quad u(x,0)=-\varepsilon x,\quad u_t(x,0)=0$$

其中 ε 为常数.

15.5 解定解问题

$$u_{tt}+2hu_t=a^2u_{xx}\quad (0<x<l,t>0)$$

$$u(0,t)=0,\quad u(l,t)=0,\quad u(x,0)=\varphi(x),\quad u_t(x,0)=\psi(x)$$

其中 $h<\frac{\pi a}{l}$,h 是常数.

15.6 解定解问题

$$u_{tt}=a^2u_{xx}+A\sin\omega t\quad (0<x<l,t>0)$$

$$u(0,t)=0,\quad u(l,t)=0,\quad u(x,0)=\varphi(x),\quad u_t(x,0)=\psi(x)$$

15.7 解定解问题

$$u_{tt}=a^2u_{xx}+g\quad (0<x<l,t>0)$$

$$u(0,t)=0,\quad u_x(l,t)=0,\quad u(x,0)=0,\quad u_t(x,0)=0$$

15.8 解定解问题

$$u_{tt}+a^2u_{xx}+bx(x-l)\quad (0<x<l,t>0)$$

$$u(0,t)=0,\quad u(l,t)=0,\quad u(x,0)=0,\quad u_t(x,0)=0$$

15.9 解定解问题

$$\frac{\partial^2u}{\partial t^2}=a^2\frac{\partial}{\partial x}\left(x\frac{\partial u}{\partial x}\right)+A\sin\omega t\quad (0<x<l,t>0)$$

$u(0,t)$有限，$u(l,t)=0$，$u(x,0)=0$，$u_t(x,0)=0$

15.10 解定解问题

$$\frac{\partial^2 u}{\partial t^2}=a^2\frac{\partial}{\partial x}\left(x\frac{\partial u}{\partial x}\right)+\omega^2 u \quad (a=\sqrt{g}) \quad (0<x<l,t>0)$$

$u(0,t)$有限，　$u(l,t)=0$，　$u(x,0)=\varphi(x)$，　$u_t(x,0)=\psi(x)$

15.11 解定解问题

$$\frac{\partial^2 u}{\partial t^2}=a^2\left(\frac{\partial^2 u}{\partial x^2}+\frac{\partial^2 u}{\partial y^2}+\frac{\partial^2 u}{\partial z^2}\right)$$

$\left.\frac{\partial u}{\partial r}\right|_{r=R}=0$，　$u|_{r=0}$有限，　$u|_{t=0}=\varphi(r)$，　$u_t|_{t=0}=\psi(r)$

提示　由于问题球对称，所以泛定方程可化为下式来解：

$$\frac{\partial^2 u}{\partial t^2}=a^2\left(\frac{\partial^2 u}{\partial r^2}+\frac{2}{r}\frac{\partial u}{\partial r}\right)$$

15.12 解定解问题

$$\frac{\partial^2 u}{\partial t^2}=a^2\left(\frac{\partial^2 u}{\partial \rho^2}+\frac{1}{\rho}\frac{\partial u}{\partial \rho}+\frac{1}{\rho^2}\frac{\partial u}{\partial \varphi^2}+\frac{\partial^2 u}{\partial z^2}\right)$$

$\left.\frac{\partial u}{\partial \rho}\right|_{\rho=R}=0$，　$u|_{\rho=0}$有限，　$u|_{t=0}=\varphi(\rho)$，　$\left.\frac{\partial u}{\partial t}\right|_{t=0}=\psi(\rho)$

提示　轴对称；且解 u 与 z、φ 无关，所以泛定方程可化成如下形式：

$$\frac{\partial^2 u}{\partial t^2}=a^2\left[\frac{\partial^2 u}{\partial \rho^2}+\frac{1}{\rho}\frac{\partial u}{\partial \rho}\right]$$

注意　本题是柱坐标，与 15.11 题中的球坐标不同.

15.13 一块平板 $0\leqslant x\leqslant l$，初始温度为 u_0，在时间 $t>0$ 时，$x=0$ 处的边界保持绝热，$x=l$ 处的边界以对流方式将热量传给温度为零的介质，试求板内温度分布 $u(x,t)$.

15.14 上题中，若初始温度为 $\varphi(x)$，且两边界处始终保持绝热，试求板内的温度分布 $u(x,t)$.

15.15 一根长度为 l 的均匀杆初始温度分布是 $\varphi(x)$，杆的侧表面跟周围温度为零度的介质进行热交换，杆的两端与外界绝热，求杆的温度分布 $u(x,t)$.

15.16 求解放射性衰变问题

$u_t=a^2u_{xx}+A\mathrm{e}^{-bx}$　$(0<x<\pi,t>0)$，　$u(x,0)=\sin x$，　$u(0,t)=u(\pi,t)=0$

15.17 在矩形域 $0\leqslant x\leqslant a,0\leqslant y\leqslant b$ 上，求拉普拉斯方程

$$u_{xx}+u_{yy}=0$$

满足下述边界条件的解：

(a) $\begin{cases}u(0,y)=Ay(b-y), & u(a,y)=0,\\ u(x,0)=B\sin\frac{\pi x}{a}, & u(x,b)=0;\end{cases}$

(b) $\begin{cases}u(0,y)=Ay(b-y), & u(a,y)=0,\\ u(x,0)=B\cos\frac{\pi x}{2a}, & u(x,b)=0;\end{cases}$

(c) $\begin{cases}u(0,y)=0, & u(a,y)=Ay,\\ u_y(x,0)=0, & u_y(x,b)=0;\end{cases}$

其中 A,B 均为常数.

15.18 利用特解法，求圆域 $\rho<a$ 上的边值问题

$\nabla^2 u=-xy,\quad u|_{\rho=a}=0$

15.19 解定解问题

$u_t=a^2u_{xx}\quad (0<x<l, 0<t<\infty)$

$u(0,t)=0,\quad u(l,t)=At\quad (0<t<\infty),\quad u(x,0)=0\quad (0<x<l)$

15.20 试求无限长的圆形柱体中的温度分布,若在它的单位长的表面上有热流 $Q=q\cos\varphi$.

15.21 试求拉普拉斯方程,在(1)内部的与(2)外部的边界问题的解,假定在圆的边界上已给出如下的条件:

(a) $u|_{\rho=a}=A\sin\varphi\quad (0\leqslant\varphi\leqslant 2\pi)$;

(b) $u|_{\rho=a}=A\sin^3\varphi+B\quad (0\leqslant\varphi\leqslant 2\pi)$;

(c) $u|_{\rho=a}=\begin{cases} A\sin\varphi & (0<\varphi<\pi), \\ \dfrac{1}{3}A\sin^2\varphi & (\pi<\varphi<2\pi); \end{cases}$

其中 A 与 B 均为常数.

15.22 解定解问题

$\dfrac{\partial u}{\partial t}=a^2\dfrac{\partial^2 u}{\partial x^2}+\sin\omega t\quad (0<x<l, t>0)$

$u(0,t)=0,\quad u_x(l,t)=0,\quad u(x,0)=\cos\dfrac{\pi}{l}x$

第 16 章　勒让德函数

在球坐标系中求解数学物理方程时，常常会遇到一类特殊函数，由于这类函数的多项式形式，最早被法国数学家勒让德(A. M. Legendre)(1725～1833)专门研究过(1785 年)，所以命名这类函数为勒让德函数以及勒让德多项式.

现在勒让德函数在科学技术领域中的应用已极其普遍，所以我们有必要对它进行详细研究.

16.1　勒让德多项式的定义及表示

16.1.1　定义及级数表示

以前我们已叙述过，在球坐标中分离变量时，可得 Θ 所满足的方程

$$\frac{1}{\sin\theta}\frac{\mathrm{d}}{\mathrm{d}\theta}\left(\sin\frac{\mathrm{d}\Theta}{\mathrm{d}\theta}\right)+\left(\omega^2-\frac{m^2}{\sin^2\theta}\right)\Theta=0 \tag{16.1.1}$$

令

$$x=\cos\theta,\quad \omega^2=l(l+1),\quad y(x)=\Theta(\theta)=\Theta(\arccos x) \tag{16.1.2}$$

则方程(16.1.1)转化为连带勒让德方程

$$\frac{\mathrm{d}}{\mathrm{d}x}\left[(1-x^2)\frac{\mathrm{d}y}{\mathrm{d}x}\right]+\left[l(l+1)-\frac{m^2}{1-x^2}\right]y=0 \tag{16.1.3}$$

式中本征值 m 与变量 φ 的本征值问题有关. 若研究的问题具有旋转对称，即定解问题的解与 φ 无关，这时 $m=0$，方程(16.1.3)转化为熟知的勒让德方程

$$\frac{\mathrm{d}}{\mathrm{d}x}\left[(1-x^2)\frac{\mathrm{d}y}{\mathrm{d}x}\right]+l(l+1)y=0 \tag{16.1.4}$$

上述方程有两个线性独立的解，即勒让德函数.

如果问题要求方程(16.1.4)在区间[−1,1]上的解是有限的，则 l 必须取整数值. 当 l 为整数时，其中有一个解是多项式，而且只有这多项式的解满足上述条件. 我们定义这多项式为勒让德多项式. 如图 16.1 所示.

其级数形式为

$$\mathrm{P}_l(x)=\sum_{k=0}^{\left[\frac{l}{2}\right]}(-1)^k\frac{(2l-2k)!}{2^l k!(l-k)!(l-2k)!}x^{l-2k} \tag{16.1.5}$$

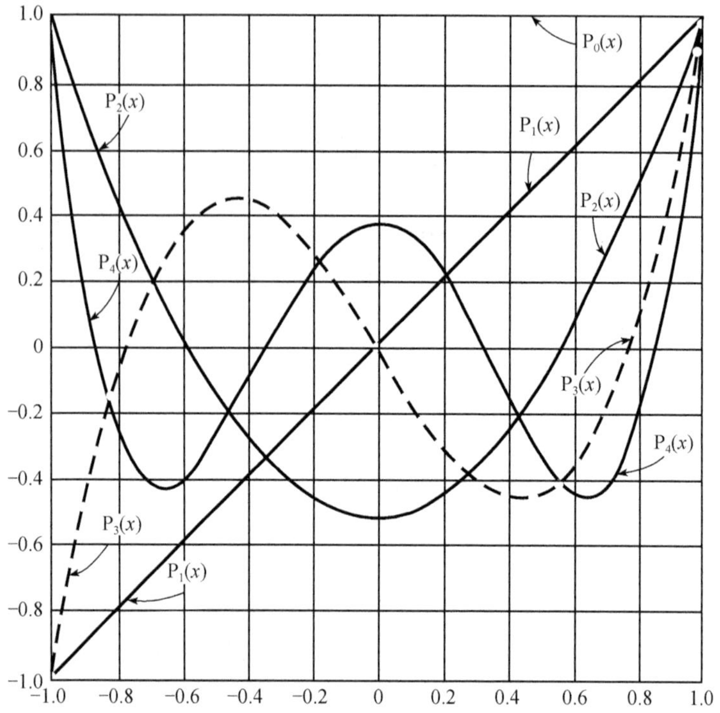

图 16.1

其中$\left[\frac{l}{2}\right]$表示$\frac{l}{2}$的整数部分. 若 l 为偶数,$\left[\frac{l}{2}\right]=\frac{l}{2}$;若 l 为奇数,$\left[\frac{l}{2}\right]=\frac{l-1}{2}$. 因此表式(16.1.5)也可写成

$$\mathrm{P}_{2l}(x)=\frac{1}{2^{2l}}\sum_{k=0}^{l}\frac{(-1)^k(4l-2k)!}{k!(2l-k)!(2l-2k)!}x^{2l-2k} \tag{16.1.6a}$$

$$\mathrm{P}_{2l+1}(x)=\frac{1}{2^{2l+1}}\sum_{k=0}^{l}\frac{(-1)^k(4l+2-2k)!}{k!(2l+1-k)!(2l+1-2k)!}x^{2l+1-2k} \tag{16.1.6b}$$

如果在 $x=1$ 邻域求解方程(16.1.4),有

$$\mathrm{P}_l(x)=\sum_{k=0}^{l}\frac{1}{2^k(k!)^2}\frac{(l+k)!}{(l-k)!}(x-1)^k \tag{16.1.7}$$

16.1.2 微分表示

勒让德多项式(16.1.5)可以表示成如下的微分形式:

$$\mathrm{P}_l(x)=\frac{1}{2^l l!}\frac{\mathrm{d}^l}{\mathrm{d}x^l}[(x^2-1)^l] \tag{16.1.8}$$

上式通常又称之为勒让德多项式的罗德里格斯(Rodrigues)表示式.

16.1.3　积分表示

勒让德多项式(16.1.5)也可表示成如下的积分形式：

$$\mathrm{P}_l(x)=\frac{1}{\pi}\int_0^{\pi}(x+\sqrt{x^2-1}\cos\varphi)^l\mathrm{d}\varphi \tag{16.1.9}$$

上式也称为勒让德多项式的拉普拉斯积分表示式.

公式(16.1.9)的证明见例 15.2.10.

利用积分表示(16.1.9),可以证明

$$|\mathrm{P}_l(x)|\leqslant 1\quad x\in[-1,1] \tag{16.1.10}$$

证明

$$|\mathrm{P}_l(x)|\leqslant\frac{1}{\pi}\int_0^{\pi}|x+i\sqrt{1-x^2}\cos\varphi|^l\mathrm{d}\varphi=\frac{1}{\pi}\int_0^{\pi}(\sqrt{x^2+(1-x^2)\cos^2\varphi})^l\mathrm{d}\varphi$$

$$=\frac{1}{\pi}\int_0^{\pi}(\sqrt{x^2\sin^2\varphi+\cos^2\varphi})^l\mathrm{d}\varphi\leqslant\frac{1}{\pi}\int_0^{\pi}\mathrm{d}\varphi=1$$

16.1.4　勒让德多项式的生成函数

利用式(4.8.5)及式(4.8.12)可定义一个勒让德多项式的生成函数,并记之以符号 $G(r,x)$,即

$$G(r,x)=\frac{1}{\sqrt{1-2xr+r^2}}=\begin{cases}\displaystyle\sum_{l=0}^{\infty}r^l\mathrm{P}_l(x) & (r\leqslant 1)\\ \displaystyle\sum_{l=0}^{\infty}\frac{1}{r^{l+1}}\mathrm{P}_l(x) & (r>1)\end{cases}\quad(-1\leqslant x\leqslant 1) \tag{16.1.11}$$

利用式(16.1.11),我们可以得到一个重要的公式

$$\frac{1}{|\boldsymbol{r}-\boldsymbol{r}'|}=\frac{1}{(r^2+r'^2-2r'r\cos\theta)^{1/2}}=\sum_{l=0}^{\infty}\frac{r_<^l}{r_>^{l+1}}\mathrm{P}_l(\cos\theta) \tag{16.1.12}$$

其中 $r_<$ 代表 r 与 r' 中的较小者,$r_>$ 代表 r 与 r' 中的较大者.

16.2　勒让德多项式的性质

16.2.1　$\mathrm{P}_l(x)$ 的具体形式

我们将生成函数(16.1.11)对 r 微分,得

$$\frac{\partial G}{\partial r}=\frac{x-r}{1-2rx+r^2}G(r,x) \tag{16.2.1}$$

即

$$(1-2rx+r^2)\frac{\partial G}{\partial r}=(x-r)G(r,x)$$

将 $G(r,x)$ 的级数形式(16.1.11)代入上式,得

$$\begin{aligned}&(1-2xr^2+r^2)(P_1(x)+2rP_2(x)+\cdots+lr^{l-1}P_l(x)+\cdots)\\=&(x-r)(P_0(x)+r^1P_1(x)+r^2P_2(x)+\cdots+r^lP_l(x)+\cdots)\end{aligned}$$

归并 r 幂次相同的项,得

$$\begin{aligned}&[P_1(x)-xP_0(x)]+[2P_2(x)-3xP_1(x)+1]r+\cdots\\&+[(l+1)P_{l+1}(x)-(2l+1)xP_l(x)+lP_{l-1}(x)]r^l+\cdots=0\end{aligned}\tag{16.2.2}$$

因此,上式中 r 幂次前的所有系数应为零. 由这一条件可以得到 $P_l(x)$ 的具体形式,即

$$P_0(x)=1$$
$$P_1(x)=x$$
$$P_2(x)=\frac{1}{2}(3x^2-1)$$
$$P_3(x)=\frac{1}{2}(5x^3-3x)$$
$$P_4(x)=\frac{1}{8}(35x^4-30x^2+3)$$
…………

特别是

$$P_{l+1}(x)=\frac{1}{l+1}[(2l+1)xP_l(x)-lP_{l-1}(x)]\tag{16.2.3}$$

16.2.2　特殊性质

1. 奇偶性

$$P_l(-x)=(-1)^lP_l(x)\tag{16.2.4}$$

只要在生成函数定义(16.1.11)两边,作代换 $x\to(-x)$,$r\to(-r)$,由于左端代换后仍保持不变,所以

$$\frac{1}{\sqrt{1-2rx+r^2}}=\sum_{l=0}^{\infty}(-r)^lP_l(-x)=\sum_{l=0}^{\infty}r^lP_l(x)$$

即得所证.

这性质说明,$P_l(x)$ 的奇偶性完全由 l 来确定. 当 l 为偶数时,$P_l(x)$ 是偶函数;当 l 为奇数时,$P_l(x)$ 是奇函数.

2. 特殊值

(a) $P_l(1)=1$　　(16.2.5a)

(b) $P_l(-1)=(-1)^l$　　(16.2.5b)

$$(c)\ P_l(0)=\begin{cases}0 & (\text{当 } l \text{ 为奇数时})\\ \dfrac{(l-1)!!\ (-1)^{\frac{l}{2}}}{2^{\frac{l}{2}}\left(\dfrac{l}{2}\right)!} & (\text{当 } l \text{ 为偶数时})\end{cases} \tag{16.2.5c}$$

或

$$P_{2k+1}(0)=0$$
$$P_{2k}(0)=(-1)^k\frac{(2k-1)!!}{(2k)!!} \tag{16.2.5d}$$

其中 $(2k)!!=2k\cdot(2k-2)\cdots6\cdot4\cdot2$， $(2k+1)!!=(2k+1)\cdot(2k-1)\cdots5\cdot3\cdot1$ 现分别证明如下：

证明

(a) 令生成函数等式(16.1.11)中的 $x=+1$,得

$$\frac{1}{1-r}=\sum_{l=0}^{\infty}P_l(1)r^l\quad(r<1)$$

因为

$$\frac{1}{1-r}=\sum_{l=0}^{\infty}r^l\quad(r<1)$$

所以 $P_l(1)=1$.

(b) 令生成函数等式(16.1.11)中的 $x=-1$,得

$$\frac{1}{1+r}=\sum_{l=0}^{\infty}P_l(-1)r^l\quad(r<1)$$

因为

$$\frac{1}{1+r}=\sum_{l=0}^{\infty}(-1)^l r^l\quad(r<1)$$

所以 $P_l(-1)=(-1)^l$.

(c) 令生成函数等式(16.1.11)中的 $x=0$,得

$$\frac{1}{\sqrt{1+r^2}}=\sum_{l=0}^{\infty}P_l(0)r^l\quad(r<1)$$

因为按二项式展开定理,有

$$(1+r^2)^{-\frac{1}{2}}=1-\frac{1}{2}r^2+\left(-\frac{1}{2}\right)\left(-\frac{3}{2}\right)\frac{r^4}{2!}+\cdots+(-1)^k\frac{1\cdot3\cdot5\cdots(2k-1)}{2^k k!}r^{2k}+\cdots(r<1)$$

所以

$$P_{2k+1}(0)=0,\quad P_{2k}(0)=(-1)^k\frac{(2k-1)!!}{(2k)!!}$$

16.2.3　$P_l(x)$的正交性及模 N_l^2

1. 正交性

$$\int_{1}^{-1} P_n(x)P_l(x)\mathrm{d}x = N_l^2\delta_{n,l} \tag{16.2.6}$$

其中
$$\delta_{n,l}=\begin{cases}1 & (n=l)\\ 0 & (n\neq l)\end{cases}$$

证明　因为

$$\frac{\mathrm{d}}{\mathrm{d}x}[(1-x^2)P_l'(x)]+l(l+1)P_l(x)=0,$$

$$\frac{\mathrm{d}}{\mathrm{d}x}[(1-x^2)P_n'(x)]+n(n+1)P_n(x)=0$$

上述两式相减，并且在[−1,1]区域上对 x 积分，得

$$\int_{-1}^{1}\left\{P_n(x)\frac{\mathrm{d}}{\mathrm{d}x}[(1-x^2)P_l'(x)]-P_l(x)\frac{\mathrm{d}}{\mathrm{d}x}[(1-x^2)P_n'(x)]\right\}\mathrm{d}x$$
$$=[n(n+1)-l(l+1)]\int_{-1}^{1}P_l(x)P_n(x)\mathrm{d}x$$

因为上面等式左边的积分值为

$$(1-x^2)[P_n(x)P_l'(x)-P_l(x)P_n'(x)]\Big|_{-1}^{1}=0$$

所以，当 $n\neq l$ 时

$$\int_{-1}^{1}P_l(x)P_n(x)\mathrm{d}x=0$$

当 $n=l$ 时

$$\int_{-1}^{1}P_l(x)P_l(x)\mathrm{d}x=N_l^2\neq 0$$

下面我们来计算这一常数值 N_l^2.

2. 模 N_l^2

$$N_l^2=\int_{-1}^{1}P_l^2(x)\mathrm{d}x=\frac{2}{2l+1} \tag{16.2.7}$$

证明　将生成函数(16.1.13)自乘，且在[−1,1]区间上对 x 积分，得

$$\int_{-1}^{1}\frac{\mathrm{d}x}{(1-2rx+r^2)^{2/2}}=\sum_{n=0}^{\infty}\sum_{l=0}^{\infty}\int_{-1}^{1}P_l(x)P_n(x)r^{n+l}\mathrm{d}x$$
$$=\sum_{n=0}^{\infty}\sum_{l=0}^{\infty}r^{2l}N_l^2\delta_{n,l}=\sum_{l=0}^{\infty}N_l^2r^{2l}$$

另一方面

$$\int_{-1}^{1}\frac{\mathrm{d}x}{(1-2rx+r^2)^{2/2}}=-\frac{1}{2r}\ln(1-2rx+r^2)\Big|_{-1}^{1}$$

$$=\frac{1}{r}\ln\frac{1+r}{1-r}=\frac{2}{r}\sum_{l=0}^{\infty}\frac{r^{2l+1}}{(2l+1)}=\sum_{l=0}^{\infty}\frac{2}{(2l+1)}r^{2l}$$

所以

$$N_l^2=\int_{-1}^{1}\mathrm{P}_l^2(x)\mathrm{d}x=\frac{2}{2l+1}$$

16.2.4　勒让德多项式的递推公式

在 16.2.1 中，我们对生成函数(16.1.11)求过 r 的导数，现在我们再来对它取 x 的导数，得

$$\frac{\partial G}{\partial x}=\frac{r}{(1-2rx+r^2)}G(r,x)$$

即

$$(1-2rx+r^2)\frac{\partial G}{\partial x}=rG(r,x)$$

将上式中的生成函数 $G(r,x)$ 以级数形式来表示，即

$$(1-2rx+r^2)(\mathrm{P}_0'(x)+r\mathrm{P}_1'(x)+\cdots+r^l\mathrm{P}_l'(x)+\cdots)$$
$$=r(\mathrm{P}_0(x)+r\mathrm{P}_1(x)+\cdots+r^l\mathrm{P}_l(x)+\cdots)$$

归并 r 同幂次项，得

$$\sum_{l=0}^{\infty}[\mathrm{P}_l'(x)-2x\mathrm{P}_{l-1}'(x)+\mathrm{P}_{l-2}'(x)-\mathrm{P}_{l-1}(x)]r^l=0$$

所以

$$\mathrm{P}_l'(x)-2x\mathrm{P}_{l-1}'(x)+\mathrm{P}_{l-2}'(x)-\mathrm{P}_{l-1}(x)=0$$

今后约定，对于推导的递推公式适用于一切正整数 l；但需注意，当下角标取负整数时，须令它为零. 例如今后约定

$$\mathrm{P}_{-1}(x)\equiv 0,\quad \mathrm{P}_{-2}(x)\equiv 0\quad 等等$$

在上式中再作代换，令 $l'=l+1$，然后又抹去 l' 上的角标一撇，于是得第一个递推公式

(i)　$\mathrm{P}_l(x)=\mathrm{P}_{l+1}'(x)-2x\mathrm{P}_l'(x)+\mathrm{P}_{l-1}'(x)$

将 $G(r,x)$ 对 r 求导数所得的递推公式(16.2.3)作为我们的第二个递推公式

(ii)　$(l+1)\mathrm{P}_{l+1}(x)=(2l+1)x\mathrm{P}_l(x)-l\mathrm{P}_{l-1}(x)$

将(ii)式中的 $\mathrm{P}_{l+1}(x)$ 代入(i)，得

(iii)　$l\mathrm{P}_l(x)=x\mathrm{P}_l'(x)-\mathrm{P}_{l-1}'(x)$

将(ii)式中的 $\mathrm{P}_{l-1}(x)$ 代入(i)式，得

(iv) $P'_{l+1}(x)=xP'_l(x)+(l+1)P_l(x)$

从(i)及(iii)式中消去 $xP'_l(x)$，得

(v) $(2l+1)P_l(x)=P'_{l+1}(x)-P'_{l-1}(x)$

将(iv)式中 l 换成 $l-1$，然后用(iii)式消去 $P'_{l-1}(x)$，得

(vi) $(x^2-1)P'_l(x)=lxP_l(x)-lP_{l-1}(x)$

对(v)式，从 $l=0$ 到 $l=n$ 求和，得

(vii) $\sum_{l=0}^{n}(2l+1)P_l(x)=P'_{n+1}(x)+P'_n(x)$

....

以上都是一些常用的递推公式，主要用来计算含有勒让德多项式的积分. 下面举几个例子来说明它的应用.

例 16.2.1 $\int_{-1}^{l} xP_l(x)P_n(x)\,dx=?$

本题利用递推公式(ii)较适宜，有

$$\begin{aligned}
&\int_{-1}^{1} xP_l(x)P_n(x)\,dx\\
&=\int_{-1}^{1}\left\{\frac{1}{2l+1}\left[(l+1)P_{l+1}(x)+lP_{l-1}(x)\right]\right\}P_n(x)\,dx\\
&=\frac{l+1}{2l+1}\int_{-1}^{1}P_{l+1}(x)P_n(x)\,dx+\frac{l}{2l+1}\int_{-1}^{1}P_{l-1}(x)P_n(x)\,dx\\
&=\begin{cases}\dfrac{2n}{4n^2-1} & (\text{当 } l=n-1 \text{ 时})\\[2mm] \dfrac{2(n+1)}{(2n+3)(2n+1)} & (\text{当 } l=n+1 \text{ 时})\\[2mm] 0 & (\text{当 } l-n\neq\pm 1 \text{ 时})\end{cases}
\end{aligned}$$

例 16.2.2 $\int_{0}^{1} P_l(x)\,dx=?$

利用递推公式(v)较适宜，有

$$\begin{aligned}
\int_0^1 P_l(x)\,dx&=\frac{1}{2l+1}\left[P_{l+1}(x)-P_{l-1}(x)\right]\Big|_0^1\\
&=-\frac{1}{2l+1}\left[P_{l+1}(0)-P_{l-1}(0)\right]=\frac{1}{l+1}P_{l-1}(0)
\end{aligned}$$

上式推导中最后一步利用了递推公式(ii). 在递推公式(ii)中令 $x=0$，即得

$$P_{l+1}(0)=-\frac{l}{l+1}P_{l-1}(0)$$

往下计算，我们需要用到勒让德多项式的特殊值(16.2.5d)，最后得

$$\int_0^1 \mathrm{P}_l(x)\mathrm{d}x = \begin{cases} 1 & (\text{当 } l = 0) \\ 1/2 & (\text{当 } l = 1) \\ 0 & (\text{当 } l = 2k, k \geqslant 1) \\ (-1)^k \dfrac{(2k-1)!!}{(2k+2)!!} & (\text{当 } l = 2k+1, k \geqslant 1) \end{cases}$$

例 16.2.3　求证

$$\int_0^1 x\mathrm{P}_l(x)\mathrm{d}x = \begin{cases} 1/2 & (\text{当 } l = 0) \\ 1/3 & (\text{当 } l = 1) \\ 0 & (\text{当 } l = 2k+1, k \geqslant 1) \\ \dfrac{(-1)^{k+1}(2k-2)!}{2^{2k}(k-1)!(k+1)!} & (\text{当 } l = 2k, k \geqslant 1) \end{cases}$$

证明　本题适宜用递推公式(v),然后分部积分,得

$$\int_0^1 x\mathrm{P}_l(x)\mathrm{d}x = \frac{x}{2l+1}[\mathrm{P}_{l+1}(x) - \mathrm{P}_{l-1}(x)]\Big|_0^1 - \frac{1}{2l+1}\int_0^1 [\mathrm{P}_{l+1}(x) - \mathrm{P}_{l-1}(x)]\mathrm{d}x$$

再利用上题结果,得

$$-\frac{1}{2l+1}\left[\frac{\mathrm{P}_l(0)}{l+2} - \frac{\mathrm{P}_{l-2}(0)}{l}\right]$$

然后,再用 $\mathrm{P}_l(0)$的值式(16.2.5d),即得所证.

例 16.2.4　以下几个例子都是直接利用递推公式(ii)的结果

$$x^2 = x \cdot \mathrm{P}_1(x) = \frac{2}{3}\mathrm{P}_2(x) + \frac{1}{3}\mathrm{P}_0(x)$$

$$x^3 = x \cdot x^2 = x[x\mathrm{P}_1(x)] = x\left[\frac{2}{3}\mathrm{P}_2(x) + \frac{1}{3}\mathrm{P}_0(x)\right] = \frac{2}{5}\mathrm{P}_3(x) + \frac{3}{5}\mathrm{P}_1(x)$$

$$x^4 = x \cdot x^3 = x\left[\frac{2}{5}\mathrm{P}_3(x) + \frac{3}{5}\mathrm{P}_1(x)\right] = \frac{8}{35}\mathrm{P}_4(x) + \frac{4}{7}\mathrm{P}_2(x) + \frac{1}{5}\mathrm{P}_0(x)$$

利用公式(16.1.8)可以证明:若 $f(x)$是 x^k 幂的多项式,且最高幂次为 n. 因为

$$\int_{-1}^1 x^n \mathrm{P}_l(x)\mathrm{d}x = 0 \quad (n < l)$$

所以 $f(x)$的展开式为

$$f(x) = \sum_{l=0}^{n} c_l \mathrm{P}_l(x)$$

例如,$f(x)=x^2$,则

$$x^2 = c_0\mathrm{P}_0(x) + c_1\mathrm{P}_1(x) + c_2\mathrm{P}_2(x)$$

因为 $f(x)=x^2$,是偶函数,所以 $c_1=0$. 于是

$$x^2 = c_0\mathrm{P}_0(x) + c_2\mathrm{P}_2(x)$$

再将 $P_l(x)$ 的具体形式代入上式

$$x^2 = c_0 \cdot 1 + c_2\left(\frac{3x^2-1}{2}\right)$$

然后比较 x 的同幂次的系数，即

$$c_0 - \frac{1}{2}c_2 = 0, \quad \frac{3}{2}c_2 = 1$$

解得

$$c_2 = \frac{2}{3}, \quad c_0 = \frac{1}{3}$$

16.3　第二类勒让德函数 $Q_l(x)$

我们在 11.1 中用级数解法求解勒让德方程(16.1.4)时，得到两个线性独立的解. 当 l 是正整数时，其中之一成为多项式，即前面讨论的勒让德多项式；而第二个线性独立的解是无穷级数，我们将它定义为第二类勒让德函数 $Q_l(x)$.

若 l 是偶整数，其形式为

$$x - \frac{(l-1)(l+2)}{3!}x^3 + \frac{(l-1)(l-3)(l+2)(l+4)}{5!}x^5 + \cdots$$

若 l 是奇整数，其形式为

$$1 - \frac{l(l+1)}{2!}x^2 + \frac{l(l-2)(l+1)(l+3)}{4!}x^4 + \cdots$$

按 11.3 节中求第二解的公式

$$y_2(x) = y_1(x)\int \frac{1}{[y_1(x)]^2}\exp\left(-\int P(x)\mathrm{d}x\right)\mathrm{d}x$$

令 $y_1(x)=P_l(x)$，对于勒让德方程(16.1.4)来说，$P(x)=-\frac{2x}{1-x^2}$. 所以

$$Q_l(x) = P_l(x)\int \frac{\mathrm{d}x}{(1-x^2)[P_l(x)]^2}$$

经过计算后，$Q_l(x)$ 可以通过对数函数及勒让德多项式 $P_l(x)$ 表示出，所以第二类勒让德函数 $Q_l(x)$ 的一般表达式为

$$Q_l(x) = \frac{1}{2}P_l(x)\ln\frac{1+x}{1-x} - \sum_{k=0}^{\left[\frac{l}{2}\right]}\frac{2l-4k+3}{(2k-1)(l-k+1)}P_{l-2k+1}(x) \tag{16.3.1}$$

特别是

$$Q_0(x) = \frac{1}{2}\ln\frac{1+x}{1-x}$$

$$Q_1(x) = \frac{x}{2}\ln\frac{1+x}{1-x} - 1$$

$$Q_2(x) = \frac{1}{4}(3x^2-1)\ln\frac{1+x}{1-x} - \frac{3}{2}x$$

$$Q_3(x) = \frac{1}{4}(5x^3-3x)\ln\frac{1+x}{1-x} - \frac{5}{2}x^2 + \frac{2}{3}$$

可以证明这样定义的 $Q_l(x)$，其递推公式和 $P_l(x)$ 的递推公式具有相同的形式. 因此，勒让德方程

$$(1-x^2)\frac{d^2y}{dx^2} - 2x\frac{dy}{dx} + l(l+1)y = 0 \tag{16.3.2}$$

的通解为

$$y(x) = c_1P_l(x) + c_2Q_l(x) \tag{16.3.3}$$

其中 $P_l(x)$ 称为勒让德多项式，$Q_l(x)$ 称为第二类勒让德函数.

由 $Q_l(x)$ 的形式(16.3.1)可知，$Q_l(x)$ 在 $x=\pm1$ 处是无界的.

16.4 勒让德方程的本征值问题

在球坐标中分离变量时，可得 $\Theta(\theta)$ 所满足的本征值问题

$$\frac{1}{\sin\theta}\frac{\partial}{\partial\theta}\left(\sin\theta\frac{\partial\Theta}{\partial\theta}\right) + \lambda\Theta = 0,\quad \Theta(\theta) < +\infty,\quad \theta\in[0,\pi] \tag{16.4.1}$$

令

$$x = \cos\theta,\quad \frac{1}{\sin\theta}\frac{\partial}{\partial\theta} = -\frac{\partial}{\partial x},\quad y(x) = \Theta(\theta) = \Theta(\arccos x)$$

$$\frac{d}{dx}\left[(1-x^2)\frac{dy}{dx}\right] + \lambda y = 0 \tag{16.4.2}$$

$$y(+1) < +\infty,\quad y(-1) < +\infty$$

按第 11 章的知识，上述方程有形如下式的解：

$$y(x,s) = (x-1)^s\sum_{k=0}^{\infty}c_k(x-1)^k,\qquad c_{k+2} = -c_k\frac{[\lambda-(s+k)(s+k+1)]}{(s+k+2)(s+k+1)}$$

指标方程

$$f_0(s) = s(s-1) + s,\quad s_1 = s_2 = 0$$

$y_1(x)=y(x,s_1)$，不含对数项，但在 $x\in[-1,1]$ 上的收敛解，只有当 $\lambda=l(l+1)$，且 l 是整数才成立. 正因为这个原因，在球坐标分离变量时，遇到 $\Theta(\theta)$ 的方程时，总是令本征值 $\lambda=l(l+1)$，好像是一个约定一样. 事实上，本征值问题(16.4.2)是典型的斯特姆-刘维型本征值问题，相应于 $k(x)=1-x^2$，$q(x)=0$，$\rho(x)=1$，$a=$

$-1,b=1$,并带有自然边界条件,所以应有如下结论:

(i) 本征值存在,且都是非负的实数;

(ii) 本征值可编成单调递增的序列

本征值 $\lambda_0=0,\quad \lambda_1=2,\quad \lambda_2=6,\cdots,\quad \lambda_l=l(l+1),\cdots$

本征函数 $y_0=\mathrm{P}_0(x),\quad y_1=\mathrm{P}_1(x),\quad y_2=\mathrm{P}_2(x),\cdots,\quad y_l=\mathrm{P}_l(x),\cdots$

(iii) 对于每一个本征值 λ_l 有一个相应的本征函数 $\mathrm{P}_l(x)$,并且 $\mathrm{P}_l(x)$ 在 $(-1,1)$ 上有 l 个零点;

(iv) 对应于不同本征值的本征函数在区间$[-1,1]$中带权 $\rho(x)=1$ 正交,即

$$\int_{-1}^{1}\mathrm{P}_l(x)\mathrm{P}_n(x)\,\mathrm{d}x=N_l^2\delta_{n,l}$$

模

$$N_l^2=\int_{-1}^{1}[\mathrm{P}_l(x)]^2\,\mathrm{d}x=\frac{2}{2l+1}\tag{16.4.3}$$

(v) 本征函数$\{\mathrm{P}_l(x)\}$在区间$[-1,1]$上构成完备正交系. 任何一个在$[-1,1]$上具有连续的一阶导数和分段连续的二阶导数,且适合本征值问题的边界条件的函数 $f(x)$,都可按$\{\mathrm{P}_l(x)\}$展开成在$[-1,1]$上绝对且一致收敛的级数.

$$f(x)=\sum_{l=0}^{\infty}c_l\mathrm{P}_l(x)$$

其中

$$c_l=\frac{2l+1}{2}\int_{-1}^{1}f(x)\mathrm{P}_l(x)\,\mathrm{d}x\tag{16.4.4}$$

16.5 连带勒让德方程及其解

16.5.1 连带勒让德方程

当所研究的问题,不具备旋转对称时,定解方程的解就与 φ 有关,因此,必须考虑 $m\neq 0$ 的情况,这时 $\Theta(\cos\theta)=y(x)$就满足

$$(1-x^2)\frac{\mathrm{d}^2y}{\mathrm{d}x^2}-2x\frac{\mathrm{d}y}{\mathrm{d}x}+\left[l(l+1)-\frac{m^2}{1-x^2}\right]y=0\quad(-1<x<1)\tag{16.5.1}$$

上式称为连带勒让德方程.

我们暂且不去解上面这个方面,先利用莱布尼茨(Leibniz)公式

$$\frac{\mathrm{d}^n}{\mathrm{d}x^n}[A(x)B(x)]=\sum_{k=0}^{n}\frac{n!}{(n-k)!k!}\frac{\mathrm{d}^{n-k}}{\mathrm{d}x^{n-k}}[A(x)]\frac{\mathrm{d}^k}{\mathrm{d}x^k}[B(x)]\tag{16.5.2}$$

将勒让德方程

$$(1-x^2)\frac{d^2y}{dx^2}-2x\frac{dy}{dx}+l(l+1)y=0 \qquad (-1<x<1) \tag{16.5.3}$$

对 x 微分 m 次,得

$$(1-x^2)u''-2x(m+1)u'+(n-m)(n+m+1)u=0 \tag{16.5.4}$$

其中

$$u(x)=\frac{d^m}{dx^m}[y(x)] \tag{16.5.5}$$

因方程(16.5.4)不是斯特姆-刘维型的方程,为了将它化成斯特姆-刘维方程,必须乘上一因子.为此作变换,令

$$v(x)=(1-x^2)^{\frac{m}{2}}u(x)=(1-x^2)^{\frac{m}{2}}\frac{d^m}{dx^m}y(x) \tag{16.5.6}$$

而

$$u'=\left(v'+\frac{mx}{1-x^2}v\right)(1-x^2)^{-\frac{m}{2}} \tag{16.5.7}$$

$$u''=\left(v''+\frac{2mx}{1-x^2}v'+\frac{m}{1-x^2}v+\frac{m(m+2)x^2}{(1-x^2)^2}v\right)(1-x^2)^{-\frac{m}{2}} \tag{16.5.8}$$

将式(16.5.7)和式(16.5.8)代入方程(16.5.4),得

$$(1-x^2)v''-2xv'+\left[l(l+1)-\frac{m^2}{1-x^2}\right]v=0 \tag{16.5.9}$$

上式正是连带勒让德方程.可见,由于有关系式(16.5.6),所以方程(16.5.9)的解可以通过对勒让德方程的解进行微分等手续来得到.

因为当 l 是正整数时,勒让德方程的通解为

$$y=c_1\mathrm{P}_l(x)+c_2\mathrm{Q}_l(x)$$

所以连带勒让德方程的通解应为

$$y(x)=c_1\mathrm{P}_l^m(x)+c_2\mathrm{Q}_l^m(x) \tag{16.5.10}$$

其中 $\mathrm{P}_l^m(x)$及 $\mathrm{Q}_l^m(x)$的定义如下:

$$\mathrm{P}_l^m(x)=(1-x^2)^{\frac{m}{2}}\frac{d^m}{dx^m}\mathrm{P}_l(x) \quad (0\leqslant m\leqslant l) \tag{16.5.11a}$$

$$\mathrm{Q}_l^m(x)=(1-x^2)^{\frac{m}{2}}\frac{d^m}{dx^m}\mathrm{Q}_l(x) \quad (0\leqslant m\leqslant l) \tag{16.5.11b}$$

这里 $\mathrm{P}_l^m(x)$和 $\mathrm{Q}_l^m(x)$分别称为第一类和第二类连带勒让德函数.

如同以前一样,第一类连带勒让德函数 $\mathrm{P}_l^m(x)$又称为 m 阶 l 次连带勒让德多项式.

16.5.2 连带勒让德多项式

1. 微分表示法

根据勒让德多项式的微分表示式(16.1.8),立刻可写出连带勒让德多项式的微分表示式.

$$\mathrm{P}_l^m(x)=\frac{(1-x^2)^{\frac{m}{2}}}{2^l l\,!}\frac{\mathrm{d}^{m+l}}{\mathrm{d}x^{m+l}}(x^2-1)^l \qquad (|m|\leqslant l) \tag{16.5.12}$$

2. 特性

$$\mathrm{P}_l^m(-x)=(-1)^{m+l}\mathrm{P}_l^m(x) \tag{16.5.13}$$

$$\mathrm{P}_l^m(\pm 1)=0 \quad (m\neq 0) \tag{16.5.14}$$

$$\mathrm{P}_l^{-m}(x)=(-1)^m\frac{(l-m)\,!}{(l+m)\,!}\mathrm{P}_l^m(x) \tag{16.5.15}$$

3. 生成函数

如果在勒让德的生成函数表达式(16.1.11)的两边对 x 微分 m 次,就可得到连带勒让德多项式的生成函数 $\Phi_m(r,x)$,即

$$\Phi_m(r,x)=\frac{(2m)\,!(1-x^2)^{\frac{m}{2}}}{2^m m\,!(1-2xr+r^2)^{m+\frac{1}{2}}}=\sum_{l=m}^{\infty}\mathrm{P}_l^m(x)r^{l-m} \quad (r<1)$$

或

$$\Phi_m(r,x)=\frac{(2m)\,!(1-x^2)^{\frac{m}{2}}}{2^m m\,!(1-2xr+r^2)^{m+\frac{1}{2}}}=\sum_{l=0}^{\infty}\mathrm{P}_{l+m}^m(x)r^l \quad (r<1)$$

(16.5.16)

4. 正交性及模

由于连带勒让德方程(16.5.9)可写成如下的斯特姆-刘维型方程:

$$\frac{\mathrm{d}}{\mathrm{d}x}[(1-x^2)y']-\frac{m^2}{1-x^2}y+l(l+1)y=0$$

且由于在 8.2 中已证明过的结论:满足斯特姆-刘维型方程的本征值问题的解构成一组完备正交函数系,因此有如下的正交性关系:

$$\int_{-1}^{1}\mathrm{P}_l^m(x)\mathrm{P}_n^m(x)\mathrm{d}x=[N_l^m]^2\delta_{l,n} \tag{16.5.17}$$

$$[N_l^m]^2=\int_{-1}^{1}[\mathrm{P}_l^m(x)]^2\mathrm{d}x=\frac{(l+m)\,!}{(l-m)\,!}\frac{2}{2l+1} \tag{16.5.18}$$

5. 展开定理

如果函数 $f(x)$ 在区间$[-1,1]$上连续可微，则可按连带勒让德多项式进行傅里叶展开，且展开所得级数在$[-1,1]$上一致收敛于 $f(x)$.

展开的级数形式为

$$f(x)=\sum_{l=m}^{\infty}c_l\mathrm{P}_l^m(x) \tag{16.5.19}$$

$$c_l=\frac{2l+1}{2}\cdot\frac{(l-m)!}{(l+m)!}\int_{-1}^{1}f(x)\mathrm{P}_l^m(x)\mathrm{d}x$$

6. 递推公式

主要有下列四个基本递推公式，其他递推公式可以从这四个公式导出：

(i) $(2l+1)x\mathrm{P}_l^m=(l+m)\mathrm{P}_{l-1}^m+(l-m+1)\mathrm{P}_{l+1}^m$

(ii) $$\begin{aligned}(2l+1)(1-x^2)^{\frac{1}{2}}\mathrm{P}_l^m&=\mathrm{P}_{l+1}^{m+1}-\mathrm{P}_{l-1}^{m+1}\\&=(l+m)(l+m-1)\mathrm{P}_{l-1}^{m-1}-\\&\quad(l-m+2)(l-m+1)\mathrm{P}_{l+1}^{m-1}\end{aligned}$$

(iii) $(2l+1)(1-x^2)\dfrac{\mathrm{dP}_l^m}{\mathrm{d}x}=(l+1)(l+m)\mathrm{P}_{l-1}^m-l(l-m+1)\mathrm{P}_{l+1}^m$

(iv) $\dfrac{2mx}{(1-x^2)^{1/2}}\mathrm{P}_l^m=\mathrm{P}_l^{m+1}+[l(l+1)-m(m-1)]\mathrm{P}_l^{m-1}$

以上递推公式可从 $\mathrm{P}_l(x)$ 的递推公式导出，具体做法是在 $\mathrm{P}_l(x)$ 的递推公式两边对 x 微分 m 次，然后乘以$(1-x)^{\frac{m}{2}}$，即得所求.

7. 常用的几个连带勒让德多项式

$$\mathrm{P}_1^1(x)=(1-x^2)^{\frac{1}{2}}=\sin\theta$$

$$\mathrm{P}_2^1(x)=3x(1-x^2)^{\frac{1}{2}}=3\cos\theta\sin\theta$$

$$\mathrm{P}_2^2(x)=3(1-x^2)=3\sin^2\theta$$

$$\mathrm{P}_3^1(x)=\frac{3}{2}(5x^2-1)(1-x^2)^{\frac{1}{2}}=\frac{3}{2}(5\cos^2\theta-1)\sin\theta$$

$$\mathrm{P}_3^2(x)=15x(1-x^2)=15\cos\theta\sin^2\theta$$

$$\mathrm{P}_3^3(x)=15(1-x^2)^{\frac{3}{2}}=15\sin^3\theta$$

$$\mathrm{P}_4^1(x)=\frac{5}{2}(7x^3-3x)(1-x^2)^{\frac{1}{2}}=\frac{5}{2}(7\cos^3\theta-3\cos\theta)\sin\theta$$

$$\mathrm{P}_4^2(x)=\frac{15}{2}(7x^2-1)(1-x^2)=\frac{15}{2}(7\cos^2\theta-1)\sin^2\theta$$

$$P_4^3(x) = 105x(1-x^2)^{\frac{3}{2}} = 105\cos\theta\sin^3\theta$$
$$P_4^4(x) = 105(1-x^2)^2 = 105\sin^4\theta$$

16.6 球谐函数

16.6.1 球谐函数加法公式

在球坐标系中将下列亥姆霍兹方程实施变量分离:

$$\nabla^2 u + k^2 u = 0 \tag{16.6.1}$$

令

$$u(r,\theta,\varphi) = R(r)Y(\theta,\varphi) \tag{16.6.2}$$

则角度(θ,φ)部分的解 $Y(\theta,\varphi)$,就满足下列方程

$$\frac{1}{\sin\theta}\frac{\partial}{\partial\theta}\left(\sin\theta\frac{\partial Y}{\partial\theta}\right)+\frac{1}{\sin^2\theta}\frac{\partial^2 Y}{\partial\varphi^2}+l(l+1)Y = 0 \tag{16.6.3}$$

上式称为球谐函数方程. 令

$$Y(\theta,\varphi) = \Theta(\theta)\Phi(\varphi)$$

代入方程(16.6.3)

$$\frac{1}{\Theta\sin\theta}\frac{\partial}{\partial\theta}\left(\sin\theta\frac{\partial\Theta}{\partial\theta}\right)+\frac{1}{\Phi\sin^2\theta}\frac{\partial^2\Phi}{\partial\varphi^2} = -l(l+1)$$

分离后得二组本征值问题

(i) $\frac{\partial^2\Phi}{\partial\varphi^2}+m^2\Phi=0, \Phi(\varphi)=\Phi(\varphi+2\pi)$

本征值 $m^2 \quad (m=0,\pm1,\pm2,\cdots)$

本征函数 $\Phi(\varphi)=A\cos m\varphi+B\sin m\varphi$

(ii) $\frac{1}{\sin\theta}\frac{\partial}{\partial\theta}\left(\sin\theta\frac{\partial\Theta}{\partial\theta}\right)+\left[l(l+1)-\frac{m^2}{\sin^2\theta}\right]\Theta=0, \Theta(\theta)<+\infty, \theta\in[0,\pi]$

本征值 $\lambda=l(l+1) \quad (l=0,1,2,\cdots)$

本征函数 $P_l^m(\cos\theta)$

在$[0\leqslant\theta\leqslant\pi, 0\leqslant\varphi\leqslant2\pi]$区域中求解 $Y(\theta,\varphi)$,得到与本征值 l 和 m 相应的本征函数 $Y_l^m(\theta,\varphi)$. 实质上应由下列两个本征函数之积组成,即

$$Y_l^m(\theta,\varphi) \sim P_l^m(\cos\theta)e^{im\varphi} \tag{16.6.4}$$

其中 $e^{im\varphi}$ 是变量 φ 相应于本征值 m 的本征函数;$P_l^m(\cos\theta)$是变量 θ 相应于本征值 l(当 m 确定后)的本征函数.

为了使式(16.6.4)所表示的函数系构成正交归一系,必须添加适当常数系数. 于是,定义

$$Y_l^m(\theta,\varphi)=(-1)^m\sqrt{\frac{(2l+1)}{4\pi}\frac{(l-m)!}{(l+m)!}}P_l^m(\cos\theta)e^{im\varphi} \tag{16.6.5}$$

为球谐函数方程(16.6.3)的本征函数(相应于本征值 l 和 m),并称它为球谐函数.此时

$$\int_{\varphi=0}^{2\pi}\int_{\theta=0}^{\pi}Y_{l_1}^{m_1^*}(\theta,\varphi)Y_{l_2}^{m_2}(\theta,\varphi)\sin\theta d\theta d\varphi=\delta_{l_1,l_2}\delta_{m_1,m_2} \tag{16.6.6}$$

并且在区域$[0\leqslant\theta\leqslant\pi,0\leqslant\varphi\leqslant2\pi]$中连续可微的函数 $f(\theta,\varphi)$ 可以按球谐函数(16.6.5)展开,即

$$f(\theta,\varphi)=\sum_{l=0}^{\infty}\sum_{m=-l}^{l}c_{lm}Y_l^m(\theta,\varphi) \tag{16.6.7}$$

其中

$$c_{lm}=\int_{\varphi=0}^{2\pi}\int_{\theta=0}^{\pi}f(\theta,\varphi)Y_l^{m^*}(\theta,\varphi)\sin\theta d\theta d\varphi$$

如果用 Ω 表示极角 θ 和 φ 的缩写符号,上式也可改写成

$$f(\Omega)=\sum_{l=0}^{\infty}\sum_{m=-l}^{l}c_{lm}Y_l^m(\Omega) \tag{16.6.8}$$

而

$$c_{lm}=\int Y_l^{m^*}(\Omega)f(\Omega)d\Omega \tag{16.6.9}$$

将式(16.6.9)代入式(16.6.8),得

$$f(\Omega)=\int d\Omega' f(\Omega')\sum_{l,m}Y_l^{m^*}(\Omega')Y_l^m(\Omega) \tag{16.6.10}$$

由于上式对任何 $f(\Omega)$ 成立,所以

$$\sum_{l,m}Y_l^{m^*}(\Omega')Y_l^m(\Omega)=\delta(\Omega-\Omega') \tag{16.6.11}$$

式中 $\delta(\Omega-\Omega')$ 实际上是 $\delta(\cos\theta-\cos\theta')\delta(\varphi-\varphi')$ 的缩写,它具有如下性质:

$$\delta(\Omega-\Omega')=0,\quad \Omega\neq\Omega'$$

以及

$$\int\delta(\Omega-\Omega')d\Omega=1 \tag{16.6.12}$$

显然,$\delta(\Omega-\Omega')$ 只和 Ω 和 Ω' 之间的夹角 γ 有关,即矢量 $\boldsymbol{r}'$ 和 $\boldsymbol{r}$ 之间的夹角 γ 有关,其中 γ 由下面球面三角公式来确定:

$$\cos\gamma=\cos\theta\cos\theta'+\sin\theta\sin\theta'\cos(\varphi-\varphi') \tag{16.6.13}$$

证明

因为

$$\boldsymbol{r}=\sin\theta\cos\varphi\boldsymbol{i}+\sin\theta\sin\varphi\boldsymbol{j}+\cos\theta\boldsymbol{k}$$
$$\boldsymbol{r}'=\sin\theta'\cos\varphi'\boldsymbol{i}+\sin\theta'\sin\varphi'\boldsymbol{j}+\cos\theta'\boldsymbol{k}$$

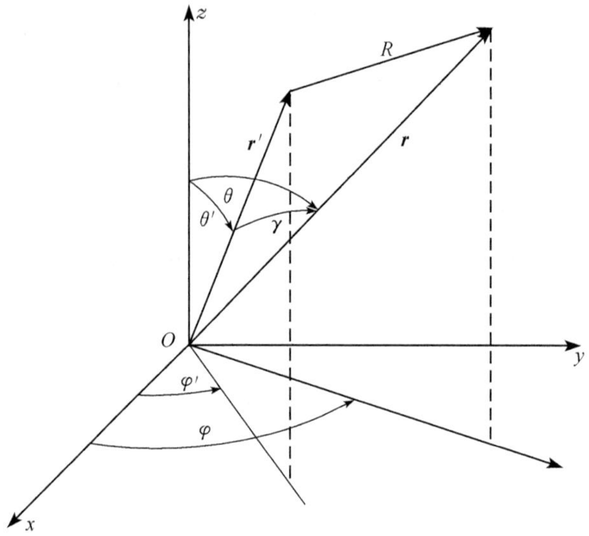

图 16.2

所以

$$\boldsymbol{r}\cdot\boldsymbol{r}'=\cos\gamma=\cos\theta\cos\theta'+\sin\theta\sin\theta'\cos(\varphi-\varphi')$$

由于 $\delta(\Omega-\Omega')$只和 γ 有关，所以可将它按勒让德多项式进行展开，

$$\delta(\Omega-\Omega')=\sum_{l}c_l\mathrm{P}_l(\cos\gamma) \tag{16.6.14}$$

而

$$\begin{aligned}c_l&=\frac{2l+1}{2}\int_{-1}^{1}\delta(\Omega-\Omega')\mathrm{P}_l(\cos\gamma)\mathrm{d}(\cos\gamma)\\&=\frac{2l+1}{4\pi}\int\delta(\Omega-\Omega')\mathrm{P}_l(\cos\gamma)\mathrm{d}\Omega\\&=\frac{2l+1}{4\pi}\mathrm{P}_l(1)=\frac{2l+1}{4\pi}\end{aligned} \tag{16.6.15}$$

注意　上式中$\int\mathrm{d}\Omega$积分是二重积分，其中包括$\int_0^{2\pi}\mathrm{d}\varphi$积分，后者贡献为$(2\pi)$；$\mathrm{P}_l(1)$的来源是当 $\Omega=\Omega'$时，$\gamma=0$，$\cos\gamma=1$. 利用公式(16.6.11)、(16.6.14)以及(16.6.15)，

$$\sum_{l,m}\mathrm{Y}_l^{m^*}(\Omega')\mathrm{Y}_l^m(\Omega)=\sum_{l=0}^{\infty}\frac{2l+1}{4\pi}\mathrm{P}_l(\cos\gamma) \tag{16.6.16}$$

因为，$\boldsymbol{r}$ 与 $\boldsymbol{r}'$的夹角为 γ，所以公式(16.1.14)中的 $\cos\theta$ 应换成 $\cos\gamma$，然后运用公式(16.6.16)，我们可以得到一个非常之重要的公式

$$\frac{1}{|\boldsymbol{r}-\boldsymbol{r}'|}=\sum_{l=0}^{\infty}\sum_{m=-l}^{l}\frac{4\pi}{2l+1}\frac{r_<^l}{r_>^{l+1}}\mathrm{Y}_l^m(\theta,\varphi)\mathrm{Y}_l^{m^*}(\theta',\varphi') \tag{16.6.17}$$

其中 $r_<$ 表示 r 与 r' 中的较小者；$r_>$ 表示 r 与 r' 中较大者. 在公式(16.6.16)中，对于每一个相同 l 值的项应相等，于是

$$\mathrm{P}_l(\cos\gamma)=\frac{4\pi}{2l+1}\sum_{m=-l}^{l}\mathrm{Y}_l^{m^*}(\Omega')\mathrm{Y}_l^m(\Omega)$$

或

$$\mathrm{P}_l(\cos\gamma)=\mathrm{P}_l(\cos\theta)\mathrm{P}_l(\cos\theta')+2\sum_{m=1}^{l}\frac{(l-m)!}{(l+m)!}\mathrm{P}_l^m(\cos\theta)\mathrm{P}_l^m(\cos\theta')\cos m(\varphi-\varphi') \tag{16.6.18}$$

上式就是著名的**球谐函数加法公式**.

在公式(16.6.18)中，令 $l=1,m=1$，就转变成公式(16.6.13)，所以公式(16.6.13)是公式(16.6.18)的一个特例.

下面我们再给出几个常用的球谐函数表式：

$$\mathrm{Y}_0^0(\theta,\varphi)=\sqrt{\frac{1}{4\pi}}$$

$$\mathrm{Y}_1^{\pm1}(\theta,\varphi)=\mp\sqrt{\frac{3}{8\pi}}\sin\theta\mathrm{e}^{\pm i\varphi}$$

$$\mathrm{Y}_1^0(\theta,\varphi)=\sqrt{\frac{3}{4\pi}}\cos\theta$$

$$\mathrm{Y}_2^{\pm2}(\theta,\varphi)=\sqrt{\frac{15}{32\pi}}\sin^2\theta\mathrm{e}^{\pm i2\varphi}$$

$$\mathrm{Y}_2^{\pm1}(\theta,\varphi)=\mp\sqrt{\frac{15}{8\pi}}\sin\theta\cos\theta\mathrm{e}^{\pm i\varphi}$$

$$\mathrm{Y}_2^0(\theta,\varphi)=\sqrt{\frac{5}{16\pi}}(3\cos^2\theta-1)$$

16.6.2　局域分布电荷在远处产生的电势

任意局域分布的电荷 $\rho(\boldsymbol{r}')$ 在远处 $\boldsymbol{r}(r\gg r')$ 产生的电势，按静电学定律及公式(16.6.17)，有

$$\begin{aligned}u(\boldsymbol{r})&=\frac{1}{4\pi\varepsilon_0}\iiint_{\Sigma}\frac{\rho(\boldsymbol{r}')}{|\boldsymbol{r}-\boldsymbol{r}'|}\mathrm{d}\Sigma'\\&=\frac{1}{\varepsilon_0}\sum_{l=0}^{\infty}\sum_{m=-l}^{l}\left\{\frac{1}{2l+1}\frac{\mathrm{Y}_l^m(\theta,\varphi)}{r^{l+1}}\iiint_{\Sigma}\rho(\boldsymbol{r}')\mathrm{Y}_l^{m*}(\theta',\varphi')r'^l\mathrm{d}\Sigma'\right\}\end{aligned} \tag{16.6.19}$$

(i) 对应 $l=0$ 的项 $u_0(\boldsymbol{r})$表示电荷集中在原点($\boldsymbol{r}'=0$)产生的电势；

(ii) 对应 $l=1$ 的项 $u_1(\boldsymbol{r})$表示电偶极矩所产生的电势；

(iii) 对应 $l=2$ 的项 $u_2(\boldsymbol{r})$表示电四极矩所产生的电势；

(iv) 对应 $l=3$ 的项 $u_3(\boldsymbol{r})$表示电八极矩所产生的电势；……

例 16.6.1 地球引力势遵从如下的泊松方程：

$$\nabla^2 u = 4\pi G\rho$$

其中 ρ 是地球的质量密度，地球质量 $M=5.98\times10^{24}\text{kg}$，地球常数 $GM=398592.98$ $(\text{km})^3/\text{s}^2$

解 上述电势的问题，进行代换 $-4\pi G\Leftrightarrow\dfrac{1}{\varepsilon_0}$，$M\Leftrightarrow Q$，就可转换成引力势的问题.

由于地球可近似为椭球体(二长半轴 $a=b$，短半轴为 c)，其次上述定解问题，取 c 轴为 z 方向，旋转对称与 φ 无关，可取 $m=0$，又

$$Y_l^m(\theta,\varphi) = (-1)^m\sqrt{\frac{(2l+1)\,(l-m)!}{4\pi\,(l+m)!}}P_l^m(\cos\theta)e^{im\varphi}$$

因此，

$$u_0(\boldsymbol{r})=-\frac{GM}{r},\qquad u_1(\boldsymbol{r})=0$$

$$u_2(\boldsymbol{r})=-G\frac{P_2(\cos\theta)}{r^3}\iiint\limits_{\Sigma}\rho r'^2P_l(\cos\theta')\,d\Sigma'$$

$$=-G\frac{P_2(\cos\theta)}{2r^3}\iiint\limits_{\Sigma}\rho(3z'^2-r'^2)\,d\Sigma'$$

$$\iiint\limits_{\Sigma}\rho(3z'^2-r'^2)\,d\Sigma'=\frac{8}{15}\pi\rho a^2c(c^2-a^2)=\frac{2}{5}M(c^2-a^2)$$

地球体积为 $V=\dfrac{4}{3}\pi a^2c$，地球质量 $M=\rho V$，所以

$$u(\boldsymbol{r})=-\frac{GM}{r}\left[1+\frac{c^2-a^2}{5r^2}P_2(\cos\theta)+\cdots\right]$$

$$=-\frac{GM}{r}\left[1+\frac{c^2-a^2}{10r^2}(3\cos^2\theta-1)+\cdots\right]$$

16.7 应　　用

下面给出几个应用勒让德函数解定解问题的例子.

例 16.7.1 将一半径为 a 不带电的接地导体球放入均匀电场 E_0 中，试研究导体球怎样改变了均匀静电场的分布(如图 16.3 所示).

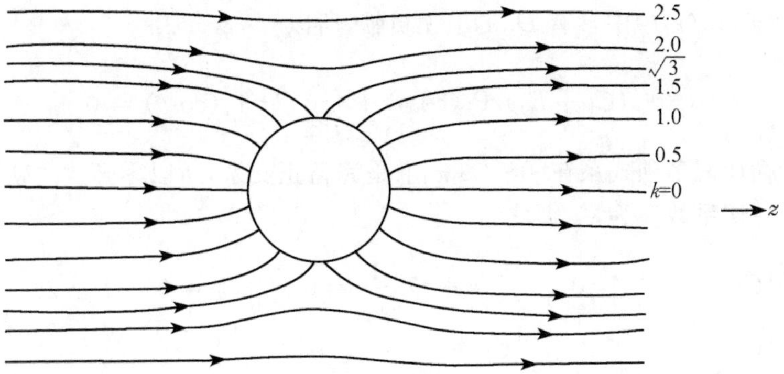

图 16.3

解　按题意,在远离导体球的地方均匀电场应该不受影响,即电场线保持直线状态. 取 z 轴与电场方向一致,球外空间的电势用 $u(r)$ 表示,因此定解问题为

$$
\begin{aligned}
&\nabla^2 u = 0 \quad (r > a), \quad u(r,\theta,\varphi)\big|_{r=a} = 0 \\
&\lim_{r\to\infty} u(r,\theta,\varphi) = -E_0 z = -E_0 r\cos\theta \\
&|\,u(r,\theta,\varphi)\,| < M \quad (0 \leqslant \theta \leqslant \pi)
\end{aligned}
\tag{16.7.1}
$$

由于本问题绕 z 轴旋转对称,所以解与 φ 无关. 因此将拉普拉斯方程在球坐标中分离变量,令

$$u(r,\theta) = R(r)\Theta(\theta)$$

$\dfrac{\mathrm{d}}{\mathrm{d}r}\left(r^2\dfrac{\mathrm{d}R}{\mathrm{d}r}\right)-l(l+1)R=0$	$\dfrac{1}{\sin\theta}\dfrac{\partial}{\partial\theta}\left(\sin\theta\dfrac{\partial\Theta}{\partial\theta}\right)+l(l+1)\Theta(\theta)=0$
$r^2\dfrac{\mathrm{d}^2R}{\mathrm{d}r^2}+2r\dfrac{\mathrm{d}R}{\mathrm{d}r}-l(l+1)R=0$	$\Theta(\theta)<M,\quad \theta\in[0,\pi]$
$R(r)=C_l r^2+D_l\dfrac{1}{r^{l+1}}$	$\Theta(\theta)=A_l\mathrm{P}_l(\cos\theta)+B_l\mathrm{Q}_l(\cos\theta)$
	代入边界条件,得 $B_l\equiv 0$,
	本征值　$\lambda=l(l+1)\quad(l=0,1,2,\cdots)$
	本征函数　$\mathrm{P}_l(\cos\theta)\quad(l=0,1,2,\cdots)$

这样,解的一般形式为

$$u(r,\theta) = \sum_{l=0}^{\infty}\left(C_l r^l + D_l\frac{1}{r^{l+1}}\right)\mathrm{P}_l(\cos\theta)$$

将上式代入边界条件,确定系数.

并注意

$$\lim_{r\to\infty} u(r,\theta,\varphi) = -E_0 r\cos\theta = -E_0 r\mathrm{P}_1(\cos\theta)$$

得

$$\left(C_0 + D_0\frac{1}{a}\right) + \left(C_1 a + D_1\frac{1}{a^2}\right)\mathrm{P}_1(\cos\theta) + \sum_{l=2}^{\infty}\left(C_l a^l + D_l\frac{1}{a^{l+1}}\right)\mathrm{P}_l(\cos\theta) = 0$$

以及 $r\to\infty$ 时，$u(r,\theta)$ 中含有 D_l 的项无贡献，所以

$$C_0+(C_1+E_0)rP_1(\cos\theta)+\sum_{l=2}^{\infty}C_lr^lP_l(\cos\theta)=0$$

由于勒让德多项式系在$[0\leqslant\theta\leqslant\pi]$上是完备正交系，所以零函数的勒让德多项式展开的一切系数应为零. 因此

$$\begin{cases}C_0+D_0\dfrac{1}{a}=0\\ C_0=0,\end{cases}\quad \begin{cases}C_1a+D_1\dfrac{1}{a^2}=0\\ C_1+E_0=0,\end{cases}\quad \begin{cases}C_l=0 & (l\geqslant 2)\\ D_l=0 & (l\geqslant 2)\end{cases}\cdots$$

由第一组方程得　$C_0=0$，　$D_0=0$

由第二组方程得　$C_1=-E_0$，　$D_1=a^3E_0$

最后得球外空间中任一点的电势为

$$u(r,\theta)=E_0\left(\frac{a^3}{r^2}-r\right)\cos\theta\quad (r>a)$$

而球外空间中各点的电场分量为

$$E_r=-\frac{\partial u}{\partial r}=E_0\left(\frac{2a^3}{r^3}+1\right)\cos\theta,\quad E_\theta=-\frac{1}{r}\frac{\partial u}{\partial\theta}=E_0\left(\frac{a^3}{r^3}-1\right)\sin\theta$$

电场线的微分方程为

$$E_r r\,d\theta=E_\theta dr$$

即

$$\frac{\cos\theta}{\sin\theta}d\theta=\frac{a^3-r^3}{2a^3r+r^4}dr=\frac{dr}{2r}-\frac{3r^2dr}{2(r^3+2a^3)}$$

积分后得

$$\ln(\sin\theta)-\ln ka=\frac{1}{2}\ln r-\frac{1}{2}\ln(r^3+2a^3)$$

$$\sin\theta=k\sqrt{\frac{ra^2}{2a^3+r^3}}$$

式中 k 是积分常数. 令 k 取不同值，即得到不同的电场线(如图 16.3 所示). 当 $r\to\infty$ 时，有

$$r\sin\theta=ka$$

上式正是平行 z 轴的直线的方程. 所以远离导体的地方，电场线不受干扰.

例 16.7.2　在均匀外磁场 H_0 中，放置一个半径为 a 的磁介质球，介质的磁导率为 μ_r. 四周为空气，空气的磁导率为 μ_0. 试求球内外的磁标位势及磁场强度.

解　选择球坐标，z 轴方向取与外场一致的方向，由于问题绕 z 轴旋转对称，所以解与 φ 无关. 设球内磁标势为 u_i，球外磁标势为 u_e，有

$$\begin{aligned}&\nabla^2 u_i = 0 \quad (r < a) \\ &|u_i| < M \quad (0 \leqslant \theta \leqslant \pi) \\ &u_i|_{r\to 0} \text{ 有限}\end{aligned} \qquad \begin{aligned}&\nabla^2 u_e = 0 \quad (r > a) \\ &|u_e| < M \quad (0 \leqslant \theta \leqslant \pi) \\ &u_e|_{r\to\infty} = -H_0 r\cos\theta = -H_0 r \mathrm{P}_1(\cos\theta)\end{aligned}$$

以及连接条件

$$u_i\Big|_{r=a} = u_e\Big|_{r=a}, \quad \mu_r \frac{\partial u_i}{\partial r}\Big|_{r=a} = \mu_0 \frac{\partial u_e}{\partial r}\Big|_{r=a}$$

则解的形式为

$$u_i = \sum_{l=0}^{\infty}\left(A_l r^l + B_l \frac{1}{r^{l+1}}\right)\mathrm{P}_l(\cos\theta) \quad (r < a)$$

$$u_e = \sum_{l=0}^{\infty}\left(C_l r^l + D_l \frac{1}{r^{l+1}}\right)\mathrm{P}_l(\cos\theta) \quad (r > a)$$

由上题的解题经验得知，在确定系数时，可按 $\mathrm{P}_l(\cos\theta)$ 分组来讨论，只要讨论相同阶数的 $\mathrm{P}_l(\cos\theta)$ 前的系数. 由于定解问题只涉及到 $\mathrm{P}_1(\cos\theta)$ 项，因此我们只要讨论涉及 $\mathrm{P}_1(\cos\theta)$ 项的系数就可以了，这样根据边界条件可以采用下列形式的**试探解**：

$$u_i = \left(A_1 r + B_1 \frac{1}{r^2}\right)\mathrm{P}_1(\cos\theta), \quad u_e = \left(C_1 r + D_1 \frac{1}{r^2}\right)\mathrm{P}_1(\cos\theta)$$

现在只有四个待定系数，而定解问题正好给出四个确定系数的方程：

由 $u_i\Big|_{r\to 0}$ 有限，得 $B_1 = 0$；由 $u_e\Big|_{r\to\infty} = -H_0 r\mathrm{P}_1(\cos\theta)$，得 $C_1 = -H_0$；由 $u_i\Big|_{r=a} = u_e\Big|_{r=a}$，得

$$A_1 a = -H_0 a + D_1 \frac{1}{a^2}$$

由

$$\mu_r \frac{\partial u_i}{\partial r}\Big|_{r=a} = \mu_0 \frac{\partial u_e}{\partial r}\Big|_{r=a}$$

得

$$\mu_r A_1 = \mu_0\left[-H_0 - 2D_1 \frac{1}{a^3}\right]$$

由上面两方程，解出 A_1 及 D_1，然后代入 u 的表式，得

$$u_i = -\frac{3H_0}{\mu_r + 2} r\mathrm{P}_1(\cos\theta) = -\frac{3H_0}{\mu_r + 2} r\cos\theta \quad (r < a)$$

$$u_e = -H_0\left(r - \frac{\mu_r - 1}{\mu_r - 2}\frac{a^3}{r^2}\right)\cos\theta \quad (r > a)$$

而磁场 $\boldsymbol{H} = -\nabla u$，又得

球内 $$\boldsymbol{H}_i=\frac{3H_0}{\mu_r+2}\cos\theta\boldsymbol{e}_r-\frac{3H_0}{\mu_r+2}\sin\theta\boldsymbol{e}_\theta$$

球外 $$\boldsymbol{H}_e=H_0\left(1+2\frac{\mu_r-1}{\mu_r+2}\frac{a^3}{r^3}\right)\cos\theta\boldsymbol{e}_r-H_0\left(1-\frac{\mu_r-1}{\mu_r+2}\frac{a^3}{r^3}\right)\sin\theta\boldsymbol{e}_\theta$$

实际上 $\boldsymbol{H}_i$ 是沿 z 方向的常矢量,因为 $u_i=-\frac{3H_0}{\mu_r+2}z$,所以

$$\boldsymbol{H}_i=-\frac{\partial u_i}{\partial z}\boldsymbol{e}_z=\frac{3H_0}{\mu_r+2}\boldsymbol{e}_z$$

由此可见,磁介质球内的磁场仍是均匀的,但比外加均匀磁场小.因此,磁介质球在外加磁场中有去磁作用.若 μ_r 越大,则 H_i 就越小,因此利用高磁导率的材料来做外壳,可以达到磁屏蔽的作用.

例 16.7.3 求解磁导率为 μ 的球壳的屏蔽作用.设球壳的内径为 a,外径为 b.取均匀外磁场 H_0 沿 z 轴方向,真空的导磁率为 μ_0,可取作 1.因轴对称,磁势满足的方程可简化为

解 $$\Delta^2u=\frac{1}{r^2}\frac{\partial}{\partial r}\left(r^2\frac{\partial u}{\partial r}\right)+\frac{1}{r^2\sin\theta}\left(\sin\theta\frac{\partial u}{\partial\theta}\right)=0$$

并设球壳内的磁势为 $u_1(r,\theta)$,球壳中的磁势为 $u_2(r,\theta)$,球壳外的磁势为 $u_3(r,\theta)$,于是分别有

$\Delta^2u_1=0\quad(r<a)$ $u_1(r,\theta)<M,\theta\in[0,\pi]$ $u_1(0,\theta)<\infty$	$\Delta^2u_2=0\quad(a<r<b)$ $u_2(r,\theta)<M\quad\theta\in[0,\pi]$	$\Delta^2u_3=0\quad(r>b)$ $u_3(r,\theta)<M\quad\theta\in[0,\pi]$ $\lim\limits_{r\to\infty}u_3(r,\theta)=-H_0r\cos\theta$

衔接条件

$$u_1(r,\theta)\big|_{r=a}=u_2(r,\theta)\big|_{r=a}\quad u_2(r,\theta)\big|_{r=b}=u_3(r,\theta)\big|_{r=b}$$

$$\mu_0\frac{\partial u}{\partial r}\bigg|_{r=a}=\mu\frac{\partial u}{\partial r}\bigg|_{r=a}\quad\mu\frac{\partial u_2}{\partial r}\bigg|_{r=b}=\mu_0\frac{\partial u_3}{\partial r}\bigg|_{r=b}$$

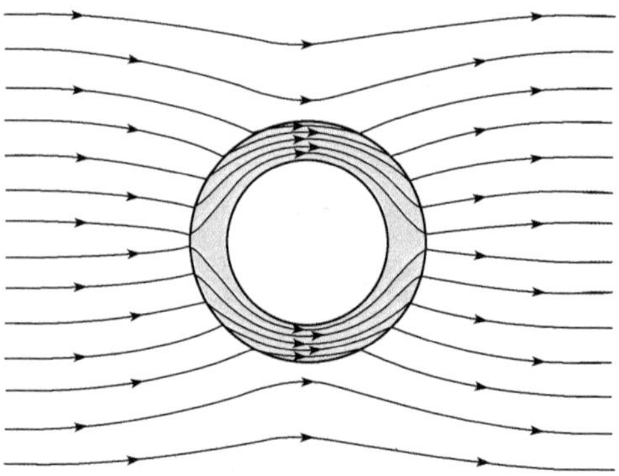

图 16.4

仿照例 16.7.2 的做法，由于边界条件只涉及本征函数 $\mathrm{P}_1(\cos\theta)=\cos\theta$，所以试探解可取如下形式

$$u_1(r,\theta)=\left(Ar+B\frac{1}{r^2}\right)\mathrm{P}_1(\cos\theta)$$

因为 $u_1(0,\theta)<+\infty$ 的要求，所以 $B=0$

$$u_2(r,\theta)=\left(Cr+D\frac{1}{r^2}\right)\mathrm{P}_1(\cos\theta)$$

$$u_3(r,\theta)=\left(Er+F\frac{1}{r^2}\right)\mathrm{P}_1(\cos\theta)$$

由于

$$\lim_{r\to\infty}u_3(r,\theta)=-H_0r\cos\theta=-H_0r\mathrm{P}_1(\cos\theta)$$

其中 H_0 为均匀外磁场强度. 所以 $E=-H_0$，代入衔接条件得

$$Aa=Ca+D\frac{1}{a^2},\quad A=\mu C-2\frac{D}{a^3}\mu$$

$$Cb+\frac{D}{b^2}=-H_0b+\frac{F}{b^2},\quad \mu C-2\frac{D}{b^3}\mu=-H_0-2\frac{F}{b^3}$$

解得

$$A=\frac{-9\mu H_0}{(\mu+2)(2\mu+1)-2(\mu-1)^2\left(\frac{a}{b}\right)^3},\quad B=0$$

$$C=\frac{1+2\mu}{3\mu}A,\quad D=\frac{\mu-1}{3\mu}a^3A$$

$$E=-H_0,\quad F=-\frac{(2\mu+1)(\mu-1)}{9\mu}(b^3-a^3)A$$

由 $\boldsymbol{H}=-\nabla u$，得

$$\boldsymbol{H}_i=-A\boldsymbol{e}_z=\frac{9\mu H_0}{(\mu+2)(2\mu+1)-2(\mu-1)^2\left(\frac{a}{b}\right)^3}\boldsymbol{e}_z$$

$$=\frac{H_0}{1+\frac{2}{9}\frac{(\mu-1)^2}{\mu}\left[1-\left(\frac{a}{b}\right)^3\right]}\boldsymbol{e}_z$$

定义屏蔽系数为 $S=\frac{A}{H_0}$，得

$$S=\frac{1}{\left[1+\frac{2}{9}\frac{(\mu-1)^2}{\mu}\left(1-\left(\frac{a}{b}\right)^3\right)\right]}$$

当 $\mu>1000$ 时，$S<0.01$. 当然球壳越厚，屏蔽效果越好. 由此可见，屏蔽系数

越小越好. 如果采用$\frac{\mu}{\mu_0}\sim 10^3$ 至 10^6 的强导磁材料来做屏蔽,就能大大削弱球壳内的磁场,如图 16.5 所示,强导磁材料的磁屏蔽现象广泛用于实验测试工作或电子设备所要求的抗干扰措施.

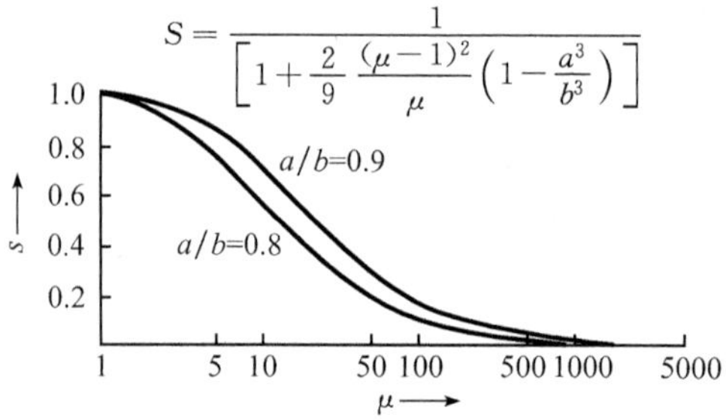

图 16.5 球壳的屏蔽效应

习 题

16.1 证明 $P_l'(1)=\frac{d}{dx}[P_l(x)]\Big|_{x=1}=\frac{1}{2}l(l+1)$

16.2 由 $f(x)=\begin{cases}1 & (0<x<1),\\ -1 & (-1<x<0),\end{cases}$ 证明

$$\int_{-1}^{1}[f(x)]^2\mathrm{d}x=2\sum_{n=0}^{\infty}(4n+3)\left[\frac{(2n-1)!!}{(2n+2)!!}\right]^2$$

且上述级数收敛.

16.3 证明

$$\int_{-1}^{1}x(1-x^2)P'_n(x)P'_m(x)\mathrm{d}x=0,\ 除非\ m=n\pm 1.$$

16.4 证明

(a) $\int_{-1}^{1}x^m P_n(x)\mathrm{d}x=0$ (当 $m<n$ 时)

(b) $\int_{-1}^{1}x^n P_n(x)\mathrm{d}x=\frac{2^{n+1}n!n!}{(2n+1)!}$

(c) $\int_{-1}^{1}x^{2r} P_{2n}(x)\mathrm{d}x=\frac{2^{2n+1}(2r)!(r+n)!}{(2r+2n+1)!(r-n)!}$

(d) $\int_{-1}^{1}x^{2r+1} P_{2n+1}(x)\mathrm{d}x=\frac{2^{2n+2}(2r+1)!(r+n+1)!}{(2r+2n+3)!(r-n)!}$

其中 m,n,r 均为整数.

16.5 设导体球的表面温度为 $f(\theta)=\cos^2\theta$,试求球内稳恒温度分布.

16.6 设半径为 a 的半球的球面上保持一定温度 u_0,而半球底面上绝热,试求该半球的恒稳温度分布.

16.7 在(a)球内,(b)球外,分别求解定解问题

$$\nabla^2 u = 0, \quad \left.\frac{\partial u}{\partial r}\right|_{r=a} = A\cos\theta$$

16.8 用一层不导电的物质把半径为 a 的导体球壳分隔为两个半球壳，使半球各充电到电势为 V_1 和 V_2，试求球内外的电势分布.

16.9 试求均匀带电 q，半径为 a 的细金属圆环外的电势分布.

16.10 求解定解问题

$$\frac{\partial^2 u}{\partial t^2} = a^2 \frac{\partial}{\partial x}\left[(l^2 - x^2)\frac{\partial u}{\partial x}\right]\left(a^2 = \frac{\omega^2}{2}\right) \qquad (0 < x < l, t > 0)$$

$$u(0,t) = 0, \quad u(l,t) \text{有限}, \quad u(x,0) = \varphi(x), \quad u_t(x,0) = \psi(x)$$

16.11 半径为 a 的带电导体圆盘，每一面上的电荷密度 $\sigma = \dfrac{Q}{4\pi a\sqrt{a^2 - \rho^2}}$，其中 $\rho^2 = x^2 + y^2$，盘上总电荷为 Q，试求空间中的电势分布.

16.12 有一导磁率为 μ 的导磁体球壳，其内外半径分别为 a 和 b，放置于均匀磁场 H_0、导磁率为 μ_0 的介质空间中，试求球内、球壳和球外的磁势分布.

第 17 章　贝塞尔函数

贝塞尔函数(也称圆柱函数)是理论物理与某些技术科学中经常遇到的一类特殊函数. 1732 年伯努利研究直悬链的摆动问题,以及 1764 年欧拉研究拉紧圆膜的振动问题时,都涉及这类函数. 1824 年德国数学家贝塞尔(F. W. Bessel,1784～1846)在研究天文学问题时又碰到了这类函数,并首次系统地研究了这类函数. 自此之后,人们就称这类函数为贝塞尔函数,并被广泛应用到物理学和技术科学领域中.

17.1　贝塞尔方程及其解

在 15.3.3 中叙述过,求解$\nabla^2 u=0$时,令 $u(\rho,\varphi,z)=R(\rho)\Phi(\varphi)Z(z)$为分离变量形式的解,如果$R(\rho)$是由 ρ 分量的本征值问题决定的,则$R(\rho)$满足如下本征值问题的方程,

$$\frac{\mathrm{d}^2R}{\mathrm{d}\rho^2}+\frac{1}{\rho}\frac{\mathrm{d}R}{\mathrm{d}\rho}+\left(\omega^2-\frac{m^2}{\rho^2}\right)R=0 \tag{17.1.1}$$

其中 ω^2 是 ρ 分量的本征值问题的本征值.

如果$R(\rho)$是由 ρ 分量非本征值问题决定的,则$R(\rho)$满足如下非本征值问题的方程:

$$\frac{\mathrm{d}^2R}{\mathrm{d}\rho^2}+\frac{1}{\rho}\frac{\mathrm{d}R}{\mathrm{d}\rho}-\left(\lambda^2+\frac{m^2}{\rho^2}\right)R=0 \tag{17.1.2}$$

其中 λ^2 是 z 分量的本征值问题决定的本征值.

若作变换 $x=\omega\rho$(或 $x=\lambda\rho$);$R(\rho)=R\left(\frac{x}{\omega}\right)=y(x)$;$m=\nu$,则上述两方程可化为如下两种形式:

$$x^2y''+xy'+(x-\nu^2)y=0 \tag{17.1.1a}$$

以及

$$x^2y''+xy'-(x^2+\nu^2)y=0 \tag{17.1.2a}$$

其次,为了拓广上述方程解的涵义,将取消规定 m 要整数的限制,而代之以一个任意实数 ν. 式(17.1.1a)及式(17.1.2a)分别称为贝塞尔方程和修正贝塞尔方程. 后一个方程的讨论将在 17.3 中进行. 下面我们讨论方程(17.1.1a). 回想一下,在 11.2 中我们对这个方程曾用级数解法求解过,其结论是

当 $\nu\neq$整数时,贝塞尔方程(17.1.1a)的通解为

$$y(x) = A\mathrm{J}_\nu(x) + B\mathrm{J}_{-\nu}(x)$$

当 ν=整数 m 时，由于 $\mathrm{J}_{-m}(x)=(-1)^m\mathrm{J}_m(x)$，因此其通解为

$$y(x) = A\mathrm{J}_m(x) + B\mathrm{Y}_m(x)$$

式中 A 与 B 为任意常数，$\mathrm{J}_m(x)$与 $\mathrm{Y}_m(x)$分别定义为 m 阶第一类与 m 阶第二类贝塞尔函数.

17.1.1　第一类贝塞尔函数

第一类贝塞尔函数 $\mathrm{J}_\nu(x)$的级数形式为

$$\mathrm{J}_\nu(x) = \sum_{k=0}^{\infty} (-1)^k \frac{1}{k!\Gamma(\nu+k+1)}\left(\frac{x}{2}\right)^{\nu+2k} \tag{17.1.3a}$$

及

$$\mathrm{J}_{-\nu}(x) = \sum_{k=0}^{\infty} (-1)^k \frac{1}{k!\Gamma(-\nu+k+1)}\left(\frac{x}{2}\right)^{-\nu+2k} \tag{17.1.3b}$$

式中 $\Gamma(x)$是伽马函数. 当 ν 是整数时

$$\Gamma(-\nu+k+1) = \infty \quad (k = 0,1,2,\cdots,\nu-1)$$

所以当 $\nu=m$(整数)时，上述的级数实际上是从 $k=m$ 的项开始，即

$$\mathrm{J}_m(x) = \sum_{k=0}^{\infty} (-1)^k \frac{1}{k!(k+m)!}\left(\frac{x}{2}\right)^{m+2k} \tag{17.1.4}$$

而

$$\begin{aligned}\mathrm{J}_{-m}(x) &= \sum_{k=m}^{\infty} (-1)^k \frac{1}{k!\Gamma(-m+k+1)}\left(\frac{x}{2}\right)^{-m+2k} \\ &= (-1)^m \sum_{l=0}^{\infty} (-1)^l \frac{1}{l!\Gamma(m+l+1)}\left(\frac{x}{2}\right)^{m+2l} \quad (\text{其中 } l = k-m)\end{aligned}$$

所以

$$\mathrm{J}_{-m}(x) = (-1)^m\mathrm{J}_m(x) \tag{17.1.5}$$

同理可证

$$\mathrm{J}_{-m}(x) = \mathrm{J}_m(-x) \tag{17.1.6}$$

因此

$$\mathrm{J}_m(x) = (-1)^m\mathrm{J}_m(-x)$$

当 x 很小时($x\to0$)，保留级数中头几项，可得

$$\mathrm{J}_\nu(x) \approx \left(\frac{x}{2}\right)^\nu \frac{1}{\Gamma(\nu+1)} \quad (\nu \neq -1,-2,-3,\cdots) \tag{17.1.7}$$

特别是

$$\mathrm{J}_0(0) = 1, \quad \mathrm{J}_m(0) = 0 \quad (m = 1,2,3,\cdots)$$

当 x 很大时

$$J_\nu(x) \approx \sqrt{\frac{2}{\pi x}}\cos\left(x-\frac{\pi}{4}-\frac{\nu\pi}{2}\right)+o(x^{-\frac{3}{2}}) \tag{17.1.8}$$

图 17.1 给出了 $J_0(x)$、$J_1(x)$及 $J_2(x)$的图形.

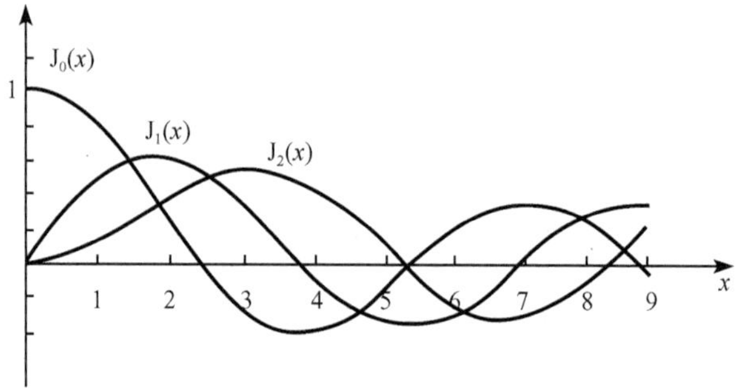

图 17.1

17.1.2 第二类贝塞尔函数

第二类贝塞尔函数有时又称诺依曼函数,但首先给出此函数的是 Weber 和 Schlafli,通常它定义为

$$Y_\nu(x) = \frac{\cos\nu\pi J_\nu(x) - J_{-\nu}(x)}{\sin\nu\pi} \tag{17.1.9}$$

这样定义的好处是:(i)当 $\nu\neq$整数时,显然它与 $J_\nu(x)$线性独立;(ii)当 $\nu=m$(整数)时,我们可用洛必达法则求极限的办法来得到,它也与 $J_\nu(x)$线性独立,且其结果与我们以前用级数法寻找的第二个线性独立的解一致.

$Y_m(x)$的级数形式为

$$Y_m(x) = \frac{2}{\pi}\left[\gamma+\ln\frac{x}{2}\right]J_m(x) - \frac{1}{\pi}\sum_{k=0}^{m-1}\frac{(m-k-1)!}{k!}\left(\frac{x}{2}\right)^{-m+2k}$$
$$-\frac{1}{\pi}\sum_{k=0}^{\infty}\frac{(-1)^k}{k!(m+k)!}\{\varphi(k)+\varphi(m+k)\}\left(\frac{x}{2}\right)^{m+2k} \tag{17.1.10}$$

式中 γ 为欧拉常数 $\gamma=0.577216\cdots$,而

$$\varphi(k) = \sum_{n=1}^{k}\frac{1}{n}$$

当 x 很小时($x\to 0$),保留级数中头几项,可得

$$Y_\nu(x) \approx -\frac{1}{\pi}\left(\frac{2}{x}\right)^\nu\Gamma(\nu) \quad (\nu\neq 0) \tag{17.1.11}$$

$$Y_0(x) \approx \frac{2}{\pi}\ln x \quad (\nu=0)$$

当 x 很大时($x\to\infty$),其近似为

$$Y_\nu(x)\approx\sqrt{\frac{2}{\pi x}}\sin\left(x-\frac{\pi}{4}-\frac{\nu\pi}{2}\right)\tag{17.1.12}$$

图 17.2 给出了 $Y_0(x)$、$Y_1(x)$及 $Y_2(x)$的图形.

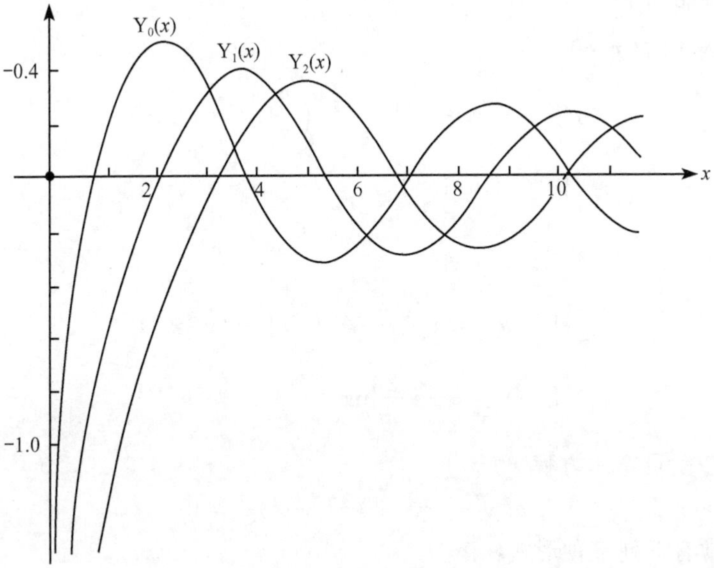

图 17.2

17.1.3　第三类贝塞尔函数

第三类贝塞尔函数又称汉克尔(Hankel)函数,通常定义为

$$H_\nu^{(1)}(x)=J_\nu(x)+iY_\nu(x)\tag{17.1.13a}$$

$$H_\nu^{(2)}(x)=J_\nu(x)-iY_\nu(x)\tag{17.1.13b}$$

由于 $J_\nu(x)$、$Y_\nu(x)$总是 ν 阶贝塞尔方程(17.1.1)的两个线性独立的解,所以它们的线性组合 $H_\nu^{(1)}(x)$及 $H_\nu^{(2)}(x)$也是该方程的两个线性独立的解,故方程(17.1.1a)的通解可写成

$$y(x)=AH_\nu^{(1)}(x)+BH_\nu^{(2)}(x)$$

引入第三类贝塞尔函数的目的是,当 x 很大时,它具有很简单的渐近展开式,如在波的散射问题上就常用到此展开式.

当 $x\to\infty$时,其渐近展开式为

$$H_\nu^{(1)}(x)=\sqrt{\frac{2}{\pi x}}e^{i(x-\frac{\nu\pi}{2}-\frac{\pi}{4})}+o(x^{-\frac{3}{2}})\tag{17.1.14a}$$

$$H_\nu^{(2)}(x)=\sqrt{\frac{2}{\pi x}}e^{-i(x-\frac{\nu\pi}{2}-\frac{\pi}{4})}+o(x^{-\frac{3}{2}})\tag{17.1.14b}$$

上述两式分别乘上时间因子 $e^{-i\omega t}$，当 x 很大时，$H_\nu^{(1)}(x)e^{-i\omega t}$ 代表一个沿 x 的正向传播的波，$H_\nu^{(2)}(x)e^{-i\omega t}$ 代表一个沿 x 的负方向传播的波. 如果换成球坐标，前者正比于 $e^{i(kr-\omega t)}$，表示球面向外发散的波(发散波)，后者正比于 $e^{-i(kr+\omega t)}$，表示球面向里收缩的波(收敛波)，因此汉克尔函数采用这种形式来表达波动方程的解，物理图像非常直观明确.

当 x 很小时($x\to 0$)，有

$$H_\nu^{(1)}(x) \approx -i\frac{(\nu-1)!}{\pi}\left(\frac{2}{x}\right)^\nu \quad (\nu>0)$$

$$H_0^{(1)}(x) \approx i\frac{2}{\pi}\ln x$$

以及

$$H_\nu^{(2)}(x) \approx i\frac{(\nu-1)!}{\pi}\left(\frac{2}{x}\right)^\nu \quad (\nu>0)$$

$$H_0^{(2)}(x) \approx -i\frac{2}{\pi}\ln x$$

总结上述，ν 阶贝塞尔方程

$$x^2y''+xy'+(x^2-\nu^2)y=0$$

的通解通常有下列三种形式：

(1) $y(x)=AJ_\nu(x)+BJ_{-\nu}(x)$ ($\nu\neq$整数)

(2) $y(x)=AJ_\nu(x)+BY_\nu(x)$ (ν 可取任意数)

(3) $y(x)=AH_\nu^{(1)}(x)+BH_\nu^{(2)}(x)$ (ν 可取任意数)

其中 A、B 为任意常数.

17.2 整数阶(第一类)贝塞尔函数

由于在数理方程中接触最多的是整数阶(第一类)贝塞尔函数，所以有必要对它进行详细的研究.

17.2.1 奇偶性、振荡特性及零点

1. 奇偶性

根据公式(17.1.5)和(17.1.6)，当 m 为整数时，有

$$J_m(x)=(-1)^mJ_m(-x) \tag{17.2.1}$$

所以整数阶贝塞尔函数的奇偶性完全由整数 m 值的奇偶性来确定. 当 m 为偶数时，$J_m(x)$ 为偶函数；当 m 为奇数时，$J_m(x)$ 为奇函数.

2. 振荡特性

如果作变换 $y=\frac{1}{\sqrt{x}}u$，则 ν 阶贝塞尔方程(17.1.1a)可改写成

$$\frac{\mathrm{d}^2u}{\mathrm{d}x^2}+\left(1+\frac{1-4\nu^2}{4x^2}\right)u=0$$

可见，当 $x\to\infty$ 时，u 就是正弦函数与余弦函数. 也就是说，当 x 变为足够大时，贝塞尔方程的解近似为

$$\mathrm{J}_\nu(x)\approx\sqrt{\frac{2}{\pi x}}\cos\left(x-\frac{\pi}{4}-\frac{\nu\pi}{2}\right) \tag{17.1.8}$$

$$\mathrm{Y}_\nu(x)\approx\sqrt{\frac{2}{\pi x}}\sin\left(x-\frac{\pi}{4}-\frac{\nu\pi}{2}\right) \tag{17.1.12}$$

所以，当 x 为实变数时，$\mathrm{J}_\nu(x)$ 和 $\mathrm{Y}_\nu(x)$ 是衰减振荡函数.

3. 零点

从上面两渐近表式或图 17.1 可知，贝塞尔函数具有无穷多个实数零点. 由式(17.1.8)可得 $\mathrm{J}_\nu(x)$ 的第 n 个零点为

$$x_n-\frac{\pi}{2}\nu-\frac{\pi}{4}=(2n-1)\frac{\pi}{2}\quad(n=1,2,3,\cdots)$$

表 17-1　贝塞尔函数及其一阶导数的正零点

零点序数	$\mathrm{J}_0(x)$	$\mathrm{J}_1(x)$	$\mathrm{J}_2(x)$	$\mathrm{J}_3(x)$	$\mathrm{J}_4(x)$	$\mathrm{J}_5(x)$
1	2.4048	3.8317	5.1356	6.3802	7.5883	8.7715
2	5.5201	7.0156	8.4172	9.7610	11.0647	12.3386
3	8.6537	10.1735	11.6198	13.0152	14.3725	15.7002
4	11.7915	13.3237	14.7960	16.2235	17.6160	18.9801
5	14.9309	16.4706	17.9598	19.4094	20.8269	22.2178
零点序数	$\mathrm{J}_0'(x)$	$\mathrm{J}_1'(x)$	$\mathrm{J}_2'(x)$	$\mathrm{J}_3'(x)$		
1	3.8317	1.8412	3.0542	4.2012		
2	7.0156	5.3314	6.7061	8.0152		
3	10.1735	8.5363	9.9695	11.3459		

注：当 $\nu>0$ 时，$\mathrm{J}_\nu(x)$ 有零点 $x_1=0$；并且若 x_n 是 $\mathrm{J}_\nu(x)$ 的零点，则 $-x_n$ 也是它的零点. 所以表上只给出 $\mathrm{J}_\nu(x)$ 的正零点.

即

$$x_n=(2n-1)\frac{\pi}{2}+\frac{\pi}{2}\nu+\frac{\pi}{4}\quad(n=1,2,3,\cdots)$$

若 ν 是任一实数，则 $\mathrm{J}_\nu(x)$ 有无数个实零点；当零点值增大时，每相邻两零点值之差趋向 π.

此外，$\mathrm{J}_\nu(x)$ 的零点位于 $\mathrm{J}_{\nu-1}(x)$ 与 $\mathrm{J}_{\nu+1}(x)$ 的零点之间. 对 $\mathrm{Y}_\nu(x)$ 也有类似的结论.

17.2.2 递推公式及柱函数

由贝塞尔函数的级数表示式(17.1.4),得

$$
\begin{aligned}
&\mathrm{J}_{m-1}(x)+\mathrm{J}_{m+1}(x)\\
&=\sum_{k=0}^{\infty}\left[(-1)^k\frac{1}{k!\Gamma(m+k)}\left(\frac{x}{2}\right)^{m+2k-1}+(-1)^k\frac{1}{k!\Gamma(m+k+2)}\left(\frac{x}{2}\right)^{m+2k+1}\right]\\
&=\left(\frac{x}{2}\right)^{m-1}\left\{\frac{1}{\Gamma(m)}+\sum_{k=1}^{\infty}\left[\frac{(-1)^k}{k!\Gamma(m+k)}\left(\frac{x}{2}\right)^{2k}-\frac{(-1)^k}{(k-1)!\Gamma(m+k+1)}\left(\frac{x}{2}\right)^{2k}\right]\right\}\\
&=\left(\frac{x}{2}\right)^{m-1}\left[\frac{1}{\Gamma(m)}+\sum_{k=1}^{\infty}(-1)^k\frac{m}{k!\Gamma(m+k+1)}\left(\frac{x}{2}\right)^{2k}\right]\\
&=m\sum_{k=0}^{\infty}(-1)^k\frac{1}{k!\Gamma(m+k+1)}\left(\frac{x}{2}\right)^{m+2k-1}
\end{aligned}
$$

所以

$$\mathrm{J}_{m-1}(x)+\mathrm{J}_{m+1}(x)=\frac{2m}{x}\mathrm{J}_m(x) \tag{17.2.2}$$

同理可得

$$\mathrm{J}_{m-1}(x)-\mathrm{J}_{m+1}(x)=2\mathrm{J}'_m(x) \tag{17.2.3}$$

特别是上式中令 $m=0$,且利用等式 $\mathrm{J}_{-1}(x)=-\mathrm{J}_1(x)$,得

$$\mathrm{J}'_0(x)=-\mathrm{J}_1(x) \tag{17.2.3a}$$

式(17.2.2)及式(17.2.3)相加及相减得

$$\mathrm{J}_{m-1}(x)=\frac{m}{x}\mathrm{J}_m(x)+\mathrm{J}'_m(x) \tag{17.2.4}$$

$$\mathrm{J}_{m+1}(x)=\frac{m}{x}\mathrm{J}_m(x)-\mathrm{J}'_m(x) \tag{17.2.5}$$

上述两式也可写成

$$\frac{\mathrm{d}}{\mathrm{d}x}[x^m\mathrm{J}_m(x)]=x^m\mathrm{J}_{m-1}(x) \tag{17.2.4a}$$

$$\frac{\mathrm{d}}{\mathrm{d}x}\left[\frac{\mathrm{J}_m(x)}{x^m}\right]=-\frac{\mathrm{J}_{m+1}(x)}{x^m} \tag{17.2.5a}$$

在式(17.2.4a)中令 $m=0$,可得一个常用的公式

$$\frac{\mathrm{d}}{\mathrm{d}x}[x\mathrm{J}_1(x)]=x\mathrm{J}_0(x) \tag{17.2.4b}$$

由式(17.2.4a)及(17.2.5a)还可导出如下两个递推公式:

$$\left(\frac{\mathrm{d}}{x\mathrm{d}x}\right)^n[x^m\mathrm{J}_m(x)]=x^{m-n}\mathrm{J}_{m-n}(x) \tag{17.2.6}$$

$$\left(\frac{\mathrm{d}}{x\mathrm{d}x}\right)^n\left[\frac{\mathrm{J}_m(x)}{x^m}\right]=(-1)^n\frac{\mathrm{J}_{m+n}(x)}{x^{m+n}} \tag{17.2.7}$$

证明　将式(17.2.4a)改写成

$$\frac{\mathrm{d}}{x\mathrm{d}x}[x^m \mathrm{J}_m(x)] = x^{m-1}\mathrm{J}_{m-1}(x)$$

而

$$\left(\frac{\mathrm{d}}{x\mathrm{d}x}\right)^2 [x^m \mathrm{J}_m(x)] = \frac{\mathrm{d}}{x\mathrm{d}x}[x^{m-1}\mathrm{J}_{m-1}(x)] = x^{m-2}\mathrm{J}_{m-2}(x)$$

将算符$\frac{\mathrm{d}}{x\mathrm{d}x}$继续对上式两边作用,即得

$$\left(\frac{\mathrm{d}}{x\mathrm{d}x}\right)^n [x^m \mathrm{J}_m(x)] = x^{m-n}\mathrm{J}_{m-n}(x)$$

式(17.2.6)得证. 同理可证式(17.2.7).

特别是在式(17.2.7)中,令 $m=0$,得

$$\mathrm{J}_n(x) = (-1)^n x^n \left(\frac{\mathrm{d}}{x\mathrm{d}x}\right)^n [\mathrm{J}_0(x)] \tag{17.2.8}$$

上述递推公式(17.2.2)～(17.2.7)不仅对整数阶贝塞尔函数 $\mathrm{J}_m(x)$适用,而且对任何阶数 ν 的贝塞尔函数也适用,甚至对 $\mathrm{Y}_\nu(x)$、$\mathrm{H}_\nu^{(1)}(x)$及 $\mathrm{H}_\nu^{(2)}(x)$也适用.

通常把任意一个满足下述递推公式的函数称为柱函数,并以 $Z_\nu(x)$表示.

(1) $\frac{\mathrm{d}}{\mathrm{d}x}[x^\nu Z_\nu(x)] = x^\nu Z_{\nu-1}(x)$

(2) $\frac{\mathrm{d}}{\mathrm{d}x}[x^{-\nu} Z_\nu(x)] = -x^{-\nu} Z_{\nu+1}(x)$

(3) $Z_{\nu-1}(x) + Z_{\nu+1}(x) = \frac{2\nu}{x} Z_\nu(x)$

(4) $Z_{\nu-1}(x) - Z_{\nu+1}(x) = 2Z'_\nu(x)$

其中式(1)和(2)与式(3)和(4)是等价的. 由式(3)和式(4)相加,相减得

(5) $Z_{\nu+1}(x) = \frac{\nu}{x} Z_\nu(x) - Z'_\nu(x)$

(6) $Z_{\nu-1}(x) = \frac{\nu}{x} Z_\nu(x) + Z'_\nu(x)$

将式(6)中的 ν 换成 $\nu+1$,得

(7) $Z_\nu(x) = \frac{\nu+1}{x} Z_{\nu+1}(x) + Z'_{\nu+1}(x)$

将式(5)代入式(7),得

$$Z_\nu(x) = \frac{\nu+1}{x}\left[\frac{xZ_\nu(x)}{x} - Z'_\nu(x)\right] + \frac{\mathrm{d}}{\mathrm{d}x}\left[\frac{\nu Z_\nu(x)}{x} - Z'_\nu(x)\right]$$

最后得 $Z_\nu(x)$满足的贝塞尔方程为

$$Z''_\nu(x) + \frac{1}{x}Z'_\nu(x) + \left(1 - \frac{\nu^2}{x^2}\right) Z_\nu(x) = 0$$

但反过来,贝塞尔方程的解不一定满足上述递推关系(1)~(4). 由此可见,满足贝塞尔方程的解不一定是柱函数. 例如函数 $J_\nu(x)+\nu Y_\nu(x)$就不是柱函数.

17.2.3 生成函数

和勒让德函数一样,我们也可构成贝塞尔函数的生成函数,也就是说,我们要找如下形式的函数:

$$G(x,z)=\sum_{m=-\infty}^{\infty}J_m(x)z^m$$

并定义 $G(x,z)$为贝塞尔函数的生成函数.

为此,我们从递推公式(17.2.2)

$$J_{m+1}(x)+J_{m-1}(x)=\frac{2m}{x}J_m(x)$$

出发,用 z^m 乘等式两边,并对指标 m 求和,得结果为

$$\left(z+\frac{1}{z}\right)G(x,z)=\frac{2z}{x}\frac{\partial}{\partial z}[G(x,z)]$$

积分后成为

$$G(x,z)=\varphi(x)\exp\left[\frac{x}{2}\left(z-\frac{1}{z}\right)\right]$$

上式中的 $\varphi(x)$是 x 的待定函数. 我们这样调整它,使得 $G(x,z)$的幂级数展开式中 z^0 前系数为 $J_0(x)$,因此得 $\varphi(x)=1$. 事实上,$\exp\left[\frac{x}{2}\left(z-\frac{1}{z}\right)\right]$的罗朗级数为

$$e^{\frac{x}{2}\left(z-\frac{1}{z}\right)}=\left[\sum_{n=0}^{\infty}\frac{\left(\frac{x}{2}\right)^n}{n!}z^n\right]\left[\sum_{k=0}^{\infty}\frac{\left(\frac{x}{2}\right)^k}{k!}(-z)^{-k}\right]=\sum_{n=0}^{\infty}\sum_{k=0}^{\infty}\frac{(-1)^k\left(\frac{x}{2}\right)^{n+k}}{n!k!}z^{n-k}$$

$$=\sum_{m=-\infty}^{\infty}\left\{\sum_{k=0}^{\infty}\frac{(-1)^k\left(\frac{x}{2}\right)^{m+2k}}{k!(m+k)!}\right\}z^m=\sum_{m=-\infty}^{\infty}J_m(x)z^m$$

在上式推导中,令 $m=n-k$,则 m 从$-\infty$到∞变化. 式中 z^0 前的系数正是$J_0(x)$. 所以贝塞尔函数 $J_m(x)$的生成函数为

$$G(x,z)=e^{\frac{x}{2}\left(z-\frac{1}{z}\right)}=\sum_{m=-\infty}^{\infty}J_m(x)z^m \tag{17.2.9}$$

由生成函数的表式(17.2.9)可以导出如下的重要公式:

(1) 平面波按柱面波的展开公式

在生成函数(17.2.9)中令 $z=e^{i\varphi}$,得

$$\begin{aligned}e^{ix\sin\varphi}=&J_0(x)+2(J_2(x)\cos2\varphi+J_4(x)\cos4\varphi+\cdots)\\&+2i(J_1(x)\sin\varphi+J_3(x)\sin3\varphi+\cdots)\end{aligned} \tag{17.2.10}$$

其中利用了如下的关系式:

$$J_1(x)e^{i\varphi}+J_{-1}(x)e^{-i\varphi}=J_1(x)(e^{i\varphi}-e^{-i\varphi})=2iJ_1(x)\sin\varphi$$
$$J_2(x)e^{i2\varphi}+J_{-2}(x)e^{-i2\varphi}=2J_2(x)\cos 2\varphi$$
$$\cdots\cdots\cdots\cdots$$

等等. 因此

$$\cos(x\sin\varphi)=J_0(x)+2\sum_{n=1}^{\infty}J_{2n}(x)\cos 2n\varphi$$

$$\sin(x\sin\varphi)=2\sum_{n=1}^{\infty}J_{2n-1}(x)\sin[(2n-1)\varphi]$$

同理, 若在生成函数(17.2.9)中令 $z=ie^{i\theta}, x=kr$, 得

$$e^{ikr\cos\theta}=J_0(kr)+2\sum_{n=1}^{\infty}i^n J_n(kr)\cos n\theta \tag{17.2.11}$$

上式即表示平面波按柱面波的展开式. 因等式左端是平面波的复振幅因子, 右端级数中的每一个贝塞尔函数在 r 很大时, 代表一个振幅与$\sqrt{r}$成反比的波的振幅因子

(2) 加法公式

利用生成函数的指数特性有

$$G(x+y,z)=G(x,z)G(y,z)$$

即可得加法公式

$$J_m(x+y)=\sum_{k=-\infty}^{\infty}J_k(x)J_{m-k}(y) \tag{17.2.12}$$

(3) $J_m(x)$的积分表达式

利用生成函数表式(17.2.9)及罗朗展开的系数表达式, 得

$$J_m(x)=\frac{1}{2\pi i}\oint\frac{e^{\frac{x}{2}\left(z-\frac{1}{z}\right)}}{z^{m+1}}dz\quad(m=0,\pm1,\pm2,\cdots) \tag{17.2.13a}$$

上式中的积分路线可取任一正向绕 $z=0$ 一周的围线. 如果取单位圆周为围线, 则需令 $z=e^{i\varphi}$, 而 φ 从 0 到 2π.

$$J_m(x)=\frac{1}{2\pi i}\int_0^{2\pi}e^{ix\sin\varphi}(e^{i\varphi})^{-m-1}(ie^{i\varphi})d\varphi=\frac{1}{2\pi}\int_0^{2\pi}e^{i(x\sin\varphi-m\varphi)}d\varphi$$
$$=\frac{1}{2\pi}\int_0^{2\pi}\cos(x\sin\varphi-m\varphi)d\varphi=\frac{1}{\pi}\int_0^{\pi}\cos(x\sin\varphi-m\varphi)d\varphi \tag{17.2.13b}$$

其中令 $\sin(x\sin\varphi-m\varphi)$的项已被省去, 因为在$[0,2\pi]$上其积分为零. 特别是 $m=0$ 时, 有

$$J_0(x)=\frac{1}{\pi}\int_0^{\pi}\cos(x\sin\varphi)d\varphi \tag{17.2.13c}$$

17.2.4　贝塞尔函数的本征值问题

贝塞尔方程的本征值问题通常是这样给出的:

$$\frac{1}{\rho}\frac{\mathrm{d}}{\mathrm{d}\rho}\left[\rho\frac{\mathrm{d}R}{\mathrm{d}\rho}\right]+\left(\omega^2-\frac{m^2}{\rho^2}\right)R(\rho)=0 \quad (0\leqslant\rho\leqslant a)$$
$$|R(0)|<M,\quad R(a)=0 \tag{17.2.14}$$

也可化成斯特姆-刘维型本征值问题的形式

$$\begin{aligned}&\frac{\mathrm{d}}{\mathrm{d}\rho}\left(\rho\frac{\mathrm{d}R}{\mathrm{d}\rho}\right)-\frac{m^2}{\rho}R+\omega^2\rho R=0\\&R(0)<M,\quad R(a)=0\end{aligned} \tag{17.2.14a}$$

相应于 $k(x)=x,q(x)=-\dfrac{m^2}{x},\rho(x)=x.\ \lambda=\omega^2$，所以 S-L 型本征值问题的结论在这里也都成立. 贝塞尔方程(17.2.14a)的通解为

$$R(\rho)=A\mathrm{J}_m(\omega\rho)+B\mathrm{Y}_m(\omega\rho)$$

代入边界条件决定本征值及本征函数. 因为 $R(0)<M$，所以 $B=0$，又 $R(a)=0$，即 $A\mathrm{J}_m(\omega a)=0$，要 $A\neq0$，$\mathrm{J}_m(\omega a)=0$，则 $\mathrm{J}_m(x)=0$，就是决定本征值的方程，若 x_n 是 $\mathrm{J}_m(x)=0$ 的第 n 个正根，于是本征值

$$\lambda_n=\omega_n^2=\left(\frac{x_n}{a}\right)^2 \quad (n=1,2,3,\cdots). \tag{17.2.15}$$

S-L 型本征值问题的结论：

(i) 本征值存在，且都是非负的实数；

(ii) 本征值可编成单调递增的序列

本征值 $\lambda_1<\lambda_2<\cdots<\lambda_n<\cdots$

即
$$\left(\frac{x_1}{a}\right)^2<\left(\frac{x_2}{a}\right)^2<\cdots<\left(\frac{x_n}{a}\right)^2<\cdots \tag{17.2.16}$$

本征函数
$$\mathrm{J}_m\left(\frac{x_1}{a}\rho\right),\mathrm{J}_m\left(\frac{x_2}{a}\rho\right),\cdots,\mathrm{J}_m\left(\frac{x_n}{a}\rho\right),\cdots \tag{17.2.17}$$

(iii) 对于每一个本征值 ω_n^2 有一个相应的本征函数 $\mathrm{J}_m(\omega_n\rho)$，且本征函数 $\mathrm{J}_m(\omega_n\rho)$在$[0,a]$上有$(n-1)$个零点，即

$$\frac{x_1}{x_n}a,\frac{x_2}{x_n}a,\cdots,\frac{x_{n-1}}{x_n}a$$

(iv) 本征函数系的正交性

对应不同本征值的本征函数分别满足

$$\frac{\mathrm{d}}{\mathrm{d}\rho}\left[\rho\frac{\mathrm{d}\mathrm{J}_m}{\mathrm{d}\rho}\right]+\left(\omega_i^2\rho-\frac{m^2}{\rho}\right)\mathrm{J}_m(\omega_i\rho)=0 \tag{17.2.18a}$$

及

$$\frac{\mathrm{d}}{\mathrm{d}\rho}\left[\rho\frac{\mathrm{d}\mathrm{J}_m}{\mathrm{d}\rho}\right]+\left(\omega_j^2\rho-\frac{m^2}{\rho}\right)\mathrm{J}_m(\omega_j\rho)=0 \tag{17.2.18b}$$

将式(17.2.18a)乘以 $\mathrm{J}_m(\omega_j\rho)$，式(17.2.18b)乘以 $\mathrm{J}_m(\omega_i\rho)$，然后两式相减，再在$[0,a]$上积分，并利用分部积分公式得

$$(\omega_i^2-\omega_j^2)\int_0^a \mathrm{J}_m(\omega_i\rho)\mathrm{J}_m(\omega_j\rho)\rho\mathrm{d}\rho$$
$$=\left[\rho\mathrm{J}_m(\omega_i\rho)\frac{\mathrm{d}}{\mathrm{d}\rho}\mathrm{J}_m(\omega_j\rho)-\rho\mathrm{J}_m(\omega_j\rho)\frac{\mathrm{d}}{\mathrm{d}\rho}\mathrm{J}_m(\omega_i\rho)\right]\Big|_0^a=0$$

所以,当 $\omega_i\neq\omega_j$ 时

$$\int_0^a \mathrm{J}_m(\omega_i\rho)\mathrm{J}_m(\omega_j\rho)\rho\mathrm{d}\rho=0 \tag{17.2.19}$$

(v) 模 N_n^2　因为

$$\rho^2R''+\rho R'+(\omega^2\rho^2-m^2)R=0$$

将上式两边乘以 $2R'$ 得

$$2\rho^2R'R''+2\rho R'R'+2(\omega^2\rho^2-m^2)RR'=0$$

或

$$\frac{\mathrm{d}}{\mathrm{d}\rho}[\rho^2(R')^2+(\omega^2\rho^2-m^2)R^2]-2\omega^2\rho R^2=0$$

而

$$R(\rho)=\mathrm{J}_m(\omega_n\rho),\quad R'(\rho)=\omega_n\mathrm{J}'_m(\omega_n\rho)$$

所以

$$\begin{aligned}[N_n]^2&=\int_0^a \mathrm{J}_m^2(\omega_n\rho)\rho\mathrm{d}\rho\\&=\frac{1}{2}\left\{\rho^2[\mathrm{J}'_m(\omega_n\rho)]^2+\left(\rho^2-\frac{m^2}{\omega_n^2}\right)[\mathrm{J}_m(\omega_n\rho)]^2\right\}\Big|_0^a\\&=\frac{a^2}{2}\left\{[\mathrm{J}'_m(\omega_na)]^2+\left(1-\frac{m^2}{\omega_n^2a^2}\right)[\mathrm{J}_m(\omega_na)]^2\right\}\end{aligned} \tag{17.2.20}$$

(vi) 展开定理

若函数 $f(\rho)$ 在区间[0,a]上分段连续,且只有有限个极大或极小值,则 $f(\rho)$ 可展开成

$$f(\rho)=\sum_{n=1}^{\infty}f_n\mathrm{J}_m(\omega_n\rho) \tag{17.2.21}$$

其中

$$f_n=\frac{1}{[N_n]^2}\int_0^a f(\rho)\mathrm{J}_m(\omega_n\rho)\rho\mathrm{d}\rho$$

表 17-2 对 $\rho=a$ 处、三种不同边界条件下的贝塞尔方程的本征值问题——本征值、本征函数及模作一总结.

17.2.5 含 $\mathrm{J}_m(x)$ 的积分

下面给出几个常用的含 $\mathrm{J}_m(x)$ 的积分例子.

例 17.2.1 证明下式成立:

$$\int_0^x x^{m+1}\mathrm{J}_m(x)\mathrm{d}x=x^{m+1}\mathrm{J}_{m+1}(x)$$

特别是

$$\int_0^x x^2 J_1(x)\mathrm{d}x = x^2 J_2(x)$$

表 17-2

分　类	本征值	本征函数	模$[N_n]^2$
第一类 $R(\rho)\|_{\rho=a}=0$ 或 $J_m(\omega a)=0$	$\omega_n=\frac{x_n}{a}(n=1,2,3,\cdots)$ x_n 是 $J_m(x_n)=0$ 的正根 $(n=1,2,3,\cdots)$	$J_m(\omega_n\rho)$ $(n=1,2,3,\cdots)$	$\frac{a^2}{2}[J_{m+1}(x_n)]^2$
第二类 $R'(\rho)\|_{\rho=a}=0$ 或 $J'_m(\omega a)=0$	$\omega_n=\frac{x_n}{a},(n=1,2,3,\cdots)$ x_n 是 $J'_m(x_n)=0$ 的正根 若 $m=0$,ω_n 有一根为零 因为 $J'_0(0)=0$	$J_m(\omega_n\rho)$ $(n=1,2,3,\cdots)$ 若 $m=0$,相应的本征函数为 1.	$\frac{a^2}{2}\left(1-\frac{m^2}{x_n^2}\right)[J_m(x_n)]^2$
第三类 $[R'(\rho)+HR(\rho)]_{\rho=a}=0$ 或 $\omega J'_m(\omega a)+HJ_m(\omega a)=0$	$\omega_n=\frac{x_n}{a},(n=1,2,3,\cdots)$ x_n 是下列方程的正根 $\frac{x_n}{a}J'_m(x_n)+HJ_m(x_n)=0$ $(n=1,2,3,\cdots)$	$J_m(\omega_n\rho)$ $(n=1,2,3,\cdots)$	$\frac{a^2}{2}\left(1+\frac{a^2H^2-m^2}{x_n^2}\right)\times$ $[J_m(x_n)]^2$

证明　利用递推公式(17. 2. 4a)

$$\frac{\mathrm{d}}{\mathrm{d}x}[x^{m+1}J_{m+1}(x)] = x^{m+1}J_m(x)$$

即可证明上式.

例 17. 2. 2　计算

(a) $\int_0^x xJ_1(x)\mathrm{d}x$;(b)$\int_0^x x^2J_0(x)\mathrm{d}x$;(c)$\int_0^x x^3J_0(x)\mathrm{d}x$.

解　利用递推公式

$$J_1(x) =- J_0(x),\quad \frac{\mathrm{d}}{\mathrm{d}x}[xJ_1(x)] = xJ_0(x)$$

(a)

$$\int_0^x xJ_1(x)\mathrm{d}x =-\int_0^x x\left[\frac{\mathrm{d}}{\mathrm{d}x}J_0(x)\right]\mathrm{d}x =- xJ_0(x) + \int_0^x J_0(x)\mathrm{d}x$$

(b)

$$\int_0^x x^2J_0(x)\mathrm{d}x=-\int_0^x x\left[\frac{\mathrm{d}}{\mathrm{d}x}xJ_1(x)\right]\mathrm{d}x = x^2J_1(x) - \int_0^x xJ_1(x)\mathrm{d}x$$

$$= x^2J_1(x) + xJ_0(x) - \int_0^x J_0(x)\mathrm{d}x$$

(c)

$$\int_0^x x^3J_0(x)\mathrm{d}x= \int_0^x x^2\left[\frac{\mathrm{d}}{\mathrm{d}x}xJ_1(x)\right]\mathrm{d}x = x^3J_1(x) - 2\int_0^x x^2J_1(x)\mathrm{d}x$$

$$= x^3J_1(x) - 2x^2J_2(x)$$

上式中最后一步利用了递推关系式

$$x^2 J_1(x) = \frac{d}{dx}[x^2 J_2(x)]$$

对于计算 $\int_0^x x^m J_n(x)dx$ 之值,一般而言

(i) 当 m 和 n 为整数,且 $m+n$ 为大于或等于 1 的奇整数时,$\int_0^x x^m J_n(x)dx$ 可以完全积出.

(ii) 当 m 和 n 为整数,且 $m+n$ 为大于或等于零的偶整数时,$\int_0^x x^m J_n(x)dx$ 不可能被完全积出,最后只能积到 $\int_0^x J_0(x)dx$ 的形式.

例 17.2.3　计算

$$I = \int_0^\infty e^{-ax} J_0(bx)dx \quad (a > 0, a \text{ 及 } b \text{ 为实数})$$

解　代入 $J_0(x)$ 的积分表示式

$$\begin{aligned} I &= \frac{1}{2\pi}\int_0^\infty e^{-ax}dx\int_0^{2\pi} e^{ibx\sin\varphi}d\varphi \\ &= \frac{1}{2\pi}\int_0^{2\pi} d\varphi\int_0^\infty e^{(-a+ib\sin\varphi)x}dx \end{aligned}$$

因为上述无穷积分绝对收敛,而且对 φ 是一致收敛的,所以可以交换积分次序,故有

$$\begin{aligned} I &= \frac{1}{2\pi}\int_0^{2\pi}\frac{d\varphi}{a-ib\sin\varphi} = \frac{1}{2\pi}\int_0^{2\pi}\frac{a+ib\sin\varphi}{a^2+b^2\sin^2\varphi}d\varphi \quad (\text{虚部积分为零}) \\ &= \frac{a}{2\pi}\int_0^{2\pi}\frac{d\varphi}{a^2+b^2\sin^2\varphi} \quad (\text{利用留数定理}) \\ &= \frac{1}{\sqrt{a^2+b^2}} \end{aligned}$$

例 17.2.4　计算

$$I = \int_0^\infty e^{-ax} J_1(bx)dx \quad (a > 0, a \text{ 及 } b \text{ 为实数})$$

解　利用公式 $\frac{d}{dx}[J_0(bx)] = -bJ_1(bx)$,并代入上式,且分部积分,得

$$\begin{aligned} I &= \frac{1}{b} - \frac{a}{b}\int_0^\infty J_0(bx)e^{-ax}dx = \frac{1}{b} - \frac{a}{b}\frac{1}{\sqrt{a^2+b^2}} \\ &= \frac{1}{b}\left(1 - \frac{a}{\sqrt{a^2+b^2}}\right) \end{aligned}$$

在例 17.2.3 及例 17.2.4 中,令 $a = i\omega$,然后分离实部及虚部,可得

当 $b > \omega$ 时,

$$\int_0^\infty J_0(bx)\cos\omega x\, dx = \frac{1}{\sqrt{b^2-\omega^2}}$$

$$\int_0^{\infty} \mathrm{J}_0(bx)\sin\omega x\,\mathrm{d}x = 0$$

$$\int_0^{\infty} \mathrm{J}_1(bx)\cos\omega x\,\mathrm{d}x = \frac{1}{b}$$

$$\int_0^{\infty} \mathrm{J}_1(bx)\sin\omega x\,\mathrm{d}x = \frac{\omega}{b\sqrt{b^2-\omega^2}}$$

当 $b<\omega$ 时，

$$\int_0^{\infty} \mathrm{J}_0(bx)\cos\omega x\,\mathrm{d}x = 0$$

$$\int_0^{\infty} \mathrm{J}_0(bx)\sin\omega x\,\mathrm{d}x = \frac{1}{\sqrt{\omega^2-b^2}}$$

$$\int_0^{\infty} \mathrm{J}_1(bx)\cos\omega x\,\mathrm{d}x = \frac{1}{b}\left(1-\frac{\omega}{\sqrt{\omega^2-b^2}}\right)$$

$$\int_0^{\infty} \mathrm{J}_1(bx)\sin\omega x\,\mathrm{d}x = 0$$

17.3 修正贝塞尔方程及其解

下面我们讨论圆柱坐标中用分离变量法解数理方程时常遇到的两个方程中的另一个方程(17.1.2a)，即

$$x^2y''+xy'-(x^2+\nu^2)y=0 \tag{17.3.1}$$

上式称为 ν 阶修正贝塞尔方程.

若令 $x'=\mathrm{i}x$，代入方程(17.3.1)，然后将 x' 上角的撇去掉，得

$$x^2y''+xy'+(x^2-\nu^2)y=0$$

上式即贝塞尔方程. 因此，只要将贝塞尔方程的解，作上面同样的代换，令 $x'\to\mathrm{i}x$，就可得到修正贝塞尔方程(17.3.1)的解. 其解的形式为

$$\mathrm{I}_\nu(x)=\frac{1}{\mathrm{i}^\nu}\mathrm{J}_\nu(\mathrm{i}x)=(-\mathrm{i})^\nu\mathrm{J}_\nu(\mathrm{i}x) \tag{17.3.2}$$

式中 $(-\mathrm{i})^\nu$ 的引入是为了保证 $\mathrm{I}_\nu(x)$ 是实函数. 利用 $\mathrm{J}_\nu(x)$ 的级数形式(17.1.3)，有

$$\mathrm{I}_\nu(x)=\sum_{k=0}^{\infty}\frac{1}{k!\,\Gamma(\nu+k+1)}\left(\frac{x}{2}\right)^{\nu+2k} \tag{17.3.3}$$

$\mathrm{I}_\nu(x)$ 称为 ν 阶第一类修正贝塞尔函数.

当 $\nu\neq$ 整数时，方程(17.3.1)的通解为

$$y(x)=A\mathrm{I}_\nu(x)+B\mathrm{I}_{-\nu}(x) \tag{17.3.4}$$

其中 A、B 为任意常数.

当 $\nu=$ 整数时，由于

$$\mathrm{I}_{-m}(x)=\mathrm{i}^m\mathrm{J}_{-m}(\mathrm{i}x)=\mathrm{i}^m(-\mathrm{i})^m\mathrm{J}_m(\mathrm{i}x)=(-\mathrm{i})^m\mathrm{J}_m(\mathrm{i}x)=\mathrm{I}_m(x)$$

所以，$I_m(x)$和 $I_{-m}(x)$线性相关. 因此，要求方程(17.3.1)的通解，还需先求与 $I_m(x)$线性无关的另一特解.

和以前一样，依照 17.1.2 节的办法，定义

$$K_\nu(x) = \frac{\pi}{2}\frac{I_{-\nu}(x) - I_\nu(x)}{\sin\pi\nu} \tag{17.3.5}$$

$K_\nu(x)$称为 ν 阶第二类修正贝塞尔函数，又称为麦克唐纳(Macdonald)函数. 这样定义的好处是，不管 ν 是否为整数，$K_\nu(x)$和 $I_\nu(x)$一起总是方程(17.3.1)的两个线性无关(或线性独立)的解. 因此，方程(17.3.1)的通解为

$$y(x) = AI_\nu(x) + BK_\nu(x) \quad (\text{适用一切 } \nu \text{ 值}) \tag{17.3.6}$$

其中 A、B 是两任意常数.

17.3.1　第一类修正贝塞尔函数 $I_\nu(x)$

$I_\nu(x)$的级数形式为

$$I_\nu(x) = \sum_{k=0}^{\infty}\frac{1}{k!\Gamma(\nu+k+1)}\left(\frac{x}{2}\right)^{\nu+2k} \tag{17.3.7}$$

由此级数形式可知，当 ν=奇整数 m 时，$I_m(x)$为奇函数；当 ν=偶整数 m 时，$I_m(x)$为偶函数. 因此

$$I_m(-x) = (-1)^m I_m(x) \tag{17.3.8}$$

特别是 $m=0$ 时，

$$I_0(x) = 1 + \frac{x^2}{2^2} + \frac{x^4}{2^4(2!)^2} + \frac{x^6}{2^6(3!)^2} + \cdots$$

并且 $I_0(0)=1$，$I_m(0)=0$($m>0$ 时).

由级数形式(17.3.7)还可知，当 x 是大于零的实数时，所有的项都是正的. 因此 $I_\nu(x)$不会有实零点.

当 x 很小时($x\to0$)

$$I_\nu(x) \approx \left(\frac{x}{2}\right)^\nu \frac{1}{\Gamma(\nu+1)} \quad (\nu \neq -1, -2, -3, \cdots)$$

$$I_0(0) = 1, \quad I_m(0) = 0 \quad (m > 0)$$

当 x 很大时($x\to\infty$)

$$I_\nu(x) \approx \frac{1}{\sqrt{2\pi x}}e^x + o(x^{-\frac{3}{2}})$$

利用 $J_m(x)$的递推公式，还可推出 $I_m(x)$的递推公式

$$I_{m-1}(x) - I_{m+1}(x) = \frac{2m}{x}I_m(x), \quad I_{m+1}(x) + I_{m-1}(x) = 2I'_m(x)$$

$$I'_m(x) + \frac{m}{x}I_m(x) = I_{m-1}(x), \quad I'_m(x) - \frac{m}{x}I_m(x) = I_{m+1}(x)$$

第一类修正贝塞尔函数 $I_0(x)$及 $I_1(x)$的图形见图 17.3.

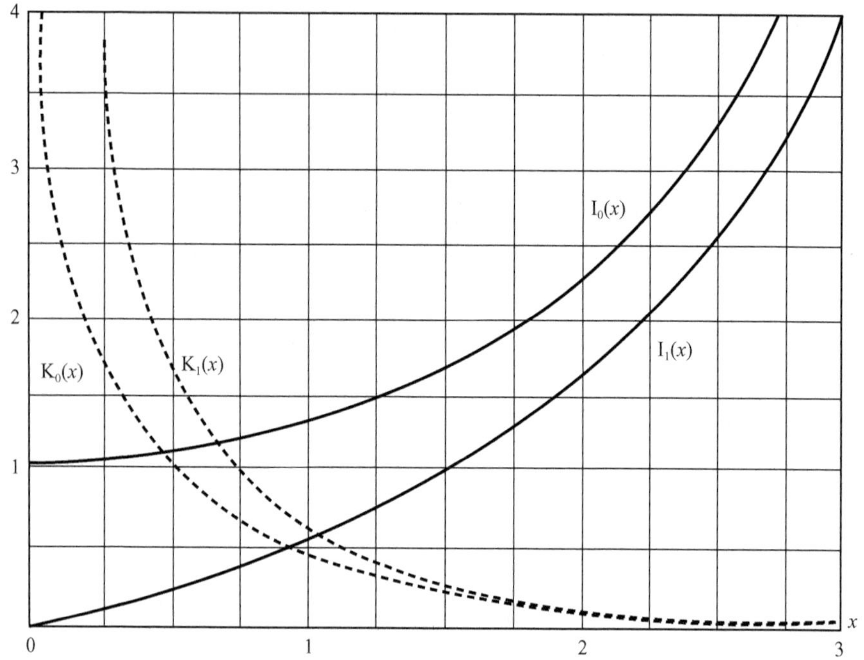

图 17.3

17.3.2 第二类修正贝塞尔函数 $K_\nu(x)$

因为我们常用到的是 ν 等于整数 m 时的 $K_\nu(x)$，其级数形式为

$$K_m(x) = (-1)^{m+1}\left[\gamma + \ln\frac{x}{2}\right]I_m(x) + \frac{1}{2}\sum_{k=0}^{m-1}(-1)^k\frac{(m-k-1)!}{k!}\left(\frac{x}{2}\right)^{m-2k}$$
$$+\frac{(-1)^m}{2}\sum_{k=0}^{\infty}\frac{1}{k!(m+k)!}[\varphi(m+k)+\varphi(k)]\left(\frac{x}{2}\right)^{m+2k}$$

其中 γ 是欧拉常数

$$\gamma = 0.577216\cdots$$

$$\varphi(k) = \sum_{n=1}^{k}\frac{1}{n}$$

当 x 很小时($x\to 0$)

$$K_\nu(x) \approx \frac{1}{2}\left(\frac{2}{x}\right)^\nu \Gamma(\nu) \quad (\nu \neq 0)$$

$$K_0(x) \approx -\ln(x)$$

当 x 很大时($x\to\infty$)

$$K_\nu(x) \approx \sqrt{\frac{\pi}{2x}}e^{-x} + o(x^{-\frac{3}{2}})$$

$K_m(x)$具有如下的递推公式

$$K_{m+1}(x) - K_{m-1}(x) = \frac{2m}{x} K_m(x)$$

$$K_{m+1}(x) + K_{m-1}(x) = -2K'_m(x)$$

$$K'_m(x) + \frac{m}{x} K_m(x) = -K_{m-1}(x)$$

$$K'_m(x) - \frac{m}{x} K_m(x) = -K_{m+1}(x)$$

第二类修正贝塞尔函数 $K_0(x)$及 $K_1(x)$的图形见图 17.3.

17.4　球贝塞尔方程及球贝塞尔函数

在球坐标系中对亥姆霍兹方程进行分离变量时，可得径向部分变量 r 的函数 $R(r)$所满足的方程

$$r^2 \frac{d^2 R}{dr^2} + 2r \frac{dR}{dr} + [k^2 r^2 - l(l+1)] R(r) = 0 \tag{17.4.1}$$

令 $x = kr$，则

$$R(r) = R\left(\frac{x}{k}\right) = y(x) \tag{17.4.2}$$

于是方程(17.4.1)化为

$$x^2 y'' + 2xy' + [x^2 - l(l+1)] y = 0 \tag{17.4.3}$$

方程(17.4.1)及(17.4.3)称为球贝塞尔方程.

17.4.1　球贝塞尔方程的解

在方程(17.4.3)中，令

$$y(x) = \frac{1}{\sqrt{x}} g(x)$$

则方程(17.4.3)变为

$$x^2 g'' + x g' + \left[x^2 - \left(l + \frac{1}{2}\right)^2\right] g = 0 \tag{17.4.4}$$

上式是半奇数阶的贝塞尔方程，其两个线性独立的解为

$$J_{l+\frac{1}{2}}(x) \text{ 和 } Y_{l+\frac{1}{2}}(x)$$

或

$$H^{(1)}_{l+\frac{1}{2}}(x) \text{ 和 } H^{(2)}_{l+\frac{1}{2}}(x)$$

再将它们每一个乘以 $x^{-\frac{1}{2}}$，即得球贝塞尔方程(17.4.3)的两个线性独立的解

$$\frac{1}{\sqrt{x}} J_{l+\frac{1}{2}}(x) \text{ 和 } \frac{1}{\sqrt{x}} Y_{l+\frac{1}{2}}(x)$$

但通常定义下列形式的解：

$$\mathrm{j}_l(x)=\sqrt{\frac{\pi}{2x}}\mathrm{J}_{l+\frac{1}{2}}(x);$$

$$\mathrm{n}_l(x)=\sqrt{\frac{\pi}{2x}}\mathrm{Y}_{l+\frac{1}{2}}(x)=(-1)^{l+1}\sqrt{\frac{\pi}{2x}}\mathrm{J}_{-(l+\frac{1}{2})}(x)$$

为球贝塞尔方程(17.4.1)的解，并称 $\mathrm{j}_l(x)$为第一类球贝塞尔函数；$\mathrm{n}_l(x)$为第二类球贝塞尔函数或球诺依曼函数. 同时也可以将它们进行线性组合，得到另一组线性独立的两个解

$$\mathrm{h}_l^{(1)}(x)=\sqrt{\frac{\pi}{2x}}\mathrm{H}_{l+\frac{1}{2}}^{(1)}(x)=\mathrm{j}_l(x)+\mathrm{i}\mathrm{n}_l(x)$$

$$\mathrm{h}_l^{(2)}(x)=\sqrt{\frac{\pi}{2x}}\mathrm{H}_{l+\frac{1}{2}}^{(2)}(x)=\mathrm{j}_l(x)-\mathrm{i}\mathrm{n}_l(x)$$

而 $\mathrm{h}_l(x)$称为第三类球贝塞尔函数或球汉克尔函数.

因此，球贝塞尔方程(17.4.1)的通解为

$$y(x)=A\mathrm{j}_l(x)+B\mathrm{n}_l(x) \tag{17.4.5a}$$

或

$$y(x)=A\mathrm{h}_l^{(1)}(x)+B\mathrm{h}_l^{(2)}(x) \tag{17.4.5b}$$

其中 A、B 为两个任意常数.

图 17.4(a)上给出了球贝塞尔函数 $\mathrm{j}_0(x)$、$\mathrm{j}_1(x)$及 $\mathrm{j}_2(x)$的图形，图 17.4(b)上给出了球诺依曼函数 $\mathrm{n}_0(x)$、$\mathrm{n}_1(x)$及 $\mathrm{n}_2(x)$的图形.

17.4.2 半奇数阶贝塞尔函数

根据上述，球贝塞尔函数与半奇数阶贝塞尔函数仅差一因子$\frac{1}{\sqrt{x}}$，所以通过半奇数阶贝塞尔函数的性质就可熟悉球贝塞尔函数的性质.

半奇数阶贝塞尔函数的一个重要性质是，它可以用初等函数来表达. 按递推公式(17.2.7)，有

$$\mathrm{J}_{m+l}(x)=(-1)^l x^{m+l}\left(\frac{\mathrm{d}}{x\mathrm{d}x}\right)^l\left[\frac{\mathrm{J}_m(x)}{x^m}\right]$$

若在上式中令 $m=\frac{1}{2}$，可得

$$\begin{aligned}\mathrm{J}_{l+\frac{1}{2}}(x)&=(-1)^l x^{l+\frac{1}{2}}\left(\frac{\mathrm{d}}{x\mathrm{d}x}\right)^l\left[\frac{\mathrm{J}_{\frac{1}{2}}(x)}{x^{\frac{1}{2}}}\right]\\&=(-1)^l\sqrt{\frac{2}{\pi}}x^{l+\frac{1}{2}}\left(\frac{\mathrm{d}}{x\mathrm{d}x}\right)^l\left[\frac{\sin x}{x}\right]\end{aligned} \tag{17.4.6}$$

上式推导中，利用了表达式

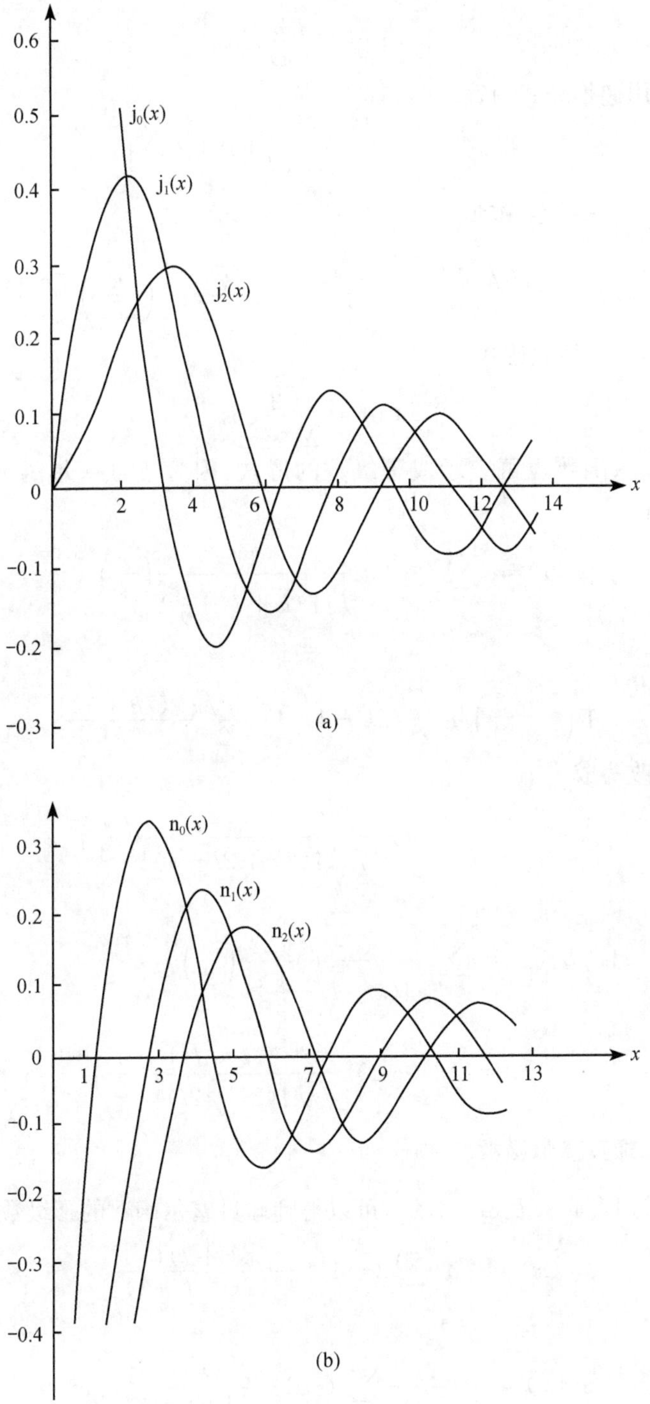
0.6
0.5
0.4
0.3
0.2
0.1
0
-0.1
-0.2
-0.3
$j_0(x)$
$j_1(x)$
$j_2(x)$
2
4
6
8
10
12
14
x
(a)
0.3
0.2
0.1
0
-0.1
-0.2
-0.3
-0.4
$n_0(x)$
$n_1(x)$
$n_2(x)$
1
3
5
7
9
11
13
x
(b)

图 17.4

$$J_{\frac{1}{2}}(x)=\sqrt{\frac{2}{\pi x}}\sin x$$

另一方面，利用递推公式(17.2.6)，有

$$J_{m-l}(x)=x^{l-m}\left(\frac{d}{x dx}\right)^l\left[x^m J_m(x)\right]$$

若在上式中令 $m=-\frac{1}{2}$，可得

$$J_{-(l+\frac{1}{2})}(x)=x^{l+\frac{1}{2}}\left(\frac{d}{x dx}\right)^l\left[\frac{J_{-\frac{1}{2}}(x)}{x^{\frac{1}{2}}}\right]=\sqrt{\frac{2}{\pi}}x^{l+\frac{1}{2}}\left(\frac{d}{x dx}\right)^l\left[\frac{\cos x}{x}\right] \quad (17.4.7)$$

上式推导利用了下列表达式：

$$J_{-\frac{1}{2}}(x)=\sqrt{\frac{2}{\pi x}}\cos x$$

半奇数阶贝塞尔函数也可表示成幂级数的形式，因为按贝塞尔函数级数表达式(17.1.3a)，有

$$J_{l+\frac{1}{2}}(x)=\sum_{k=0}^{\infty}(-1)^k\frac{1}{k!\Gamma(k+l+\frac{1}{2})}\left(\frac{x}{2}\right)^{2k+l+\frac{1}{2}}$$

且利用公式

$$\Gamma\left(k+\frac{3}{2}\right)=\frac{\sqrt{\pi}}{2^k}(2k+1)!!=\frac{\sqrt{\pi}}{2^{2k+1}}\frac{(2k+1)!}{k!}$$

于是，上式可改写成

$$J_{l+\frac{1}{2}}(x)=\sum_{k=0}^{\infty}(-1)^k\frac{2^{2k+2l+1}(k+l)!}{\sqrt{\pi}k!(2k+2l+1)!}\left(\frac{x}{2}\right)^{2k+l+\frac{1}{2}} \quad (17.4.8)$$

同理可得

$$\begin{aligned}J_{-(l+\frac{1}{2})}(x)&=\sum_{k=0}^{\infty}\frac{(-1)^k}{k!(k-l-\frac{1}{2})!}\left(\frac{x}{2}\right)^{2k-l-\frac{1}{2}}\\&=\sum_{k=0}^{\infty}(-1)^k\frac{2^{2k-2l}(k-l)!}{\sqrt{\pi}k!(2k-2l)!}\left(\frac{x}{2}\right)^{2k-l-\frac{1}{2}}\end{aligned} \quad (17.4.9)$$

17.4.3 球贝塞尔函数

利用公式(17.4.8)及(17.4.9)，可以得到球贝塞尔函数的幂级数形式

$$j_l(x)=2^l x^l\sum_{k=0}^{\infty}(-1)^k\frac{(k+l)!}{k!(2k+l+1)!}x^{2k} \quad (17.4.10a)$$

和

$$n_l(x)=\frac{(-1)^{l+1}}{2^l x^{l+1}}\sum_{k=0}^{\infty}(-1)^k\frac{(k-l)!}{k!(2k-2l)!}x^{2k} \quad (17.4.10b)$$

特别是

$$\mathrm{j}_0(x)=\frac{\sin x}{x},\quad \mathrm{n}_0(x)=-\frac{\cos x}{x}$$

$$\mathrm{h}_0^{(1)}(x)=\frac{1}{x}(\sin x-\mathrm{i}\cos x)=-\frac{\mathrm{i}}{x}\mathrm{e}^{\mathrm{i}x},\quad \mathrm{h}_0^{(2)}(x)=\frac{1}{x}(\sin x+\mathrm{i}\cos x)=\frac{\mathrm{i}}{x}\mathrm{e}^{-\mathrm{i}x}$$

$$\mathrm{j}_1(x)=\frac{\sin x}{x^2}-\frac{\cos x}{x},\quad \mathrm{j}_2(x)=\left(\frac{3}{x^3}-\frac{1}{x}\right)\sin x-\frac{3}{x^2}\cos x$$

$$\mathrm{n}_1(x)=-\frac{\cos x}{x^2}-\frac{\sin x}{x},\quad \mathrm{n}_2(x)=-\left(\frac{3}{x^3}-\frac{1}{x}\right)\cos x-\frac{3}{x^2}\sin x$$

$$h_1^{(1)}(x)=\mathrm{e}^{\mathrm{i}x}\left(-\frac{1}{x}-\frac{\mathrm{i}}{x^2}\right),\quad h_2^{(1)}(x)=\mathrm{e}^{\mathrm{i}x}\left(\frac{\mathrm{i}}{x}-\frac{3}{x^2}-\frac{3\mathrm{i}}{x^3}\right)$$

当 x 很小时($x\to 0$)

$$\mathrm{j}_l(x)\approx\frac{x^l}{(2l+1)!!},\quad \mathrm{n}_l(x)\approx-\frac{(2l-1)!!}{x^{l+1}}$$

当 x 很大时($x\to\infty$)

$$\mathrm{j}_l(x)\approx\frac{1}{x}\sin\left(x-\frac{l\pi}{2}\right),\quad \mathrm{n}_l(x)\approx-\frac{1}{x}\cos\left(x-\frac{l\pi}{2}\right)$$

$$\mathrm{h}_l^{(1)}(x)\approx(-\mathrm{i})\frac{\mathrm{e}^{\mathrm{i}(x-\frac{l\pi}{2})}}{x},\quad \mathrm{h}_l^{(2)}(x)\approx(\mathrm{i})\frac{\mathrm{e}^{-\mathrm{i}(x-\frac{l\pi}{2})}}{x}$$

$\mathrm{j}_l(x)$、$\mathrm{n}_l(x)$、$\mathrm{h}_l^{(1)}(x)$及 $\mathrm{h}_l^{(2)}(x)$均满足如下的递推公式：

$$\frac{\mathrm{d}}{\mathrm{d}x}[x^{l+1}f_l(x)]=x^{l+1}f_{l-1}(x),\quad \frac{\mathrm{d}}{\mathrm{d}x}[x^{-l}f_l(x)]=-x^{-l}f_{l+1}(x)$$

$$f_{l-1}(x)+f_{l+1}(x)=\frac{2l+1}{x}f_l'(x),\quad lf_{l-1}(x)-(l+1)f_{l+1}(x)=(2l+1)f_l'(x)$$

此外，它们还可表示成如下的紧凑形式：

$$\mathrm{j}_l(x)=(-1)^l x^l\left(\frac{\mathrm{d}}{x\mathrm{d}x}\right)^l\left[\frac{\sin x}{x}\right]$$

$$\mathrm{n}_l(x)=(-1)^{l+1}x^l\left(\frac{\mathrm{d}}{x\mathrm{d}x}\right)^l\left[\frac{\cos x}{x}\right]$$

$$\mathrm{h}_l^{(1)}(x)=i(-1)^{l+1}x^l\left(\frac{\mathrm{d}}{x\mathrm{d}x}\right)^l\left[\frac{\mathrm{e}^{\mathrm{i}x}}{x}\right]$$

$$\mathrm{h}_l^{(2)}(x)=i(-1)^l x^l\left(\frac{\mathrm{d}}{x\mathrm{d}x}\right)^l\left[\frac{\mathrm{e}^{-\mathrm{i}x}}{x}\right]$$

17.4.4　球贝塞尔函数的本征值问题

球贝塞尔函数的斯特姆-刘维型本征值问题，通常如下：

$$\begin{aligned}&\frac{\mathrm{d}}{\mathrm{d}r}\left[r^2\frac{\mathrm{d}R}{\mathrm{d}r}\right]-l(l+1)R+k^2r^2R=0\quad(0<r<a)\\&|R(0)|<M,\quad \alpha\frac{\mathrm{d}R}{\mathrm{d}r}+\beta R\bigg|_{r=a}=0\end{aligned}\tag{17.4.11}$$

其中 $k^2=\lambda$ 为本征值，l 是整数，α 和 β 是不同时为零的非负实数.

球贝塞尔方程的通解为

$$R(r)=A\mathrm{j}_l(kr)+B\mathrm{n}_l(kr)$$

其中 A、B 为两任意常数.

由边界条件$|R(0)|<M$,得 $B\equiv 0$. 由本征值问题(17.4.11)的第二个边界条件可以得到决定本征值的方程. 若 x_n 为下列方程的第 n 个正根:

$$\alpha\frac{x_n}{a}\mathrm{j}'_l(x_n)+\beta\mathrm{j}_l(x_n)=0\quad(n=1,2,3,\cdots)$$

则本征值问题(17.4.11)的结果如下:

(i) 本征值　$\lambda_n=(k_n)^2=\left(\dfrac{x_n}{a}\right)^2\quad(n=1,2,3,\cdots)$

(ii) 本征函数　$\mathrm{j}_l(k_nr)$或$\mathrm{j}_l\left(\dfrac{x_n}{a}r\right)\quad(n=1,2,3,\cdots)$

(iii) 正交性　由于

$$(k_n^2-k_m^2)\int_0^a R(k_nr)R(k_mr)r^2\mathrm{d}r$$

$$=\left[r^2R(k_nr)\frac{\mathrm{d}}{\mathrm{d}r}R(k_mr)-r^2R(k_mr)\frac{\mathrm{d}}{\mathrm{d}r}R(k_nr)\right]\Bigg|_0^a=0\quad(\text{当 } n\neq m \text{ 时})$$

所以对应于不同本征值的本征函数在$[0,a]$上正交.

(iv) 模 N_n^2

$$N_n^2=\int_0^a[\mathrm{j}_l(k_nr)]^2r^2\mathrm{d}r=\int_0^a\left[\sqrt{\frac{\pi}{2k_nr}}\mathrm{J}_{l+\frac{1}{2}}(k_nr)\right]^2r^2\mathrm{d}r$$

$$=\frac{\pi}{2k_n}\int_0^a[\mathrm{J}_{l+\frac{1}{2}}(k_nr)]^2r\mathrm{d}r$$

由此可见,上式可借助贝塞尔函数模的公式(17.2.20)来表示. 分两种情形讨论:

(a) 若在 $r=a$ 的边界条件是第一类的,即 $R(a)=0$. x_n 是方程 $\mathrm{J}_{l+\frac{1}{2}}(x)=0$ 的根($n=1,2,3,\cdots$)

本征值　$\lambda_n=(k_n)^2=\left(\dfrac{x_n}{a}\right)^2\quad(n=1,2,3,\cdots)$

本征函数　$\mathrm{j}_l(k_nr)\quad(n=1,2,3,\cdots)$

模　$$N_n^2=\frac{\pi}{2k_n}\cdot\frac{a^2}{2}[\mathrm{J}'_{l+\frac{1}{2}}(x_n)]^2=\frac{a^3}{2}[\mathrm{j}_{l+1}(x_n)]^2\tag{17.4.12}$$

(b) 若在 $r=a$ 的边界条件是第二类的,即 $R'(a)=0$. x_n 是方程 $\mathrm{J}_l'(x_n)=0$ 的第 n 个正根($n=1,2,3,\cdots$),或按照上一节的递推公式,x_n 是方程 $l\mathrm{J}_{l-1}(x_n)-(l+1)\mathrm{J}_{l+1}(x_n)=0$ 的第 n 个正根($n=1,2,3,\cdots$).

本征值　$\lambda_n=(k_n)^2=\left(\dfrac{x_n}{a}\right)^2\quad(n=1,2,3,\cdots)$

本征函数　$\mathrm{j}_l(k_nr)\quad(n=1,2,3,\cdots)$

模
$$N_n^2=\frac{a^3}{2}\left[1-\frac{\left(l+\frac{1}{2}\right)^2}{x_n^2}\right][\mathrm{j}_l(x_n)]^2 \tag{17.4.13}$$

(v) 展开定理

若函数 $f(r)$ 在区间 $[0,a]$ 是连续,且只有有限个极大或极小值,则 $f(r)$ 可按本征函数 $\mathrm{j}_l(k_n r)$ 展开成广义傅里叶级数:

$$f(r)=\sum_{n=1}^{\infty} f_n \mathrm{j}_l(k_n r) \tag{17.4.14}$$

其中系数为

$$f_n=\frac{1}{[N_n^2]}\int_0^a f(r)\mathrm{j}_l(k_n r)r^2\mathrm{d}r$$

17.5　广义贝塞尔函数

有时,对于一给定的微分方程,将其自变量和因变量作某种变换之后,可化为贝塞尔方程,从而它们的解也可以利用贝塞尔函数的线性组合来表达. 但是,要寻找这个适当的变换是极其困难的,通常解决的办法是利用现成的定理或套用公式. 例如,道格拉斯(Dougles)研究过,广义贝塞尔方程

$$\frac{\mathrm{d}^2 y}{\mathrm{d}x^2}+\left[\frac{1-2m}{x}-2\alpha\right]\frac{\mathrm{d}y}{\mathrm{d}x}+\left[p^2 a^2 x^{2p-2}+\alpha^2+\frac{\alpha(2m-1)}{x}+\frac{m^2-p^2\nu^2}{x^2}\right]y=0 \tag{17.5.1}$$

具有如下形式的解:

$$y(x)=x^m \mathrm{e}^{\alpha x}[C_1 \mathrm{J}_\nu(ax^p)+C_2 \mathrm{Y}_\nu(ax^p)] \tag{17.5.2}$$

式中 C_1 和 C_2 是任意常数. (17.5.2)形式的解又称广义贝塞尔函数.

例 17.5.1　求下列方程的解:

$$\frac{\mathrm{d}^2 y}{\mathrm{d}x^2}+\frac{1}{x}\frac{\mathrm{d}y}{\mathrm{d}x}+\frac{\beta}{x}y=0$$

解　与方程(17.5.1)比较,可得

$$\alpha=0,\quad m=0,\quad p=\frac{1}{2},\quad \nu=0,\quad a=2\sqrt{\beta}$$

于是,上述方程的解为

$$y(x)=C_1 \mathrm{J}_0(2\sqrt{\beta x})+C_2 \mathrm{Y}_0(2\sqrt{\beta x})$$

式中 C_1 和 C_2 是任意常数.

17.6　应　　用

例 17.6.1　试研究光通过圆孔后在屏幕上产生的夫琅禾费衍射强度分布.

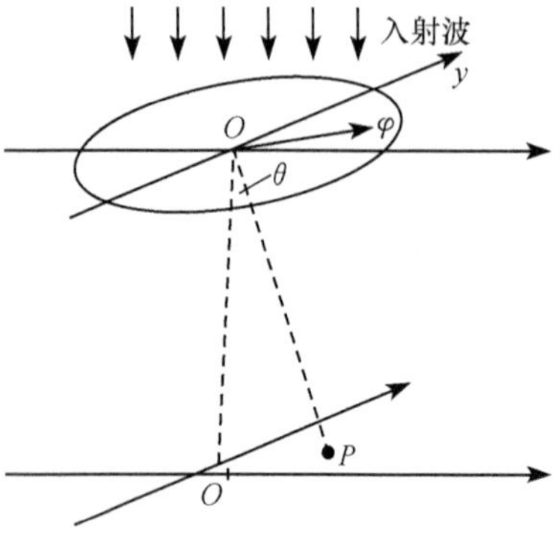

图 17.5

解　选择如图 17.5 所示的坐标系，取 OO' 轴为 z 方向. 因孔的中心为 O，O' 为其在屏幕上的投影点. 圆孔的半径为 a，φ 为 xOy 平面(即孔平面)上的极角. P 是屏幕上的任一观察点，$\overline{OP}$ 与 $\overline{OO'}$ 之间的夹角为 θ.

原点 O 到考察点 Q 的矢量 $\boldsymbol{\rho}$ 在 xOy 平面内，$\boldsymbol{e}_\rho=\cos\varphi\boldsymbol{i}+\sin\varphi\boldsymbol{j}$.

原点 O 到屏上观察点 P 的矢量 $\boldsymbol{R}$ 在 xOz 平面内，$\boldsymbol{e}_R=\sin\theta\boldsymbol{i}+0+\cos\theta\boldsymbol{k}$.

所以
$$\boldsymbol{e}_\rho\cdot\boldsymbol{e}_R=\sin\theta\cos\varphi$$

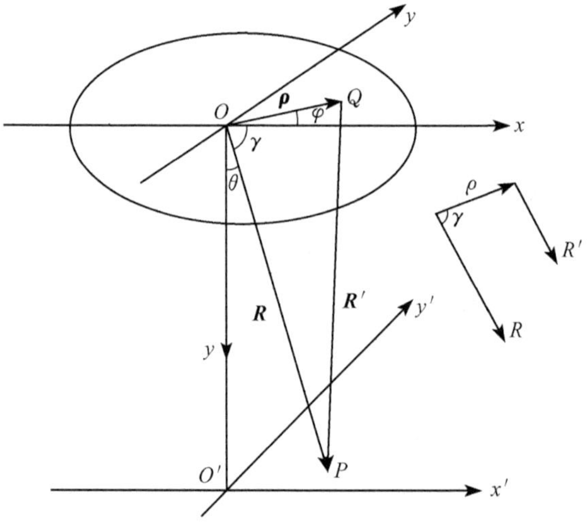

又矢量 $\boldsymbol{\rho}$ 与矢量 $\boldsymbol{R}$ 之间的夹角为 γ，因此 $\boldsymbol{e}_\rho\cdot\boldsymbol{e}_R=\cos\gamma$

于是
$$\cos\gamma=\sin\theta\cos\varphi$$

设 O 点到 P 点的距离为 $\boldsymbol{R}$；Q 点到 P 点的距离为 $\boldsymbol{R}'$，实际上两者接近平行，二者之间近似误差为

$$R'=R-\rho\cos\gamma$$

定义相位差 $\delta=kR-\omega t$，其中 $k=\frac{2\pi}{\lambda}$；因此 Q 点处面元 $\mathrm{d}\sigma$ 在 P 点产生的电场为

$$\mathrm{d}E=\mathrm{Im}(E_0\mathrm{e}^{\mathrm{i}(kR'-\omega t)})\mathrm{d}\sigma=\mathrm{Im}(E_0\mathrm{e}^{\mathrm{i}(\delta-k\rho\cos\gamma)})\mathrm{d}\sigma$$

对圆孔积分，就可得到圆孔发出的光在 P 点产生的合电场强度，即衍射波的总振幅 A，$\left(\text{其中 } k=\frac{2\pi}{\lambda}\right)$

$$A \propto E = E_0 e^{i\delta} \int_0^a \int_0^{2\pi} e^{-ik\rho\sin\theta\cos\varphi} \rho \mathrm{d}\rho \mathrm{d}\varphi$$

设一波长为 λ 的光沿 z 方向入射，通过圆孔发生衍射. 根据光学理论，整个孔在屏幕上 P 点所产生的衍射波的总振幅 A 正比于

$$A \propto \int_0^a \int_0^{2\pi} e^{ibr\cos\varphi} \rho \mathrm{d}\rho \mathrm{d}\varphi$$

其中 $b = \dfrac{2\pi}{\lambda}\sin\theta$.

又因为

$$\mathrm{J}_0(x) = \frac{1}{2\pi}\int_0^{2\pi} e^{ix\sin\varphi} \mathrm{d}\varphi = \frac{1}{2\pi}\int_0^{2\pi} e^{ix\cos\varphi} \mathrm{d}\varphi$$

所以

$$A \propto 2\pi \int_0^a \mathrm{J}_0(br)\rho \mathrm{d}\rho = \frac{2\pi ab}{b^2}\mathrm{J}_1(ab) = \frac{\lambda a}{\sin\theta}\mathrm{J}_1\left(\frac{2\pi a}{\lambda}\sin\theta\right)$$

而在 P 点的衍射强度与振幅的平方成正比，即

$$A^2 \sim \left\{\frac{\mathrm{J}_1\left[\dfrac{2\pi a}{\lambda}\sin\theta\right]}{\sin\theta}\right\}^2$$

利用表 17-1 可得衍射图上第一个暗圈（强度为零）的位置，即

$$\frac{2\pi a}{\lambda}\sin\theta = 3.83171\cdots$$

或

$$\sin\theta = \frac{3.83171\lambda}{2\pi a} \approx 0.6098\,\frac{\lambda}{a}$$

对于绿光 $\lambda = 5.5\times10^{-5}\,\mathrm{cm}$，如果圆孔半径 $a = 0.5\mathrm{cm}$，则

$$\theta \approx \sin\theta = 6.7\times10^{-5}\,\mathrm{rad}$$

若人的瞳孔直径为 2.4mm，以可见光的平均波长（即黄绿光 $5.5\times10^{-5}\,\mathrm{cm}$）为例，计算得最小分辨率角为

$$\theta_0 = 1.22\,\frac{\lambda}{D} = 2.8\times10^{-4}\,(\mathrm{rad})$$

美国航天飞机上的宇航员称在 135 英里（217km）高度能分辨出地面上的尺度 L 为多大？

设 $\lambda = 5.5\times10^{-5}\,\mathrm{cm}$，$H = 2.17\times10^{5}\,\mathrm{m}$，则

$$\frac{L}{H} = \theta_0 = 2.8\times10^{-4}$$

所以能分辨出的最小尺度 $L=60\text{m}$.

H	200km	160km	100km
L	56m	44m	28m

因此美国宇航员表示在高度为 160km 到 320km 的地球轨道上用肉眼看到长城,这是不可能的.(长城的宽度小于 10m)

例 17.6.2　试确定能沿外径为 b,内径为 a 的同轴直波导传播的各种 E 波(电磁波的电场分量).假设波导的管壁是理想的导体,求出这些波的最低(截止)频率.

解　首先选取坐标系,定 z 方向为轴方向.根据电磁学原理,电磁波的电场分量 E 波满足如下波动方程:

$$\nabla^2 E_z - \frac{1}{c^2}\frac{\partial^2 E_z}{\partial t^2} = 0$$

其中 c 为真空中的光速.如果波导管是理想导体,则在波导管壁上 E_z 必须等于零,即

$$E_z\big|_{\rho=a} = 0,\quad E_z\big|_{\rho=b} = 0$$

此外,为了反映 E 波的单色性及沿 z 方向的周期性,本题的解应具有如下形式:

$$E_z(\rho,\varphi,z,t) = v(\rho,\varphi)c^{\mathrm{i}(hz-\Omega t)}$$

其中 λ 为 E 波的波长,$\Omega=kc$ 为振动频率,$k=\dfrac{2\pi}{\lambda}$,而 $v(\rho,\varphi)$ 为下列问题的解

$$\frac{1}{\rho}\frac{\partial}{\partial\rho}\left(\rho\frac{\partial v}{\partial\rho}\right)+\frac{1}{\rho^2}\frac{\partial^2 v}{\partial\varphi^2}+\omega^2 v = 0$$

$$v\big|_{\rho=0} = 0,\quad v\big|_{\rho=b} = 0,\ v(\varphi+2\pi) = v(\varphi)$$

式中

$$\omega^2 = \frac{\Omega^2}{c^2} - h^2$$

上述边值问题分离变量形式的解为

$$v(\rho,\varphi) = R(\rho)\Phi(\varphi)$$

而

(1)　$$\Phi''(\varphi)+m^2\Phi(\varphi)=0,\quad \Phi(\varphi)=\Phi(\varphi+2\pi)$$

故得

本征值为 $m^2(m=0,1,2,3,\cdots)$,本征函数为 $\mathrm{e}^{\pm im\varphi}$

(2)　$$\frac{1}{\rho}\frac{\mathrm{d}}{\mathrm{d}\rho}\left(\rho\frac{\mathrm{d}R}{\mathrm{d}\rho}\right)+\left(\omega^2-\frac{m^2}{\rho^2}\right)R=0,\quad R(a)=0,\quad R(b)=0$$

$R(\rho)$边值问题的解为

$$R(\rho) = C\mathrm{J}_m(\omega\rho) + D\mathrm{Y}_m(\omega\rho)$$

将上述形式的解代入边界条件,得

$$\begin{cases} C\mathrm{J}_m(\omega a) + D\mathrm{Y}_m(\omega a) = 0 \\ C\mathrm{J}_m(\omega b) + D\mathrm{Y}_m(\omega b) = 0 \end{cases}$$

若要系数 C 与 D 不同时为零，则上述方程的系数行列式必须等于零，于是得本征值为 $\omega_n^{(m)}$ $(n=1,2,3,\cdots)$，其中 $\omega_n^{(m)}=\dfrac{x_n^{(m)}}{a}$，而 $x_n^{(m)}$ 是下列方程的第 n 个正根：

$$\mathrm{J}_m(x)\mathrm{Y}_m(\alpha x) - \mathrm{Y}_m(x)\mathrm{J}_m(\alpha x) = 0$$

上式中 $\alpha=\dfrac{b}{a}$. 显然本征值不仅和 n 有关，而且还和 m 有关. 本征函数为

$$C_{mn}\mathrm{J}_m(\omega_n^{(m)}\rho) + D_{mn}\mathrm{Y}_m(\omega_n^{(m)}\rho)$$

于是，最后得到定解问题的解

$$E_z = \sum_{m,n}\left[C_{mn}\mathrm{J}_m(\omega_n^{(m)}\rho) + D_{mn}\mathrm{Y}_m(\omega_n^{(m)}\rho)\right]\mathrm{e}^{\mathrm{i}m\varphi}\cdot\mathrm{e}^{\mathrm{i}(hz-\Omega t)}$$

但是，我们最关心的还是 E 波的频率，得

$$\Omega^2 = c^2\left[(\omega_n^{(m)})^2 + h^2\right]$$

对于实波，必须有 $h\geqslant 0$.

可以通过波导的 $\boldsymbol{E}$ 波的最低频率(截止频率)，必须是实波，即 $h\geqslant 0$，否则 $\boldsymbol{E}$ 波为 e^{-hz}，形成逐渐衰减不能通过的波，因此在同轴波导中能传播的 $\boldsymbol{E}$ 波最低频率为

$$\Omega_{\min} = c\omega_1^{(0)}$$

其中 $\omega_1^{(0)}=\dfrac{x_1^{(0)}}{a}$，$x_1^{(0)}$ 是下列方程的最小正根：

$$\mathrm{J}_0(x)\mathrm{Y}_0(\alpha x) - \mathrm{Y}_0(x)\mathrm{J}_0(\alpha x) = 0$$

其中 $\alpha=\dfrac{b}{a}$. 例如，当 $\alpha=2$，上述方程的最小正根为 3.1230. 因此，

$$\omega_1^{(0)} = \frac{\chi_1^0}{a} = \frac{3.1230}{a}$$

在同轴波导中能传播的 E 波的最低频率(截止频率)为

$$\Omega_{\min} = c\,\frac{3.1230}{a}$$

其中 c 为真空中的光速，a 为同轴波导的内半径.

由此可见，同轴波导的内半径越大，$\Omega_{\min}$ 越小，即传导的频率越多，由

$$\Omega \geqslant c\omega_n^{(m)}$$

按定义

$$\Omega = kc,\ k = \frac{2\pi}{\lambda},\quad 令\ a = R$$

所以

$$k \geqslant \frac{x_n^{(m)}}{R}$$

即

$$x_n^{(m)} \leqslant \frac{2\pi R}{\lambda}$$

由上式可知，λ 一定，R 越大(即波导管越粗)，符合条件的 $x_n^{(m)}$ 的个数越多，表示能够通过的模式越多，其中 $x_n^{(0)}$ 是$\Omega_{\min}$的最小模式. 另一方面也可得到结论：

当 $R<\frac{x_1^{(0)}}{2\pi}\lambda$ 时，不论什么模式的 $\boldsymbol{E}$ 波都不能通过波导传播.

例 17.6.3 一条长为 l，具有均匀密度 ρ 的完全柔软的缆索，上端挂在一个无摩擦的钩上，$t=0$ 时位移为 $\varphi(x)$ $(0<x<l)$，初速为 $\psi(x)$ $(0<x<l)$. 试求缆索运动的表达式.

解 选取垂直轴为 x 轴，原点位于固定点. 本题等价于解下列定解问题：

$$\frac{\partial^2 u}{\partial t^2} = g\frac{\partial}{\partial x}\left[(l-x)\frac{\partial u}{\partial x}\right] \quad (0<x<l,t>0)$$

$$u(0,t)=0, \quad |u(l,t)|<M, \quad u(x,0)=\varphi(x), \quad u_t(x,0)=\psi(x)$$

令 $u(x,t)=X(x)T(t)$，实施变量分离，得

$$T''+\lambda^2 gT=0, \quad T(t)=A\cos(\lambda\sqrt{g}t)+B\sin(\lambda\sqrt{g}t)$$

$$\frac{\partial}{\partial x}\left[(l-x)\frac{\partial X}{\partial x}\right]+\lambda^2 X=0$$

用 17.5 的知识，有

$$X(x)=C\mathrm{J}_0(2\lambda\sqrt{l-x})+D\mathrm{Y}_0(2\lambda\sqrt{l-x})$$

对于自由端($x=l$)的位移，自然要求它是有限的，所以 $D\equiv 0$. 其次，由边界条件 $X(0)=0$，得 $\mathrm{J}_0(2\lambda\sqrt{l})=0$，于是本征值为

$$\lambda_n^2 \quad (n=1,2,3,\cdots), \quad \lambda_n=\frac{x_n}{2\sqrt{l}}$$

其中 x_n 是 $\mathrm{J}_0(x)=0$ 的第 n 个正根. 按表 17-1 可找到

$$x_1=2.4048, \quad x_2=5.5201, \quad x_3=8.6537,\cdots$$

本征函数为

$$X_n(x)=\mathrm{J}_0(2\lambda_n\sqrt{l-x}) \quad (n=1,2,3,\cdots)$$

于是，本题的解为

$$u(x,t)=\sum_{n=1}^{\infty}\left[A_n\cos(\lambda_n\sqrt{g}t)+B_n\sin(\lambda_n\sqrt{g}t)\right]\mathrm{J}_0(2\lambda_n\sqrt{l-x})$$

或

$$u(x,t)=\sum_{n=1}^{\infty}\left[A_n\cos\omega_n t+B_n\sin\omega_n t\right]\mathrm{J}_0\left(2\omega_n\sqrt{\frac{l-x}{g}}\right)$$

式中 $\omega_n=\lambda_n\sqrt{g}$；而系数 A_n 和 B_n 由初始条件决定. 根据本题的初始条件，有

$$u(x,0)=\varphi(x)=\sum_{n=1}^{\infty}A_n\mathrm{J}_0\left(2\omega_n\sqrt{\frac{l-x}{g}}\right)$$

及

$$u_t(x,0)=\psi(x)=\sum_{n=1}^{\infty}\omega_nB_n\mathrm{J}_0\left(2\omega_n\sqrt{\frac{l-x}{g}}\right)$$

于是得

$$A_n=\frac{2}{[\mathrm{J}_1(\omega_n)]^2}\int_0^1\xi\varphi\left(l-\frac{\xi^2}{4}g\right)\mathrm{J}_0(\omega_n\xi)\mathrm{d}\xi$$

$$B_n=\frac{2}{\omega_n[\mathrm{J}_1(\omega_n)]^2}\int_0^1\xi\psi\left(l-\frac{\xi^2}{4}g\right)\mathrm{J}_0(\omega_n\xi)\mathrm{d}\xi$$

因此，缆索振动的基频为

$$\omega_1=1.20\sqrt{\frac{g}{l}}$$

倍频为

$$\omega_2=2.76\sqrt{\frac{g}{l}}$$

$$\omega_3=4.32\sqrt{\frac{g}{l}}$$

…………

缆索头几个振动的模式如图 17.6 所示.

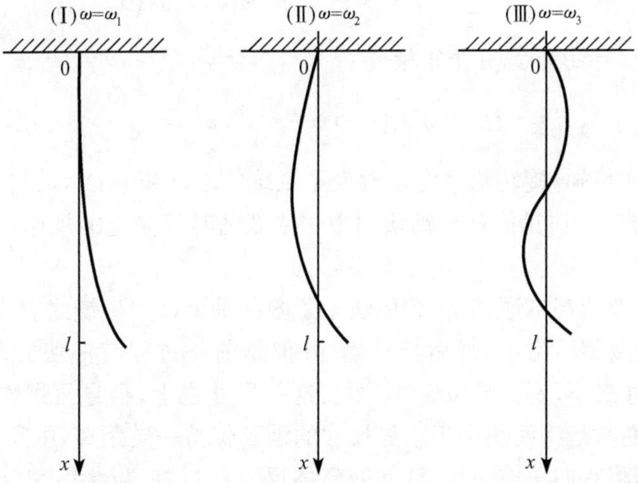

图 17.6

例 17.6.4　若上题中缆索以常角速度 ω 相对于铅直平衡位置旋转，试重新求解缆索运动的表达式.

解 为了解题方便,选固定点为 $x=l$ 点. 于是定解问题为

$$\frac{\partial^2 u}{\partial t^2}=a^2\frac{\partial}{\partial x}\left[x\frac{\partial u}{\partial x}\right]+\omega^2 u \quad (a^2=\sqrt{g})$$

$$u(l,t)=0,\quad u(0,t)<M,\quad u(x,0)=\varphi(x),\quad \frac{\partial u}{\partial t}(x,0)=\psi(x)$$

令 $\xi=\sqrt{x}$,方程变为

$$\frac{\partial^2 u}{\partial t^2}=a^2\frac{1}{4\xi}\frac{\partial}{\partial \xi}\left[\xi\frac{\partial u}{\partial x}\right]+\omega^2 u$$

再令 $u(\xi,t)=T(t)X(\xi)$,所求解为

$T''_n(t)+\Omega_n^2 T_n(t)=0$ $T_n(0)=\varphi_n$ $T'_n(0)=\psi_n$ $\Omega_n^2=a^2\left[\frac{x_n^2}{4l}-\left(\frac{\omega}{a}\right)^2\right]$ $\varphi_n=\frac{1}{l\mathrm{J}_1^2(x_n)}\int_0^l\varphi(x)\mathrm{J}_0\left(x_n\sqrt{\frac{x}{l}}\right)\mathrm{d}x$ $\psi_n=\frac{1}{l\mathrm{J}_1^2(x_n)}\int_0^l\psi(x)\mathrm{J}_0(x_n\sqrt{\frac{x}{l}})\mathrm{d}x$	$\frac{\mathrm{d}}{\mathrm{d}\xi}\left[\xi\frac{\partial X}{\partial \xi}\right]+\omega_n^2\xi X=0$ $X(0)<M, X(\sqrt{l})=0$ $X(\xi)=C\mathrm{J}_0(\omega_n\xi)+DY_0(\omega_n\xi)$ 因为 $X(0)<M$ 所以 $D\equiv0$ 又 $X(\sqrt{l})=0$, 所以$C\mathrm{J}_0(\omega_n\sqrt{l})=0$ 要求 $C\neq0$,则 $\mathrm{J}_0(\omega_n\sqrt{l})=0$ 解得本征值 本征值 $\lambda_n=\omega_n^2=\frac{x_n^2}{l}$,其中 x_n 是 $\mathrm{J}_0(x)=0$ 的第 n 个正根($n=1,2,3,\cdots$) 本征函数 $\mathrm{J}_0(\omega_n\xi)$或 $\mathrm{J}_0(\omega_n\sqrt{x})$

$$u(x,t)=\sum_{n=1}^{\infty}\left(\varphi_n\cos\Omega_n t+\frac{\psi_n}{\Omega_n}\sin\Omega_n t\right)\mathrm{J}_0\left(x_n\sqrt{\frac{x}{l}}\right)$$

其中 x_n 是 $\mathrm{J}_0(x)=0$ 的第 n 个正根

$$\Omega_n=a^2\left[\left(\frac{x_n^2}{4l}\right)-\frac{\omega^2}{a^2}\right],\quad a^2=g$$

由 Ω_n 的表达式可知,旋转角速度 ω 改变了系统的本征频率 Ω_n,请与上题比较.

例 17.6.5 试讨论圆柱形铀块内中子浓度随时间变化的规律,并找出圆柱形铀块的临界尺寸.

解 原子弹的基本原理是:利用快中子激起铀${}^{235}_{92}\mathrm{U}$ 产生链式裂变反应,从而使铀块内中子浓度骤然增加,最后导致爆炸. 但是前一过程与铀块的尺寸及形状有关,在某一尺寸之下,不会导致爆炸;而在这一尺寸之上,会导致爆炸,这一尺寸称为临界尺寸. 通常是将两块小于临界尺寸的${}^{235}_{92}\mathrm{U}$ 保持一定距离,中间抽空,使用时,用普通的炸药将它们压成一块,从而使整体尺寸超过临界尺寸,引起爆炸,示意图如图 17.7 所示.

下面以圆柱形铀块为例,计算出中子浓度随时间变化的规律.

设中子浓度为 $u(\boldsymbol{\rho},t)$,则定解问题为

$$\frac{\partial u}{\partial t}=\alpha^2\nabla^2 u+\beta u \quad (\text{在体内})$$

$$u(\boldsymbol{\rho},t)|_{\Sigma}=0 \quad (\text{在边界上})$$

$$u(\boldsymbol{\rho},t)|_{t=0}=\varphi(\boldsymbol{\rho}) \quad (\text{在体内})$$

其中 α 及 β 是大于零的常数，α 与扩散系数有关，β 等于中子增殖率减去中子吸收率. 若增殖率大于吸收率，则 β 大于零.

设边界上没有反射层，而有硼的阻挡层，即边界上中子浓度 u 远小于 1，则属第一类边界条件.

令

$$u(\boldsymbol{\rho},t)=T(t)v(\boldsymbol{\rho})$$

代入方程，分离变量后得

$$\frac{T'(t)}{T(t)}=\alpha^2\frac{\nabla^2 v}{v}+\beta$$

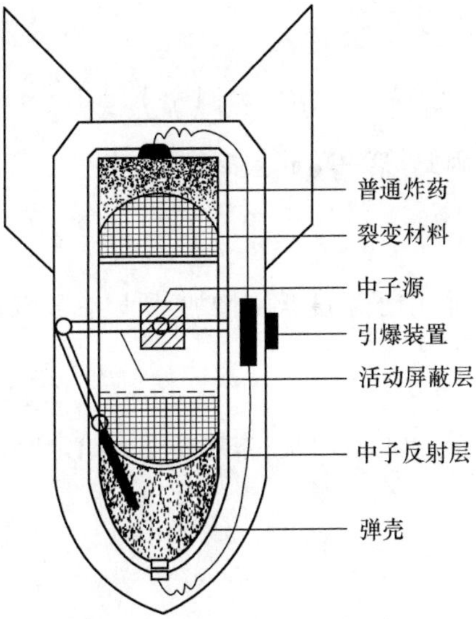

图 17.7

$T'_n(t)-(\beta-\alpha^2k^2)T_n(t)=0$ $T(0)=\varphi_n$ $T_n(t)=Ce^{[\beta-\alpha^2k^2]t}$	$\nabla^2 v+k^2v=0$ 再令 $v(\boldsymbol{\rho})=Z(z)R(\rho)$，再进行变量分离，得到 $Z(z)$ 与 $R(\rho)$ 的本征值问题

由于轴对称，v 与 φ 无关，所以 $v(\boldsymbol{\rho})=R(\rho)Z(z)$，其中

$Z''+\lambda^2Z=0$ $Z(0)=0$ $Z(h)=0$ $\lambda_n=\frac{n\pi}{h}(n=1,2,3,\cdots)$ $Z(z)\sim\sin\frac{n\pi}{h}z$	$\frac{1}{\rho}\frac{d}{d\rho}\left(\rho\frac{dR}{d\rho}\right)+\left[(k^2-\lambda^2)-\frac{m^2}{\rho^2}\right]R=0$ 由于轴对称，R 与 φ 无关，所以可以置 $m=0$ 令 $\omega^2=k^2-\lambda^2$，则 $k^2=\omega^2+\lambda^2$ $R(\rho)=AJ_0(\omega\rho)+BN_0(\omega\rho)$ 由于 $\|R(0)\|<M$，所以 $B=0$ 又 $R(a)=0$，得 $J_0(\omega a)=0$，(a 是圆柱的半径) 因此本征值为 $\omega_i=\frac{x_i}{a}(i=1,2,\cdots)$ 其中 x_i 为 $J_0(x)=0$ 的第 i 个正根 本征函数为 $J_0(\omega_i\rho)(i=1,2,3,\cdots)$

因此，

$$u(r,t)=\sum_{n=1}^{\infty}\sum_{i=1}^{\infty}C_{ni}\sin\frac{n\pi}{h}zJ_0(\omega_i\rho)\cdot\exp\left\{\beta t-\alpha^2\left[\left(\frac{n\pi}{h}\right)^2+\left(\frac{x_i}{a}\right)^2\right]t\right\}$$

其中 C_{ni} 由初始条件确定.

因为本征值具有这样的特性

$$0<\lambda_1<\lambda_2<\lambda_3<\cdots$$

$$0<\omega_1<\omega_2<\omega_3<\cdots$$

所以

$$\beta-\alpha^2\left[\left(\frac{\pi}{h}\right)^2+\left(\frac{x_1}{a}\right)^2\right]>\beta-\alpha^2\left[\left(\frac{2\pi}{h}\right)^2+\left(\frac{x_2}{a}\right)^2\right]>\cdots$$

因此,第一项起主宰作用. 当

$$\beta-\alpha^2\left[\left(\frac{\pi}{h}\right)^2+\left(\frac{x_1}{a}\right)^2\right]>0$$

时,中子浓度激剧增加,所以临界条件为

$$\beta-\alpha^2\left[\left(\frac{\pi}{h}\right)^2+\left(\frac{x_1}{a}\right)^2\right]=0$$

(1) 若圆柱体的高度 h 给定时,则圆柱体的临界半径为

$$\rho_c=\frac{x_1}{\left[\frac{\beta}{\alpha^2}-\left(\frac{\pi}{h}\right)^2\right]^{\frac{1}{2}}}$$

(2) 若圆柱体的半径 ρ 给定时($\rho=a$),则圆柱体的临界高度为

$$h_c=\frac{\pi}{\left[\frac{\beta}{\alpha^2}-\left(\frac{x_1}{a}\right)^2\right]^{\frac{1}{2}}}$$

其中 $x_1=2.4048$.

当圆柱体的半径 R 一定时,要求的是原子弹的圆柱形核反应器(铀块)的体积 $V=\pi R^2H$ 为最小体积的临界高度 H. 就是找在约束条件 $\beta-\alpha^2\left[\left(\frac{\pi}{H}\right)^2+\left(\frac{\chi_1^{(0)}}{R}\right)^2\right]=0$ 下圆柱体的体积取最小极值.

通过计算得

$$H=\frac{\sqrt{2}\pi R}{2.4048}=1.847R$$

实际上,重要的是求球形原子弹的临界半径,而且要计及中子浓度在边界上的扩散,即边界条件是第三类边界条件

$$\frac{\partial u}{\partial t}=\alpha^2\nabla^2u+\beta u$$

边界条件:$u|_{r=0}<M,\left[\frac{\partial u}{\partial r}+hu\right]\Big|_{r=a}=0$,初始条件:$u(\boldsymbol{r},0)=\varphi(\boldsymbol{r})$.

通过计算得在第三类边界条件下球形原子弹的临界半径 r_c 为如下方程的最小正根,即

$$\tan\left(\frac{\sqrt{\beta}}{\alpha}r_c\right)=\frac{\frac{\sqrt{\beta}}{\alpha}r_c}{1-hr_c}$$

例 17.6.6 考虑一均质充分长的圆柱,这圆柱最初具有均匀的温度 u_1,然后表面温度保持定值 u_0 下进行冷却,试求圆柱内部的温度变化.

解 若圆柱的热导系数远小于圆柱与周围介质(例如空气)之间的热交换系数,而可以认为圆柱表面温度恒等于周围介质的温度 u_0,即在表面温度保持定值 u_0 下进行冷却.

如果圆柱的长度比半径 b 大得多,在理论上就可以看作无限长. 此时,圆柱的温度分布在长度方向是均匀的,且很明显,相对于圆柱的中心轴是旋转对称的. 因此温度分布 u 仅是 ρ 和 t 的函数,而与 φ 及 z 无关.

$$\frac{\partial u}{\partial t} = a^2\left(\frac{\partial^2 u}{\partial \rho^2} + \frac{1}{\rho}\frac{\partial u}{\partial \rho}\right)$$

$$u|_{\rho=b} = u_0, \quad u|_{\rho=0} < M, \quad u|_{t=0} = u_1, \quad \lim_{t\to\infty} u = u_0$$

为了将边界条件化为齐次的,令

$$v(\rho,t) = u(\rho,t) - u_0$$

则 v 满足下列定解问题:

$$\frac{\partial v}{\partial t} = a^2\left(\frac{\partial^2 v}{\partial \rho^2} + \frac{1}{\rho}\frac{\partial v}{\partial \rho}\right)$$

$$v_{\rho=b} = 0, \quad v|_{\rho=0} < M, \quad v|_{t=0} = u_1 - u_0, \quad \lim_{t\to\infty} v = 0$$

分离变量,令

$$v(\rho,t) = R(\rho)T(t)$$

$T' + a^2\omega^2 T = 0$ $T \sim e^{-a^2\omega^2 t}$	$\frac{d^2R}{d\rho^2} + \frac{1}{\rho}\frac{dR}{d\rho} + \omega^2 R = 0$ $R(0) < M, \quad R(b) = 0$ 本征值 $\omega_n = \frac{x_n}{b}$ $(n=1,2,3,\cdots)$,其中 x_n 是 $J_0(x)=0$ 的第 n 个正根; 本征函数 $R(\omega\rho) = J_0(\omega_n\rho)(n=1,2,3,\cdots)$

因此

$$v(\rho,t) = \sum_{n=1}^{\infty} C_n e^{-a^2\omega_n^2 t} J_0(\omega_n\rho)$$

代入初始条件,确定数 C_n,即

$$v(\rho,0) = u_1 - u_0 = \sum_{n=1}^{\infty} C_n J_0(\omega_n\rho)$$

$$C_n = \frac{2(u_1-u_0)}{b^2[J'_0(x_n)]^2}\int_0^b J_0(\omega_n\rho)\rho d\rho = \frac{2(u_1-u_0)}{[J_1(x_n)]^2}\frac{1}{x_n^2}\int_0^{x_n} yJ_0(y)dy$$

$$= \frac{2(u_1-u_0)}{[J_1(x_n)]^2}\frac{1}{x_n^2}x_n J_1(x_n) = \frac{2(u_1-u_0)}{x_n J_1(x_n)}$$

最后得出所求的温度分布

$$u(\rho,t) = u_0 + 2(u_1 - u_0)\sum_{n=1}^{\infty} \frac{1}{x_n J_1(x_n)} \exp\left\{-a^2 \frac{x_n^2}{b^2} t\right\} J_0\left(\frac{x_n}{b}\rho\right)$$

其中 x_n 是 $J_0(x)=0$ 的第 n 个正根,求和是对所有正根求和.

这里必须指出一点,很多教科书及习题解答,将达到 u_0 的时间(即保温时间)定义为 $t=\left[a^2 \frac{x_1^2}{b^2}\right]^{-1}$,这显然是不合理的,因为在 $u(\rho,t)$中即使取 $n=1$ 的项,由于含 $J_0\left(\frac{x_1}{b}\rho\right)$因子,所以温度在圆柱截面上分布是不均匀的,应对截面求平均,定义 $\bar{u}(\rho,t)$为

$$\bar{u}(\rho,t) = \frac{1}{\pi b^2}\int_0^{2\pi}\int_0^b u(\rho,t)\rho \mathrm{d}\rho \mathrm{d}\varphi$$

所以保温时间 t 应从下式中求得:

$$\frac{\bar{u}(\rho,t) - u_0}{u_0} = \frac{1}{100}\left(\text{或}\frac{1}{\mathrm{e}}\right)$$

所以保温时间应为

$$t = \frac{x_1^2 b^2}{a^2}\left\{\ln\left[\frac{4(u_1 - u_0)}{u_0 x_1^2}\right] + 1\right\}$$

其中 $x_1=2.4048$

例 17.6.7 一根可以看作无限长的各向同性圆柱(半径为 b),最初保持均匀的温度 u_1,在时刻 $t=0$ 时放入温度为 u_0 的气体中,试求圆柱内部的温度分布.

解 由于圆柱表面散发出来的热量与圆柱表面的温度 u 及外部气体温度 u_0 之差成正比,所以边界条件为

$$\frac{\partial u}{\partial \rho} = -h(u - u_0) \quad (\rho = b, 0 < t < \infty)$$

其中 h 为热交换系数,设它为常数.因此定解问题为

$$\frac{\partial u}{\partial t} = a^2\left[\frac{\partial^2 u}{\partial \rho^2} + \frac{1}{\rho}\frac{\partial u}{\partial \rho}\right]$$

$$u|_{\rho=0} < M, \quad \frac{\partial u}{\partial \rho} + h(u - u_0) = 0 \quad (\rho = b, 0 < t < \infty)$$

$$u|_{t=0} = u_1, \quad \lim_{t\to\infty} u = u_0$$

与上例题做法一样,先将边界条件化为齐次,令

$$v(\rho,t) = u(\rho,t) - u_0$$

则 $v(\rho,t)$满足下列定解问题:

$$\frac{\partial v}{\partial t} = a^2\left(\frac{\partial^2 v}{\partial \rho^2} + \frac{1}{\rho}\frac{\partial v}{\partial \rho}\right)$$

$$v|_{\rho=0} < M, \quad \frac{\partial v}{\partial \rho} + hv = 0 \quad (\rho = b, 0 < t < \infty)$$

$$\lim_{t\to\infty} v = 0, \quad v|_{t=0} = u_1 - u_0$$

与上一例题对照,仅边界条件有所不同,因此,径向坐标部分的本征值问题为

$$\frac{d^2R}{d\rho^2} + \frac{1}{\rho}\frac{dR}{d\rho} + \omega^2 R = 0$$

$$R(0) < M, \quad \left.\frac{dR}{d\rho} + hR\right|_{\rho=b} = 0$$

因此本征值为

$$\omega_n = \frac{x_n}{b} \quad (n = 1,2,3,\cdots)$$

其中 x_n 是方程 $xJ'_0(x) + bhJ_0(x) = 0$ 的第 n 个正根.

(因为 ω_n 满足方程 $\omega J'_0(\omega b) + hJ_0(\omega b) = 0$)

本征函数为 $J_0(\omega_n\rho)$　$(n=1,2,3,\cdots)$,于是

$$v(\rho,t) = \sum_{n=1}^{\infty} C_n e^{-a^2\omega_n^2 t} J_0(\omega_n\rho)$$

再代入初始条件,确定系数 C_n,有

$$v(\rho,0) = u_1 - u_0 = \sum_{n=1}^{\infty} C_n J_0(\omega_n\rho)$$

$$C_n = \frac{2}{[J_0(x_n)]^2 + [J_1(x_n)]^2}\int_0^1 (u_1 - u_0) y J_0(x_n y) dy$$

$$= \frac{2}{[J_0(x_n)^2] + [J_1(x_n)^2]} \frac{(u_1 - u_0)}{x_n} J_1(x_n)$$

因此,所求的温度分布为

$$u(\rho,t) = u_0 + 2(u_1 - u_0)\sum_{n=1}^{\infty} \frac{J_1(x_n)}{x_n\{[J_0(x_n)^2] + [J_1(x_n)^2]\}}$$

$$\cdot \exp\left\{-\left(\frac{x_n}{b}\right)^2 a^2 t\right\} J_0\left(\frac{x_n}{b}\rho\right)$$

其中 x_n 是方程 $xJ'_0(x) + bhJ_0(x) = 0$ 的第 n 个正根.

例 17.6.8　求单簧管的基频

解

$$\frac{\partial^2 u}{\partial t^2} = a^2\left[\frac{1}{\rho}\frac{\partial}{\partial\rho}\left(\rho\frac{\partial u}{\partial\rho}\right) + \frac{1}{\rho^2}\frac{\partial^2 u}{\partial\varphi^2} + \frac{\partial^2 u}{\partial z^2}\right]$$

$$u|_{t=0} = \varphi(\boldsymbol{\rho}), \left.\frac{\partial u}{\partial t}\right|_{t=0} = \psi(\boldsymbol{\rho}), u(\rho,\varphi,z) = u(\rho,\varphi + 2\pi, z)$$

$$u|_{\rho=0} < M, u|_{\rho=b} = 0, u|_{z=0} = 0, \left.\frac{\partial u}{\partial z}\right|_{z=l} = 0$$

重要的是,最后两个边界条件它相应于管的入口处风静止和管的自由(开放)出口.标准解为

$$u(\rho,z,t) = \sum_{n=0}^{\infty}\sum_{i=1}^{\infty}(Ani\cos\Omega_{nit} + Bni\sin\Omega_{nit})J_0\left(\frac{x_i^{(0)}}{b}\rho\right)\sin\frac{(2n+1)}{2l}z$$

其中 $\chi_i^{(0)}$ 是方程 $J_0(x)=0$ 的正根 $i=1,2,\cdots$;b 是圆柱半径.

基频

$$\Omega_1 = a\sqrt{\omega_1^2+\lambda_0^2}$$

$$f_1=\frac{\Omega_1}{2\pi}=\frac{a}{2\pi}\left[\left(\frac{2.4048}{b}\right)^2+\left(\frac{\pi}{2l}\right)^2\right]^{1/2}$$

声速 $a=\sqrt{\dfrac{\gamma p_0}{\rho_0}}=331.2\text{m/s}$,(其中 $\gamma=1.4$,$p_0=1.013\times10^5\text{N/m}^2$,$\rho_0=1.293\text{kg/m}^3$)

通常采用在 20℃时实测的声速为 344m/s.

单簧音管的基频为 147Hz,按公式计算得 $l=0.585\text{m}$,实际上是 0.67m. 主要原因单簧管不完全是直圆柱.

根据四川省安岳县马门溪恐龙的化石骨架得知:其颈子长为 14m,按照上述公式计算,恐龙的发声基频为次声,10Hz 左右,所以恐龙并不像电影《侏罗纪公园》中所描述的那样会发出吼叫,而它只会发出极其轻微的次声,人耳是听不到的.

习 题

17.1 证明

(a) $1=[J_0(x)]^2+2[J_1(x)]^2+2[J_2(x)]^2+\cdots$;

(b) $e^{iz\cos\theta}=\sum\limits_{m=-\infty}^{\infty} i^m J_m(z)e^{im\theta}$;

(c) $\cos x=J_0(x)+2\sum\limits_{n=1}^{\infty}(-1)^n J_{2n}(x)$;

(d) $\sin x=2\sum\limits_{n=1}^{\infty}(-1)^{n+1}J_{2n+1}(x)$.

17.2 证明

(a) $\dfrac{\sin x}{x}=\int_0^{\frac{\pi}{2}}J_0(x\cos\theta)\cos\theta d\theta$;

(b) $\dfrac{1-\cos x}{x}=\int_0^{\frac{\pi}{2}}J_1(x\cos\theta)d\theta$.

17.3 证明 若 $f(r)=1-r^2$,则

$$g(\omega)=\int_0^1 f(r)J_0(\omega r)rdr=\frac{2}{\omega^2}J_2(\omega)$$

17.4 证明 $(n>-1)$

(a) $\int_0^1 x^{n+1}J_n(\omega x)dx=\dfrac{J_{n+1}(\omega)}{\omega}$;

(b) $\int_0^1 x^{n+3}J_n(\omega x)dx=\dfrac{J_{n+1}(\omega)}{\omega}-\dfrac{2J_{n+2}(\omega)}{\omega^2}$.

17.5 证明

(a) $\int_0^x xJ_0(x)dx=xJ_1(x)$;

(b) $\int_0^x x^3 J_0(x)\mathrm{d}x = 2x^2 J_0(x) + (x^3 - 4x)J_1(x)$.

17.6 证明 $f(x)=x^\nu(0<x<1)$的傅里叶贝塞尔展开式为

$$x^\nu = 2\sum_{k=1}^{\infty}\frac{J_\nu(\mu_k x)}{\mu_k J_{\nu+1}(\mu_k)}\quad (\nu>-1)$$

其中 μ_k 是方程 $J_\nu(\mu)=0$ 的正根.

17.7 证明 $f(x)=1(0<x<1)$的傅里叶贝塞尔展开式为

$$f(x)=1=\sum_{k=1}^{\infty}\frac{2h}{\mu_k^2+h^2}\frac{J_0(\mu_k x)}{J_0(\mu_k)}$$

其中 μ_k 是方程 $\mu J_1(\mu)-hJ_0(\mu)=0$ 的正根, $h>0$.

17.8 求解定解问题

$$\frac{\partial^2 u}{\partial t^2}=a^2\frac{\partial}{\partial x}\left(x\frac{\partial u}{\partial x}\right)+\omega^2 u\quad (a=\sqrt{g})$$

$u(0,t)$有限，　$u(l,t)=0$，　$u(x,0)=\varphi(x)$，　$u_t(x,0)=\psi(x)$

17.9 一无限长的圆筒,内径为 a,外径为 b,而 $a\leqslant\rho\leqslant b$,初始温度为 u_0,时间 $t>0$ 时, $\rho=a$ 和 $\rho=b$ 处的界面温度保持零度,试求 $t>0$ 时该圆筒壁内的温度分布 $u(\rho,t)$.

17.10 一实心圆柱,外径为 b,而 $0\leqslant\rho\leqslant b$,初始温度分布为 $\phi(\rho)$,当 $t>0$ 时,在该圆柱内以恒定的速度 q_0 产生热量; $\rho=b$ 处的边界温度保持为零度,试求 $t>0$ 时该实心圆柱内的温度分布 $u(\rho,t)$.

17.11 有一高为 h,底面半径为 R 的圆柱体,下底和侧面保持恒温零度,上底温度分布为 $f(\rho)$,求圆柱体内的温度分布 $u(\rho,t)$.

17.12 电子光学透镜的某部件由两个相同的中空圆柱筒组成,它们的电势分别为 $+V$ 和 $-V$,在两圆筒中间隙缝的边缘处,电势可近似表为 $u=V\sin\frac{\pi z}{2\delta}$,试求圆筒内的电势分布.

相应于解下列定解问题:

$$\frac{1}{\rho}\frac{\partial}{\partial\rho}\left(\rho\frac{\partial u}{\partial\rho}\right)+\frac{\partial^2 u}{\partial z^2}=0$$

$$u\big|_{z=0}=0,\quad u\big|_{z=l}=V,\quad u\big|_{\rho=0}\text{ 有限},\quad u\big|_{\rho=a}=f(z)$$

其中

$$f(z)=\begin{cases} V & (\delta<z<l)\\ V\sin\frac{\pi z}{2\delta} & (0<z<\delta)\end{cases}$$

17.13 一质量为 m 的粒子置于高为 H,半径为 R 的圆筒盒子内,描述粒子的波函数是下列薛定谔波动方程

$$-\frac{h^2}{2m}\nabla^2\psi(\rho,\varphi,z)=E\psi(\rho,\varphi,z)$$

且满足在盒子壁上为零的解. 试求粒子的最低量子能级 E.

17.14 参照例 17.6.5,试求拥有第三类边界条件, $\left[\frac{\partial u}{\partial r}+hu\right]_{r=r_c}=0$ 的球形铀块的临界半径尺寸.

第 18 章　积分变换法

积分变换法是通过积分变换简化定解问题的一种求解方法. 当泛定方程及边界条件均为非齐次时,用经典的分离变量法来求解,就显得有些笨拙,而积分变换法可以按照一种系统的、易于掌握的、固定程序来做,使问题很容易地得到解决.

多个自变量的线性偏微分方程,可以通过实施积分变换来减少方程中的自变量个数,直至化为常微分方程,这样就使问题得到大大简化. 最后将求得的常微分方程的解,逐次进行逆变换,就可得到原偏微分方程的解.

特别是,对于无界或半无界的定解问题,用积分变换来求解,是最合适的了.

本章中将扼要阐述用积分变换解偏微分方程边值问题和初值问题的普遍原理,主要介绍傅氏变换和拉氏变换,最后也简略地介绍一下其他变换.

下面我们通过具体解定解问题来熟悉及掌握这两种积分变换的解题技巧. 一般来说,用积分变换求解定解问题的步骤是:

(1) 根据自变量的变化范围和定解条件确定选择适当的积分变换.

例如,自变量在$(-\infty,\infty)$内变化(如无界直线初值问题的坐标变量)常采用傅氏变换,而自变量在$(0,\infty)$内变化(如半无界直线边值问题中的时间变量)常采用拉氏变换.

(2) 对方程取积分变换,将一个含两个自变量的偏微分方程化为含一个参量的常微分方程.

(3) 对定解条件取相应的变换,导出常微分方程的定解条件.

(4) 求解常微分方程的解,即为原定解问题解的变换.

(5) 对所得解取逆变换,最后得原定解问题的解.

18.1　傅里叶变换

18.1.1　弦振动问题

先让我们来讨论强迫弦振动方程的初值问题

$$
\begin{aligned}
&u_{tt} = a^2 u_{xx} + f(x,t) \quad (-\infty < x < \infty, t > 0)\\
&u(x,0) = \varphi(x), \quad u_t(x,0) = \psi(x)\\
&\lim_{x\to\pm\infty} u(x,t) = 0, \quad \lim_{x\to\pm\infty} u_x(x,t) = 0 \qquad (18.1.1)
\end{aligned}
$$

由本章引言可知,本问题可以对 x 先作傅氏变换,或先对 t 作拉氏变换. 但这段里我们着重介绍傅氏变换,所以我们还是先对 x 作傅氏变换.

按傅氏变换定义有

$$U(\omega,t)=\frac{1}{\sqrt{2\pi}}\int_{-\infty}^{\infty}u(x,t)\mathrm{e}^{-\mathrm{i}\omega x}\mathrm{d}x \tag{18.1.2}$$

$$u(x,t)=\frac{1}{\sqrt{2\pi}}\int_{-\infty}^{\infty}U(\omega,t)\mathrm{e}^{\mathrm{i}\omega x}\mathrm{d}\omega \tag{18.1.3}$$

简化表示为

$$\mathscr{F}[u(x,t)]=U(\omega,t) \tag{18.1.4}$$

对其他函数也作傅氏变换,即

$$\mathscr{F}[f(x,t)]=F(\omega,t) \tag{18.1.5}$$

$$\mathscr{F}[\varphi(x)]=\Phi(\omega) \tag{18.1.6}$$

$$\mathscr{F}[\psi(x)]=\Psi(\omega) \tag{18.1.7}$$

于是,原定解问题变换成下列常微分方程的问题:

$$\begin{gathered}\frac{\partial^2 U}{\partial t^2}+a^2\omega^2 U(\omega,t)=F(\omega,t)\\ U(\omega,0)=\Phi(\omega),\quad U_t(\omega,0)=\Psi(\omega)\end{gathered} \tag{18.1.8}$$

上述问题的解为

$$U(\omega,t)=\frac{1}{a\omega}\int_0^t F(\omega,\tau)\sin a\omega(t-\tau)\mathrm{d}\tau+\Phi(\omega)\cos(a\omega t)+\frac{\Psi(\omega)}{a\omega}\sin(a\omega t) \tag{18.1.9}$$

为了对上式 $U(\omega,t)$ 进行逆变换,我们必须进一步利用下列傅氏变换的性质:

$$\mathscr{F}^{-1}[F(\omega,t)]=f(x,t) \tag{18.1.10}$$

又

$$\mathscr{F}^{-1}\left[\frac{1}{\mathrm{i}\omega}F(\omega,\tau)\right]=\int_{x_0}^{x}f(\xi,\tau)\mathrm{d}\xi$$

所以

$$\mathscr{F}^{-1}\left[\mathrm{e}^{\pm\mathrm{i}a\omega(t-\tau)}\ \frac{1}{\mathrm{i}\omega}F(\omega,t)\right]=\int_{x_0}^{x\pm a(t-\tau)}f(\xi,\tau)\mathrm{d}\xi$$

$$\sin a\omega(t-\tau)=\frac{1}{2\mathrm{i}}\left[\mathrm{e}^{\mathrm{i}a\omega(t-\tau)}-\mathrm{e}^{-\mathrm{i}a\omega(t-\tau)}\right]$$

最后得

$$\begin{aligned}u(x,t)=&\int_0^t\frac{1}{2a}\left[\int_{x_0}^{x+a(t-\tau)}f(\xi,\tau)\mathrm{d}\xi-\int_{x_0}^{x-a(t-\tau)}f(\xi,\tau)\mathrm{d}\xi\right]\mathrm{d}\tau\\ &+\frac{1}{2}[\varphi(x+a)+\varphi(x-at)]+\frac{1}{2a}\int_{x-at}^{x+at}\psi(\xi)\mathrm{d}\xi\\ =&\frac{1}{2a}\int_0^t\int_{x-a(t-\tau)}^{x+a(t-\tau)}f(\xi,\tau)\mathrm{d}\xi\mathrm{d}\tau\end{aligned}$$

$$+\frac{1}{2}[\varphi(x+at)+\varphi(x-at)]+\frac{1}{2a}\int_{x-at}^{x+at}\psi(\xi)\mathrm{d}\xi \tag{18.1.11}$$

18.1.2 热传导问题

有热源的热传导方程的定解问题为

$$\begin{gathered} u_t = a^2 u_{xx} + f(x,t) \quad (-\infty < x < \infty, t \geqslant 0) \\ u(x,0)=\varphi(x), \quad \lim_{x\to\pm\infty} u(x,t)=0, \quad \lim_{x\to\pm\infty} u_x(x,t)=0 \end{gathered} \tag{18.1.12}$$

和问题(18.1.1)一样,对 x 作傅氏变换,即

$$\mathscr{F}[u(x,t)]=U(\omega,t), \quad \mathscr{F}[f(x,t)]=F(\omega,t), \quad \mathscr{F}[\varphi(x)]=\Phi(\omega) \tag{18.1.13}$$

对问题(18.1.12)进行傅氏变换,得常微分方程的定解问题

$$\frac{\partial}{\partial t}U(\omega,t)+a^2\omega^2U(\omega,t)=F(\omega,t), \quad U(\omega,0)=\Phi(\omega) \tag{18.1.14}$$

上述问题的解为

$$U(\omega,t)=\Phi(\omega)\mathrm{e}^{-a^2\omega^2 t}+\int_0^t F(\omega,\tau)\mathrm{e}^{-a^2\omega^2(t-\tau)}\mathrm{d}\tau \tag{18.1.15}$$

为了求出(18.1.15)的逆变换,可以利用下列傅氏变换的卷积公式及熟知的积分变换.

卷积公式

若

$$\mathscr{F}^{-1}[G(\omega)]=g(x), \quad \mathscr{F}^{-1}[F(\omega)]=f(x)$$

则

$$\mathscr{F}^{-1}[F(\omega)G(\omega)]=\frac{1}{\sqrt{2\pi}}\int_{-\infty}^{\infty}f(x-\xi)g(\xi)\mathrm{d}\xi \tag{18.1.16}$$

而积分

$$\frac{1}{\sqrt{2\pi}}\int_{-\infty}^{\infty}\mathrm{e}^{-a^2\omega^2t+\mathrm{i}\omega x}\mathrm{d}\omega=\frac{1}{a\sqrt{2t}}\exp\left\{-\frac{x^2}{4a^2t}\right\}$$

即

$$\mathscr{F}^{-1}[\mathrm{e}^{-a^2\omega^2t}]=\frac{1}{a\sqrt{2t}}\exp\left\{-\frac{x^2}{4a^2t}\right\} \tag{18.1.17}$$

最后,得定解问题(18.1.12)的解为

$$\begin{aligned} u(x,t)=&\int_{-\infty}^{\infty}\varphi(\xi)\frac{1}{2a\sqrt{\pi t}}\mathrm{e}^{-\frac{(x-\xi)^2}{4a^2t}}\mathrm{d}\xi \\ &+\int_0^t\int_{-\infty}^{\infty}f(\xi,\tau)\frac{1}{2a\sqrt{\pi(t-\tau)}}\mathrm{e}^{-\frac{(x-\xi)^2}{4a^2(t-\tau)}}\mathrm{d}\xi\mathrm{d}\tau \end{aligned} \tag{18.1.18}$$

18.1.3　稳态问题

半平面($y>0$)内的拉普拉斯方程的第一边值问题为

$$u_{xx}+u_{yy}=0 \quad (-\infty<x<\infty, y>0)$$

$$u(x,0)=f(x), \quad \lim_{x\to\pm\infty} u(x,y)=0, \quad \lim_{x\to\pm\infty} u_x(x,y)=0 \tag{18.1.19}$$

本题宜对 x 作傅氏变换,即

$$\mathscr{F}[u(x,y)]=U(\omega,y), \quad \mathscr{F}[f(x)]=F(\omega) \tag{18.1.20}$$

定解问题变换成

$$\frac{\partial^2 U}{\partial y^2}-\omega^2 U(\omega,y)=0, \quad U(\omega,0)=F(\omega), \lim_{\omega\to\pm\infty} U(\omega,y)=0 \tag{18.1.21}$$

因为现在 ω 可取正、负值,所以问题(18.1.21)的通解为

$$U(x,y)=C(\omega)\mathrm{e}^{|\omega|y}+D(\omega)\mathrm{e}^{-|\omega|y} \tag{18.1.22}$$

因为

$$\lim_{\omega\to\pm\infty} U(\omega,y)=0$$

所以

$$C(\omega)=0 \tag{18.1.23}$$

又 $y=0$ 时,

$$U(\omega,0)=F(\omega)$$

因此

$$D(\omega)=F(\omega) \tag{18.1.24}$$

故问题(18.1.21)的解为

$$U(\omega,y)=F(\omega)\mathrm{e}^{-|\omega|y} \tag{18.1.25}$$

为了求式(18.1.25)的逆变换,必须知道 $\mathrm{e}^{-|\omega|y}$ 的傅氏逆变换.按傅氏变换的定义,$\mathrm{e}^{-|\omega|y}$ 的傅氏逆变换为

$$\begin{aligned}\frac{1}{\sqrt{2\pi}}\int_{-\infty}^{\infty}\mathrm{e}^{-|\omega|y}\mathrm{e}^{\mathrm{i}\omega x}\mathrm{d}\omega &= \frac{1}{\sqrt{2\pi}}\left[\int_0^{\infty}\mathrm{e}^{-\omega y+\mathrm{i}\omega x}\mathrm{d}\omega+\int_{-\infty}^{0}\mathrm{e}^{\omega y+\mathrm{i}\omega x}\mathrm{d}\omega\right]\\ &= \frac{1}{\sqrt{2\pi}}\left[\frac{1}{y-\mathrm{i}x}+\frac{1}{y+\mathrm{i}x}\right]=\sqrt{\frac{2}{\pi}}\frac{y}{x^2+y^2}\end{aligned} \tag{18.1.26}$$

再利用卷积公式

$$\mathscr{F}^{-1}[F(\omega)G(\omega)]=\frac{1}{\sqrt{2\pi}}\int_{-\infty}^{\infty}f(\xi)g(x-\xi)\mathrm{d}\xi \tag{18.1.27}$$

最后,得原定解问题(18.1.19)的解为

$$u(x,y)=\frac{1}{\pi}\int_{-\infty}^{\infty}f(\xi)\frac{y}{(x-\xi)^2+y^2}\mathrm{d}\xi \tag{18.1.28}$$

例 18.1.1 如果定解问题(18.1.19)中的 $u(x,y)$ 表示温度分布，$f(x)$ 表示边界 $y=0$ 上的温度分布.

$$f(x)=T_0H(a-|x|)=\begin{cases}T_0, & |x|<a\\ 0, & |x|>a\end{cases}$$

求温度分布 $u(x,y)$.

解 按公式(18.1.28)

$$\begin{aligned}u(x,y)&=\frac{1}{\pi}\int_{-a}^{a}\frac{T_0 y}{(x-\xi)^2+y^2}\mathrm{d}\xi=\frac{T_0}{\pi}\left[\arctan\left(\frac{x+a}{y}\right)-\arctan\left(\frac{x-a}{y}\right)\right]\\&=\frac{T_0}{\pi}\arctan\left(\frac{2ay}{x^2+y^2-a^2}\right)\end{aligned}$$

等温线为圆心 $\left(0,\pm\frac{c}{2}\right)$，半径为 b 的圆弧：$x^2+\left(y\pm\frac{c}{2}\right)^2=b^2$；而 $b^2=a^2+\frac{c^2}{4}$，c 为常数.

例 18.1.2 求解定解问题

$$\begin{aligned}&u_{xx}+u_{yy}=0 \quad (-\infty<x<\infty, y>0)\\&u_y(x,0)=f(x) \quad (-\infty<x<\infty)\\&\lim_{x\to\pm\infty}u(x,y)=0, \quad \lim_{x\to\pm\infty}u_x(x,y)=0\end{aligned}$$

解 令 $v(x,y)=u_y(x,y)$，即 $u(x,y)=\int_{y_0}^{y}v(x,\xi)\mathrm{d}\xi$.

$v(x,y)$满足的定解问题为

$$\begin{aligned}&v_{xx}+v_{yy}=0, \quad v(x,0)=f(x)\\&\lim_{x\to\pm\infty}v(x,y)=0, \quad \lim_{x\to\pm\infty}v_x(x,y)=0\end{aligned}$$

按公式(18.1.28)

$$v(x,y)=\frac{1}{\pi}\int_{-\infty}^{\infty}f(\xi)\frac{y}{(x-\xi)^2+y^2}\mathrm{d}\xi$$

所以

$$\begin{aligned}u(x,y)&=\int_{y_0}^{y}v(x,\eta)\mathrm{d}\eta=\frac{1}{\pi}\int_{y_0}^{y}\eta\mathrm{d}\eta\int_{-\infty}^{\infty}\frac{f(\xi)}{(x-\xi)^2+\eta^2}\mathrm{d}\xi\\&=\frac{1}{\pi}\int_{-\infty}^{\infty}f(\xi)\mathrm{d}\xi\int_{y_0}^{y}\frac{\eta}{(x-\xi)^2+\eta^2}\mathrm{d}\eta\\&=\frac{1}{2\pi}\int_{-\infty}^{\infty}f(\xi)\ln[(x-\xi)^2+y^2]\mathrm{d}\xi+\varphi(x)\end{aligned}$$

($\varphi(x)$ 是任意连续函数)

18.2　拉普拉斯变换

18.2.1　无界区域的问题

上面我们讲过无界区域的问题(18.1.1)及(18.1.12)，也可先对时间 t 作拉氏变换. 因此，下面我们以热传导问题为例，来阐明拉氏变换的应用.

按定解问题(18.1.12)有

$$u_t = a^2 u_{xx} + f(x,t) \quad (-\infty < x < \infty, t \geqslant 0)$$
$$u(x,0) = \varphi(x) \tag{18.2.1}$$

先对时间 t 作拉氏变换

$$\mathscr{L}[u(x,t)] = U(x,s), \quad \mathscr{L}[f(x,t)] = F(x,s),$$
$$\mathscr{L}[u_t(x,t)] = sU(x,s) - u(x,0) \tag{18.2.2}$$

所以原定解问题(18.2.1)变换成

$$\frac{\mathrm{d}^2 U}{\mathrm{d}x^2} - \frac{s}{a^2}U + \frac{1}{a^2}\varphi(x) + \frac{1}{a^2}F(x,s) = 0 \tag{18.2.3}$$

对方程(18.2.3)实施傅氏变换来进行求解. 利用傅氏变换公式

$$\mathscr{F}^{-1}\left[\sqrt{\frac{2}{\pi}}\frac{b}{\omega^2+b^2}\right] = \mathrm{e}^{-b|x|}$$

及以卷积定理

$$\mathscr{F}^{-1}[F(\omega)G(\omega)] = \frac{1}{\sqrt{2\pi}}\int_{-\infty}^{\infty} f(x-\xi)g(\xi)\mathrm{d}\xi$$

得方程(18.2.3)的解为

$$U(x,s) = \int_{-\infty}^{\infty}\varphi(\xi)\frac{1}{2a\sqrt{s}}\mathrm{e}^{-\frac{\sqrt{s}}{a}|x-\xi|}\mathrm{d}\xi + \int_{-\infty}^{\infty}F(\xi,s)\frac{1}{2a\sqrt{s}}\mathrm{e}^{-\frac{\sqrt{s}}{a}|x-\xi|}\mathrm{d}\xi \tag{18.2.4}$$

然后利用拉氏变换表，对(18.2.4)作逆变换，最后得原定解问题(18.2.1)的解为

$$u(x,s) = \int_{-\infty}^{\infty}\varphi(\xi)\frac{1}{2a\sqrt{\pi t}}\exp\left[-\frac{(x-\xi)^2}{4a^2 t}\right]\mathrm{d}\xi + \int_0^t\int_{-\infty}^{\infty}f(\xi,\tau)\frac{1}{2a\sqrt{\pi(t-\tau)}}\exp\left[-\frac{(x-\xi)^2}{4a^2(t-\tau)}\right]\mathrm{d}\tau\mathrm{d}\xi \tag{18.2.5}$$

18.2.2　半无界区域的问题

(1) 求解定解问题

$$u_t = a^2 u_{xx} \quad (0 < x < \infty, t > 0)$$

$$u(x,0)=0,\quad u_x(0,t)=q(t)$$
$$|u(x,t)|<M\quad(0<x<\infty,t>0)\tag{18.2.6}$$

作时间 t 的拉氏变换

$$\mathscr{L}[u(x,t)]=U(x,s),\quad \mathscr{L}[u_t(x,t)]=sU(x,s)-u(x,0)\tag{18.2.7}$$
$$\mathscr{L}[q(t)]=Q(s)$$

原定解问题变换成

$$\frac{\partial^2 U}{\partial x^2}-\frac{s}{a^2}U(x,s)=0$$
$$U_x(0,s)=Q(s),\quad |U(x,s)|<M\tag{18.2.8}$$

式(18.2.8)的解为

$$U(x,s)=C(s)\mathrm{e}^{-\frac{\sqrt{s}}{a}x}+D(s)\mathrm{e}^{+\frac{\sqrt{s}}{a}x}\tag{18.2.9}$$

因为 $|U(x,s)|<M\quad(0<x<\infty)$,所以

$$D(s)=0\tag{18.2.10}$$

又

$$U_x(0,s)=Q(s)\tag{18.2.11}$$

故

$$U(x,s)=-\frac{a}{\sqrt{s}}Q(s)\mathrm{e}^{-\frac{\sqrt{s}}{a}x}\tag{18.2.12}$$

为了作(18.2.12)式的拉氏逆变换,需要利用拉氏变换表

$$\mathscr{L}^{-1}\left[\frac{1}{\sqrt{s}}\mathrm{e}^{-\frac{\sqrt{s}}{a}x}\right]=\frac{1}{\sqrt{\pi t}}\mathrm{e}^{-\frac{x^2}{4a^2t}}\tag{18.2.13}$$

及公式

$$\mathscr{L}^{-1}[F(s)G(s)]=\int_0^t f(\tau)g(t-\tau)\mathrm{d}\tau\tag{18.2.14}$$

最后,得原定解问题(18.2.6)的解为

$$u(x,t)=-\int_0^t q(\tau)\frac{a}{\sqrt{\pi(t-\tau)}}\mathrm{e}^{-\frac{x^2}{4a^2(t-\tau)}}\mathrm{d}\tau\tag{18.2.15}$$

(2) 求解定解问题

$$u_t=a^2u_{xx}\quad(0<x<\infty,t>0),\quad u(0,t)=f(t)\quad(0<t<\infty)\tag{18.2.16}$$
$$u(x,0)=0\quad(0<x<\infty),\quad |u(x,t)|<M\quad(0<x<\infty)$$

本题从形式上来看,t 和 x 的变化范围都是$(0,\infty)$,似乎可以对坐标部分进行拉氏变换,但是此时需要知道 $u(0,t)$及 $u_x(0,t)$的值,所以本题不宜对坐标 x 进行拉氏变换.

对时间 t 作拉氏变换,即

$$\mathscr{L}[u(x,t)] = U(x,s), \quad \mathscr{L}[u_t(x,t)] = sU(x,s) - u(x,0) \tag{18.2.17}$$
$$\mathscr{L}[f(x)] = F(s)$$

原定解问题(18.2.16)变换成

$$\frac{\partial^2 U}{\partial x^2} - \frac{s}{a^2}U(x,s) = 0 \quad (0 < x < \infty)$$
$$U(0,s) = F(s), \quad |U(x,s)| < M \quad (0 < x < \infty) \tag{18.2.18}$$

式(18.2.18)的解为

$$U(x,s) = C(s)\mathrm{e}^{-\frac{\sqrt{s}}{a}x} + D(s)\mathrm{e}^{\frac{\sqrt{s}}{a}x} \tag{18.2.19}$$

因为$|U(x,s)| < M \quad (0 < x < \infty)$，所以

$$D(s) = 0 \tag{18.2.20}$$

又$U(0,s) = F(s)$，故

$$C(s) = F(s) \tag{18.2.21}$$

式(18.2.18)的解就为

$$U(x,s) = F(s)\mathrm{e}^{-\frac{\sqrt{s}}{a}x} \tag{18.2.22}$$

由拉氏变换表查得

$$\mathscr{L}^{-1}\left[\frac{1}{s}\mathrm{e}^{-\frac{\sqrt{s}}{a}x}\right] = 1 - \mathrm{erf}\left(\frac{x}{2a\sqrt{t}}\right) = \mathrm{erfc}\left(\frac{x}{2a\sqrt{t}}\right) = 1 - \frac{2}{\sqrt{\pi}}\int_0^{\frac{x}{2a\sqrt{t}}} \mathrm{e}^{-\xi^2}\mathrm{d}\xi \tag{18.2.23}$$

再利用公式

$$\mathscr{L}[g'(t)] = sG(s) - g(0) \tag{18.2.24}$$

可得

$$\mathscr{L}^{-1}[\mathrm{e}^{-\frac{\sqrt{s}}{a}x}] = \frac{x}{2a\sqrt{\pi}t^{3/2}}\exp\left[-\frac{x^2}{4a^2t}\right] \tag{18.2.25}$$

在等式(18.2.13)两边直接对 x 求导，也可得到上面同样的结果. 利用式(18.2.25)及卷积公式(18.2.14)，最后，得原定解问题(18.2.16)的解

$$u(x,t) = \int_0^t f(\tau)\frac{x}{2a\sqrt{\pi}(t-\tau)^{3/2}}\exp\left[-\frac{x^2}{4a^2(t-\tau)}\right]\mathrm{d}\tau \tag{18.2.26}$$

可以验证，表达式(18.2.26)确实是定解问题(18.2.16)的解，除了解满足泛定方程之外，还可证明满足边界条件，令

$$\xi = \frac{x}{2a\sqrt{t-\tau}}$$

表达式(18.2.26)成为

$$u(x,t) = \frac{2}{\sqrt{\pi}}\int_{\frac{x}{2a\sqrt{t}}}^{\infty} f\left(t - \frac{x^2}{4a^2\xi^2}\right)\mathrm{e}^{-\xi^2}\mathrm{d}\xi$$

因为$\int_0^{\infty} e^{-\xi^2} d\xi = \frac{\sqrt{\pi}}{2}$，所以显然可得$u(x,t)\big|_{x=0} = f(t)$. 同样可以验证，表达式(18. 2. 15)确实是定解问题(18. 2. 6)的解.

(3) 求解定解问题

$$\frac{\partial u}{\partial t} = a^2 \frac{\partial^2 u}{\partial x^2} \quad (0 < x < \infty, t > 0)$$

$$-k\frac{\partial u}{\partial x}\bigg|_{x=0} = h(u_0 - u)\bigg|_{x=0}, \quad u(x,0) = 0 \quad (0 \leqslant x < \infty) \tag{18. 2. 27}$$

$$\lim_{x\to+\infty} u(x,t) = 0$$

对时间 t 作拉氏变换，即

$$\mathscr{L}[u(x,t)] = U(x,s) \tag{18. 2. 28a}$$

$$\mathscr{L}[u_t(x,t)] = sU(x,s) - u(x,0) \tag{18. 2. 28b}$$

$$\mathscr{L}[hu_0] = \frac{1}{s}hu_0 \tag{18. 2. 28c}$$

于是原定解问题(18. 2. 27)变换成下列常微分方程的边值问题：

$$\frac{d^2}{dx^2}U(x,s) - \frac{s}{a^2}U(x,s) = 0$$

$$-kU_x(0,s) + hU(0,s) = \frac{1}{s}hu_0, \quad \lim_{x\to+\infty} U(x,s) = 0 \tag{18. 2. 29}$$

以上边值问题的解为

$$U(x,s) = u_0 Ha \frac{e^{-\frac{\sqrt{s}}{a}x}}{s(Ha + \sqrt{s})} \tag{18. 2. 30}$$

其中 $H = \frac{h}{k}$.

利用拉氏变换表找出上式的逆变换，最后得定解问题(18. 2. 27)的解

$$\frac{u(x,t)}{u_0} = \text{erfc}\left(\frac{x}{2a\sqrt{t}}\right) - e^{Hx + H^2a^2t}\text{erfc}\left(Ha\sqrt{t} + \frac{x}{2a\sqrt{t}}\right) \tag{18. 2. 31}$$

式中

$$\text{erfc}(x) = 1 - \frac{2}{\sqrt{\pi}}\int_0^x e^{-\xi^2} d\xi$$

(4) 求解定解问题

$$u_{tt} = a^2 u_{xx} + f(t) \quad (0 < x < \infty, t > 0) \tag{18. 2. 32}$$

$$u(x,0) = 0,\ u_t(x,0) = 0,\ u(0,t) = 0,\ \lim_{x\to\infty} u_x(x,t) = 0$$

对变量 t 作拉氏变换，即

$$\mathscr{L}[u(x,t)] = U(x,s) \tag{18. 2. 33a}$$

$$\mathscr{L}[f(t)] = F(s) \tag{18.2.33b}$$

于是原定解问题变成下列常微分方程的边值问题

$$\frac{\mathrm{d}^2U}{\mathrm{d}x^2} - \frac{s^2}{a^2}U = -\frac{F(s)}{a^2} \tag{18.2.34a}$$

$$U(0,s) = 0 \tag{18.2.34b}$$

$$\lim_{x\to\infty} U_x(x,s) = 0 \tag{18.2.34c}$$

常微分方程(18.2.34a)的通解为

$$U(x,s) = C\mathrm{e}^{\frac{s}{a}x} + D\mathrm{e}^{-\frac{s}{a}x} + \frac{F(s)}{s^2} \tag{18.2.35}$$

由(18.2.34c)得

$$C = 0 \tag{18.2.36}$$

由(18.2.34b)得

$$U(0,s) = D + \frac{F(s)}{s^2} = 0 \tag{18.2.37}$$

所以

$$D = -\frac{F(s)}{s^2}, \quad U(x,s) = \frac{F(s)}{s^2}(1 - \mathrm{e}^{-\frac{s}{a}x}) \tag{18.2.38}$$

(a) 当 $f(t) = f_0$(常数)时

$$U(x,s) = f_0\left(\frac{1}{s^3} - \frac{1}{s^3}\mathrm{e}^{-\frac{s}{a}x}\right) \tag{18.2.39}$$

求上式的逆变换,并注意应用表 10-1 中的延迟定律,最后得定解问题(18.2.32)的解为

$$u(x,t) = \begin{cases} \dfrac{f_0}{2}\left[t^2 - \left(t - \dfrac{x}{a}\right)^2\right], & t \geqslant \dfrac{x}{a} \\ \dfrac{f_0}{2}t^2, & t \leqslant \dfrac{x}{a} \end{cases} \tag{18.2.40}$$

(b) 当 $f(t) = \cos\omega t$ (ω 为常数)时

$$F(s) = \frac{s}{s^2 + \omega^2} \tag{18.2.41}$$

于是

$$U(x,s) = \frac{1}{s(s^2 + \omega^2)}(1 - \mathrm{e}^{-\frac{s}{a}x}) \tag{18.2.42}$$

利用如下公式,并注意应用表 10-1 中的延迟定律

$$\mathscr{L}^{-1}\left[\frac{1}{s(s^2 + \omega^2)}\right] = \mathscr{L}^{-1}\left[\left(\frac{1}{s} - \frac{s}{s^2 + \omega^2}\right)\frac{1}{\omega^2}\right] = \frac{1}{\omega^2}(1 - \cos\omega t) = \frac{2}{\omega^2}\sin^2\left(\frac{\omega t}{2}\right)$$

最后得定解问题(18.2.32)的解

$$u(x,t)=\begin{cases}\dfrac{2}{\omega^2}\left\{\sin^2\left(\dfrac{\omega t}{2}\right)-\sin^2\left[\dfrac{\omega}{2}\left(t-\dfrac{x}{a}\right)\right]\right\}, & t\geqslant\dfrac{x}{a}\\ \dfrac{2}{\omega^2}\sin^2\left(\dfrac{\omega t}{2}\right), & t\leqslant\dfrac{x}{a}\end{cases}\tag{18.2.43}$$

(5) 求在无失真条件下($RC=LG$),电报方程的定解问题

$$\begin{gathered}\frac{\partial^2 v}{\partial x^2}=LC\frac{\partial^2 v}{\partial t^2}+(RC+LG)\frac{\partial v}{\partial t}+RGv\\ v(x,0)=0,\quad v_t(x,0)=0,\\ v(0,t)=\varphi(t),\quad \lim_{x\to\infty}v(x,t)=0\end{gathered}\tag{18.2.44}$$

解　利用无失真条件 $RC=LG$,并令 $a^2=\dfrac{1}{LC}$,$\beta=\sqrt{RG}$,原方程(18.2.44)化为

$$\frac{\partial^2 v}{\partial x^2}=\frac{1}{a^2}\frac{\partial^2 v}{\partial t^2}+\frac{2\beta}{a}\frac{\partial v}{\partial t}+\beta^2 v\tag{18.2.45}$$

对时间 t 作拉氏变换,即

$$\mathscr{L}[v(x,t)]=V(x,s),\quad \mathscr{L}[\varphi(t)]=\Phi(s)$$

于是定解问题(18.2.44)化为下列常微分方程的边值问题:

$$\begin{gathered}\frac{\mathrm{d}^2V}{\mathrm{d}x^2}=\left(\frac{1}{a^2}s^2+\frac{2\beta}{a}s+\beta^2\right)V\\ V(0,s)=\Phi(s),\quad \lim_{x\to\infty}|V(x,s)|<M\end{gathered}\tag{18.2.46}$$

上述问题的解为

$$V(x,s)=C(s)\mathrm{e}^{-\left(\frac{1}{a}s+\beta\right)x}+D(s)\mathrm{e}^{+\left(\frac{1}{a}s+\beta\right)x}$$

因为$\lim\limits_{x\to\infty}|V(x,s)|<M$,所以

$$D(s)=0,\quad V(0,s)=\Phi(s),\quad C(s)=\Phi(s)$$

于是

$$V(x,s)=\Phi(s)\mathrm{e}^{-\left(\frac{1}{a}s+\beta\right)x}$$

最后利用表 10-1 中的延迟定律,得定解问题(18.2.44)的解

$$u(x,t)=\mathscr{L}^{-1}[V(x,s)]=\mathrm{e}^{-\beta x}\varphi\left(t-\frac{x}{a}\right)u\left(t-\frac{x}{a}\right)$$

或

$$u(x,t)=\begin{cases}\mathrm{e}^{-\beta x}\varphi\left(t-\dfrac{x}{a}\right), & t\geqslant\dfrac{x}{a}\\ 0, & t<\dfrac{x}{a}\end{cases}\tag{18.2.47}$$

18.3　傅氏正弦变换

求解下列定解问题：

$$u_t = a^2 u_{xx} \quad (0 < x < \infty, t \geqslant 0)$$
$$u(x,0) = \varphi(x), \quad u(0,t) = 0, \quad \lim_{x\to+\infty} u_x(x,t) = 0 \tag{18.3.1}$$

对于上述定解问题适宜作 x 的傅氏正弦变换，其定义为

$$F_s(\omega) = \sqrt{\frac{2}{\pi}}\int_0^\infty f(x)\sin\omega x\,\mathrm{d}x \tag{18.3.2a}$$

$$f(x) = \sqrt{\frac{2}{\pi}}\int_0^\infty F_s(\omega)\sin\omega x\,\mathrm{d}\omega \tag{18.3.2b}$$

$$\mathscr{F}_s[u(x,t)] = U_s(\omega,t) \tag{18.3.2c}$$

但 $u(x,t)$ 对 x 导数的傅氏正弦变换为

$$\mathscr{F}_s[u_{xx}(x,t)] = -\omega^2 U_s(\omega,t) + \sqrt{\frac{2}{\pi}}\omega u(0,t) \tag{18.3.3}$$

若

$$\mathscr{F}_s[\varphi(x)] = \Phi_s(\omega) \tag{18.3.4}$$

则定解问题(18.3.1)变换成下列常微分方程的初值问题：

$$\frac{\mathrm{d}}{\mathrm{d}t}U_s(\omega,t) + a^2\omega^2 U_s(\omega,t) = 0$$
$$U_s(\omega,0) = \Phi_s(\omega), \quad \lim_{\omega\to\infty} U_s(\omega,t) = 0 \tag{18.3.5}$$

以上初值问题的解为

$$U_s(\omega,t) = \Phi_s(\omega)\mathrm{e}^{-a^2\omega^2 t} \tag{18.3.6}$$

找出(18.3.6)的逆变换，就得定解问题(18.3.1)的解

$$u(x,t) = \int_0^\infty \varphi(\xi)\left[\frac{1}{2a\sqrt{\pi t}}\mathrm{e}^{-\frac{(x-\xi)^2}{4a^2 t}} - \frac{1}{2a\sqrt{\pi t}}\mathrm{e}^{-\frac{(x+\xi)^2}{4a^2 t}}\right]\mathrm{d}\xi \tag{18.3.7}$$

在定解问题(18.3.1)中，由于 $u(0,t)=0$，所以也可以进行奇延拓变成 $(-\infty, \infty)$ 上的定解问题，即

$$u_t = a^2 u_{xx} \quad (-\infty < x < \infty, t > 0) \tag{18.3.8a}$$

$$u(x,0) = G(x) = \begin{cases} \varphi(x) & (0 \leqslant x < \infty) \\ -\varphi(-x) & (-\infty < x \leqslant 0) \end{cases} \tag{18.3.8b}$$

然后像(18.1.12)问题那样，对 x 作傅氏变换，最后也可得与式(18.3.7)相同的结果.

18.4 傅氏余弦变换

定解问题

$$u_t = a^2 u_{xx} \quad (0 < x < \infty, t > 0)$$

$$u(x,0) = \varphi(x), \quad u_x(0,t) = 0, \quad \lim_{x\to\infty} u_x(x,t) = 0 \tag{18.4.1}$$

可对 x 作傅氏余弦变换,其定义为

$$F_c(\omega) = \sqrt{\frac{2}{\pi}}\int_0^\infty f(x)\cos\omega x\,\mathrm{d}x \tag{18.4.2a}$$

$$f(x) = \sqrt{\frac{2}{\pi}}\int_0^\infty F_c(\omega)\cos\omega x\,\mathrm{d}\omega \tag{18.4.2b}$$

$$\mathscr{F}_c[u(x,t)] = U_c(\omega,t) \tag{18.4.2c}$$

但 $u(x,t)$ 对 x 导数的傅氏余弦变换为

$$\mathscr{F}_c[u_{xx}(x,t)] = -\omega^2 U_c(\omega,t) - \sqrt{\frac{2}{\pi}}u_x(0,t) \tag{18.4.3}$$

$$\mathscr{F}_c[\varphi(x)] = \Phi_c(\omega) \tag{18.4.4}$$

则定解问题(18.4.1)变换成下列常微分方程的初值问题:

$$\frac{\mathrm{d}}{\mathrm{d}t}U_c(\omega,t) + a^2\omega^2 U_c(\omega,t) = 0 \tag{18.4.5a}$$

$$U_c(\omega,0) = \Phi_c(\omega) \tag{18.4.5b}$$

以上初值问题的解为

$$U_c(\omega,t) = \Phi_c(\omega)\mathrm{e}^{-a^2\omega^2 t} \tag{18.4.6}$$

对上式进行逆变换,最后得定解问题(18.4.1)的解

$$u(x,t) = \int_0^\infty \varphi(\xi)\left[\frac{1}{2a\sqrt{\pi t}}\mathrm{e}^{-\frac{(x-\xi)^2}{4a^2 t}} + \frac{1}{2a\sqrt{\pi t}}\mathrm{e}^{-\frac{(x+\xi)^2}{4a^2 t}}\right]\mathrm{d}\xi \tag{18.4.7}$$

由于在定解问题(18.4.1)中 $u_x(0,t)=0$,所以也可以进行偶延拓变成$(-\infty,\infty)$上的定解问题,即

$$u_t = a^2 u_{xx} \quad (-\infty < x < \infty, t > 0)$$

$$u(x,0) = F(x) = \begin{cases} \varphi(x) & (0 \leqslant x < \infty) \\ +\varphi(-x) & (-\infty < x \leqslant 0) \end{cases} \tag{18.4.8}$$

然后,像定解问题(18.1.12)那样,对 x 作傅氏变换,最后也可得到与式(18.4.7)一样的结果.

18.5　汉克尔变换

18.5.1　第一类边值问题

在圆柱坐标中求解数理方程时，常会遇到下列定解问题：

$$\nabla^2 u = \frac{1}{\rho}\frac{\partial}{\partial \rho}\left(\rho\frac{\partial u}{\partial \rho}\right)+\frac{\partial^2 u}{\partial z^2}=0 \quad (0<\rho<\infty, z>0) \tag{18.5.1a}$$

$$u(\rho,z)\big|_{z=0}=h(\rho) \tag{18.5.1b}$$

$$\lim_{z\to\infty}u(\rho,z)=0 \tag{18.5.1c}$$

$$\lim_{\rho\to 0}u(\rho,z)=M(\text{有界}) \tag{18.5.1d}$$

$$\lim_{\rho\to\infty}u(\rho,z)=0 \tag{18.5.1e}$$

方程(18.5.1a)不能作坐标 z 的拉氏变换，因为在求导数$\dfrac{\partial^2 u}{\partial z^2}$的拉氏变换时，需要知道 $u(\rho,z)$及$\dfrac{\partial}{\partial z}u(\rho,z)$在 $z=0$ 的值. 但这些值在问题中是没有全部给出的，所以不能对坐标 z 作拉氏变换.

本题适宜对 ρ 作汉克尔变换，其定义为

$$U(\omega,z)=\int_0^\infty \rho J_0(\omega\rho)u(\rho,z)\mathrm{d}\rho \tag{18.5.2a}$$

$$u(\rho,z)=\int_0^\infty \omega J_0(\omega\rho)U(\omega,z)\mathrm{d}\omega \tag{18.5.2b}$$

现在我们来求导数$\dfrac{1}{\rho}\dfrac{\partial}{\partial \rho}\left(\rho\dfrac{\partial u}{\partial \rho}\right)$的汉克尔变换，按公式(18.5.2a)有

$$\begin{aligned}&\int_0^\infty \rho J_0(\omega\rho)\frac{1}{\rho}\frac{\partial}{\partial \rho}\left(\rho\frac{\partial u}{\partial \rho}\right)\mathrm{d}\rho\\&=\rho\frac{\partial u}{\partial \rho}J_0(\omega\rho)\Big|_0^\infty-\int_0^\infty \rho\frac{\partial u}{\partial \rho}\frac{\partial}{\partial \rho}[J_0(\omega\rho)]\mathrm{d}\rho\\&=\rho\frac{\partial u}{\partial \rho}J_0(\omega\rho)\Big|_0^\infty-u\rho\frac{\partial}{\partial \rho}J_0(\omega\rho)\Big|_0^\infty+\int_0^\infty u\frac{\partial}{\partial \rho}\left[\rho\frac{\partial}{\partial \rho}J_0(\omega\rho)\right]\mathrm{d}\rho\end{aligned} \tag{18.5.3}$$

由于 $J_0(\omega,\rho)$满足零阶的贝塞尔方程，所以

$$\frac{1}{\rho}\frac{\partial}{\partial \rho}\left[\rho\frac{\partial J_0}{\partial \rho}\right]=-\omega^2 J_0(\omega\rho) \tag{18.5.4}$$

式(18.5.4)代入式(18.5.3)，得

$$\int_0^\infty \rho J_0(\omega\rho)\frac{1}{\rho}\frac{\partial}{\partial \rho}\left(\rho\frac{\partial u}{\partial \rho}\right)\mathrm{d}\rho=-\omega^2\int_0^\infty \rho J_0(\omega\rho)u(\rho,z)\mathrm{d}\rho=-\omega^2 U(\omega,z) \tag{18.5.5}$$

定义

$$H(\omega)=\int_0^\infty \rho \mathrm{J}_0(\omega\rho)h(\rho)\mathrm{d}\rho \tag{18.5.6}$$

因此,定解问题(18.5.1)变换成下列常微分方程的边值问题:

$$\frac{\mathrm{d}^2}{\mathrm{d}z^2}U(\omega,z)-\omega^2 U(\omega,z)=0 \tag{18.5.7a}$$

$$U(\omega,0)=H(\omega) \tag{18.5.7b}$$

$$\lim_{z\to\infty}U(\omega,z)=0 \tag{18.5.7c}$$

上述边值问题的解为

$$U(\omega,z)=C(\omega)\mathrm{e}^{\omega z}+D(\omega)\mathrm{e}^{-\omega z} \tag{18.5.8}$$

由等式(18.5.7c),可得

$$C(\omega)=0 \tag{18.5.9}$$

由式(18.5.7b),可得

$$D(\omega)=H(\omega) \tag{18.5.10}$$

故式(18.5.8)的解变成

$$U(\omega,z)=H(\omega)\mathrm{e}^{-\omega z} \tag{18.5.11}$$

对上式进行逆变换,最后可得定解问题(18.5.1)的解

$$u(\rho,z)=\int_0^\infty \omega \mathrm{J}_0(\omega\rho)U(\omega,z)\mathrm{d}\omega=\int_0^\infty \omega H(\omega)e^{-\omega z}\mathrm{J}_0(\omega\rho)\mathrm{d}\omega \tag{18.5.12}$$

其中

$$H(\omega)=\int_0^\infty \rho \mathrm{J}_0(\omega\rho)h(\rho)\mathrm{d}\rho$$

例 18.5.1 一半径为 a 的带电导体薄平圆盘,其电位为 V_0,被绝缘地锲合于无限大接地导体薄平板的半径为 a 的圆孔内. 求圆盘在 $z>0$ 空间产生的电势分布.

解 本题相当于定解问题(18.5.1)中的 $u(\rho,0)=h(\rho)=\begin{cases}V_0 & (\rho<a)\\ 0 & (\rho>a)\end{cases}$,利用公式

$$\frac{\mathrm{d}}{\mathrm{d}x}[x\mathrm{J}_1(x)]=x\mathrm{J}_0(x)$$

$$H(\omega)=\int_0^\infty h(\rho)\mathrm{J}_0(\omega\rho)\rho\mathrm{d}\rho=V_0\int_0^a \mathrm{J}_0(\omega\rho)\rho\mathrm{d}\rho$$

令 $x=\omega\rho$

$$=\frac{V_0}{\omega^2}\int_0^{\omega a}\mathrm{J}_0(x)x\mathrm{d}x=\frac{V_0}{\omega^2}x\mathrm{J}_1(x)\Big|_0^{\omega a}=\frac{a}{\omega}\mathrm{J}_1(\omega a)V_0$$

按公式(18.5.12),得 $z>0$ 空间中的电势分布

$$u(\rho,z)=V_0 a\int_0^\infty \mathrm{e}^{-\omega z}\mathrm{J}_1(\omega a)\mathrm{J}_0(\omega\rho)\mathrm{d}\omega \tag{18.5.13}$$

上式中，令 $\rho=0$，因为 $\mathrm{J}_0(0)=1$，又套用拉普拉斯变换表 10.2 的公式

$$\mathscr{L}[a^v\mathrm{J}_v(at)]=\frac{(\sqrt{s^2+a^2}-s)^v}{\sqrt{s^2+a^2}}\quad(v>-1)$$

则 z 轴上的电势分布

$$u(0,z)=V_0a\int_0^\infty \mathrm{e}^{-\omega z}\mathrm{J}_1(\omega a)\mathrm{d}\omega=V_0a\left(1-\frac{z}{\sqrt{z^2+a^2}}\right)\qquad(18.5.14)$$

18.5.2　第二类边值问题

若定解问题为

$$\begin{aligned}&\nabla^2u=\frac{1}{\rho}\frac{\partial}{\partial\rho}\left(\rho\frac{\partial u}{\partial\rho}\right)+\frac{\partial^2u}{\partial z^2}=0\quad(0<\rho<\infty,z>0)\\&\frac{\partial u}{\partial z}(\rho,z)\bigg|_{z=0}=g(\rho),\ \lim_{z\to\infty}u(\rho,z)=0\\&\lim_{\rho\to0}u(\rho,z)<M(\text{有界}),\ \lim_{\rho\to\infty}u(\rho,z)=0\end{aligned}\qquad(18.5.15)$$

解　作汉克尔变换

$$u(\rho,z)\Leftrightarrow U(\omega,z),\quad\frac{1}{\rho}\frac{\partial}{\partial\rho}\left(\rho\frac{\partial u}{\partial\rho}\right)\Leftrightarrow-\omega^2U(\omega,z),\quad g(\rho)\Leftrightarrow G(\omega)$$

则定解问题(18.5.15)化为下列常微分方程的边值问题.

$$\frac{\mathrm{d}^2U}{\mathrm{d}z^2}-\omega^2U(\omega,z)=0,\quad\frac{\partial U}{\partial z}\bigg|_{z=0}=G(\omega),\quad\lim_{z\to\infty}U(\omega,z)=0$$

通解为

$$U(\omega,z)=C(\omega)\mathrm{e}^{\omega z}+D(\omega)\mathrm{e}^{-\omega z}$$

因为 $\lim\limits_{z\to\infty}U(\omega,z)=0$，所以 $C(\omega)=0$，又

$$\frac{\partial U}{\partial z}\bigg|_{z=0}=G(\omega)=-\omega D(\omega)$$

所以 $D(\omega)=-\frac{1}{\omega}G(\omega)$，则 $U(\omega,z)=-\frac{1}{\omega}G(\omega)\mathrm{e}^{-\omega z}$. 于是

$$u(\rho,z)=-\int_0^\infty G(\omega)\mathrm{J}_0(\omega\rho)\mathrm{e}^{-\omega z}\mathrm{d}\omega\qquad(18.5.16)$$

其中

$$G(\omega)=\int_0^\infty g(\rho)\mathrm{J}_0(\omega\rho)\rho\mathrm{d}\rho$$

例 18.5.2　一半径为 a 的带电导体薄平圆盘，盘面的电荷密度 $\sigma(\rho)=\dfrac{Q}{4\pi a\sqrt{a^2-\rho^2}}$，试求圆盘在 $z>0$ 空间中产生的电势分布.

解　本题相当于定解问题(18.5.15)中的 $\dfrac{\partial u}{\partial z}\bigg|_{z=0}=g(\rho)=-\dfrac{\sigma(\rho)}{\varepsilon_0}$. 利用 17.2

中的积分公式,

$$\int_0^\infty J_0(\omega\rho)\sin(\omega a)\mathrm{d}\omega = \begin{cases} \dfrac{1}{\sqrt{a^2-\rho^2}} & (\rho < a) \\ 0 & (\rho > a) \end{cases}$$

$$G(\omega) = \int_0^\infty -\frac{\sigma(\rho)}{\varepsilon_0} J_0(\omega\rho)\rho\mathrm{d}\rho = -\frac{Q}{4\pi\varepsilon_0 a}\cdot\frac{\sin\omega a}{\omega}$$

所以圆盘在 $z>0$ 空间中产生的电势分布为

$$u(\rho,z) = \frac{Q}{4\pi\varepsilon_0 a}\int_0^\infty \mathrm{e}^{-\omega z} J_0(\omega\rho)\frac{\sin(\omega a)}{\omega}\mathrm{d}\omega \quad (z>0)$$

利用积分

$$\int_0^\infty \frac{\sin(\omega a)}{\omega} J_0(\omega\rho)\mathrm{d}\omega = \begin{cases} \arcsin\left(\dfrac{a}{\rho}\right) & (\rho > a) \\ \dfrac{\pi}{2} & (\rho < a) \end{cases}$$

于是 $z=0$ 平面上的电势分布为

$$u(\rho,0) = \begin{cases} V_0 & (\rho < a) \\ \dfrac{2}{\pi}V_0\arcsin\left(\dfrac{a}{\rho}\right) & (\rho > a) \end{cases}$$

其中 $V_0=\dfrac{Q}{8\varepsilon_0 a}$,即圆盘上是等电势 V_0,电容 $C=8\varepsilon_0 a$

18.6 应用于有界区域的问题

本章开头,我们强调积分变换适用于无界或半无界区域的定解问题,并不是说它不能用于有界区域的问题,事实上,对于有界区域的问题,它的解题程序也很简单,并无特别之处,难点在于进行逆变换,找不到现成的积分变换公式.

例 18.6.1 定解问题

$$\frac{\partial^2 u}{\partial t^2} = a^2\frac{\partial^2 u}{\partial x^2} \quad (0<x<l, t>0)$$

$$u(x,0)=0,\quad \frac{\partial u}{\partial t}(x,0)=0,\quad u(0,t)=0,\quad \frac{\partial u}{\partial x}(l,t)=A\sin(\omega t) \tag{18.6.1}$$

解 因为初始条件为零值,所以对 t 作拉普拉斯变换较适宜.

$$\mathscr{L}[u(x,t)] = U(x,s),\quad \mathscr{L}\left[\frac{\partial^2 u}{\partial t^2}(x,t)\right] = s^2U(x,s)$$

$$\mathscr{L}[A\sin\omega t] = A\frac{\omega}{s^2+\omega^2}$$

所以原定解问题(18.6.1)化为下面的常微分方程的边值问题

$$\frac{\partial^2 U}{\partial x^2}-\frac{s^2}{a^2}U(x,s)=0$$

$$U(o,s)=0,\quad \frac{\partial U}{\partial x}(l,s)=A\frac{\omega}{s^2+\omega^2} \tag{18.6.2}$$

方程的通解为

$$U(x,s)=C(s)\cosh\left(\frac{s}{a}x\right)+D(s)\sinh\left(\frac{s}{a}x\right)$$

代入边界条件,得

$$U(x,s)=\frac{Aa\omega\sinh(\frac{s}{a}x)}{s(s^2+\omega^2)\cosh(\frac{s}{a}l)}\stackrel{令}{=}\frac{p(s)}{q(s)} \tag{18.6.3}$$

由 $q(s)=s(s^2+\omega^2)\cosh\left(\frac{s}{a}l\right)=0$,决定极点位置,分别为一个实数是 $s=0$,是可去奇点;并有无穷多个纯虚数组成的一阶极点,且它们成对共轭,上半平面的极点为

$$s_0=\mathrm{i}\omega,\quad s_k=\mathrm{i}\frac{\pi a}{l}\left(k-\frac{1}{2}\right)=\mathrm{i}\frac{(2k-1)\pi a}{2l}=\mathrm{i}\omega_k\quad (k=1,2,3,\cdots)$$

由于是一阶极点,在极点处的留数,较简单为$\frac{p(\mathrm{i}\omega_k)}{q'(\mathrm{i}\omega_k)}$. 按留数公式,有

$$u(x,t)=\frac{1}{2\pi\mathrm{i}}\int_{\sigma-\mathrm{i}\infty}^{\sigma+\mathrm{i}\infty}U(x,s)\mathrm{e}^{st}\,\mathrm{d}s=\sum_k \mathrm{Res}[U(x,s_k)\mathrm{e}^{s_k t}] \tag{18.6.4}$$

上面的求和是对左半平面极点求和,由于无穷多个纯虚数的极点且成对共轭,所以留数的虚部互相抵消. 因此,下面的求和改为对左上半平面的极点求和,但在留数的实部前乘以 2,于是

$$u(x,t)=2\mathrm{Re}\left[\frac{p(\mathrm{i}\omega)}{q'(\mathrm{i}\omega)}e^{\mathrm{i}\omega t}+\sum_{k=1}^{\infty}\frac{p(\mathrm{i}\omega_k)}{q'(\mathrm{i}\omega_k)}\mathrm{e}^{\mathrm{i}\omega_k t}\right]$$

$$=\frac{Aa\omega}{\omega^2\cos\left(\frac{\omega l}{a}\right)}\sin\left(\frac{\omega}{a}x\right)\sin\omega t+\frac{2a^2A\omega}{l}\sum_{k=1}^{\infty}(-1)^k\frac{\sin\frac{\omega_k}{a}x}{\omega_k^2-\omega^2}\cdot\frac{\sin\omega_k t}{\omega_k} \tag{18.6.5}$$

$$u(x,t)=\frac{Aa}{\omega\cos\left(\frac{\omega l}{a}\right)}\sin\left(\frac{\omega}{a}x\right)\sin\omega t$$

$$+\sum_{k=1}^{\infty}(-1)^{k-1}\frac{16a\omega l^2A\sin\left(\frac{2k-1}{2l}\pi x\right)\sin\left(\frac{2k-1}{2l}\pi at\right)}{\pi(2k-1)[4l^2\omega^2-a^2(2k-1)^2\pi^2]}$$

习　　题

18.1　求解

$$u_{tt}=a^2u_{xx}+f(t)\quad(0<x<\infty,t>0)$$
$$u(0,t)=0;x\to\infty,u_x(x,t)\to 0;$$
$$u(x,0)=0;\quad u_t(x,0)=0$$

18.2　求解

$$u_{tt}=a^2u_{xx}\quad(0<x<\infty,t>0)$$
$$u(0,t)=0,\quad \lim_{x\to\infty}u_x(x,t)=0,\quad u(x,0)=\varphi(x),\quad u_t(x,0)=0$$

18.3　求解

$$u_{tt}=a^2u_{xx}\quad(0<x<\infty,t>0)$$
$$u(0,t)=\sin\omega t,\quad \lim_{x\to\infty}u_x(x,t)=0,\quad u(x,0)=0,\quad u_t(x,0)=0$$

18.4　求解

$$u_{tt}=a^2u_{xx}\quad(0<x<\infty,t>0)$$
$$u_x(0,t)=\sin\omega t,\quad \lim_{x\to\infty}u_x(x,t)<M,\quad u(x,0)=0,\quad u_t(x,0)=\omega x,\quad (x\geqslant 0)$$

18.5　用傅氏余弦变换求解

$$u_t=a^2u_{xx}\quad(0<x<\infty,t>0)$$
$$u_x(0,t)=g(t),\quad u(x,0)=0$$

18.6　求解

$$u_{xx}+u_{yy}=0\quad(-\infty<x<\infty,y>0)$$
$$u_x(x,0)=g(x),\quad \lim_{x\to\pm\infty}u(x,y)=0,\quad \lim_{x\to\pm\infty}u_x(x,y)=0$$

18.7　求解

$$u_t=a^2u_{xx}\quad(0<x<\infty,t>0)$$
$$u(0,t)=f(t),\quad \lim_{x\to+\infty}u(x,t)=0,\quad u(x,0)=0$$

18.8　求解

$$u_t=a^2u_{xx}+tu\quad(-\infty<x<\infty,t>0)$$
$$\lim_{x\to\infty}u(x,t)=0,\quad u(x,0)=\varphi(x)$$

18.9　求解

$$u_t=a^2u_{xx}-hu\quad(0<x<\infty,t>0)$$
$$u(0,t)=f(t),\quad \lim_{x\to\infty}u(x,t)=0,\quad u(x,0)=0$$

18.10　求解

$$u_t=a^2u_{xx}\quad(0<x<\infty,t>0)$$
$$u(0,t)=t^2,\quad \lim_{x\to\infty}u(x,t)=0,\quad u(x,0)=0$$

18.11　求解

$$u_t=a^2(u_{xx}+u_{yy})\quad(-\infty<x,y<\infty,t>0)$$
$$u(x,y,0)=\varphi(x,y)$$

18.12　利用傅氏变换求解三维泊松方程

$$\nabla^2 u = -\rho(x,y,z) \quad (-\infty < x,y,z < \infty)$$

18.13　求解

$$u_{xx} + u_{yy} = 0 \quad (0 < x < \infty, 0 < y < b)$$
$$u(0,y) = 0 \quad (0 \leqslant y \leqslant b)$$
$$\lim_{x\to\infty} u(x,y) = 0,\quad u(x,0) = f(x),\quad u(x,b) = 0$$

18.14　求解

$$u_{xx} + u_{yy} = 0 \quad (0 < x < \infty, 0 < y < \infty)$$
$$u(x,0) = f(x),\quad \lim_{y\to\infty} u(x,y) = 0,\quad u_x(0,y) = g(y),\quad \lim_{x\to\infty} u(x,y) = 0$$

18.15　利用拉氏变换求解

$$\frac{\partial^2 u}{\partial x \partial y} = x^2 y \quad (x > 1, y > 0)$$
$$u|_{y=0} = x^2 (x \geqslant 1),\quad \lim_{y\to\infty} u(x,y) = 0,\quad u|_{x=1} = \cos y (y \geqslant 0),\quad \lim_{x\to\infty} u(x,y) = 0$$

第 19 章　变　分　法

变分法是一种很重要、很有用的数学物理方法,已被广泛用于科学研究和工程计算,主要因为:

第一,在物理上可以归纳定律.因为差不多一切自然定律都能用变分原理的形式予以表达,而在表达式中能量是起关键的作用,由此可以实现各种物理领域的统一.

第二,实现数学的统一化.因为一般来说,数学物理方程的定解问题都可转化为变分问题.特别一提的是:斯特姆-刘维本征值问题转化为变分问题,由变分法提供了 S-L 本征值问题的本征函数系的完备性等结论的证明.

第三,变分法是解数学物理定解问题常用的近似解法,其基本思想是先把数学物理定解问题转化为变分问题,由直接解变分问题发展了一些近似解法,其中最有代表的是里茨(Ritz)法.但由于里茨法中试探函数的选取较麻烦,计算系数矩阵也十分困难.20 世纪 50 年代以后,由于电子计算机的兴起,迅速发展了一种方法,称有限元法.它提供了选取基函数的新方法,克服了传统的里茨法的缺点,从此它在物理、力学和工程技术中得到了广泛的应用.今天它已发展成计算数学的一个重要分支.

第四,变分法的应用日益广泛,今天变分法的应用范围,不仅限于经典物理和工程技术的领域,而且在现代量子场论、现代控制理论和现代信息理论等高新技术领域都有十分广泛的应用.与此同时变分法本身也得到了长足的发展,已形成了被称为近代变分法的大范围的变分法.

但是,在本章中我们仅限于介绍经典变分法的基本概念和理论.

19.1　基 本 概 念

19.1.1　泛函

变分法研究的对象是泛函,泛函是古典函数的推广.函数是指某数集合到某数集合的映射;泛函就是某函数空间的一个函数 $y(x)$ 到某实数(或复数)集合中的一个确定的数值 I 的映射,并记为

$$I = I[y(x)] \tag{19.1.1}$$

因此,泛函又简称为函数的函数,泛函值 I 依赖于函数 $y(x)$ 的整体作用,而不是依

赖于某个 x 点上的函数值 $y(x)$.

19.1.2　泛函极值

对于不同的自变量函数 $y(x)$，与此相应的泛函 $I[y(x)]$也有不同的数值. 找出一个确定的自变量函数 $y(x)$，使泛函 $I[y(x)]$具有极小(或极大)值，这种泛函的极小值与极大值统称为泛函的极值.

19.1.3　变分

如果我们将泛函取极值时的函数或函数曲线，定义为 $y(x)$；定义与函数曲线 $y(x)$邻近的曲线为比较曲线，并记为

$$y(x,\varepsilon) = y(x) + \varepsilon\eta(x) \tag{19.1.2}$$

其中 ε 是一个小参数；$\eta(x)$是一个有二阶导数的任意选定的函数，规定它在一个小范围内变化，这限制主要保证泛函在极值处连续. 在研究泛函极值时，通常将$\eta(x)$固定，而令 ε 变化，这样规定的好处在于：建立了由参数 ε 到泛函 $I[y(x)]$值之间的对应关系，因此泛函 $I[y(x,\varepsilon)]$就成了参数 ε 的普通函数. 原来泛函的极值问题就成为普通函数对 ε 的求极值的问题. 同时，函数曲线 $y(x)$的变分定义为

$$\delta y = \frac{\partial}{\partial\varepsilon}y(x,\varepsilon)\bigg|_{\varepsilon=0}\mathrm{d}\varepsilon = \eta(x)\mathrm{d}\varepsilon \tag{19.1.3}$$

由此可得 $\delta y' = \eta'(x)\mathrm{d}\varepsilon$，所以

$$\delta y' = \frac{\mathrm{d}}{\mathrm{d}x}\delta y \tag{19.1.4}$$

即变分和微分可交换次序

19.1.4　泛函的变分

在极值曲线 $y(x)$附近，泛函 $I[y(x)]$的增量，定义为

$$\Delta I = I[y(x,\varepsilon)] - I[y(x)] \tag{19.1.5}$$

按照上述约定，当 $\varepsilon\to 0$ 时，泛函增量的 ΔI 的线性主部定义为泛函的变分，记为

$$\delta I = \frac{\partial I}{\partial\varepsilon}\bigg|_{\varepsilon=0}\mathrm{d}\varepsilon \tag{19.1.6}$$

在求一元或多元函数的极值时，微分起了很大作用；同样在研究泛函极值问题时，变分起着微分的作用. 因此，通常称泛函极值问题为变分问题；称求泛函极值的方法为变分法.

19.2　泛函的极值

泛函的极值问题，一般来说是比较复杂的. 因为它与泛函包含的自变量个数，

未知函数的个数以及其函数的导数的阶数等等有关. 另外,在求泛函极值时,有的还要加约束条件,且约束条件的类型也有不同,等等. 所以下面我们先讨论几个简单情形.

19.2.1 两端固定边界的泛函极值

(1) 泛函表示为一个自变量,一个函数及其一阶导数的积分形式

$$I[y(x)] = \int_a^b F(x, y, y')\mathrm{d}x \tag{19.2.1}$$

其中 $y(x)$ 是 x 的有连续二阶导数的函数. 泛函核 F 是 x, y 与 y' 的已知函数;在所讨论区域 D 内,$F(x, y, y')$ 对 x,y 和 y' 有直到二阶的连续偏导数,积分是在区域 D 内通过两点 (x_1, y_1) 和 (x_2, y_2) 的任意曲线进行的,其中 $x_1 = a$,$x_2 = b$. 泛函中的 y 为

$$y(x, \varepsilon) = y(x) + \varepsilon\eta(x) \tag{19.2.2}$$

由于两端固定,所以要求 $\eta(a) = 0$ 和 $\eta(b) = 0$,即 $\delta y|_{x=a} = 0$ 和 $\delta y|_{x=b} = 0$

$$\tag{19.2.3}$$

$$\begin{aligned}\delta I &= \left.\frac{\partial I}{\partial \varepsilon}\right|_{\varepsilon=0} \mathrm{d}\varepsilon = \int_a^b \left[\frac{\partial F}{\partial y}\eta(x)\mathrm{d}\varepsilon + \frac{\partial F}{\partial y'}\eta'(x)\mathrm{d}\varepsilon\right]\mathrm{d}x \\ &= \int_a^b \left[\frac{\partial F}{\partial y}\delta y + \frac{\partial F}{\partial y'}\delta y'\right]\mathrm{d}x\end{aligned}$$

对上式中的方括号内的第二项分部积分,

$$\delta I = \left.\frac{\partial F}{\partial y'}\delta y\right|_a^b + \int_a^b \left[\frac{\partial F}{\partial y} - \frac{\mathrm{d}}{\mathrm{d}x}\left(\frac{\partial F}{\partial y'}\right)\right]\delta y\mathrm{d}x = 0$$

因为 $\delta y|_{x=a} = 0$,$\delta y|_{x=b} = 0$,以及 δy 是任意的,所以

$$\frac{\partial F}{\partial y} - \frac{\mathrm{d}}{\mathrm{d}x}\left(\frac{\partial F}{\partial y'}\right) = 0 \tag{19.2.4}$$

上式称为欧拉-拉格朗日(Euler-Lagrange)方程,简称为 E-L 方程.

应当指出:E-L 方程是泛函取极值的必要条件,而不是充分条件. 如果讨论充分条件,则要计算二阶变分,并考虑其正,负值,但是在带有应用性质的实际问题中,泛函具有明确的物理涵义,极值的存在性往往间接地在问题的提法中就可以肯定,所以极值的存在性是不成问题的,只要解出 E-L 方程,就可得到泛函的极值. 然而在数学探讨上可以虚构出许多泛函的例子,在这些例子中,可以不存在极值或无 E-L 方程的解,并使泛函不取极值.

E-L 方程,除了上面给出的形式(19.2.4)之外,尚有四种特殊情况.

(a) F 不显含 x: $F = F(y, y')$,且 $\frac{\partial F}{\partial x} = 0$. 因为

$$\frac{\mathrm{d}}{\mathrm{d}x}\left(F - y'\frac{\partial F}{\partial y'}\right) = \frac{\partial F}{\partial x} + y'\left[\frac{\partial F}{\partial y} - \frac{\mathrm{d}}{\mathrm{d}x}\left(\frac{\partial F}{\partial y'}\right)\right] = y'\left[\frac{\partial F}{\partial y} - \frac{\mathrm{d}}{\mathrm{d}x}\left(\frac{\partial F}{\partial y'}\right)\right]$$

若 $y'\neq 0$,E-L 方程等价于

$$F-y'\frac{\partial F}{\partial y'}=\text{const} \tag{19.2.5}$$

(b) F 不依赖于 y: $F=F(x,y')$,且$\frac{\partial F}{\partial y}=0$,则 E-L 方程化为

$$\frac{\mathrm{d}}{\mathrm{d}x}\left(\frac{\partial F}{\partial y'}\right)=0,\frac{\partial F}{\partial y'}=\text{const} \tag{19.2.6}$$

(c) F 不依赖于 y':$F=F(x,y)$,且$\frac{\partial F}{\partial y'}=0$,则 E-L 方程化为

$$\frac{\partial F}{\partial y}=0 \tag{19.2.7}$$

由此可见 F 仅为 x 的函数.

(d) F 关于 y'是线性的 $F(x,y,y')=f(x,y)+g(x,y)y'$,则 E-L 方程化为

$$\frac{\partial f}{\partial y}-\frac{\partial g}{\partial x}=0 \tag{19.2.8}$$

若在(x,y)平面上,某单连通区域 D 内,上式恒等于零,即

$$f\mathrm{d}x+g\mathrm{d}y$$

是全微分,其原函数只依赖于曲线 $y(x)$的起点和终点坐标,而与具体积分路径无关,于是变分问题无意义.

上述推导过程,很容易推广到含有变量函数较高阶导数的泛函,以及多个变量函数的泛函极值问题,所用方法类同.因此,下面仅给出推广的结果.

(2) 泛函表示为多个函数的积分形式

$$I[y(x)]=\int_a^b F(x,y_1,y'_1,y_2,y'_2,\cdots,y_n,y'_n)\mathrm{d}x$$

$$\delta y_i\big|_{x=a}=0,\quad \delta y_i\big|_{x=b}=0\quad (i=1,2,3,\cdots,n)$$

则与此泛函极值问题相应的 E-L 方程为

$$\frac{\partial F}{\partial y_i}-\frac{\mathrm{d}}{\mathrm{d}x}\left(\frac{\partial F}{\partial y'_i}\right)=0\quad (i=1,2,3,\cdots,n) \tag{19.2.9}$$

(3) 泛函的积分形式中含有高阶导数

$$I[y(x)]=\int_a^b F(x,y,y',y'',\cdots,y^{(n)})\mathrm{d}x$$

$$\delta y(a)=\delta y'(a)=\cdots=\delta y^{(n-1)}(a)=0$$

$$\delta y(b)=\delta y'(b)=\cdots=\delta y^{(n-1)}(b)=0$$

与此泛函极值问题相应的 E-L 方程(也称欧拉-泊松方程)为

$$\frac{\partial F}{\partial y}-\frac{\mathrm{d}}{\mathrm{d}x}\left(\frac{\partial F}{\partial y'}\right)+\frac{\mathrm{d}^2}{\mathrm{d}x^2}\left(\frac{\partial F}{\partial y''}\right)+\cdots+(-1)^n\frac{\mathrm{d}^n}{\mathrm{d}x^n}\left(\frac{\partial F}{\partial y^{(n)}}\right)=0 \tag{19.2.10}$$

(4) 泛函的积分形式中含有多元函数,设 $u(x,y)$为 x 和 y 的二元函数,则

$$I=\int_{x_1}^{x_2}\int_{y_1}^{y_2}F(x,y,u,u_x,u_y)\mathrm{d}x\mathrm{d}y$$

$$\delta u(x_1,y)=\delta u(x_2,y)=\delta u(x,y_1)=\delta u(x,y_2)=0$$

与此泛函数极值问题相应的 E-L 方程为

$$\frac{\partial F}{\partial u}-\frac{\partial}{\partial x}\left(\frac{\partial F}{\partial u_x}\right)-\frac{\partial}{\partial y}\left(\frac{\partial F}{\partial u_y}\right)=0 \tag{19.2.11}$$

19.2.2 泛函的条件极值问题

带约束条件,但两端仍固定的泛函极值问题

$$I[y(x)]=\int_a^b F(x,y,y')\mathrm{d}x,\quad \delta y(a)=0,\quad \delta y(b)=0$$

附加约束条件

$$\int_a^b G(x,y,y')\mathrm{d}x=\text{const}$$

此类问题可以仿照普通函数的条件极值问题的处理办法,采用拉格朗日不定乘子法,即将上述问题归结为如下的不带约束条件的泛函极值问题:

$$I[y(x)]=\int_a^b (F+\lambda G)\mathrm{d}x,\quad \delta y(a)=0,\quad \delta y(b)=0$$

与此泛函数极值问题相应的 E-L 方程为

$$\frac{\partial F}{\partial y}-\frac{\mathrm{d}}{\mathrm{d}x}\left(\frac{\partial F}{\partial y'}\right)+\lambda\left[\frac{\partial G}{\partial y}-\frac{\mathrm{d}}{\mathrm{d}x}\left(\frac{\partial G}{\partial y'}\right)\right]=0 \tag{19.2.12}$$

19.2.3 端点受约束的泛函极值问题

端点受约束,即端点可以沿曲线 $g(x,\ y)=0$ 移动. 此类极值问题,通常是E-L方程不变,只需补充一些 E-L 方程的定解条件. 当 $\delta y(a)\neq 0$ 或 $\delta y(b)\neq 0$ 时,为了保证 $\delta I=0$,通常规定

$$\frac{\partial F}{\partial y'}=0\quad(\text{当 } x=a \text{ 或 } x=b \text{ 时}) \tag{19.2.13}$$

上式称为自然边界条件,由它代替因端点值不定而失去的边界条件.

为了使问题简化,下面我们讨论始端仍然固定,终端可变的情形. 应用莱布尼茨公式

$$\frac{\mathrm{d}}{\mathrm{d}y}\int_{a(y)}^{b(y)}f(x,y)\mathrm{d}x=\int_{a(y)}^{b(y)}\frac{\partial f(x,y)}{\partial y}\mathrm{d}x+f(b,y)\frac{\mathrm{d}b}{\mathrm{d}y}-f(a,y)\frac{\mathrm{d}a}{\mathrm{d}y} \tag{19.2.14}$$

因此

$$\delta I=\frac{\partial F}{\partial y'}\delta y\bigg|_a^b+\int_a^b\left[\frac{\partial F}{\partial y}-\frac{\mathrm{d}}{\mathrm{d}x}\left(\frac{\partial F}{\partial y'}\right)\right]\delta y\mathrm{d}x+F(b)\Delta x \tag{19.2.15}$$

由于终端必须位于 $g(x, y)=0$ 曲线上，因此

$$\frac{\partial g}{\partial x}\Delta x+\frac{\partial g}{\partial y}\Delta y=0 \tag{19.2.16}$$

在 $x=b$ 处，

$$\Delta y=\delta y(b)+y'(b)\Delta x+\varepsilon\eta'(b)\Delta x$$

由于在极值处，要求 $\varepsilon=0$，所以上式中最后一项可略去，于是

$$\Delta y=\delta y(b)+y'(b)\Delta x \tag{19.2.17}$$

将上式代入式(19.2.16)，得

$$\left(\frac{\partial g}{\partial x}+y'\frac{\partial g}{\partial y}\right)\Delta x+\frac{\partial g}{\partial y}\delta y=0 \tag{19.2.18}$$

为了保证极值的要求 $\delta I=0$，由表达式(19.2.15)可知，除了 E-L 方程仍然成立之外，尚需添加如下边界条件

$$F\Delta x+\frac{\partial F}{\partial y'}\delta y=0 \quad (x=b) \tag{19.2.19}$$

由式(19.2.18)与(19.2.19)联立解，即 Δx 和 δy 前的系数行列式等于零，解得 $x=b$ 处的定解条件为

$$\left(F-y'\frac{\partial F}{\partial y'}\right)\frac{\partial g}{\partial y}-\frac{\partial F}{\partial y'}\frac{\partial g}{\partial x}=0 \quad (x=b) \tag{19.2.20}$$

若始端 $x=a$ 沿曲线 $h(x,y)=0$ 移动，只需将式(19.2.20)中的 $g(x,y)$ 换成 $h(x,y)$，即为 $x=a$ 处的定解条件.

19.3　泛函极值与数学物理问题的关系

19.3.1　归纳定律

(1) 变分法的最大优点之一就是归纳自然定律，并且是相当成功的，在经典力学，电磁学和量子力学等领域中差不多一切自然定律都能用变分原理的形式予以表达. 只要给描述的对象，选择一个与能量有关的拉格朗日密度函数 L，则变分

$$\delta\int_{t_1}^{t_2}L\mathrm{d}t=0 \tag{19.3.1}$$

就给出该现象规律的描述.

(2) 用变分法来处理的数学物理问题中，较多的要算边值问题和本征值问题，基本手法是先将定解问题中的泛定方程视作 E-L 方程，从而将定解问题转化为泛函极值问题. 但在转化过程中也必须注意原定解问题的边界条件. 因为边界条件的差异也会导致泛函表达的差异.

例如 S-L 本征值问题

$$\frac{\mathrm{d}}{\mathrm{d}x}\left[k(x)\frac{\mathrm{d}y}{\mathrm{d}x}\right]-q(x)y(x)+\lambda\rho(x)y(x)=0\quad(a<x<b)$$

及边界条件

$$kyy'\big|_a^b=0 \tag{19.3.2}$$

可归结为如下泛函极值问题：

$$I[y(x)]=\int_a^b(ky'^2+qy^2)\mathrm{d}x \tag{19.3.3a}$$

并伴有约束条件

$$J[y(x)]=\int_a^b\rho y^2\mathrm{d}x=\mathrm{const} \tag{19.3.3b}$$

也可归结为如下不带约束条件的泛函极值问题：

$$I[y(x)]=\int_a^b[ky'^2+(q-\lambda\rho(x))y^2]\mathrm{d}x \tag{19.3.4}$$

也可归结为如下泛函极值问题：

$$K[y(x)]=\frac{\int_a^b(ky'^2+qy^2)\mathrm{d}x}{\int_a^b\rho y^2\mathrm{d}x} \tag{19.3.5}$$

因此，S-L 本征值问题(19.3.2)的最小本征值 λ_0 及其对应的本征函数 $y_0(x)$，可由泛函(19.3.5)的变分来求. S-L 本征值问题(19.3.2)的第 $n+1$ 个本征值及第$n+1$ 个本征函数 $y_n(x)$，也可由泛函(19.3.5)的极值问题，并伴有如下约束条件来求解

$$\int_a^b\rho y_n^* y_i\mathrm{d}x=\delta_{n,i}\quad(i=0,1,\cdots,n-1,n) \tag{19.3.6}$$

由此可见，泛函(19.3.5)的绝对极小值就是 λ_0，在约束条件(19.3.6)下的相对极小值为 λ_n. 于是，y 满足约束条件

$$\int_a^b\rho y^* y_i\mathrm{d}x=0\quad(i=0,1,\cdots,n-1) \tag{19.3.7}$$

$$\int_a^b\rho y^* y\mathrm{d}x\neq 0$$

则下式成立：

$$\lambda_n\leqslant\frac{\int_a^b[ky'^2+gy^2]\mathrm{d}x}{\int_a^b\rho y^2\mathrm{d}x} \tag{19.3.8}$$

在论证本征函数系$\{y_n(x)\}$是完备的时候，上式是很重要的.

19.3.2 泛函极值问题的求解

泛函极值问题的求解，通常有二种结果：

(i) 解析解:由变分法得到的 E-L 方程求解,一般来说,是很困难的. 但在分析力学中往往还是采用这一办法来求解. 因为历史悠久,它自有一套办法.

(ii) 近似解:这也可算变分法的第二大优点. 由泛函本身出发,不需经过求解 E-L 方程,直接求得所需要的解——极值曲线 $y(x)$. 因此,常常称它为研究泛函极值问题的直接法.

例 19.3.1 假设大气的光折射率 n 只依赖于高度 y.

(i) 利用费马(Fermat)原理导出在大气中光线轨迹的微分方程;

(ii) 一个旅行者与水平成角度 φ_0 的方向上看到"空中绿洲",如果 $n=n_0\sqrt{1-\Omega^2y^2}$,其中 n_0 和 Ω 为常数,试求此时绿洲离人多远?

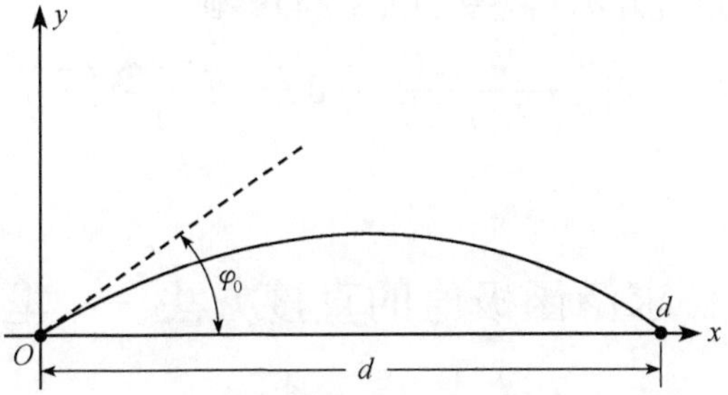

图 19.1

解 (i) 费马原理:光线的实际路径上,光程的变分为零.

$$\delta\int_{t_1}^{t_2} n\mathrm{d}l = 0 \tag{19.3.9}$$

其中 n 为介质的光折射率,$\mathrm{d}l$ 为沿光线进行方向的路程元. 上述问题也可表示为如下泛函极值问题:

$$I[y(x)] = \int_a^b n(y)[1+y'^2]^{1/2}\mathrm{d}x \tag{19.3.10}$$

由于 $F(x,y,y')$ 不显含 x,根据公式(19.2.5),可得首次积分

$$\frac{n(y)}{\sqrt{1+y'^2}} = c_0 \quad (\text{const}) \tag{19.3.11}$$

若 θ 为路径的切线和铅垂线所构成的角度,即

$$y' = \frac{\mathrm{d}y}{\mathrm{d}x} = \cot\theta, \quad \sin\theta = \frac{1}{\sqrt{1+y'^2}} \tag{19.3.12}$$

如果折射率 n 是位置的连续函数,它意味着 $n(y)\sin\theta$ 沿着路径是一常数. 若应用到分界面上,就得到著名的光学折射(Snell)定律

$$n_1\sin\theta_1 = n_2\sin\theta_2 \tag{19.3.13}$$

在大气中光线轨迹的微分方程,由公式(19.3.11)得到

$$\frac{\mathrm{d}y}{\mathrm{d}x}=\frac{1}{c_0}\sqrt{n^2(y)-c_0^2} \tag{19.3.14}$$

(ii) 由题设及图 19.1 所示，定义光线轨迹的最高度为 H，即

$$y_1=0,\theta_1=\frac{\pi}{2}-\varphi_0,n(y_1)=n_0,y_2=H,\theta_2=\frac{\pi}{2},n(y_2)=n_0\sqrt{1-\Omega^2H^2}$$

所以利用公式(19.3.13)，有

$$n_0\cos\varphi_0=n_0\sqrt{1-\Omega^2H^2}$$

解得

$$H=\frac{\sin\varphi_0}{\Omega} \tag{19.3.15}$$

设旅行者到绿洲的距离为 d，由公式(19.3.14)得到

$$d=2\int_0^{\frac{d}{2}}\mathrm{d}x=2\int_0^H\frac{c_0}{\sqrt{n^2(y)-c_0^2}}\mathrm{d}y=2\frac{\cos\varphi_0}{\Omega}\left(\frac{\pi}{2}\right)=\frac{\pi}{\Omega}\cos\varphi_0 \tag{19.3.16}$$

19.4 求泛函极值的直接方法——里茨法

直接法中最有代表意义的是里茨法. 此方法的最大优点是，不需通过 E-L 方程求解，直接就可得到解——极值曲线 $y(x)$，在量子力学中，常用此法来求体系的基态能量和基态波函解. 关键在于试探函数的选择，试探函数选择的好坏程度，决定所得近似解的优劣程度，但是选择试探函数并无固定的方法，只能根据问题的边界条件或经验来选择.

例 19.4.1 求解量子力学中的线性谐振子的基态近似能量和基态近似波函数

解 量子力学中的线性谐振子的定态薛定谔方程为

$$\hat{H}\psi=E\psi \tag{19.4.1}$$

其中算符

$$\hat{H}=-\frac{h^2}{2m}\frac{\mathrm{d}^2}{\mathrm{d}x^2}+\frac{1}{2}\omega^2x^2$$

边界条件

$$\lim_{x\to\pm\infty}\psi=0\quad(\text{或有界}) \tag{19.4.2}$$

约束条件

$$\int_{-\infty}^{\infty}\psi^*\psi\mathrm{d}x=1 \tag{19.4.3}$$

上述定解问题，可归结为如下泛函极值问题：

$$E=\lambda=\frac{\int_{-\infty}^{\infty}\psi^*\ \hat{H}\psi\mathrm{d}x}{\int_{-\infty}^{\infty}\psi^*\psi\mathrm{d}x} \tag{19.4.4}$$

根据边界条件(19.4.2),选择试探函数

$$\psi(x)=Ce^{-\alpha x^2} \tag{19.4.5}$$

将 ψ 代入式(19.4.4)中,得

$$E=\lambda=\frac{h^2}{2m}\alpha+\frac{m\omega^2}{8\alpha}$$

由 $\frac{d\lambda}{d\alpha}=0$,得 $\alpha=\frac{m\omega}{2h}$. 所以系统的基态能量(最小能量)

$$E_0=\frac{1}{2}h\omega \tag{19.4.6}$$

与此对应的本征函数,即基态波函数

$$\psi_0=C\exp\left(-\frac{m\omega}{2h}x^2\right)$$

计及归一条件(19.4.3),得

$$\psi_0=\left(\frac{m\omega}{\pi h}\right)^{1/4}\exp\left(-\frac{m\omega}{2h}x^2\right) \tag{19.4.7}$$

如果要计算激发态的能量和激发态的波函数,只要在试探函数(19.4.5)前分别乘以 x^1 次幂的,x^2 次幂的,…多项式,再利用约束条件(19.3.6)就可得到第一激发态,第二激发态…的试探波函数,再求泛函(19.4.4)的极值,就可得第一激发态的能量、第二激发态的能量,等等,结果如下,令 $\beta=2\alpha=\frac{m\omega}{h}$

$$n=0,\quad E_0=\frac{1}{2}h\omega,\quad \psi_0(x)=\sqrt[4]{\frac{\beta}{\pi}}\exp\left(-\frac{\beta}{2}x^2\right)$$

$$n=1,\quad E_1=\frac{3}{2}h\omega,\quad \psi_1(x)=2\sqrt{\frac{1}{2}\sqrt{\frac{\beta}{\pi}}}(\sqrt{\beta}x)\exp\left(-\frac{\beta}{2}x^2\right)$$

$$n=2,\quad E_2=\frac{5}{2}h\omega,\quad \psi_2(x)=\sqrt{\frac{1}{8}\sqrt{\frac{\beta}{\pi}}}(4\beta x^2-2)\exp\left(-\frac{\beta}{2}x^2\right)$$

…………

习 题

19.1 最速降线问题:确定一条联结不在同一高度和同一铅垂线上的两点 A 和 B 的曲线,使质点在重力作用下沿此曲线从 A 到 B 无摩擦,无阻力地自由下滑所需时间为最少. 归结为如下泛函极值问题:

$$T[y(x)]=\int_A^B\frac{ds}{v}=\int_0^{x_0}\frac{\sqrt{1+y'^2}}{\sqrt{2gy}}dx$$

两端固定的边界条件 $y(0)=0$, $y(x_0)=y_0$.

19.2 等周问题:在具有固定长度 l 的曲线中,求出使所围面积为最大的一条曲线 $y(x)$,归结为如下泛函极值问题

$$S[y(x)]=\int_{x_0}^{x_1} y\mathrm{d}x$$

两端固定的边界条件 $y(x_0)=y_0$，$y(x_1)=y_1$. 约束条件为 $\int_{x_0}^{x_1}\sqrt{1+y'^2}\mathrm{d}x=l$.

19.3 最短弧长问题：在所有连接两定点 $P_1(x_1,y_1)$ 和 $P_2(x_2,y_2)$ 的平面曲线中，求弧长最短的曲线，归结为如下泛函极值问题：

$$I[y(x)]=\int_{x_1}^{x_2}\sqrt{1+y'^2}\mathrm{d}x$$

两端固定的边界条件 $y(x_1)=y_1$，$y(x_2)=y_2$.

19.4 (a)确定半径为 a 的球面上的最短程线；(b)确定半径为 a 的直圆柱上的最短程线.

19.5 若(例 19.3.1)中的 $n=n_0(1+\alpha y)$，其中 n_0 和 α 为常数. 求这块绿洲离观察点多远?

19.6 肥皂膜法：在通过两固定点 (x_1,y_1) 和 (x_2,y_2) 的曲线中，求绕 x 轴旋转 2π 角度后所形成的表面积为最小的曲线.

归结为如下泛函极值问题：

$$A[y(x)]=\int_{x_1}^{x_2}2\pi y(1+y'^2)^{1/2}\mathrm{d}x$$

两端固定边界条件 $y(x_1)=y_1,y(x_2)=y_2$.

19.7 试用直接法求半径为 a 边缘固定的圆膜的本征振动问题

$$\frac{1}{\rho}\frac{\mathrm{d}}{\mathrm{d}\rho}\left(\rho\frac{\mathrm{d}R}{\mathrm{d}\rho}\right)+\left(\frac{\omega}{c}\right)^2R=0\quad(0<\rho<a)$$

$$R(a)=0$$

的最小本征频率 ω_0. 试探函数可取

$$R(\rho)=1-\left(\frac{\rho}{a}\right)^2$$

19.8 试求使原子弹的圆柱形核反应器(铀块)的体积 $V=\pi R^2H$ 为最小体积的临界半径 R.

提示：约束条件为 $\beta-\alpha^2\left[\left(\frac{\pi}{H}\right)^2+\left(\frac{x_1}{R}\right)^2\right]=0$ (其中 $x_1=2.4048$).

第 20 章　格林函数法

格林(Green)函数有时又称为点源函数,它是数学物理方法中的一个重要概念.格林函数法是解数学物理方程时常用的方法之一,不仅限于解稳态的边值问题,而且也用来解非稳态的边值问题或混合问题.这方法也广泛用于解各类非齐次问题,其处理问题的模式及步骤大致类同,而且对于一维、二维或三维问题的解在形式上都可以表示得非常紧凑.

20.1　格林公式

如果 u 和 G 是两个在区域 R 及边界 S 上具有连续一阶导数的标量函数,因此按高斯定理

$$\oiint_S \boldsymbol{A}\cdot \mathrm{d}\boldsymbol{\sigma} = \iiint_R \nabla\cdot \boldsymbol{A}\mathrm{d}v \tag{20.1.1}$$

及如下两个恒等式:

$$\nabla\cdot(u\nabla G) = u\nabla^2 G + \nabla u\cdot \Delta G \tag{20.1.2a}$$

$$\nabla\cdot(G\nabla u) = G\nabla^2 u + \nabla G\cdot\nabla u \tag{20.1.2b}$$

可得

$$\oiint_S (u\nabla G - G\nabla u)\cdot \mathrm{d}\boldsymbol{\sigma} = \iiint_R (u\nabla^2 G - G\nabla^2 u)\mathrm{d}v \tag{20.1.3a}$$

或

$$\oiint_S \left(u\frac{\partial G}{\partial n} - G\frac{\partial u}{\partial n}\right)\mathrm{d}\boldsymbol{\sigma} = \iiint_R (u\nabla^2 G - G\nabla^2 u)\mathrm{d}v \tag{20.1.3b}$$

上式中$\frac{\partial}{\partial n}$符号表示沿边界面外法线方向的导数.公式(20.1.3a)或(20.1.3b)称为格林公式.

20.2　稳态边值问题的格林函数法

首先让我们来讨论一个典型的三维稳态边值问题

$$\begin{cases}\nabla^2 u(\boldsymbol{r}) = -\rho(\boldsymbol{r}) & (\text{在区域 } R \text{ 内})\\ k\dfrac{\partial u}{\partial n} + hu = g(\boldsymbol{r}_p) & (\text{在边界 } S \text{ 上})\end{cases} \tag{20.2.1}$$

式中符号$\frac{\partial}{\partial n}$表示边界面$S$面上沿界面外法线方向的导数. 如果边界$S$由若干边界$S_i(i=1,2,3,\cdots,m)$组成,则上述边界条件可用下式之和来代替:

$$k_i\frac{\partial u}{\partial n_i}+h_i u=g_i(\boldsymbol{r}_p)\quad(i=1,2,3,\cdots,m)$$

今后为了书写简洁起见,我们不写成后一种形式. 但读者在具体解问题时,必须注意到这一点.

上式中的系数k和h都是常数. 若$k=0$,即表示第一类边界条件;若$h=0$,即表示第二类边界条件,符号$\boldsymbol{r}_p$表示界面S上的点.

为了求解式(20.2.1)的定解问题,我们必须定义一个与此定解问题相应的格林函数$G(\boldsymbol{r}|\boldsymbol{r}')$,它满足如下的定解问题:

$$\begin{cases}\nabla^2 G(\boldsymbol{r}\mid\boldsymbol{r}')=-\delta(\boldsymbol{r}-\boldsymbol{r}') & (\text{在区间 } R \text{ 内})\\ k\dfrac{\partial G}{\partial n}+hG=0 & (\text{在边界 } S \text{ 上})\end{cases}\tag{20.2.2}$$

式中$\delta(\boldsymbol{r}-\boldsymbol{r}')$是三维空间变量的$\delta$函数,在直角坐标系中其形式为

$$\delta(\boldsymbol{r}-\boldsymbol{r}')=\delta(x-x')\delta(y-y')\delta(z-z')$$

格林函数$G(\boldsymbol{r}|\boldsymbol{r}')$的物理意义是:在物体内部($R$内)$\boldsymbol{r}'$处放置一个单位点热源(对静电学问题而言,在$\boldsymbol{r}'$处放置一个单位点电荷)而该物体的界面保持为温度零度(或电学上,相当于外壳接地),那么该点热源(或点电荷)在物体内产生的稳定温度分布(或导体内电势的分布),就是定解问题(20.2.2)的解——格林函数. 由此也可领会到,通常人们为什么称格林函数为点源函数的道理.

正因为格林函数$G(\boldsymbol{r}|\boldsymbol{r}')$代表$\boldsymbol{r}'$处的脉冲(或点源)在$\boldsymbol{r}$处产生的影响(或场),所以它只能是距离$|\boldsymbol{r}-\boldsymbol{r}'|$的函数. 这一点也可以从定解问题(20.2.2)的形式看出来. 于是,它应遵守如下的互易定理:

$$G(\boldsymbol{r}\mid\boldsymbol{r}')=G(\boldsymbol{r}'\mid\boldsymbol{r})\tag{20.2.3}$$

上式的物理意义是:位于$\boldsymbol{r}'$处的脉冲(或点源)在一定边界条件下在$\boldsymbol{r}$处产生的影响(或场),等于把这个脉冲(或点源)移致$\boldsymbol{r}$处在同样的边界条件下在$\boldsymbol{r}'$处产生的影响(或场),即物理场的互易性.

将格林公式(20.1.3)应用到具体问题(20.2.1)和(20.2.2)上的u和G,于是得到

$$\begin{aligned}&\iiint_R[G(\boldsymbol{r}\mid\boldsymbol{r}')(-\rho(\boldsymbol{r}))+u(\boldsymbol{r})\delta(\boldsymbol{r}-\boldsymbol{r}')]\mathrm{d}v\\ =&\oiint_S\left[G(\boldsymbol{r}\mid\boldsymbol{r}')\frac{\partial u}{\partial n}-u(\boldsymbol{r})\frac{\partial G(\boldsymbol{r}\mid\boldsymbol{r}')}{\partial n}\right]\mathrm{d}\boldsymbol{\sigma}\end{aligned}\tag{20.2.4}$$

由于

$$\iiint_R u(\boldsymbol{r})\delta(\boldsymbol{r}-\boldsymbol{r}')\mathrm{d}v = u(\boldsymbol{r}') \tag{20.2.5}$$

因此,式(20.2.4)可改写成

$$u(\boldsymbol{r}') = \iiint_R G(\boldsymbol{r} \mid \boldsymbol{r}')\rho(\boldsymbol{r})\mathrm{d}v + \oiint_S \left[G(\boldsymbol{r} \mid \boldsymbol{r}') \frac{\partial u(\boldsymbol{r})}{\partial n} - u(\boldsymbol{r}) \frac{\partial G(\boldsymbol{r} \mid \boldsymbol{r}')}{\partial n}\right]\mathrm{d}\sigma \tag{20.2.6}$$

将上式中源点 $\boldsymbol{r}'$ 与场点 $\boldsymbol{r}$ 互换,并利用互易定理(20.2.3),得到

$$u(\boldsymbol{r}) = \iiint_{R'} G(\boldsymbol{r} \mid \boldsymbol{r}')\rho(\boldsymbol{r}')\mathrm{d}v' + \oiint_{S'} \left[G(\boldsymbol{r} \mid \boldsymbol{r}') \frac{\partial u(\boldsymbol{r}')}{\partial n'} - u(\boldsymbol{r}') \frac{\partial G(\boldsymbol{r} \mid \boldsymbol{r}')}{\partial n'}\right]\mathrm{d}\sigma' \tag{20.2.7}$$

上式中第一个积分是通过变量 $\boldsymbol{r}'$ 在整个区域 R' 内进行的;第二个积分是通过变量 $\boldsymbol{r}'$ 在边界 S' 上进行的.

由上面的解的形式(20.2.7)可以察觉我们引用格林函数的目的,主要是为了使问题(20.2.1)容易求解,引入它,可以将求解一个具有任意的非齐次项与任意边值的定解问题(20.2.1)化为求解一个特定的边值问题(20.2.2).一般来说,后一个问题较易求解,再通过公式(20.2.7),马上就可以得到前一个问题的解.即使有时不能得到格林函数的具体表达式,但把解表成式(20.2.7)的形式,在理论研究上还是有一定价值的.

为了帮助进一步熟悉公式(20.2.7),我们将它应用到具体问题上来:

(1) 第一类边值问题

$$\begin{cases} \nabla^2 u(\boldsymbol{r}) = -\rho(\boldsymbol{r}) & (\text{在区域 } R \text{ 内}) \\ u(\boldsymbol{r})|_\Sigma = g(\boldsymbol{r}_p) & (\text{在边界 } S \text{ 上}) \end{cases} \tag{20.2.8}$$

相应的格林函数 $G(\boldsymbol{r}|\boldsymbol{r}')$ 是下列问题的解:

$$\begin{cases} \nabla^2 G(\boldsymbol{r} \mid \boldsymbol{r}') = -\delta(\boldsymbol{r}-\boldsymbol{r}') & (\text{在区域 } R \text{ 内}) \\ G(\boldsymbol{r} \mid \boldsymbol{r}')|_\Sigma = 0 & (\text{在边界 } S \text{ 上}) \end{cases} \tag{20.2.9}$$

由公式(20.2.7),可得第一类边值问题的解

$$u(\boldsymbol{r}) = \iiint_{R'} G(\boldsymbol{r} \mid \boldsymbol{r}')\rho(\boldsymbol{r}')\mathrm{d}v' - \oiint_{S'} g(\boldsymbol{r}_p) \frac{\partial G(\boldsymbol{r} \mid \boldsymbol{r'}_p)}{\partial n'}\mathrm{d}\boldsymbol{\sigma}' \tag{20.2.10}$$

(2) 第二类边值问题

$$\begin{cases} \nabla^2 u(\boldsymbol{r}) = -\rho(\boldsymbol{r}) & (\text{在区域 } R \text{ 内}) \\ \left.\dfrac{\partial u}{\partial n}\right|_\Sigma = h(\boldsymbol{r}_p) & (\text{在边界 } S \text{ 上}) \end{cases} \tag{20.2.11}$$

相应的格林函数 $G(\boldsymbol{r}|\boldsymbol{r}')$ 是下列问题的解:

$$\begin{cases} \nabla^2 G(\boldsymbol{r} \mid \boldsymbol{r}') = -\delta(\boldsymbol{r}-\boldsymbol{r}') & (\text{在区域 } R \text{ 内}) \\ \left.\dfrac{\partial G}{\partial n}\right|_\Sigma = 0 & (\text{在边界 } S \text{ 上}) \end{cases} \tag{20.2.12}$$

由公式(20.2.7)可得第二类边值问题的解

$$u(\boldsymbol{r})=\iiint_{R}G(\boldsymbol{r}\mid\boldsymbol{r}')\rho(\boldsymbol{r}')\mathrm{d}v'+\oiint_{S}G(\boldsymbol{r}\mid\boldsymbol{r}'_{p})h(\boldsymbol{r}_{p})\mathrm{d}\boldsymbol{\sigma}' \tag{20.2.13}$$

可是,这个问题的格林函数是不合理的. 例如,在静电场中,G 是单位点电荷的电位,而$\dfrac{\partial G}{\partial n}$是边界$S$ 上的分布电荷. 区域R 内有一个单位点电荷,而边界 S 上却没有与此相应的分布电荷. 一般来说,这是矛盾的,不可能的. 所以式(20.2.12)的问题无解. 为此第二类边值问题的格林函数,必须在原来基础上加以改进,以便得到所谓的“广义格林函数”.

实际上,在静态场边值问题中,遇到的大部分问题都是第一类边值问题,而第二类边值问题涉及不多.

(3) 无界区域的问题

对于无界区域的问题,公式(20.2.7)中的面积分应要求为零,所以

$$u(\boldsymbol{r})=\iiint_{R}G(\boldsymbol{r}\mid\boldsymbol{r}')\rho(\boldsymbol{r}')\mathrm{d}v' \tag{20.2.14}$$

而 $u(\boldsymbol{r})$和 $G(\boldsymbol{r}|\boldsymbol{r}')$分别满足下列方程:

$$\nabla^2 u(\boldsymbol{r})=-\rho(\boldsymbol{r}) \tag{20.2.15}$$

和

$$\nabla^2 G(\boldsymbol{r}\mid\boldsymbol{r}')=-\delta(\boldsymbol{r}-\boldsymbol{r}') \tag{20.2.16}$$

为了求出方程(20.2.16)中的格林函数 $G(\boldsymbol{r}|\boldsymbol{r}')$,我们再按下列具体情况来讨论.

(a) 三维球对称

对于三维球对称情形,我们宜以 $\boldsymbol{r}'$ 的矢端为坐标原点,任作一球,再对(20.2.16)两边在这球内积分,并利用高斯定理(20.1.1),得到

$$\iiint\nabla^2 G(\boldsymbol{r}\mid 0)\mathrm{d}v=-\iiint\delta(\boldsymbol{r})\mathrm{d}v$$

由于

$$\iiint\delta(\boldsymbol{r})\mathrm{d}v=1$$

及

$$\iiint\nabla^2 G(\boldsymbol{r}\mid 0)\mathrm{d}v=\oiint\nabla G\cdot\mathrm{d}\boldsymbol{S}=\oiint\frac{\partial G}{\partial r}r^2\sin\theta\mathrm{d}\theta\mathrm{d}\varphi$$

即

$$4\pi r^2\frac{\partial G}{\partial r}=-1$$

于是

$$G(\boldsymbol{r}\mid 0)=\frac{1}{4\pi r}+c$$

式中的积分常数 c 可以这样来决定：当 $r\to\infty$ 时，$G\to 0$. 因此 $c=0$，故得

$$G(\boldsymbol{r}\mid 0)=\frac{1}{4\pi r}$$

于是三维无界球对称情形的格林函数 $G(\boldsymbol{r}|\boldsymbol{r}')$ 为

$$G(\boldsymbol{r}\mid\boldsymbol{r}')=\frac{1}{4\pi\mid\boldsymbol{r}-\boldsymbol{r}'\mid}\tag{20.2.17}$$

将上式代入式(20.2.14)，可得三维无界区域问题的解

$$u(\boldsymbol{r})=\iiint_{R}\frac{\rho(\boldsymbol{r}')}{4\pi\mid\boldsymbol{r}-\boldsymbol{r}'\mid}\mathrm{d}v'\tag{20.2.18}$$

式(20.2.18)正是大家所熟知的静电场的电位表达式.

(b) 二维轴对称

对于二维轴对称的情形，只需用单位长的圆柱体来代替上一情形中的球就可以了. 现在积分是在单位长的圆柱体内进行的，即

$$\iiint\nabla^2 G(\boldsymbol{r}\mid 0)\mathrm{d}v=-\iiint\delta(\boldsymbol{r})\mathrm{d}v$$

因为

$$\iiint\delta(\boldsymbol{r})\mathrm{d}v=1$$

及

$$\iiint\nabla^2 G(\boldsymbol{r}\mid 0)\mathrm{d}v=\oiint\nabla G\cdot\mathrm{d}\boldsymbol{S}$$

由于 $\nabla G=\dfrac{\partial G}{\partial r}\boldsymbol{e}_\rho$，$\nabla G$ 只有垂直于轴向外的分量，所以上式在圆柱上、下底的面积分为零，只剩下沿侧面的积分，即

$$\iint\frac{\partial G}{\partial r}r\,\mathrm{d}\varphi\mathrm{d}z=-1$$

如果注意到圆柱的高度为单位长，则很容易得到下面的结果：

$$\frac{\partial G}{\partial r}=-\frac{1}{2\pi r}$$

$$G(\boldsymbol{r}\mid 0)=\frac{1}{2\pi}\ln\frac{1}{r}+c$$

由于积分常数可以任意取，故为简单起见，令 $c=0$，得

$$G(\boldsymbol{r}\mid 0)=\frac{1}{2\pi}\ln\frac{1}{r}$$

因此，二维轴对称情形的格林函数为

$$G(\boldsymbol{r}\mid\boldsymbol{r}')=\frac{1}{2\pi}\ln\frac{1}{\mid\boldsymbol{r}-\boldsymbol{r}'\mid}\tag{20.2.19}$$

注意上式中的矢量是二维矢量，也可表示成

$$G(\boldsymbol{\rho} \mid \boldsymbol{\rho}') = \frac{1}{2\pi}\ln\frac{1}{|\boldsymbol{\rho} - \boldsymbol{\rho}'|}$$

但为了不与本节中其他符号混淆,所以我们下面不这样改动.

将式(20.2.19)代入式(20.2.14),可得二维无界区域问题的解

$$u(\boldsymbol{r}) = \iint_{S'} \rho(\boldsymbol{r}')\frac{1}{2\pi}\ln\frac{1}{|\boldsymbol{r} - \boldsymbol{r}'|}\mathrm{d}S' \tag{20.2.20}$$

注意式(20.2.14)中的积分本应是体积分,但我们利用了习惯的处理办法,将二维问题视作三维问题的特例.因为物理量在某方向(例如 z 方向)上保持不变,所以式(20.2.14)的体积分中沿该方向(即 z 方向)的积分可取单位长来进行.于是式(20.2.14)的体积分化为式(20.2.20)的面积分(xy 平面上的积分).

20.3 热传导问题的格林函数法

三维含热源的热传导问题的典型提法如下:

$$\begin{aligned} &\nabla^2 u(\boldsymbol{r},t) - \frac{1}{a^2}\frac{\partial u}{\partial t} = -\frac{1}{a^2}f(\boldsymbol{r},t) \quad (\text{在区域 } R \text{ 内}) \\ &k\frac{\partial u}{\partial n} + hu\Big|_{\Sigma} = g(\boldsymbol{r}_p,t) \quad (\text{在边界 } S \text{ 上}) \\ &u(\boldsymbol{r} \mid 0) = \varphi(\boldsymbol{r}) \quad (\text{在 } R \text{ 内}) \end{aligned} \tag{20.3.1}$$

与此问题相应的格林函数 $G(\boldsymbol{r},t|\boldsymbol{r}',\tau)$ 定义为如下的定解问题:

$$\nabla^2 G(\boldsymbol{r},t \mid \boldsymbol{r}',\tau) - \frac{1}{a^2}\frac{\partial G}{\partial t} = -\frac{1}{a^2}\delta(\boldsymbol{r} - \boldsymbol{r}')\delta(t-\tau) \quad (\text{在 } R \text{ 内}) \tag{20.3.2}$$

$$k\frac{\partial G}{\partial n} + hG\Big|_{\Sigma} = 0 \quad (\text{在 } S \text{ 上})$$

以及

$$G(\boldsymbol{r},t \mid \boldsymbol{r}',\tau) = 0, \qquad t < \tau \tag{20.3.3}$$

上面定义的格林函数,还应遵从如下互易定理:

$$G(\boldsymbol{r},t \mid \boldsymbol{r}',\tau) = G(\boldsymbol{r}',-\tau \mid \boldsymbol{r},-t) \tag{20.3.4}$$

公式(20.3.4)的物理意义是:时刻 τ 时、位于 $\boldsymbol{r}'$ 处触发的一个脉冲(或瞬时点热源),对时刻 $t(t>\tau)$ 时、$\boldsymbol{r}$ 处的影响(或温度分布),等价于在时刻 $-t$、位于 $\boldsymbol{r}$ 处触发的一个脉冲,对时刻 $-\tau$ 时,$\boldsymbol{r}'$ 处的影响.时间变量前的负号,是由于因果律的要求,因果律要求触发脉冲的时刻永远早于脉冲影响波及到的时刻.

因此,按照互易关系式(20.3.4),$G(\boldsymbol{r}',-\tau|\boldsymbol{r},-t)$ 所满足的方程为

$$\nabla^2 G(\boldsymbol{r}',-\tau \mid \boldsymbol{r},-t) + \frac{1}{a^2}\frac{\partial G}{\partial \tau} = -\frac{1}{a^2}\delta(\boldsymbol{r} - \boldsymbol{r}')\delta(t-\tau) \quad (\text{在 } R \text{ 内}) \tag{20.3.5}$$

注意上式中的拉普斯拉算符∇^2 现在只对 $\boldsymbol{r}'$作用，$\dfrac{\partial G}{\partial \tau}$前面的正号是由于$-\tau$ 代替 t 而引起的.

同样，在方程(20.3.1)中用 τ 代替 t，用 $\boldsymbol{r}'$代替 $\boldsymbol{r}$，可以得到

$$\nabla^2 u(\boldsymbol{r}',\tau)-\frac{1}{a^2}\frac{\partial u(\boldsymbol{r}',\tau)}{\partial \tau}=-\frac{1}{a^2}f(\boldsymbol{r}',\tau)\quad (\text{在 } R \text{ 内}) \tag{20.3.6}$$

也请注意，上式中的拉普拉斯符∇^2 现在也只对 $\boldsymbol{r}'$作用.

将方程(20.3.6)两边乘以 G，将方程(20.3.5)两边乘以 u，并将两式相减，可以得到

$$(G\nabla^2 u-u\nabla^2 G)-\frac{1}{a^2}\frac{\partial}{\partial \tau}(Gu)=\frac{1}{a^2}\delta(\boldsymbol{r}-\boldsymbol{r}')\delta(t-\tau)u-\frac{1}{a^2}f(\boldsymbol{r}',\tau)G \tag{20.3.7}$$

将式(20.3.7)对变量 $\boldsymbol{r}'$在整个区域R'内积分，对变量 τ 从 0 到 $t+\varepsilon$ 进行积分(其中 ε 是一个任意小量，引进 ε 是为了使等式(20.3.7)右端第一项中含 $\delta(t-\tau)$的积分能够得到确定. 也就是说，使 τ 的积分区间内包含有 t)，并利用下列三个等式：

$$\int_0^{t+\varepsilon}\mathrm{d}\tau\iiint u(\boldsymbol{r}',\tau)\delta(\boldsymbol{r}-\boldsymbol{r}')\delta(t-\tau)\mathrm{d}v'=u(\boldsymbol{r},t) \tag{20.3.8}$$

$$\iiint_{R'}(G\nabla^2 u-u\nabla^2 G)\mathrm{d}v'=\oiint_{S'}\left(G\frac{\partial u}{\partial n'}-u\frac{\partial G}{\partial n'}\right)\mathrm{d}\boldsymbol{\sigma}' \tag{20.3.9}$$

以及

$$\iiint_{R'}\mathrm{d}v'\int_0^{t+\varepsilon}\frac{1}{a^2}\frac{\partial}{\partial \tau}(Gu)\mathrm{d}\tau=-\frac{1}{a^2}\iiint_{R'}G(\boldsymbol{r},t\mid \boldsymbol{r}',0)\varphi(\boldsymbol{r}')\mathrm{d}v' \tag{20.3.10}$$

按照等式(20.3.3)，若影响时刻早于脉冲时刻，则

$$G(\boldsymbol{r},t\mid \boldsymbol{r}',t+\varepsilon)=0$$

综合上述，并令 $\varepsilon\to 0$，于是可以得到

$$\begin{aligned}u(\boldsymbol{r},t)=&\iiint_{R'}G(\boldsymbol{r},t\mid \boldsymbol{r}',0)\varphi(\boldsymbol{r}')\mathrm{d}v'+\int_0^t\mathrm{d}\tau\iiint_{R'}G(\boldsymbol{r},t\mid \boldsymbol{r}',\tau)f(\boldsymbol{r}',\tau)\mathrm{d}v'\\&+a^2\int_0^t\mathrm{d}\tau\oiint_{S'}\left(G\frac{\partial u}{\partial n'}-u\frac{\partial G}{\partial n'}\right)\mathrm{d}\boldsymbol{\sigma}'\end{aligned} \tag{20.3.11}$$

上式中最后一项的化简，视具体边界条件而定.

若边界条件是

$$k\frac{\partial u}{\partial n}+hu\Big|_{\Sigma}=g(\boldsymbol{r}_p,t) \tag{20.3.12}$$

则格林函数的边界条件就为

$$k\frac{\partial G}{\partial n}+hG\Big|_{\Sigma}=0 \tag{20.3.13}$$

将式(20.3.12)两边乘以 G，将式(20.3.13)两边乘以 u，然后两式相减，可以得到

$$G\frac{\partial u}{\partial n}-u\frac{\partial G}{\partial n}\Big|_{\Sigma}=\frac{1}{k}G(\boldsymbol{r},t\mid \boldsymbol{r}',\tau)g(\boldsymbol{r}',t) \tag{20.3.14}$$

将等式(20.3.14)代入式(20.3.11),可得

$$u(\boldsymbol{r},t)=\iiint_{R'}G(\boldsymbol{r},t\mid \boldsymbol{r}',0)\varphi(\boldsymbol{r}')\mathrm{d}v'+\int_0^t\mathrm{d}\tau\iiint_{R'}G(\boldsymbol{r},t\mid \boldsymbol{r}',\tau)f(\boldsymbol{r}',\tau)\mathrm{d}v'$$
$$+\frac{a^2}{k}\int_0^t\mathrm{d}\tau\oiint_{S'}G(\boldsymbol{r},t\mid \boldsymbol{r}_p{}',\tau)g(\boldsymbol{r}_p{}',t)\mathrm{d}\boldsymbol{\sigma}' \tag{20.3.15}$$

对于无界区域的问题,式(20.3.11)中的面积分为零,于是得到

(i) 三维无界区域

对于三维无界区域内的问题,其解可表示为

$$u(\boldsymbol{r},t)=\iiint_{R'}G(\boldsymbol{r},t\mid \boldsymbol{r}',0)\varphi(\boldsymbol{r}')\mathrm{d}v'+\int_0^t\mathrm{d}\tau\iiint_{R'}G(\boldsymbol{r},t\mid \boldsymbol{r}',\tau)f(\boldsymbol{r}',\tau)\mathrm{d}v' \tag{20.3.16}$$

(ii) 二维无界区域

如果物理量在某个方向上,例如 z 方向上保持不变,也即该物理量与坐标 z 无关.这样上面三维中的问题就可约化为二维中的问题.具体做法是,(a)为了表示物理量与 z 无关,只要将上式中的被积函数里的有关 z 变量的符号统统抹去;(b)三重积分中对 z 的积分量程取作单位长.这也体现物理量在 z 方向上的均匀性,于是可得二维无界区域的解

$$u(x,y,t)=\iint_{-\infty}^{\infty}G(x,y,t\mid x',y',0)\varphi(x',y')\mathrm{d}x'\mathrm{d}y'$$
$$+\int_0^t\mathrm{d}\tau\iint_{-\infty}^{\infty}G(x,y,t\mid x',y',\tau)f(x',y',\tau)\mathrm{d}x'\mathrm{d}y' \tag{20.3.17}$$

(iii) 一维无界区域

对一维无界区域的情形,可以仿照上述办法求解,也可采取直接推导的办法,只要将三维中的算符∇^2 换成$\frac{\partial^2}{\partial x^2}$,而 $\delta(\boldsymbol{r}-\boldsymbol{r}')$换成 $\delta(x-x')$……等等,即可得到一维无界区域的解

$$u(x,t)=\int_{-\infty}^{\infty}G(x,t\mid x',0)\varphi(x')\mathrm{d}x'+\int_0^t\mathrm{d}\tau\int_{-\infty}^{\infty}G(x,t\mid x',\tau)f(x',\tau)\mathrm{d}x' \tag{20.3.18}$$

20.4　波动问题的格林函数法

三维含强迫振动的波动问题的典型提法如下:

$$\nabla^2 u(\boldsymbol{r},t) - \frac{1}{a^2}\frac{\partial^2}{\partial t^2}u(\boldsymbol{r},t) = -\frac{1}{a^2}f(\boldsymbol{r},t) \quad (\text{在区域} R \text{内})$$

$$k\frac{\partial u}{\partial n} + hu\Big|_{\Sigma} = g(\boldsymbol{r}_p, t) \quad (\text{在边界} S \text{上}) \tag{20.4.1}$$

$$u(\boldsymbol{r},0) = \varphi(\boldsymbol{r}) \quad (\text{在} R \text{内})$$

$$u_t(\boldsymbol{r},0) = \psi(\boldsymbol{r}) \quad (\text{在} R \text{内})$$

与上述问题相应的格林函数 $G(\boldsymbol{r},t|\boldsymbol{r}',\tau)$ 定义为下列定解问题的解：

$$\nabla^2 G(\boldsymbol{r},t \mid \boldsymbol{r}',\tau) - \frac{1}{a^2}\frac{\partial^2 G}{\partial t^2} = -\frac{1}{a^2}\delta(\boldsymbol{r}-\boldsymbol{r}')\delta(t-\tau) \quad (\text{在} R \text{内})$$

$$k\frac{\partial G}{\partial n} + hG\Big|_{\Sigma} = 0 \quad (\text{在} S \text{上}) \tag{20.4.2}$$

$$G(\boldsymbol{r},0 \mid \boldsymbol{r}',\tau) = 0 \quad (\text{在} R \text{内})$$

$$G_t(\boldsymbol{r},0 \mid \boldsymbol{r}',\tau) = 0 \quad (\text{在} R \text{内})$$

以及

$$G(\boldsymbol{r},t \mid \boldsymbol{r}',\tau) = 0, \quad t < \tau \tag{20.4.3}$$

下面的程序可以完全仿照上面热传导问题(20.3.1)的解法及步骤来进行，但等式(20.3.10)须改成

$$-\iiint_{R'} \mathrm{d}v' \int_0^{t+\varepsilon} \frac{1}{a^2}\frac{\partial}{\partial \tau}\left[G\frac{\partial u}{\partial \tau} - u\frac{\partial G}{\partial \tau}\right]\mathrm{d}\tau = -\frac{1}{a^2}\iiint_{R'}\left[G\frac{\partial u}{\partial \tau} - u\frac{\partial G}{\partial \tau}\right]\Bigg|_{\tau=0}^{\tau=t+\varepsilon}\mathrm{d}v' \tag{20.4.4}$$

由式(20.4.3)，得

$$G(\boldsymbol{r},t \mid \boldsymbol{r}',\tau)\big|_{\tau=t+\varepsilon} = 0, \quad \frac{\partial G}{\partial \tau}\Big|_{\tau=t+\varepsilon} = 0$$

而

$$G\big|_{\tau=0} = G(\boldsymbol{r},t \mid \boldsymbol{r}',0), \quad \frac{\partial G}{\partial \tau}\Big|_{\tau=0} = -\frac{\partial G(\boldsymbol{r},t \mid \boldsymbol{r}',0)}{\partial t}$$

$$u\big|_{\tau=0} = \varphi(\boldsymbol{r}'), \quad \frac{\partial u}{\partial \tau}\Big|_{\tau=0} = \psi(\boldsymbol{r}')$$

综合上述，并令 $\varepsilon \to 0$，可得

$$u(\boldsymbol{r},t) = \iiint_{R'} \frac{\partial G(\boldsymbol{r},t \mid \boldsymbol{r}',0)}{\partial t}\varphi(\boldsymbol{r}')\mathrm{d}v' + \iiint_{R'} G(\boldsymbol{r},t \mid \boldsymbol{r}',0)\psi(\boldsymbol{r}')\mathrm{d}v'$$
$$+ \int_0^t \mathrm{d}\tau \iiint_{R'} G(\boldsymbol{r},t \mid \boldsymbol{r}',\tau) f(\boldsymbol{r}',\tau)\mathrm{d}v' + a^2\int_0^t \mathrm{d}\tau \oiint_{S'}\left[G\frac{\partial u}{\partial n'} - u\frac{\partial u}{\partial n'}\right]\mathrm{d}\boldsymbol{\sigma}' \tag{20.4.5}$$

对于无界区域的问题，公式(20.4.5)中的面积分应为零，于是得

(i) 三维无界区域

对于三维无界区域的情况，其解为

$$u(\boldsymbol{r},t)=\iiint_{R'}\frac{\partial G(\boldsymbol{r},t\mid\boldsymbol{r}',0)}{\partial t}\varphi(\boldsymbol{r}')\mathrm{d}v'+\iiint_{R'}G(\boldsymbol{r},t\mid\boldsymbol{r}',0)\psi(\boldsymbol{r}')\mathrm{d}v'$$

$$+\int_0^t\mathrm{d}\tau\iiint_{R'}G(\boldsymbol{r},t\mid\boldsymbol{r}',\tau)f(\boldsymbol{r}',\tau)\mathrm{d}v' \tag{20.4.6}$$

(ii) 二维无界区域

$$u(x,y,t)=\iint_{-\infty}^{\infty}\frac{\partial G(x,y,t\mid x',y',0)}{\partial t}\varphi(x',y')\mathrm{d}x'\mathrm{d}y'$$

$$+\iint_{-\infty}^{\infty}G(x,y,t\mid x',y',0)\psi(x',y')\mathrm{d}x'\mathrm{d}y'$$

$$+\int_0^t\mathrm{d}\tau\iint_{-\infty}^{\infty}G(x,y,t\mid x',y',\tau)f(x',y',\tau)\mathrm{d}x'\mathrm{d}y' \tag{20.4.7}$$

(iii) 一维无界区域

$$u(x,t)=\int_{-\infty}^{\infty}\frac{\partial G(x,t\mid x',0)}{\partial t}\varphi(x')\mathrm{d}x'+\int_{-\infty}^{\infty}G(x,t\mid x',0)\psi(x')\mathrm{d}x'$$

$$+\int_0^t\mathrm{d}\tau\int_{-\infty}^{\infty}G(x,t\mid x',\tau)f(x',\tau)\mathrm{d}x' \tag{20.4.8}$$

20.5 格林函数的确定

从上述解的形式来看，用格林函数法求得的解是十分紧凑的. 然而，尽管解在形式上可以表示得非常紧凑，可是用格林函数法求解的主要困难还是在如何确定格林函数本身上. 对于一个给定的具体问题，需要寻找一个合适的格林函数，而这个合适的格林函数的选取又与坐标系的形式、边界条件以及问题的定义(即有限、半无限或无限)等等有关. 为了减轻这方面的困难，下面介绍几种直观而有规则的构造格林函数的方法.

20.5.1 镜象法

一般来说，有界区域的格林函数多半是不能表达成有限形式的，仅对某些特殊区域(圆形、球形等简单几何形状的区域)可以用静电学中的镜象法直接求出其有限表达式.

例如，第一类边值问题的格林函数定义为下列问题的解：

$$\begin{aligned}&\nabla^2 G(\boldsymbol{r}\mid\boldsymbol{r}')=-\delta(\boldsymbol{r}-\boldsymbol{r}')\\&G(\boldsymbol{r}\mid\boldsymbol{r}')\big|_{\Sigma}=0\end{aligned} \tag{20.5.1}$$

根据静电学定律,上述问题的格林函数,就是放置于外壳接地的导体体内 $\boldsymbol{r}$ 处的单位正电荷在导体内产生的电势分布. 但为了使界面上的电势为零,所以还得在体外放置一个适当的负电荷,这样才能使这两电荷在界面上产生的电势之和为零. 由于这方法是基于静电学的镜象原理来构造格林函数的,所以我们称这种构造格林函数的方法为镜象法.

1. 球形区域(第一类边值问题)的格林函数

对于球形区域($r\leqslant a$),按镜象法来构造第一类边值问题的格林函数是方便的. 具体做法如下(图 20.1):在球内 M_0 点($\boldsymbol{r}'$)放置一个单位正电荷,在球外点 $M_1(\boldsymbol{b})$ 放置一个虚设的电荷 q. 这两电荷在球内任一点 $P(\boldsymbol{r})$产生的电势为

$$u=\frac{1}{4\pi}\left(\frac{1}{R_1}+\frac{q}{R_2}\right)=\frac{1}{4\pi}\left[\frac{1}{\sqrt{r^2+r'^2-2rr'\cos\gamma}}+\frac{q}{\sqrt{r^2+b^2-2rb\cos\gamma}}\right]$$

其中 γ 是矢量 $\boldsymbol{r}$ 及 $\boldsymbol{r}'$之间的夹角.

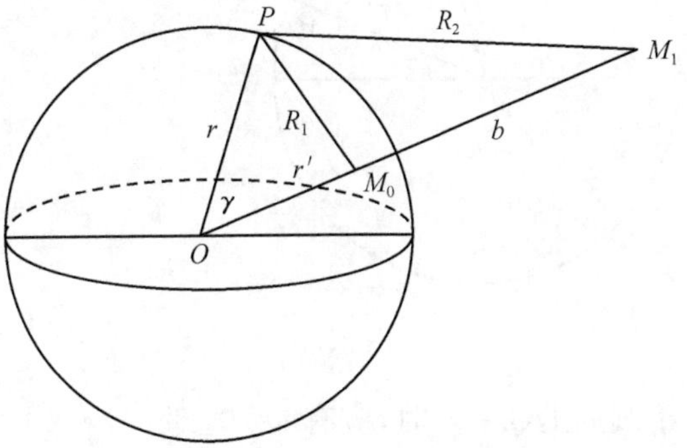

图 20.1

当观察点 P 位于球面上($r=a$)时,要求 $u=0$,即

$$\frac{1}{\sqrt{1+\dfrac{a^2}{r'^2}-\dfrac{2a}{r'}\cos\gamma}}+\frac{r'q}{a}\frac{1}{\sqrt{1+\dfrac{b^2}{a^2}-\dfrac{2b}{a}\cos\gamma}}=0$$

由于上式应对任何 γ 值都成立,所以就提供了确定 b 及 q 的方程,于是令 γ 取某个特定值,我们可以得到下列两个方程:

$$1+\frac{r'q}{a}=0,\qquad \frac{a}{r'}=\frac{b}{a}$$

从而,解出以上两个联立方程,得

$$q=-\frac{a}{r'},\qquad b=\frac{a^2}{r'}$$

因此,球形区域($r\leqslant a$)第一类边值问题的格林函数为

$$G(\boldsymbol{r} \mid \boldsymbol{r}') = \frac{1}{4\pi}\left[\frac{1}{\sqrt{r^2 + r'^2 - 2rr'\cos\gamma}} - \frac{a}{\sqrt{r^2r'^2 + a^4 - 2rr'a^2\cos\gamma}}\right] \tag{20.5.2}$$

2. 圆形区域(第一类边值问题)的格林函数

对于圆形区域,也可按镜象法来构造格林函数,具体做法是,在圆内($\rho<a$)任找一点$M_0(\boldsymbol{\rho}')$,放置一单位正线电荷,在圆外点$M_1(\boldsymbol{b})$处放置一虚设的线电荷,其线电荷密度为λ.按照图20.2上的数据,这两线电荷在圆内任一观察点$P(\boldsymbol{\rho})$处产生的电势为

$$u = \frac{1}{2\pi}\ln\frac{1}{|\boldsymbol{\rho} - \boldsymbol{\rho}'|} + \frac{\lambda}{2\pi}\ln\frac{1}{|\boldsymbol{\rho} - \boldsymbol{b}|} + c$$

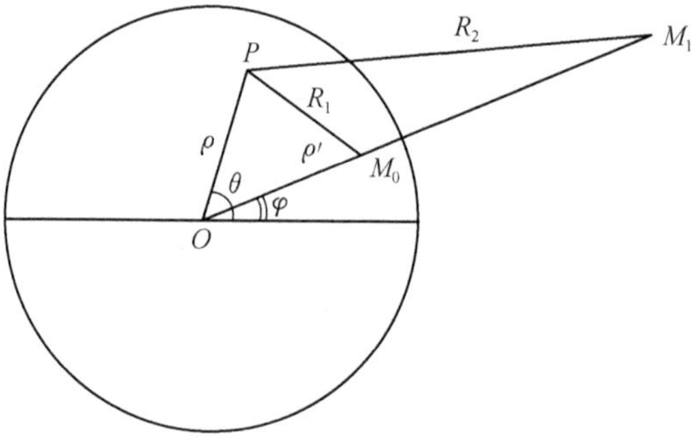

图 20.2

当观察点P位于圆周上($\rho=a$)时,应有$u=0$,即

$$-\frac{1}{4\pi}\ln[a^2 + \rho'^2 - 2a\rho'\cos(\theta - \varphi)] - \frac{\lambda}{4\pi}\ln[a^2 + b^2 - 2ab\cos(\theta - \varphi)] + c = 0$$

上式应对任何θ值成立,所以上式对θ的导数应为零,即

$$-\frac{1}{4\pi}\left[\frac{-2a\rho'\sin(\theta - \varphi)}{a^2 + \rho'^2 - 2a\rho'\cos(\theta - \varphi)}\right] - \frac{\lambda}{4\pi}\left[\frac{-2ab\sin(\theta - \varphi)}{a^2 + b^2 - 2ab\cos(\theta - \varphi)}\right] = 0$$

于是

$$\lambda b[a^2 + \rho'^2 - 2a\rho'\cos(\theta - \varphi)] + \rho'[a^2 + b^2 - 2ab\cos(\theta - \varphi)] = 0$$

由于上式也应对任何θ值成立,所以就提供了确定λ和b的方程

$$\lambda b(a^2 + \rho'^2) + \rho'(a^2 + b^2) = 0, \quad 2\lambda a\rho' b + 2a\rho' b = 0$$

由上面两个方程联立,解得

$$\lambda = -1, \quad b = \frac{a^2}{\rho'}$$

于是,圆形区域($\rho\leqslant a$)第一类边值问题的格林函数为

$$G(x,y \mid x',y') = G(\boldsymbol{\rho} \mid \boldsymbol{\rho}') = \frac{1}{2\pi}\ln\left[\frac{\sqrt{\rho^2\rho'^2 + a^4 - 2\rho\rho' a^2\cos(\theta-\varphi)}}{a\sqrt{\rho^2+\rho'^2-2\rho\rho'\cos(\theta-\varphi)}}\right]$$

$$= \frac{1}{4\pi}\ln\left\{\frac{\rho^2\rho'^2 + a^4 - 2\rho\rho' a^2\cos(\theta-\varphi)}{a^2[\rho^2+\rho'^2-2\rho\rho'\cos(\theta-\varphi)]}\right\} \qquad (20.5.3)$$

其中 $\rho^2=x^2+y^2, \rho'^2=x'^2+y'^2$.

3. 上半平面区域($-\infty<x<\infty, y\geqslant 0$)第一类边值问题的格林函数

对于这种情形,问题特别简单. 若在(x',y')处放置一正的单位线电荷,则虚设的负的单位线电荷应置于$(x',-y')$处. 于是很容易得到这两线电荷在上半平面空间($y>0$)所产生的电势分布,也就是本问题的格林函数,即

$$G(x,y \mid x',y') = \frac{1}{2\pi}\ln\frac{1}{\sqrt{(x-x')^2+(y-y')^2}} - \frac{1}{2\pi}\ln\frac{1}{\sqrt{(x-x')^2+(y+y')^2}}$$

$$= \frac{1}{4\pi}\ln\left[\frac{(x-x')^2+(y+y')^2}{(x-x')^2+(y-y')^2}\right] \qquad (20.5.4)$$

20.5.2　积分变换法

对于无界区域的问题,较方便的是用积分变换来构造格林函数.

1. 稳态问题

(1) 一维无界区域

例如,用傅里叶变换求解下列方程

$$\frac{d^2G(x \mid x')}{dx^2} - b^2G(x \mid x') = -\delta(x-x') \qquad (20.5.5)$$

的格林函数 $G(x|x')$.

从方程(20.5.5)很容易求出格林函数 $G(x|x')$的傅氏变换

$$\mathscr{F}[G(x \mid x')] = \frac{1}{\sqrt{2\pi}}\frac{1}{k^2+b^2}$$

于是即刻得到

$$G(x \mid x') = \frac{1}{2\pi}\int_{-\infty}^{\infty}\frac{e^{ik[x-x']}}{k^2+b^2}dk$$

再利用留数定理,可得

$$G(x \mid x') = \begin{cases} \dfrac{e^{-b(x-x')}}{2b} & (\text{当 } x-x'>0 \text{ 时}) \\ \dfrac{e^{b(x-x')}}{2b} & (\text{当 } x-x'<0 \text{ 时}) \end{cases}$$

因此

$$G(x \mid x') = \frac{1}{2b}\mathrm{e}^{-b|x-x'|} \tag{20.5.6}$$

（2）二维无界区域

例如，求满足下列方程的格林函数 $G(x,y|x',y')$：

$$\nabla^2 G(x,y \mid x',y') = -\delta(x-x')\delta(y-y') \tag{20.5.7}$$

从上述方程很容易求得格林函数 $G(x,y|x',y')$ 的傅氏像函数

$$\mathscr{F}[G(x,y \mid x',y')] = \frac{1}{2\pi k^2}$$

于是

$$G(x,y \mid x'y') = \frac{1}{(2\pi)^2}\iint_{-\infty}^{\infty} \frac{1}{k^2}\mathrm{e}^{\mathrm{i}\boldsymbol{k}\cdot\boldsymbol{R}}\mathrm{d}k_x\mathrm{d}k_y = \frac{1}{(2\pi)^2}\int_0^{\infty}\int_{-\pi}^{\pi}\frac{\mathrm{e}^{\mathrm{i}kR\cos\varphi}}{k}\mathrm{d}k\mathrm{d}\varphi$$

式中

$$\boldsymbol{R} = \boldsymbol{r}-\boldsymbol{r}',\ R = |\boldsymbol{r}-\boldsymbol{r}'|,\ k^2 = k_x^2+k_y^2,\ \boldsymbol{k}\cdot\boldsymbol{R} = k_x(x-x')+k_y(y-y')$$

再利用下面的公式

$$\mathrm{J}_0(x) = \frac{1}{2\pi}\int_{-\pi}^{\pi}\mathrm{e}^{\mathrm{i}x\cos\varphi}\mathrm{d}\varphi$$

于是得

$$G(x,y \mid x',y') = \frac{1}{2\pi}\int_0^{\infty}\frac{\mathrm{J}_0(kR)}{k}\mathrm{d}k$$

由上式可知格林函数仅是 R 的函数，所以可将它表示成 $G(R)$ 的形式；其次上面这个积分在 $k=0$ 处发散，可是其积分主值还是存在的. 因此，将下式定义为 $G(R)$，即

$$G(R) = \frac{1}{2\pi}\int_0^{\infty}\frac{\mathrm{J}_0(kR)-\mathrm{J}_0(k)}{k}\mathrm{d}k = \frac{1}{2\pi}\int_0^{\infty}\frac{\mathrm{d}k}{k}\int_1^{R}\frac{\mathrm{d}\mathrm{J}_0(kR)}{\mathrm{d}R}\mathrm{d}R$$

$$\frac{\mathrm{d}G(R)}{\mathrm{d}R} = \frac{1}{2\pi}\int_0^{\infty}\frac{\partial \mathrm{J}_0(kR)}{\partial R}\frac{\mathrm{d}k}{k} = \frac{1}{2\pi R}\int_0^{\infty}\frac{\mathrm{d}\mathrm{J}_0(y)}{\mathrm{d}y}\mathrm{d}y = -\frac{1}{2\pi R}$$

于是

$$G(R) = \frac{1}{2\pi}\ln\frac{1}{R}+c$$

因为 $G(1)=0$，所以 $c=0$. 从而

$$G(x,y \mid x',y') = \frac{1}{2\pi}\ln\frac{1}{|\boldsymbol{r}-\boldsymbol{r}'|} \tag{20.5.8}$$

式中

$$|\boldsymbol{r}-\boldsymbol{r}'| = \sqrt{(x-x')^2+(y-y')^2}$$

（3）三维无界区域

适合本情形的格林函数，是下列方程

$$\nabla^2 G(x,y,z \mid x',y',z') = -\delta(x-x')\delta(y-y')\delta(z-z') \quad (20.5.9)$$

的解. 通过傅氏变换,可得

$$\begin{aligned} G(x,y,z \mid x',y',z') = G(\boldsymbol{r} \mid \boldsymbol{r}') &= \frac{1}{(2\pi)^3}\iiint \frac{1}{k^2}\mathrm{e}^{\mathrm{i}\boldsymbol{k}\cdot(\boldsymbol{r}-\boldsymbol{r}')}\mathrm{d}k_x\mathrm{d}k_y\mathrm{d}k_z \\ &= \frac{1}{(2\pi)^3}\int_0^\infty\int_0^{2\pi}\int_0^{\pi}\mathrm{e}^{\mathrm{i}k\cdot|\boldsymbol{r}-\boldsymbol{r}'|\cos\theta}\sin\theta\mathrm{d}\theta\mathrm{d}\varphi\mathrm{d}k \\ &= \frac{1}{(2\pi)^2}\int_0^\infty \frac{\mathrm{e}^{\mathrm{i}kR}-\mathrm{e}^{-\mathrm{i}kR}}{\mathrm{i}kR}\mathrm{d}k \\ &= \frac{1}{4\pi R} = \frac{1}{4\pi|\boldsymbol{r}-\boldsymbol{r}'|} \end{aligned} \quad (20.5.10)$$

(其中 $R=|\boldsymbol{r}-\boldsymbol{r}'|$).

2. 热传导问题

(1) 一维无界区域

与一维无界区域的热传导问题相应的格林函数,定义为下列定解问题的解

$$\begin{cases} \nabla^2 G - \dfrac{1}{a^2}\dfrac{\partial G}{\partial t} = -\dfrac{1}{a^2}\delta(x-x')\delta(t-\tau) \quad (-\infty < x < \infty, t > 0) \\ G(x,t \mid x',\tau)\big|_{t=0} = 0 \end{cases} \quad (20.5.11)$$

上述问题可以完全依照 18.1.2 节的办法来进行求解,或直接利用公式(18.1.18),就可得到一维无界区域热传导问题的格林函数.

$$G(x,t \mid x',\tau) = \begin{cases} 0 & (t<\tau) \\ \dfrac{1}{2a\sqrt{\pi(t-\tau)}}\mathrm{e}^{-\frac{(x-x')^2}{4a^2(t-\tau)}} & (t>\tau) \end{cases} \quad (20.5.12)$$

(2) 二维无界区域

同样,可得到二维无界区域热传导问题的格林函数

$$G(x,y,t \mid x',y',\tau) = \begin{cases} 0 & (t<\tau) \\ \dfrac{1}{\left[2a\sqrt{\pi(t-\tau)}\right]^2}\mathrm{e}^{-\frac{(x-x')^2+(y-y')^2}{4a^2(t-\tau)}} & (t>\tau) \end{cases} \quad (20.5.13)$$

(3) 三维无界区域

同样,也可得到三维无界区域热传导问题的格林函数

$$G(x,y,z,t \mid x',y',z',\tau) = \begin{cases} 0 & (t<\tau) \\ \dfrac{1}{\left[2a\sqrt{\pi(t-\tau)}\right]^3}\mathrm{e}^{-\frac{(x-x')^2+(y-y')^2+(z-z')^2}{4a^2(t-\tau)}} & (t>\tau) \end{cases} \quad (20.5.14)$$

3. 波动问题

(1) 一维无界区域

与一维无界区域的波动问题相应的格林函数,定义为下列定解问题的解:

$$\nabla^2 G - \frac{1}{a^2}\frac{\partial^2 G}{\partial t^2} = -\frac{1}{a^2}\delta(x-x')\delta(t-\tau) \quad (-\infty < x < \infty, t > 0)$$

$$G(x,t \mid x',\tau)\big|_{t=0} = 0, \quad G_t(x,t \mid x',\tau)_{t=0} = 0 \tag{20.5.15}$$

上述问题可以完全仿照 18.1.1 节的办法来进行求解,或直接利用公式(18.1.11),便可以得到一维无界区域波动问题的格林函数.

$$G(x,t \mid x',\tau) = \frac{1}{2a}\{u[x-x'+a(t-\tau)] - u[x-x'-a(t-\tau)]\} \tag{20.5.16}$$

式中 $u(x)$是由公式(10.2.1)定义的单位阶跃函数,其导数 $u'(x)$等于 $\delta(x)$.

(2) 二维无界区域

对于二维无界区域的问题,仿照推导公式(20.5.8)的做法,并利用例题(17.2.3)的积分结果来进行求解,可得二维无界区域波动问题的格林函数.

$$G(x,y,t \mid x',y',\tau) = \begin{cases} 0 & t<\tau \\ 0 & t>\tau,\ |\boldsymbol{\rho}-\boldsymbol{\rho}'|>a(t-\tau) \\ \dfrac{1}{2\pi a\sqrt{a^2(t-\tau)^2-[(x-x')^2+(y-y')^2]}} & t>\tau,\ |\boldsymbol{\rho}-\boldsymbol{\rho}'|<a(t-\tau) \end{cases} \tag{20.5.17}$$

(3) 三维无界区域

与三维无界区域波动问题相应的格林函数,定义为下列定解问题的解:

$$\nabla^2 G - \frac{1}{a^2}\frac{\partial^2 G}{\partial t^2} = -\frac{1}{a^2}\delta(\boldsymbol{r}-\boldsymbol{r}')\delta(t-\tau) \quad (0 < r < \infty, t > 0)$$

$$G(\boldsymbol{r},t \mid \boldsymbol{r}',\tau)\big|_{t=0} = 0, \quad G_t(\boldsymbol{r},t \mid \boldsymbol{r}',\tau)\big|_{t=0} = 0 \tag{20.5.18}$$

由上述定解问题的形式,可推测解仅和变量$(\boldsymbol{r}-\boldsymbol{r}')$及$(t-\tau)$有关. 为了不失普遍性,可令 $\tau=0$,$\boldsymbol{r}'=0$,然后求出解. 最后将这样的变量换成原来的变量,即 t 换成$(t-\tau)$,$\boldsymbol{r}$ 换成$(\boldsymbol{r}-\boldsymbol{r}')$,就得到原问题的解.

可先对时间变量 t 作拉氏变换,在变换时结合初始条件,然后对坐标变量作傅氏变换. 若原函数用 $G(\boldsymbol{r},t)$表示,象函数用 $\widetilde{G}(\boldsymbol{k},\omega)$表示,则它们之间的关系为

$$G(\boldsymbol{r},t) = \iiint \frac{\mathrm{d}^3 k}{(2\pi)^{\frac{3}{2}}}\int_{-\infty}^{\infty}\frac{\mathrm{d}\omega}{(2\pi)}\widetilde{G}(\boldsymbol{k},\omega)\,\mathrm{e}^{\mathrm{i}(\boldsymbol{k}\cdot\boldsymbol{r}-\omega t)}$$

通过上述定解问题(20.5.18)的方程,可解出象函数

$$\widetilde{G}(\boldsymbol{k},\omega) = -\frac{1}{(2\pi)^{\frac{3}{2}}(\omega^2-k^2a^2)}$$

因此

$$G(\boldsymbol{r},t)=-\iiint\frac{\mathrm{d}^3k}{(2\pi)^3}\int\frac{\mathrm{d}\omega}{(2\pi)}\frac{1}{(\omega^2-k^2a^2)}\mathrm{e}^{\mathrm{i}(\boldsymbol{k}\cdot\boldsymbol{r}-\omega t)}$$

$$=-\frac{1}{\mathrm{i}r(2\pi)^3}\int_{-\infty}^{\infty}k\mathrm{d}k\int_{-\infty}^{\infty}\mathrm{d}\omega\frac{\mathrm{e}^{\mathrm{i}(kr-\omega t)}}{\omega^2-k^2a^2}$$

上式中对 ω 的积分路线,可取如图 20.3 所示的路线,因为这样选择的路线与格林函数的定义一致. 按照格林函数的定义,要求它当 $t<0$ 时下面等式成立:

$$G(\boldsymbol{r},t)\equiv 0\quad(t<0)\tag{20.5.19a}$$

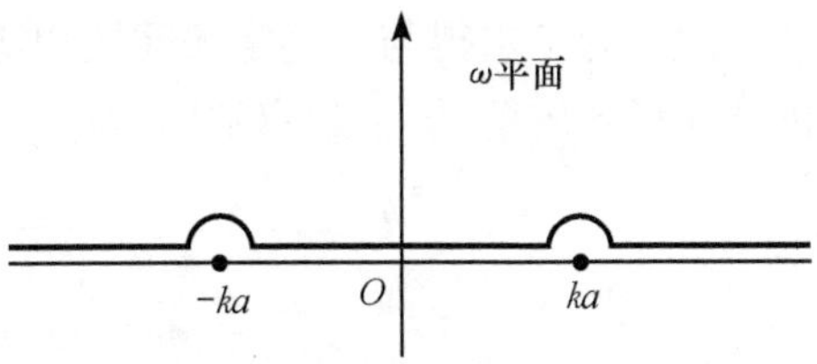

图 20.3

当 $t<0$ 时,按引理(5.2.3),ω 的积分应在上半平面进行,正好在积分围线内无极点,按留数定理,上面 $G(\boldsymbol{r},t)$ 中的积分为零.

当 $t>0$ 时,按引理(5.2.3),对 ω 的积分应在下半平面进行. 这时积分围线内含有两个极点($-ka$ 和 ka),于是

$$G(\boldsymbol{r},t)=-\frac{1}{\mathrm{i}r(2\pi)^3}\int_{-\infty}^{\infty}k\mathrm{e}^{\mathrm{i}kr}\mathrm{d}k\int_{-\infty}^{\infty}\frac{\mathrm{e}^{-\mathrm{i}\omega t}}{\omega^2-k^2a^2}\mathrm{d}\omega$$

$$=-\frac{1}{2a\mathrm{i}r(2\pi)^3}\int_{-\infty}^{\infty}\mathrm{e}^{\mathrm{i}kr}\mathrm{d}k\int_{-\infty}^{\infty}\mathrm{d}\omega\mathrm{e}^{-\mathrm{i}\omega t}\left[\frac{1}{\omega-ka}-\frac{1}{\omega+ka}\right]$$

$$=\frac{1}{2ar(2\pi)^2}\int_{-\infty}^{\infty}\mathrm{d}k\mathrm{e}^{\mathrm{i}kr}(\mathrm{e}^{-\mathrm{i}kat}-\mathrm{e}^{\mathrm{i}kat})$$

$$=\frac{1}{4\pi ra}[\delta(r-at)-\delta(r+at)]$$

由于我们考虑的情形是 $t>0,r>0$,所以

$$\delta(r+at)=0$$

于是

$$G(\boldsymbol{r},t)=\frac{1}{4\pi ar}\delta(r-at)\quad(t>0)\tag{20.5.19b}$$

综合上述结果,最后得到三维无界区域波动问题的格林函数为

$$G(\boldsymbol{r},t\mid\boldsymbol{r}',\tau)=\begin{cases}0, & 当\ t<\tau\\ \dfrac{1}{4\pi a\mid\boldsymbol{r}-\boldsymbol{r}'\mid}\delta[\mid\boldsymbol{r}-\boldsymbol{r}'\mid-a(t-\tau)], & 当\ t>\tau\end{cases}\tag{20.5.20}$$

20.5.3　分离变量法

我们通过下列例题的求解来介绍用分离变量法构造格林函数的方法.

例 20.5.1　求解下列定解问题:

$$u_{xx}(x,t)-\frac{1}{a^2}u_t=-\frac{1}{a^2}f(x,t)\quad(0<x<l,t>0)$$
$$u(0,t)=g_1(t)\quad(t>0)\tag{20.5.21}$$
$$u(l,t)=g_2(t)\quad(t>0)$$
$$u(x,0)=\varphi(x)\quad(0\leqslant x\leqslant l)$$

解 为了求得与上述定解问题相应的格林函数,我们先来讨论这个定解问题的齐次形式的解,即下列定解问题:

$$v_{xx}(x,t)-\frac{1}{a^2}v_t=0\quad(0<x<l,t>0)$$
$$v(0,t)=0\quad(t>0)\tag{20.5.22}$$
$$v(l,t)=0\quad(t>0)$$
$$v(x,0)=\varphi(x)\quad(0\leqslant x\leqslant l)$$

的解.用分离变量法很容易求得定解问题(20.5.22)的解,其形式为

$$v(x,t)=\int_0^l\left[\frac{2}{l}\sum_{n=1}^{\infty}\mathrm{e}^{-\left(\frac{na\pi}{l}\right)^2t}\sin\frac{n\pi}{l}x\sin\frac{n\pi}{l}x'\right]\varphi(x')\mathrm{d}x'\tag{20.5.23}$$

另一方面,按照公式(20.3.15),并将它应用到一维情形,有

$$v(x,t)=\int_0^l G(x,t\mid x',0)\varphi(x')\mathrm{d}x'\tag{20.5.24}$$

将式(20.5.23)与式(20.5.24)进行对比,可以得到

$$G(x,t\mid x',\tau)\mid_{\tau=0}=\frac{2}{l}\sum_{n=1}^{\infty}\mathrm{e}^{-\left(\frac{na\pi}{l}\right)^2t}\sin\frac{n\pi}{l}x\sin\frac{n\pi}{l}x'\tag{20.5.25}$$

再将上式中的 t 换成 $t-\tau$,就得到所求的格林函数

$$G(x,t\mid x',\tau)=\frac{2}{l}\sum_{n=1}^{\infty}\mathrm{e}^{-\left(\frac{na\pi}{l}\right)^2(t-\tau)}\sin\frac{n\pi}{l}x\sin\frac{n\pi}{l}x'\tag{20.5.26}$$

再一次利用公式(20.3.15),于是定解问题(20.5.21)的解可以表示成下列紧凑的形式:

$$\begin{aligned}u(x,t)=&\int_0^l G(x,t\mid x',0)\varphi(x')\mathrm{d}x'+\int_0^t\mathrm{d}\tau\int_0^l G(x,t\mid x',\tau)f(x',\tau)\mathrm{d}x'\mathrm{d}\tau\\&+a^2\int_0^t\left.\frac{\partial G(x,t\mid x',\tau)}{\partial x'}\right|_{x'=0}g_1(\tau)\mathrm{d}\tau-a^2\int_0^t\left.\frac{\partial G(x,t\mid x',\tau)}{\partial x'}\right|_{x'=l}g_2(\tau)\mathrm{d}\tau\end{aligned}\tag{20.5.27}$$

上式中 $+\left.\frac{\partial G}{\partial x'}\right|_{x'=0}$ 前面的"+"号是由于 $x'=0$ 处边界面的外法线方向是负 x 方向.

将格林函数的表式(20.5.26)代入上式,即得定解问题(20.5.21)的解

$$u(x,t)=\frac{2}{l}\sum_{n=1}^{\infty}\mathrm{e}^{-\left(\frac{na\pi}{l}\right)^2t}\sin\frac{n\pi}{l}x\int_0^l\sin\frac{n\pi}{l}x'\varphi(x')\mathrm{d}x'$$

$$+\frac{2}{l}\sum_{n=1}^{\infty}\sin\frac{n\pi}{l}x\int_0^t \mathrm{e}^{-\left(\frac{na\pi}{l}\right)^2(t-\tau)}\left[\int_0^l \sin\frac{n\pi}{l}x'f(x',\tau)\mathrm{d}x'\right]\mathrm{d}\tau$$

$$+\frac{2a^2}{l}\sum_{n=1}^{\infty}\left(\frac{n\pi}{l}\right)\sin\frac{n\pi}{l}x\int_0^t \mathrm{e}^{-\left(\frac{na\pi}{l}\right)^2(t-\tau)}g_1(\tau)\mathrm{d}\tau$$

$$-\frac{2a^2}{l}\sum_{n=1}^{\infty}(-1)^n\frac{n\pi}{l}\sin\frac{n\pi}{l}x\int_0^t \mathrm{e}^{-\left(\frac{na\pi}{l}\right)^2(t-\tau)}g_2(\tau)\mathrm{d}\tau \tag{20.5.28}$$

20.5.4　本征函数法

例如，我们要找与下列非齐次亥姆霍兹方程：

$$\nabla^2 u(\boldsymbol{r})+k^2u(\boldsymbol{r})=-\rho(\boldsymbol{r}) \tag{20.5.29}$$

相应的格林函数，按定义这个格林函数是下列方程

$$\nabla^2 G(\boldsymbol{r}\mid\boldsymbol{r}')+k^2G(\boldsymbol{r}\mid\boldsymbol{r}')=-\delta(\boldsymbol{r}-\boldsymbol{r}') \tag{20.5.30}$$

的解，为了求得这个格林函数，我们先找与方程(20.5.29)相应的齐次亥姆霍兹方程的本征函数 $\varphi_n(r)$ 及其相应的本征值 k_n^2，即

$$\nabla^2\varphi_n(\boldsymbol{r})+k_n^2\varphi_n(\boldsymbol{r})=0\quad(n=1,2,3,\cdots) \tag{20.5.31}$$

然后将格林函数 $G(\boldsymbol{r}|\boldsymbol{r}')$ 形式上按本征函数 $\{\varphi_n(r)\}(n=1,2,3,\cdots)$ 展开，即

$$G(\boldsymbol{r}\mid\boldsymbol{r}')=\sum_{n=1}^{\infty}a_n(\boldsymbol{r}')\varphi_n(\boldsymbol{r}) \tag{20.5.32}$$

式中 $a_n(\boldsymbol{r}')$ 是展开系数. 为了求出这些系数，将上式代入方程(20.5.30)，得到

$$-\sum_{n=1}^{\infty}a_n(\boldsymbol{r}')k_n^2\varphi_n(\boldsymbol{r})+k^2\sum_{n=1}^{\infty}a_n(\boldsymbol{r}')\varphi_n(\boldsymbol{r})=-\sum_{n=1}^{\infty}\varphi_n(\boldsymbol{r}')\varphi_n(\boldsymbol{r}) \tag{20.5.33}$$

上式中等式右端的表式实际上是 $\delta(\boldsymbol{r}-\boldsymbol{r}')$ 按本征函数 $\varphi_n(\boldsymbol{r})$ 的展开式，其中已利用了本征函数 $\varphi_n(\boldsymbol{r})$ 的正交性和归一性(要求本征函数具有归一性这一点，并不失去普遍意义，因为本征函数的归一化还是比较容易实现的). 由等式(20.5.33)出发，再利用本征函数系的完备性，可得

$$a_n(\boldsymbol{r}')=\frac{\varphi_n(\boldsymbol{r}')}{k_n^2-k^2} \tag{20.5.34}$$

将上式代入表式(20.5.32)，于是得到与方程(20.5.29)相应的格林函数

$$G(\boldsymbol{r}\mid\boldsymbol{r}')=\sum_{n=1}^{\infty}\frac{\varphi_n(\boldsymbol{r}')\varphi_n(\boldsymbol{r})}{k_n^2-k^2} \tag{20.5.35}$$

20.6　应　　用

20.6.1　球内第一类边值问题

$$\nabla^2 u(\boldsymbol{r})=-\rho(\boldsymbol{r})\quad(\text{在球 } r<a \text{ 内})$$

$$u(\boldsymbol{r})|_{\Sigma}=f(\theta,\varphi) \quad (在球面\ r=a) \tag{20.6.1}$$

按照公式(20.2.10)，上述问题的解为

$$u(\boldsymbol{r})=\iiint_{V'} G(\boldsymbol{r}\mid\boldsymbol{r}')\rho(\boldsymbol{r}')\mathrm{d}v'-\oiint_{S'} u(\boldsymbol{r}_p{}')\frac{\partial G}{\partial n'}\mathrm{d}\boldsymbol{\sigma}' \tag{20.6.2}$$

式中 $\boldsymbol{r}_p$ 表示在球面($r=a$)上的矢量. 另一方面，根据公式(20.5.2)，球内第一类边值问题的格林函数为

$$G(\boldsymbol{r}\mid\boldsymbol{r}')=\frac{1}{4\pi}\left[\frac{1}{\sqrt{r^2+r'^2-2rr'\cos\gamma}}-\frac{a}{\sqrt{r^2r'^2+a^4-2rr'a^2\cos\gamma}}\right] \tag{20.6.3}$$

其中 γ 是 $\boldsymbol{r}$ 与 $\boldsymbol{r}'$ 之间的夹角，而

$$\cos\gamma=\cos\theta\cos\theta'+\sin\theta\sin\theta'\cos(\varphi-\varphi') \tag{20.6.4}$$

$$\left.\frac{\partial G}{\partial n'}\right|_{r'=a}=\left.\frac{\partial G}{\partial r'}\right|_{r'=a}=-\frac{a^2-r^2}{4\pi a[a^2+r^2-2ar\cos\gamma]^{3/2}} \tag{20.6.5}$$

将表式(20.6.3)及(20.6.5)代入式(20.6.2)，于是得到球内第一类边值问题(20.6.1)的解为

$$\begin{aligned}u(r,\theta,\varphi)=&\int_0^a\int_0^{2\pi}\int_0^{\pi}G(\boldsymbol{r}\mid\boldsymbol{r}')\rho(r')r'^2\sin\theta'\mathrm{d}\theta'\mathrm{d}\varphi'\mathrm{d}r'\\&+\frac{a}{4\pi}\int_0^{2\pi}\int_0^{\pi}\frac{(a^2-r^2)f(\theta',\varphi')\sin\theta'}{[a^2+r^2-2ar\cos\gamma]^{\frac{3}{2}}}\mathrm{d}\theta'\mathrm{d}\varphi'\end{aligned} \tag{20.6.6}$$

式中的 $G(\boldsymbol{r}|\boldsymbol{r}')$ 即表式(20.6.3)，$\cos\gamma$ 是表式(20.6.4).

20.6.2 圆内第一类边值问题

$$\begin{aligned}&\nabla^2u(\boldsymbol{\rho})=-q(\boldsymbol{\rho}) \quad (在圆内\ \rho<\alpha)\\&u(\boldsymbol{\rho})|_{\rho=a}=f(\theta) \quad (在圆周上\ \rho=\alpha)\end{aligned} \tag{20.6.7}$$

按照公式(20.2.10)，上述问题的解为

$$u(\boldsymbol{\rho})=\iint_{S'}G(\boldsymbol{\rho}\mid\boldsymbol{\rho}')q(\boldsymbol{\rho}')\mathrm{d}S'-\oint f(\varphi')\left.\frac{\partial G}{\partial n'}\right|_{\rho'=a}\mathrm{d}l \tag{20.6.8}$$

上式中第一项是一个面积分(在圆内积分)；第二项是一个围线积分(沿圆周的积分). 因为本题是一个二维问题，其特点是物理量沿垂直于圆所在的平面的方向上是均匀的，所以沿这个方向取单位长积分就可以了. 这样，公式(20.2.10)中的体积分就化成面积分，而公式(20.2.10)中的界面积分现在就化成围线积分了.

另外，根据公式(20.5.3)，圆内第一类边值问题的格林函数为

$$G(\boldsymbol{\rho}\mid\boldsymbol{\rho}')=\frac{1}{4\pi}\ln\left\{\frac{\rho\rho'^2+a^4-2\rho\rho'a^2\cos(\theta-\varphi)}{a^2[\rho^2+\rho'^2-2\rho\rho'\cos(\theta-\varphi)]}\right\} \tag{20.6.9}$$

式中

$$\rho^2=x^2+y^2,\qquad \rho'^2=x'^2+y'^2$$

而

$$\frac{\partial G}{\partial n'}\bigg|_{\rho'=a}=\frac{\partial G}{\partial \rho'}\bigg|_{\rho'=a}=-\frac{a^2-\rho^2}{2\pi a[a^2+\rho^2-2a\rho\cos(\theta-\varphi)]} \tag{20.6.10}$$

将表式(20.6.9)及(20.6.10)代入式(20.6.8)，于是得到圆内第一类边值问题(20.6.7)的解

$$u(\rho,\theta)=\frac{1}{4\pi}\int_0^a\int_0^{2\pi}\ln\left\{\frac{\rho^2\rho'+a^4-2\rho\rho'a^2\cos(\theta-\varphi)}{a^2[\rho^2+\rho'^2-2\rho\rho'\cos(\theta-\varphi)]}\right\}\cdot q(\boldsymbol{\rho}')\rho'\mathrm{d}\rho'\mathrm{d}\varphi'$$
$$+\frac{1}{2\pi}\int_0^{2\pi}\frac{a^2-\rho^2}{a^2+\rho^2-2a\rho\cos(\theta-\varphi)}f(\varphi)\mathrm{d}\varphi \tag{20.6.11}$$

20.6.3　半平面区域第一类边值问题

$$\begin{aligned}&\nabla^2 u(x,y)=-\rho(x,y) &&(-\infty<x<\infty,y>0)\\&u(x,0)=g(x) &&(-\infty<x<\infty,y=0)\end{aligned} \tag{20.6.12}$$

按照公式(20.2.10)，上述问题的解为

$$u(x,y)=\int_{-\infty}^{\infty}\int_0^{\infty}G(x,y\mid x',y')\rho(x',y')\mathrm{d}x'\mathrm{d}y'-\int_{-\infty}^{\infty}g(x')\frac{\partial G}{\partial n'}\bigg|_{y'=0}\mathrm{d}x \tag{20.6.13}$$

上式中第一项是一个面积分，第二项是一个线积分. 理由同公式(20.6.8)下面的说明.

此外，根据公式(20.5.4)，半平面区域第一类边值问题的格林函数为

$$G(x,y\mid x',y')=\frac{1}{4\pi}\ln\left[\frac{(x-x')^2+(y+y')^2}{(x-x')^2+(y-y')^2}\right] \tag{20.6.14}$$

由于边界上的法线方向为负 y 轴向，所以

$$\frac{\partial G}{\partial n'}\bigg|_{y'=0}=-\frac{\partial G}{\partial y'}\bigg|_{y'=0}=-\frac{y}{\pi[(x-x')^2+y^2]} \tag{20.6.15}$$

将式(20.6.14)与(20.6.15)代入式(20.6.13)中，于是得到半平面区域第一类边值问题(20.6.12)的解

$$u(x,y)=\frac{1}{4\pi}\int_{-\infty}^{\infty}\int_0^{\infty}\ln\left[\frac{(x-x')^2+(y+y')^2}{(x-x')^2+(y-y')^2}\right]\rho(x',y')\mathrm{d}x'\mathrm{d}y'$$
$$+\frac{1}{\pi}\int_{-\infty}^{\infty}\frac{y}{(x-x')^2+y^2}g(x')\mathrm{d}x' \tag{20.6.16}$$

20.6.4　三维无界区域的波动问题

$$\begin{aligned}&\nabla^2 u(\boldsymbol{r},t)-\frac{1}{a^2}u_{tt}(\boldsymbol{r},t)=-\frac{1}{a^2}f(\boldsymbol{r},t)\quad(0<r<\infty,t>0)\\&u(\boldsymbol{r},0)=\varphi(\boldsymbol{r}),\quad u_t(\boldsymbol{r},0)=\psi(\boldsymbol{r})\end{aligned} \tag{20.6.17}$$

按照式(20.5.9)，与上述问题相应的格林函数为

$$G(\boldsymbol{r},t\mid\boldsymbol{r}',\tau)=\begin{cases}0 & (t<\tau)\\ \dfrac{1}{4\pi a\mid\boldsymbol{r}-\boldsymbol{r}'\mid}\delta[\mid\boldsymbol{r}-\boldsymbol{r}'\mid-a(t-\tau)] & (t>\tau)\end{cases} \tag{20.6.18}$$

根据公式(20.4.6)，$u(\boldsymbol{r},t)$与$G(\boldsymbol{r},t|\boldsymbol{r}',\tau)$之间的关系为

$$u(\boldsymbol{r},t)=\iiint_{-\infty}^{\infty}\frac{\partial G}{\partial t}\bigg|_{\tau=0}\varphi(\boldsymbol{r}')\mathrm{d}^3r'+\iiint_{-\infty}^{\infty}G(\boldsymbol{r},t\mid\boldsymbol{r}',0)\psi(\boldsymbol{r}')\mathrm{d}^3r'$$
$$+\int_0^t\mathrm{d}\tau\iiint_{-\infty}^{\infty}G(\boldsymbol{r},t\mid\boldsymbol{r}',\tau)f(\boldsymbol{r}',\tau)\mathrm{d}^3r' \tag{20.6.19}$$

将表式(20.6.18)代入式(20.6.19)中，可得三维无界区域波动问题(20.6.17)的解

$$u(\boldsymbol{r},t)=\frac{1}{4\pi a}\frac{\partial}{\partial t}\iiint_{-\infty}^{\infty}\frac{\varphi(\boldsymbol{r}')}{\mid\boldsymbol{r}-\boldsymbol{r}'\mid}\delta[\mid\boldsymbol{r}-\boldsymbol{r}'\mid-at]\mathrm{d}^3r'$$
$$+\frac{1}{4\pi a}\iiint_{-\infty}^{\infty}\frac{\psi(\boldsymbol{r}')}{\mid\boldsymbol{r}-\boldsymbol{r}'\mid}\delta[\mid\boldsymbol{r}-\boldsymbol{r}'\mid-at]\mathrm{d}^3r'$$
$$+\frac{1}{4\pi a}\int_0^t\mathrm{d}\tau\iiint_{-\infty}^{\infty}\frac{f(\boldsymbol{r}',\tau)}{\mid\boldsymbol{r}-\boldsymbol{r}'\mid}\delta[\mid\boldsymbol{r}-\boldsymbol{r}'\mid-a(t-\tau)]\mathrm{d}^3r' \tag{20.6.20}$$

若以观察点 $\boldsymbol{r}$ 为中心，at 为半径作球面，如图 20.4 所示，则公式(20.6.20)中的 $\delta[|\boldsymbol{r}-\boldsymbol{r}'|-at]$表明：只有在球面$|\boldsymbol{r}-\boldsymbol{r}'|=at$ 上的源 $\varphi(\boldsymbol{r}')$和 $\psi(\boldsymbol{r}')$才对积分有贡献. 为此我们将这球面$|\boldsymbol{r}-\boldsymbol{r}'|=at$ 标以符号 S_{at}^r，其中右上标符号表示球心在点 $\boldsymbol{r}$ 处，右下标符号表示球的半径为 at.

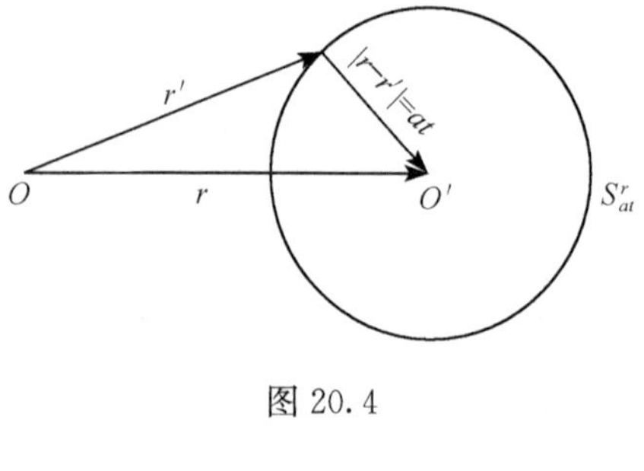

图 20.4

对于公式(20.6.20)中的最后一项，也可仿照上面的办法作一球面，仍然取观察点 r 为球心，但现在半径应取 $a(t-\tau)$，这是因为最后一项含有 $\delta[|\boldsymbol{r}-\boldsymbol{r}'|-a(t-\tau)]$的缘故. 因此，只有在球面$|\boldsymbol{r}-\boldsymbol{r}'|=a(t-\tau)$上的源 $f(\boldsymbol{r}',\tau)$才对积分有贡献，并且这个球面标以符号 $S_{a(t-\tau)}^r$.

综合上述，得到三维无界区域的波动问题的解为

$$u(\boldsymbol{r},t)=\frac{1}{4\pi a^2}\frac{\partial}{\partial t}\left[\frac{1}{t}\iint_{S_{at}^r}\varphi(\boldsymbol{r}')\mathrm{d}S'\right]+\frac{1}{4\pi a^2 t}\iint_{S_{at}^r}\psi(\boldsymbol{r}')\mathrm{d}S'$$
$$+\frac{1}{4\pi a^2}\int_0^t\mathrm{d}\tau\iint_{S_{a(t-\tau)}^r}\frac{f(\boldsymbol{r}',\tau)}{(t-\tau)}\mathrm{d}S' \tag{20.6.21}$$

上式称为三维波动传播的基尔霍夫公式. 若上式中第三项为零,则称为泊松公式.

公式(20.6.21)前两项的物理意义是:在时刻 t,观察点 $P(\boldsymbol{r})$处的扰动由球面 S_{at}^{r}上的初始扰动确定,这意味着初始扰动是以速度 a 经历了时间 t 后才从球面 S_{at}^{r}上传播到观察点 $P(\boldsymbol{r})$.

设初始扰动区域为 D,且观察点到初始扰动区域 D 的最近距离为 d_1,最远距离为 d_2,如图 20.5 所示.

当 $t<\dfrac{d_1}{a}$时,球面 S_{at}^{r}不会与区域 D 相交,故

$$u(\boldsymbol{r},t)=0 \quad \left(t<\frac{d_1}{a}\right)$$

上式的物理意义是,扰动传播需要时间,在 $t<\dfrac{d_1}{a}$ 时刻前,扰动前锋尚未达到观察点 $P(\boldsymbol{r})$.

当$\dfrac{d_1}{a}<t<\dfrac{d_2}{a}$时,球面 S_{at}^{r}与区域 D 相交,故

$$u(\boldsymbol{r},t)\neq 0 \quad \left(\frac{d_1}{a}<t<\frac{d_2}{a}\right)$$

其物理意义是,在时间$\dfrac{d_1}{a}<t<\dfrac{d_2}{a}$内,观察点 $P(\boldsymbol{r})$始终处于扰动状态.

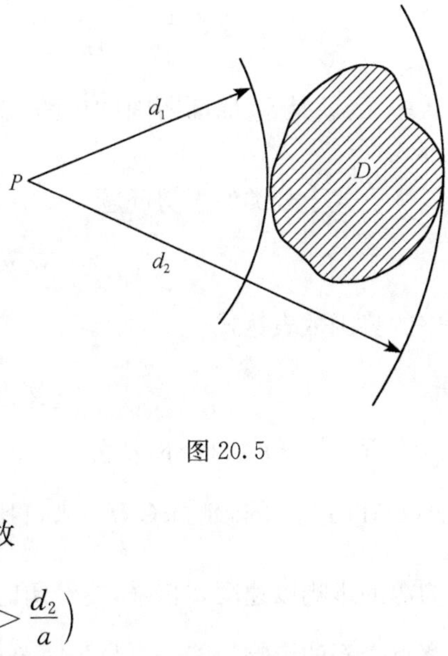

图 20.5

当 $t>\dfrac{d_2}{a}$时,球面 S_{at}^{r}又不与区域 D 相交,故

$$u(\boldsymbol{r},t)=0 \quad \left(t>\frac{d_2}{a}\right)$$

上式表明 $t>d_2/a$ 后初始扰动的阵尾已掠过观察点 $P(\boldsymbol{r})$,此后该点也不会再受到初始扰动的影响.

以上分析表明三维波动传播的特点是:既有清晰的前阵面,又有清晰的后阵面. 这种有清晰前阵面和后阵面的现象称为惠更斯(Huygens)原理或无后效现象.

为了阐明公式(20.6.21)第三项的物理意义,我们将它作如下的积分变换:

$$u(\boldsymbol{r},t)=\frac{1}{4\pi a^2}\int_0^t \mathrm{d}\tau \iint\limits_{S_{a(t-\tau)}^{r}} \frac{f(\boldsymbol{r}',\tau)}{t-\tau}\mathrm{d}S' \tag{20.6.22}$$

令上式中球的半径$|\boldsymbol{r}-\boldsymbol{r}'|=a(t-\tau)$为 R,即

$$R=a(t-\tau)$$

于是

$$\tau = t - \frac{R}{a}, \qquad d\tau = -\frac{1}{a}dR$$

τ 从 0 变到 t 时，相应地 R 就从 at 变到 0，这样，公式(20.6.22)就成为

$$u(\boldsymbol{r},t) = \frac{1}{4\pi a}\int_{at}^{0}\iint_{S_R^r} \frac{f\left(\boldsymbol{r}',t-\dfrac{R}{a}\right)}{R}dS' \cdot \left(-\frac{1}{a}dR\right)$$

$$= \frac{1}{4\pi a^2}\int_{0}^{at}\iint_{S_{at}^r} \frac{f\left(\boldsymbol{r}',t-\dfrac{R}{a}\right)}{R}dS' \cdot dR$$

$$= \frac{1}{4\pi a^2}\iiint_{T_{at}^r} \frac{f\left(\boldsymbol{r}',t-\dfrac{R}{a}\right)}{R}dv' \tag{20.6.23}$$

式中 T_{at}^r 就是 S_{at}^r 球面所围的体积，新的体积微元就是 dS' 和 dR 的乘积，即 $dv' = dRdS'$.

上式十分类似于势问题

$$\nabla^2 u(\boldsymbol{r}) = -\frac{1}{\varepsilon_0}\rho(\boldsymbol{r})$$

中的势函数表达式

$$u(\boldsymbol{r}) = \frac{1}{4\pi\varepsilon_0}\iiint \frac{\rho(\boldsymbol{r}')}{R}dv'$$

式中 $R = |\boldsymbol{r}-\boldsymbol{r}'|$. 此外，从公式(20.6.23)中的被积函数的形式可知，表明观察点 $P(\boldsymbol{r})$ 在时刻 t 的影响 $u(\boldsymbol{r},t)$，来自比 t 早的时刻 $\left(t-\dfrac{R}{a}\right)$ 的源函数 f 的值，这是因为源的影响以速度 a 传播，要经历时间间隔 $\dfrac{R}{a}$ 才能传到观察点 $P(\boldsymbol{r})$. 也就是说，观察点受到的影响只能来自早先时刻的源的扰动. 于是，我们就称公式(20.6.23)表达的 $u(\boldsymbol{r},t)$ 为三维波动传播的推迟势.

同时，三维波动问题的解也可表达成

$$u(\boldsymbol{r},t) = \frac{1}{4\pi a^2}\frac{\partial}{\partial t}\left[\frac{1}{t}\iint_{S_{at}^r}\varphi(\boldsymbol{r}')dS'\right] + \frac{1}{4\pi a^2 t}\iint_{S_{at}^r}\psi(\boldsymbol{r}')dS' + \frac{1}{4\pi a^2}\iiint_{T_{at}^r}\frac{f\left(\boldsymbol{r}',t-\dfrac{R}{a}\right)}{R}dv' \tag{20.6.24}$$

20.6.5　二维无界区域的波动问题

对于二维无界的情形，只要将格林函数(20.5.17)代入式(20.4.7)，就可得到二维无界区域波动问题的解

$$u(\boldsymbol{r},t)=\frac{1}{2\pi a}\frac{\partial}{\partial t}\left[\iint\limits_{\Sigma_{at}^{r}}\frac{\varphi(\boldsymbol{r}')}{\sqrt{a^2t^2-\rho^2}}\mathrm{d}S'\right]+\frac{1}{2\pi a}\iint\limits_{\Sigma_{at}^{r}}\frac{\psi(\boldsymbol{r}')}{\sqrt{a^2t^2-\rho^2}}\mathrm{d}S'$$

$$+\frac{1}{2\pi a}\int_0^t\mathrm{d}\tau\iint\limits_{\Sigma_{a(t-\tau)}^{r}}\frac{f(\boldsymbol{r}',\tau)}{\sqrt{a^2(t-\tau)^2-\rho^2}}\mathrm{d}S' \tag{20.6.25}$$

式中 $\rho^2=|\boldsymbol{r}-\boldsymbol{r}'|^2=(x-x')^2+(y-y')^2$；$\Sigma_{at}^{r}$ 是以观察点 $P(\boldsymbol{r})$ 为圆心，at 为半径的圆域.

20.6.6　一维无界区域的波动问题

对于一维无界情形，只需将格林函数(20.5.16)代入公式(20.4.8)，并利用下列两等式(下面两等式中的 $u(x)$ 是由公式(10.2.1)定义的单位阶跃函数.)

$$\frac{\partial}{\partial t}u(x-x'+at)=a\delta(x-x'+at),$$

$$\frac{\partial}{\partial t}u(x-x'-at)=-a\delta(x-x'-at)$$

就可得到一维无界区域波动问题的解

$$u(x,t)=\frac{1}{2}[\varphi(x+at)+\varphi(x-at)]+\frac{1}{2a}\int_{x-at}^{x+at}\psi(x')\mathrm{d}x'$$

$$+\frac{1}{2a}\int_0^t\mathrm{d}\tau\int_{x-a(t-\tau)}^{x+a(t-\tau)}f(x',\tau)\mathrm{d}x' \tag{20.6.26}$$

习　题

20.1　求无限大直角导体内的电势分布 $u(x,y)$. 其相应的定解问题为

$$\nabla^2u=-\rho(x,y)\quad(x>0,y>0)$$

$$u(0,y)=f(y)\quad(y>0)$$

$$u(x,0)=g(x)\quad(x>0)$$

20.2　求解

$$\nabla^2u=0\quad(r\leqslant a)$$

(a)　$u|_{r=a}=A\cos\varphi$;

(b)　$u|_{r=a}=A+B\sin\varphi$.

20.3　试求

(a) 半径为 a 的上半圆域的格林函数；

(b) 半径为 a 的上半球域的格林函数.

20.4　求解

$$\frac{\partial^2u}{\partial x^2}+\frac{\partial^2u}{\partial y^2}+\frac{\partial^2u}{\partial z^2}=0\quad(-\infty<x,y<\infty,z>0)$$

$$u(x,y,0)=f(x,y)$$

20.5　求解如下实心圆柱体的非齐次热传导问题：

$$\frac{\partial u}{\partial t} = a^2 \nabla^2 u + g(r,t) \qquad (0 \leqslant r \leqslant R, t > 0)$$

$$u(r,t)\big|_{r=R} = 0 \qquad (t > 0)$$

$$u(r,0) = \varphi(r) \qquad (0 \leqslant r \leqslant R)$$

20.6　求解

$$\frac{\partial u}{\partial t} = a^2 \frac{\partial^2 u}{\partial x^2} + g(x,t) \quad (0 < x < l, t > 0)$$

$$u(0,t) = 0, \qquad u(l,t) = 0, \qquad u(x,0) = \varphi(x) \quad (0 < x < l)$$

第 21 章　保角变换法

在科学技术(例如电学、热学、流体力学以及弹性力学等)中的很多实际问题，都可归结为解平面场的拉普拉斯方程或泊松方程的边值问题，而这些边值问题中的边界形状通常十分复杂，如果采用前几章的方法来求解，往往是难以解决的，甚至是不可能的. 然而本章中将要介绍的一种解析法——保角变换法，却是解决这类问题的最为有效的方法.

保角变换法解决问题的基本思想是:通过解析函数的变换(或映射)将 z 平面上具有较复杂边界形状的边值问题变换成 w 平面上具有简单边界形状(通常是圆或半平面)的边值问题，而后一问题易于解决. 于是，先在 w 平面上找出后一问题的解，然后通过逆变换求得原问题的解.

这个方法特别适宜于分析平面场的问题，例如静电场的问题，它不仅能将边界较为复杂的某一场域变成边界简单的场域，而且当场域中存在诸如带电直线时，同样可实行变换，可将这带电直线变成相应位置上、保持带电量不变的线. 一般说来，这方法的解答形式都很简单，在许多情况下尚可直接计算场分布.

由于这方法具有较大的实用价值，所以有必要专辟一章进行讨论.

21.1　保角变换及其基本问题

21.1.1　单叶解析函数

从几何上来说，复变函数 $w=f(z)$ 是将 z 平面上的点集 D 变到 w 平面上的点集 G 的变换(或射映)，但是我们感兴趣的是 z 与 w 构成一一对应的变换(或映射).

以前我们学过单值解析函数 $w=f(z)$，按照其定义，对于每个 z 只有一个 w 与它对应，但反之不一定成立(例如单值解析函数 $w=z^2$ 就是一例). 若要构成双向单值解析函数，则 z 与 w 应构成一一对应的关系. 换句话说，要从变换 $w=u+\mathrm{i}v=f(z)$ 中解出(至少在理论上) x 和 y 作为 u 与 v 的单值函数. 根据高等数学的知识，允许上面这样做的条件是该变换的雅可比行列式不等于零，即

$$J\left(\frac{u,v}{x,y}\right)=\begin{vmatrix}\dfrac{\partial u}{\partial x} & \dfrac{\partial u}{\partial y}\\[2ex] \dfrac{\partial v}{\partial x} & \dfrac{\partial v}{\partial y}\end{vmatrix}\neq 0 \qquad (21.1.1)$$

另一方面,由于 $w=f(z)$ 是解析函数,所以 u 与 v 必须满足柯西-黎曼条件. 因此,条件(21.1.1)可改写成

$$J\left(\frac{u,v}{x,y}\right)=\frac{\partial u}{\partial x}\frac{\partial v}{\partial y}-\frac{\partial v}{\partial x}\frac{\partial u}{\partial y}=\left(\frac{\partial u}{\partial x}\right)^2+\left(\frac{\partial v}{\partial x}\right)^2=\left|\frac{\partial u}{\partial x}+\mathrm{i}\frac{\partial v}{\partial x}\right|^2=|f'(z)|^2\neq 0 \tag{21.1.2}$$

于是得到

定理 21.1.1　若 $f(z)$ 是 D 上的单值解析函数,且 $f'(z)\neq 0(z\in D)$,则变换 $w=f(z)$ 在区域 D 上构成一一对应的变换(或映射),并称这变换为 D 域上的单叶变换,这函数 $w=f(z)$ 为 D 域上的单叶解析函数.

21.1.2　保角变换的定义

下面我们进一步来研究这种变换的特点. 图 21.1 中,设 z 平面上的原像曲线 C 经单叶变换 $w=f(z)$ 变成 w 平面上的变像曲线 Γ;在 C 上的无穷小弦长为 Δz,则在 Γ 上的变像为 Δw 并分别记为

$$\Delta z=|\Delta z|\mathrm{e}^{\mathrm{i}\theta},\qquad \Delta w=|\Delta w|\mathrm{e}^{\mathrm{i}\varphi} \tag{21.1.3}$$

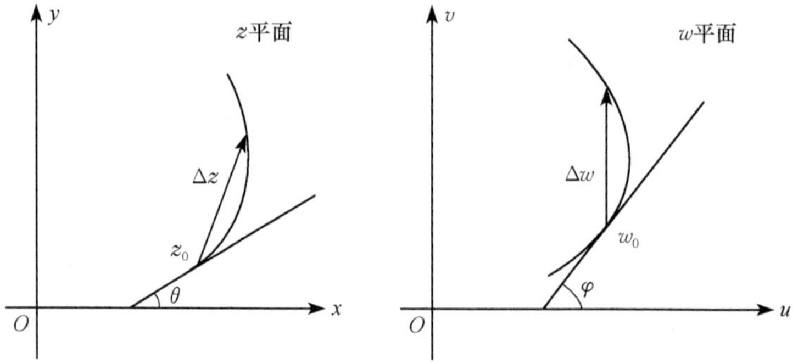

图 21.1

于是

$$f'(z)=\lim_{\Delta z\to 0}\frac{\Delta w}{\Delta z}=\lim_{\Delta z\to 0}\left|\frac{\Delta w}{\Delta z}\right|\mathrm{e}^{\mathrm{i}(\varphi-\theta)} \tag{21.1.4}$$

显然

$$\lim_{\Delta z\to 0}\left|\frac{\Delta w}{\Delta z}\right|=|f'(z)| \tag{21.1.5}$$

及

$$\lim_{\Delta z\to 0}(\varphi-\theta)=\arg f'(z) \tag{21.1.6}$$

$$|\Delta w|=|f'(z)||\Delta z| \tag{21.1.7}$$

$$\arg\Delta w=\arg\Delta z+\arg f'(z) \tag{21.1.8}$$

由于 $f'(z)\neq 0$，所以模 $|f'(z)|$ 及辐角 $\arg f'(z)$ 均存在，且跟 Δz 趋于零的方式无关. 因此，由等式(21.1.7)及(21.1.8)得到单叶解析函数 $w=f(z)$ 变换(或映射)的特点如下：

(1) 伸缩率不变

在变换下，任何过 $w_0(=f(z_0))$ 的变像曲线在 w_0 处的无穷小弦长，与其过点 z_0 的原像曲线在 z_0 处的无穷小弦长之比的极限，不管曲线的方向如何，都等于 $|f'(z_0)|$. 换句话说，一切过 z_0 点的曲线的无穷小弦长都被放大(或缩小)了 $|f'(z_0)|$ 倍，从而可知无穷小面积就被放大(或缩小) $|f'(z_0)|^2$ 倍. 这正是高等数学中定义的面积变换因子雅可比行列式 $J\left(\dfrac{u,v}{x,y}\right)$ 的值.

(2) 旋转角的大小及方向不变

一切过 z_0 点的曲线，经变换(或映射)后其切线朝同一方向旋转同一角度 $\arg f'(z)$. 因此很容易推论：曲线之夹角在变换(或映射)下必须保持大小和方向两者都不变(如图 21.2 所示).

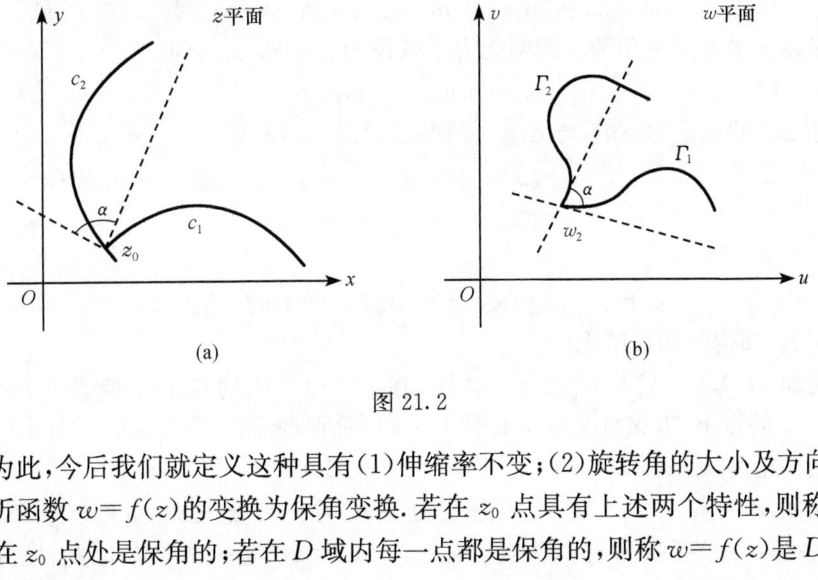

图 21.2

为此，今后我们就定义这种具有(1)伸缩率不变；(2)旋转角的大小及方向不变的解析函数 $w=f(z)$ 的变换为保角变换. 若在 z_0 点具有上述两个特性，则称 $w=f(z)$ 在 z_0 点处是保角的；若在 D 域内每一点都是保角的，则称 $w=f(z)$ 是 D 域上的保角变换.

确切来说，上述的保角变换应称之为第一类保角变换. 这样命名，主要是为了和另一类(称为第二保角变换)变换相区别. 后者具有伸缩率不变、保持夹角的绝对值不变而转向相反的变换，如 $w=z^*$ 就是一例. 一般来说，$w=f(z)$ 是第一类保角变换，则 $w=f^*(z)$ 就是第二类保角变换.

由于单叶解析函数 $w=f(z)$ 的变换也具有上述两个特性，因此可以推论，在区域 D 上的单叶解析函数 $w=f(z)$ 所作的变换一定是(第一类)保角变换.

上面推论中都得用条件 $f'(z)\neq 0$. 可是，当 $f'(z)=0$ 时，$\arg f'(z)$就没有意义了，因此就不能断言角度保持不变. 为了考察这一情形，我们假设 $z=z_0$ 是$f'(z)$的 $n-1$ 阶零点，并且具有如下形式：

$$f'(z) = nc_n(z-z_0)^{n-1} + (n+1)c_{n+1}(z-z_0)^n + \cdots \qquad (21.1.9)$$

式中系数 c_n 为复常数. 于是有

$$f(z) = f(z_0) + c_n(z-z_0)^n + c_{n+1}(z-z_0)^{n+1} + \cdots \qquad (21.1.10)$$

式中 $f(z_0)$是复常数，但不一定等于零. 若令

$$\Delta w = f(z) - f(z_0), \quad \Delta z = z - z_0 \qquad (21.1.11)$$

则由式(21.1.10)可得

$$\frac{\Delta w}{c_n(\Delta z)^n} = 1 + \frac{c_{n+1}}{c_n}\Delta z + \cdots \qquad (21.1.12)$$

当 $\Delta z\to 0$ 时，上式右端趋近于 1，所以

$$\lim_{\Delta z\to 0}[\arg\Delta w - \arg c_n(\Delta z)^n] = \arg 1 = 0 \qquad (21.1.13)$$

或

$$\arg\Delta w = \arg c_n + n\arg\Delta z \quad (\text{当 } \Delta z\to 0 \text{ 时}) \qquad (21.1.14)$$

设在 z 平面上夹角为 α 的两无穷小弦长为 Δz_1 和 Δz_2，即

$$\alpha = \arg\Delta z_1 - \arg\Delta z_2 \qquad (21.1.15)$$

Δz_1 与 Δz_2 的变像为 Δw_1 与 Δw_2，根据式(21.1.14)有

$$\arg\Delta w_1 = \arg c_n + n\arg\Delta z_1 \qquad (21.1.16a)$$

$$\arg\Delta w_2 = \arg c_n + n\arg\Delta z_2 \qquad (21.1.16b)$$

由上述两式相减得

$$\arg\Delta w_1 - \arg\Delta w_2 = n(\arg\Delta z_1 - \arg\Delta z_2) = n\alpha \qquad (21.1.17)$$

这样，我们又得到如下结论：

定理 21.1.2 解析函数 $w=f(z)$在 $f'(z)\neq 0$ 的点上变换是保角的；在 $f'(z)=0$ 的点上，若该点又是 $f'(z)$的$(n-1)$阶零点，则夹角为 α 的无穷小弦长的变像之夹角为 $n\alpha$.

例如，$w=f(z)=z^2$，在 z 平面上处处解析. 除 $z=0$ 点之外，处处有 $f'(z)\neq 0$，所以变换 $w=z^2$ 是保角的；在 $z=0$ 点处，$f'(z)=2z$ 是一阶零点，因此，以原点为顶角的角，在变换 $w=z^2$ 下，变像的夹角不是保持不变，而是扩大了一倍. 同理，在 $z=0$ 处，在变换 $w=z^n$ 下，任何以原点为顶角的角度要扩大 n 倍.

21.1.3 拉普拉斯方程的解

保角变换法之所以受人重视，主要因为拉普拉斯方程的解在经受一个保角变换后仍然是拉普拉斯方程的解. 或者如下陈述：

定理 21.1.3 在单叶解析函数作成的变换(保角变换)下，拉普拉斯方程式仍

然变为拉普拉斯方程.

证明　设 $w=f(z)=u(x,y)+\mathrm{i}v(x,y)$ 是一单叶解析函数，且 $\varphi(x,y)$ 满足拉普拉斯方程

$$\frac{\partial^2\varphi}{\partial x^2}+\frac{\partial^2\varphi}{\partial y^2}=0$$

在变换 $w=f(z)$ 下，$\varphi(x,y)$ 变成 u 与 v 的一个函数. 于是

$$\frac{\partial\varphi}{\partial x}=\frac{\partial\varphi}{\partial u}\frac{\partial u}{\partial x}+\frac{\partial\varphi}{\partial v}\frac{\partial v}{\partial x}$$

及

$$\frac{\partial\varphi}{\partial y}=\frac{\partial\varphi}{\partial u}\frac{\partial u}{\partial y}+\frac{\partial\varphi}{\partial v}\frac{\partial v}{\partial y}$$

再对上述两式求导，得 $\frac{\partial^2\varphi}{\partial x^2}$ 及 $\frac{\partial^2\varphi}{\partial y^2}$ 的表达式，然后将它们相加，有

$$\begin{aligned}\frac{\partial^2\varphi}{\partial x^2}+\frac{\partial^2\varphi}{\partial y^2}=&\frac{\partial\varphi}{\partial u}\left(\frac{\partial^2 u}{\partial x^2}+\frac{\partial^2 u}{\partial y^2}\right)+\frac{\partial^2\varphi}{\partial u^2}\left[\left(\frac{\partial u}{\partial x}\right)^2+\left(\frac{\partial u}{\partial y}\right)^2\right]\\&+2\,\frac{\partial^2\varphi}{\partial u\partial v}\left(\frac{\partial u}{\partial x}\frac{\partial v}{\partial x}+\frac{\partial u}{\partial y}\frac{\partial v}{\partial y}\right)\\&+\frac{\partial\varphi}{\partial v}\left(\frac{\partial^2 v}{\partial x^2}+\frac{\partial^2 v}{\partial y^2}\right)+\frac{\partial^2\varphi}{\partial v^2}\left[\left(\frac{\partial v}{\partial x}\right)^2+\left(\frac{\partial v}{\partial y}\right)^2\right]\end{aligned}$$

由于 $w=u+\mathrm{i}v$ 是解析函数，所以其实部 u 与虚部 v 分别满足拉普拉斯方程，且满足柯西-黎曼条件，此外，再利用导数 $f'(z)$ 的表达式，于是得

$$\frac{\partial^2\varphi}{\partial x^2}+\frac{\partial^2\varphi}{\partial y^2}=|\,f'(z)\,|^2\left(\frac{\partial^2\varphi}{\partial u^2}+\frac{\partial^2\varphi}{\partial v^2}\right)=0$$

因为 $w=f(z)$ 是单叶解析函数，所以 $f'(z)\neq0$，则

$$\frac{\partial^2\varphi}{\partial u^2}+\frac{\partial^2\varphi}{\partial v^2}=0$$

即 $\varphi(x,y)$ 在变换成 $\varphi(u,v)$ 后，仍然满足拉普拉斯方程.

同理可证，在单叶解析函数 $w=f(z)$ 变换下，泊松方程

$$\frac{\partial^2\varphi}{\partial x^2}+\frac{\partial^2\varphi}{\partial y^2}=-\rho(x,y)$$

仍然变为泊松方程

$$\frac{\partial^2\varphi}{\partial u^2}+\frac{\partial^2\varphi}{\partial v^2}=-\rho^*(u,v)$$

式中

$$\rho^*(u,v)=|\,f'(z)\,|^2\rho(x,y)$$

由上式可知，在保角变换下，泊松方程中的电荷密度从 $\rho(x,y)$ 变为 $\rho^*(u,v)|$

$f'(z)|^{-2}$，这是因为变换后的面积微元被放大(或缩小)了$|f'(z)|^2$倍;另一方面，根据电荷守恒定律，总电量不受变换影响，于是电荷密度才有上述变化.

同理也可证明，亥姆霍兹方程

$$\frac{\partial^2\varphi}{\partial x^2}+\frac{\partial^2\varphi}{\partial y^2}+k^2\varphi=0$$

经变后仍然变为亥姆霍兹方程

$$\frac{\partial^2\varphi}{\partial u^2}+\frac{\partial^2\varphi}{\partial v^2}+k^2\ |f'(z)|^2\varphi=0$$

但方程要比原先复杂，φ 前的系数有可能不是常数.

21.1.4 保角变换的基本问题

保角变换方法的优点不仅在于拉普拉斯方程、泊松方程等方程的类型在保角变换下保持不变，而更重要的是，能将复杂边界的问题变为简单边界的问题，从而使问题得到解决. 因此，保角变换的基本问题在于：任意给定两个有界单连通域 D 和 G，是否一定存在一个单叶解析函数，可将区域 D 经过(第一类)保角变换变为区域 G?

上面这个问题也可以这样来叙述：任给一个单连通域 D，是否一定存在单叶解析函数 $w=f(z)$，能将区域 D 保角变换为单位圆内部? 这个问题的回答是肯定的，且有如下定理.

定理 21.1.4(黎曼定理)　若 D 是一个单连通区域，其边界点不止一个，则必存在单叶解析函数 $w=f(z)$，使得 D 保角变换为单位圆内部 $|w|<1$；且在 D 内某一点 z_0，若适合条件 $f(z_0)=0$，$f'(z_0)>0$，则变换函数 $w=f(z)$ 是唯一存在的.（证明请见：普里瓦洛夫著《复变函数引论》中译本，高教出版社，1956 年，第 12 章 6）

黎曼定理仅从理论上指出这样的保角变换是存在的，且唯一的，但是并没有给我们指出具体寻找这种变换的法则. 目前来说，仅多角形区域到简单区域(例如半平面)的变换尚有一定规则可遵循，除此之外，一般区域之间的变换，并无固定的规则，多半是凭经验. 因此就要求人们熟悉若干基本的保角变换的性质，并掌握一些初等解析函数将简单区域(例如圆、半平面等)变成什么样的区域的结果，这样可积累一些区域之间变换的资料，以便今后解题中使用.

21.2 常用的几种保角变换

21.2.1 平移变换

$$w=z+a \tag{21.2.1}$$

式中 a 是复常数,这个变换是将 z 平面上的图形整体平移一个矢量 a(见图 21.3).

21.2.2　线性变换

$$w = kz \tag{21.2.2}$$

式中 k 是复常数,即 $k=\rho e^{i\alpha}$,而 $w_1=e^{i\alpha}z$ 是一个旋转变换($\alpha>0$ 时,逆时针向旋转;$\alpha<0$ 时,顺时针向旋转);$w=\rho w_1$ 是一个相似变换($\rho>1$ 时,是伸长;$0<\rho<1$ 时,是缩小).因此 $w=kz$ 是一个旋转变换与一个相似变换的复合(见图 21.4).

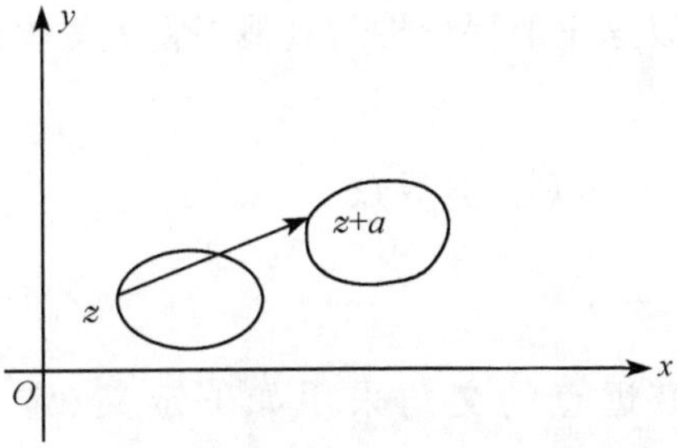

图 21.3

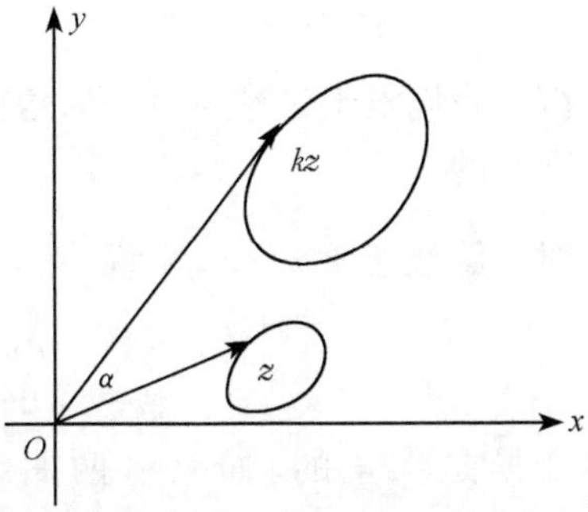

图 21.4

21.2.3　倒数变换

$$w = \frac{1}{z} \tag{21.2.3}$$

为了阐明倒数变换,我们先引入如下定义:

定义 21.2.1　当圆 O 的半径 OR 上的点 P,与 OR 的延长线上的点 Q 满足 $\overline{OP}\cdot\overline{OQ}=\overline{OR}^2$ 的关系时,则称 P 与 Q 关于圆 O 处于对称(或镜像)的位置(如图 21.5a),并称这一对点为关于圆 O 的对称点,因此,规定与圆中心 O 对称的点为无穷远点∞.对于直线而言,规定关于这条直线对称的两点 P、Q 就是通常处于镜像位置的两点(如图 21.5b).

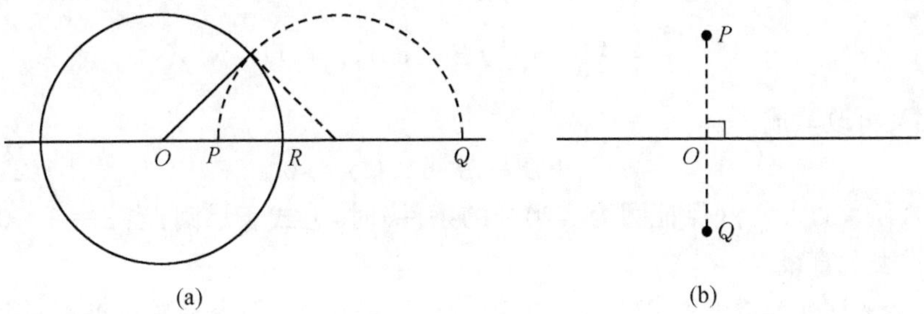

图 21.5

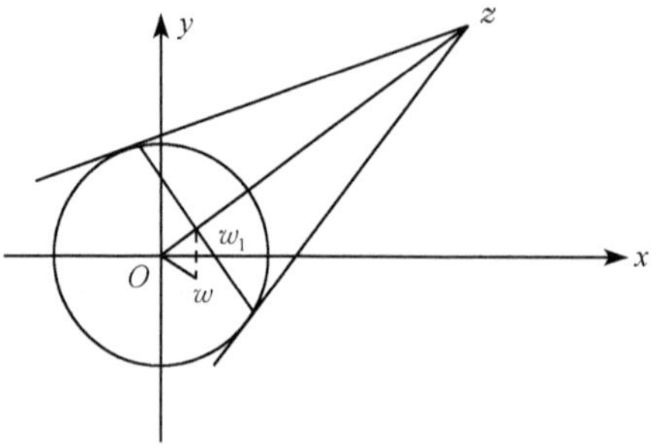

图 21.6

因此，根据上述定义，倒数变换 $w=\frac{1}{z}$是一个关于单位圆的反演变换(两个对称点的易换) $w_1=\frac{1}{z^*}$ 和一个关于实轴的对称变换 $w=w_1^*$ 的复合(见图 21.6).

下面我们再来讨论上述三个基本变换的共同属性：

(1) 保角性

因为我们限于讨论第一类保角变换，所以这里的保形性与其他书籍上的保形性是同义的.

对于倒数变换 $w=\frac{1}{z}$来说，除 $z=0$ 和 $z=\infty$以外，其导数

$$\frac{\mathrm{d}w}{\mathrm{d}z}=-\frac{1}{z^2}\neq 0$$

所以变换是保角的. 如果将两曲线在无穷远点的交角采用如下定义(定义 21.2.2)，则倒数变换 $w=\frac{1}{z}$在 $z=0$ 及 $z=\infty$处也是保角的.

定义 21.2.2　两曲线在无穷远点的交角就是它们在倒数变换下的像曲线在原点的交角.

同理可证明平移变换及线性变换在包括无穷远点在内的 z 平面上是保角的.

(2) 保圆性

上述三个基本变换将 z 平面上的圆周或直线仍然变成 w 平面上的圆周和直线. 例如，z 平面上的圆或直线可由下式表达：

$$A(x^2+y^2)+Bx+Cy+D=0$$

式中 A、B、C 及 D 皆为实数. 当 $A\neq 0$，若 $B^2+C^2>4AD$(保证圆具有实半径的条件)，上式表示圆周；当 $A=0$，而 B 和 C 不同时为零时，表示直线.

因为　$x^2+y^2=|z|^2=z\cdot z^*$，$x=\frac{1}{2}(z+z^*)$，$y=\frac{1}{2\mathrm{i}}(z-z^*)$，若令

$$\alpha=A,\beta=\frac{1}{2}(B-\mathrm{i}C),\gamma=D,$$

则上式又可改写成

$$\alpha zz^*+\beta z+\beta^* z^*+\gamma=0 \tag{21.2.4}$$

当 $\alpha=A\neq 0$，$\beta\beta^*>\alpha\gamma$(保证圆为实半径的条件)时，上式表示圆；当 $\alpha=A=0$，$\beta\neq 0$ 时，上式表示直线.

若将平移变换或线性变换代入方程(21.2.4)中去，很容易验证变换前后方程的形式不变，所以平移变换与线性变换的保圆性是显然的.

于是，余下只需讨论倒数变换 $w=\frac{1}{z}$. 将它代入方程(21.2.4)得

$$\gamma w w^{*}+\beta w+\beta^{*} w^{*}+\alpha=0 \tag{21.2.5}$$

上述方程与方程(21.2.4)形状相同，且对应的各个常数的性质也相同，所以此时方程(21.2.5)也表示圆(当 $\gamma=0,\beta\neq0$ 时表示直线). 详细写出是这样：

(a) 当 $\alpha=A=0,\gamma=D\neq0$ 时，z 平面上的直线变换成 w 平面上通过原点的圆.

(b) 当 $\gamma=D=0,\alpha=A\neq0$ 时，z 平面上通过原点的圆变成 w 平面上的直线.

(c) 当 $\alpha=A=0,\gamma=D=0$ 时，z 平面上通过原点的直线变成 w 平面上通过原点的直线.

总而言之，上述三个基本变换将 z 平面上的圆或直线变成 w 平面上的圆或直线.

(3) 保对称点性

上述三个基本变换将 z 平面上关于圆 O 的两个对称点 P 与 Q 变换为 w 平面上关于圆 O'(圆 O' 是圆 O 的变像，它可能是圆，也可能是直线)的两对称点 P' 与 Q'.

证明　由特性(1)和特性(2)就可证明此特性. 在图 21.5a 上任意作通过点 P 与 Q 的圆，由 $\overline{OP}\cdot\overline{OQ}=\overline{OR}^2$ 可知，此圆与圆 O 必垂直，若点 P' 与 Q' 为 P 与 Q 的像点，根据特性(2)，通过 P 与 Q 的圆应变为通过 P' 与 Q' 的圆，再根据特性(1)，通过 P' 与 Q' 的圆一定与圆 O 的变像圆 O' 垂直. 特别是，$\overline{PQ}$ 的直线与圆 O 垂直，因此 $\overline{P'Q'}$ 直线也与圆 O' 垂直. 这样，$\overline{P'Q'}$ 的延长线必经过 O'，故由切割线定理有

$$\overline{O'P'}\cdot\overline{O'Q'}=\overline{O'R'}^2$$

即点 P' 与 Q' 是关于圆 O' 的对称点.　证毕

(4) 保交比性

由 z 平面上的四个不同的点 z_1,z_2,z_3,z_4 构成的下列比例，称为交比

$$\frac{z_4-z_1}{z_4-z_2}:\frac{z_3-z_1}{z_3-z_2}$$

在上述三个基本变换下，这个交比保持不变，即

$$\frac{w_4-w_1}{w_4-w_2}:\frac{w_3-w_1}{w_3-w_2}=\frac{z_4-z_1}{z_4-z_2}:\frac{z_3-z_1}{z_3-z_2} \tag{21.2.6}$$

证明　对于平移变换和线性变换可以统一证明如下，令

$$w_i=kz_i+a\quad(i=1,2,3,4)$$

即

$$\frac{w_4-w_1}{w_4-w_2}:\frac{w_3-w_1}{w_3-w_2}=\frac{(kz_4+a)-(kz_1+a)}{(kz_4+a)-(kz_2+a)}:\frac{(kz_3+a)-(kz_1+a)}{(kz_3+a)-(kz_2+a)}$$

$$=\frac{z_4-z_1}{z_4-z_2}:\frac{z_3-z_1}{z_3-z_2}$$

对于倒数变换,只要令 $w_i=\frac{1}{z_i}(i=1,2,3,4)$,代入等式(21.2.6)的左端,即得所证.

21.2.4　分式线性变换

分式线性变换是最常用的保角变换之一,其形式为

$$w=f(z)=\frac{az+b}{cz+d} \tag{21.2.7}$$

式中 a,b ,c,d 是复常数.一般要求

$$\begin{vmatrix} a & b \\ c & d \end{vmatrix}=ad-bc\neq 0 \tag{21.2.8}$$

否则 w 的分子与分母成比例,结果 w 成了与 z 无关的一个常数,因而整个 z 平面就被变换(或映射)成 w 平面内的同一点,这是我们不希望的.所以今后我们限于讨论 $ad-bc\neq0$ 的情形.

在式(21.2.7)中,若 $c\neq0$,则

$$w=f(z)=\frac{A}{z+B}+C \tag{21.2.9}$$

式中

$$A=\frac{bc-ad}{c^2},\quad B=\frac{d}{c},\quad C=\frac{a}{c}$$

若 $c=0$,则

$$w=f(z)=Az+B \tag{21.2.10}$$

式中 $A=\frac{a}{d}$,$B=\frac{b}{d}$.

由此可见,分式线性变换是上述三个基本变换(21.2.1)、(21.2.2)与(21.2.3)的复合,所以它应保持这三个基本变换的共同特性.简述如下:

(1) 保角性

由于 $w=f(z)=\frac{az+b}{cz+d}$的反函数 $z=\frac{-dw+b}{cw-a}$也是单值的,所以,它在扩大 z 平面上是一个单叶解析函数,从而分式线性变换是扩大 z 平面上的(第一类)保角变换.

(2) 保圆性

(3) 保对称性

(4) 保交比性

在实用上,特性(4)的用处是很大的.若已知扩大 z 平面上三个不同点 z_1、z_2、z_3 以及其像点 w_1、w_2、w_3,则根据特性(4),这个线性变换就可被唯一确定.

例 21.2.1　已知点 $z=-1$、0、1 分别变到点 $w=0$、i、3i，试求这个分式线性变换.

解　分别令 z_1、z_2、z_3 等于 -1、0、1，w_1、w_2、w_3 等于 0、i、3i，而设 $z_4=z$，$w_4=w$，代入公式(21.2.6)，得

$$\left(\frac{w-0}{w-\mathrm{i}}\right)\left(\frac{3\mathrm{i}-\mathrm{i}}{3\mathrm{i}-0}\right)=\left(\frac{z+1}{z-0}\right)\left(\frac{1-0}{1+1}\right)$$

即

$$\frac{2w}{3(w-\mathrm{i})}=\frac{z+1}{2z}$$

由上式解出 w，最后得

$$w=-3\mathrm{i}\cdot\frac{z+1}{z-3}$$

21.2.5　初等函数的变换

(1) 幂函数 $w=z^n$ 构成的变换是将角形区域的张角拉大或缩小的变换. 其特性为

(a) 在 z 平面上除 $z=0$ 和 $z=\infty$ 外变换是保角的.

(b) 将以原点为顶点的角形域变换成仍以原点为顶点的角形域，但张角的大小变成了原来的 n 倍. 例如，当 $\alpha<\frac{2\pi}{n}$ 时，变换 $w=z^n$ 将 z 平面上的角形域 $0<\arg z<\alpha$ 变成 w 平面上的角形域 $0<\arg w<n\alpha$；当 $\alpha=\frac{2\pi}{n}$ 时，它将角形域 $0<\arg z<\alpha=\frac{2\pi}{n}$ 变成割去了正实轴以外的全 w 平面. 这一点务请注意，它不是变换成整个 w 平面. 由此类推，函数 $w=z^3$ 不能将 z 平面内的单位圆的 $\frac{\pi}{3}$ 的扇形变成单位圆，它只能将这扇形变换成割去了正实轴的半径后的单位圆.

(2) 指数函数 $w=\mathrm{e}^z$ 构成的变换是将带形区域变成角形区域的变换，其特征为

(a) 在 z 平面上除 $z=0$ 和 $z=\infty$ 外变换是保角的；

(b) 当 $h<2\pi$ 时，$w=\mathrm{e}^z$ 将 z 平面上的带形域 $0<\mathrm{Im}z<h$ 变换成 w 平面上的角形域 $0<\arg w<h$(其中 $\arg w=\mathrm{Im}z$)；当 $h=2\pi$ 时，$w=\mathrm{e}^z$ 将 z 平面上的带形区域 $0<\mathrm{Im}z<2\pi$ 变换成割去正实轴的全 w 平面.

(3) 对数函数 $w=\ln z$ 构成的变换是将角形域变成带形域的变换，它是上述指数函数的逆变换.

除了要求掌握上述基本变换的特性之外，若能记住下面的定理，无疑会给解题提供极大的方便.

定理 21.2.1(边界对应定理)　如果给定了两个单连通区域 D 和 G，边界分别

为简单曲线 C 和 Γ，若能找到一个在 D 内是解析的，在 $\overline{D}=D+C$ 上是连续的，且能作出将 C 一一对应变换到 Γ 的函数 $w=f(z)$，则 $w=f(z)$ 将区域 D(第一类)保角变换为区域 G.(证明详见普里瓦洛夫著《复变函数引论》中译本，高教出版社，1956 年，第 12 章，§ 7.)

例 21.2.2　试求圆 $\left|z-\frac{1}{2}\right|=\frac{1}{2}$ 内部的区域在 $w=z^2$ 下的变换.

解　令 $z=re^{i\theta}$，$w=\rho e^{i\varphi}$，则变换 $w=z^2$ 可以写作

$$\rho=r^2,\quad \varphi=2\theta$$

圆 $\left|z-\frac{1}{2}\right|=\frac{1}{2}$ 的极坐标方程为

$$r=\cos\theta \qquad \left(-\frac{\pi}{2}\leqslant\theta\leqslant\frac{\pi}{2}\right)$$

因此，这圆周的变像为

$$\rho=\cos^2\frac{\varphi}{2}$$

也就是

$$\rho=\frac{1}{2}(1+\cos\varphi)\quad(-\pi\leqslant\varphi<\pi)$$

上式表示心脏线. 由于变换 $w=z^2$ 将圆周 $r=\cos\theta$ 上的点一一对应地变为心脏线 $\rho=\frac{1}{2}(1+\cos\varphi)$ 上的点，并且 $w=z^2$ 是圆周上和圆内的单值解析函数，所以根据边界对应定理(21.2.1)即知，$w=z^2$ 将圆周 $r=\cos\theta$ 的内部区域保角变换为心脏线 $\rho=\frac{1}{2}(1+\cos\varphi)$ 的内部区域，如图 21.7 所示. 必须注意，在 $z=0$ 处变换 $w=f(z)$ 的导数 $f'(z)$ 为零，正巧它在我们要变换的区域的边界上. 若要变换的区域包含 $z=0$ 点在内，则对这区域进行的变换决不会是保角的.

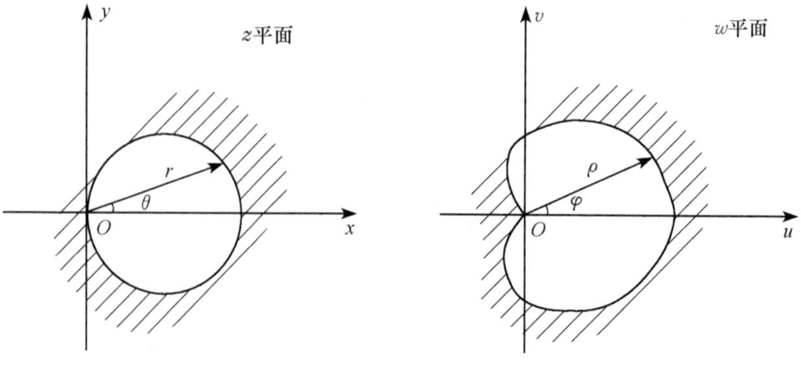

图 21.7

例 21.2.3 试求区域$[|z+\mathrm{i}|>\sqrt{2},|z-\mathrm{i}|<\sqrt{2}]$变到上半平面的保角变换.

解 要变换的区域,如图 21.8(a)所示,是由相交于 $z=1$ 与 $z=-1$ 的两圆弧围成的二角形区域.若利用分式线性变换

$$w_1=\frac{z+1}{z-1}$$

则 $z=-1$ 变为 $w_1=0$;$z=1$ 变为 $w_1=\infty$.根据分式线性变换的保圆性,相交于$z=-1$ 的两圆弧一定变换成从 $w_1=0$ 出发的两射线.其次,根据分式线性变换的保角性,相交于 $z=-1$ 处的两圆弧的切线的夹角为$\frac{\pi}{2}$,则变换后两射线的夹角也应为$\frac{\pi}{2}$,所以下一步我们只要确定一根射线的方位就可以了.

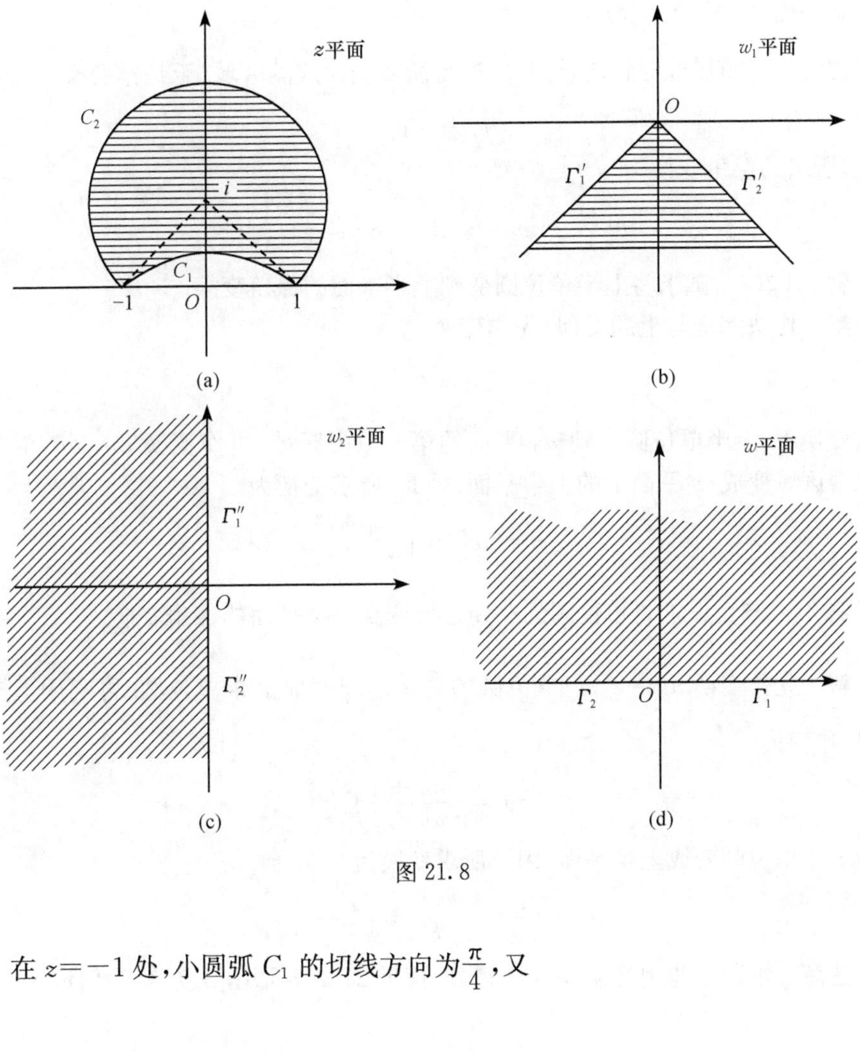

图 21.8

在 $z=-1$ 处,小圆弧 C_1 的切线方向为$\frac{\pi}{4}$,又

$$\frac{dw_1}{dz}\bigg|_{z=-1} = \left(\frac{z+1}{z-1}\right)'\bigg|_{z=-1} = \frac{-2}{(z-1)^2}\bigg|_{z=-1} = -\frac{1}{2}$$

即 $\arg\left(\frac{dw_1}{dz}\bigg|_{z=-1}\right)=+\pi$. 按照公式(21.1.8)，得知小圆弧 C_1 的变像(射线)的方位角应为

$$\varphi_1 = \frac{\pi}{4} + \pi = \frac{5}{4}\pi$$

于是区域$[|z+i|>\sqrt{2},|z-i|<\sqrt{2}]$在变换 $w_1=\frac{z+1}{z-1}$下成为图 21.8(b)所示的区域.

为了要将上述张角扩大一倍，我们想起了应用变换 $w_2=w_1^2$，而射线的方位角也就扩大了一倍. 因此，射线 Γ_1'变成 w_2 平面上的正虚轴，原角形区域变成 w_2 平面的左半平面，如图 21.8(c)所示.

再将上述图形顺时针向转过$\frac{\pi}{2}$，即得所要变换成的区域. 于是作变换

$$w = -\mathrm{i}w_2$$

因此，所求的保角变换为

$$w = -\mathrm{i}w_2 = -\mathrm{i}w_1^2 = -\mathrm{i}\left(\frac{z+1}{z-1}\right)^2$$

例 21.2.4 试求将上半单位圆变到上半平面的保角变换.

解 作法完全与上题类似. 先作变换

$$w_1 = \frac{z+1}{z-1}$$

在这变换下，上半单位圆变到 w_1 平面的第三象限区域. 再作变换 $w=w_1^2$，就将第三象限区域变成 w 平面上的上半平面. 因此，所求变换为

$$w = w_1^2 = \left(\frac{z+1}{z-1}\right)^2$$

例 21.2.5 试求将单位圆的$\frac{\pi}{3}$扇形域变到上半平面的保角变换.

解 先作变换 $w_1=z^3$，将单位圆的$\frac{\pi}{3}$扇形域变成上半单位圆. 再利用上题的结果，作变换

$$w = \left(\frac{w_1+1}{w_1-1}\right)^2$$

就将上半单位圆变成上半平面. 因此所求变换为

$$w = \left(\frac{w_1+1}{w_1-1}\right)^2 = \left(\frac{z^3+1}{z^3-1}\right)^2$$

注意 本题不能用变换 $w=z^6$ 得到，请见 21.2.5 幂函数变换的特性(b).

例 21.2.6　试求将月牙形[$|z|\leqslant 2, |z-1|\geqslant 1$]变到上半平面的保角变换.

解　图 21.9(a)上给出了月牙形[$|z|\leqslant 2, |z-1|\geqslant 1$]的图形. 若利用分式线性变换 $w_1=\dfrac{z-0}{z-2}$，将 $z=2$ 变到无穷远点，则组成月牙形的两圆($|z|=2$ 与 $|z-1|=1$)就变成两平行直线(相交于无穷远点的直线). 在变换 $w_1=\dfrac{z}{z-2}$下，$z=0$与 $z=-2$ 变到 $w_1=0$ 与 $w_1=\dfrac{1}{2}$，且导数在 $z=0$ 处的值为

$$\left.\frac{\mathrm{d}w_1}{\mathrm{d}z}\right|_{z=0}=\left.\frac{-2}{(z-2)^2}\right|_{z=0}=-\frac{1}{2}$$

即在 $z=0$ 处导数的辐角为 π，因此，月牙形的小圆周变成 w_1 平面的虚轴，大圆周变成 $\mathrm{Re}w_1=\dfrac{1}{2}$的直线. 于是，月牙形变换成图 21.9(b)所示的阴影区域.

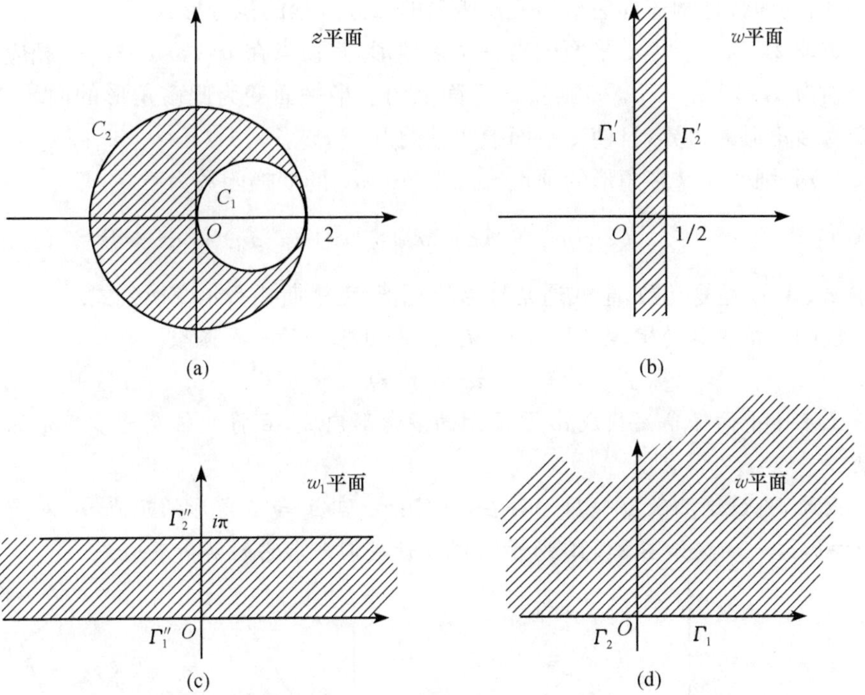

图 21.9

再作变换 $w_2=2\pi\mathrm{i}w_1$，则图 21.9(b)的阴影区域变成带形区域 $0<\mathrm{Im}w_2<\pi$，如图 21.9(c)所示.

根据指数函数变换的特性(b)，只要作变换 $w=\mathrm{e}^{w_2}$ 就可将带形区域 $0<\mathrm{Im}w_2<\pi$ 变换成上半平面，如图 21.9(d)所示. 因此所求的变换为

$$w=\mathrm{e}^{\frac{2\pi\mathrm{i}z}{z-2}}$$

21.3 多角形的变换

实践中很多平面场的问题,其边界或者是由一些直线段组成,或者可以处理为由一些直线段所组成. 例如,平板电容器的电场、带状微波传输线的场、电机空槽中的磁场、射流场等等. 在这些领域的研究中都涉及到要将多角形区域变到上半平面的变换问题. 这个变换问题目前已有比较成熟的常规法则可遵循. 但是,在研究寻求变换函数时,通常是将问题倒过来叙述,即考虑把上半 z 平面变换到 w 平面上的一个多角形内域的问题,所以在应用中务必请注意,不要引起混淆.

将上半 z 平面变到 w 平面上的多角形内域的变换方法的研究,最早(1865 年)是由德国数学家施瓦茨(H. A. Schwarz)和瑞士数学家克里斯托费尔(E. B. Christoffel)两人各自独立完成的,他们把寻求变换函数的问题化为一个积分的问题. 下面定理就是阐述如何给出变换函数的微分方程的积分形式.

定理 21.3.1 设 w 平面内有一个多角形,其顶点在 $w_1, w_2, \cdots, w_n$,相应的内角分别为 $a_1\pi, a_2\pi, \cdots, a_n\pi$,则将 z 平面上的上半平面变为此多角形的内域,将实轴变为多角形的边界,且使 z 平面上实轴的点 $x_1, x_2, \cdots, x_n$($-\infty < x_1 < x_2 < \cdots < x_n < \infty$)分别变为这多角形的顶点 $w_1, w_2, \cdots, w_n$ 的变换函数为

$$w = A\int_{z_0}^{z} (z - x_1)^{a_1 - 1}(z - x_2)^{a_2 - 1}\cdots(z - x_n)^{a_n - 1}\mathrm{d}z + B \qquad (21.3.1)$$

式中 z_0、A、B 是复常数,上式通常称为施瓦茨-克里斯托费尔变换公式.

证明 根据黎曼定理(21.1.4),存在、而且唯一的一个函数

$$w = f(z)$$

它将上半 z 平面保角变换成 w 平面上的多角形内域,且将实轴变为多角形的边界的变换.

因此,先设这函数 $w=f(z)$ 存在,且已知 x 轴上与多角形的顶点 w_i 对应的点 x_i($i=1,2,\cdots,n$)(如图 21.10 所示),现在让我们来求它的解析表达式.

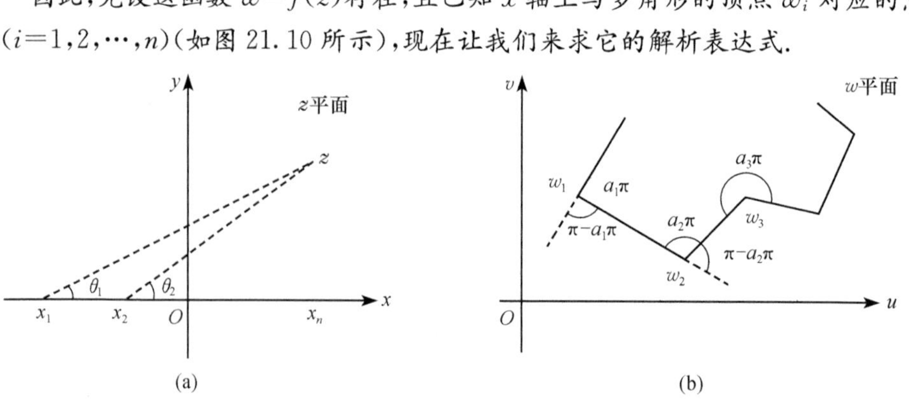

图 21.10

按照定理(21.1.2),变换

$$w-w_1 \sim (z-x_1)^{a_1} \tag{21.3.2}$$

将 z 平面上 x 轴中含有点 x_1 在内的一段(或以 x_1 为顶点的一个平角)变成 w 平面上顶点为 w_1 的一个角 $a_1\pi$,其变换函数的导数的形式为

$$\frac{\mathrm{d}w}{\mathrm{d}z} \sim a_1(z-x_1)^{a_1-1} \tag{21.3.3}$$

与此类似,对于实轴上含有其余点 x_2、x_3、…、x_n 的线段变到多角形的其余顶点为 $w_2,w_3,\cdots,w_n$ 的顶角的变换,也可如法炮制,并有

$$\frac{\mathrm{d}w}{\mathrm{d}z} \sim a_i(z-x_i)^{a_i-1} \quad (i=2,3,\cdots,n) \tag{21.3.4}$$

由上述导数的形式(21.3.3)及(21.3.4)得到启发,把 z 平面上的实轴变到 w 平面上的多角形的边界的变换 $w=f(z)$,应满足下列微分方程:

$$\frac{\mathrm{d}w}{\mathrm{d}z}=A(z-x_1)^{a_2-1}(z-x_2)^{a_n-1}\cdots(z-x_n)^{a_n-1} \tag{21.3.5}$$

式中 A 是一复常数.

为了证实表达式(21.3.5)的有效性,我们可以这样来看,首先从表达式(21.3.5)得

$$\arg\mathrm{d}w=\arg\mathrm{d}z+\arg A+(a_1-1)\arg(z-x_1)+(a_2-1)\arg(z-x_2)+\cdots +(a_n-1)\arg(z-x_n) \tag{21.3.6}$$

其次,我们假设当 z 从第一点 x_1 的左端沿实轴移向 x_1 时,变像 w 沿多角形的一边向 w_1 移动.当 z 沿实轴向右移动经过点 x_1 后,$\theta_1=\arg(z-x_1)$就从 π 变到 0,而表达式(21.3.6)中所有其余项仍然保持不变.因此,$\arg\mathrm{d}w$ 减小了$(a_1-1)\arg(z-x_1)=(a_1-1)\pi$,或者说 $\arg\mathrm{d}w$ 增大了$(1-a_1)\pi$(按逆时针方向移动).由此可见,像点经过 w_1 之后,方向沿逆时针方向转过了角度$(1-a_1)\pi$,也就是说,像点 w 绕过点 w_1 之后继续沿多角形的另一边$\overline{w_1w_2}$移动.

当 z 继续沿实轴向右移动,经过 x_2 时,$\theta_2=\arg(z-x_2)$从 π 变到 0,而所有其余项保持不变.相应地,像点经过 w_2 之后,绕逆时针方向又绕过了角度$(1-a_2)\pi$,…….继续如此动作,我们看到 z 通过整个实轴,ω 通过多角形的每一边,而且反过来也成立.从而证实了表达式(21.3.5)的有效性.

然而,上述方程适合于与给定的多角形相似的一切多角形.换句话说,对表达式(21.3.5)积分所得的函数

$$w'=\int_{z_0}^{z}(z-x_1)^{a_1-1}(z-x_2)^{a_2-1}\cdots(z-x_n)^{a_n-1}\mathrm{d}z \tag{21.3.7}$$

是将上半 z 平面变到与给定的多角形相似的某一个多角形的变换函数.

要实现将上半 z 平面变到给定的多角形的变换,还需要再来一个变换

$$w=Aw'+B \tag{21.3.8}$$

式中 A、B 是复常数. 也就是说,由与给定的多角形相似的一多角形变到给定的多角形,总可以通过平移、旋转,并拉伸(或压缩)来实现,即通过调整系数 A、B 来使它符合要求.

因此,将上半 z 平面变到给定多角形的内部,实轴变到多角形的边界的变换,是由下列变换函数来实现的:

$$w = A\int_{z_0}^{z}(z-x_1)^{\alpha_1-1}(z-x_2)^{\alpha_2-1}\cdots(z-x_n)^{\alpha_n-1}\mathrm{d}z + B \qquad (21.3.9)$$

为使两个多角形相似,不仅对应角必须全等,而且对应边必须成比例. 对于三角形就无需补充条件,因为角全等就意味着边成比例. 但对于四角形还需补充一个条件,即两对对应边有相同的比值. 对于五角形,就需要两个这样的条件……一般而言,对于 n 角形,为了保证相似性,除了各对应角要全等之外,还需要$(n-3)$个条件. 因此,可以在实轴上任意指定三个点(x_i、x_j、x_k)变成多角形边界上的三个任意点(w_i、w_j、w_k),而实轴上其余的$(n-3)$个点就不能任意指定,只能由相似条件来确定.

由于 x_1、x_2、…、x_n 中三个点可以任意指定,通常选 x_n 为无穷远点,并在公式(21.3.9)中取

$$A = \frac{A'}{(-x_n)^{\alpha_n-1}} \qquad (21.3.10)$$

其中 A' 为复常数. 于是,公式(21.3.9)中的被积函数变为

$$A'(z-x_1)^{\alpha_1-1}(z-x_2)^{\alpha_2-1}\cdots(z-x_{n-1})^{\alpha_{n-1}-1}\left(\frac{x_n-z}{x_n}\right)^{\alpha_n-1}$$

当 $x_n\to\infty$ 时,上式中的最后一个因子趋向于 1,这就相当于将公式(21.3.9)中含有 x_n 的项变为 1,或移去不写出来.

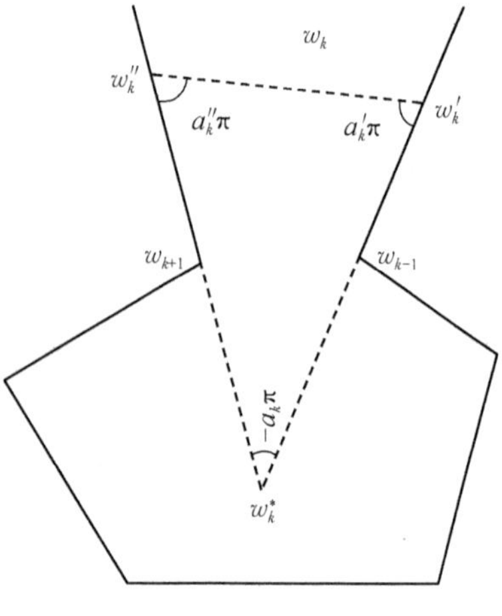

图 21.11

如果多角形的某一顶点 w_k 为无穷远点,即开多角形的情形. 那么,我们在射线 $w_{k-1}w_k$ 上任取一点 w'_k,在射线 $w_{k+1}w_k$ 上任取一点 w''_k,并将这两点连成直线 $w'_kw''_k$(如图 21.11 所示),这样就得到一个$(n+1)$角形(闭多角形). 按照公式(21.3.9),将上半 z 平面变到这个$(n+1)$角形的内部的变换函数为

$$w = A\int_{z_0}^{z}(z-x_1)^{\alpha_1-1}(z-x_2)^{\alpha_2-1}\cdots (z-x'_k)^{\alpha'_k-1}(z-x''_k)^{\alpha''_k-1}\cdots (z-x_n)^{\alpha_n-1}\mathrm{d}z + B \qquad (21.3.11)$$

式中 $\alpha'_k\pi$ 和 $\alpha''_k\pi$ 为$(n+1)$角形在顶点 w'_k 和 w''_k 处的内角,而 x'_k 和 x''_k 是 z 平面的实轴上分

别与 w_k' 和 w_k'' 对应的两点.

当 w_k' 和 w_k'' 趋向于无穷远点 w_k 时，x_k' 和 x_k'' 在实轴上趋向于同一点 x_k(x_k 是与 w_k 相对应的点)，并且有

$$\lim_{x_k',x_k''\to x_k}(z-x_k')^{a_k'-1}(z-x_k'')^{a_k''-1}=(z-x_k)^{a_k'+a_k''-2}\tag{21.3.12}$$

此外，按照定义 21.2.2，射线 $w_{k-1}w_k$ 与 $w_{k+1}w_k$ 在有限远点 w_k^* 处的交角应等于在无穷远点 W_k 处的交角 $a_k\pi$，并取反号，即为 $-a_k\pi$.

再由三角形 $w_k'w_k''w_k^*$ 的内角之和应等于 π，所以

$$a_k'+a_k''-a_k=1\tag{21.3.13a}$$

于是

$$a_k'+a_k''-2=a_k-1\tag{21.3.13b}$$

因此，按照等式(21.3.12)及等式(21.3.13b)，当 w_k' 与 w_k'' 趋向于无穷远点 w_k 时，有

$$w=A\int_{z_0}^{z}(z-x_1)^{a_1-1}(z-x_2)^{a_2-1}\cdots(z-x_k)^{a_k-1}\cdots(z-x_n)^{a_n-1}\mathrm{d}z+B\tag{21.3.14}$$

当多角形有若干个顶点为无穷远点时，也可按上述办法同样处理.

由上述论证可知，对于一个或几个顶点在无穷远点的多角形，施瓦茨-克里斯托费尔变换公式仍然有效. 只需把顶点在无穷远处的那两条直线间的角度理解为这两条直线在有限远处的那个角度，并取反号.

例 21.3.1　求二角形区域(图 21.12)到上半 z 平面的变换函数.

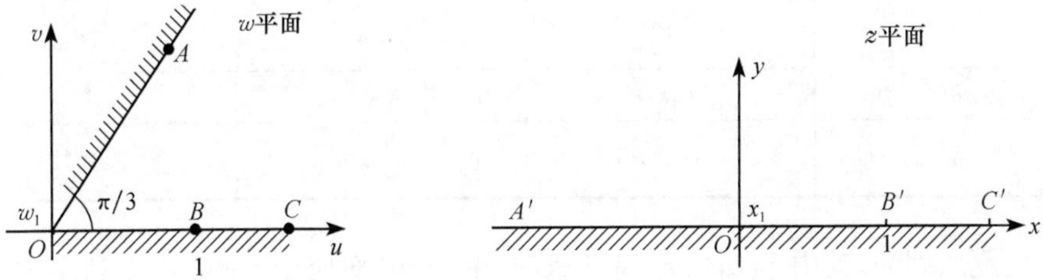

图 21.12

解

i	w_i	$a_i\pi$	x_i
1	(0,0)	$\frac{1}{3}\pi$	0
2	∞	$-\frac{1}{3}\pi$	∞

按题列表，其中 x_i 有两个可任取，所以取 $x_1=0$，$x_2=\infty$. 再根据公式

(21.3.14),有

$$w=\int_{z_0}^{z}A(z-0)^{\frac{1}{3}-1}\mathrm{d}z+B=\frac{1}{3}Az^{\frac{1}{3}}+B'$$

若要求 $w_1(0,0)$变到 $z_1(0,0)$,$w(1,0)$变到 $z(1,0)$,则代入上式,可解出

$$A=3,\qquad B'=0$$

所以

$$w=z^{\frac{1}{3}}$$

于是所求的变换函数为

$$z=w^3$$

例 21.3.2 求广义四角形(图 21.13)到上半 z 平面的变换函数

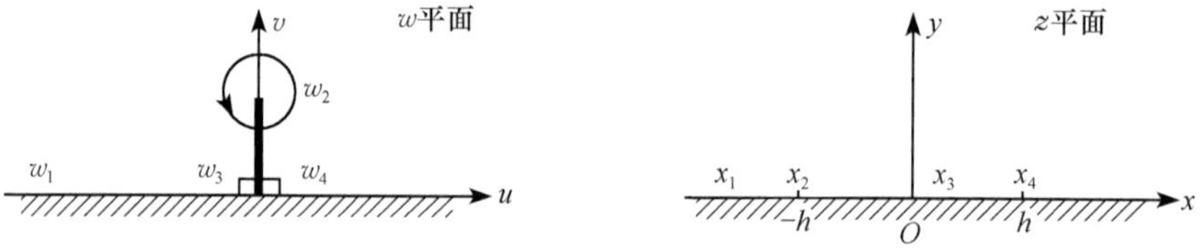

图 21.13

解

i	w_i	$a_i\pi$	x_i
1	$(\infty,0)$	$-\pi$	∞
2	$(0,0)$	$\frac{1}{2}\pi$	$-h$
3	$(0,hi)$	2π	0
4	$(0,0)$	$\frac{1}{2}\pi$	h

按题意列表,其中 x_1、x_2、x_3 是任取的.由于 w_3 对应于 $z=0$,所以利用对称原理,x_4 应以虚轴与 x_2 对称,因此得 $x_4=-x_2=h$.根据公式(21.3.14),有

$$w=A\int_{z_0}^{z}[z-(-h)]^{-\frac{1}{2}}(z-0)^1(z-h)^{-\frac{1}{2}}\mathrm{d}z+B=A\sqrt{z^2-h^2}+B'$$

若要求 $w(0,hi)$变到 $z(0,0)$,则代入上式,可解出 $A=1,B=0$.所以

$$w=\sqrt{z^2-h^2}$$

于是,所求的变换函数为

$$z=\sqrt{w^2+h^2}$$

例 21.3.3 求下图(图 21.14)的广义三角形到上半 z 平面的变换函数.

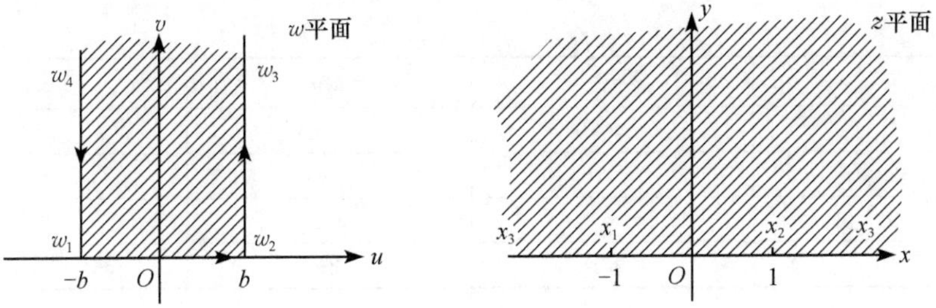

图 21.14

解

i	w_i	$a_i\pi$	x_i
1	$(-b,0)$	$\frac{1}{2}\pi$	-1
2	$(b,0)$	$\frac{1}{2}\pi$	1
3	$(\pm a,\mathrm{i}\infty)$	0	∞

按题意列表，其中 x_i 有三个可任取，所以取 $x_1=-1, x_2=1, x_3=\infty$. 再根据公式(21.3.14)，有

$$w=A\int_{z_0}^{z}(z+1)^{-\frac{1}{2}}(z-1)^{-\frac{1}{2}}\mathrm{d}z+B=A'\int_{z_0}^{z}\frac{\mathrm{d}z}{\sqrt{1-z^2}}+B$$

$$=A'\arcsin z+B'\quad(\text{其中 }A'=\mp\mathrm{i}A)$$

由于 $z(1,0)$ 及 $z(-1,0)$ 与 $w(-b,0)$ 及 $w(b,0)$ 对应，代入上式解出 $B'=0$，$A'=\frac{2b}{\pi}$. 于是

$$w=\frac{2b}{\pi}\arcsin z$$

而所求的变换函数为

$$z=\sin\left(\frac{\pi w}{2b}\right)$$

例 21.3.4　求上半 z 平面到下图(图 21.15)广义四角形的变换.

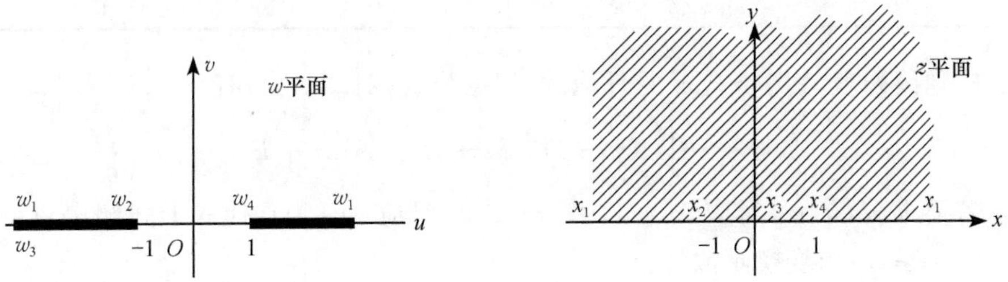

图 21.15

解

i	w_i	$a_i\pi$	x_i
1	$(\pm\infty,0)$	$-\pi$	∞
2	$(-1,0)$	2π	-1
3	$(\pm\infty,0)$	$-\pi$	0
4	$(1,0)$	2π	1

按题设列表，其中 x_1、x_2、x_3 是任取的，x_4 是用对称原理来确定的；x_4 就以虚轴与 x_2 对称，所以 $x_4=-x_2$. 再根据公式(21.3.14)，有

$$w=A\int_{z_0}^{z}(z+1)^1(z-0)^{-2}(z-1)^1\mathrm{d}z+B$$

$$=A\int_{z_0}^{z}\left(1-\frac{1}{z^2}\right)\mathrm{d}z+B=A\left(z+\frac{1}{z}\right)+B'$$

由于 $z(-1,0)$ 及 $z(1,0)$ 与 $w(-1,0)$ 及 $w(1,0)$ 对应，代入上式，解得 $A=\frac{1}{2}$，$B'=0$. 于是，所求的变换函数为

$$w=\frac{1}{2}\left(z+\frac{1}{z}\right)$$

例 21.3.5 对应上半 z 平面到带形区($0<\mathrm{Im}w\leqslant\pi$)(图 21.16)的变换

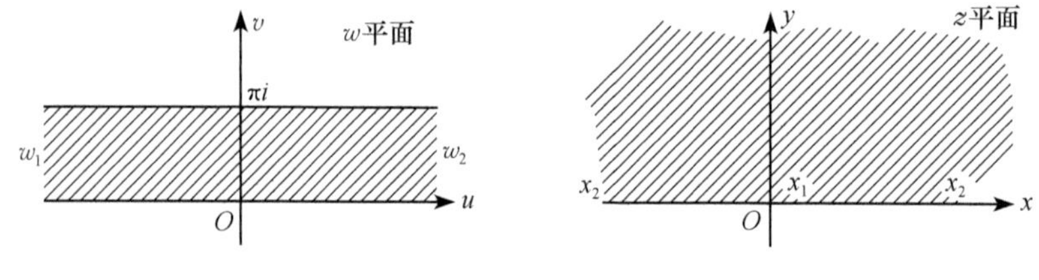

图 21.16

解

i	w_i	$a_i\pi$	x_i
1	$(-\infty,0)$	-0	∞
2	$(\infty,0)$	-0	0

按题设列表，其中 x_1、x_2 是任取的，根据公式(21.3.14)，有

$$w=A\int_{z_0}^{z}(z-0)^{-1}\mathrm{d}z+B=A\ln z+B'$$

若要求 $w(0,\pi\mathrm{i})$ 对应 $z(-1,0)$，$w(0,0)$ 对应 $z(1,0)$，代入上式解出 $A=1$，$B'=0$. 于是，所求变换函数为

$$w=\ln z$$

例 21.3.6　求上半 z 平面到除去射线 $(0,\mathrm{i}d)\to(-\infty,\mathrm{i}d)$ 后的上半 w 平面(图 21.17)的变换.

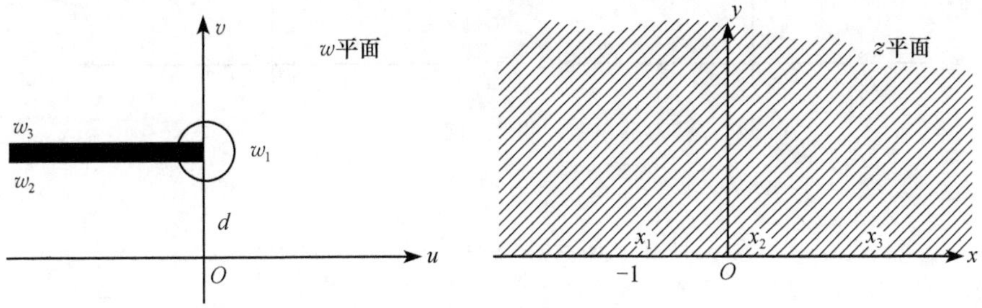

图 21.17

解

i	w_i	$a_i\pi$	x_i
1	$(0,d)$	2π	-1
2	$(-\infty,0)$	0	0
3	$(-\infty,d)$	$-\pi$	$-\infty$

按题设列表,其中 x_i 有三个是任取的. 根据公式(21.3.14),有

$$w = A\int (z+1)^{2-1}(z-0)^{0-1}\mathrm{d}z + B = A(z+\ln z) + B'$$

若要求 $w(-\infty,0)$ 与 $z(0,0)$ 对应,$w(0,d)$ 与 $z(-1,0)$ 对应,代入上式,可解得

$$A = \frac{d}{\pi},\quad B' = \frac{d}{\pi}$$

于是,所求的变换函数为

$$w = \frac{d}{\pi}(1+z+\ln z)$$

21.4　应　　用

例 21.4.1　试求平面静电场的电势分布 $\varphi(x,y)$,其中

$$\nabla^2\varphi = 0\quad (\mathrm{Im}z > 0)$$

$$\varphi(x,0) = \begin{cases} V_1 & (x<0) \\ V_2 & (x>0) \end{cases}$$

解　若利用例 21.3.5 的结果,变换 $w=\ln z$ 使上半 z 平面变成 w 平面上的带形域(图 21.18),而在带形域上的解是显然的,也就是平行板电容器的结果,即

$$\varphi(u,v) = \frac{V_1-V_2}{\pi}v$$

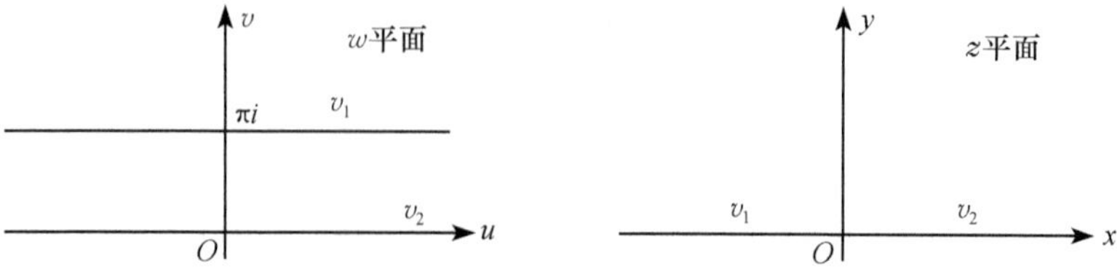

图 21.18

而

$$w = u + iv = \ln z = \ln|z| + i\arg z$$

所以

$$v = \arg z$$

于是,作反变换便可求得所求问题的解为

$$\varphi(x,y) = \frac{V_1 - V_2}{\pi}\arg z = \frac{V_1 - V_2}{\pi}\theta = \frac{V_1 - V_2}{\pi}\arctan\frac{y}{x}$$

同理可证

$$\varphi_1(x,y) = \frac{V'_1 - V'_2}{\pi}\arg(z+1)$$

是下列定解问题的解:

$$\nabla^2\varphi_1 = 0 \quad (y > 0, -\infty < x < \infty), \varphi_1(x,0) = \begin{cases} V'_1 & (-\infty < x < -1) \\ V'_2 & (-1 < x < \infty) \end{cases}$$

以及

$$\varphi_2(x,y) = \frac{V''_1 - V''_2}{\pi}\arg(z-1)$$

是下列定解问题的解:

$$\nabla^2\varphi_2 = 0 \quad (y > 0, -\infty < x < \infty), \quad \varphi_2(x,0) = \begin{cases} V''_1 & (-\infty < x < 1) \\ V''_2 & (1 < x < \infty) \end{cases}$$

而

$$\varphi(x,y) = \varphi_1(x,y) + \varphi_2(x,y)$$

是下列定解问题的解:

$$\nabla^2\varphi = 0 \quad (y > 0, -\infty < x < \infty), \quad \varphi(x,0) = \begin{cases} V_0 & (-\infty < x < -1) \\ V_1 & (-1 < x < 1) \\ V_2 & (1 < x < \infty) \end{cases}$$

其中 $V_0 = V'_1 + V''_1, V_1 = V'_2 + V''_1, V_2 = V'_2 + V''_2$. 而 $\varphi(x,y)$ 又可改写成

$$\varphi(x,y) = \frac{V_0 - V_1}{\pi}\arg(z+1) + \frac{V_1 - V_2}{\pi}\arg(z-1) + V_2$$

推广而言

$$\varphi(x,y)=\frac{V_0-V_1}{\pi}\arg(z-x_1)+\frac{V_1-V_2}{\pi}\arg(z-x_2)+\cdots$$
$$+\frac{V_{n-1}-V_n}{\pi}\arg(z-x_n)+V_n$$

是下列定解问题的解

$$\nabla^2\varphi=0\qquad(y>0,-\infty<x<\infty)$$

$$\varphi(x,0)=\begin{cases}V_0 & (-\infty<x<x_1)\\ V_1 & (x_1<x<x_2)\\ V_2 & (x_2<x<x_3)\\ \cdots\cdots\cdots\cdots & \\ V_n & (x_n<x<\infty)\end{cases}$$

例 21.4.2　求图 21.19 所示带状区域的稳态温度分布 $\varphi(x,y)$，其边界条件如图所示.

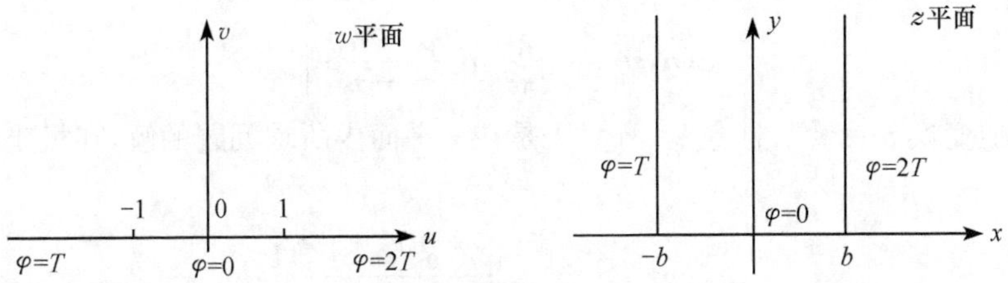

图 21.19

解　因为稳态温度分布满足拉普拉斯方程，所以本问题可采用保角变换法来求解. 利用例 21.3.3 的结果，作变换 $w=\sin\left(\frac{\pi z}{2b}\right)$将 z 平面上的带形区域变成上半 w 平面，并且变换后的 $\varphi(u,v)$ 仍然满足拉普拉斯方程以及边界条件，如图 21.19 所示. 再利用例 21.4.1 的结果，得 u、v 平面上问题的解

$$\varphi(u,v)=\frac{T}{\pi}\arctan\left(\frac{v}{u+1}\right)-\frac{2T}{\pi}\arctan\left(\frac{v}{u-1}\right)+2T$$

然后进行逆变换

$$w=u+\mathrm{i}v=\sin\left(\frac{\pi z}{2b}\right)=\sin\frac{\pi x}{2b}\operatorname{ch}\frac{\pi y}{2b}+\mathrm{i}\cos\frac{\pi x}{2b}\operatorname{sh}\frac{\pi y}{2b}$$

于是，在 z 平面内所求问题的解为

$$\varphi(x,y)=\frac{T}{\pi}\arctan\left[\frac{\cos\frac{\pi x}{2b}\operatorname{sh}\frac{\pi y}{2b}}{\sin\frac{\pi x}{2b}\operatorname{ch}\frac{\pi y}{2b}+1}\right]-\frac{2T}{\pi}\arctan\left[\frac{\cos\frac{\pi x}{2b}\operatorname{sh}\frac{\pi y}{2b}}{\sin\frac{\pi x}{2b}\operatorname{ch}\frac{\pi y}{2b}-1}\right]+2T$$

例 21.4.3　两块夹角为$\frac{2}{7}\pi$接地的无限大导电平板所围的平面场角域内(图 21.20),在$z_0=e^{i\frac{\pi}{14}}$处置一线密度为λ的线电荷,试求角域内的电势分布函数.

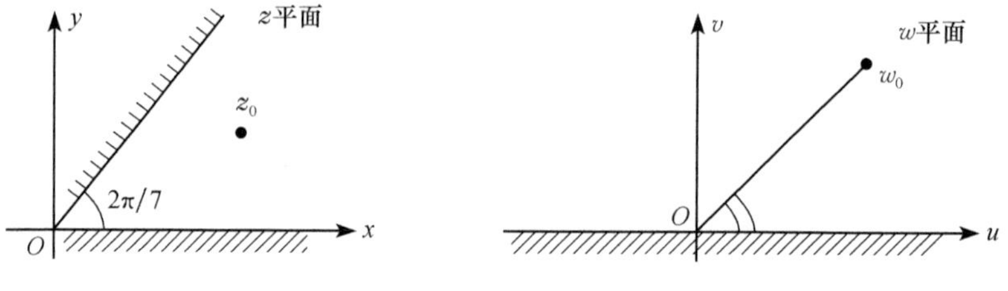

图 21.20

解　作变换$w=z^{\frac{7}{2}}$,将子平面上的角形域变成上半w平面,角形域的边界变成w平面的实轴(如图 21.20 所示),且在实轴上电势为零. 线电荷由$z_0=e^{i\frac{\pi}{14}}$处变成置于$w_0=e^{i\frac{\pi}{4}}$处,但电量仍旧不变. 后一问题的解是显然的:

$$\varphi(u,v)=\frac{\lambda}{2\pi\varepsilon_0}\ln\left|\frac{w-w_0^*}{w-w_0}\right|$$

再进行逆变换$w=z^{7/2}$,且令$z=re^{i\theta}$,于是在z平面内所求问题的解,在极坐标的形式下为

$$\varphi(r,\theta)=\frac{\lambda}{2\pi\varepsilon_0}\ln\left|\frac{r^{\frac{7}{2}}e^{i\frac{7}{2}\theta}-e^{-i\frac{\pi}{4}}}{r^{\frac{7}{2}}e^{i\frac{7}{2}\theta}-e^{i\frac{\pi}{4}}}\right|$$

例 21.4.4　试讨论平板电容器(图 21.21a)的边缘效应. 设电容器两平板之间距离为$2d$,平板的厚度可忽略不计,且电容器极板的电位分别为$+V$和$-V$.

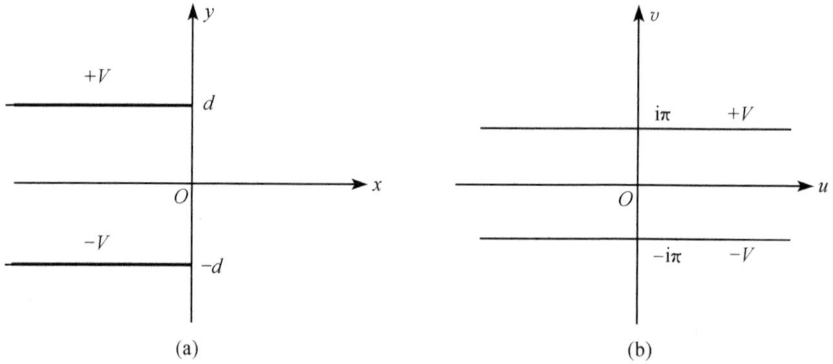

图 21.21

解　利用例 21.3.6 和例 21.3.5 的结果,得知$w=f(z)$将z平面上去掉两条射线(割痕)的区域(图 21.21a)变到w平面上的带状区域($-\pi<\mathrm{Im}w<\pi$,图

21.21b)，其中 w 满足下面的隐函数方程：

$$z=\frac{d}{\pi}(1+w+e^{w}) \tag{1}$$

并且将 z 平面上的实轴映射成 w 平面上的实轴，$z(0,d)$ 与 $z(0,-d)$ 分别变成 $w(0,\pi)$ 与 $w(0,-\pi)$. 此外，还有如下的对应关系：

(1) 半射线($-\infty<u<0, v=+\pi$)对应于电容器的上极板内侧.

根据式(1)，当 $v=\pi$ 时，有

$$z=\frac{d}{\pi}(1+u+i\pi-e^{u})$$

当 u 是量值较大的负数时，上式又可变成

$$z=\frac{du}{\pi}+id$$

因此，由上式可知半射线($-\infty<u<0, v=\pi$)变成极板($-\infty<x<0, y=d$).

(2) 半射线 $0<u<\infty, v=\pi$ 对应于电容器的上极板的外侧.

根据式(1)，当 $v=\pi$ 时，有

$$z=\frac{d}{\pi}(1+u+i\pi-e^{u})$$

当 u 是量值较大的正数时，上式又可变成

$$z=-\frac{d}{\pi}e^{u}+id$$

因此，由上式可知半射线($0<u<\infty, v=\pi$)变成极板($-\infty<x<0, y=d$).

由上面分析还可得知，点 w 从($-\infty,\pi$)变到($0,\pi$)，再变到(∞,π)时，像点 z 从($-\infty,d$)变成($0,d$)，再变到($-\infty,d$). 因此，我们说两半射线($-\infty<u<0, v=\pi$)和($0<u<\infty, v=\pi$)分别对应于电容器上极板的内、外侧.

由于对称性，对于下半平面的分析，也可得到同样的结论.

因此，$w=f(z)$ 将 z 平面上宽度为 $2d$，边缘在 $x=0$ 处的半无限大平板电容器变成 w 平面上的宽度为 2π 的无限大平板电容器，而后一问题的解是很容易得到的. 由于平板上电位为 $\pm V$，所以平板之间任一点处的电位为

$$\varphi=\frac{1}{\pi}Vv \tag{2}$$

因此，平面电场的复势为

$$F(w)=\frac{1}{\pi}Vw \tag{3}$$

这样，由式(1)解出 $w=f(z)$，代入式(3)即可得到所研究问题的复势. 然而，$f(z)$ 不能用初等函数的显函数形式来表达. 幸好，我们不必这样做，因为按照式(1)，很容易分开实部和虚部，即

$$x = \frac{d}{\pi}(1 + u + e^u \cos v) \tag{4}$$

及

$$y = \frac{d}{\pi}(v + e^u \sin v) \tag{5}$$

若令 v=常数，作为参数 u 的函数的 x 和 y 构成的点所连成的曲线，即为 z 平面上的等势线. 类似地，若令 u=常数，作为参数 v 的函数的 x 和 y 构成的点所连成的曲线，即为电场线. 如图 21.22 所示.

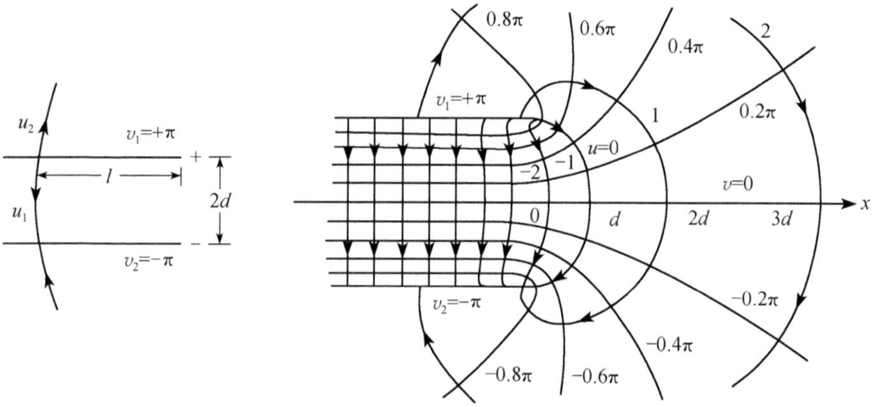

图 21.22

由图 21.22 得知，电场线在两极板内侧、外侧都存在，这是由于边缘效应造成的，因此极板内侧、外侧均存在表面电荷.

下面我们来讨论边缘效应对电容值的影响. 首先计算距边缘($x=0$)为$l(x=l)$每单位长度的电容. 根据复势表式(3)，有

$$F(w) = \frac{1}{\pi}V(u + iv) = \psi + i\varphi \tag{6}$$

式中 ψ 是电通函数，φ 是电势函数. 于是

$$C_{12} = -\frac{q_{12}}{\varphi_2 - \varphi_1} = -\varepsilon_0 \frac{\psi_2 - \psi_1}{\varphi_2 - \varphi_1} = -\varepsilon_0 \frac{u_2 - u_1}{v_2 - v_1} \tag{7}$$

式中 $v_1=\pi, v_2=-\pi$，而 u_2 及 u_1 是下式的两个根：

$$-l = \frac{d}{\pi}(1 + u - e^u) \tag{8}$$

u_2 是其中的正根，u_1 是其中的负根.

因为电荷正比于电通密度之差，且由于极板内、外侧均存在表面电荷，所以$\int_1^2 du$ 的线积分路线是沿极板的等位线，即从极板内侧 $x=-l$ 处出发，顺着极板到

电容器边缘，然后从极板外侧回来，直到 $x=-l$ 处为止. 因此，u_2 和 u_1 应是同一方程（方程(8)）当 $x=-l$ 时的两个根.

由于 u_2 是模较大的正根，所以按方程(8)得

$$u_2 \approx \ln\frac{\pi l}{d} \tag{9}$$

由于 u_1 是模较大的负根，所以按方程(8)得

$$u_1 \approx -\frac{\pi}{d}l \tag{10}$$

将(9)和(10)代入(7)，于是得到计及边缘效应，宽度为 l 的单位长的电容值为

$$C \approx \varepsilon_0\frac{l}{2d}+\frac{\varepsilon_0}{2\pi}\ln\frac{\pi l}{d} \tag{11}$$

上式中的第二项相当于边缘效应的修正.

其次，让我们来计算边缘效应对电场的影响. 因为

$$\boldsymbol{E}_z=-\nabla\varphi=-\frac{\partial\varphi}{\partial x}-\mathrm{i}\frac{\partial\varphi}{\partial y}$$

$$\boldsymbol{E}_w=-\nabla\varphi=-\frac{\partial\varphi}{\partial u}-\mathrm{i}\frac{\partial\varphi}{\partial v}$$

所以

$$\boldsymbol{E}_z=\boldsymbol{E}_w\left(\frac{\partial u}{\partial x}-\mathrm{i}\frac{\partial v}{\partial x}\right)=\boldsymbol{E}_w\frac{\mathrm{d}w^*}{\mathrm{d}z}$$

由于

$$\varphi=\frac{V}{2\pi}v$$

故

$$\boldsymbol{E}_w=-\mathrm{i}\frac{V}{2\pi} \tag{12}$$

即在 w 平面上电场是均匀的，方向平行于负虚轴.

由式(1)，得

$$\frac{dw^*}{dz}=\left[\frac{\pi}{d}\frac{1}{1+\mathrm{e}^w}\right]^*=\frac{\pi}{2d}\frac{[\mathrm{e}^{-u}+\cos v]+\mathrm{i}\sin v}{[\cosh u+\cos v]}$$

$$\boldsymbol{E}_z=E_x+\mathrm{i}E_y=\frac{V}{4d}\frac{\sin v}{[\cosh u+\cos v]}-\mathrm{i}\frac{V}{4d}\frac{(\mathrm{e}^{-u}+\cos v)}{[\cosh u+\cos v]} \tag{13}$$

在两极板之间任一点的电场与 x 轴的夹角的正切为

$$\tan\theta=-\frac{\mathrm{e}^{-u}+\cos v}{\sin v} \tag{14}$$

最后，让我们来计算极板内、外侧的表面电荷密度 σ. 因为 $\sigma=\varepsilon_0 E_y$，在极板上 $v=\pi$，所以将 $v=\pi$ 代入 E_y 中，即得极板上的表面电荷密度

$$\sigma = -\frac{\varepsilon_0 V}{2d} \cdot \frac{(e^{-u}-1)}{(e^{u}+e^{-u}-2)} = \frac{\varepsilon_0 V}{2d} \cdot \frac{(1-e^{-u})}{(e^{u}+e^{-u}-2)} \tag{15}$$

若我们考虑距边缘为 l 深处极板内、外侧的表面电荷密度，则可将式(9)的 u_2 代入式(15)中，便得到极板内侧的表面电荷密度；将式(10)的 u_1 代入式(15)中，便得到极板外侧的表面电荷密度. 如图 21.23 所示.

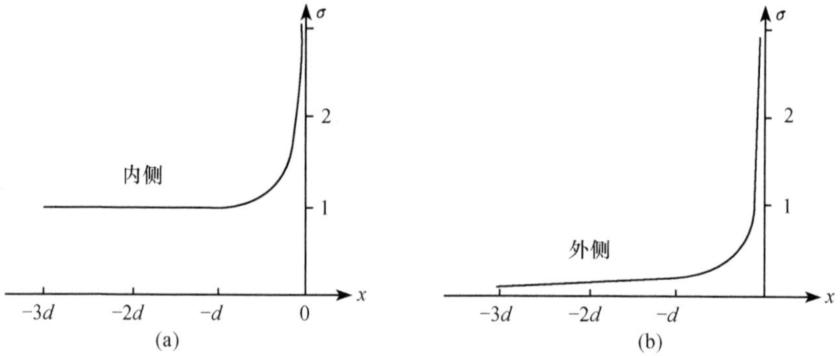

图 21.23

习　题

21.1 求在 $w=1/z$ 变换下，下列图形变换为怎样的图形？

(a) $|z-a|=|a|$ $(a\neq 0)$；(b) $\mathrm{Re}z=c$　(c 为常数)；

(c) 通过点 $z=a(a\neq 0)$的所有直线；

(d) 双曲线 $x^2-y^2=1$；(e) 抛物线 $y^2=2px$.

21.2 在 $w=z^2$ 变换下，$\mathrm{Re}z>1$ 变换为 w 平面上的什么区域？

21.3 在 $w=\dfrac{z}{z-1}$变换下，圆$|z|\leqslant 1$ 变换为 w 平面上的什么区域？

21.4 求将上半 z 平面 $\mathrm{Im}z>0$ 变到 w 平面上的带形域$-\pi<v<\pi$ 去掉负实轴 $u\leqslant 0, v=0$而得到的区域的变换函数.

21.5 两相隔距离为 π 的无限大接地导电平板中间，置一线电荷密度为 λ 的长直线，试求板内电场的电势函数.

21.6 弯成 $\pi/3$ 的一金属板，其中沿水平边温度保持为 0℃，倾角为 $\pi/3$ 的一边保持为 100℃，试求板内的稳态温度分布.

21.7 证明 $w=z+1/z$ 把在圆$|z|=1$ 外的上半 z 平面变换到整个上半 w 平面上，并应用这结果，求在单位圆外上半 z 平面内的稳态温度分布. 设沿边界的直线部分温度 T 保持为 100℃，沿边界的圆形部分温度 T 保持为 0℃.

21.8 (a) 试证：若将 z 平面上具有光滑边界的单连通区域 D 变成 w 平面上的单位圆的保角变换为 $w(z)$，则将 D 变成单位圆$|w|<1$. 且将 D 内某一点 z'变为 $w=0$ 的保角变换为

$$w = w(z,z') = \frac{w(z)-w(z')}{1-w(z)w^*(z')}$$

(b) 试证:满足下列定解问题:

$$\nabla^2 G(x,y;x',y') = -\delta(x-x')\delta(y-y') \qquad (\text{在 } D \text{ 内})$$

$$G|_{\Sigma} = 0 \qquad (\text{在 } D \text{ 的边界上})$$

的格林函数 G 为

$$G(x,y;x',y') = \mathrm{Re}\left(-\frac{1}{2\pi}\ln[w(z,z')]\right)$$

$$= \frac{1}{2\pi}\ln\frac{1}{|w(z,z')|}$$

参考文献

奥齐西克 M N. 1983. 热传导. 俞昌铭主译. 北京：高等教育出版社.

拜仑 F W，富勒 R W. 1982. 物理学中的数学方法（Ⅰ）（Ⅱ）. 北京：科学出版社.

程建春. 2004. 数学物理方程及其近似方法. 北京：科学出版社.

崔锦泰. 1995. 小波分析导论. 程正兴译. 西安：西安交通大学出版社.

邓宗琦. 1990. 常微分方程边值问题和 Sturm 比较理论引论. 武汉：华中师范大学出版社.

杜珣，唐世敏. 1992. 数学物理方法. 北京：高等教育出版社.

杜珣. 1996. 现代数学引论. 北京：北京大学出版社.

符果行. 1998. 经典电磁场论方法. 成都：电子科技大学出版社.

谷超豪，李大潜等. 2002. 数学物理方程. 北京：高等教育出版社.

胡嗣柱，倪光炯. 1988. 数学物理方法. 上海：复旦大学出版社.

黄大奎，舒慕曾. 2001. 数学物理方法. 北京：高等教育出版社.

吉洪诺夫 A H. 1982. 数学物理题解. 黄克欧译. 重庆：科学技术文献出版社重庆分社.

吉洪诺夫 A H 等. 1961，1963. 数学物理方程（上、下册）. 黄克欧等译. 北京：人民教育出版社.

嘉当 H. 2008. 解析函数论初步. 余家荣译. 北京：高等教育出版社.

姜礼尚，陈亚浙. 1986. 数学物理方程讲义. 北京：高等教育出版社.

姜礼尚. 1997. 偏微分方程选讲. 北京：高等教育出版社.

克罗克斯顿 C A. 1982. 数学物理方程导论. 戴安英，钱伯初译. 北京：高等教育出版社.

李家春，周显初. 1998. 数学物理中的渐近方法. 北京：科学出版社.

李世雄. 1997. 小波变换及其应用. 北京：高等教育出版社.

力武常次等. 1988. 地球科学中的数学物理方法（上、下册）. 杨懋源译. 北京：地震出版社.

列别捷夫 H H. 1957. 特殊函数及其应用. 张燮译. 北京：人民教育出版社.

刘式适，刘式达. 2000. 物理学中的非线性方程. 北京：北京大学出版社.

陆振球. 1991. 经典和现代数学物理方程. 上海：上海科学技术出版社.

潘忠诚. 1993. 数学物理方法教程. 天津：南开大学出版社.

普里瓦洛夫. 1956. 复变函数引论. 闵嗣鹤等译. 北京：人民教育出版社.

齐民友，吴方同. 1999. 广义函数与数学物理方程. 北京：高等教育出版社.

钱伟长. 1980. 变分法及有限元. 北京：科学出版社.

汪德新. 2006. 数学物理方法. 北京：科学出版社.

王载舆. 1991. 数学物理方程及特殊函数. 北京：清华大学出版社.

王竹溪，郭敦仁. 2000. 特殊函数概论. 北京：北京大学出版社.

吴崇试. 1999. 数学物理方法. 北京：北京大学出版社.

奚定平. 1998. 贝塞尔函数. 北京：高等教育出版社.

谢鸿政，杨枫林. 2001. 数学物理方程. 北京：科学出版社.

薛兴恒. 1995. 数学物理偏微分方程. 合肥：中国科学技术大学出版社.

严镇军. 1996. 数学物理方程. 合肥：中国科学技术大学出版社.

杨福生. 1999. 小波变换的工程分析与应用. 北京：科学出版社.

姚端正,梁家宝. 1997. 数学物理方法. 武汉:武汉大学出版社.

钟玉泉. 1988. 复变函数. 北京:高等教育出版社.

Arfken G B, Weber H J. 1995. Mathematical Methods for Physicits. New York: Academic Press.

Bradbury T C. 1984. Mathematical Methods with Applications to Problems in the Physical Sciences. New York: John Wiley and Sons, Inc.

Hanna J R, Rowland J H. 1990. Fourier Series, Transforms, and Boundary Value Problems. New York: John Wiley and Sons, Inc.

Mathews J, Walker R L. 1970. Mathematical Methods of Physics. New York: W. A. Benjamin. Myint-U T. 1983. 数学物理中的偏微分方程. 上海:上海科学技术出版社.

Myint-U T. 1985. 数学物理方程. 杨年钧等译. 沈阳:辽宁科学技术出版社.

Needham T. 2007. Visual Complex Analysis. 北京:人民邮电出版社.

Riley K F, Hobson M P, Bence S J. 2002. Mathematical Methods for Physics and Engineering. Cambridge: Cambridge University Press.